제2개정판

인구지리학

이 도서의 국립중앙도서관 출판예정도서목록(CIP)은 서지정보유통지원시스템 홈페이지(http://seoji.nl.go.kr)와 국가자료공동목록시스템(http://www.nl.go.kr/kolisnet)에서 이용하실 수 있습니다. (CIP제어번호: CIP2015023996)

제2개정판

인구지리학

한주성 지음

한울
아카데미

제2개정판을 내면서

해리 덴트(Harry Dent)가 출간한 『2018 인구 절벽이 온다(The Demographic Cliff: How to Survive and Prosper During the Great Deflation of 2014~2019)』의 내용을 보면, 오늘날의 인구문제가 심각한 상태라는 것을 알 수 있다. '인구 절벽'이란 한 세대의 소비가 정점을 지나 줄어들면서 다음 세대가 소비의 주역으로 출현할 때까지 경제가 둔화되는 현상을 말한다. 이와 같은 현상은 한국에도 나타날 것으로 보인다. 한국도 출생률 감소로 인해 장차 인구가 줄어들 것으로 보이며, 이로 인해 소비량의 감소뿐 아니라 노동력 공급에도 많은 영향이 있으리라 예상된다. 이와 더불어 한국은 세계에서 유례없는 고령화 현상에 직면해 있으므로 노인의 복지·실업문제, 경제활동 인구의 노인부양 부담의 증가 등이 경제에 영향을 미칠 것으로 예상된다. 이러한 문제를 해결하기 위해 전체 인구 중 젊은 층의 비율이 높은 '인구 프리미엄(premium)'을 유지하는 것이 중요하다. 특히 아시아 경제에서 인구의 저출산·고령화가 가장 큰 문제이기 때문에 여성의 노동시장 참여율을 높이고, 이민을 받아들이는 등 적극적인 고령화 대비책을 검토해야 한다.

이러한 상황을 반영해 이번 제2개정판에서는 위와 같은 저출생률 및 고령화와 관련된 새로운 내용들을 포함시켰다. 또 새로 발표된 인구주택총조사 자료를 이용해 책의 내용을 수정·보완했다. 이와 함께 3장의 인구성장 이론에서는 성장의 한계가 발표되고 30년이 지난 최근에 업데이트된 내용을 추가했다. 또 4장의 고령인구에 대한 여러 내용을 보충했으며, 고령화가 이루어진 과소지역에서 사회적 대응으로 이행해가는 서비스 영역이 '새로운 공공(公共)'보다 '협동'으로 해결해나가야 하며, 그 해결의 틀로써 '약한 전문 시스템'을 구축해야 한다는 내용도 첨가했다. 5장에서는 한국이 다민족 사회로 나아가는 현상을 고려해 민족의 거주분화에 대한 이론을 덧붙였고, 국제결혼이 주여성에 대한 이론과 그 지역적 분포도 살펴보았다. 그리고 1인 가구가 많아지고 미혼율이 높아짐에 따라 이에 대한 지역성도 새롭게 담았다.

6장에서는 출산율이 낮아짐에 따라 첫 아기를 낳는 평균연령이 높아지는 것에 대한 국제적 비교를 덧붙였으며, 저출산의 원인도 추가했다. 7장에서는 기대수명과 건강수명을 살펴보는 부분에서 건강수명을 줄이는 장애요소들을 제시했으며, 사망하기 전에 앓는 병과 그 기간에 대한 내용을 살펴보는 죽음지도와 죽음의 질에 대한 내용도 추가했다. 그리고 의학지리학이 갖고 있는 의료적 이미지(image)를 초월하기 위해 새롭게 등장한 건강지리학의 지역적 분포와 건강평가 지표도 추가했다.

8장에서는 인구이동에 강한 영향을 미치는 한국의 일자리 분포를 살펴보고, 전국 50개 도시권의 월평균 임금분포를 비교해 인구이동과 관련지어 설명했다. 그리고 인구이동에 영향을 미치는 요인들에서 인자를 추출해 인자 간의 인과관계를 구축했으며, 인구이동에 영향을 미친 요인들의 중요도를 파악하는 경로분석방법도 덧붙였다. 그리고 9장 국내 인구이동의 지역적 분포에서는 계절적 인구이동으로서 이목(移牧)민의 이동에 대해 살펴보았으며, 최근 귀농·귀촌 현상의 추이와 그 원인을 새롭게 덧붙였다. 그리고 국경을 초월하는 비제도적 행위자에 의한 활동인, 초국가적 이주를 이주노동자, 전문직이주자, 이주의 여성화, 유학생 이주 등으로 구분해 살펴보았다. 마지막으로 주요 통계분석에 대한 보충 설명을 내용 중간중간에 박스로 삽입했으며, 그 밖의 내용에 대해 보충·수정했다.

이렇게 새로 구성한 내용들은 인구의 공간적 현상을 더욱 적절히 설명하고 해석하는 데 도움이 된다. 그뿐만 아니라 앞으로 새롭게 나타날 인구현상에 대해 더욱 깊이 관심 갖고 인접과학과 관련지어 이론화할 수 있는 바탕이 될 것이다. 또한 그 영역을 넓혀 좀 더 심도 있는 서술이 되어 차후의 디딤돌이 되었으면 하는 마음으로 개정했다.

끝으로 항상 본인이 연구에 전념할 수 있도록 도와주는 아내 오귀옥(吳貴玉)에게도 고마움을 표하며, 출판계의 어려운 사정에도 불구하고 제2개정판을 흔쾌히 허락해주신 도서출판 한울 김종수 사장님과 편집부 여러분에게도 고마움을 전한다.

2015년 8월

한주성

개정판을 내면서

1999년에 초판을 출간한 후 두 번에 걸친 인구 및 주택 센서스가 실시되어 인구에 대한 새로운 자료가 발표되었고, 그동안 인구현상의 공간적 분포도 변화되었다. 이러한 인구현상의 공간적 변화에 부응하기 위해 개정판을 출간하게 되었는데, 초판의 인구와 관련된 자료를 바꾸고, 또 그동안 발표되었던 새로운 인구현상에 대한 지리학적 연구들을 원용해 재집필했다.

그동안 인구지리학은 우드(R. I. Wood)의 공간인구학(spatial demography)에서 다시 인구지리학의 정체성을 재정립하고자 인구와 자연환경 및 사회와의 상호관계에 눈을 돌리고, 넓고 다양하게 볼 수 있는 포스트모던(post modern)의 조류와도 흐름을 같이했다. 또 경제의 글로벌화(globalization)와 현대의 인구정책 과제와 밀접한 인구이동 연구의 중요성도 재인식했다. 이러한 인구지리학의 연구 흐름의 변화에 발맞추어 새로운 이론들을 추가하려고 노력했다. 또 한국 인구지리학의 실증적인 연구들을 많이 수록해 인구현상에 대한 이해도를 높이려고 했다. 그리고 최근에 관심이 높아진 인구현상의 지리정보체계 활용, 노령인구의 증가에 따른 노인문제, 아동지리학의 문제, 출산력 저하에 따른 한국의 인구정책 등에 대한 내용을 추가했다. 그러나 독자 제현이 보시기에는 아직도 부족한 점이 많을 것으로 생각해 앞으로 미진한 내용을 보완해나가고자 한다.

이 책은 초판의 틀을 크게 바꾸지 않고 13장으로 구성했다. 먼저 1장에는 인구와 인구지리학, 인구지리학과 다른 학문과의 관련성을 파악했다. 또 2장에는 인구지리학의 발달과 연구과제 및 인구지리학과 지리정보체계에 대해 기술하고, 3장에는 인구성장 이론에 대해 서술했다. 그리고 인구의 정태적 현상으로 4장에서는 인구의 성장과 분포에 대해, 5장에서는 인구구조와 그 분포 및 여성취업과 페미니즘에 대한 내용을 전개시켰다. 인구의 동태적 현상으로 6장과 7장에서는 출산력과 사망력의 지역적 분포에 대한 내용으로 구성했으며, 사망력의 경우 의학지리학에 대해 부기했다. 그리고 8장에는 인구이동 유형과 계량적·행동지리학적·제도학적·구조주의 관점 등에서의 이동이론을 서술했으며, 9장에서는 국내 인구이동의 지역적 분포를 지역적·국지적·시간적 차원에서 내용을 기술했다. 10장과 11장에서는 세계와 한국의 국제 인구이동의 지역적 분포에 대해 서술했는데, 한국의 경우 중국·일본·미국, 러시아에 분포한 한민족의 거주 형성과정을 기술했다. 그리고 12장에서는 인구의 동태적 현상을 출생·사망과 인구이동으로 나누어 인구변동과 인구이동권에 대해 각각 서술했다. 마지막으로 13장에서는 인구의 공간적 현상을 변화시키는 각종 인구정책에 대해 서술했다.

인구현상은 인구 그 자체만의 현상이 아니고 인간이 영위하는 활동에 따라 다양한 현상이 공간적으로 나타난 결과이다. 우리는 이러한 인구의 공간적 현상에 대해 더욱 많은 관심을 갖고 인구지리학의 영역을 좀 더 넓혀나가고, 인구의 공간적 현상을 야기하는 요인들을 인접과학과 관련지어 이론화하는 데 게을리하지 않아야 한다고 생각한다.

아울러 항상 본인이 연구에 전념할 수 있도록 집안일을 해주고 원고교정을 도와준 아내 오귀옥(吳貴玉)에게도 고마움을 표한다.

끝으로 출판계의 어려운 사정에도 불구하고 개정판을 흔쾌히 허락해주신 도서출판 한울 김종수 사장님과 편집부 여러분에게도 고마움을 전한다.

2007년 10월

한주성

초판 머리말

세계 인구는 약 60억으로 이들은 지구상에 자기의 문화를 가지고 거주하고 있다. 우리 지리학도는 지구상의 인구분포를 여러 가지 관점에서 분석도 하고 이론화하기 위해 노력하고 있다. 그러나 45년의 인구지리학 역사에도 불구하고 다른 지리학과 마찬가지로 인구지리학은 아직도 자기 나름대로의 이론도 정립하지 못한 채 인접학문의 이론들을 빌려다가 지역적 인구현상을 분석·설명하고 있다. 이는 저자를 포함해 인구지리학에 관심을 갖고 있는 분들의 노력과 문제의식이 부족한 데서 온 결과라고 생각한다. 이와 같이 인구지리학 나름대로의 이론과 법칙을 구축하지 못한 이 시점에서 졸저(拙著)를 펴낸다는 것이 부끄럽기 짝이 없다. 그러나 앞으로 이 책을 바탕으로 인구지리학의 이론과 법칙이 탄생하기를 기대하면서 그 내용을 전개시켰다. 종래에 발간된 인구지리학은 내용 자체가 너무 협소한 감을 가지고 있었다고 생각한다. 그것은 인간이 관련하고 있는 사회의 여러 현상에 대한 고찰이 부족한 점에서 나타난 결과라고 생각해 졸저에서는 지금까지 인문지리학에서 연구된 내용 중 인구현상과 관련이 있다고 생각하는 내용을 좀 더 많이 담으려고 노력했다. 또 종래 서양의 인구현상 위주의 내용을 지양하고 한국의 인구현상에 대한 지리학적 내용을 많이 전개시키려고 노력했으나 독자 제현이 보시기에는 아직도 부족한 점이 많을 것으로 생각해 앞으로 부족한 내용을 보완해나가고자 한다.

이 책은 13장으로 구성되어 있다. 먼저 1장에는 인구와 인구지리학, 인구지리학과 다른 학문과의 관련성을 파악했다. 또 2장에는 인구지리학의 발달과 연구과제를 기술하고, 3장에는 인구성장 이론에 대해 서술했다. 그리고 인구의 정태적 현상으로 4장에서는 인구의 성장과 분포에 대해, 5장에서는 인구구조와 그 분포 및 여성취업과 페미니즘에 대해 내용을 전개시켰다. 인구의 동태적 현상으로 6장과 7장에서는 출산력과 사망력의 공간적 분포에 대한 내용을 구성했으며, 사망력의 경우 질병지리학에 대해 부언했다. 그리고 8장에는 인구이동 유형과 계량적·행동지리학적 관점에서의 이동이론을 서술했으며, 9장에서는 국내 인구이동을 지역적 차원, 국지적 차원, 시간적 차원에서 기술했다. 10장과 11장에서는 세계의 국제 인구이동과 한국의 국제 인구이동에 대해 서술했는데, 한국의 경우 중국·일본·미국에 분포한 한민족의 거주 형성과정을 기술했다. 그리고 12장에서는 인구의 동태적 현상을 출생·사망과 인구이동으로 나누어 인구변동과 인구이동권에 대해 각각 서술했다. 마지막으로 13장에서는 인구의 공간적 현상을 변화시키는 각종 인구정책에 대해 서술했다.

인구현상은 인구 그 자체만의 현상이 아니고 인간이 영위하는 활동에 따라 다양한 현상이 공간적으로 나타난 결과이다. 우리는 이러한 인구의 공간적 현상에 대해 보다 많은 관심을 갖고 인구지리학의 영역을 보다 확대시켜 나아감과 동시에 인구의 공간적 현상을 야기하는 요인들을 인접과학과 관련지어 이론화하는 데 게을리하지 않아야 한다고 생각한다.

졸저를 기술하는 데는 지난 15년 동안 대학에서 이 영역을 강의하면서 다져온 학문관이 크게 작용했다고 생각한다. 그리고 지난날 학문적으로 부족한 점이 많은 본인에게 많은 지도를 아끼지 않으신 은사 고(故) 板倉勝高 선생님, 長谷川典夫 선생님, 日野正輝 선생님(東北大學), 洪慶姬 선생님, 徐贊基 선생님과 항상 격려를 아끼지 않으신 西村嘉助 선생님에게 감사를 드린다. 박학독필(薄學禿筆)로 쓴 졸저가 한국의 인구지리학 발달에 조금이나 도움이 된다면 위의 분들에게 공을 돌리고 싶다. 그리고 평소 지도와 편달을 아끼지 않으신 은사님과 선배님들, 항상 본인이 연구에 전념할 수 있도록 해주고 원고교정을 도와준 아내 吳貴玉에게도 고마움을 표한다.

끝으로 어려운 출판계의 사정에도 불구하고 졸고의 출판을 흔쾌히 허락해주신 도서출판 한울 사장님과 편집부 여러분에게도 고마움을 금치 못하는 바이다.

1998년 7월 11일

세계 인구의 날에 즈음하여

한주성

차 례

1장

인구·인구지리학·인구통계 자료

1. 인구의 정의와 특징

인구(human population)란 사회생활을 영위하는 '인간의 추상적인 집단'이다. 인구(population)란 용어를 처음 사용한 사람은 베이컨(F. Bacon, 1561~1626)으로, 그는 자신이 저술한 『수상록(Essays)』(1597)에서 이 용어를 처음 사용했다. 서부 유럽 여러 나라에서는 산업혁명보다 앞선 16~18세기에 걸쳐서 중상주의(mercantilism)[1]가 성해 국부(國富) 증대를 목표로 한 정책을 실시해 국내 인구를 증가시키는 것이 필수조건이었다. 그리고 18세기 후반 프랑스의 중농주의(physiocracy)[2]에서도 농업의 잉여를 가져오는 부의

1) 중상주의는 중세에서 근대로 옮겨오는 과도기에 나타난 중요한 경제사상으로 어느 국가든지 국익을 얻기 위해서는 다른 나라의 희생으로서만 그 국익을 증진시킬 수 있다는 것으로 정치와 경제정책의 주요 목적은 전쟁에 대비하는 것이었다.

2) 18세기 후반 프랑스의 케네(F. Quesnay)를 중심으로 전개된 경제이론과 경제정책을 가리키는 용어이다. 국민의 대다수를 차지하는 농민의 희생으로 강행되고 있는 중상주의 정책에 반대해 농업을 유일한 생산적 산업이라고 생각해 농업의 자본주의화(영국형 대농 경영제도의 창출)에 의해 농업을 파멸상태에서 절대왕정의 재정적 위기를 극복하자는 것이었다.

유일한 원천으로서 국내의 인구 증가는 필수조건이었다. 그런 가운데서도 인구의 의미는 중요했다. 그러나 인구란 단어가 사용되기 이전부터 각 국가의 통치자들은 국내의 인구수를 알 필요가 있었으며, 그 기록이 아직도 남아 있다. 토지의 기술(記述)을 대상으로 하는 지리학에서도 인구는 오래전부터 기재의 대상이었고, 지리지(地理志)나 지리서(地理書) 및 교과서에 반드시 그 내용이 들어 있었으며, 국가나 각 지방의 인구가 기록되어 있었다. 그러나 인구가 지리학의 대상으로 학문적 체계 속에 들어온 것은 근대지리학이 발달하기 시작한 이후부터이다. 인구는 특정 지역에서 생존활동을 하는 구체적인 인간집단으로서 그 중요성을 가지는데, 이러한 의미에서 인구현상은 그 사회의 자연적·문화적·사회적·경제적 조건을 반영하는 것이다. 이러한 의미에서 인구현상은 특정 시대의 사회소산(社會所産)이다. 그리고 한 시대의 사회가 만들어낸 인구현상은 그 사회의 존속발전에 중요한 영향을 미친다.

이상에서 인구지리학(population geography) 정의의 변천을 보면 <그림 1-1>과 같다. 인구지리학은 1950년대 이전의 대(大)인구지리학 시기에는 자연지리학과 문화지리학과 더불어 지리학을 구성하는 3대 분과 중의 하나였으며 지리학의 중심적인 구성요소로서 제시되었다. 인구지리학은 그 후 1960·1970년대에 들어와 하나의 계통지리 분과로서 확고한 지위를 구축하게 되었다. 인문지리학 전체가 계통적 여러 분과로 세분되어 각각의 분과별로 연구가 심화되어가는 가운데, 인구지리학의 연구는 양적뿐만 아니라 질적으로도 풍부하게 증가되었다. 이 시대를 대표하는 인구지리학의 정의는 클라크(I. Clark)에 의하면 다음과 같다. 즉, 인구지리학은 인구의 분포, 구성, 이동 및 성장에 관한 공간적 변동이 장소의 성질에 관한 공간적 변동과 어떠한 관련을 맺고 있는가를 밝히는 학문분야라고 했다. 그리고 인구지리학자는 자연 및 인문환경과 인구사상(事象)과의 사이에서 나타나는 복잡한 상호관계를 밝히는 것이라고 했다.

개념장치로서의 인구지리학은 1980년대에 영국에서 하나의 전환점을 맞이하게 되어 그 후 '인구학 혁명(demographic revolution)'이라고 불러야 한다는 일련의 주장도 있었다. 이 활동의 중심적 역할을 한 사람이 영국의 우드(R. I. Wood)이다. 그는 지금까지의 인구지리학 정의는 존재하지 않았다고 주장하고 인구지리학을 인구학에 크게 접근시킨 새로운 정의를 내렸다. 즉, 인구지리학은 공간적 관점(spatial perspectives)에 의한 인구의 연구이고, 그것은 공간인구학(spatial demography)과 같은 뜻이라고 했다. 이런 주장은 전통적인 인구지리학의 넓은 의미의 정의에 대해 좁은 의미의 정의라고 볼 수 있다. 인구지리학이 인구학화한 결과 인구 분포나 인구의 재배치에 관한 항목은 무시되고 나아가 인구의 직업·종교·언어·민족에 관한 속성, 도시화 및 민족의 거주 분리도 중요한 과제가 아니라고 보는 것이다. 더욱이 인구이동에 관심을 집중시키는 것을 중지하고 출생과 사망을 바탕으로 인구학적 구조·과정(process)의 분석과 인구투영을 위한 모형개발을 권장했다. 그러나 영국 이외의 국가에서는 이 공간인구학이라는 좁은 의미의 정의가 널리 수용되지 않았다. 또 1980년대 지리학의 새로운 조류, 즉 인간·환경에 관한 생태학적 주제의 부활 및 인문주의의 도입이라는 새로운 관점으로부터 인구지리학은 이 주제들을 하나의 과제로 남게 했다. 1990년대의 인구지리학은 1980년대의 '인구학 혁명'과 좁은 의미의 정의를 부정하고, 넓은 의미의 정의를 재평가·현대화하는 새로운 국면을 맞이하게 되었다. 이런 수정의 계기가 된 것이 ≪프로그레스 인 휴먼 지오그래피(Progress in Human Geography)≫에 파인드레이(A. M. Findlay)가 발표한 일련의 논문들이다. 그는 우드와는 대조적으로 지리학의 정체성을 중요시하고, 인구지리학의 지위를 높이기 위한 세 가지 구체적인 방책을 제시했다. 첫째, 자연과 환경에 관한 인구 연구를 행하는 것이다. 둘째 인문주의적 방법론을 사용해 인구변동의 미시적 과정을 연구하고, 이것에 의해 개인적인 경험 사상(事象)으로서의 인구이동이나 자녀 출산의 사회적 의미를 밝힌다는 것이다. 셋째, 젠더(gender)의 문제이다. 남녀의 다른 인구이동의 경험, 젠더의 관점에서 본 이상적인 자녀 수, 사망률의 사회적 젠더 차이 등 과제에 인구지리학자는 대응할 필요가 있다고 주장했다.

〈그림 1-1〉 인구지리학 정의의 변천

(1) 대인구지리학(~1950년대)

(2) 계통적 인구지리학(1960 · 70년대)

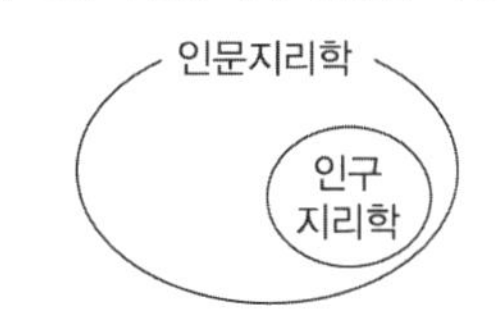

(3) 인구학적 인구지리학(1980년대)

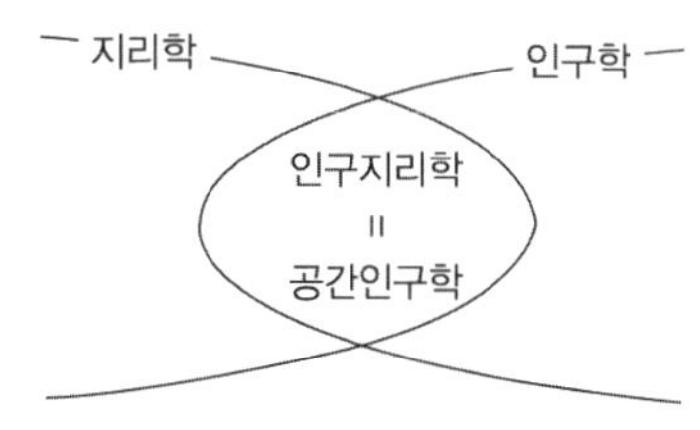

(4) 포스트 모던 인구지리학? (1990년대~)

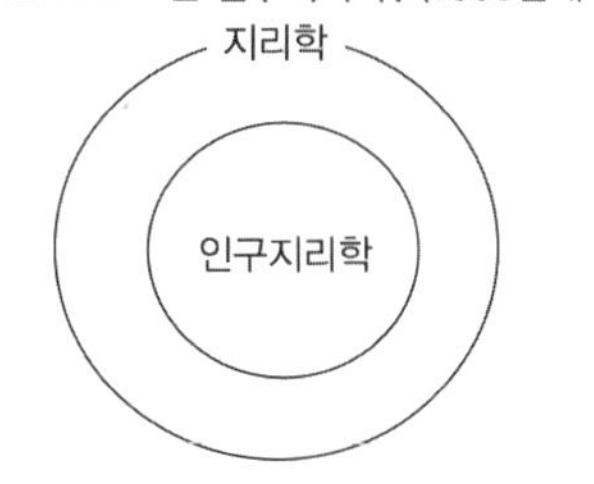

자료: 大關泰宏(2003: 491).

이러한 방책을 채택함으로써 인구지리학은 인구와 자연환경 및 사회와의 상호관계에 다시 눈을 돌려 지리학의 한 분과로서의 정의를 확인할 수 있고, 넓고 다양하게 볼 수 있는 포스트모던(post modern)의 조류와도 일치하게 된다. 또 그는 경제의 글로벌화와 현대의 인구정책 과제와 밀접한 인구이동 연구의 필요성을 주장해 인구지리학에서 인구이동 연구의 중요성에 대해 재인식시켰다.

인구의 특징은 다음과 같다. 첫째, 인구는 집단현상을 나타내고 있다. 집단현상은 개개 단위의 속성이나 기능을 단절한 존재가 아니고 이들을 합친 것도 아니다. 둘째, 인구는 규모와 구조에서 끝없이 변동하고 변동할 가능성을 가지고 있다. 즉, 인구는 출생과 사망의 생물학적 현상으로 문화적·사회적·경제적 조건에 의해 강하게 규정되고 있다. 이러한 의미에서 인구현상의 본질적 특징은 사회적·유기적 자기 재생산 운동이라고 할 수 있다. 셋째, 인구의 자기 재생산 결과는 문화적·사회적·경제적 조건의 사회생활에 대한 순응(adjustment)운동이다. 넷째, 인구의 순응효과는 즉각적이 아닌 점이적인 순응운동이다. 복잡한 인구의 내면적 질서를 통해 변화해가고, 장기간에 걸쳐 점차 그 효과가 나타난다. 이런 의미에서 인구의 운동은 점차적인 순응운동이며, 이것이 인구문제를 발생시키는 하나의 이유가 된다.

2. 인구의 종류

인구의 종류는 다음과 같이 네 가지로 나눌 수 있다(〈표 1-1〉). 인구 종류의 기준은 인구특질, 실제와 가정(假定)인구, 인구결합, 주·야간 거주가 있다.

먼저 인구특질에 의한 분류로는 발생적 인구와 집합적 인구가 있는데, 발생적 인구는 출생을 의미하는 것이며, 집합적 인구는 집단으로서의 의미를 가지는 것으로 인구현상의 특질에서 기본적인 것이다.

다음으로 실제와 가정을 기준으로 한 인구에는 실제인구(actual population)와 이념인구(ideal population)가 있다. 실제인구는 실제 존재하는 인구를 말하고, 이념인구는 인구현상을 연구하기 위해 여러 가정들을 바탕으로 해 이론적으로 만들어진 것을 말한다. 이것은 다시 봉쇄인구(closed population, isolated population)와 안정인구로 나눌 수 있다. 봉쇄인구는 인구의 전입·전출 현상은 나타나지 않고 출생과 사망만으로 인구

〈표 1-1〉 인구의 종류

기준	구분
인구특질	발생적 인구, 집합적 인구
실제와 가정(假定)인구	실제인구, 이념인구
인구결합	현재인구, 상주인구, 법적인구, 종업지 인구, 출생지 인구, 시설인구
주·야간 거주	주간인구, 야간인구

자료: 館稔(1963: 54~60).

변동이 이루어진다는 가정의 인구이며, 인구의 전출과 전입이 일어나는 인구를 개방인구(open population)라 한다.

그리고 인구가 어떤 지역에서 결합되는가에 따라 분류되는 인구의 종류로서, 현재인구(de facto population) 또는 사실인구(事實人口)가 있는데, 이는 특정한 시점에 특정한 지역에서 존재하고 있는 모든 인간집단을 말한다. 그리고 상주인구(de jure population) 또는 현주인구(現住人口)는 특정한 시점에 특정한 지역에 상주하고 있는 모든 인간집단을 말한다. 따라서 현재인구와 상주인구 사이에는 다음과 같은 관계가 성립될 수 있다. 즉, '상주인구 = 현재인구 − 일시적 현재인구 + 일시적 부재인구'로, 대도시와 항만도시는 현재인구와 상주인구의 차이가 크지만, 농촌지역에서는 두 인구가 대단히 유사하다. 현재인구와 상주인구는 인구조사에서 기술상 매우 중요하다. 그 밖에도 법적인구, 종사지 인구, 출생인구, 시설인구 등이 있다. 법적인구는 선거인구나 납세인구 등을 말하며, 종사지 인구는 취업자가 종사지에 귀속한 인구를 말하는데 1921년 영국에서 이에 대한 조사가 처음 실시되었다. 또 출생지 인구는 출생지역별 인구수이며, 시설인구(institutional population)는 군대가 머물러 있는 건물[영사(營舍)]이나, 교도소, 양로원 등에 거주하는 인구이다.

마지막으로 주간인구(day population)와 야간인구(night population) 조사는 1891년 영국 런던 시에서 처음으로 실시되었는데, 주간인구는 오전 11시나 정오의 특정한 시간, 또는 오전 6시에서 오후 6시까지의 시간에 일정한 지역 내에 있는 인구를 말하며, 야간인구는 보통 자정을 기준으로 파악된 인구를 말한다. 대도시권에서 CBD(중심업무지구, Central Business District)는 주간인구가 많고 주택지역은 야간인구가 많은데, 최근 도시의 효율적인 토지이용을 위해 CBD에 야간인구가 거주할 수 있는 주상(住商)복합

〈표 1-2〉 시 · 도별 주야간 인구분포(2000 · 2010년)

시·도	2000년			2010년		
	야간(상주) 인구(A)	주간인구 (B)	주간인구 지수 (B/A×100)	야간(상주) 인구(A)	주간인구 (B)	주간인구 지수 (B/A×100)
서울특별시	9,687,843	10,189,317	105.2	9,550,206	10,369,684	108.6
부산광역시	3,585,496	3,522,099	98.2	3,352,257	3,298,496	98.4
대구광역시	2,431,726	2,352,749	97.8	2,399,159	2,289,188	95.4
인천광역시	2,430,650	2,299,870	94.6	2,603,780	2,482,540	95.3
광주광역시	1,327,408	1,303,583	98.2	1,449,768	1,400,536	96.6
대전광역시	1,341,611	1,324,205	99.7	1,472,388	1,445,205	98.2
울산광역시	996,648	1,004,143	100.8	1,058,070	1,072,154	101.3
경기도	8,818,509	8,361,418	94.8	11,091,716	10,281,678	92.7
강원도	1,455,922	1,471,612	101.1	1,435,394	1,453,732	101.3
충청북도	1,436,676	1,448,793	100.8	1,479,816	1,503,981	101.6
충청남도	1,807,050	1,874,530	103.7	1,982,214	2,072,303	104.5
전라북도	1,851,715	1,855,379	100.2	1,746,964	1,752,345	100.3
전라남도	1,954,669	1,979,439	101.3	1,711,536	1,760,398	102.9
경상북도	2,670,473	2,760,015	103.4	2,546,241	2,667,709	104.8
경상남도	2,920,871	2,969,892	101.7	3,082,619	3,112,188	101.0
제주도	503,774	503,997	100.0	523,261	523,252	100.0
전국	45,221,041	45,221,041	100.0	47,485,389	47,485,389	100.0

자료: 통계청, http://kostat.go.kr

빌딩이 건축되고 있다.

2000·2010년 한국의 야간인구와 주간인구의 분포를 보면 <표 1-2>와 같다. 2000년 주간인구와 야간인구를 파악할 때는 먼저 주간인구의 경우, 통근·통학에 의한 유입인구를 더하고, 야간인구는 통근·통학에 의한 유출인구를 빼어 파악했으나 통근·통학과 관계가 없는 공무원의 출장, 친척방문, 통원, 구매행동 등의 이동들은 제외되어서 정확한 야간인구수와 주간인구수를 알 수가 없었다. 통근·통학의 유출입인구를 포함한 야간인구수에 대한 주간인구수의 주간인구지수[3]를 보면, 서울시가 105.2로 가장 높고, 그다음이 충청남도, 경상북도의 순이었다. 한편 야간인구수가 많은 인천시가 94.6으로

3) 주간인구지수=[(상주인구+유입인구-유출인구)/상주인구]×100

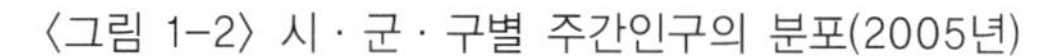
〈그림 1-2〉 시 · 군 · 구별 주간인구의 분포(2005년)

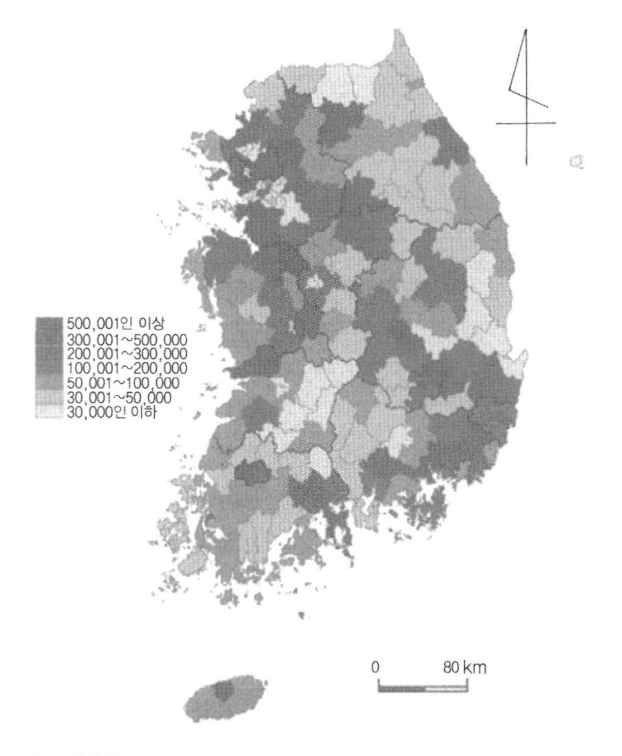

자료: 통계청, http://gis.nso.go.kr

가장 낮고 이어서 경기도가 94.8이고, 그다음으로 대구시였다. 지방 중심도시의 주간인구수가 야간인구수보다 적어 도시의 규모에 비해 서울시보다 기능이 적게 분포했고 그 때문에 중심성이 상대적으로 낮다는 것을 알 수 있다. 이로 인해 도시에서 인접지역으로의 역통근(reverse)이 발생한다고 할 수 있다.

한편 2010년 한국 시·도의 주간인구지수를 2000년과 비교해보면, 대도시 중에서 서울시의 주간인구지수가 가장 높을 뿐 아니라 더 높아졌으며, 울산시도 높아졌다. 반면 지방대도시와 경기도의 주간인구지수는 낮아졌는데, 이는 광역시들의 인구가 주간에 주변지역으로 통근·통학을 많이 하고 있다는 것을 알 수 있다.

2005년 시·군·구별 주간인구의 분포를 보면 <그림 1-2>와 같이, 서울시·부산시 등 도시에 많다는 것을 알 수 있다. 주간인구지수 값을 보면, 서울시 중구가 354로 가장 높고, 그다음으로 서울시 종로구(251), 부산시 강서구(213), 부산시 중구(197), 대구시 중구(186), 서울시 강남구(182), 인천시 중구(171), 서울시 서초구(140), 광주시 동구

(140), 서울시 용산구(134), 영등포구(133), 부산시 동구(130)의 순으로 대도시에서 지수값이 매우 높아 통근·통학에 의해 나타난 현상이라는 것을 알 수 있다.

3. 인구지리학과 인구학 및 다른 학문과의 관계

인구지리학은 인문지리학의 한 분과로 인구현상에 대해 인구수·인구구성·인구변동의 지역적 분포와 인구의 지역적 이동을 밝히고, 그 분포 및 이동을 각 지역의 특성과 관련지어 고찰하는 학문이다. 이 학문은 인구현상의 지리적 연구를 통해 각 지역의 구조를 구명(究明)하는 것을 목적으로 한다. 각 국가와 지역의 인구수는 과거부터 지금까지 국내외를 불문하고 정치적·경제적으로 중요한 관심사가 되어왔으며, 특히 위정자는 징세(徵稅)나 장정(壯丁)을 모으는 목적으로 인구조사를 행해 인구수나 성·연령별 인구를 정확하게 알려는 노력이 계속되어 기록으로 남아왔다. 근세 이후 라첼(F. Ratzel)이나 비달(P. Vidal de la Blache)도 그들의 주된 저서 내용에서 인구의 지리학적 연구를 매듭지었지만, 새로운 과학적 연구는 제2차 세계대전 이후에 이루어졌으며 그 발전 또한 눈부시다.

인구지리학의 장점은 첫째, 지표상의 현상을 분석하고 검토할 때 공간의 인식력이 강하다. 둘째, 분석대상의 규모에서 인구학은 그 성격상 전 세계, 전국, 도 규모의 분석을 주로 하고 있지만 인구지리학은 시·구·읍·면 또는 이보다 규모가 작은 지역을 대상으로 분석해 상세한 지역분석을 할 수 있다는 점에서 결코 인구학보다 약하다고 할 수 없다.

한편 인구학(demography)[4]은 인구현상을 대상으로 하는 학문으로, 그 연구방법상으로는 형식인구학(formal demography)과 실체인구학(substantive demography)으로 나누어진다. 형식인구학은 인구분석을 중심으로 인구의 크기, 지역적 분포 및 인구구성과 그들의 변화를 연구함과 동시에 변화의 원인인 출생률, 사망률, 이동률을 연구하

4) 1855년에 프랑스의 수학자 기야르(A. Gillard)는 주로 인구현상의 통계적 연구에 대해 데모그래피(demography)라는 말을 사용했다. 그래서 데모그래피는 기야르의 조어(造語)라고 할 수 있으며, 그 어원은 그리스어의 dēmos(인민)와 graphiā(묘사하다)이며, 이것은 인간의 집합체인 인구의 기술(記述)을 뜻하는 말이다.

〈그림 1-3〉 인구지리학과 인접과학과의 관계

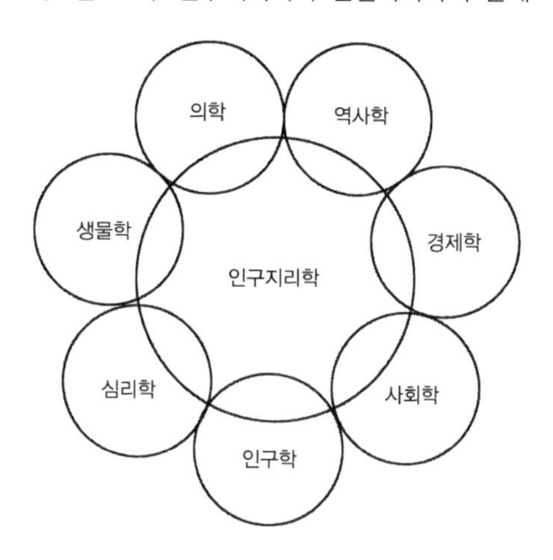

는 학문이다. 이것은 하우저(P. M. Hauser)나 던컨(O. D. Duncan)에 의해 인구분석(demographic analysis)이라 불리게 되었다. 이에 대해 실체인구학은 인구변수만의 연구에 그치지 않고 인구변수와 직·간접적으로 관련을 맺고 있는 그 밖의 변수, 즉 사회적·경제적·정치적 변수, 그 밖의 생물학적·유전학적 변수 등 많은 변수와의 관계를 연구하는 것을 목적으로 하고 있다. 인구학의 발달은 페티(W. Petty, 1623~1687)의 정치적 산술(political arithmetic)의 영향을 받았던 친구 그랜트(J. Graunt, 1620~1674)의 사망표의 통계적·실증적 연구를 시작으로 지금까지 형식인구학을 중심으로 그 연구가 많이 행해져 왔다.

인구학은 인구수, 인구학적 과정을 정치적 단위에서 분석하는 것이고, 인구지리학은 인구분포, 인구구성, 인구이동, 인구증감의 변동을 장소의 성격변동과 관련지어 연구하는 것이다. 그리고 인구학과 인구지리학은 기본적으로 수량적인데, 인구학은 신체적·지적 등의 인구특질을 수량적 자료로서 분석하는 데 대해, 인구지리학은 자연환경·인문환경과 인구와의 관계에 대한 자료를 분석하는 것이다. 그러나 인구지리학은 인구학의 기본적인 분석기술의 지식을 원용해야 한다.

한편 인구지리학과 인구학 이외의 다른 학문과의 관계를 나타낸 것이 <그림 1-3>이다. 즉, 인구지리학은 인문학의 역사학, 사회과학의 경제학, 사회학, 심리학, 자연과학으로는 생물학, 의학 등과 깊은 관련을 맺고 있다. 그리고 지리학 내에서도 지형학, 기후학, 토양지리학의 자연지리학, 경제지리학, 도시지리학, 사회지리학, 역사지리학,

문화지리학 등 인문지리학과도 관련을 맺고 있다.

4. 인구센서스와 조사 항목

인구조사는 일정한 지역의 인구 상태를 파악하는 것이 목적으로, 특정한 시기에 동시적으로 행하는 전수조사를 말한다. 인구조사는 서력기원 이전으로 거슬러 올라가면 구약성서의 「민수기(民數記, The Numbers)」에 나온 것을 들 수 있다. 「민수기」는 모세(Moses) 5경의 하나로 3000여 년 전에 나온 것이며, 동아시아에서는 2000여 년 전 한나라 때 이미 자세한 인구자료가 있었다. 인구조사는 과세나 노동력·병역인구 등을 알기 위해 기원전 수천 년 전부터 중국, 바빌로니아, 이집트 등에서 행해져왔다는 기록이 있지만, 현재와 같이 근대적인 총인구조사인 센서스(census)[5]를 처음으로 실시한 곳은 캐나다의 퀘벡 주이다. 국가 단위에서는 1703년 아이슬란드에서 처음 실시했으며, 그 후 스웨덴이 1749년, 미국이 1790년, 영국과 프랑스, 덴마크, 포르투갈이 1801년에, 일본은 1920년에, 한국은 1925년에 실시했다.

유엔에서 채택하고 있는 정의에 의하면 인구센서스는 개인 또는 개별조사, 일정한 지역 내에서의 조사의 보편성, 조사의 동시성 및 조사기간의 일정한 간격 등 네 가지 요소를 필수적으로 구비해야 한다. 이러한 개념에 맞는 센서스를 근대적 센서스라 하며, 과거의 조사과정과 방법이 엄격하게 통제되지 못했던 소위 전통적인 센서스와 구분되기도 한다.

인구지리학의 연구에서 가장 어려운 문제 중의 하나는 인구가 시공간에서 특징과 질적인 내용이 변화한다는 것이다. 비록 개발도상국가나 지역이 최근 유엔 기구에 의해 인구센서스나 인구통계조사를 위한 여러 지원을 받고 있지만, 일반적으로 선진국가와 지역에서 더 정확하고 풍부한 자료를 얻을 수 있다.

국제적인 인구자료는 부정확하고 이질적이다. 인구자료가 부정확한 이유는 첫째, 빈곤하고 부적절한 재정적 수집방법, 둘째, 센서스에 대한 의문, 재반송, 무지 때문이고

---

5) 센서스는 인두세를 가리키는 로마 용어로 세금을 걷는 단위로 사람을 세는 데서 비롯되었다. 라틴어 cencere에서 유래되었으며 '값을 매기다', '평가하다', '세금을 부가하다'라는 뜻을 가지고 있다.

〈표 1-3〉 주요 국가의 인구 총조사 항목

조사 항목	한국	미국	일본	유엔 권고안	비고(조사목적)
성명	○ (미입력)	○	○	-	조사 대상 확인, 중복누락 방지
연령	○	○	○	기본항목	
교육정도	○	○	○	기본항목	취학상태, 국가 교육정책, 타 항목 연계분석
혼인상태	○ (미혼, 유배우, 사별, 이혼)	○ (미혼, 유배우, 사별, 이혼, 별거)	○ (미혼, 유배우, 사별, 이혼, 별거)	기본항목 (미혼, 유배우, 사별, 이혼, 별거)	장래 가구형성 및 소멸 예측, 가구추계 기초, 출산력 분석, 타 항목 연계분석
출생지	○	○	○	기본항목	생애 인구이동 파악
종교	○ (1985·1995·2005년)	-	-	권고항목	종교 관련 정책 기초 종교인구의 경제사회적 특성
통근통학 관련	○	○	○	권고항목	주·야간 인구변동분석 교통정책, 주간인구 행정수요 예측, 교통망 건설, 도시계획 등
초혼연령	○ (1975·1980·1990·2005년)	-	-	권고항목	출산력 분석 초혼연령 변화 분석
경제활동 상태	○	○	○	기본항목	경제활동상태, 취업구조, 노동력 수급, 고용대책 등
종사상 지위	○	○	○	기본항목	취업형태 및 구조파악, 노동력 수급 및 고용대책
산업	○ (사업체 이름, 내용)	○ (사업체 이름, 직장종류, 주 취급 일)	○ (사업체 이름, 일의 종류)	기본항목	산업구조 및 취업형태, 노동력 수급 및 고용대책, 산업구조 관련 정책 수립 등
직업	○ (부서 및 직책, 일의 종류)	○ (직업, 주요활동 및 임무)	○ (실제하고 있는 일의 종류)	기본항목	직업구조 및 취업형태, 노동력 수급 및 고용대책, 교육 및 직업의 연계성 등
개인소득	-	○	○ (가구소득)	권고항목	
심신장애	1980·2005년	○	-	권고항목	복지정책

자료: 통계청, 「인구주택총조사 자료」(2006).

셋째, 특히 연령과 직업에 대한 신고 결여, 넷째, 인구의 지속적인 변화, 다섯째, 접근 불가능 지역이나 몇몇 인구집단에 대한 조사누락 때문이다. 그리고 이질성은 첫째, 일람표의 유형과 광범위한 조사의 다양성, 둘째 국가 센서스의 동시성 결여, 셋째, 정치적·행정적 센서스 단위의 경계가 자주 변화하는 점, 넷째, 언어, 가구, 인종, 국적, 직업, 도시 인구, 사산(死産) 등과 같은 용어의 뜻이 매우 다르기 때문이다.

센서스는 두 가지 접근방법에 의해 실시되고 있는데, 그 하나는 사실적 접근방법(de facto approach)이고 다른 하나는 법률상 접근방법(de jure approach)이다. 사실상 접근방법은 현재인구를 조사하는 방법으로 영국에서 채택하고 있으며, 센서스 실시시기에 개인이 있는 장소에서 기록하는 방법이다. 그리고 법률상 접근방법은 상주인구를 조사하는 방법으로 미국, 한국 등에서 주로 사용하고 있다.

센서스를 실시하는 시기는 서력(西曆) 연도의 마지막 숫자가 0 또는 5인 연도로 그 조사내용은 다음과 같다. 센서스 조사 항목은 하나의 국가에서 12~24개 유형을 포함하는데, 대부분의 센서스 항목은 지리적 위치, 성, 연령, 결혼 상태, 시민권, 출생지, 가구주와의 관계, 종교, 교육특징, 직업·산업의 경제적 특징과 지위이고, 국가 간의 공통성이 적은 항목은 출생과 결혼관계 자료, 부업, 소득, 언어, 민족적 특징, 토착민의 관습, 자격과 인구이동 등이다. 그러나 유엔에서 추천하는 항목은 총인구, 성, 연령, 결혼 상태, 출생지, 시민권이나 국적, 모국어, 언어, 교육정도, 경제적 특징, 도시와 농촌의 거주, 가구와 가족 구성, 출생률 등이다(〈표 1-3〉).

인구센서스는 5~10년에 한 번씩 실시하므로 2~3년 사이에 인구학적 변화를 파악하는 데 불편함이 있으므로 표본조사는 이러한 불편을 없애기 위해 실시하는 경우가 많다. 표본조사는 인구센서스에서 발견할 수 없는 사항들을 찾아낼 수 있을 뿐 아니라 인구센서스나 인구동태 통계에서 자료수집이 불가능한 항목이나 또 비교적 자세한 항목까지도 상세하게 조사할 수 있는 장점이 있다. 그러나 이러한 표본조사의 단점은 센서스처럼 모든 지역을 조사 대상으로 하지 않고 표본 집계하는 것이므로 표본설계 그 자체가 잘못되어 표본 대상지역의 선정이나 표본 추출률 또는 표본크기가 잘못 선정될 때는 표본조사에서 얻어진 자료는 쓸모가 없게 된다.

이와 같이 표본조사의 경우, 표본지역으로 선정된 지역이 조사하고자 하는 전체 지역을 잘 대표하는가 하는 표본의 대표성에 의해 집계된 자료의 신빙성이 좌우되기도 한다. 그러나 전국적인 인구조사에 비해 비교적 빠르고, 짧은 기간 내에 최소한의

〈표 1-4〉 한국의 인구센서스 조사 항목과 실시일

조사 항목 \ 조사 연도	1925 10.1	1930 10.1	1935 10.1	1940 5.1	1944 5.1	1949 5.1	1955 9.1	1960 12.1	1966 10.1	1970 10.1	1975 10.1	1980 11.1	1985 11.1	1990 11.1	1995 11.1	2000 11.1	2005 11.1
성명	○	○	○	○	○	○	○	○	○	○	○	○	○	○	○	○	○
본관													○			○	
가구주와의 관계		○		○		○	○	○	○	○	○	○	○	○	○	○	○
생년월일 (나이)	○	○	○	○	○	○	○		○	○	○	○	○	○	○	○	○
혼인상태	○	○	○	○	○	○	○	○	○	○	○	○	○	○	○	○	○
혼인 연월																	◇
성별	○	○	○	○	○	○	○	○	○	○	○	○	○	○	○	○	○
국적	○	○	○	○	○	○	○	○									
본적	○			○	○		○				○	○					
출생지		○		○				○		◇		□	○	○	◇	○	
상주지	○	○	○	○	○	○		○	○	○	○	○	○	○	○		
현주지			○				○										
교육정도		○		○	○	○	○	○	○	○	○	○	○	○	○	○	○
수학연수								○									
전공분야												◇				◇	
문맹 여부								○	○	○			○				
종교													○		○		○
소득											△			◇			
직업		○		○	○	○	○	○	◇	◇	△	□	○	◇	◇	◇	◇
산업								○	◇	◇	△	□	○	◇	◇	◇	◇
종사상의 지위				○	○			○	◇	◇	△	□		◇	◇	◇	◇
경제활동의 상태				○				○	◇	◇	△	□	○	◇	◇	◇	◇
생계수단																◇	
주 부양자																◇	
근로 장소																	◇
취업기간 (현 직업 근무연수)										◇						◇	
특수기술				○	○												
병역관계				○	○												
초혼연령											◇	◇		◇			

조사 항목 \ 조사 연도	1925 10.1	1930 10.1	1935 10.1	1940 5.1	1944 5.1	1949 5.1	1955 9.1	1960 12.1	1966 10.1	1970 10.1	1975 10.1	1980 11.1	1985 11.1	1990 11.1	1995 11.1	2000 11.1	2005 11.1
총출생아 수								○	◇	◇	△	□	○	◇		◇	◇
1년 사이 출생아 수									◇								
추가 계획 자녀 수																	◇
총사망 자녀 수													○	◇			
아동보육(상태)																◇	◇
현존 자녀 수												□	○	◇			
동거·별거 자녀 수												□					
자녀 거주 장소																◇	
해방 후 한국으로의 이동							○	○									
1년 전 거주지												△	○	◇		◇	
5년 전 거주지										◇	△	△	○	◇	◇	◇	◇
거주기간																	◇
거동불편 여부(활동제약)																◇	◇
고령자 생활비 원천																	◇
남북이산가족																	○
통근·통학 관련 항목												◇		○	◇	◇	◇
컴퓨터 활용상태																◇	
인터넷 활용상태																◇	
개인휴대용 통신기기																◇	
가구에 관한 사항															○ ◇	○ ◇	○ ◇
주택에 관한 사항															○	○	○ ◇
빈집조사															○		
시·도에 관한 사항																	

○: 전수조사, △: 5% 표본조사 항목, ◇: 10% 표본조사 항목, □: 15% 표본조사 항목.

자료: 조선총독부·경제기획원 조사통계국·통계청, 『인구주택총조사보고서』(1925~2005).

2010년 11월 1일 인구주택 총조사 항목 전국 항목(47개 항목): 전수 19항, 표본 28항

구분		전수항목 (19)		표본항목 (28)		
		5년 주기	신규	5년 주기	10년 주기	신규
UN 권고 항목 (40)	인구 (23)	① 성명 ② 성별 ③ 나이 ④ 가구주와의 관계 ⑤ 교육정도 ⑥ 혼인상태	① 국적 ② 입국 연월	① 5년 전 거주지 ② 경제활동상태 ③ 종사상 지위 ④ 산업 ⑤ 직업 ⑥ 근로 장소 ⑦ 총출생아 수 ⑧ 혼인 연월 ⑨ 통근·통학 여부 ⑩ 통근·통학 장소 ⑪ 이용교통수단 ⑫ 통근·통학 소요시간 ⑬ 활동제약	① 출생지 ② 1년 전 거주지	-
	가구 (11)	① 가구구분 ② 사용방수 ③ 주거시설 형태 ④ 점유형태 ⑤ 건물 및 거주 층	-	① 난방시설 ② 주차장소 ③ 임차료	① 수도 및 식수 사용 형태 ② 정보통신기기 보유 및 이용현황	① 교통수단 보유 및 이용현황
	주택 (6)	① 거처의 종류 ② 주거용 연면적 ③ 건축연도 ④ 전체 방 수 ⑤ 주거시설 수	-	① 대지면적	-	-
고유 항목 (7)	인구 (5)	-	-	① 아동보육 ② 추가계획 자녀 수 ③ 고령자 생활비 원천	① 현 직업 근무연수	① 사회활동
	가구 (2)	① 주인가구 및 타지 주택 소유 여부	-	① 거주기간	-	-

시 · 도 항목(시 · 도별 3개 항목) : 표본 3																
항목	서울	부산	대구	인천	광주	대전	울산	경기	강원	충북	충남	전북	전남	경북	경남	제주
① 지역생활여건 만족도			●	●	●	●	●		●			●	●	●		●
② 노후준비방법		●		●				●	●	●			●	●	●	●
③ 다른 시·도 이동사유			●	●	●				●			●	●	●		
④ 간호·수발자						●	●				●					
⑤ 노인요양시설 입소여부							●			●	●					
⑥ 현 시·도 거주사유					●			●								
⑦ 가구생활비 원천												●				●
⑧ 자녀 출산시기											●					
⑨ 최초 주택마련 시기 및 대출비율	●		●							●						
⑩ 여가활용 형태	●	●													●	
⑪ 전입이유 및 전거주지	●					●		●								
⑫ 현 거주지 만족도 및 거주사유		●													●	

자료: 통계청, http://meta.narastat.kr

경비로 자료를 산출해낼 수 있는 경제성과 신빙성 때문에 표본 조사방법이 빈번히 이용되고 있다.

한국의 인구센서스의 조사 항목은 성명, 가구주와의 관계, 생년월일, 연령, 혼인상태, 성별, 국적, 상주지, 교육정도 등이나 최근에 1년 또는 5년 전의 거주지나 통근·통학에 관한 항목도 조사했으며, 2000년에는 정보화 사회에 진입함에 따라 컴퓨터·인터넷 활용, 개인휴대용 통신기기 보유 여부도 조사되었다(〈표 1-4〉). 한국의 인구센서스의 역사를 보면 <표 1-5>와 같다. 1925년 간이국세조사는 현주인구조사를 했다. 그 후 일제강점기에 5년마다 국세조사를 실시했으나, 1944년의 인구조사는 전시동원을 위한 인적자원 파악을 위해 '자원조사법'에 따라 정례 국세조사를 1년 전에 실시한 것이다. 1940년과 1944년의 조사결과는 철저한 비밀로 처리되어 일반인들에게는 전혀 공개되지 않았다. 일제강점기의 국세조사 또는 간이국세조사, 인구조사는 식민지의 노동력 착취와 경제수탈을 위한 것이었다. 정부수립 후 처음 실시한 1949년의 총인구조사는 총인구 파악에 그쳤으며, 1955년의 간이 총인구조사는 전국 인구를 처음으로

〈표 1-5〉 한국의 인구센서스의 역사와 특징

기준일	명칭	특징
1925년 10월 1일	간이국세조사	최초의 인구센서스
1930년 10월 1일	국세조사	
1935년 10월 1일	국세조사	
1940년 10월 1일	국세조사	
1944년 5월 1일	인구조사	
1949년 5월 1일	총인구조사	최초로 인구이동 항목조사
1955년 9월 1일	간이 총인구조사	
1960년 12월 1일	인구주택 국세조사	최초로 주택부문조사, 노동력 개념 적용. 경제활동 및 출산력 사항에 대한 20% 표본 집계
1966년 10월 1일	인구센서스	10% 표본조사 병행(경제활동, 출산력 항목)
1970년 10월 1일	총인구 및 주택조사	10% 표본조사 병행 (경제활동, 출산력, 인구이동, 일부 주택항목)
1975년 10월 1일	총인구 및 주택조사	5% 표본조사 병행 (경제활동, 출산력, 인구이동, 일부 주택항목)
1980년 11월 1일	인구 및 주택센서스	15% 표본조사 병행 (경제활동, 출산력, 인구이동, 통근통학 항목)
1985년 11월 1일	인구 및 주택센서스	성씨, 본관조사, 전 항목 전수조사
1990년 11월 1일	인구주택총조사	10% 표본조사 병행(경제활동, 출산력, 인구이동, 일부 주택 항목), OMR(Optical Mark Reader) 입력방식 도입
1995년 11월 1일	인구주택총조사	10% 표본조사 병행(경제활동, 인구이동, 통근통학, 일부 주택 항목), 빈집조사표 사용, 점방식(raster) 지도사용
2000년 11월 1일	인구주택총조사	10% 표본조사 병행(경제활동, 인구이동, 통근통학, 정보화 및 노령화 관련, 일부 주택 항목), 수치지도 사용, PC 지방(12개) 분산 입력 및 편집(editing)
2005년 11월 1일	인구주택총조사	저출산, 고령화, 주거의 질 관련 항목 추가, 인터넷 조사방식 도입, 웹(web) 기반에 의한 자료 입력 시스템의 도입
2010년 11월 1일	인구주택총조사	· 인터넷 조사 확대(0.9%→30% 목표) · 아파트 주택항목은 행정자료로 대체 · 저탄소 녹색성장 관련 조사 항목 선정 및 친환경적인 조사표류, 물품 제작 · 2단계 조사체계: 인터넷 조사→방문 면접조사 · ICR 입력방식을 통한 자료입력 효율화 · 수정 및 귀속 시스템을 활용한 내용검토 효율화 · 조사 항목: 전수 19개, 표본 31개(시·도 항목 3개 포함)

자료: 통계청,「인구주택총조사보고서」(2010).

어느 정도 정확하게 파악할 수 있었다. 이 결과를 이용해 처음으로 장래인구를 추계하기도 했다. 근대적인 면모를 갖추어 실시된 1960년의 인구주택 국세조사는 유엔의 '세계 센서스 계획'에 따라 국제적으로 실시한 인구주택 센서스와 농업센서스의 일환으로 실시되었다. 근대적인 인구센서스의 분수령이 된 1960년의 국세조사는 종래 현주인구조사를 한 것과는 달리 당시 대부분의 국가들이 상주인구조사를 실시했고, 처음으로 주택부문도 추가했다. 아울러 센서스의 정확도를 평가하는 사후조사(PES: post enumeration survey)를 실시했으며, 집계집단에 20% 표본 집계방법을 도입하는 등 조사의 기획에서 자료처리 및 평가에 이르기까지 근대적 센서스의 면모를 갖춰, 오늘날의 센서스 발전을 가져오는 데 밑바탕이 되었다. 1966년의 인구센서스는 제1차 경제개발 5개년계획의 투자재원 확보에 따른 예산부족으로 1년 늦게 실시되었다. 이때 센서스 자료처리를 하는 데 컴퓨터(IBM 1401)를 처음으로 사용했다. 1970년의 총인구 및 주택조사는 주택부문을 조사 항목에 다시 포함시켰으며, 1980년 인구 및 주택센서스부터는 센서스 기준일자를 11월 1일로 바꾸어 적용했다. 1985년 인구 및 주택센서스에서는 전국의 모든 가구에 대해 전 항목을 전수조사했으며, 표본조사기법(10% 조사구)을 도입해 이후의 센서스에도 계속 실시했다. 1990년의 인구주택총조사에서는 광학판독기(OMR: optical mark reader) 입력방법으로 전환해 자료의 입력기간을 단축하고 입력오차를 극소화했다. 1995년의 인구주택총조사에서는 빈집조사를 처음 실시했으며, 점방식 지도(raster map)를 사용함으로써 전산지도 사용의 토대를 마련했다. 2000년의 인구주택총조사는 12개 지역에서 개인용 컴퓨터로 입력하고 편집(editing)함으로써 자료 처리기간을 단축시켰으며, 전산수치지도(digital map)를 사용함으로써 조사결과의 이용에 지리정보체계(GIS: Geographic Information System) 기법을 활용할 수 있는 기반을 마련했다. 2005년의 인구주택총조사는 첫째, 21세기에 처음으로 실시하는 총조사로 국가의 기본현상을 지난 20세기와 연결시켜주며, 21세기의 비전을 제시하는 데 중요한 역할을 기대하는 통계조사이고, 21세기 풍요로운 복지·일류국가 건설을 위한 시의성 있는 기초자료를 제공하는 데 있다. 둘째, 급변하는 사회현상을 체계적으로 파악해 적기에 자료를 제공하는 것으로, 최근 급속히 변화하고 있는 저출산·고령화, 복지 등과 같은 사회현상에 대해 체계적으로 파악하며, 최저 주거기준의 도입으로 주택정책이 양보다는 질 위주로 전환됨에 따라 관련 통계수요에 부응하기 위함이다. 셋째, 정보기술(IT: information technology) 인프라의 적극 활용을 통한 이-센서스(e-census)를 추진함에 있다. 1인 및 맞벌이 가구, 젊은 층과 같이 조사원의 면접조사가 어려운 취약계층의 누락 방지를 위해 인터넷 조사방법을 도입했으며, 인터넷을 활용한 실시간 질의·답변을 통해 일관성 있는 현장조사가 추진되었다. 또 웹(web)에 의한 분산 입력방식을 도입해 최종결과를 조기에 공표할 수 있으며, 인터넷을 기반으로 인적·물적 자원을 관리하고 인터넷과 각종 자료 데이터베이스(DB: data base)를 연계해 현장조사를 지원했다. 이를 위해 저출산, 고령화, 주거의 질 관련 항목을 추가했고, 또 인터넷 조사방식을 도입했으며 웹 기반에 의한 자료 입력 시스템을 도입했다. 2010년에는 인터넷 조사를 확대해 기존의 0.9%에서 30%를 목표로 했고, 아파트 주택항목은 행정자료로 대체했다. 그리고 저탄소 녹색성장 관련 조사 항목 선정 및 친환경적인 조사표류, 물품 제작을 했으며 2단계 조사체계는 인터넷 조사에서 방문 면접조사를 실시했다. 또 ICR(Intelligent Character Recognition) 입력방식을 통한 자료입력 효율화를 꾀하고, 수정 및 귀속(E&I: Editing & Imputation) 시스템을 활용해 내용의 검토를 효율화했다.

인구주택총조사의 결과는 첫째, 중앙정부 및 지방자치단체 등의 경제·사회·보건·교육·인력개발·주택·가정복지 등 각 분야에서의 정책입안과 균형 있는 지역개발계획의 수립 및 이의 평가 자료로 활용한다. 즉, 고용구조 및 인력 대책 마련, 주택정책 수립, 국토건설종합계획 수립, 아동·노인 복지정책 수립, 고용보험 개발, 농어촌 구조개선 대책, 병역자원예측, 철도수송계획, 대도시 교통망 건설계획, 중소기업 육성시책, 시·도별 주택건설계획, 여성복지정책 등을 수립하는 데 도움이 된다. 둘째, 각종 비교·분석 자료로 활용한다. 즉, 노동통계 비교, 국민총생산(GNP) 작성, 지역인구 및 생산현황 작성, 고용통계 비교, 소비자 물가지수 도시별 가중치 산정, 지역소득추계를 하는 데 활용된다. 셋째, 각종 통계조사의 표본설계를 위한 표본 틀로 활용한다. 즉, 농림어업 총조사의 조사 대상 명부, 각종 통계조사의 표본설계, 농수산 통계 표본설계, 학술·정책 연구소 각종 조사의 표본설계를 할 수 있다. 넷째, 인구추계 작업의 기초자료로 활용할 수 있으며, 다섯째 대학의 연구자료, 개인 논문자료로 활용할 수 있고, 여섯째 기업의 판매계획, 공장입지선정 등에 활용될 수 있다. 마지막으로 국제 비교자료[유엔, 아시아 태평양경제사회위원회(ESCAP: Economic and Social Commission for Asia and the Pacific) 및 각 국가]로 활용할 수 있다.

인구센서스와 같이 인구통계 자료로 사용되는 출생, 사망, 결혼, 이혼 등과 같은 인구동태[6]에 관한 자료는 모두 신고 자료이다. 이와 같은 인구동태에 관한 자료는 출생·사망·혼인·이혼신고에 의하며, 이 신고는 세계 각 국가에서 법적으로 의무화하고 있다. 출생·사망·혼인·사산신고는 1628년 핀란드에서 처음 실시했으며, 이혼신고는 1686년 스웨덴에서 처음 실시했다. 한국에서는 1909년에 민적법(民籍法, census register)이 공포되었고, 1938년에는 조선총독부 산하에 인구동태 조사과를 두었다. 그 뒤 정부가 수립되고 나서 1949년에 인구동태 조사법이 있었으며 같은 해 12월에 인구동태 조사령이 발표되면서 호적신고[7]와는 별도로 인구동태 신고제를 실시하게 되었다. 1978년에 개정된 인구동태 규칙에 의하면 인구동태 신고 항목은 출생, 사망, 혼인, 이혼의 네 가지로, 출생과 사망은 한 달 이내에, 혼인과 이혼은 성립 즉시 신고하도록 규정하고 있다.

센서스 자료의 정확성을 평가하기 위해 센서스 자료와 인구추계자료를 비교한다. 인구추계자료가 인구센서스 자료를 토대로 인구동태 통계 자료, 성·연령별 생잔율, 국제이동 등을 모두 감안해 기준인구를 작성하고, 이를 토대로 추계가 이루어지기 때문에 한국의 인구현황을 가장 정확하게 반영하는 것으로 간주할 수 있기 때문이다. 이를 위해 사용되는 수식은 상대차이지수(IRD: index of relative difference)와 상이지수(ID: index of dissimilarity)를 적용한다.

$$IRD = \frac{1}{2} \times \frac{\sum |(\frac{r_2 a}{r_1 a} \times 100) - 100|}{n}$$ 이다.

단, $r_1 a$는 추계인구의 성별 및 연령별 구성비, $r_2 a$는 센서스인구의 성별 및 연령별 구성비이다. $ID = \frac{1}{2} \times \sum |r_2 a - r_1 a|$ 이다.

상대차이지수와 상이지수는 모두 두 개의 연령분포의 차이를 요약해 하나의 지수로

---

6) 인구동태라는 용어는 1837년에서 1880년까지 영국의 일반 등기 사무소(General Register Office)에 근무했던 파(W. Farr)가 처음 사용한 것으로, 처음에는 보건, 질병, 사망에 관한 자료만을 지칭했으나 그 뒤 혼인 및 출생 자료도 포함하게 되었다.

7) 호적을 처음 만든 것은 융희 3년(1909)이다. 당시 문맹자가 많아 신고하지 못한 국민은 공무원이 집집마다 직접 방문해 일일이 물어서 만들었다. 그러다가 정부는 1968년 행정사무 효율화 등을 위해 이전의 '시민증'과 '도민증'을 대체하는 만 18세 이상의 모든 국민에게 '주민등록증'을 발급하게 되었다.

〈표 1-6〉 한국의 센서스인구와 추계인구 간의 상대차이지수와 상이지수

연도	상대차이지수		상이지수	
	남자	여자	남자	여자
1960	7.41	6.10	4.88	4.41
1970	2.15	2.47	1.28	0.93
1980	0.94	0.94	1.00	1.08
1990	1.08	0.85	0.85	0.64
2000	0.88	0.58	1.01	0.59

자료: 김두섭·박상태·은기수(2002: 191).

〈그림 1-4〉 생명선

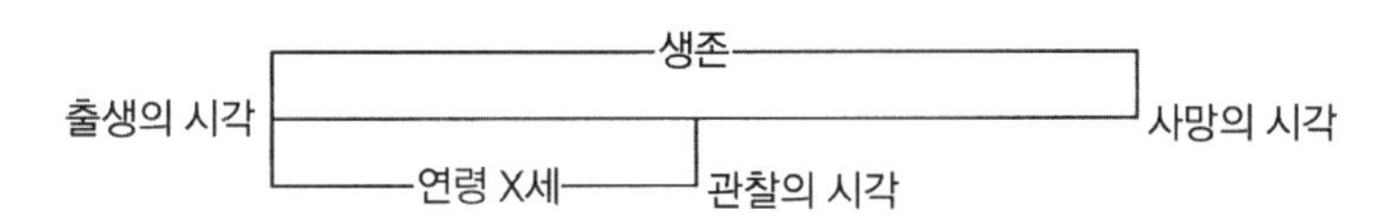

제시할 수 있다는 장점이 있다. 상대차이지수는 비교 집단 간의 성·연령별 구성비(%)의 차이를, 상이지수는 비교 집단 간의 성·연령별 구성비의 백분율 차이를 요약해 지표화한 것이다. 이를 토대로 산출한 상대차이지수와 상이지수는 <표 1-6>과 같다.

인구센서스 자료와 추계인구자료의 성·연령별 상대차이지수는 1960년 남자가 7.41, 여자가 6.10으로 매우 높은 차이를 보였다. 즉, 1960년 실시된 인구센서스 자료와 추계인구 자료 간 성·연령별 구성비가 남자는 연령층별로 추계인구에 비해 평균 7.41%, 여자는 평균 6.10%의 차이가 나타나 두 자료 간의 괴리가 그만큼 크다는 것을 알 수 있다. 이러한 차이는 점점 줄어들어 2000년 남자의 상대차이지수는 0.88, 여자는 0.58로 크게 줄어들어 최근으로 올수록 인구센서스 자료의 성·연령별 자료의 정확도가 높아지고 있다는 것을 알 수 있다. 이러한 현상은 상이지수에서도 찾아볼 수 있다.

인구현상은 집단현상이기 때문에 이것을 분석하기 위해서는 통계적 방법을 사용한다. 인구를 통계적으로 분석하는 이유는 첫째, 인구의 통계집단의 단위는 인간개체인데, 인간개체의 수태(受胎)에 의한 발생, 사망에 의한 소멸 등을 통계적 방법으로 파악할 수 있기 때문이다. 둘째, 인구통계집단은 '존재 통계집단'으로서 통계집단의 형성이 용이하기 때문이다. 셋째, 인구통계집단은 생명선이란 선(線)의 집단으로(〈그림 1-4〉) 지속집단이고, 인구조사 및 등록인구조사와 같은 정태 통계집단이기 때문이다. 넷째,

인구현상의 특질은 사회적·유기적 자기 재생산 운동을 가지고 있기 때문에 인구통계집단은 자기 재생산 통계집단이라는 점이다.

2장

인구지리학의 발달과 연구과제

1. 인구지리학의 발달

1) 세계의 인구지리학 발달

<그림 2-1>은 인구지리학이 많은 외적인 영향을 받고 발달한 것을 나타낸 것이다. 즉, 사회구조와 연구논쟁점과의 관계에서 인구지리학은 연구의 발달을 거듭해왔다. 이러한 이유 때문에 인구지리학의 미래를 위한 선택과 의미를 이해하는 것은 매우 중요하다. 그리고 이러한 점을 이해하기 위해 인구지리학의 현재 상태를 파악하고 지리학과 인구지리학의 세분된 분야에 대해 최근의 발달사를 세밀히 재검토해야 할 필요가 있다.

또 <그림 2-1>에서 인구지리학 내용의 역사적 분석은 인구지리학자가 세분된 연구 분야에 대해 그 발전과정을 분석해야 할 뿐만 아니라 응용적 연구의 방법도 인구지리학의 사회적 배경의 변화에 대응되어야 한다. 그리고 인구지리학자가 정보를 갖고 영향을 받을 직접적인 학문 환경은 지리학 그 자체이다.

인구지리학의 발달은 독일의 지리학자 라첼(F. Ratzel, 1844~1904)로부터 시작되었는

〈그림 2-1〉 인구지리학의 배경

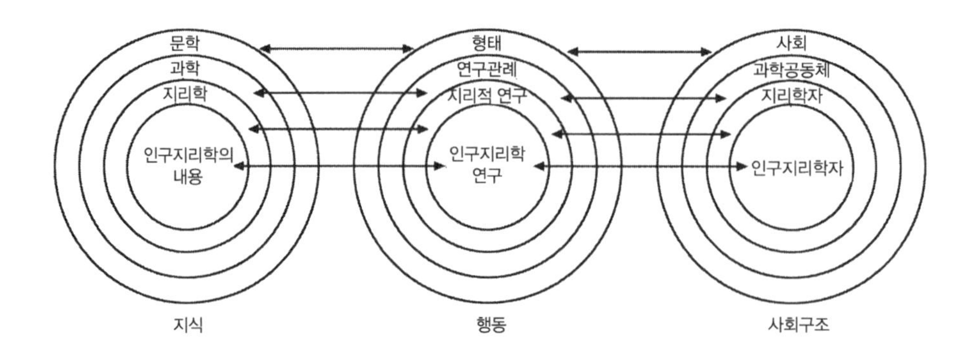

자료: Findlay and Graham(1991: 151).

데, 그는『인류지리학(Anthropogeographie)』 제2권의 부제(副題)를 '인류의 지리학적 분포(Die geographische Verbreitung des Menschen)'라 하고 그 전권(全卷)에서 인구의 지리학적 고찰, 특히 세계의 인구분포를 고찰했다. 즉, 먼저 인류의 거주공간으로서 외쿠메네(Ökumene)의 개념을 기술하고 외쿠메네의 역사적 전개, 외쿠메네의 한계와 외쿠메네 내부의 비거주공간에 대해 논했다. 이어서 인구수와 그 분포, 인구밀도, 인구밀도와 문화단계와의 관계, 인구이동, 문화민족과 미개민족의 접촉과 그 영향을 기술하고, 나아가 지구상에 인간거주의 결과로서 취락, 도시와 교통에서 지명에 이르기까지 논리적으로 언급했다. 그리고 마지막으로 민족과 그 특징의 지리적 분포론에서 전권의 내용을 매듭지었다. 이것이 인구에 대해 매듭지은 최초의 지리서이다.

라첼과 더불어 지리학 발전에 크게 공헌한 프랑스의 비달(P. Vidal de la Blache, 1845~1918)도 그의 유고(遺稿)인『인문지리학 원리(Principle de Géographie Humaine)』의 제1부 중 134쪽에서 인구분포로서 세계 인구의 지리학적인 고찰을 드러냈다. 그중에서 먼저 지구상의 인구분포가 불균등하다고 지적하고, 이어서 인구밀도와 그 증가를 논하고 인구밀도 그 자체의 문제 이외에 인구이동의 문제를 언급했다. 그리고 아프리카·아시아의 인구집단, 유럽의 인구집단, 지중해지역의 인구집단에 대해 논했으며, 각 집단의 특성과 그 역사적 형성에 대해 논급했다. 어느 내용이든지 지리학에서 인구 연구의 중요성과 그 내용을 가리키는 것으로서 의의가 크다.

라첼과 비달 이후 유럽에서나 미국에서 근대지리학의 발달과 더불어 인구에 관한 연구는 중요한 과제 중의 하나가 됨으로 인구지리학이 지리학의 한 분과를 이루게 된 것이다. 그러나 이때에는 인구의 지리학적 연구가 인구분포를 중심으로 인구현상의 정적인 면, 특히 그 분포를 지형, 기후 등의 자연적 조건과 관련지어 설명하는 환경론적 입장에서 분석하는 것이 중심이었다. 그러나 인구현상의 동적인 면인 인구이동의 중요성을 깨닫지 못해 인구이동현상과 지역의 관련성을 파악하는 단계에는 도달하지 못했다. 인구현상이 지역의 구성요소로서 지역 내의 다른 여러 현상과 관련하는 기능이라는 지역론적 생각은 제2차 세계대전 이후의 일이라고 말해도 과언이 아니다. 그 이유의 하나로서, 제2차 세계대전 이후 선진 여러 나라와 개발도상국에서 국내 정치·경제의 변화와 더불어 국내 인구이동이 급격하게 많아지고 있다는 점을 들 수 있다. 또 종래의 지리학이 눈에 보이는 경관에 대해 연구를 중시해온 반면, 제2차 세계대전 이후에는 눈에 보이지 않는 현상이라도 지역의 특성이나 그 변용에 관련한 현상이면 지리학의 대상으로 삼는 사조가 형성되었기 때문이다. 더구나 여러 경관의 구성을 담당하는 인간을 제외시키고 지리학을 연구하는 것은 무의미한 것이라고 제창했다.

이러한 점에 대해 트레와다(G. T. Trewartha)는 1953년 3월 30일~4월 2일 사이에 개최된 미국지리학자 협회의 회장 강연회에서 종래의 지리학에 대해 다음과 같이 주장했다. 즉, 20세기 전반까지는 세계 각 국가, 특히 미국의 인구지리학 연구는 거의 이루어지지 않았고, 그 연구는 지리학의 다른 분야, 예를 들면 기후학·지형학·토지이용론·공업지리학 등의 여러 연구에 비해 저조했고, 지리교육면에서도 인구관계에 대해 역시 가볍게 취급했다고 지적했다. 그 이유로 그 당시까지 지리학이 분류상에서 자연지리학과 문화지리학으로 크게 이분되었는데, 제3의 요소인 인간을 중심으로 한 인구지리학을 빼놓았다는 것이 언급되었다. 둘째, 그 당시까지 지리학은 자연경관과 문화경관을 연구대상으로 해 지상에 분포하는 가시적인 경관, 즉 취락이나 가옥, 토지이용 등 눈에 보이는 것만을 연구대상으로 했다. 그리고 이들 경관의 창조자이자 담당자인 인간 그 자체는 등한시했다. 이러한 점이 인구지리학 연구가 부진한 가장 큰 요인이라고 주장했다.

프랑스의 인구지리학 연구에는 맥도널드(J. R. McDonald)의 논문이 있다. 제2차 세계대전 이후에 유럽과 미국에서 인구지리학에 대한 체계적인 전문서가 출판되었고, 특히 프랑스에서 조르주(P. George), 보죄-가르니에(J. Beaujeu-Garnier), 영국의 클라크(J. I. Clarke), 미국의 젤린스키(W. Zelinsky), 트레와다 등에 의한 저서가 계속 출판되어 주목을 받게 되었다. 특히 체계적인 저서 이외에도 개발도상국이나 선진국의 인구에 대한 구체적인 연구 결과도 발표되었고, 또 인구성장과 토지이용과의 관련에 대한 저서도 출간되었다. 뎀코(G. J. Demko) 등의 『인구지리학(Population Geography)』은 1970년까지 미국에서 인구지리학 관계의 논문을 수록한 귀중한 단행본이었다. 이러한 연구물 이외에 인구관계의 전문 학술잡지도 1946년 이후에 프랑스나 미국에서 발행되어, 지리학과의 관계만이 아니고 폭넓은 사회과학 여러 분야에서의 귀중한 연구성과가 되었다.

2) 한국의 인구지리학 발달

지리학에서도 특히 인구 연구의 영역을 연구할 때에는 인구가 지역의 다양한 성격이나 기능과 깊은 관련을 맺고 있어 연구 자체가 쉽지 않으며, 인구지리학의 영역을 획정하는 것 또한 어렵다. 한국의 지리학 연구 중 인구분포, 인구구조, 인구이동, 인구문제 등 인구의 여러 가지 현상을 공간적인 측면에서 분석한 연구물을 인구지리학과 관련된 것으로 보면 <표 2-1>과 같이 정리할 수 있다. 먼저 인구지리학의 개론서로는 이희연(李喜演)의 『인구지리학(人口地理學)』(제1판)(1986년), 조혜종(趙惠鍾)의 『인구지리학개론(人口地理學槪論)』(1993년), 한주성의 『인구지리학』(1999년) 등이 발간되었다.

시기별 인구지리학 연구물의 발표 상황을 살펴보면, 1990년까지 그 연구물이 많아지다가 그 후로는 줄어드는 경향을 나타낸다. 1960년대의 인구지리학 연구는 인구지리학의 전통적인 과제인 인구의 분포와 그 이유를 밝히는 기초적인 연구가 중심이 되었다. 1960년대 전반부는 인구증감과 인구분포에 주로 관심을 가졌으나, 후반부는 해외이민을 포함한 국제적 인구이동의 연구 등 인구이동에 대한 연구를 행하게 되었다.

1970년대 전반에는 인구분포와 인구이동의 연구물 비율이 높아졌고, 후반에는 인구증감, 인구분포에 관한 연구물의 비율이 높아졌다. 특히 인구증감에 관한 연구물이 많아진 것은 주목할 만한 일이다. 1980년대에 들어와서는 인구증감, 인구분포, 인구이동 등의 연구축적이 진전되었다. 1970년대까지 연구물의 수가 적었던 인구구조에 관한 연구는 1980년대에 들어와 비교적 활발하게 연구되었다. 1980년 전반에는 인구이동의 연구가 가장 많았고, 그중에서도 1970년대에 활발했던 농촌에서 도시로의 인구이동을 분석한 연구가 많았다. 1980년대 후반부터 1990년대 전반 사이에는 인구이동에

〈표 2-1〉 한국에서 인구지리학 관련 단행본 및 논문 발표 상황(1960~2014년)

시기 / 분류	1960~1970	1971~1980	1981~1990	1991~2000	2001~2005	2006~2010	2011~2014	계
연구방법 및 자료		3	4	1				8
인구분포	7	18	27	7	1	1	1	62
인구구조		4	11	26	2	11	15	69
인구증감	4	15	12	6		3	2	42
출생·사망 (의학지리학 포함)				3		2	6	11
주택 및 인구이동	8	13	47	29	16	32	16	161
인구문제	4	6	1					11
계	23	59	102	72	19	49	40	364

주: 지리학자, 지리학과(지리교육과) 출신에 의해 지리학 전문 학술잡지와 대학 논문집 등에 발표한 연구물임.

자료: 鄭還泳(1987: 123), 李琦錫(1993), 李琦錫·金永賢(1993: 31~35), 최병두(1996: 268~294); 충북대학교 지리교육과, ≪忠北地理≫, 제14호(1997), 245~248쪽; ≪대한지리학회지≫, ≪한국지역지리학회지≫, ≪국토지리학회지(地理學硏究)≫, ≪한국경제지리학회지≫, ≪한국도시지리학회지≫.

대한 연구가 활발했으며, 1990년대 전반에는 인구구조, 즉 인구의 거주 분리에 대한 연구물이 많은 것이 특징이다. 1990년 후반 이후 연구물은 급격하게 줄어들었는데, 주로 주택 및 인구이동에 대한 연구가 대부분을 차지했다. 2000년대에 들어와 인구지리학 분야의 연구물은 여전히 줄었으며 인구이동, 인구분포와 인구구조에 대한 연구가 많이 이루어졌다. 특히 초국적 이주자의 유입이 많아짐에 따른 이에 대한 연구가 상대적으로 많이 이루어졌다. 그 밖에 1970년대 전반까지 분석수준이 전국 또는 도(道) 수준의 개략적인 연구가 많았던 것에 비해, 1970년대 후반부터 1980년대 전반까지는 미시적 수준에서의 실지조사(實地調査)에 의한 실증적 연구와 계량적 분석방법을 이용한 연구가 많아졌다.

2. 인구지리학의 연구과제

인구지리학에서 기대할 금후의 연구과제로 근년 또는 금후의 인구문제를 생각해보면, 다음의 세 가지가 공간 인식력의 활용과 지리학 내의 관련 분야에서 관심을 끌

수 있다. 첫째, 다산(多産) 경향의 국가나 지역에서 인구폭발이나 인구의 도시집중문제는 주로 개발도상국에서의 문제로, 무엇보다 인구통계가 갖는 정확한 의미를 음미하는 것이 필수적이다. 또 도시의 인구집중에 관한 연구도 상세한 자료가 있는가 여부에 따라 연구의 성패와 직결된다. 둘째 소산(少産) 경향의 국가나 지역에서의 인구 노령화나 인구이동의 문제로, 인구의 노령화는 노령인구의 증가만의 문제가 아니고 소산 경향이 소자녀(少子女) 사회가 됨에 따라 더욱 촉진된다. 이러한 소자녀 사회에서는 핵가족의 구성 비율이 어떻게 변화하는가에 따라 노령화의 정도도 달라진다. 또 친족(親族)세대의 구성이 많아지면 인구의 U-턴(turn) 현상에 따른 인구이동이 이루어지는데, 그 여하에 따라 인구의 과소(過疎)·과밀문제가 등장하게 된다. 셋째, 단독가구의 증가는 도시에서의 미혼가구와 농촌지역에서의 여성고령화에 따른 것으로, 도시에서는 주택문제 등이, 농촌지역에서는 고령자 단독가구의 대응문제 등의 해결방법이 강구되어야 한다. 또 미혼율 증가의 문제해결로서 결혼이주여성이 증가해, 이에 대한 다민족 사회에서의 사회적·문화적으로 해결해야 할 과제들이 발생한다. 또 출산율의 감소문제로 장래 노동력의 확보와 노인부양문제도 대두된다. 넷째 취업형태의 변화가 가져올 인구유동의 문제로 외국인 노동자, 취업여성, 통근유동 등의 다양한 과제를 포함하고 있다. 외국인 노동자의 문제는 노동력의 국제이동 및 초국가적 이동으로 이주자 집중거주지의 형성과 노동력의 유입에 따라 이를 수용하는 국가의 실업대책에 영향을 미치며, 이주여성을 포함한 취업여성의 증가는 인구유동의 일일 리듬(daily rhythm)을 변화시키고 있다. 또 통근유동에 관해서는 고속 교통기관이 등장함에 따라 주택 입지지역이 확대되고, 정보화 사회가 도래함에 따라 재택(在宅)근무, 시간의 융통성(flex time) 도입이 나타남에 따라 종래의 시간거리를 왜곡시키는 새로운 공간개념이 제시되고 있다.

3. 인구지리학과 지리정보체계

1990년대에 들어와 영어권 여러 나라, 특히 영국을 중심으로 기존의 인구지리학을 회고하는 움직임이 활발했다. 이러한 움직임의 배경에는 계량혁명 후 1970년대까지 경제·도시·계량지리학 등과 나란히 실증주의적 지리학을 지탱해온 유력한 분야인 인구지리학이 지리학의 새로운 조류에서 고립되고 있다는 초조감이 있다.

그렇다면 기존의 인구지리학에 지리정보체계(GIS)를 도입하는 것으로 혁신에 대한 기대를 얼마만큼 이룰 수 있을까? 이미 영미를 시작으로 한 영어권 여러 나라에서의 지리정보체계 이용이 지리학의 여러 분야에 깊이 침투되고 있다. 또 인구 관련 자료의 유력한 공급원인 센서스를 비롯한 각종 통계 자료 자체가 지리정보체계와 결합된 형태로 공급되는 체제가 확립되고 있다.

인구지리학에서 왜 지리정보체계가 필요하고, 그 의의는 어떤 것인지를 요약하면 다음과 같다. 첫째, 인구지리학의 기본과제를 추구할 때에 지리정보체계에 의한 인구 관련 여러 지표의 지도화가 중요한 출발점이 되기 때문이다. 인구지리학의 중심 과제는 '인구밀도, 인구 증가율 등 인구분포와 그 변화 및 인구분포 변동의 직접적인 요인인 출생·사망·인구이동, 더욱이 간접적인 요인으로 자연적·사회적 조건과의 관련을 중심으로 인구현상의 지역분포에 관한 연구'라고 정의한다면 인구지리학 과제의 실천적 추구는 지리정보체계에 의해 어느 정도 대신할 수가 있다.

둘째, 인구지리학의 최근 동향으로 사회 다수파를 구성해온 인구집단으로부터 그 범주에 속하지 않는 집단에 대한 관심이 증대되고 있다는 점을 지적할 수 있다. 예를 들면 화이트와 잭슨(P. White and P. Jackson)은 종래 영국을 중심으로 한 영어권 여러 국가를 연구할 때 주로 백인·건강한 사람, 중산계급·중년·이성 간 사랑하는 사람을 대상으로 연구했고, 이것이 암묵적으로 인구지리학자의 입장을 형성해왔다고 지적했다. 그러나 오늘날 다양한 인구집단에 독자의 관심을 기울일 시기가 되었다. 가족이나 세대의 관점에서 볼 때 이것은, 종래 큰 주목을 끌어온 표준세대로부터 세대가 다양화됨에 따라 비표준세대로 관심이 이행되었다고 가정할 수 있다.

인구지리학에서 이러한 새로운 인구집단에 주목하는 정도는 집단별로 차이가 있다. 예를 들면 여성이나 노령자 등의 연구는 인구지리학이라는 분과를 넘은 큰 조류가 되었으며, 한편 그 밖의 집단, 예를 들면 단독세대나 한 부모 세대로의 주목도 결코 늦지 않다.

근년 중요성이 높아지고 있는 인구집단의 지리학적 검토에 대한 내용은 여러 방면에 걸쳐 있지만, 무엇보다도 기본적인 출발점은 인구의 분포 또는 거주지의 해명일 것이다. 따라서 시·도부터 시·군·구·읍·면, 나아가 이들보다 낮은 공간적 분석수준인 동·리에 이르기까지 한 번에 지도화할 능력을 가진 지리정보체계의 효용은 매우 크다고 말할 수밖에 없다.

셋째, 최근 시·군·구·읍·면을 세분한 소지역 단위의 자료가 공적(公的)으로 발표되어 상세한 분포 패턴의 연구가 가능하게 되었다. 소지역 자료의 이용이 가능하게 됨으로써 종래에 자주 이용된 단위인 시·군·구·읍·면이나 시·도라는 더욱 큰 공간단위를 집계하는 것도 가능하게 되었다.

넷째, 인구지리학과 지리정보체계와의 관계를 생각할 때 중요한 점은 이미 공간인구(geodemographics)라는 분야가 있다는 것이다. 이 분야는 주로 작은 지역의 자료를 이용한 지리정보체계에 의해 지역의 기본적인 성격을 얻으며, 특히 영역 마케팅(area marketing)과의 결합이 강하다. 이 분야는 특정 지표의 공간적 변동이나 복수지표를 조합한 사회지구분석의 계보를 이은 것이다. 앞에서 기술한 지리정보체계의 중요성과 위의 세 가지와의 관계에서 보면, 현대사회에서 중요성이 높아지고 있는데도 불구하고 그 중심적인 분포 자체가 불명확한 인구집단의 거주지를 해명하는 작업은 공간인구의 한 예가 된다. 이상과 같은 의의를 염두에 두고 지리정보체계가 금후 인구지리학 발전에 큰 열쇠를 쥐고 있다는 것을 이해해보자.

3장

인구성장 이론

1. 맬서스 이전의 인구이론

1) 고대의 인구이론

각 지역에서 인구의 성장에 대한 관심은 과거부터 높았다. 먼저 역사적인 문헌에 나타난 인구에 대한 논의로서 가장 오래된 것은 중국과 그리스의 문헌에서 발견된 것들이다. 중국의 고전적 문헌에는 인구의 증가나 감소에 대한 직접적인 언급은 찾을 수 없다. 그러나 황허가 범람해 농사가 잘 안 되어 그로 인해 식량이 부족해지고 굶어죽는 사람이 발생하자, 지배자인 왕의 덕(능력)이 부족하기 때문이라고 기록한 것이 나타나 있다. 이 부분에서 인구와 식량과의 관계에 대한 인식이 나타난다. 이 밖에 전쟁이 인구성장을 억제한다는 사실, 비싼 혼인비용이 혼인율을 낮춘다는 점, 조혼이 유아 사망을 유발시키는 경향이 있다는 점 등에 대한 기록은 인구문제에 대한 부분적인 인식이 하나의 거대한 제국을 형성했던 중국에 널리 퍼져 있음을 말해준다.

중국에서는 인구 증가에 대한 긍정적인 인식이 지배적이었다. 그리고 유교적 규범에 출산을 강조하는 것이 내재되어 있었다. 유교에서 효를 강조하는 것은 남아출산에 대한 절대적 의미를 부여했으며, 전통적인 인구 상황에서는 다산을 의미하는 것으로 해석되었다.

한편 도시국가로 이루어졌던 그리스에서는 인구 증가와 감소 하나하나가 즉각적으로 사회에 큰 충격을 줄 수밖에 없었다. 따라서 많은 사상가들이 인구문제와 그 해결방안을 구체적으로 논의한 것을 볼 수 있다. 플라톤(Platon)은 도시 유지에 필요한 각종 생산과 서비스, 식량, 자연환경들을 고려해 도시국가의 최적인구를 5040인으로 설정했다. 이러한 적정인구 개념은 인구를 통제한다는 주장으로도 해석할 수 있다. 플라톤은 인구 감소방법으로 출산을 억제하는 만혼과 집단혼 등을 제시했으며, 출산으로 인구 감소가 어려울 때는 이민, 식민지 경영, 전쟁 등을 건의했다. 아리스토텔레스(Aristoteles)는 적정인구를 제시하지는 않았지만 인구를 적절히 조절하지 않으면 가난과 사회적 무질서, 정치적 비능률이 나타난다고 주장했다. 그는 인구 감소방법으로 인공유산과 영아유기를, 인구 증가 방법으로는 출산장려책을 주장했다.

로마에서는 인구에 대한 관심은 비교적 적었으나 기본적으로 인구 증가를 식민지 확보와 관련짓는 입장을 취했다. 한편 중세 서양에서는 기독교의 영향으로 인구에 대한 관심도 도덕적·윤리적 차원에서 이루어졌다. 즉, 인공유산, 영아살해와 유기, 이혼, 일부다처제에 대한 반대 등이 그것이었다. 일반적으로 인구 증가에 대한 구체적인 언급은 없었지만 당시의 여러 문헌에 의하면 높은 출산력을 장려했음을 확인할 수 있다. 한편 이슬람교 사회에서도 인구에 대한 관심이 있었다. 14세기 이슬람교 역사학자인 칼둔(Ibn Khaldun)은 인구와 경제·정치·사회·심리적 조건 사이에 순환적 관계가 존재한다는 이론을 주장했다.

2) 중상주의 시대의 인구이론

중세 14세기 중기에 유럽을 휩쓸었던 페스트[pest, 흑사병(Black Death)]와 백년전쟁(1339~1453년)은 많은 인구손실을 가져왔다. 이에 종교개혁자인 루터(M. Luther)는 인구 증가를 합리화시키는 주장을 했으며, 근대 국가를 건설하려고 준비하고 있던 유럽 여러 나라들로부터 상당한 호응을 얻었다. 또한 중상주의는 상품을 최저의 임금으로 가장 싸게 생산해 외국에 수출하고 최대의 국익을 얻는 것이다. 따라서 임금을 저렴하게 하기 위해 인구를 증가시켰는데, 프랑스의 재상 콜베르(M. Colbert)는 출산을 장려하고 해외이주를 금했으며, 소년노동을 적극 권장했다. 한 예로서 프랑스의 어떤 시에서는 모든 주민이 자녀가 6세가 되면 공장으로 보내야 하며, 이를 어기게 되면 벌금을 지불해야 한다는 규정이 있었다.

중상주의 인구관에서 중요한 것은 인구의 양이지 질이 아니라는 점이다. 중상주의에 따르면 노동자의 임금은 생명을 보존할 정도이면 족하지 그 이상이 되어서는 안 된다. 페티(W. Petty)는 노동자는 "생존하고 노동하고 어린애를 낳을 수 있을 뿐"이어야 하며, "만일 임금을 두 배로 올리면 그들은 노동을 반밖에 하지 않을 것이며, 임금을 올리지 않으면 전력을 다해 노동을 할 것이다"라고 말했다. 이는 인구의 양과 질에 대한 태도를 잘 반영해주고 있다. 그러나 이와 같은 중상주의는 국가가 부강해지고 인구가 증가할수록 부랑자와 범죄가 증가하는 과잉인구 문제를 발생시켰다. 이를 해결하기 위해 중상주의자들은 국내의 과잉인구를 해외에 이주시켰다. 보통 교도소의 여죄수와 농촌 여성들을 식민지에 보내 그곳에 주둔하고 있던 병사들과 강제로 결혼시켰고, 만일 병사가 결혼을 거절하면 그 병사는 즉각 처벌되었다.

3) 계몽주의 시대의 인구이론

18세기는 계몽주의[1]시대로 사상가들은 인간이성이 무한하게 진보함에 따라 완전한 개인과 사회가 실현될 것이라고 확신했다. 영국의 계몽주의자 고드윈(W. Godwin)은 인간의 죄악과 빈곤이 인위적 환경과 제도의 결과이기 때문에, 인간의 지혜가 진보되고 이성이 발달함에 따라 죄악과 빈곤이 극복될 것이라고 말했다. 이러한 사상은 일체의 인위적인 제도를 부정하고 개인의 완전한 자유만이 인류 진보의 기본적인 원칙이라고 주장함으로써 철저한 무정부주의를 제창했다.

그러나 인간의 이성이 무제한 발달하게 되면 장래의 이상사회는 사망력의 저하로 인해 인구의 빠른 증가를 야기해 과잉인구 문제에 부딪치게 될 수도 있다. 이에 대해 고드윈은 과잉인구는 먼 장래의 문제이기 때문에 먼 앞날의 일을 미리 걱정할 필요가 없다고 말하면서, "지구가 그 이상의 인구 증가를 거부할 때에는 생존하고 있는 인간이

1) 계몽주의란 중세의 암울하고 침체된 사회적·정신적 분위기를 타파하고 지식의 보급과 인간의 주체성 회복을 통해 일반 대중을 미신과 무지로부터 벗어나게 하자는 의미로 사용되었다.

번식을 중단할 것이다"라고 했다. 즉, 인간이성의 발달이 죽음마저 추방하고 그 문제를 해결해줄 것으로 여겨져, 계속적인 인구 증가로 인한 과잉인구 문제는 고려할 가치도 없는 것으로 보았다. 프랑스의 철학자·수학자·정치가인 콩도르세(M. de Condorcet)도 이러한 생각을 갖고 있었다.

4) 한국의 인구관념

한국의 인구에 관한 전통적인 관념은 중국과 큰 차이가 없는 것으로 판단된다. 즉, 유교적 가치관에 입각한 효의 관념에 따라 다산(多産)을 강조하는 것, 특히 남아선호에 대한 가치관은 우리 사회의 모든 계층이 가진 공통점이었다. 인구에 대한 직접적이고 구체적인 관념은 17세기 후반 실학의 등장과 더불어 나타났다. 유형원·이익·정약용 등은 인구통계에 대해 관심을 나타냈으며, 인구조사의 중요성을 역설하기도 했다.

실학자들은 인구와 토지와의 관계에 대해 토지 면적당 노동력 투입이 증가하면 단위면적당 식량생산이 증가할 것이라고 믿었다. 유형원은 17세기 초 임진왜란으로 인구가 감소해 유휴 토지가 늘어난 상황에서 이 유휴 토지를 경작하는 데 필요한 노동력을 보충하기 위해 인구 증가가 중요하다고 강조했다. 한편 박지원은 과거(科擧) 응시자 수가 수십만 인에 달해 노동가능 인력이 유휴화됨으로써 노동력 부족현상이 나타난다고 개탄했다. 이러한 토지생산성, 노동력 인구에 대한 관념을 중심으로 한 인구 증가 필요성에 대한 주장은, 유휴 토지가 줄어들고 노동력 과잉상태가 되면 인구조절의 관념으로 쉽게 대치할 수 있다는 점에서 절대적 인구 증가의 주장과 구분되는 것이다.

유교적 원리에 입각한 한국의 전통적인 가족제도에서 다산을 장려하는 것이나 남아를 선호하는 사상이 결코 다산의 가치가 아니라는 점이 최근 몇몇 결과에서 밝혀졌다. 장남 중심의 직계가족제도는 사망률이 낮을 때는 오히려 강력한 저출산 요소로 작용했다. 또한 자녀가 있는 여성의 재혼을 강하게 규제한 제도도 과거 우리 사회의 출산력 억제에 상당히 기여했을 것이다. 그러나 우리 사회에서 다남(多男) 또는 다산에 대한 제도적 장치가 강하게 작용한 것은 아니었다.

2. 맬서스의 인구이론

인구 증가의 사회적 의미란 무엇인가에 대한 논쟁은 맬서스(T. R. Malthus, 1766~1834)[2]의 인구론이 출판되면서부터 시작되었다. 지금까지 여러 사상을 지배해왔던 인구증가에 대한 견해로는 맬서스의 인구이론, 그리고 이후에 등장한 마르크스(K. Marx, 1818~1883)의 인구이론 등이다. 맬서스 이론에 동조하는 고전경제학파와 마르크스 중심의 사회주의 학파가 논쟁의 양축을 형성하고 있다.

맬서스는 영국의 경제학자이자 성직자로서 1798년 『미래 사회의 개선에 영향을 미치는 인구원리에 관한 일론(一論)(An Essay on the Principles of Population as It Affects the Future Improvement of Society)』을 발간했으며, 그 개정판이 1803년에 출간되었다.

1) 시대적 배경

맬서스의 『미래 사회의 개선에 영향을 미치는 인구원리에 관한 일론』 초판이 발행되었을 당시 영국 사회는 극도로 혼란한 상태였다. 1775~1783년 사이에 미국과의 독립전쟁을 겪었으며, 1789년 자유·평등·박애를 내세운 프랑스혁명에 대한 영국 사상계의 충격이 있었다. 또 영국의 산업혁명 후 가내수공업의 공장 노동자가 일자리를 잃게 되었으며 종획운동(綜劃運動, enclosure movement)[3]의 결과, 농지를 잃은 많은 농민들이 도시로 몰려오게 되었다. 이와 더불어 전쟁의 여파로 물가가 앙등했으며 노사 간의 대립이 생겼다.

이런 가운데서도 영국의 산업혁명은 지속적으로 발전해 상공업을 더욱 발달시켰고 대공업지대와 도시들이 나타남에 따라 농산물의 수요는 더욱 증가되어 대규모 농업경

---

2) 맬서스는 1784년 케임브리지대학의 예수(Jesus) 대학에 입학해 수학을 진공했으나 1788년 성직에 종사하다가 1803년 그의 먼 사촌 여동생뻘 되는 에커살(H. Eckersall)과 결혼함으로써 성직을 포기하게 되었다. 1805년부터는 동인도회사가 설립한 서비스(Service)대학에서 역사학과 정치경제학 교수로 30년 동안 봉직했다.

3) 영국에서 15~19세기 사이에 소작인의 경지나 마을 공유지를 회수 또는 매수해 울타리를 쳐서 목양지로 바꾼 것을 말하는데, 이는 산업혁명 이후 모직공업의 원료가 되는 양털을 생산하기 위함으로 이로 인해 경작지를 잃은 농민들은 도시로 이주하게 되었다.

영을 위한 종획운동이 더욱 강화되었다. 더욱이 1815년에 대지주들의 주장에 의해 곡물법(corn laws)이 제정되자 외국으로부터 값싼 곡물을 수입할 수 없게 되었다. 그 결과 곡물 값은 올라가 국민들의 경제적 압박은 더욱 심해졌다. 그래서 대부분의 빈민들이 도시로 이주해왔다. 엘리자베스(Elizabeth I) 여왕 시대에는 이들을 구제하기 위한 구빈법(救貧法)이 1815년에 제정되었으며, 곳곳에 구빈원(救貧院)이 설립되어 빈민들이 최저생활을 유지하도록 정부가 많은 구호활동을 전개했다. 이러한 구호활동 때문에 지방단체의 재정은 어려워졌으며 다른 노동자들의 임금은 낮아지게 되었다.

이와 같은 사회적·경제적 변혁기에 도시로 모인 빈민문제가 영국의 커다란 사회문제가 되었다. 이런 배경하에 맬서스는 근로자의 도시집중과 그들의 빈곤과 관련해서 인구 증가에 관심을 갖게 되었다.

맬서스가 『미래 사회의 개선에 영향을 미치는 인구원리에 관한 일론』을 쓰게 된 직접적인 동기는 당시 영국 사회를 지배하고 있었던 공상적 이상주의 사상(Utopian or Perfectionist)이었다. 이는 프랑스의 혁명가인 콩도르세와 영국의 고드윈이 주장한 것으로, 맬서스는 사유재산제도를 부정하고 인간의 이성에 의해 사회제도를 개혁하면 이상적인 사회가 실현된다는 사상에 심취했던 그의 아버지와의 논쟁에서도 영향을 받았다.

공상적 이상주의자들에 의하면, 인간의 본성에 따르면 악(惡)의 사회가 덕(德)의 사회로 바뀔 것이며, 더 나아가 인간이성의 발달이 죽음마저 추방하고 모든 문제를 해결해줄 것이라고 믿었다. 또 인구 증가로 인한 인구과잉 문제는 논의할 필요가 없으며 고려할 가치도 없는 것으로 간주되었다. 그러나 이러한 공상론이 맬서스에게는 비현실적으로 생각되었으며, 당시 영국 사회에서 나타난 사회악은 인구법칙에 의해 발생된다고 주장했다.

2) 맬서스의 인구성장론

이름을 밝히지 않고 출판된 초판의 『미래 사회의 개선에 영향을 미치는 인구원리에 관한 일론』은 두 가지 가정과 하나의 전제조건에 의한다. 즉, 두 가지 가정은 첫째, 인간이 생존해가는 데 식량이 필요하며, 둘째 남녀 간의 정욕은 예나 지금이나 거의 변함없이 지속될 것이다. 따라서 이들 두 가정에 따르면 남녀 간의 정욕에서 비롯되는

〈그림 3-1〉 맬서스 인구이론의 그래프화

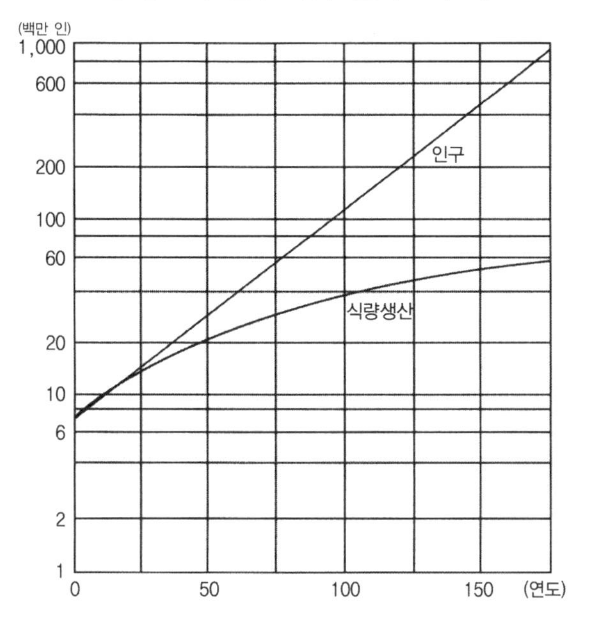

자료: 高橋潤二郎 譯(1970: 186).

인구의 증가 속도는 식량의 증가 속도를 훨씬 앞지를 것이다. 여기에서 맬서스의 인구와 식량과의 관계에 대한 전제조건은 다음과 같다. 즉, 인간의 증식력은 인간을 위해 식량을 산출하는 토지의 힘보다 무한정 크다는 것이다. 맬서스는 수확체감의 법칙(the laws of diminishing)을 바탕으로 무역과 기술적 변화가 존재하지 않는 폐쇄적인 지역에서 "인구란 방치해두면 기하급수적으로 증가하고 식량은 산술급수적으로 증가한다"라는 인구법칙을 내세워 빈곤의 필연성을 주장했다. 맬서스는 축복을 받은 영국의 인구가 25년마다 두 배 증가하지만, 식량생산은 최초의 25년 동안만 두 배가 되고 그 이후에는 산술급수적인 증가를 나타낸다고 했다(〈그림 3-1〉). 그는 영국의 인구를 약 700만 인으로 추정하면, 그 당시의 생산물은 이 인구를 지지할 수 없다고 가정했다. 최초 25년 동안에 인구는 1400만 인이 되고, 식량도 두 배가 증가해 증가되는 비율이 같다. 그러나 다음 25년 동안에 인구는 2800만 인이 되나 식량은 2100만 인의 인구만 지지할 수 있다고 했다.

이와 같은 맬서스 인구이론을 계량화하면 다음과 같은 식이 성립될 수 있다. 즉, $Y=ae^{bx}$ 단, $X=t$: 시간, $Y=P_t$: 시간 t에서의 인구, $a=P_o$ 임의의 시기에서

〈그림 3-2〉 맬서스의 인구 증가 억제책

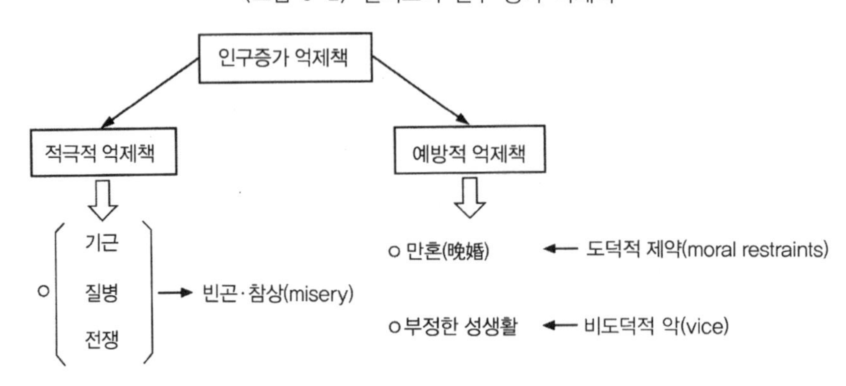

자료: 李興卓(1994: 54).

초기 인구인 $e^b=(1+r)$: r은 성장률이며, 이것을 다시 $P_1=P_o(1+r)^t$로 나타낼 수 있다.

맬서스는 자연적인 인구법칙에 따라 필연적으로 과잉인구가 나타나며 이것이 바로 사회악의 원인이라고 주장했다. 따라서 만일 인간이 식량의 궁핍에도 불구하고 계속 생존하려면 인구 증가를 억제하는 강력하고 지속적인 제거작용이 있어야 한다고 보고 '죄악과 궁핍(vice and misery)'이 바로 인구 억제방법 또는 제거작용이라고 보았다.

맬서스의 견해에 따르면 이와 같은 자연적인 인구법칙이 존재하기 때문에 사회제도를 개혁한다고 하더라도 인구법칙은 여전히 작용하게 되며, 어떠한 인위적인 방책을 강구하더라도 그 결과를 시정할 수 없다.

맬서스의 초판 『미래 사회의 개선에 영향을 미치는 인구원리에 관한 일론』에 대한 여러 가지 논쟁이 일어나자, 맬서스는 공상론자[4]들의 주장을 신랄하게 비판하던 입장에서 벗어나 인간이성의 작용을 고려했고, 1803년 인간이성의 작용을 고려하고 좀 더 과학적인 접근방법에서 자신의 견해를 일부 수정해 제2판을 출간했다. 자신의 견해를 일부 수정했다. 그는 인간의 이성을 고려함으로써 인구 증가에 대한 하나의 제한적 요소로 도덕적 억제론을 제기했다. 이로써 그의 비관론을 어느 정도 완화시킬 수 있었다. 즉, 궁핍과 죄악이 모두 인간의 수명을 단축시키는 적극적인 저지(positive

4) 유토피아(utopia)라는 말은 영국의 토머스 모어(Thomas More, 1477~1535)가 처음 쓴 말로, '우(ou)'라는 부정사와 '토포스(topos)'가 합쳐진 희랍어로서 '아무 데도 없는 곳'이라는 뜻이다.

<그림 3-3> 맬서스의 적극적 · 예방적 억제책의 메커니즘에 의한 인구의 증감현상

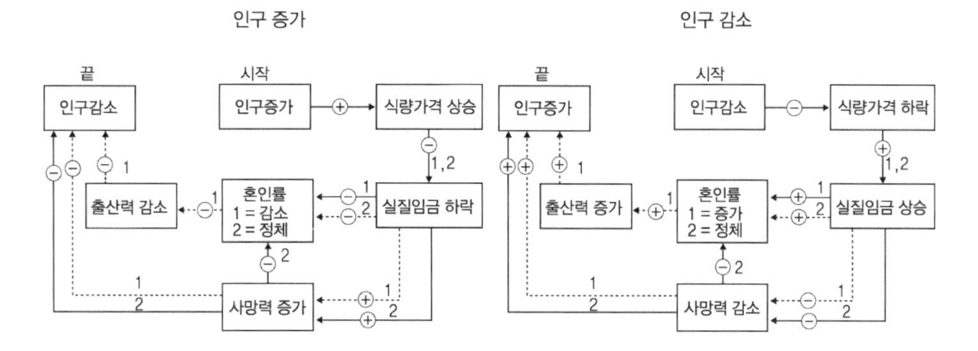

주: → 보다 강한 관계, ⇢ 보다 약한 관계를 나타냄.
화살표는 인과관계의 방향을 가리키며, +와 - 기호는 다음 단계에 미치는 긍정적·부정적 영향력을 나타냄.
출산력은 2경로보다는 1경로가 강한 역할을 함.
자료: Livi-Bacci(1997: 84).

checks)라고 보았으며, 인간이 가진 독특한 이성적 본능에 의한 도덕적 억제가 예방적 저지(preventive checks)라고 했다.

그는 모든 개인이 빈곤과 죄악에서 벗어나기 위해서는 일부일처제의 결혼제도를 유지하고, 각 개인의 능력에 맞게 산아제한을 해야 한다고 주장했다. 그러나 그는 독실한 가톨릭 신자였기 때문에 도덕적인 금욕을 주장했으며 당시 영국에서 유행하고 있었던 피임법 등에 대해 의식적으로 회피했다.

『미래 사회의 개선에 영향을 미치는 인구원리에 관한 일론』 제2판 이후에도 맬서스는 7판까지의 개정판을 내면서 과잉인구의 해결책으로 이민, 농업의 진흥, 산업의 전문화, 무역의 확대 등 다양한 인구문제 해결방안을 제시했다. 그러나 인구법칙은 끝까지 그의 사상에 기조를 이루어 비관론적 견해를 고수했다.

이상의 내용을 요약해 나타낸 것이 <그림 3-2>이다.

맬서스가 제시한 인구의 적극적 억제책과 예방적 억제책의 메커니즘을 나타낸 것이 <그림 3-3>이다. 인구 증가 현상이 나타나면 식량가격은 상승해 실질임금이 낮아지므로, 혼인율이 감소하고 사망력이 증가해 출산력이 저하되고 인구는 감소한다. 그리고 인구 감소 현상이 나타나면 식량가격이 하락해 실질임금이 증가하므로, 혼인율이 증가하고 사망력이 감소하며, 출산력은 높아져 인구가 늘어난다.

3) 맬서스 인구이론의 문제점

맬서스의 『미래 사회의 개선에 영향을 미치는 인구원리에 관한 일론』은 고전경제학파에게 상당한 지지를 받았다. 즉, 고전경제학파는 주로 생산, 임금, 이자, 지대 등과 관련된 법칙들을 정립시키는 데 인구변동의 원인과 결과를 관련시켰다. 또 이들은 수확체감의 법칙을 통해 맬서스의 인구 증가와 식량·빈곤과의 관계에 동조했으며, 인구 증가와 임금수준·노동수요와의 관계를 분석하는 데 맬서스의 이론을 기초로 했다. 이들은 인구 증가와 임금수준과의 관계를 순환적 과정으로 보았다. 즉, 인구가 증가하면 실업자가 많아지고, 임금은 낮아지게 된다는 것이다. 낮은 임금은 가난과 질병을 만연시켜 결국 인구의 감소 현상을 초래하게 되며 그 결과 임금이 다시 상승하게 된다는 것이다. 임금이 상승하면 인구는 다시 증가해 위의 과정을 순환적으로 되풀이하게 된다고 보았다. 이와 같은 고전경제학파의 견해는 인구 증가가 가난과 비참함을 가져오기 때문에 인간의 생계유지를 할 정도의 낮은 임금수준을 유지시키는 것이 인구를 억제할 수 있는 방법이라고 생각했다. 이러한 견해는 맬서스의 자연법칙에 의한 인구 억제의 관념과 일치하는 것이라 볼 수 있다.

여기에서 경험적 사실을 바탕으로 한 맬서스의 인구론에서 나타난 문제점을 살펴보면 다음과 같다. 첫째, 맬서스의 인구법칙이 현실사회에 반드시 적중되지 않는다는 점이다. 즉, 인구가 기하급수적으로 증가하는 것은 아니며, 식량이 산술급수적으로 증가하는 것도 아니다. 과학과 기술의 발달을 과소평가한 나머지 식량증산에 영향을 미치는 변수를 단지 토지에 국한시켰을 뿐 화학비료의 개발이나 신품종 개발 등의 변수들은 고려하지 않았다.

둘째, 맬서스가 제시한 인구 억제책으로서의 도덕적 억제는 비현실적이고 실천성을 무시했다. 맬서스는 도덕적 억제가 가족 부양의 책임을 완수할 수 있을 때까지 결혼을 연기하는 등 자발적으로 성적 절제를 실천하는 것이라고 생각했다. 그러나 만혼(晩婚)만으로 인구가 식량생산 수준 이하로 떨어지리라는 보장은 거의 없으며, 도덕적 억제에 의해 출생률이 어느 정도 감소할 수 있는 것인지에 대해 맬서스 자신조차도 매우 회의적이었다.

셋째, 맬서스는 인구 억제의 가장 효과적인 피임이 비도덕적인 성관계를 조장한다고 판단해 끝내 반대했으며, 피임법이 결혼생활에서 가장 효과적인 출산 예방법임을 인식하지 못했다. 또 출생률을 저하시키는 적극적인 수단으로서의 임신중절, 각종 피임법, 월경조절법 등의 의학적 조치가 도덕적 억제보다 훨씬 현실적이고 실천적인 출생 조절법이라는 점을 인식하지 못했다.

넷째, 맬서스는 인구문제를 단지 식량에만 국한시켜 고찰했다. 그러나 식량만이 인간생존을 위한 필수품인 것은 아니며, 의생활과 주생활 그 밖의 여러 가지 요소도 필수적이다. 그 때문에 식량 이외에 다른 물품들의 소비량도 빠르게 증가했다. 맬서스가 인간생존의 표준으로 식량만을 다룬 것은 동물로서의 인간에 만족한 것이라 할 수 있다.

이러한 문제점이 있어도 맬서스의 인구이론이 가지고 있는 사상이나 의의는 현재에도 개발도상국에서 특히 높이 평가되고 있다.

맬서스의 인구론은 그 후 몇몇 학자에 의해 수정되었는데, 영국의 사회운동가인 플레이스(F. Place)는 『인구원리의 논증(Illustrations and Proofs of the Principles of Population)』(1822년)이라는 그의 저술에서 신맬서스 이론을 제시했다. 그는 인간이 적령기에 결혼해 사회의 성도덕을 유지해야 하며, 다산은 인공적 수태 조절방법을 사용해 일정 수준에서 제한함으로써, 과잉인구에 따르는 빈곤과 사회악을 제거할 수 있다고 주장했다. 이와 같이 그는 맬서스가 주장한 결혼 연기라는 도덕적 억제를 비현실적이고 실천 불가능한 것으로 보고 조혼을 인정했으며, 다만 결혼생활에서 산아조절을 실시하면 사회의 개선과 진보가 가능하다고 주장했다. 또 덴마크의 경제학자 보서럽(E. Boserup)은 맬서스 인구론의 내용 가운데 인구성장이 본질적으로 비탄력적인 식량공급에 의해 제한된다는 점을 반박했다. 즉, 그녀는 인구성장이 농업발전을 유도하는 중요한 결정인자이며, 농법을 계속 발전시켜 식량증산을 가져오는 주요한 자극제 역할을 해왔다고 보았다. 그러나 이 이론은 집약적인 토지이용 방식에 따라 농업체계를 분류한 뒤 인구성장의 측면을 단지 이와 연관시켜 기술했다는 점 등에서 비판을 받고 있다.

3. 마르크스의 인구이론

마르크스는 『자본론(Das Kapital)』에서 맬서스의 인구론을 비판하면서 과잉인구(overpopulation)란 개념 대신에 상대적 잉여인구(relative surplus population)의 개념을 사용했다. 그의 주장에 따르면 순수한 과잉인구란 존재하지 않으며, 상대적 잉여인구는 본질적으로 자본주의의 소산(所産)이고 자본주의 경제체제를 유지하기 위해서 존재하는 것이라고 했다. 즉, 자본주의 기업가는 최대의 이익을 얻기 위해 최저 임금수준을 취하는데, 이것은 실업자 또는 과잉인구의 존재를 전제로 하기 때문이다. 따라서 자본주의 국가들은 완전고용을 하는 것이 아니라 오히려 과잉인구를 의도한다고 보았으며 과잉인구, 즉 상대적 잉여인구는 자본주의 사회에서만 나타나고 사회주의 국가에서는 결코 나타나지 않는다고 주장했다. 이와 같은 마르크스의 입장은 인구문제를 식량공급과 관련시키지 않고 사회적·경제적 체제와 관련된 자원의 배분문제에 의해 생긴다고 보고, 사회적·경제적 체제의 변혁으로 인구문제를 해결해야 한다고 주장했다.

상대적 잉여인구가 계속 증가되는 것을 사회주의 경제학자들의 이론을 통해 살펴보면 다음과 같다. 노동자의 임금수준이 낮으면 자본주의 경제가 발전하면서 자본을 축적시킨다. 이러한 자본축적에 의해 자본가는 노동비를 절약하기 위해 기계화에 의한 생산을 하며, 노동생산성을 높이게 됨에 따라 노동비가 상대적으로 감소되게 된다. 물론 자본축적이 상당히 이룩되면 노동력도 어느 정도 증가되지만 그 증가비율은 둔화·감소되어 과잉인구, 즉 산업예비군이 형성된다. 이와 같은 고용기회의 부족으로 산업예비군이 가난해진다고 보았으며, 상대적 잉여인구가 결코 식량부족에 의해 나타나는 것이 아니라고 보았다.

마르크스의 인구이론은 국가의 정치·경제·사회체제에 따라 어느 정도 인구 지지력(持支力)이 다를 수 있으며 이에 따라 야기되는 과잉인구 문제의 양상도 차이가 있음을 시사해준다. 그러나 상대적 잉여인구설은 여러 가지 문제점을 가지고 있다.

첫째, 마르크스는 맬서스의 인구이론을 체계적으로 분석·비판하지 못했다. 맬서스가 주장한 인구 증가율과 식량생산의 증가율의 차이에 따른 생태적 불균형은 어느 시대, 어느 사회체계에서도 나타날 수 있다는 것이다. 사실상 인구문제가 근본적으로 일어나지 않는다는 마르크스의 이론을 받아들인 중국과 같은 사회주의 국가에서도 인구문제를 해결하기 위해 인구 억제책을 채택하고 있다.

둘째, 고전경제학자들이 생산성을 높이기 위해 기계의 도입을 주장한 것에 대해 마르크스는 기계도입이 상대적 잉여인구를 낳는다고 보았다. 그러나 역사적 관점에서 볼 때 이 주장은 비현실적이다. 서구 자본주의 국가들이 경험한 것을 보면 끊임없는 기계화와 기술혁신을 통해 생산성이 향상되고 또한 생산능력이 확대되었으며 이에 따라 임금과 고용수준은 계속 증대되어왔다.

셋째, 마르크스는 상대적 잉여인구가 자본주의 경제발전의 필연적인 산물인 동시에 자본주의 존속을 위한 하나의 필수조건이라고 보았으나, 이 견해는 현실적으로 타당성을 잃고 있다. 상당히 많은 선진 자본주의 국가들이 사실상 상대적 잉여인구현상은 나타나고 있지 않으며 오히려 사회주의 국가에서는 종종 인구 억제책을 실시하고 있다.

4. 인구학적 변천모형

세계 여러 지역의 인구의 변천 과정을 설명하는 데 널리 적용되는 모형 중의 하나가 인구학적 변천모형(demographic transition model)[5]이다. 인구변천이란 용어는 인구학자 노트스타인(F. W. Notestein, 1902~1983)이 1945년 발표한 논문「인구: 그 장기변동(Population: The long wave)」에서 사용된 것으로, 그 이전에도 톰슨(W. S. Thompson)과 랜드리(A. Landry) 등에 의해서도 이와 유사한 인구변천 모형이 제시된 적이 있다.

인구변천 모형의 중심적인 현상은 특정 인구집단에서 출생률과 사망률 사이의 관계를 나타내는 것이다. 인구집단이 안정되어 있을 때에는 순인구이동의 전입과 전출이 없고, 특정 지역에서 출생자 수와 사망자 수도 같게 된다. 만일 인구이동 없이 출생자수가 사망자 수를 초과하게 되면 인구는 증가하고, 만일 사망자 수가 출생자 수를 초과하게 되면 인구는 감소하게 된다. <그림 3-4>는 이와 같은 인구현상을 나타낸 것이다. <그림 3-4>에서 세로축은 인구 1000인당 출생자 수와 사망자 수를 나타내고, 가로축은 일반적 모형에서 보통 전문화되지 않은 정확한 기간인 시간을 나타낸다.

이 모형에서 사망의 원인을 의학적 관점에서 살펴보면 유행병학적 변천모형과 관련이 있다. 지난 200년 동안 전염병과 기생충에 의한 질병은 세계의 많은 지역에서 크게 감소했다. 그 결과 많은 인구가 괴로워하면서도 오래 살았고, 이런 추세로 인해

5) 인구변천 모형이란 성장단계에 의한 인구변동의 이해를 엄격한 수학적 등식에 구애받지 않고 여러 사회의 경험을 개괄적으로 포괄해 설명하는 것을 말한다.

〈그림 3-4〉 인구학적 변천모형

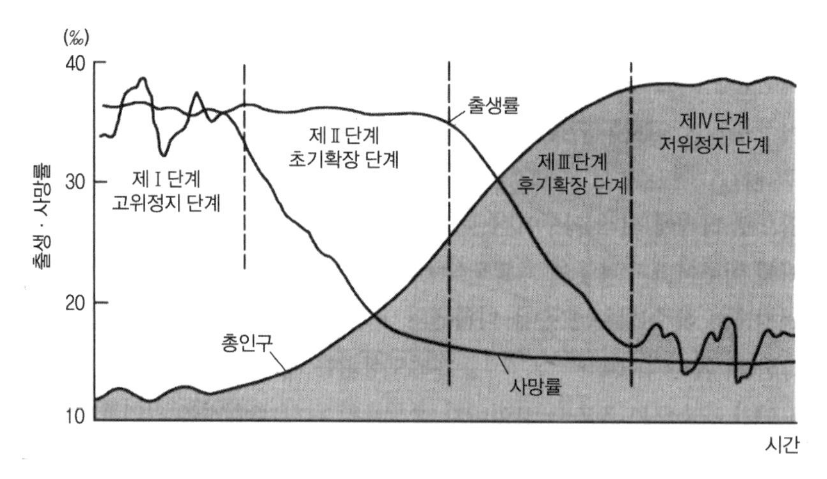

자료: Haggett(1979: 174).

퇴행성 질병에 의한 사망이 증가하게 되었다. 비록 특정 국가와 지역의 인구변화가 이와 같은 정확한 과정을 거친 것은 아니지만, 지난 200여 년 동안 많은 국가들이 시간의 경과와 더불어 4단계의 똑같은 폭넓은 경험을 했다. 유엔 인구국에서 작성한 인구변천 모형을 보면 다음과 같다.

제1단계는 고위정지(high stationary) 단계로 역사적인 인구성장의 특징이다. 출생률과 사망률이 모두 높고 인구의 평균연령이 낮으며 평균수명 또한 낮다. 이 단계에서 인구가 감소했을 때에는 기근이나 전염병이 발생하지만, 이러한 추세에서 인구는 회복되게 된다. 이 단계는 현재 아마존 강 유역의 인디오 종족에서 찾아볼 수 있다.

제2단계는 출생률은 여전히 높으나 보건·위생시설의 개선과 식량공급, 또 다른 사망에 영향을 미치는 요인이 개선되어 평균수명이 연장되므로 사망률이 감소하는 초기 확장(early expanding) 단계이다. 현재 시에라리온, 말리, 코트디부아르 등의 국가가 이 단계에 속하며 1750년의 스웨덴, 1811년의 일본이 여기에 속했다.

제3단계는 경제가 발전하고 어린이가 자산이라기보다 책임져야 할 대상이라는 자녀에 대한 가치관과 가족계획 및 피임법의 보급으로 가임여성당 출생아 수가 줄어들어 출생률이 감소하는 후기 확장(late expanding) 단계이다. 현재의 시리아, 타이 등의 국가와 1850년의 스웨덴, 1872년 당시의 일본이 이 단계에 속했다.

제4단계는 저위정지(low stationary) 단계로 출생률과 사망률이 거의 비슷한 비율로 나타나 인구의 자연증감률이 안정된 상태이다. 출생률 변동에는 경기변동이나 사회적 변화에 따른 자녀에 대한 가치의 의식변화가 영향을 미치는 것으로 볼 수 있다. 현재 헝가리, 이탈리아 등 선진 국가들이 이 단계에 속한다. 이 단계에 속한 국가와 지역의 인구가 오랫동안 변화를 보이지 않는 것은 아니다. 제2차 세계대전 이후 중·서부 유럽 대부분의 국가가 거의 안정 상태에 도달했지만, 지난 20년 동안 어떤 국가의 경우 출생률이 실제로 사망률보다 낮았다. 예를 들면 이탈리아는 1990년대 초에 인구성장률이 0%였고, 헝가리는 인구가 감소했다. 그리고 이 단계에 속하는 유럽 대부분의 나라와 일본의 인구학적 행동이 뚜렷하게 변화했고, 출생률이 사망률을 초과하지 않는 국제적 인구 이입에 의해 인구를 보충할 수밖에 없었는데, 이것은 총출생률이 이미 대치율(replacement rates)[6]보다 훨씬 낮아졌기 때문이다.

선진국과 개발도상국 사이의 인구변천 과정의 차이점을 살펴보자. 선진 국가에서는 이미 19세기 말부터 사망률 감소 현상이 나타나, 출생률의 저하와 더불어 인구 증가율이 점차 감소하는 현상을 보였다. 개발도상국의 경우, 제2차 세계대전이 끝난 이후부터 이러한 현상이 시작되었다. 개발도상국에 나타난 인구변천의 특징은, 그들 사회에서 사회적·경제적 발전의 결과로, 즉 자생적으로 이루어진 것이 아니라 선진국으로부터 의료 및 공중보건기술의 도입으로 타의에 의해 이루어졌다는 데 있다. 이처럼 출생률과 사망률의 감소가 타의에 의해 이루어졌기 때문에, 개발도상국의 인구변천 초기단계에서 출생률 저하양상이 선진국과 아주 다르게 나타났다.

선진국의 출생률은 19세기 말부터 지속적으로 낮아졌는데, 개발도상국은 제2차 세계대전의 종전을 계기로 출생률이 약간 감소하는 경향을 보이다가 출생률이 다시 높아지는 기이한 현상을 보이고 있다. 이와 같은 현상은 공중위생시설이나 의료시설의 개선으로 인한 전반적인 국민보건상태의 호전이 계기가 되었다는 것으로 판명된다. 또 1970년 이후 개발도상국에서의 출생률은 감소하고 있으나 사망률의 저하속도는 출생률의 저하속도를 앞지르고 있어, 이들 지역의 연평균 인구 증가율은 20‰ 정도로 높은 수준에 있다.

이와 같이 선진국과 개발도상국에서 인구변천 모형이 각각 다르게 적용되면서 이

6) 인구수를 유지하는 데 필요한 출산율 수준은 선진 국가의 여성당 평균 자녀 수인 2.1인을 기준으로 한다.

〈그림 3-5〉 한국의 인구변천 과정

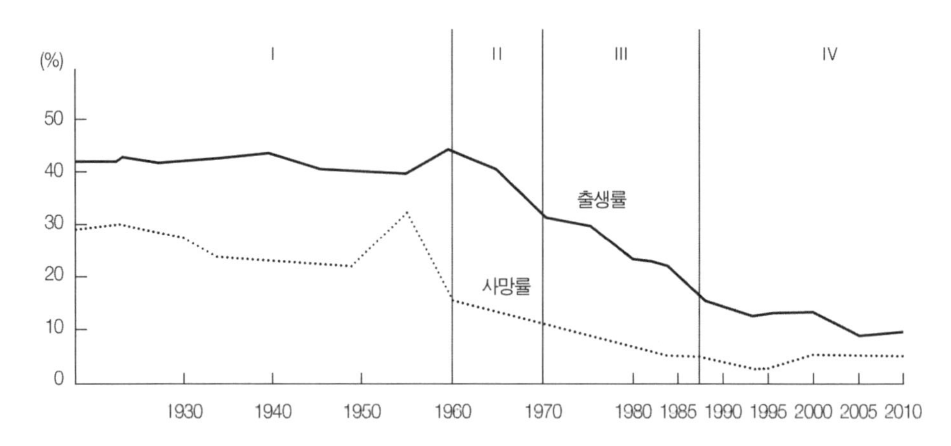

모형이 일반적으로 적용될 수 없다는 반론도 제기되고 있다. 특히 제3세계(the third world)[7] 국가의 인구변천 양상은 유럽과 북아메리카 국가들의 인구변천 양상과 다른 점이 많고, 제3세계 국가의 인구변천 양상을 설명하는 데 부족한 점이 많다. 또한 유럽 선진국에서 과거 200년 동안 나타난 이민 등과 같은 인구의 역사적 배경이 제3세계에서도 똑같이 나타날 것인지 예측할 수도 없다.

한국의 인구변천 모형(〈그림 3-5〉)은 4단계로 나눌 수 있다. 제1단계는 1960년 이전의 시기로 제2차 세계대전이나 6·25 전쟁 등 정치적·사회적으로 극심한 혼란이 있던 시기이다. 이 시기는 높은 출생률과 비교적 높은 사망률로 특징지어진 단계이다. 6·25 전쟁 기간 중에는 사망률이 30‰ 이상까지 올랐다. 제2단계(1961~1970년)는 출생률이 거의 30‰의 수준으로 급속히 낮아졌으나 사망률은 그렇게 낮지 않은 단계이다. 이 단계에서 출생률이 낮은 데에는 1962년부터 실시된 출산 조절정책, 즉 가족계획사업으

7) 세계를 새로운 틀로서 전망하면, 제1세계는 선진 자본주의 국가 그룹, 제2세계는 사회주의 국가 그룹, 그리고 제3세계는 이들 두 국가 그룹 중 어디에도 속하지 않는 비동맹제국이다. 제3세계라는 호칭 자체는 1970년대 역사적으로 생성된 것이다. 제3세계는 선진국에서 보아 후진국이라고 생각하는 국가, 제2차 세계대전 이후에 식민지·종속국에서 독립적·자주적 발전에 따라 저개발국이라고 부르기보다는 개발도상국이라고 불리는 국가이다. 또 제3세계에 속하는 나라들은 지구의 남반부에 많이 분포하고 있으며, 르티에몽드(le tiers-monde)를 번역한 것으로 프랑스의 인구학자 소비(A. Sauvy)가 1952년에 처음 사용했다. 그는 프랑스혁명 당시의 제3신분(le tiers etat)과 비교된다는 뜻에서 후진국을 이와 같은 새로운 용어로 표현했다.

로 힘입은 바가 크기 때문이다. 제3단계(1971~1986년)는 출생률 수준이 20‰ 이하로 낮아지고, 사망률도 6.1‰까지 낮아져 출생률과 사망률이 지속적으로 떨어진 단계이다. 제4단계(1987년 이후)는 출생률과 사망률이 다 같이 낮은 수준을 유지하는 단계로 순재생산율이 1.0의 대체수준으로 진입하는 단계이다.

한편 블랙커(C. P. Blacker)의 인구변천 단계 구분법에 따르면 한국은 1910년 이전의 고위 정지단계, 1910~1960년 사이의 초기 확장 단계, 1960~1990년 사이의 후기 확장 단계를 거쳐 1990~2020년의 저위 정지단계로 나아간다고 고갑석(1990)은 주장했다.

한국의 인구변천 모형은 한국 사회의 자생적 성질이라기보다 '외부에서 수입'된 가족계획 사업에 의해 야기된 것이었다. 이는 서부 유럽, 특히 영국이나 프랑스 등의 국가에서 중류층이 상류층으로 부상하기 위한 하나의 방편으로서 자연스럽게 싹이 튼 것과 같은 현상은 아니었다. 이러한 이유로 한국의 산아 조절정책은 비교적 최근까지도 터울 조절이라는 산아조절의 근본적인 의도와는 부합되지 않는 단산(斷産) 위주의 산아조절에 역점을 두었던 것이다.

5. 성장의 한계

1972년에 발표된 로마클럽[8]의 제1보고서인 『성장의 한계(The Limits to Growth)』는 그 당시 후기 산업사회에 비판적이었던 프랑크푸르트학파로부터 영향을 받았던 모든 환경운동에 일대 전환점을 마련하게 했다. 당시 미국의 MIT 공과대학 교수인 메도즈(D. H. Meadows)를 비롯한 성장의 한계론 연구팀은 인구성장, 농업생산, 공업생산, 천연자원, 환경오염 등 다섯 가지 요인 간의 상호작용과 미래의 추세를 1900년부터 1970년까

8) 이탈리아의 실업가인 아우렐리오 페체이(Aurellio Peccei)가 환경오염 문제에 대한 연구의 시급함을 절감하고 1968년에 결성한 민간단체로 서부 유럽의 과학자·경제학자·교육자·경영자들로 구성되어 있다. 지구의 유한성에 대해 문제의식을 갖고, 특히 천연자원의 고갈·공해에 의한 환경오염·개발도상국의 폭발적인 인구 증가·군사기술의 진보에 의한 대규모 파괴력의 위협 등 인류의 위기에 대해 각성하고 그에 대응할 수 있는 길을 모색할 것을 조언하는 활동을 한다. 로마클럽이라는 이름은 1968년 4월에 로마에서 첫 회의를 가졌기 때문에 붙은 것으로, 클럽의 본부는 로마에 있으며 제네바와 헤이그에 연구소를 두고 있다.

지 수집된 자료를 입력해, 새로 개발한 컴퓨터 시스템으로 환경위기를 예고하는 모형을 만들었다. 그리고 그들은 역사적으로 세계의 발달을 주도해온 물리적·경제적·사회적 관계의 모든 인자를 선별하고 앞으로 미칠 그 영향력까지 고려해 미래 현상을 합리적이고 과학적이며 객관적으로 예측하려고 했다. 물론 이 모형은 세계의 정치·경제·사회체제가 별 다른 변동이 없을 것이라는 가정과 현재의 상태가 그대로 유지된다는 전제조건 하에서 2100년경에 닥쳐올 세계를 예측한 것이었다. 이 보고서의 연구자들은 세계적으로 중요성을 갖고 있다고 생각되는 다섯 가지 경향으로서 가속적인 산업화, 급속한 인구성장, 광범위한 영양실조, 재생 불가능한 자원의 소모, 환경오염을 지적하면서 이들 영역과 관련된 변수들, 즉 1인당 공업생산량, 1인당 식량생산량, 자원, 인구, 공해 등을 컴퓨터로 처리한 하나의 세계모형을 만들어 인류의 미래를 예측하려고 시도했다.

이 보고서에는 세 가지 중요한 원칙이 함축되어 있다. 첫째는 현재의 경제적·사회적·정치적 실천들의 범위 안에서 실질적으로 입안되는 해결책들이 지속가능한 사회를 만들어낼 수 없다는 사실이다. 둘째, 산업화 과정에서 사회가 목표로 하는 급속한 성장률은 기하급수적인 성격을 갖는데, 이것은 상대적으로 오랜 기간 축적된 위험들이 어느 한순간에 파멸적인 결과를 만들어낼 수 있다는 것을 뜻한다. 셋째, 성장으로 인해 야기되는 것들의 상호작용과 관련된 문제들로서 어느 한 문제를 해결한다고 해서 나머지 문제들을 해결하지는 못하며 오히려 악화시킬 수도 있다는 사실이다.

세계체계의 발전을 역사적으로 지배해온 물리적·경제적·사회적 관계들에 아무런 주요 변화가 없다고 가정한 첫 번째 컴퓨터 실험에서 재생 불가능한 자원의 소모 때문에 성장이 한계에 다다랐다. 그다음으로 경제적으로 이용 가능한 자원의 양이 두 배라고 가정해 자원부족 문제가 해결되는 경우를 프로그램화해 실험한 결과, 이번에는 새로운 자원의 이용 가능성으로 산업화가 무절제하게 이루어진 데서 비롯되는 공해문제로 인해 성장의 한계에 도달했다. 세계체계의 붕괴를 막으려면 이용 가능한 자원이 확보되어야 할 뿐만 아니라 공해가 억제되어야 한다. 그래서 셋째 실험에서는 자원의 양을 두 배로 가정할 뿐만 아니라 공해수준을 1970년 이전의 1/4로 낮추는 기술적 전략을 감안했으나, 이번에는 도시화와 산업화로 인한 경작지의 부족현상에서 야기된 식량문제가 성장의 한계에 도달하게 되었다. 이처럼 연구자들은 붕괴의 직접적인 원인을 수정해 컴퓨터에 입력하고 실험했지만 그때마다 성장의 한계를 피할 수가

〈그림 3-6〉 성장의 한계모형(세계표준모형)

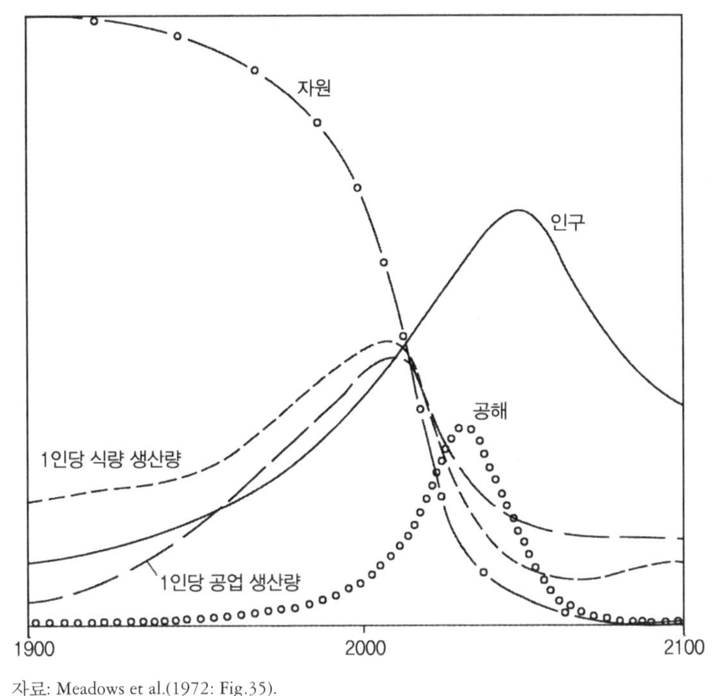

자료: Meadows et al.(1972: Fig.35).

없었다. 그러므로 이들은 2100년 이전에 성장이 끝난다고 결론지을 수밖에 없었다. 이 경우에 성장은 세 개의 동시적 위기들로 인해 멈추게 된다. 과도한 토지 사용으로 토지가 잠식되어 식량생산은 낮아진다. 자원은 증가되는 인구로 심각하게 소모되고, 공해는 증가하다가 일시적으로 감소한 후 다시 극적으로 증가해 식량생산의 감소와 갑작스러운 사망률 증가를 야기할 것이다.

그들은 이러한 가정을 전제로 모형을 적용해 분석한 결과, 성장의 한계에 대한 세계표준모형(standard world model)을 최종적으로 제시했다(〈그림 3-6〉). 이 모형의 1900년에서 2100년 사이의 식량생산, 공업화, 인구성장은 가속적으로 증가 추세를 보이고 있다. 그러나 급격한 자원의 고갈로 인해 공업화와 식량생산은 2010년경부터 증가 추세가 중지되고 오히려 줄어든다. 그러나 체제 내의 자연적 지연반응 때문에 공업화의 부진, 오염만연 등으로 생명을 유지하기 어려워짐에 따라 마침내 인구조차 2050년을 고비로 감소하게 된다.

<그림 3-6>의 성장의 한계 세계표준모형에서 세로축의 단위를 나타낸 것이 <표

〈표 3-1〉「월드 3/91」 시나리오들의 변수의 크기

변수	낮은 값	높은 값
세계상태		
인구	0	13×10^{9}(인)
총식량생산	0	6×10^{12}(톤)
총산업산출	0	4×10^{12}
지속성 공해지수	0	40
재생 불능자원	0	2×10^{12}
물질적 생활수준		
1인당 식량	0	1,000
1인당 소비재	0	250
1인당 서비스	0	1,000
평균수명	0	90(년)

자료: 黃建 譯(1992: 322).

3-1>이다.

이 연구보고서가 발표되면서 세계는 큰 충격을 받았다. 과잉으로 인한 멸망을 피하고 안정된 세계를 이룩하기 위해서 인구성장의 억제와 공해의 통제, 자원의 재순환, 경제성장 정책의 범세계적 포기, 강대국과 제3세계 간의 불균형한 자원배분의 조정 등이 효과적으로 수행되어야 한다는 반성이 일어나기 시작했다. 그럼에도 불구하고 이와 비슷한 내용으로 미국 중개위원회(US Interagency)에서 『대통령에게 보내는 2000년대의 지구예측 보고서(The Global 2000 Report to the President)』를 1980년에 발간하면서, 『성장의 한계』가 오히려 그 부정확한 가정을 기초로 해 불완전한 자료를 입력함으로써 현실성이 결여된 결론을 도출했다는 비판을 받게 되었다. 그리하여 과학 기술주의를 신봉하는 매독스(J. Maddox)는 이 보고서 자체가 비생산적인 것이라고 일축했으며, 골럽(R. Golub)과 타운센드(J. Townsend)는 이 연구보고서가 서부 유럽의 산업 자본가와 다국적 기업을 위한 연구 집단인 로마클럽에 의해 이루어졌다고 말했다. 또 그들은 이와 같은 미래에 대한 불길한 징조를 강조함으로써 각 민족들이 그들의 민족주의 노선을 포기하고 초국가적인 차원에서의 다국적 기업에 대한 정치적 지원을 목표로 하게 되었다고 비난했다. 또한 이 모형은 맬서스적인 사고에 기초를 둔 것으로, 이들

〈그림 3-7〉 시나리오 9의 세계상태

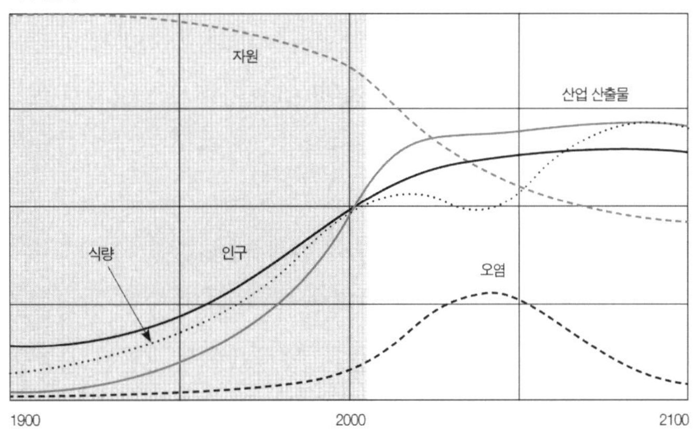

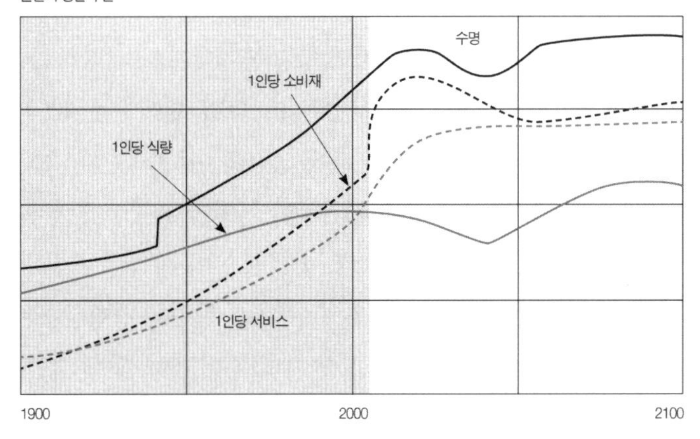

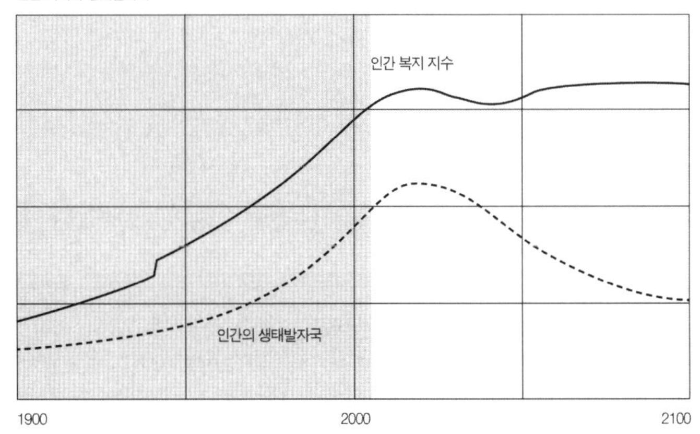

자료: 김병순 옮김(2012: 376).

간의 차이점은 인간에 대한 개념이 서로 다르다는 데 있다. 즉, 맬서스 이론에서의 인간은 생식에 주안점을 두었다고 볼 수 있으나, 로마클럽 학자들은 경제발전에 따른 인간의 삶의 질 향상에 중점을 둔 것이다. 그러나 과학과 기술의 발달로 인류는 자연의 제약과 한계를 극복할 수 있으리라는 낙관적인 견해나, 맬서스 사상에 입각한 비관적인 견해 모두, 인구성장과 자원의 고갈, 환경악화와의 관계를 이해하고 규명하려고 노력했다는 점에서는 같다고 볼 수 있다.

한편 『성장의 한계』가 발표되고 30년 후에 업데이트(update)된 내용 중 성장의 억제와 기술의 발전을 가정한 시나리오 9를 보면(〈그림 3-7〉), 인구와 산업산출물은 제한되지만 오염방지나 자원보존, 토지 산출력 증진, 농지보호와 관련된 기술들을 투입하면 사회는 지속가능한 시스템이 된다. 그래서 약 80억 인의 세계 인구가 높은 복지수준을 누리고 살게 되며 생태발자국(ecological footprint)[9]은 지속적으로 감소한다. 즉, 2020년 이전부터 환경전반에 가중되는 부담을 가까스로 줄여나가기 시작하며, 2010년부터 재생 불가능한 자원의 채취 속도가 낮아진다. 또 토지 침식도는 2002년부터 바로 감소하며, 지속성 오염물질의 생성은 10년 뒤에 정점에 이른다. 한계 초과상태에 있던 시스템은 다시 한계 아래로 떨어져 통제 불가능한 상황을 피하고 안정된 생활수준을 유지하면서 평형상태에 매우 근접하게 된다. 따라서 지구체계는 마침내 평형상태로 진입하게 된다. 시나리오 9는 지속가능성을 보여주는 것이다. 평형상태란 인구, 자본, 토지, 토지 산출력, 재생 불가능한 자원, 오염이 안정된 상태를 유지함을 의미한다. 그러나 인구와 경제가 반드시 정적이거나 정체된 상태라는 것을 뜻하지는 않는다.

6. 장래의 인구성장 유형

미래의 인구성장이 한계에 다다를 것이라는 사실을 전제로 한 이론이 장래의 인구성

9) 모든 자원의 생산 비용과 쓰레기 처리에 드는 비용을 합한 것을 발바닥의 크기로 보고 이것을 토지면적으로 바꾸어 나타낸 것이다. 다시 말하면 인간이 환경오염을 시키는 요소들의 합이 생태발자국이다. 이 발자국으로 특정 지역의 소비량과 그 지역의 생산적인 토지면적을 비교할 수 있기 때문에 지역외부로부터 수입해서 사용한 자원소비량의 정도를 알 수 있다. 따라서 지역별로 자원을 어떻게 사용하는지 비교가 가능하다.

장 유형이다. 장래의 인구성장 유형은 인구붕괴(population crash), 제로 인구성장(zero population growth), 아이리시 곡선(Irish curve)으로 요약할 수 있다(〈그림 3-8〉).

먼저 인구붕괴는 지구에 거주하는 인구가 수용할 능력을 초과할 때 일어난다. 기근, 오염, 법질서의 파괴, 만성질환과 스트레스, 전염병, 그리고 영토와 자원보존을 위한 전쟁 등으로 사회불안과 경제적 혼란이 야기되어 출산율이 감소함에 따라 인구가 붕괴될 사망률에 도달한다는 것이다. 이 모형은 장래 인구성장의 불안정성을 예측한 것으로 멜서스의 논리와 근본적으로 일치한다.

두 번째 제로 인구성장 모형은 출산력 통제로 인간이 자기 통제능력을 가지고 있다는 점에 기초를 둔 것이다. 이 모형은 첫째, 지구가 아직 인류생활을 유지할 수 있는 최소의 수준에까지 이르지 않았다는 점을 전제조건으로 하며 둘째, 지구에 부존되어 있는 자원으로 유지될 수 있는 인구수에 서서히 도달해가고 있다는 점, 그리고 셋째, 출산율이 사망률을 초과하지 않는 지속적인 상태(steady state)를 유지해 자연과 인간을 자원으로 이용할 수 있는 것 등을 전제조건으로 한다. 제로 인구성장 모형은 필연적으

〈그림 3-8〉 장래 인구성장의 유형

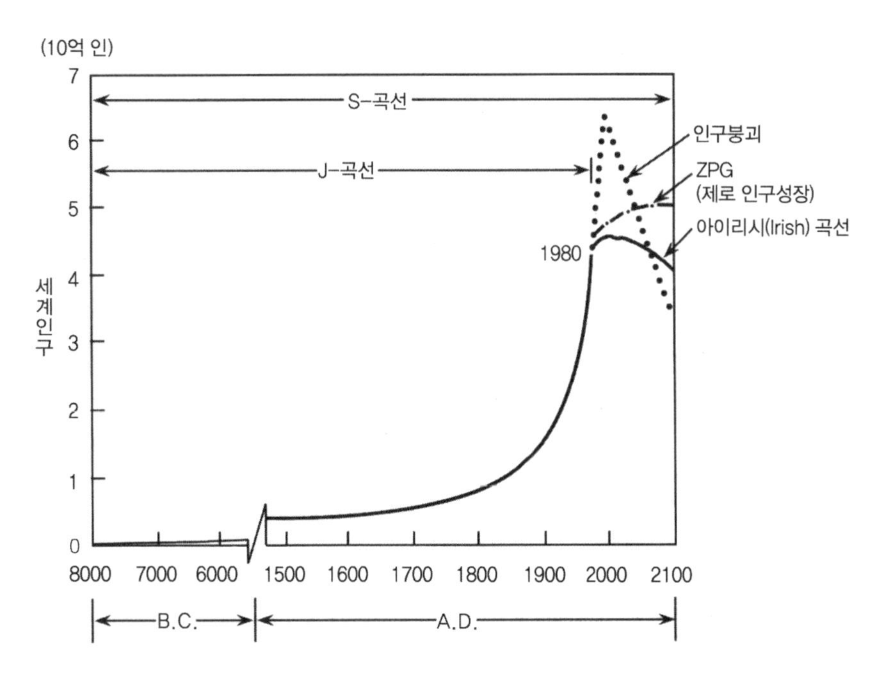

자료: Schnell and Monmonier(1983: 117).

로 두 단계의 과정을 거치는데, 하나는 대체 출산율(replace-level fertility)[10]이며, 다른 하나는 비성장(non-growth)이다. 이러한 안정은 대체로 두 세대 이상이 소요된다. 비록 이 모형이 출산율의 통제를 기초로 하고 있다고 해도 사망률의 증가에 의해 더 효율적으로 성취될 수 있다는 점에서, 앞에서 언급한 '인구붕괴'만큼이나 비관적인 것이라 하겠다.

세 번째 '아이리시 곡선'은 1840년 아일랜드의 주민이 겪었던 감자 부패병으로 인한 '감자기근'으로부터 나타난 인구성장 모형이다. 그 당시 기근으로 약 100만 인의 아일랜드 국민이 죽었고, 약 200만 인이 이주했다. 남아 있던 사람과 그 후손들은 재배작물을 다양화하고,[11] 소가족(小家族)체제를 취했으며, 기근을 해결하기 위해 결혼을 하지 않거나 늦게 했다. 그 결과 1970년 아일랜드의 울스터(Ulster) 인구는 1840년의 40%에 지나지 않았다. 이러한 인구 감소 현상은 같은 기간에 미국이 12배 증가한 것과는 대조적인 것이다. 이상에서 장래의 인구성장을 어떤 유형으로 취할 것인가는 지금 인류가 어떤 대안을 선택할 것인가에 달려 있다고 하겠다.

7. 적정인구와 안정인구

1) 적정인구

적정인구(適正人口, optimum population)는 최적인구라고도 부르는데, 특정 지역 내 또는 국내에서 사회적·경제적 생활상에 가장 적당한 인구수를 뜻한다. 적정인구의 문제에 대해 오래전부터 경제학 분야에서 논의되어왔다. 경제학적 의미에서는 '노동의 평균생산력과 한계생산력이 일치하는 점, 또는 한계생산력과 생활수준이 일치하는 접점에서의 인구'를 말한다. 또 '1인당 수익을 최대로 차지하는 점의 인구, 또는 총수익에서 생활 필요분을 공제한 나머지를 극대화하는 점의 인구'라고 정의되어 끊임없는

10) 인구현상을 유지하는 데 필요한 출산수준을 말한다.

11) 아일랜드인들은 감자가 주는 영양분에 너무 열광한 나머지 단일 품종의 감자만을 재배함으로써 극심한 병충해 피해를 입었다.

〈그림 3-9〉 적정인구

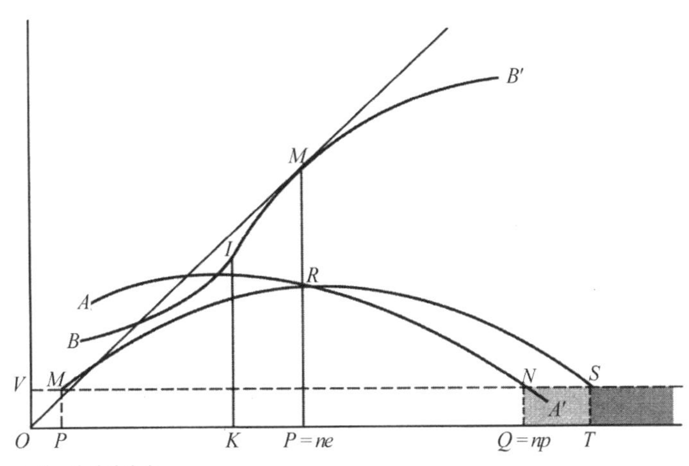

AA′ : 한계생산량
BB′ : 총생산량
MRS : 개인당 생산량
VO, *MP*, *ST* : 최저 생계수준
M : 개인당 생산량이 극대화되는 시점의 총생산량
I : 한계생산량이 극대화되는 시점의 총생산량
P : 최소인구(minimum population)
P = ne : 경제적 적정인구
Q = np : 정치적 적정인구
T : 최대인구(maximum population)

자료: 李興卓(1994: 167).

논란의 대상이 되고 있다. 그 이유는 실제 우리 생활에서 적정인구에 대한 정의가 사람에 따라 다르기 때문이다. 즉, 사회적·경제적 측면에서의 적정인구와 정치적·군사적 면에서의 적정인구가 서로 다르다. 그러나 적정인구의 개념은 실용성이 있든지 없든지 간에 이론상으로 개념을 정의지어야 한다는 점이 논란의 대상이 되지 않는다. 적정인구는 한 국가의 경제정책, 공공정책, 인구분산정책 그리고 국토 및 도시계획에서 매우 중요한 기준인자이다. 정적인구를 기준으로 여러 가지 인구 관련 정책들의 틀을 체계적으로 확립할 수 있다.

고대에서 근세에 걸쳐 플라톤(Plato, B. C. 427~347), 마키아벨리(N. Machiavelli, 1469~1527), 보테로(G. Botero, 1540~1617) 등 여러 학자들이 적정인구에 대해 언급했으나 이론의 기초적인 개념은 1848년 밀(J. S. Mill)에 의해 확립되었다. 또한 구체적인 적정인구를 제시한 사람은 스웨덴의 경제학자 빅셀(K. Wicksell, 1851~1926)과 영국의 캐넌(E. Cannan, 1861~1935)이다. 그러나 원래 적정인구라는 말을 처음 사용한 사람은 독일의 경제학자 볼프(J. Wolf)였다. 그리고 최근 프랑스의 인구학자 소비(A. Sauvey, 1898~1990)는 그의 대표논문인 「인구학의 일반이론(Théorie Générale de la Population)」에서 적정인구에 대한 더욱 구체적인 설명을 제시했다. 경제학 등에서는 그의 이론을 그대로 사용하고 있다.

소비가 정의한 경제적 적정인구[12]는 <그림 3-9>에서 다음과 같이 설명할 수 있다. 적정인구란 개인당 총생산량이 극대화(M)되어 개인의 생활수준(RP= ne)이 최고에 달한 시점에서의 인구인 $P= ne$를 의미한다. 즉, 경제적 적정인구란 한계생산량이 극대화되는 시점(K)에서의 인구가 아니라 개인당 총생산량이 극대화되는 시점에서의 인구를 의미하며, 인간의 생명이나 생활을 유지하기 위해 최소한으로 필요한 인구(P)와 단위 생산량으로 최대한 수용할 수 있는 한계인구인 최대인구(T)의 중간지점에 위치한 인구라 정의된다.

그러나 개인당 총생산량이 최대수준에 도달했다 하더라도 이렇게 생산된 생산품이 골고루 모든 개인에게 분배되지 않고 특정 인구계층에게 편중되어 부의 분배가 균등하게 이루어지지 않을 경우, 이러한 인구를 적정인구라 부를 수 있을지 의심스럽다. 극단적인 예로서 정치적 적정인구인 $Q=np$는 경제적 적정인구인 $P= ne$보다 수량적인 면에서 훨씬 많은 것으로 미루어보아, 경제적으로는 더 이상 수탈할 수 없는 상황에 처해 있는 사람들이라도 정치적으로는 얼마든지 더 수탈할 수 있음을 알 수 있다. 즉, 최저 생계유지만 되면[13] 경제적으로 적정인구가 될 수 없으나 정치적으로는 적정인구로 불릴 수 있기 때문이다.

적정인구에 대한 구체적인 측정방법이나 결과에 대해 그 필요성이 요청되고 있고 실제 결과도 발표되고 있지만 아직도 충분하지가 않다. 그것은 지역의 자연적·인문적 여러 가지 조건의 수치화가 지금까지 매우 곤란하기 때문이다.

유엔의 추정인구 및 국제 순유입인구의 종속변수와 인구증감에 영향을 미치는 GDP, 인접지역 경제통합률, 교육수준, 영어구사비율, 국토유효면적, 에너지양, 기온, 수자원

12) 빅셀(K. Wicksell)이 말하는 적정인구를 뜻한다.

13) NSTQ=np의 범위 안에 들지 않는 경우를 말한다.

〈그림 3-10〉 2000~2300년 한국의 적정인구 추세곡선

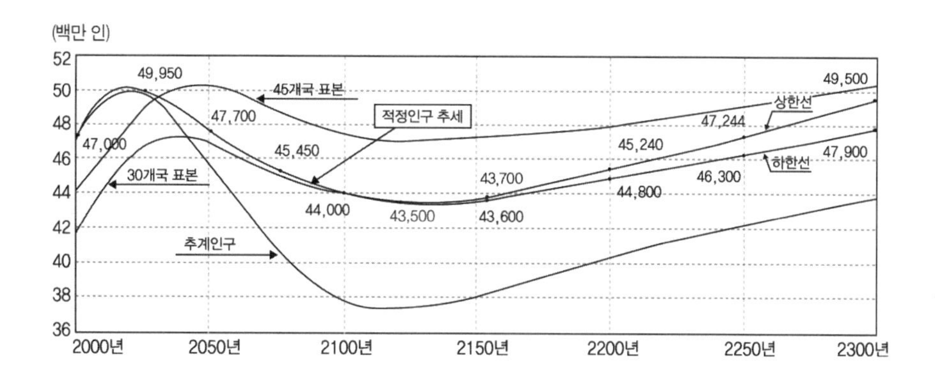

자료: 김형기·이성호(2006: 27).

량, 무역거리를 사용한 인구회귀모형을 이용해 한국의 적정인구를 추정한 것이 <그림 3-10>이다. 45개국과 30개국의 적정인구에서 각각 한국의 1인당 GNP가 나머지 국가보다 다소 높아 적정인구의 추계가 다르게 나타난다.

2) 안정인구

로트카(A. J. Lotka, 1880~1949)는 인구가 불변의 성·연령별 구조를 가지고 있기 때문에 항상 고정된 비율로 증가 또는 감소한다고 보았으며 이러한 인구를 안정인구(stable population)라고 했다. 물론 외부, 내부로부터 인구유입 또는 인구유출이 배제된 폐쇄인구를 전제로 하고 있음을 말할 필요도 없다. 따라서 안정인구는 출생률과 사망률이 오랜 기간 지속적으로 고정된 수준을 유지하는 경우에 나타나는 현상이다. 안정인구를 계산하는 방법으로 출생률과 사망률이 무한정 변화하지 않고 지속되는 경우에 야기되는 실질 증가율(intrinsic or true rate of growth)을 파악해야 한다. 인구의 실질 증가율을 구하기 위해 첫째, 성·연령별 특정 출생률(age-sex specific birth rate)을 파악하고, 둘째 생명표에서 생존인년(生存人年, person-years lived)을 계산하고, 셋째 출생 시 성비를 구해야 한다.

<표 3-2>는 1976년 미국 인구의 실질 증가율을 구한 것이다. <표 3-2>에서 다섯째 줄의 기대여아 출생 수를 합한 0.85429는 순재생산율(NRR: net reproduction rate)을 의미

〈표 3-2〉 미국 인구의 실질 증가율 계산방법(1976년)

연령계급 (1)	중앙연령 (2)	연간 여아 출생률(3)	생존인년 (4)	기대여아 출생 수 (5)=(3)×(4)	평균 세대간격 (6)=(2)×(5)
15~19	17.5	0.02805	4.90037	0.13745	2.40538
20~24	22.5	0.05586	4.88561	0.27291	6.14048
25~29	27.5	0.05372	4.86899	0.26156	7.19290
30~34	32.5	0.02586	4.84907	0.12540	4.07550
35~39	37.5	0.00945	4.82131	0.04556	1.70850
40~44	42.5	0.00224	4.77838	0.01070	0.45475
45~49	47.5	0.00015	4.71029	0.00071	0.03373
계				0.85429	22.01124

자료: 李興卓(1994: 170).

하며, 여섯째 줄의 값들을 합친 22.01124는 평균 0.85429인의 여아를 출산했을 때의 부인들의 평균연령을 나타낸다.

<표 3-2>에서 부인들이 첫딸을 출산했을 때의 평균연령으로 대표되는 평균 세대간격(mean length of generation)인 $\bar{a}$는 $\bar{a}=\frac{22.01124}{0.85429}=25.76554$년이 된다. 따라서 실질 증가율($r$)은 바로 1세대 기간($\bar{a}$), 즉 25.76554년 동안의 증가율을 의미하므로 이것은 앞서 언급한 순재생산율(NRR)과 같은 것이다. 그러므로 $NRR=e^{r\bar{a}}$의 공식이 성립되며 $r=\frac{\log_e NRR}{\bar{a}}=\frac{1}{25.76554}log_e 0.85429=-0.00611$로 실질 증가율은 -0.611%이다. 이 인구의 실질 증가율에 의해 구한 안정인구는 <표 3-3>과 같다.

안정인구는 생명표상의 생잔인구를 근거로 계산된 것이며, 생명표상의 인구는 매년 10만 인의 인구가 출생한다는 것을 전제로 하기 때문에 <표 3-3>에서 계산된 안정인구를 자료로 출생률을 구할 수 있다.

이론 인구학에서 논의되는 하나의 순수한 이론적인 모형으로 안정인구의 개념이 중요시될 뿐, 실제로는 세계 어느 지역의 인구도 앞서 언급한 안정인구에 일치한 적은 없다. 폐쇄인구란 이론상으로만 가능하며 어느 특정 지역의 인구가 무한정 고정된 출생률과 사망률을 유지할 수 없기 때문이다. 그러므로 안정인구는 인구의 유출입이 배제된 폐쇄인구이다. 또한 출산수준은 무한정 고정된 상태에 있으며, 사망수준 역시

〈표 3-3〉 생명표를 토대로 작성된 미국의 안정인구(1976년)

연령계급 (1)	중앙연령 (2)	$e^{-r(x+2.5)}$ (3)	생명표상의 여성 생잔인구 (4)	생명표상의 남성 생잔인구(4)× 1.054(5)	안정인구	
					여자 (4)×(3)	남자 (5)×(3)
15~19	17.5	1.11246	490,037	512,659	545,147	570,313
20~24	22.5	1.14685	488,561	508,172	560,306	582,797
25~29	27.5	1.18232	486,899	503,329	575,670	595,096
30~34	32.5	1.21887	484,907	498,979	591,039	608,191
35~39	37.5	1.25656	482,131	492,984	605,827	619,464
40~44	42.5	1.29641	477,838	484,979	619,474	628,732
45~49	47.5	1.33546	471,029	472,575	629,040	631,105

자료: 李興卓(1994: 171).

무한정 고정된 상태에 있는 것을 전제로 한 것이다. 따라서 안정인구는 현실을 벗어난 이상적인 세계에서의 이론상 개념에 지나지 않는다.

4장

인구의 성장과 지역적 분포

1. 인류의 기원과 인구성장

인류가 어디에서 왔는가 하는 문제는 여러 종교나 과학·문화를 통해 그 답을 적절히 말할 수 있다. 미국의 하이다(Haida) 인디언의 출현은 조개껍데기로부터, 호피(Hopi)족은 그랜드캐니언의 골짜기 바닥의 신성한 조그만 구멍에서 남자가 저승에서 이승으로 나왔다고 한다. 또 성서에는 신이 에덴동산에 남자인 아담을 먼저 창조하고 그 뒤 여자인 하와를 창조했다고 나와 있다. 그러나 과학자들은 이와 같은 신화와 창조론을 믿지 않는다. 최근 과학자들의 이론에 의하면 지금으로부터 약 200만 년 전에 호모 에르가스터(Homo ergaster)가 등장했고, 그 후 계통을 달리하는 호모 에렉투스(Homo erectus)가 나타났으며 약 20만 년 전에는 아프리카인 '이브'가 나타나 인류의 조상이 되었다. 또 진화론을 추종하는 사람들은 지금으로부터 1만~20만 년 전 홍적세(洪績世, pleistocene) 때의 인류의 발달을 설명하고 있다.

과학자들이 보는 인류의 기원지도 아프리카이다(〈그림 4-1〉). 아프리카를 제일 일찍 떠난 인과(人科, Hominids)는 100만 년 또는 그 이전의 호모 에렉투스라고 불린다. 한 이론은 이 호모 에렉투스가 세계 여러 지역에서 진화되어 현생인류가 되었다고

〈그림 4-1〉 인류의 기원지와 이동경로

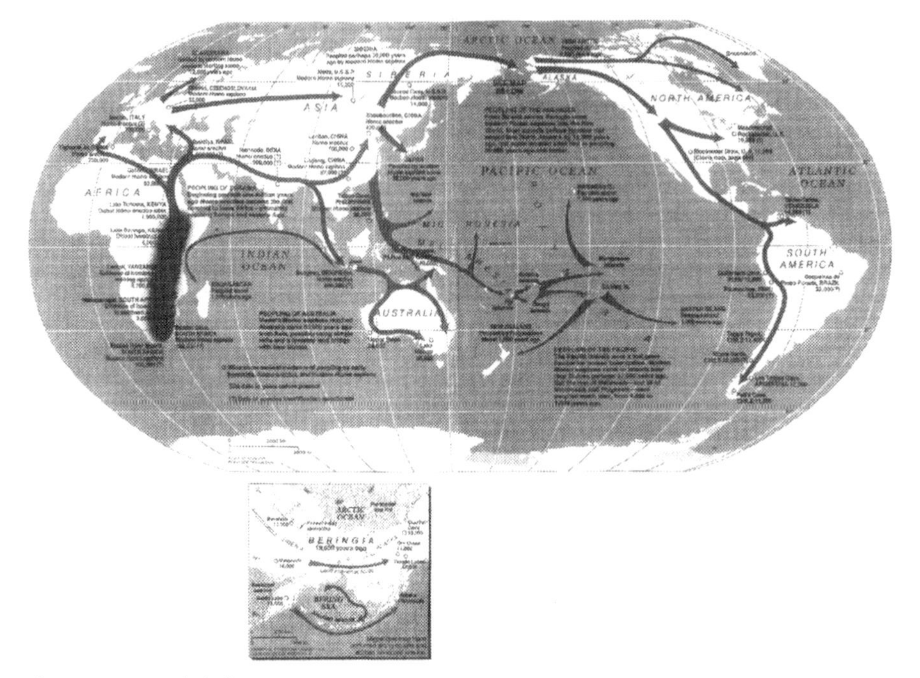

자료: Garrett(1988: 436~437).

주장한다. 그러나 현생인류의 조상인 호모 사피엔스(Homo sapiens)는 호모 에렉투스와 계통을 달리한다. 지금으로부터 20만 년 전에 아프리카에서 출현해, 6만 년 전에 두 번째로 큰 이동을 했다는 가설을 받아들이는 사람이 점차 늘고 있다. 이 인류의 이동은 북쪽으로는 북아프리카와 유럽으로, 동쪽으로는 아시아로 이주했다는 점에서 의견이 일치된다. 그 뒤 1000년이 지나 오스트레일리아와 아메리카 대륙으로 많은 이동이 있었다. 이것은 빙하시대의 해수면이 낮아짐에 따라 노출된 육지에 의해 아시아에서 오스트레일리아로, 시베리아에서 북아메리카로 이동이 가능했기 때문이다. 따라서 북아메리카는 1492년 콜럼버스(C. Columbus, 1451?~1506)가 발견하기 1만 8000년 전에 알게 되었다고 볼 수 있다.

이와 같이 인류가 전 세계의 각 지역으로 이동해 거주하면서 세계의 인구수와 그 분포가 어떠한지를 구석기 시대부터 2000년까지의 인구성장 곡선을 통해 보면(〈그림 4-2〉), 세계 인구는 1650년까지 서서히 증가하다가 그 이후부터 점점 증가 속도가 빨라진 것을 알 수 있다. 그 기간을 보면 5억에서 10억으로 두 배가 되는 기간이

〈그림 4-2〉 세계 인구의 성장 곡선

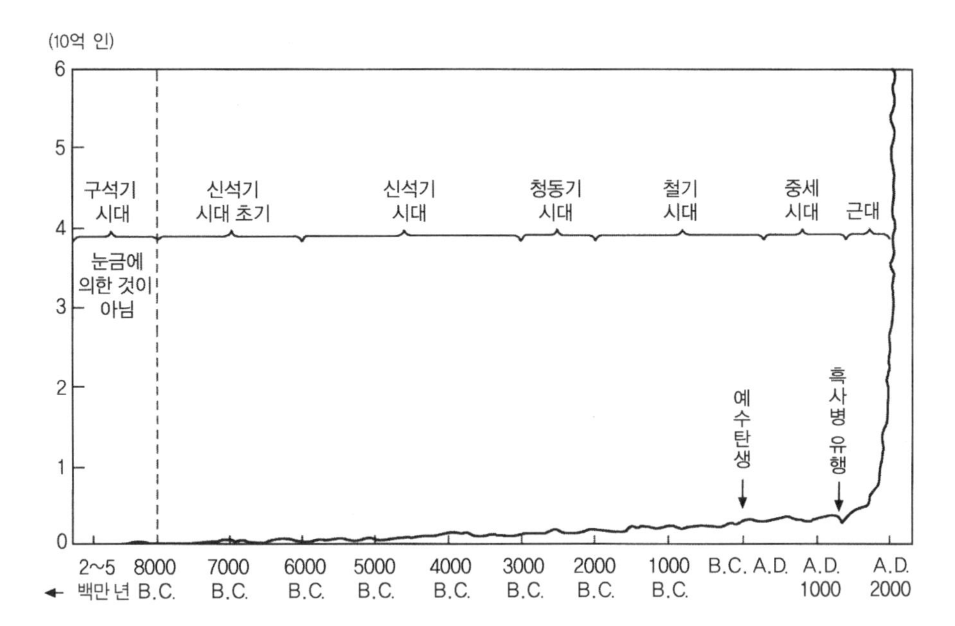

자료: Plane and Rogerson(1994: 4).

180년, 10억에서 20억으로는 110년, 20억에서 40억으로는 46년이 소요되어 배가(倍加) 기간(doubling time)[1)]이 점점 짧아지고 있다. 기원원년의 세계 인구는 2억 1000만이었는데 12억의 인구가 되는 데 1850년이라는 기간이 필요했다. 그러나 1950년에는 25억이 되어 불과 100년 만에 두 배가 되었다. 또한 1987년에 세계 인구는 50억이 되어 37년 만에 두 배가 되었고, 1999년 10월 12일에 세계 인구가 60억이 되었다. 2050년에는 89억이 될 것이다.

인구 증가율은 인구성장과 더불어 체감하는 것과 다르지 않다. 이러한 추론은 예측 목적을 위해 인구자료에 로지스틱(logistic) 내지는 파레토(Pareto)함수와 일치한다는 아이디어에서 다음과 같이 나타낼 수 있다.

---

1) 인구가 두 배 증가되는 기간으로 $\frac{P_1}{P_0}=2$(여기에서 P_1은 해당 연도의 인구수, P_0는 기준연도의 인구수)가 되는데, 이를 산출하는 식은 $rn=\log_e 2$가 된다. 만약 특정 기간의 연평균 인구 증가율이 0.5%이면, 이 연평균 인구 증가율로 인구가 2배되는 기간은 $n=\frac{0.6931}{0.005}$로 $n=139$년이 소요된다.

〈그림 4-3〉 잉글랜드 · 웨일스 지방의 인구추이

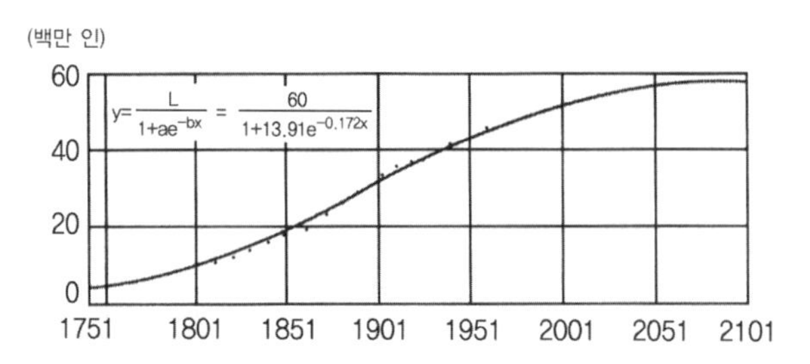

주: 그림 중의 점선은 각 연도의 자료임.
자료: 高橋潤二郎 譯(1970: 192).

즉, $Y=\frac{L}{1+ae^{-bt}}$로, 이것은 $P_t=\frac{L}{1+P_{oe}^{-bt}}$로 나타낼 수도 있다. 단, P_t: t시기에서의 인구, L: 추정 최대인구, P_o: 임의의 시기에서 초기인구, t: 시간, e: 자연대수, a: 인구 증가율이다. 1751~1961년 사이에 잉글랜드와 웨일스 지방의 인구추이를 로지스틱 곡선으로 나타내면 <그림 4-3>과 같다.

2. 세계 인구의 성장

세계의 인구가 어떻게 성장해왔는가를 추정하는 것은 상당히 어렵다. 공식적인 인구센서스가 실시되기 이전인 18세기 말까지의 세계 인구의 추정은 매우 단편적인 자료와 고고학적인 증거에 의했다. 그러나 이들 자료와 증거를 어떻게 평가하고 해석하느냐에 따라 세계 인구의 추정도 크게 달라질 수 있다. 이런 인구추정의 어려움에도 불구하고 인구학자들은 세계 인구의 성장과정에 큰 관심을 가져왔다. 그 대표적인 학자로 카손더스(A. M. Carr-Saunders)와 윌콕스(W. F. Willcox)는 1650~1900년 사이의 세계 인구추세와 분포에 대해, 디비(E. S. Deevey)는 선사시대부터의 세계 인구성장을 각 시대의 문명과 연관시켜 추정했다.

1) 역사시대 이전의 인구성장

지금으로부터 100만 년 전의 세계 인구는 약 12만 5000인으로 추정되었으며, 2만

〈그림 4-4〉 재배작물과 농경의 기원

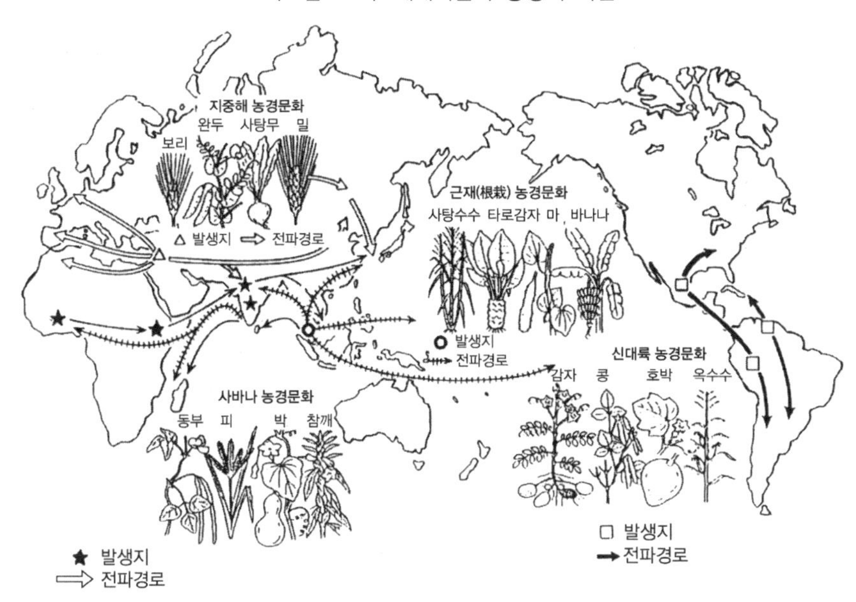

자료: 中尾佐助(1966: 6~7).

〈표 4-1〉 과거의 인구분포

연도	문화단계	거주 지역	가정한 인구밀도 (인/km^2)	총인구 (100만 인)
100만 년 전	구석기 시대 (수렵채취)	아프리카	0.00425	0.125
30만 년 전	중석기 시대 (수렵채취)	아프리카와 유라시아	0.012	1
2만 5000년 전	신석기 시대 (수렵채취)	아프리카와 유라시아	0.04	3.34
1만 년 전	청동기 시대 (수렵채취)	모든 대륙	0.04	5.32
6000년 전	정주 농경과 초기 도시	구대륙 신대륙	1.0 0.04	86.5
2000년 전	정주 농경과 도시	모든 대륙	1.0	133
310년 전(1650년)	농업과 공업	모든 대륙	3.7	545
210년 전(1750년)	농업과 공업	모든 대륙	4.9	728
160년 전(1800년)	농업과 공업	모든 대륙	6.2	906
60년 전(1900년)	농업과 공업	모든 대륙	11.0	1,610
10년 전(1950년)	농업과 공업	모든 대륙	16.4	2,400
A. D. 2000년	농업과 공업	모든 대륙	46.0	6,270

자료: Trewartha(1969: 7).

〈그림 4-5〉 선사시대의 세계 인구 증가추이

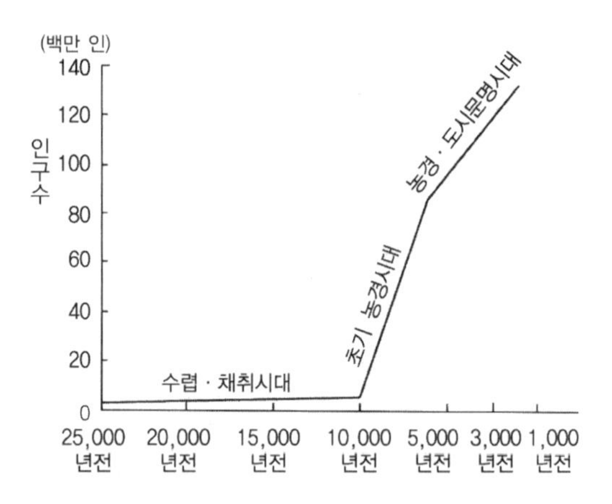

자료: Deevey(1960: 196).

5000년 전의 세계 인구는 334만 인이었으나, 청동기 시대에 들어와서 서서히 증가하기 시작해 1만 년 전의 세계 인구는 532만 인으로 추정된다. 이때 세계의 인구밀도는 약 0.04인/km^2이었다.

인류가 농작물을 재배하고 가축을 사육하기 시작한 것은 지금으로부터 1만 년 전으로 이때부터 인구가 급속도로 증가했다. 각 작물의 발생지와 전파경로는 <그림 4-4>와 같다. 세계 농경의 기원지는 적도부근에서 북위 40° 부근에 분포하고 있다. 이와 같이 각 작물의 기원지에서의 농작물 전파와 더불어 작물 생산량이 증가되자 인구가 급속히 증가해 6000년 전에는 8650만 인으로 1만 년 전에 비해 무려 16배나 증가했으며, 인구밀도도 1인/km^2으로 높아졌다. 3500~4000년 전의 세계 인구는 농업생산이 유리한 지역에 밀집 분포 형태를 나타내었다. 즉, 정착농경 생활을 하는 유라시아 대륙의 저·중위도 지방과 아프리카 북부 및 멕시코와 안데스 산지의 고산지역은 인구가 집중된 지역이었다. 선사시대의 인구 증가 추세를 나타낸 것이 <표 4-1>, <그림 4-5>이다.

2) 고대 · 중세의 인구성장

A. D. 1년경의 세계 인구는 약 2억 5000만~3억 인으로 추정되며 연평균 인구 증가율도 0.05%로 추정되고 있다. A. D. 1세기경 인구가 밀집한 지역을 보면, 그리스·로마제국, 인도, 중국이었다. 이 가운데 가장 인구가 조밀한 지역은 인도로 마우리아(Maurya)

〈그림 4-6〉 A. D. 1년경의 세계의 인구분포

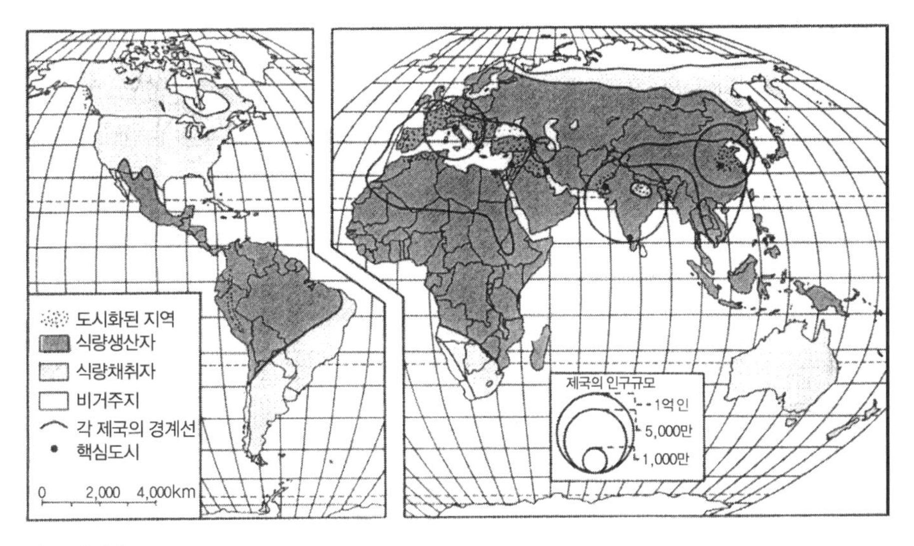

자료: 이희연(1993: 56).

왕조의 아소카(Asoka) 왕에 의해 확장된 영토로서 약 1억~1억 4000만 인의 인구가 분포하고 있었다. 그다음이 중국을 통일한 한(漢) 왕조의 영토로서 5770만 인이 분포하고 있었다고 추정된다. 이때부터 많은 인구가 인도·중국에서 나타났다는 것을 알 수 있다.

A. D. 1세기경의 로마제국의 인구는 약 5400만 인으로 추정되는데, 당시 이 인구에서 다른 지역 거주자와 로마시민이 아닌 사람은 제외되었기 때문에, 실제 인구수는 훨씬 더 많았으리라 추측된다. 인도, 중국, 로마제국 이외에 인구가 집중된 지역으로는 앵글로·라틴아메리카와 아프리카 남부지역에서 채집경제에 의존하는 지역과 유라시아 대륙의 북부 침엽수림 기후지역이 있다(〈그림 4-6〉).

A. D. 1년경의 세계 인구분포를 지역별로 보면(〈표 4-2〉), 소아시아에 가장 많이 분포했으며, 그다음으로 이탈리아, 갈리아, 이베리아 등에 집중되었음을 알 수 있다. 그리고 A. D. 1000년의 지역별 인구분포를 보면, 소아시아, 러시아, 이베리아, 프랑스·베네룩스 3국, 이탈리아, 그리스 등에 인구가 집중되어 있었다.

고대부터 중세에 이르는 동안의 연평균 인구 증가율은 0.02~0.04%로 추정되며, 중세 말인 1650년경의 세계 인구는 카손더스의 추정에 의하면 약 5억 4500만 인으로 추정된다. 그러나 중세의 지역별 인구성장률에는 큰 차이가 나타났으며, 또한 같은

〈표 4-2〉 세계 주요 국가의 인구추정 (단위: 100만 인)

국가	A. D.1년	350년	600년[a]	800년	1000년	1200년	1340년	1400년	1500년
그리스	3	2	1.2	2	5	4	2	-	1.5
발칸	2	3	1.8	3	-	-	2	-	3
소아시아	8.8	11.6	7	8	8	7	8	-	6
시리아	4.4	4.4	4	4	2	2.7	3	-	2
이집트	4.5	3	2.7	3	3	2	3	-	2.5
북아프리카	4.2	2	1.8	1	1	1.5	2	-	3.5
이베리아	6	4	3.6	4	7	8	9.5	-	8.3
갈리아*	6.6	5	3	5	-	-	-	-	-
프랑스와 베네룩스 3국	-	-	-	-	6	10	19	-	16
이탈리아	7.4	4	2.4	4	5	7.8	9.3	-	5.5
독일	3.5	3.5	2.1	4	4	7	11	-	7
스칸디나비아	-	-	-	-	-	-	−0.6	-	−0.5
영국 제도**	0.4	0.3	0.8	1.2	1.7	2.8	5.3	-	4
슬라비아	4	4.8	2.8	6	-	-	-	-	-
폴란드 등	-	-	-	-	1	1.2	1.2	-	2
러시아	-	-	-	-	7.5	6	8	-	6
헝가리	-	-	-	-	1	2	2	-	2
계	54.8	47.6	33.2	45.2	52.2	61	85.9	52[b]	70.8

a. 6세기 전염병에 의한 인구 감소는 일반적으로 40%, 시리아, 이집트, 에스파냐와 북아프리카는 10%가 감소했음.
b. 1340년 전염병으로 40%의 인구가 감소했음.
* 이탈리아의 북부, 프랑스, 벨기에, 네덜란드, 스위스, 독일을 포함한 옛 로마의 속령을 말함.
** 영국, 아일랜드, 맨 섬(the Isle of Man) 기타의 작은 섬 포함.
자료: Trewartha(1969: 21).

지역이라도 시기에 따라 인구성장률의 변동이 매우 심했기 때문에 일률적으로 연평균 인구성장률이 얼마인가는 말하기 어렵다. 특히 6세기와 14세기에 유럽과 아프리카 대륙을 휩쓴 전염병에 의해 이들 지역 인구의 약 40%가 사망했으며 인도에서는 기근과 전쟁, 전염병 등으로 세계 인구는 한때 정체상태를 나타내기까지 했다. 그러나 중국만은 당시 세계 인구의 증가 추세와 같은 증가율로 증가해 1650년경 약 1억 5000만 인에 달한 것으로 추정하고 있다.

〈표 4-3〉 지역별 세계 인구의 추정(1650~2000년) (단위: 100만 인)

지역	1650[a]	1650[b]	1750[c]	1800[c]	1850[c]	1900[c]	1920[d]	1930[d]	1940[d]	1950[d]	1960[d]	2000[c]
아프리카	100	100	106	107	111	133	143	164	191	222	273	768
앵글로아메리카	1	1	2	7	26	82	116	134	144	166	199	354
라틴아메리카	7	12	16	24	38	74	90	107	130	162	212	638
아시아 (구소련 제외)	257	327	498	630	801	925	1,023	1,120	1,244	1,381	1,659	3,458
유럽과 구소련	103	103	167	208	284	430	482	534	575	572	639	880
오세아니아	2	2	2	2	2	6	8.5	10	11.1	12.7	15.7	32
세계	470	545	791	978	1,262	1,650	1,860	2,069	2,295	2,515	2,998	6,130

a. Willcox(American Demography)의 추정.

b. Carr-Saunders(World Population)의 추정.

c. Durand(Expansion of World Population)의 중위수 추정.

d. 유엔(World Population Prospects, 1966)의 추정.

자료: Trewartha(1969: 30).

중세 때에 인구 증가 현상을 보인 지역은 알프스 산맥 북쪽에서 카르파티아(Carpathia) 지방에 걸친 개척지역으로, 이 지역의 인구가 증가한 것은 삼림지역의 농경지화에 따라 인구 지지력이 높아졌기 때문이다.

1650년경의 세계 인구분포는 <표 4-3>과 같이 A. D. 1년경의 인구분포와 큰 차이는 없으나 동·동남아시아 지역에서 인구 증가가 두드러졌으며 아프리카 사하라사막 이남의 열대지역에도 인구가 밀집되었다. 또한 북서 유럽 여러 나라들도 뚜렷한 인구성장을 나타내어 세계 인구 밀집지역의 하나로 부각되었다. 한편 신대륙의 인구성장은 상당히 침체되었는데, 그 이유는 신대륙 발견 이후 유럽인과의 접촉에 의한 전염병으로 많은 인디언이 사망했기 때문이다.

3) 근대 이후의 인구성장

먼저 1650~1850년까지의 인구성장을 보면, 1650년경의 세계 인구는 약 5억 4500만 인이었으나 차차 빠른 인구 증가를 나타내어 1820년경 10억을 돌파했다. 당시 인구 증가율은 0.5%로 추정되며, 1850년경에는 12억 6200만 인에 이르러 200년 동안에 세계 인구는 약 2.7배나 증가했다. 이러한 절대적인 인구 증가는 동·남부 아시아와 유럽에서 뚜렷하게 나타났다. 아시아는 200년 동안에 4억 5000만~5억 5000만 인이, 유럽은 1억 5000만~2억 인의 인구가 증가했다. 이와 같이 17세기 중엽부터 세계 인구의 증가 속도가 빨라진 이유는 산업혁명의 결과로서 생활수준의 향상과 의학의 발달 및 공중위생시설의 개선 등으로 사망률이 낮아졌기 때문으로 볼 수 있다. 더욱이 산업혁명과 함께 유럽 여러 국가들에서 농촌사회가 붕괴되고 산업화·도시화가 진전되면서 사회적 현상으로 조기결혼, 무절제한 성생활, 임신조절에 대한 인식부족 등이 나타나 출생률이 높아진 것을 들 수 있다. 당시 선진 공업국들의 인구 증가는 200년 동안 거의 세 배에 달했다. 1750년에서 1800년 사이의 세계 연평균 인구 증가율은 0.4%, 1800년에서 1850년 사이에는 0.5%였다.

다음으로 1850년 이후의 인구성장을 보면 다음과 같다. 1820년경의 세계 인구가 10억 인이었는데 1930년경에 세계 인구가 20억 인에 달해 인구 배가기간이 110년에 불과했다. 또 1930년의 46년 후인 1976년에 세계 인구는 40억 인이 되었고, 1987년 7월의 세계 인구는 50억 인이 되었다. 1999년 12월 12일 세계 인구가 60억 인이 되었으며, 보스니아 사라예보에서 60억 번째의 아기가 출생했다고 한다.

1850~1950년 사이에 인구가 급격히 증가한 국가들은 산업혁명과 과학화가 진전된 선진국으로, 이들 국가들은 산업혁명과 더불어 생활환경이 개선되고 의학이 눈부시게 발달함에 따라 사망률이 급격하게 감소되었기 때문이다. 그 결과 연평균 0.9%의 높은 인구 증가율을 경험하게 되었고, 1850년에 3억 4000만 인이었던 인구가 1950년에는 8억 3000만 인으로 증가했다. 한편 개발도상국들도 이 기간 중에 연평균 인구 증가율은 0.6%로 1850년 9억 1900만 인이었던 것이 1950년에는 16억 8000만 인으로 많은 인구 증가를 가져왔다. 1850~1900년 사이의 세계 연평균 인구 증가율은 0.8%였다.

1950~1975년에 세계 인구는 25억에서 40억으로 증가되었다. 이때의 인구 증가 중 약 81%는 중국, 인도를 비롯해 아프리카, 라틴아메리카의 개발도상국에서 나타났다. 반면에 선진 국가들의 인구성장은 매우 완만해서 지난 25년 동안 2억 6000만 인 정도의 인구가 증가했을 뿐이다. 1990년 세계 각 국가의 자연 인구 증가율 3% 이상을 나타낸 지역은 주로 아프리카와 서남아시아 등 개발도상국으로, 높은 인구 증가율을 보였으며 유럽과 북아메리카, 오세아니아 지역은 1% 미만의 낮은 자연증가율을 보였다. 1950년에서 2000년 사이의 세계 연평균 인구 증가율은 1.8%였다.

〈그림 4-7〉 100만 년 전부터의 세계 인구성장의 대수곡선(對數曲線)

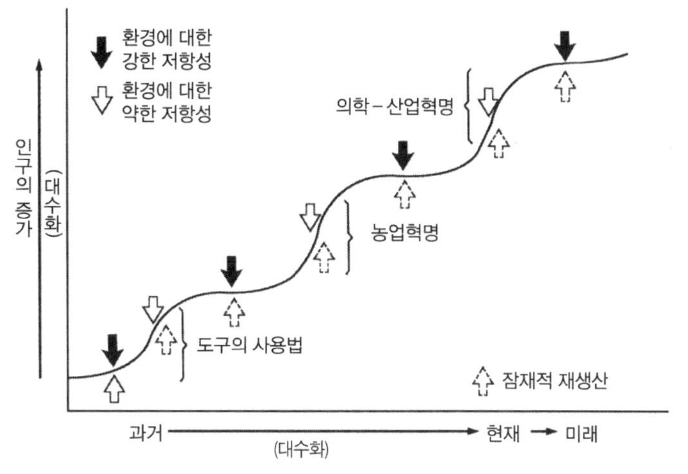

자료: Deevey(1960: 52).

디비는 100만 년 전부터 현재까지의 인구 증가 추세를 대수(對數) 그래프에 나타내었는데 인구 증가가 급속히 이룩된 것이 세 차례 있었다(〈그림 4-7〉). 첫째가 인간이 도구를 사용할 줄 알면서 식량채취량이 증가된 문화혁명 이후이며, 둘째는 농업혁명으로 작물재배·가축사육이 이룩됨과 동시에 정주생활을 이룩한 이후이고, 마지막 셋째는 산업혁명 이후로 상공업이 발달되고 농기구가 과학화되면서부터이다.

3. 인구의 지역적 분포

1) 인구의 지역적 분포

인구분포의 변동은 토지이용의 변화, 주택·교통문제, 각종 산업의 입지 동향 등 현실사회의 많은 측면과 상호작용을 한다. 이에 대한 실태 파악은 학술연구뿐만 아니라 도시계획, 시장조사 등의 응용적인 측면에서도 기초자료로 유용하다.

(1) 대륙별 인구분포

세계 인구의 지역별 분포는 여러 가지 측면에서 살펴볼 수 있다. 먼저 구대륙(유라시

〈표 4-4〉 대륙별 인구분포(2013년)

대륙 및 지역	인구수(100만 인)	구성비(%)
아시아	4,299	60.0
유럽	742	10.4
아프리카	1,111	15.5
북아메리카	565	7.9
남아메리카	407	5.7
오세아니아	38	0.5
계	7,162	100.0

자료: 二宮書店, 『地理統計要覽』(2014), p. 40.

아와 아프리카 대륙)과 신대륙(남·북아메리카 주와 오세아니아 주)으로 나누어 인구구성비를 보면, 세계 인구(2013년)의 85.9%가 구대륙에, 14.1%가 신대륙에 분포해 있다. 즉, 인구의 대다수가 구대륙에 인구가 분포해 있으며 구대륙 중에서도 유라시아 대륙에 70.5%, 구소련을 제외한 아시아 대륙에 60.0%가 분포하고 있다. 아시아 중에서도 특히 중국을 위시해 인도와 그 동쪽 지역의 인구구성비는 매우 높다(〈표 4-4〉).

대륙별 인구분포를 보면 인구분포와 대륙성(continentality) 및 도서성(insularity)과 관련성을 보인다. 즉, 대륙의 내부에는 인구가 적게 분포하고 있고, 해안 가까이의 평지나 도서부에는 인구가 많이 분포해 있는 경향이 있다. 이것을 인구수로 보면 세계 인구의 약 3/4이 해안에서 약 1000km 이내의 범위에 분포하고 있으며, 약 2/3가 해안으로부터 약 500km의 범위에 분포하고 있다. 이것은 대륙성 기후로 인해 대륙 내부가 인간이 거주하기에 적당하지 않은데 비해, 해안 지역은 해양성 기후를 나타내어 인간생활에 쾌적한 조건을 구비하고 있다는 점 때문이다. 또한 해안이나 도서에 항만을 중심으로 도시가 발달할 수 있기 때문이다. 특히 아프리카나 남아메리카 등에는 오랜 식민지 시대 동안 접근성이 높은 항만을 중심으로 개발되어 해안에 대도시가 발달했다.

(2) 위도별 인구분포

다음으로 위도별 인구분포를 보면 <표 4-5>와 같다. 즉, 세계 인구의 90.2%가 북반구에 분포하고 있으며, 그것도 북위 20°~ 40° 사이의 온대지방에 세계 인구의 49.4%가 분포하고, 그다음으로 40°~ 60° 사이에 세계 인구의 30.0%가 분포하고 있는데, 그중에서도 서안해양성 기후의 영향을 받고 있는 온난한 서부 유럽을 중심으로

〈표 4-5〉 위도별 인구구성비와 육지면적 구성비

반구	위도	인구구성비(1976년)(%)	육지면적 구성비(%)
북반구	60° 이상	0.4	11.5
	40°~ 60°	30.0	20.9
	20°~ 40°	49.4	20.6
	0°~ 20°	10.4	14.3
남반구	0°~ 20°	6.1	13.3
	20°~ 40°	3.5	9.0
	40° 이상	0.2	10.3
계		100.0	14,889.0만km^2

25.6%가 분포하고 있다. 남반구는 북반구에 비해 육지 면적이 좁아 인구가 적게 분포하고 있지만 그 지역의 대부분이 16세기 이후에 새로 개척된 지역이다.

(3) 인구분포의 수평적 한계

인구분포는 수평적·수직적 한계를 가지고 있다. 인구분포의 수평적 한계(horizontal limits)에 대해 19세기 말 독일의 지리학자 라첼이 『인류지리학(Anthropogeogra phie)』의 제2장에서 논했다. 그는 인류의 거주공간을 외쿠메네(Ökumene), 비거주공간을 안외쿠메네(Anökumene)라고 부르고, 외쿠메네의 한계를 기후와 관련지어 설명했다. 이에 대해 1921년 독일의 크렙스(N. Krebs)도 대륙에서 외쿠메네의 한계의 성립에 대해 기후가 가장 중요한 요인이라고 주장했다.

지구상의 대륙의 분포는 북반구가 넓고 남반구는 좁아 그 비율은 남반구 1에 대해 북반구는 2.1이며, 북반구에서는 북위 60° 이북에 유라시아 대륙과 북아메리카 대륙의 폭이 넓으나 남반구의 남위 60° 이남에는 대륙의 면적과 폭도 좁다. 따라서 외쿠메네의 한계도 북반구 두 대륙의 북극해 연안 한극 지역에서 나타난다. 기온이 매우 낮고 바람과 눈이 많은 지역에서는 인간의 육체에 직접적으로 그 영향을 미쳐 정주하기에 부적당하며, 추위 때문에 의식주 자원을 얻을 수 없기 때문에 정주할 수 없는 간접적인 영향을 받고 있다. 현재 유라시아 대륙 북극지역에 랩(Lap)족, 핀(Fin)족이 거주하고, 동시베리아에서 캄차카(Kamchatka) 반도에 걸쳐 추크치(Chukchi)·기리야크족(Gilyaks)이 거주하고 있으며, 캐나다 북부에는 이누이트(Innuit)인이 생활자원이 부족하지만 정주하고 있다. 즉, 이들은 외쿠메네의 한계에 거주하고 있으며 그 북쪽에는 인간이 거주할 수 없는 동토와 빙원(氷原) 지역으로 안외쿠메네지역이다. 그린란드섬의 연안은 외쿠메네 지역이지만 내륙은 안외쿠메네 지역이다. 인류가 이러한 외쿠메네의 한계를 설정한 것은 오래전이며 콜럼버스가 신대륙을 발견하기 이전이라고 할 수 있다.

이러한 한랭한 기후 때문에 형성된 외쿠메네의 전선을 한랭전선이라 부른다면 이밖에도 건조전선과 습열전선이 존재할 수 있다. 건조전선은 대륙 내부의 사막주변에 형성되는데, 건조도가 높고 물이 없기 때문에 인간의 정주가 불가능하다. 나아가 물이 없기 때문에 인간생활에 직접적으로 필요한 의식주 자원을 그곳에서 얻을 수 없어 정주가 불가능해 외쿠메네의 한계로 지적된다. 습열전선은 기온이 높고 비가 많이 오는 열대우림 지역에서 형성된다. 이 지역은 정글이 넓고 유독 생물이 많으며 풍토병이 만연해 인간의 거주를 허락하지 않는 안외쿠메네 지역이 된다.

(4) 인구분포의 수직적 한계

인구분포의 수직적 한계(vertical limits)는 거주의 고거한계(高距限界)라고도 불리며, 특히 산지 내에서 고거한계가 나타난다. 세계 산지 내의 인구분포와 그 거주 고거한계에 대해 산지 지리학자 피티(R. Peattie)는 그의 저서『산지지리학(Mountain Geography: A Critical and Field Study)』에서 다음과 같이 언급했다. 첫째, 유럽의 산지에서는 높이가 높아짐에 따라 인구가 감소하고, 둘째 높은 산지에 인구가 적은 것은 자원이 결핍되어 있기 때문이고, 셋째 산지에서 인구가 적은 것은 평탄면이 적기 때문이 아니라 오히려 생활자원이 부족해 나타나는 현상이라고 주장했다. <그림 4-8>은 1958년 비트하우어(K. Witthauer)가 대륙별로 인구밀도와 높이와의 관계를 나타낸 것이다. 세계 전체를 보면, 해발고도 200m 이하 지역의 인구밀도가 가장 높고, 200m 이상에서는 높이가 높아질수록 점차 인구밀도가 낮아진다. 세계 인구의 56.2%(세계 육지면적의 27.8%)가 해발고도 200m 이하 지역에 분포하고, 해발 500m 이하에는 세계 인구의 4/5(세계 육지면적의 57.3%)가 분포하고 있다. 그러나 대륙별 지형의 상태가 다르기 때문에 인구분포와 고도 간에 반드시 양의 상관관계가 나타나지는 않는다. 즉, 남아메리카 대륙에서는 1000m 이상에서도 매우 높은 인구밀도를 나타내고 있어 1000m 이상에서의 인구분포와 고도와의 관계는 역상관을 나타낸다. 이것은 남아메리카 중·북부의 저위도 지역에 해당되는 에콰도르, 볼리비아에서 안데스 산지의 고지에 도시나 농촌의 취락이 발달해 있기 때문이고, 이들 지역의 저지에서는 열대기후를 나타내지만 높은 산지에서

〈그림 4-8〉 대륙별 인구밀도와 고도와의 관계

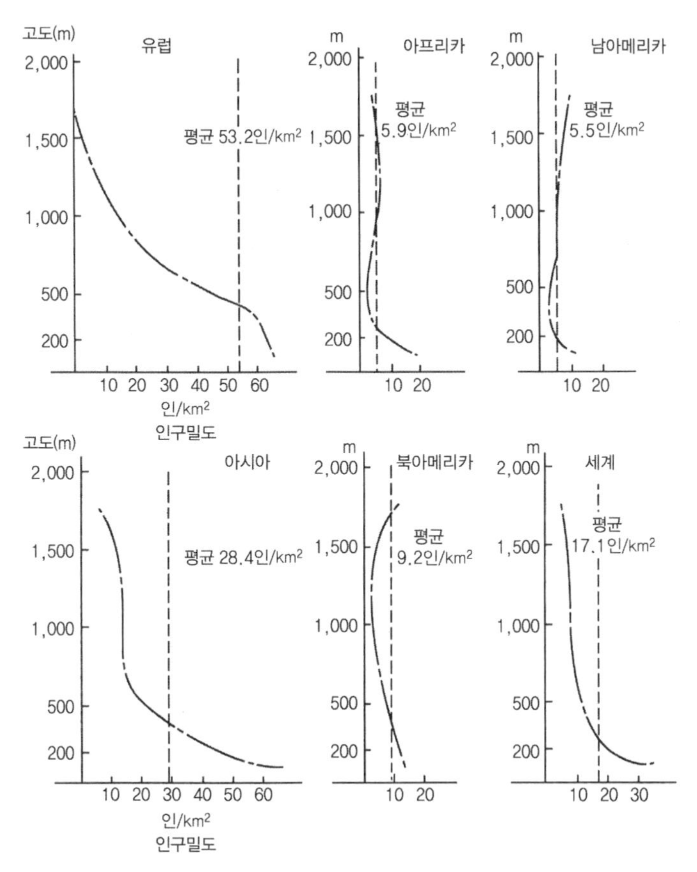

자료: 岸本實(1980: 30).

는 온대기후에 가까운 기후를 나타내고 있기 때문이다. 볼리비아의 수도 라파스(La Paz, 2010년 인구 83만 5000인)는 3600m, 오루로(Oruro)는 3617m의 고도에 위치하고 있으며, 페루에서도 3200~4500m 사이에 취락이 입지하고 있는데, 쿠스코(Cuzco)는 3200m의 높이에 도시가 발달했다. 북아메리카에서도 멕시코 고원 등 중부 아메리카의 고지에 분포한 취락이나 로키산맥의 고지에 취락이 발달했는데, 멕시코시티(Mexico City, 2010년 인구 885만 인)의 높이는 2360m, 덴버(Denver, 2013년 인구 64만 9495인)는 해발 약 1600m에 입지하고 있다. 아프리카 대륙은 평균 해발고도가 800m인 대지로 그 동부의 아비시니아 고원 등 화산성 대지가 있고, 적도에 가까운 저위도의 고원에는 인구가 비교적 많이 분포하고, 고도 1000m 이상 지역의 인구밀도는 거의 대륙 평균과 같거나 그 이상을 나타내고 있다.

2) 인구분포에 영향을 미치는 요인

(1) 자연적 요인

인구분포에 영향을 미치는 자연적 요인으로 기후, 지형, 토양, 물, 생물 등을 들 수 있다. 이 가운데에 가장 넓은 범위에 걸쳐 영향을 미치는 요인은 기후이다. 세계 기후지역과 인구분포와의 사이에는 상관관계가 매우 높다고 할 수 있다. 즉, 온대기후 지역에 인구가 집중분포하고 너무 덥거나, 춥거나, 건조한 지역은 비거주 지역이 많다.

① 기후와 인구분포

쾨펜(W. Köppen, 1846~1940)[2]에 의한 기후구분과 인구분포를 살펴보면 <표 4-6>과 같다. 온대 겨울건조기후(Cw) 지역에 세계 인구의 1/4 이상이 분포해 가장 많고, 그다음으로 온대 습윤기후(Cf) 지역에 약 1/5, 냉대 습윤기후(Df) 지역에 약 15%가, 사바나 기후(Aw) 지역에 약 11%가 분포해 온대기후 지역에 세계 인구의 약 53%가 분포하고 있다. 그러나 열대기후 지역은 고온다습한 기후적 특성 때문에 질병을 유발시키고, 한랭한 지역에서는 기온이 낮아 거주하기에 불리한데, 한대 기후지역에 살고 있는 이누이트인들은 피하(皮下)조직이 발달해 적응할 수 있다. 또 그들은 특수한 의복과 가옥으로 낮은 기온으로부터 자신들을 보호한다. 그러나 이 지역에서는 채소를 재배할 수 없어 괴혈병이 만연되고 있다. 또 이 지역은 낮의 시간이 짧아 활동시간이 적으므로 식량문제가 야기될 것을 우려해 출산력에 불리한 영향도 끼친다.

다음으로 대륙별·기후지역별 인구분포를 보면, 아시아에는 온대 겨울건조기후 지역에 약 44%의 인구가 분포해 가장 많고, 아프리카는 사바나 기후 지역에 약 1/3이, 유럽과 북아메리카는 온대 습윤기후와 냉대 습윤기후 지역에 각각 약 82%, 약 71%가, 남아메리카에는 열대 우림기후와 온대 습윤기후 지역에 약 50%가, 오세아니아는 온대 습윤기후 지역에 약 62%가 분포하고 있다.

---

2) 쾨펜은 독일의 기상학자로 고층기상의 관측을 창시했다.

<표 4-6> 기후유형에 의한 대륙별 인구구성비 (단위: %)

기후유형	아시아	유럽	아프리카	북아메리카	남아메리카	오세아니아	세계
열대 우림 (Af)	58.6 8.2		16.8 17.4	9.5 8.7	13.7 25.1	1.5 20.8	8.0
사바나 (Aw)	67.7 12.7		22.8 31.8	3.4 4.2	5.9 14.7	0.2 3.5	10.7
스텝 (BS)	45.6 5.4	17.3 5.3	20.7 18.0	10.0 7.7	6.4 10.0	0.1 1.4	6.7
사막 (BW)	62.5 1.5	2.3 0.1	25.2 4.5	2.3 0.4	7.6 2.4		1.4
온대 겨울건조 (Cw)	90.9 43.7		5.1 18.0	1.5 4.6	2.5 15.7	0.1 2.8	27.4
지중해성 (Cs)	11.5 0.9	60.1 12.2	18.1 10.4	6.3 3.2	2.8 2.9	1.3 9.7	4.4
온대 습윤 (Cf)	28.5 10.4	48.4 46.3		16.1 38.8	5.3 25.3	1.7 61.8	20.8
냉대 습윤 (Df)	26.8 6.9	53.8 36.1		19.3 32.5			14.6
냉대 겨울건조 (Dw)	100.0 10.2						5.8
툰드라 (ET)	36.2 0.2				63.8 4.1		0.3
계	100.0	100.0	100.0	100.0	100.0	100.0	100.0

주: 상단은 기후유형별, 하단은 대륙별 백분비를 나타냄.
자료: Staszewski(1963: 12).

② 지형과 인구분포

지형이 인구분포에 미친 영향을 보면, 일반적으로 평야지대가 산지지대보다 인간거주에 유리하다. 미국의 로키산맥이 분포한 지역에 면해 있는 애리조나 주, 콜로라도 주, 아이다호 주, 몬태나 주, 네바다 주, 뉴멕시코 주, 유타 주, 와이오밍 주의 면적은 미국 본토 면적의 약 29%를 차지하지만 인구는 불과 5% 미만이 분포하고 있다는 점에서 잘 알 수 있다. 그러나 대서양 연안 평야지역에 일찍부터 발달한 뉴욕, 필라델피아, 볼티모어 등 항구도시와 애팔래치아 산맥을 따라 대서양 연안 평야지역에 발달한 리치먼드 등의 폭포선 도시들은 지형과 깊은 관계가 있다. 평지일지라도 아마존 강 분지나 콩고 분지, 시베리아 평원, 오스트레일리아의 에어호 분지의 경우는 기후의 영향으로 인간거주에 불리한 지역이다. 한편 산지에 거주하는 사람들은 인종·민족 간의 마찰로 인해 피난을 온 경우가 많은데 히말라야 산지나 안데스 산지에 거주하는 주민이 이에 해당한다.

그리고 하천유역 지역에 인구가 집중되는 경향이 높다. 그것은 하천에서 물, 물고기, 사금 등의 채취가 쉬우며 하천을 교통로로 이용할 수 있기 때문이다. 또 육상교통과 수상교통의 분기점이 되는 곳에 인구가 집중해 취락이 발달하게 된다. 그러나 하천유역의 지역은 모기 등의 해충이 번식하기 좋은 곳이고, 또 홍수가 일어날 가능성이 높기 때문에 좋은 거주지로 발달하는 곳은 아니다.

③ 토양과 인구분포

토양은 기후의 영향에 의해 형성되기 때문에 토양 그 자체가 인구분포에 영향을 미친다고는 볼 수 없다. 몬순(monsoon) 아시아의 하천 하류 충적평야에 인구가 조밀하게 분포하고 있는 것은 많은 인구를 부양할 수 있는 비옥한 토양의 분포와 깊은 관계가 있다. 그러나 열대기후 지역의 라테라이트(laterite)나 냉대 기후지역의 포드졸(podzol)이 분포한 지역에서의 인구분포는 희박한 편이다.

토양은 인구분포를 결정짓는 데 국지적인 영향을 미친다. 즉, 그로브(A. T. Grove)는 나이지리아의 북부 카치나(Katsina)의 취락분포가 토양의 영향에 의한 것이라고 지적했으며, 브룩필드(H. C. Brookfield)는 모리셔스(Mauritius)에 대해, 스콧(P. Scott)은 태즈메이니아에 대해 이와 같은 점을 밝혔다. 또한 토양침식도 인구분포에 영향을 미치는데, 뉴질랜드의 경우 전 국토의 1/4이 토양침식의 영향을 받아 인구분포에 결정적인 영향을 미쳤다.

④ 생물과 인구분포

마지막으로 인구분포에 영향을 미치는 자연적 요인으로 생물적 요인을 들 수 있다. 셀바스(Selvas), 캄푸스(Campos), 사바나(Savanna), 툰드라(Tundra), 타이가(Taiga)는 인간 거주와 집중에 서로 다른 매개체 역할을 했다. 또 삼림, 초원, 소택지, 사막, 관목 지역은 원주민의 기술과 생활양식뿐만 아니라 인구규모, 공간적 관계, 식생의 무성함과 특성에 의해 인구를 지지(支持)하기도 하고 제한하기도 한다. 미국의 프레리(Prairie) 지역은 레드(Red) 인디언에게는 '아메리카의 거대한 사막(Great American Desert)'으로 간주되었으나 백인 농부들에게는 '아메리카의 거대한 빵바구니(Great American Breadbasket)'로 여겨질 정도로 각기 다른 거주 가능성을 제공했다.

동물이 인구분포에 미친 영향을 보면 다음과 같다. 지중해 연안을 따라 분포하고 있는 소택지는 한때 말라리아가 만연된 지역으로 황량했으나 지금은 인구가 조밀하다. 또 열대 사바나 기후지역에는 체체(tse tse)파리가 서식하고 있어 수면병[3)]이 만연되므로 인구분포에 영향을 미친다.

(2) 인문적 요인

① 역사적 요인

인구분포를 결정짓는 인문적 요인으로서 역사적·정치적·경제적·사회적·개인적 요인이 있다. 먼저 역사적 요인으로서 인구 대이동을 들 수 있다. 인류의 기원지인 아프리카에서 북아프리카, 유럽, 아시아 등지로의 인구이동 이외에 유럽인이 신대륙으로 이동한 것을 들 수 있다. 유럽인들은 제1차 세계대전 이전에는 식민지화, 정복 등의 신대륙 개척을 목적으로 경제적인 부를 위해 이주했다. 그러나 제2차 세계대전 이후에는 선배들의 유도로 이주했는데, 라틴아메리카로의 이주는 남부 유럽에서의 정정(政情) 불안이 크게 작용했다고 볼 수 있다. 16세기 초부터 시작된 신대륙으로의 인구이동 중 1820년에서 1974년 사이에 미국으로 이주한 사람의 수는 약 4600만 인으로, 유럽인이 약 78%를 차지했다. 제2차 세계대전 이후의 유럽인 이주자 수는 1946~1955년 사이에 약 4400만 인으로, 이 중 약 50%가 북아메리카로 이주했다.

또 열대 서아프리카에서 미국의 남부, 브라질, 카리브(Caribbean) 해의 앤틸리스(Antilles) 제도로의 노예무역에 의한 흑인의 강제이동을 들 수 있다.

② 정치적 요인

정치적 요인으로 인구분포에 영향을 미친 인구이동은 1948년 이스라엘이 건국됨에 따라 유럽, 북아프리카, 아랍 여러 나라에서 약 60만 인이 이동했으며, 1949년 10월

3) 체체파리 등의 흡혈파리가 사람과 동물의 피를 빨아들일 때 편모충인 '트리파노소마(trypanosome)'가 몸속으로 들어와 감염되는 질환으로 만성화되면 줄곧 잠에 빠져 있다가 영원히 깨어나지 못하는 경우가 많다. 세계보건기구(WHO) 통계에 따르면 이 수면병은 앙골라, 콩고, 수단 등지에서 발생이 잦은데 전 세계적으로 연간 50만 인이 감염되고, 5만 인이 숨진 것으로 분석되고 있다.

중화인민공화국이 수립되면서 장제스(蔣介石) 정권을 따라 타이완으로 100만 인의 주민이 이동했다. 또한 6·25 전쟁을 전후해 북한에서 남한으로 약 74만 인이 이동했다.

③ 경제적 요인

경제적 요인으로 인구분포에 영향을 미친 경우를 보면, 산업혁명 후 석탄과 철광석의 소비량이 증대됨에 따라 석탄·철광석 산지에 공장이 입지해 인구가 집중한 경우, 농경사회 때부터 다수확 작물을 재배하는 지역은 인구 부양력이 컸으나 목축지역은 인구가 희박했다. 또 농업제도와 기술이 발달한 지역에서는 인구가 조밀하게 분포하고 있다. 즉, 상업적 농업이 발달한 지역에서의 인구집중 현상도 볼 수 있다. 그러나 산업화가 진전됨에 따라 토지자원과 광물자원이 인구집중을 유도하는 것은 줄어들었다. 그것은 원료와 노동력의 공간적 이동의 부담이 산업혁명 초기보다 줄어들어 공업 입지지향에 제약을 적게 주기 때문이다. 최근 도시에 공업이 집중함에 따라 도시의 인구집중 현상이 나타나게 되었는데, 이와 같은 현상은 공업의 집적이윤 때문이다.

④ 사회적 · 문화적 요인

사회적 요인으로 인구분포에 영향을 미친 예로 영국의 종획운동, 종교적인 요인으로는 1947년 영국으로부터 분리 독립한 인도와 파키스탄에서 약 1700만[4]의 인구이동을 들 수 있다. 이밖에 인구의 공간적 분포에 영향을 미치는 요인으로는 인종과 민족, 교육수준, 사회계층(소득, 직업 등) 등에 의해 나타날 수 있다.

4. 한민족의 기원과 인구이동에 영향을 미친 자연환경

1) 한(韓)민족의 기원

한국의 인종은 몽골로이드에 속하며, 이 몽골로이드 중북부 몽골로이드[5]에 해당되

---

4) 인도와 파키스탄에서는 각각 850만 인씩 파키스탄과 인도로 이동했다.

5) 몽골로이드는 다시 북부·중부·남부 몽골로이드, 극북인(옛 시베리아인), 이누이트, 일본인, 인도네시

며 이 북부 몽골로이드[6] 가운데 한국인으로 분류된다.

한반도에 인류가 살기 시작한 것은 홍적세 중기의 구석기 시대 전기로 보고 있다. 그러나 구석기 시대의 인류는 홍적세의 종말과 함께 다른 지역으로 옮겨갔고 인류가 다시 한반도에 나타난 것은 B. C. 4000년대의 신석기 시대이다. 이때 주민은 북쪽에서 온 고(古)아시아족의 일파였고 어로·수렵을 하며 해안, 도서, 강변의 저지에서 살았다. B. C. 4000년대에서 B. C. 1000년대까지의 유적은 압록강, 대동강, 한강, 낙동강 그리고 두만강의 하류 지역에서 발견되었다. 이런 유적들로 한반도의 주민이 고 시베리아족이며, 북에서 남쪽으로 서해안을 따라 B. C. 3000년경에 부산 지방에 남하했다고 추측할 수 있다. 그러나 부산을 비롯한 경상남도 해안지대에는 계통을 달리하는 주민이 부분적으로 살고 있었던 것으로 추정된다. 즉, B. C. 3000년경 이전에 한반도로 빨리 이주한 주민이 살고 있었던지 아니면 일본 기타큐슈(北九州) 지방의 주민이 건너와 정착했는지는 아직 밝혀지지 않았다.

신석기 시대 이후 B. C. 2000년경에 중국 황허 문명의 기반이 된 콴쭝(關中)의 만기 양사오문화(晩期仰韶文化)와 산둥(山東) 룽산문화(龍山文化)가 건조농업 문화로 전파되기 시작했고, 채도(彩陶), 반월형(半月形) 돌칼 등 중국 문화 요소가 출현했다. 이는 당연히 그 바탕이 되는 농경의 전래를 뜻하는 것이다. 또 이러한 문화 요소의 도래로 그 운반자, 하부자(荷負者)가 인간인 점은 문화 전파의 법칙이며, 이 시기 이후 남서 만주로부터 새로운 주민들의 부분적인 이주가 시작되었다고 보아야 한다. 그것은 서해안뿐만 아니라 만주를 가로질러 두만강 쪽을 통해서도 이주했다는 것을 증명하는 것이다.

그리하여 만주 주민들과의 접촉은 B. C. 1000년대에 들어오면서 더욱 활발해졌고 남서 만주 일대가 소위 예맥(濊貊) 퉁구스족의 거주지가 된 것이다. 이 예맥 퉁구스족은 남한으로도 퍼졌으며, 남한 퉁구스는 원래의 유목민 생활을 버리고 한강 이남에서 정착농경민화해 살기 시작했으며 북쪽의 유목적 퉁구스와는 차츰 문화적 차이를 보이게 되었다. 또 남북을 통틀어 반도 내 예맥족은 B. C. 3000년경이 되면서 압록강 북쪽의 퉁구스들과는 다른 지역적·문화적 차이를 나타내게 되었고, 그것은 청동기 문화에도 반영되어 이제 한민족이라 할 수 있는 통일체를 형성하게 되었다. 그러나 한민족의

아 말레이인, 폴리네시아인, 아메리카 인디언으로 나눌 수 있다.

6) 북부 몽골로이드는 다시 한국인, 몽고인, 퉁구스·만주인, 터키인으로 나뉜다.

민족적 성격이 명확한 지역 개념과 함께 확립된 것은 조선 초였다. 이 한반도의 지역 개념 확립의 당연한 결과로서 나타난 것이 한글제정이라 하겠다.

2) 인구이동과 자연환경

인간의 가장 독특한 특성 중 하나는 이동성으로, 인류의 역사는 인구이동으로 점철되어 있다. 여기에서는 인구이동에서 환경 요소들의 역할을 고찰함으로써 지역 이해를 도모하고자 한다.

고대에는 교통과 통신의 발달이 매우 미약해 자연환경 요소가 인구이동의 양, 방향, 계절성, 선택성, 거리, 속도 등에 매우 큰 영향을 미쳤다. 여기에서 고대 한국의 인구이동에 영향을 미친 산지, 해양, 하천과 해안을 대상으로 살펴보기로 한다.

(1) 산지

산지가 고대의 인구이동에 미친 가장 큰 영향은 분리기능에 의한 이동의 제한이었다. 패총의 밀집지역인 부산시 동삼동의 경우 흑요석(黑曜石)으로 만든 돌칼과 다수의 민무늬 토기 및 약간의 빗살무늬토기가 발견되었는데, 이러한 유물들이 나남, 무산에서 발견된 유물과 유사해 함경북도에 살았던 민무늬토기 시대의 인류가 동해안을 따라 남하해 부산지방의 해안에 정착한 것으로 추정된다. 이러한 점에서 남북 방향으로 뻗은 태백산맥의 방향성에 제한을 받은 것이라 볼 수 있다. 또 신라가 삼국 중에서 철기문화의 수용이 제일 늦었고 국가체제의 정비도 늦었던 것은 소백산맥의 영향 때문이다. 그리고 함경도와 강원도 영동지방이 평안도 지방보다 금속문화의 유입이 적어도 수세기 늦은 데에는 각각 낭림산맥, 개마고원, 함경산맥과 태백산맥에 의한 영향이 컸다고 추정하고 있다.

이처럼 산지의 고도와 방향이 고대 한국의 인구이동에 영향을 미쳤다. 그러나 산지는 그 안에 내포하고 있는 계곡, 영(嶺), 해안 저지대 등의 공도(孔道)[7]에 의해 인구이동의 통로가 되기도 했다. 고개는 공도로서 유용하며, 해발고도 및 고개 양쪽 지역에서의 상대적인 고도, 일 년 중 적설기간, 지형의 험준 정도, 그 밖의 곤란성, 영 양쪽 지역의

---

7) 통로로 이용되는 지형을 말한다.

성격 등에 의해 결정된다. 계곡은 산지를 관통하는 통로나 거주 지대이며 때로는 도로이고 때로는 막다른 곳이다. 『삼국사기』에 말갈족이라 기술되어 전해지는 족속은 그 침공 통로로서 추가령 구조곡을 이용했다. 이는 당시 말갈족의 영역이었던 함경도 지방에서 백제의 영역이었던 경기도, 영서지방을 연결하는 자연적인 통로로서 추가령 구조곡의 유용성을 시사해주는 것이다.

(2) 해양

조선·항해술이 충분히 발달하지 못했던 고대에 해양상의 거리와 항해의 위험으로 인구이동이 제한되었다. 그러나 반대로 해양은 인구이동에 유리한 조건을 제공하기도 했다. 즉, 간단한 배나 뗏목을 타고 이동하는 데 의식적 또는 우연한 표류가 편리한 통로가 되기도 했다. 이와 같은 이동은 계절풍, 섬, 해류, 해협 등과 연관이 있다.

범선 항해시대에 계절풍은 매우 중요한 항해조건 중 하나였다. 신라와 중국의 남조(南朝) 사이의 조공(朝貢)은 계절풍을 이용해 흑산도에서 출항해 5~6일 후 국제항인 양주(楊州)와 밍저우(明州)에 도착했다. 이것은 신라인들이 계절풍에 대해 풍부한 지식을 가지고 있었음을 말해준다. 또 한국 고대 문화에 남방 문화적 성격이 나타나는 데에는 계절풍과 쿠로시오(黑潮)의 역할이 컸다고 하겠다.

섬은 인구가 이동하는 데 중간 거점으로 이용되었는데 한국과 중국 간에는 랴오둥 반도와 산둥 반도 사이의 먀오산(廟山) 열도와 흑산도, 히라도 섬(平戶島) 등의 섬들이 징검다리와 같은 역할을 하면서 인구이동에 영향을 미쳤다. 해협은 그 자체만으로도 육교와 같은 역할을 충분히 해왔으며 해골(骸骨) 유적과 유물 등에 의해 이러한 사실들이 증명되었다.

(3) 해안과 하천

해안은 다양하고 불균등한 인구 유인력을 가지고 있다. 즉, 해안은 일반적으로는 인구를 유인한다고 하지만 시대와 장소에 따라서는 유인력을 잃고 오히려 기피되기도 했다. 『삼국사기』에 의하면 신라 해안지방의 주민은 왜구로부터 빈번히 약탈을 당했으며 이를 방어하기 위해 신라가 연안 요지에 축성을 했다는 기록도 있다.

하천은 해안보다 더 명료하게 인구이동에 영향력을 발휘해왔다. 고대의 하천은 이동통로가 되기도 했으며, 음료수, 어로 또는 농업의 적지로 제공되었다. 하천이 이동통로의 역할을 했다는 것은, 신석기 시대의 유적지인 서울시 강동구 암사동에서 검수산(鹼水産, 짠물산) 조개들이 발견된 것을 통해 알 수 있다. 이는 한강을 이용해 서해안 주민들과 접촉을 했다는 증거이다. 고구려 유리왕대에 압록강변의 국내성으로 도읍을 옮긴 것은 이곳이 어로의 적지였기 때문이다.

인구이동에 대한 하천의 유인력이 관성적으로 지속될 때 하천을 중심으로 인구의 집적에 의한 취락의 발달되었다. 신라가 삼국을 통일한 뒤 시도한 행정구역 개편의 중심취락은 구주(九州)[8]와 5소경[9]이었다. 이 가운데 강릉을 제외하면 모두가 낙동강, 한강, 금강, 섬진강, 만경강 등의 여러 하천의 하계망을 따라 발달된 분지에 입지하고 있는 것이 공통점이다.

5. 한국의 인구성장

유엔 인구국에서 출생과 사망수준에 따라 작성한 5단계 분류에 근거한 권태환·김두섭의 연구에 따르면, 한국의 인구성장은 ① 1910년 이전의 전통적 성장기, ② 1910~1945년의 초기 변천기, ③ 1945~1960년의 혼란기, ④ 1960~1985년의 후기 변천기, ⑤ 1985년 이후의 인구 재안정기로 구분된다. 따라서 여기에서는 이 시기구분에 의해 한국의 인구성장을 파악해보기로 한다.

1) 조선시대 이전의 인구성장

A. D. 1년의 한국의 인구는 약 300만 인으로, 그 뒤 삼국시대, 통일신라시대, 고려시대를 거쳐 조선 초(1400년경)까지의 인구는 약 450~700만 인으로 추정하고 있다.

『전한서지리지(前漢書地理誌)』에 의하면 한사군(漢四郡) 중 낙랑군은 그 전성기에 25개 현(縣)으로 6만 2812호에 40만 6748인이 거주하고 있었다고 기록되어 있으며, 현도군(玄菟郡)은 3개 현으로 4만 5000여 호에 23만 1845인이 거주한 것으로 기록되어

8) 현재의 상주, 양산, 진주, 광주(廣州), 춘천, 공주, 강릉, 전주, 광주(光州)이다.

9) 현재의 김해, 충주, 원주, 청주, 남원이다.

있다. 또 요동군(遼東郡)에서는 18개 현에 6만 5000여 호로 27만 인이 거주한 것으로 되어 있다. 그러나 이들 각 군의 인구는 여자 인구와 노인·유년인구는 제외되었다. 또 B. C. 100년경의 평안도·황해도·함경도와 경기도의 일부 지역의 인구는 약 180만 인으로 추정하고 있다.

『삼국유사(三國遺事)』에 의하면 신라의 전성기에 경주에는 17만 8946호가 분포하고 있었으며, 『동사보유(東史補遺)』에 의하면 고구려의 전성기에는 21만 200호가 분포했다고 한다. 그리고 『신당서(新唐書)』에 의하면 백제가 멸망했을 때인 A. D. 660년에는 백제에 약 76만 호가 분포했다고 한다.

고려시대에는 호구조사가 실시되었지만 기록이 밝혀지지 않아 조선시대의 호구수로 역산(逆算)해 추정해보면, 1392년 고려 말에 약 1000만 인 이상의 인구가 거주했다고 추정하는 설이 있다.

2) 조선시대의 인구성장

조선시대의 인구에 대해 정조 13년(1789)에 편성한 『호구총서(戶口總數)』가 상당히 신빙성이 있는 자료로 알려져 있다. 그리고 『동국문헌절요((東國文獻節要)』, 『증보문헌비고(增補文獻備考)』, 『연려실기술(燃藜室記述)』 등을 기초자료로 해 호구표(戶口表)를 작성한 조선총독부 조사자료 제22집 『조선의 인구현상(朝鮮の人口現象)』(1927년 발행)의 내용이 가장 널리 이용되고 있다. 조선 초기부터 조선 말기까지의 호구 수와 인구수의 추이를 나타낸 것이 <표 4-7>과 같다.

조선 초기의 인구수는 약 32만 인이었으나 인조 17년(1639)에는 약 160만 인이 되었고, 현종 10년(1669)에는 500만 인을 초과했다. 그리고 융희 3년(1909)에 인구수가 1000만 인을 초과하게 되었다. 그러나 인구수의 추이 중 인구수가 감소한 연도도 있었는데, 이러한 현상은 교통이 불편했고 행정력이 전국에 고르게 미치지 못했던 시기였고, 또 전쟁, 질병과 기근으로 인한 사망 등에 의한 것이라 할 수 있다.

조선시대의 출생률은 3.5~4.0%로 높은 수준이었으며, 사망률 또한 3.0~3.5%의 높은 수준으로 인구 증가는 미미했다. 인구가 많았던 도는 경상도, 전라도, 평안도 등이었다. 태종 4년(1404)·현종 10년(1669)·순조 7년(1807)·광무 8년(1904)의 도별 인구분포를 보면(〈표 4-8〉), 조선 초기인 1404년의 경우 약 33만 인이던 인구수가 1669년에는

〈표 4-7〉 조선시대의 연도별 호구 수와 인구수

연도	호수(호)	인구(인)	호당인구
태조 4년(1395)*	152,403	322,746	2.1
인조 17년(1639)	441,827	1,551,165	3.4
효종 2년(1651)	580,539	1,810,484	3.2
현종 1년(1669)	758,417	2,479,658	3.3
10년(1669)	1,313,652	5,018,744	3.8
숙종 7년(1681)	1,376,842	6,218,342	4.5
16년(1690)	1,514,000	6,952,907	4.6
25년(1699)	1,333,330	5,774,739	4.3
37년(1711)	1,466,245	6,394,028	4.3
47년(1721)	1,559,488	6,799,097	4.3
영조 8년(1732)	1,713,849	7,273,446	4.2
17년(1741)	1,685,884	7,192,848	4.3
26년(1750)	1,783,044	7,328,867	4.1
35년(1759)	1,690,715	6,968,856	4.1
정조 1년(1777)	1,715,371	7,338,523	4.2
13년(1789)	1,752,837	7,403,606	4.2
순조 7년(1807)	1,764,504	7,561,403	4.3
헌종 3년(1837)	1,591,963	6,708,529	4.2
철종 3년(1852)	1,588,875	6,810,206	4.3
고종 1년(1864)	1,703,450	6,828,521	4.0
광무 8년(1904)	1,419,899	5,928,802	4.2
10년(1906)	1,384,493	5,793,976	4.2
융희 1년(1907)**	2,333,087	9,781,671	4.2
3년(1909)***	2,787,891	13,090,856	4.7

* 경오부(京五部)[10]의 조사가 누락되었고 『문헌비고(文獻備考)』에는 태종 4년으로 되어 있음.

** 일본 경찰 고문부(顧問部) 조사.

*** 조선총독부 통계연보에 의함.

자료: 建設部 國立地理院(1980: 454).

약 500만 인으로, 1807년에는 약 760만 인으로, 1904년에는 약 600만 인으로 감소했다. 이와 같은 인구수의 감소는 각 도의 면적이 넓은 점도 있겠지만 그 당시 수도와 거리가 먼 탓으로 통계 자료가 누락된 결과로 풀이할 수 있다. 1404~1904년 사이에 인구수가 가장 많은 도는 모든 연도에서 경상도이고, 그다음으로는 1404년의 경우는 평안도, 충청도, 전라도의 순이며, 1669년과 1904년에는 전라도, 평안도, 충청도의 순이고, 1807년에는 평안도, 전라도, 충청도의 순이다.

〈표 4-8〉 조선시대 도별 인구분포의 변화(1404~1904년)

도	태종 4년(1404)			현종 10년(1669)			순조 7년(1807)		광무 8년(1904)	
	호구 수	인구수	%	도	경외(京外) 인구수	%	경외 인구수	%	경외 인구수	%
충청도	19,591	44,476	13.8	경오부(京五部)	194,030	3.9	204,886	2.7	192,304	3.2
전라도	15,703	39,151	12.1	경기도	546,237	10.9	674,627	8.9	672,636	11.3
경상도	48,991	98,915	30.6	충청도(충북, 충남)	595,030	11.9	892,747	11.8	300,345 474,312 계 774,657	5.1 8.0 13.1
풍해도(豊海道)*	14,170	29,401	9.1	전라도(전북, 전남)	973,371	19.4	1,251,069	16.6	440,901 490,054 계 930,955	7.4 8.3 15.7
강원도	15,879	29,238	9.1	경상도(경북, 경남)	1,173,941	23.4	1,607,044	21.3	601,163 509,967 계1,111,130	10.1 8.6 18.7
서북면**	27,788	52,872	16.4	황해도	360,829	7.2	582,930	7.7	301,885	5.1
동북면***	11,311	28,693	8.9	강원도	185,770	3.7	336,122	4.4	382,230	6.4
계	153,403	332,746	100.0	평안도(평북, 평남)	720,391	14.3	1,305,969	17.3	420,725 392,272 계 812,997	7.1 6.6 13.7
				함경도(함북, 함남)	269,045	5.4	706,012	9.3	299,315 450,693 계 750,008	5.0 7.6 12.6
				계	5,018,644	100.0	7,561,406	100.0	5,928,802	100.0

주: 광무 8년의 상단의 인구수는 ○○북도의 인구수이고, 하단의 인구수는 ○○남도의 인구수임.
　* 지금의 황해도를 말함. ** 지금의 평안도를 말함. *** 지금의 함경도를 말함.
자료: 朴奎祥 외(1985: 182~183).

3) 1910~1945년의 인구성장

한국에서 인구가 증가하기 시작한 것은 1920년경부터이다. 1910년 한일합방 이후 일본에 의해 추진된 방역실시, 종두접종 등 보건개혁제도가 전국적으로 실시되면서 의학과 의료시설이 도입되어 사망률이 매우 낮아지기 시작했다. 1910년경 보통사망률

10) 한성의 행정구역으로서 중·동·서·남·북으로 나누고, 이를 다시 상방(上方)으로 나누었다.

(crude death rate)은 3.5%였는데 1940년경에는 2.3%로 낮아졌고, 이 기간 중에 보통 출생률(crude birth rate)도 3.8%에서 4.4%로 높아져 인구의 자연적 증가는 연평균 0.2%에서 약 2%로 급증했다. 그래서 1910년의 인구는 1313만 인이었다는 주장과 1750만 인이었다는 주장이 있다.

1925년 한국에서 처음 실시한 국세조사에 의한 인구는 약 1900만 인으로, 이 조사는 식민경찰의 호구조사에 기초를 두었기 때문에 현주(現住)인구와 상당한 차이를 나타내었다. 1944년의 인구는 약 2500만 인으로 1925년에 비해 1.3배가 증가했으며, 1910년의 인구 약 1313만 인에 비하면 무려 1199만 인이나 증가해 34년 동안 거의 두 배 가까이 증가했다. 그러나 이와 같은 인구 증가 현상은 1910년의 인구수가 부정확하게 조사된 데 기인한 것이라고 할 수 있다. 인구센서스를 처음 실시한 1925년 한국의 인구수는 약 1950만 인으로 경상북도에 인구가 가장 많이 분포했고, 그다음으로는 전라남도, 경상남도, 경기도로 이들 4개 도의 인구가 전국 인구의 43.7%를 차지했다. 1935년의 인구수는 약 2280만 인으로 1925년에 비해 17.3% 증가했으며, 도별 인구구성비의 분포는 1925년과 거의 비슷하다. 1944년의 인구수는 약 2590만 인으로 1935년에 비해 13.2% 증가해 1925~1935년보다 인구 증가율이 감소했으며, 도별 인구구성비의 분포

〈표 4-9〉 일제강점기의 도별 인구분포

도	1925년	구성비(%)	1935년	구성비(%)	1944년	구성비(%)
경기도	2,019,108	10.34	2,451,691	10.71	3,092,234	11.93
충청북도	847,476	4.34	959,490	4.19	980,488	3.78
충청남도	1,282,038	6.57	1,526,825	6.67	1,675,479	6.46
전라북도	1,369,010	7.01	1,607,236	7.02	1,674,692	6.46
전라남도	2,158,513	11.06	2,508,346	10.95	2,749,969	10.61
경상북도	2,332,572	11.95	2,563,251	11.19	2,605,461	10.05
경상남도	2,021,887	10.36	2,248,228	9.82	2,417,384	9.33
황해도	1,461,879	7.49	1,674,214	7.31	2,014,931	7.77
평안북도	1,417,091	7.26	1,710,352	7.47	1,882,799	7.26
평안남도	1,241,777	6.36	1,469,631	6.42	1,826,441	7.05
강원도	1,332,352	6.82	1,605,274	7.01	1,858,230	7.17
함경북도	626,246	3.21	852,824	3.72	1,124,421	4.34
함경남도	1,412,996	7.24	1,721,676	7.52	2,015,352	7.78
전국	19,522,945	100.00	22,899,038	100.00	25,917,881	100.00

자료: 조선총독부, 『조선국세조사보고』(1926, 1936, 1945).

는 경기도가 가장 많고, 그다음으로 전라남도, 경상북도, 경상남도의 순이다(〈표 4-9〉).

4) 1945~1960년의 인구성장

이 시기는 사회적으로 불안정해 인구성장의 변화가 컸다. 해방 직전 남한의 인구는 약 1614만 인, 북한의 인구는 약 830만 인이었다. 그러나 1946년 8월 미군정청에서 조사한 남한인구는 약 1940만 인으로 1년간 약 300만 인이나 증가했다. 1949년에 시행된 국세조사에서 남한의 인구는 약 2019만 인으로 해방 후 4년 동안 약 400만 인이 증가했다. 이 기간 동안 연평균 증가율은 6.1%로, 이는 현재까지의 인구에 관한 기록 중 가장 높은 증가율이다. 이와 같은 인구 증가는 해외로부터의 귀환인구(歸還人口)에 의한 것으로 1945년 9월 초부터 1년 동안 약 190만 인이 일본으로부터 귀국했으며, 만주와 중국본토로부터의 귀환인구도 약 40만 인에 달했다(〈표 4-10〉).

다음으로 인구성장에 영향을 미친 것은 월남인구의 유입으로 1945년 해방 이후부터 1950년 6·25 전쟁 전까지 약 74만 인이 월남한 것으로 추정하고 있다.[11] 또 6·25

〈표 4-10〉 해방 이후 남한지역으로의 귀환자 및 유입자 (단위: 1000인)

유출지	신고 자료		인구 총조사 (1949년)	추정 값	
	외무부	사회부		김철	권태환
일본	1,118	1,407	936	1,300	1,379
만주와 그 밖의 지역	423	619	270	430	416
북한	649	456	481	150	740
계	2,190	2,482	1,687	1,880	2,535

자료: 김두섭·박상태·은기수(2002: 160).

11) 한국산업은행이 발간한 『한국산업경제 10년사(韓國 産業經濟 十年史)』에 의하면 160만 인 이상이 월남했다고 한다. 그러나 공식기관과 학자들의 주장은 다음 표와 같다[趙惠鍾(1993: 191)].

공식기관				학자들의 주장				기타		
외무부 (1949년 5월 말 현재)	사회부 (1949년 3월 말 현재)	경제협조처 (1949년 5월 말 현재)	인구 센서스 (1949년)	트레워스 (Trewarth)	타보리 (Tabori)	김철	권태환	대한적십자사	산업은행	유엔
684,784	456,404	670,325	481,000	657,000~829,000	622,000	150,000~200,000	740,000	4,500,000	1,600,000	997,000

전쟁으로 1950~1953년에 걸쳐 약 165만 인이 사망했으며, 납북된 사람이 약 13만 인,[12] 북한으로부터의 피난민이 약 65만 인으로 인구성장에 큰 변화를 가져왔다.

1953년 휴전이 되고 생활이 안정을 되찾게 되자 출생률은 급증한 반면에 사망률은 낮아져 인구가 폭발적으로 증가했다. 1955년의 국세조사 결과에 의하면 약 2150만 인이 남한에 거주했으며, 1960년에는 약 2499만 인이 분포했다. 1955~1960년 한국의 연평균 인구 증가율은 2.9%로, 이와 같은 인구 증가는 전후(戰後)의 베이비 붐(baby boom)과 항생물질 및 의학의 발달로 사망률이 낮아짐에 따라 나타난 현상이다.

5) 1960~1985년의 인구성장

한국의 인구는 1960년대에 들어오면서 변환기를 맞게 되었다. 즉, 1962년에 시작된 경제개발 5개년 계획의 실시와 더불어 인구정책이 실시되어 높은 출생률이 낮아지기 시작했다. 이들 인구정책 중 출생률 저하를 가져온 것은 가족계획 사업과 여자의 결혼연령이 높아진 것도 인구성장률을 저하시킨 요인인데, 이 영향은 1965년부터 나타나기 시작했다. 1966년의 국세조사에 의하면, 한국의 인구는 약 2919만 인으로 1960년에서 1966년 사이에 연 2.7%의 인구 증가율을 나타냈다.

다음으로 1966~1970년 사이의 연평균 인구 증가율은 1.9%였으며, 1970년의 국세조사에 의한 인구는 3147만 인으로 1960~1966년의 인구 증가에 비해 인구성장이 둔화되었다. 이 기간은 비약적인 경제발전으로 공업화·도시화가 급진전해 지역 간 인구이동이 많아져 농어촌 지역에는 인구 과소화(過疎化) 현상이, 대도시지역에는 인구 과밀화 현상이 나타났다.

12) 6·25 전쟁 납북자 관련 명부의 등재인원

문서명	작성 주체	작성 연도	등재인원	존재 여부
서울시 피해자 명부	공보처 통계국	1950년	2,438	○
6·25사변 피납치자 명부	공보처 통계국	1952년	82,959	○
6·25사변 피납치자	내무부 치안국	1952년	126,325	×
6·25사변 피납치자 명부	공보처 통계국	1953년	84,532	×
6·25동란으로 인한 피납치자 명부	내무부 치안국	1954년	17,940	○
실향사민 등록자 명단	대한적십자사	1956년	7,034	○
실향사민 명부	국방부	1963년	11,700	1권 ○, 2권 ×

자료: ≪조선일보≫, 2011년 8월 3일 자.

〈표 4-11〉 한국의 시 · 도별 인구수와 그 구성비의 변화(1949~2010년)

시·도	1949년	구성비(%)	1960년	구성비(%)	1970년	구성비(%)
서울특별시	1,446,019	7.33	2,445,402	9.79	5,433,198	17.59
부산직할시	-	-	-	-	1,842,259	5.97
경기도	2,280,064	11.56	2,748,765	11.00	3,296,950	10.68
강원도	1,138,785	5.77	1,636,767	6.55	1,837,015	5.95
충청북도	1,146,509	5.81	1,369,780	5.48	1,453,899	4.71
충청남도	2,028,188	10.28	2,528,133	10.12	2,808,345	9.09
전라북도	2,050,485	10.40	2,395,224	9.58	2,386,381	7.73
전라남도	3,042,442	15.42	3,553,041	14.22	3,932,540	12.73
경상북도	3,206,201	16.25	3,848,424	15.40	4,476,067	14.49
경상남도	3,134,829	15.89	4,182,042	16.73	3,057,647	9.90
제주도	254,589	1.29	281,663	1.13	358,085	1.16
전국	19,728,111	100.00	24,989,241	100.00	30,882,386	100.00

시·도	1980년	구성비(%)	1985년	구성비(%)	1990년	구성비(%)
서울특별시	8,364,379	22.34	9,625,755	23.81	10,603,250	24.44
부산광역시	3,159,766	8.44	3,512,113	8.69	3,795,892	8.75
대구광역시	-	-	2,028,370	5.02	2,227,979	5.13
인천광역시	-	-	1,384,916	3.43	1,816,328	4.19
광주광역시	-	-	-	-	1,138,717	2.62
대전광역시	-	-	-	-	1,049,122	2.42
경기도	4,933,862	13.18	4,792,617	11.86	6,154,359	14.18
강원도	1,790,954	4.78	1,724,146	4.27	1,579,859	3.64
충청북도	1,424,083	3.80	1,390,326	3.44	1,389,222	3.20
충청남도	2,956,214	7.90	2,999,837	7.42	2,013,270	4.64
전라북도	2,287,689	6.11	2,201,265	5.45	2,069,378	4.77
전라남도	3,779,736	10.10	3,747,506	9.27	2,506,944	5.78
경상북도	4,954,559	13.24	3,010,001	7.45	2,860,109	6.59
경상남도	3,322,132	8.87	3,514,500	8.69	3,671,509	8.46
제주도	462,941	1.24	488,300	1.21	514,436	1.19
전 국	37,436,315	100.00	40,419,652	100.00	43,390,374	100.00

시·도	1995년	구성비(%)	2000년	구성비(%)	2005년	구성비(%)	2010년	구성비(%)
서울특별시	10,231,217	22.94	9,853,972	21.43	9,820,171	20.77	9,794,304	20.2
부산광역시	3,814,325	8.55	3,655,437	7.95	3,523,582	7.45	3,414,950	7.0
대구광역시	2,449,420	5.49	2,473,990	5.38	2,464,547	5.21	2,446,418	5.0
인천광역시	2,308,188	5.17	2,466,338	5.36	2,531,280	5.35	2,662,509	5.5
광주광역시	1,257,636	2.82	1,350,948	2.94	1,417,716	3.00	1,475,745	3.0
대전광역시	1,272,121	2.85	1,365,961	2.97	1,442,856	3.05	1,501,859	3.1
울산광역시	-	-	1,012,110	2.20	1,049,177	2.22	1,082,567	2.2
경기도	7,649,741	17.15	8,937,752	19.44	10,415,399	22.03	11,379,459	23.4
강원도	1,466,238	3.29	1,484,536	3.23	1,464,559	3.10	1,471,513	3.0
충청북도	1,396,728	3.13	1,462,621	3.18	1,460,453	3.09	1,512,157	3.1
충청남도	1,766,854	3.96	1,840,410	4.00	1,889,495	4.00	2,028,002	4.2
전라북도	1,902,044	4.26	1,887,239	4.10	1,784,013	3.77	1,777,220	3.7
전라남도	2,066,842	4.63	1,994,287	4.34	1,819,819	3.85	1,741,499	3.6
경상북도	2,676,312	6.00	2,716,218	5.91	2,607,641	5.52	2,600,032	5.4
경상남도	3,845,622	8.62	2,970,929	6.46	3,056,356	6.46	3,160,154	6.5
제주특별자치도	505,438	1.13	512,541	1.11	531,887	1.13	531,905	1.1
전국	44,608,726	100.00	45,985,289	100.00	47,278,951	100.00	48,580,293	100.00

주: 1) 서울특별시는 1946년 10월 18일에 특별시로 됨. 또 부산직할시는 1963년 1월 1일에, 대구·인천직할시는 모두 1981년 7월 1일에, 광주직할시는 1986년 11월 1일에, 대전직할시는 1989년 1월 1일에 각각 직할시가 됨. 그 후 광역시는 1997년 1월 1일에 실시되었음.

2) 제주도는 1946년 8월 1일에 전라남도로부터 분리되어 도로 승격함.

3) 강원도의 울진군과 전라북도의 금산군은 1963년 1월 1일 각각 경상북도와 충청남도에 편입됨.

자료: 경제기획원·통계청, 「인구 및 주택조사 보고서」.

1970~1975년 사이의 인구성장을 보면, 1970년의 인구는 약 3144만 인, 1975년의 인구는 약 3468만 인으로 연평균 2.1%의 성장률을 나타내었다. 1960년대 후반기보다 연평균 인구성장률이 높아진 이유는 6·25 전쟁 이후의 베이비 붐 때에 출생한 여아가 가임 연령층이 되었기 때문이라고 본다. 또 1975~1980년 사이의 인구성장률은 연 1.7%로 1970년대 전반기보다 현저하게 낮아졌다. 1975년의 인구는 약 3471만 인이었고, 1980년의 인구는 약 3744만 인으로 이 시기부터 인구성장의 안정기에 접어들었다고 할 수 있다. 이 시기에 대도시의 인구집중은 어느 정도 둔화된 반면, 대도시 주변지역

에 인구집중 현상은 심화되었다.

1980~1985년 사이의 인구성장률을 보면, 연평균 1.6%로 1970년대 후반기보다 낮아졌다. 1980년의 인구는 약 3744만 인이었으나 1985년에는 약 4045만 인으로 4000만 인을 넘었다. 서울시의 인구집중 현상이 둔화를 보인 반면에 인천시·경기도는 1980~1985년 사이에 약 125만 인이 증가했다(〈표 4-11〉).

6) 1985년 이후의 인구성장

1990년의 인구수는 약 4339만 인으로 서울시에 한국 인구수의 약 1/4이 분포했고, 경기도는 14.8%를 차지해 수도권의 인구수가 한국 전체 인구수의 42.8%를 차지했다. 또 인천광역시를 제외한 광역시의 인구수가 18.9%를 차지해 수도권과 광역시의 인구수가 한국 전체 인구수의 약 62%를 차지했다. 한편 1995년의 인구수는 약 4461만 인으로 수도권의 인구수는 한국 인구수의 45.3%를 차지해 1990년보다 2.5%가 증가했고, 인천광역시를 제외한 광역시의 인구수는 19.7%로 1990년에 비해 0.8%가 증가해 수도권에서의 인구점유율의 증가분이 광역시의 인구점유율 증가분보다 크다. 그리고 수도권과 광역시의 인구수는 한국 전체 인구수의 약 65%를 차지했다. 2000년의 인구수는 약 4599만 인으로 수도권의 인구수는 한국 인구수의 46.2%를 차지해 1995년보다 0.9%가 증가했고, 인천광역시를 제외한 광역시의 인구수는 21.4%로 1995년에 비해 1.7% 증가해 수도권에서의 인구점유율의 증가분보다 광역시의 인구점유율 증가분이 좀 더 크다. 그리고 수도권과 광역시의 인구수는 한국 전체 인구수의 약 68%를 차지했다. 2005년의 인구수는 약 4728만 인으로 수도권의 인구수는 한국 인구수의 48.2%를 차지해 2000년보다 2.0% 증가했고, 인천광역시를 제외한 광역시의 인구수는 20.9%로 2000년에 비해 0.5% 감소해 수도권에서의 인구점유율의 증가분이 광역시의 인구점유율 증가보다 훨씬 크다. 그리고 수도권과 광역시의 인구수는 한국 전체 인구수의 약 69%를 차지해 수도권 및 대도시의 인구집중률, 특히 수도권에서의 인구 증가가 매우 크다고 하겠다. 2010년의 인구수는 약 4858만 인으로, 수도권의 인구수는 한국 인구수의 49.1%를 차지해 2005년보다 0.9%가 증가했고, 인천광역시를 제외한 광역시의 인구수는 20.4%로 2005년에 비해 0.5%가 감소해 수도권에서의 인구점유율의 증가분이 광역시의 인구점유율 증가분보다 크다. 그리고 수도권과 광역시의 인구수는

〈그림 4-9〉 시 · 군 · 구별 인구분포(2005년)

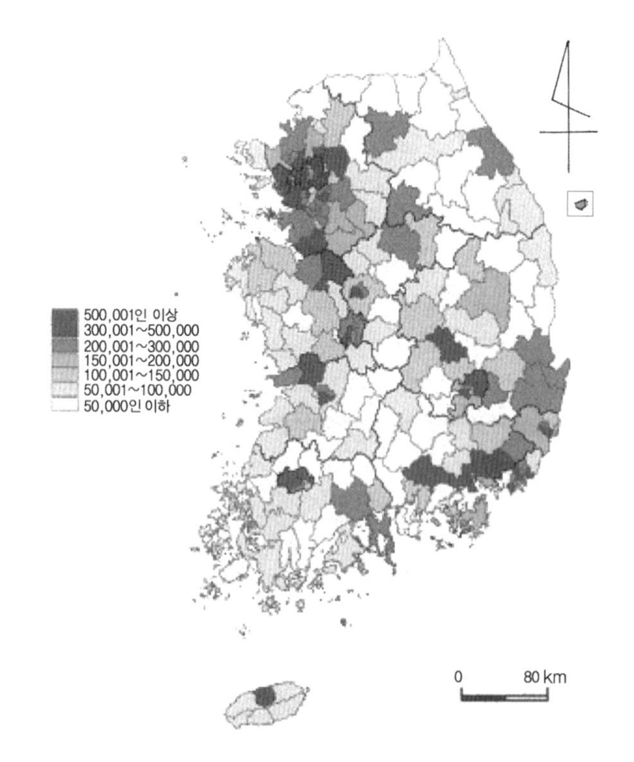

자료: 통계청, http://gis.nso.go.kr

한국 전체 인구수의 약 70%를 차지해 수도권으로 집중이 더욱 두드러지고 있다.

다음으로 시·군·구별 인구분포를 보면(〈그림 4-9〉), 대부분의 시·군·구와 그 인접지역, 서울시의 인접지역과 그 주변지역, 포항시와 부산시를 연결하는 남동임해지대는 인구가 조밀하나, 강원도와 경북 북부지역의 태백산맥이 분포한 인접지역과 소백산맥이 분포한 인접지역에는 인구가 희박하다.

지난 30년(1960~1990년) 동안에 한국 농·산촌의 인구 감소를 보면 다음과 같다. 한국 농·산촌에 해당되는 면부(面部)의 인구가 한국 총인구에서 차지하는 비율은 1970년에 약 50%, 1980년에 약 31%, 1990년에는 약 17%로 낮아졌다. 이러한 인구 감소율은 농·산촌에서 1970년부터 1980년 사이에 약 25%, 1980년에서 1990년 사이에는 약 35%의 인구를 잃어 지난 20년간 약 반인 780만 인 이상의 농·산촌 인구가 감소했다.

또 이것을 공간적 차원에서 보면 인구 감소가 나타난 읍·면수는 1960~1966년 사이

〈그림 4-10〉 인구 감소 지역의 분포(1970~1990년)

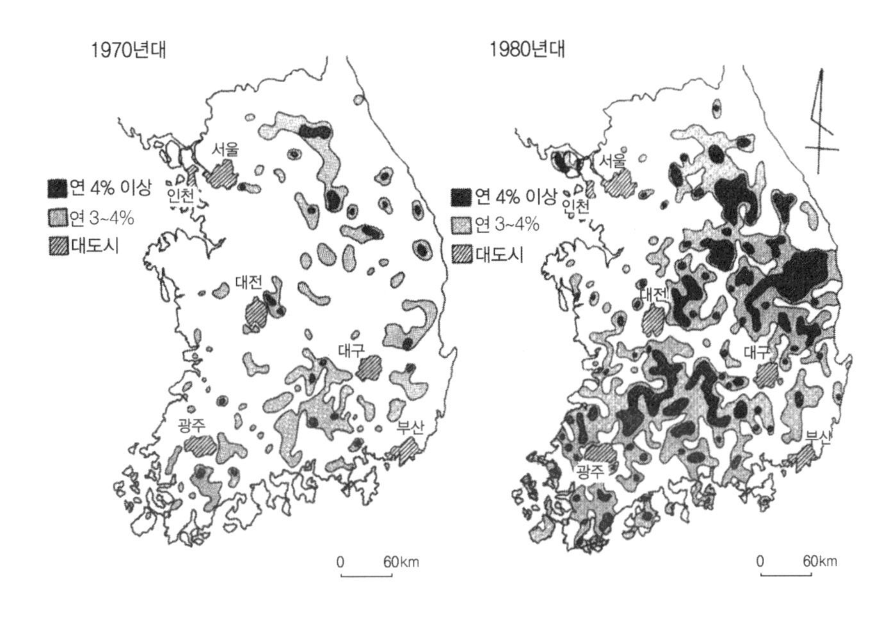

자료: 金枓哲(1995a: 26).

에 겨우 전체의 약 4%에 지나지 않았지만 1966~1970년 사이에는 약 87%로 증가했다. 또 1970년대와 1980년대에는 각각 전체의 약 83%의 읍·면에서 인구 감소 현상이 나타났지만 이것만을 보아도 1970년대와 1980년대의 인구 감소 지역은 1960년대 후반에 비해 공간적으로 그다지 확대된 것은 아니었다. 그러나 1960년대의 인구 감소 읍·면은 약 83%가 연평균 감소율 1% 미만의 계급에 집중하고 있는 것에 비해 1970년대와 1980년대에는 각각 약 64%와 81%의 인구 감소 읍·면이 2% 이상의 계급에 치우치고 있다는 점에서 볼 때 한국의 농·산촌에서 인구 감소는 공간적인 측면에서 보면 더 심각해지고 있다는 것을 알 수 있다. 1970년대와 1980년대에서 연평균 3% 이상의 심한 인구 감소가 나타나는 지역을 나타낸 것이 <그림 4-10>이다.

그러나 이러한 한국 농·산촌의 인구 감소가 반드시 단순한 상승곡선을 그리는 것은 아니다. 농·산촌의 인구 감소를 1년 단위로 보면 아주 작은 진동을 가진 상승곡선을 나타낼 것 같지만 5년 동안이라는 중기간에서 보면, 예를 들면 1970~1975년 사이의 일시적인 인구 감소의 완화가 확인될 수 있었다. 즉, 이 기간 중의 인구 감소 읍·면의 비율은 전체의 약 68%로 1960년대 후반을 밑돌고, 더욱이 그중에서도 연평균 인구

〈그림 4-11〉 시 · 군 · 구의 자연증가율 분포(2004년)

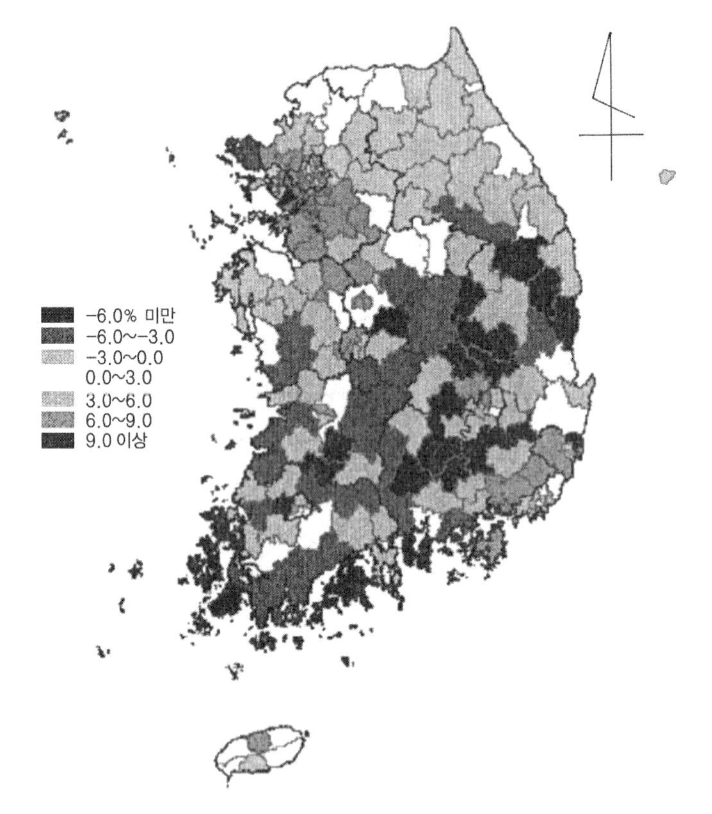

자료: 통계청, http://gis.nso.go.kr

감소율 2% 미만의 비율이 약 82%에 달했다. 경제성장률은 연평균 10% 이상, 특히 공업성장률은 연평균 20% 이상이라는 고도성장의 절정을 맞은 이 시기에 일시적인 인구 감소의 완화현상이 나타났다. 그러나 1970년대 후반 이후에 본격적인 농·산촌의 탈출이 나타나기 시작했다. 이러한 한국 농·산촌 인구의 감소는 양적·공간적으로 점점 확대되었는데, 이는 정부의 국토개발 전략이 크게 영향을 미쳤다. 또 그 공간적 전개과정은 태백산맥 일대를 중심으로 한 산촌의 인구유출이 중요한 요인이 되었기 때문이다.

여기에서 한국의 지역별 인구증감에 대해 살펴보면 다음과 같다. 즉, 1960년대 전반에는 심한 농·산촌의 인구유출에도 불구하고 농·산촌의 인구과잉과 높은 자연증가율에 의해 실제로 인구가 절대적으로 감소한 지역은 극히 일부 지역에 지나지 않았다. 그러나 1960년대 후반 이후에는 대부분의 농·산촌지역에서 인구의 절대적 감소가 나타나기 시작해 지금까지 가속화되고 있다. 또 시기별 대표적인 인구 감소 지역은 1960년대에는 대도시 주변의 교통조건이 좋은 농촌지역에서, 1970년대 및 1980년대 전반에는 산촌지역, 1980년대 후반이후에는 원격 농촌지역으로 옮겨졌다는 점을 알 수 있다. 2004년 인구 자연증가율 분포를 살펴보면(〈그림 4-11〉), 태백산맥과 소백산맥 연변지역과 전라도, 충청남도의 경우 대부분 감소 현상을 나타내고, 수도권과 남동임해 지역 등 대도시에는 증가현상을 나타낸다.

다음으로 북한의 인구성장을 살펴보면 다음과 같다. 북한이 인구자료를 포함해 각종 공식통계 자료를 외부에 공개한 것은 1963년이 마지막이었는데 그 뒤 1989년 유엔인구기금(UNPF)의 지원을 받음에 따라 인구 및 사회지표에 관한 일련의 자료를 대외적으로 공개하게 되었다.

북한 당국이 밝힌 북한의 인구추이는 <표 4-12>로 1970년까지의 자료는 북한의 전체 인구수를 나타내었으나 1975년 이후에는 민간인만의 인구수를 밝혀 적어도 군인은 여기에서 제외되었다. 1949년 북한의 인구수는 962만 2000인으로 이때의 성비는 98.8이었으나, 6·25 전쟁 이후 1953년의 인구수는 849만 1000인으로 이때의 성비는

〈표 4-12〉 북한의 인구추이

연도	북한 당국이 발표한 민간인 수 (1000인)				연구자들의 모형 I 추정 (1000인)			
	남	여	계	성비	남	여	계	성비
1949	4,782	4,840	9,622	98.8	-	-	-	-
1953	3,982	4,509	8,491	88.3	-	-	-	-
1960	5,222	5,567	10,789	93.8	5,094	5,475	10,568	93.0
1965	6,067	6,341	12,408	95.7	5,894	6,278	12,172	93.9
1970	7,127	7,492	14,619	95.1	7,012	7,376	14,388	95.1
1975	7,433	8,553	15,986	86.9	8,070	8,410	16,480	95.9
1980	8,009	9,289	17,298	86.2	8,838	9,161	17,999	96.5
1985	8,607	10,185	18,792	84.5	9,650	9,952	19,602	97.0
1987	8,841	10,505	19,346	84.2	10,000	10,292	20,292	97.2
1990	-	-	-	-	10,568	10,844	21,412	97.5

주: 1970년 이전의 인구수는 총인구수임.

자료: Eberstadt and Banister(1992); 통계청, http://kosis.kr

〈표 4-13〉 북한의 시·도별 가구 수와 인구수(2008년)

시·도	가구 수	구성비(%)	인구수	구성비(%)
평양특별시	813,769	13.8	3,255,288	13.9
평안남도	1,027,727	17.5	4,051,696	17.4
평안북도	688,583	11.7	2,728,662	11.7
자강도	327,412	5.6	1,299,830	5.6
황해남도	578,280	9.8	2,310,485	9.9
황해북도	535,511	9.1	2,113,672	9.1
강원도	367,938	6.2	1,477,582	6.3
함경남도	777,207	13.2	3,066,013	13.1
함경북도	587,844	10.0	2,327,362	10.0
양강도	183,200	3.1	719,269	3.1
계	5,887,471	100.0	23,349,859	100.0

주: 묘향산 특별구는 평안북도 인구에 포함되었음.

자료: 통계청, http://kosis.kr

88.3으로 최저를 기록했으나 그 후 균형을 회복하다가 1975년부터 다시 성비가 크게 낮아졌다. 연구자들의 추정인구는 북한이 제공한 자료를 중심으로 1960년을 기준연도로 해 한국의 인구변동의 추이와 중국 등 아시아 사회주의 국가의 인구추이 및 미국 상무부 통계국이 개발한 동아시아 지역 인구모델 등을 다양하게 원용·추정해 현실에 가장 가까운 인구수가 모형 I의 자료이다. 이 모형의 자료에 의하면 1960~1990년 사이의 연평균 인구 증가율은 1.69%이다.

한편 북한 당국이 밝힌 민간인에 의한 인구 증가율은 1950년대 말부터 계속 증가해 1970년에는 3.8%에 도달했으나 1975년에는 2.1%, 1980년에는 1.7%, 1986년에는 1.8%로 비교적 안정된 추세이다. 그러나 인구수 추정을 위한 모형 I에 의한 인구추정으로 인구 증가율을 살펴보면 다음과 같다. 연간 약 5만 인에 달했던 북송 재일동포의 숫자까지 감안하면 1970년에 3.6%로 가장 높은 인구 증가율을 나타내었고, 1975년에는 1.9%, 1980년에는 1.8%, 1985년 1.7%, 1988년에는 1.8%, 1990년에는 1.9%로 약간 증가했다. 1980년 이후 인구 증가율이 다소 높아진 이유는 연간 3%가 넘는 높은 인구 증가율을 나타내었던 1960년대와 1970년대 초반까지의 출생자의 결혼과 자녀 출산에 의한 것이기 때문이다.

2008년 현재 북한에는 588만 7471가구가 있으며, 가구당 인구수(군인은 제외)는 4.0인으로 1975년의 5.1인에 비해 감소했다. 또한 평양특별시의 가구당 인구수는 4.0인으로 전국 평균과 거의 비슷했다. 시·도별 가구 수는 평남이 17.5%로 가장 높고, 이어서 평양시, 함남, 평북, 함북의 순이다. 인구수도 유사한 구성비를 나타내었다(〈표 4-13〉).

이상의 한국 인구변천 단계별 특성을 요약하면 <표 4-14>와 같다. 한국은 금세기에 들어와 인구변천을 시작해 1980년대 후반에는 사망력이 이미 선진국 수준으로 낮아졌고, 인구의 안정기에 들어간 것으로 판단된다. 서부 유럽 여러 나라에서 인구변천이 150~200년 걸린 데 비해 비교적 짧은 기간에 인구변천의 모든 단계를 거쳤다.

1910~1985년까지의 인구변천 인과관계를 나타낸 것이 <그림 4-12>와 같다. 경제발전과 이에 따른 가치관, 규범 및 사회제도의 변화가 가장 중요한 출산력 변천의 인과모형은 분계점 가설(threshold hypothesis)과 데이비스(K. Davies)의 인구변화와 반응

〈표 4-14〉 한국의 인구변천의 단계별 특성

단계	기간	인구 증가	출산력	사망력	국제이동	정치·경제·사회적 요인
전통적 성장기	1910년 이전	매우 높은 상태로 안정됨	높음	높으나 소폭 변동	거의 없음	전형적인 농업사회/ 기아, 질병, 전쟁으로 사망률 상승
초기 변천기	1910~1945년	급격히 상승	높음	높은 상태에서 낮아지기 시작	일본과 만주로의 대규모 이동	일본의 식민지화/ 식민지 경제정책, 보건·의료시설의 도입
혼란기	1945~1960년	급격한 증가를 보였으나 1949~1955년은 정체	높음	중간수준이나 1949~1955년은 높음	일본과 만주에서 대규모 귀환/ 북한에서 피난민 유입	광복, 남북한 분단, 6·25 전쟁, 사회적 혼란, 극심한 경제적 어려움
후기 변천기	1960~1985년	증가율이 계속 낮아짐	급격히 낮아짐	계속 낮아짐	1970년 이후 이민 약간 증가	근대화, 경제발전, 도시화, 인구정책의 실시
재안정기	1985년 이후	증가율이 계속 낮아져 이론적으로 감소 상태에 들어감	재생산 수준 이하로 낮아짐	더욱 낮아짐	낮은 수준유지	지속적인 경제성장/ 사회발전, 교육팽창, 생활양식의 변화, 의료보험실시

자료: 김두섭·박상태·은기수(2002: 61).

〈그림 4-12〉 인구변천의 인과관계(1910~1985년)

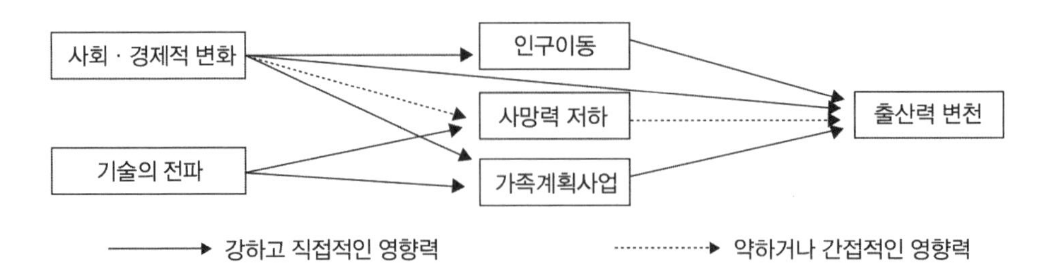

자료: 김두섭·박상태·은기수(2002: 63).

이론(theory of demographic change and response)에 기초한 것이다. 즉, 출산력 저하가 하나 또는 둘 이상의 연관된 조건들이 분계점에 도달하고, 사람들이 인구압을 느껴 가능한 모든 수단을 동원해 그들에게 주어진 기회를 극대화하려는 과정에서 시작된 것이다. 한국 출산력 변천을 설명하는 주요 변수로 사회적·경제적 변화, 인구이동, 사망력 저하, 기술의 전파, 그리고 가족계획을 제시할 수 있다.

6. 인구분포의 측정

복잡하고 다양한 인구분포 형태의 특징을 여러 가지 지표에 의해 단적으로 표시하는 것은 인구지리학 또는 공간인구학에서 매우 중요한 과제 중 하나이다. 이를테면 인구분포의 중심을 표시하는 척도는 그와 같은 지표의 하나이고, 또 분포 전체의 공간적 위치를 단적으로 나타내는 지표라고 할 수 있다.

1) 인구의 공간적 집중도

인구의 공간적 집중도를 측정하기 위해 사용된 후버(E. M. Hoover)의 인구집중지수는 t시점에서 후버지수 H^t는 전체 대상지역에서 각 지구 i의 인구비율 P_i^t와 면적비율 A_i^t의 차에서 구한 것으로 다음과 같이 나타낸다. $H^t = 0.5\sum_{i=1}^{n} 100 \mid P_i^t - A_i^t \mid$ 이다. 전체 대상지역에 대해 인구와 면적의 비율이 모든 지구에서 같고, 이 의미에서 인구가

〈표 4-15〉 한국의 시 · 도별 면적과 인구(2010년)

시·도	인구	구성비(%, A)	면적(km²)	구성비(%, B)	(A)-(B)
서울특별시	9,794,304	20.2	605.20	0.6	19.6
부산광역시	3,414,950	7.0	769.86	0.8	6.2
대구광역시	2,446,418	5.0	883.48	0.9	4.1
인천광역시	2,662,509	5.5	1,040.88	1.0	4.5
광주광역시	1,475,745	3.0	501.18	0.5	2.5
대전광역시	1,501,859	3.1	540.24	0.5	2.6
울산광역시	1,082,567	2.2	1,060.46	1.1	1.1
경기도	11,379,459	23.4	10,172.63	10.1	13.3
강원도	1,471,513	3.0	16,829.81	16.8	-13.8
충청북도	1,512,157	3.1	7,407.19	7.4	-4.3
충청남도	2,028,002	4.2	8,669.41	8.7	-4.5
전라북도	1,777,220	3.7	8,066.44	8.0	-4.3
전라남도	1,741,499	3.6	12,303.92	12.3	-8.7
경상북도	2,600,032	5.4	19,028.98	19.0	-13.6
경상남도	3,160,154	6.5	10,537.32	10.5	-4.0
제주특별자치도	531,905	1.1	1,849.26	1.8	-0.7
전국	48,580,293	100.0	100,266.25	100.0	0.0

자료: 통계청, http://kosis.nso.go.kr

완전한 균등분포의 상태이면 $H^t = 0.0$으로 인구가 균등하게 분포하고, 특정한 하나의 지구에 모든 인구가 집중하면 $H^t = 100.0$으로 한 지구에 집중되어 불균등한 분포를 한다. 후버의 지수가 커지는 때는 인구밀도가 높은 지구가 보다 고도화되었을 때이고, 또 인구밀도가 낮은 지구가 더 저도화되었을 때이며, 이 값이 작아지는 것은 이들의 반대의 경우이다.

한국의 시·도별 면적과 인구수의 비율을 나타낸 것이 <표 4-15>이다. 각 시·도의 인구집중도는 53.5로 대체로 인구집중도가 균등과 불균등 분포의 사이에 있다고 할 수 있다.

플라스캠퍼(P. Flaskämper)에 의하면 '인구분포의 중심'을 나타내는 척도는 '중심'의 의미를 어떻게 파악하는가에 따라 여러 가지로 정의 지을 수 있다고 주장했다. 그

정의 중에서 제안된 중요한 것은 인구중심(人口重心, center of population), 인구중심점(人口中心點, population center), 인구중위점(人口中位點, median point), 도로중심점(Vialpunkt)의 네 가지이다.

2) 인구중심

인구의 중심(重心)은 특정 지역 내에서 총인구로부터의 거리의 제곱이 최소가 되는 지점으로, 구소련의 지리학자 스비아틀로프스키(E. E. Sviatlovsky)에 의해 1920년대와 1930년대 초기에 개발되었다.

특정 지역 내에 분포하는 인구의 지역적 분포에 대한 평형점을 중심(gravity center)이라 하는데, 인구분포 영역이 균등한 평면이라고 간주하고, 또 분포 사상이 어디나 같은 무게라고 가정할 경우 그 평면을 지탱하는 평형점이 된다. 중심의 위치는 좌표 x, y로서 직각 좌표축 OX, OY에서 각 단위 지역의 i 중심에서 OX, OY까지의 x_i, y_i값을 각각 측정하는데, 각 단위 지역에서 인구는 모든 단위 지역의 중심에 있다고 가정하고 이것을 p_i로 나타내면 $\bar{x}$, $\bar{y}$를 다음과 같이 구할 수 있다. 통상 이 점의 위치는 위도,경도로 나타낸다(〈그림 4-13〉). 인구중심을 구하는 식은 $\bar{x}=\frac{\sum p_i x_i}{\sum p_i}$, $\bar{y}=\frac{\sum p_i y_i}{\sum p_i}$ 이 된다.

미국은 1900년 인구센서스 보고서에서 1870~1900년 사이의 각 센서스 실시 연도에

〈그림 4-13〉 중심의 측정

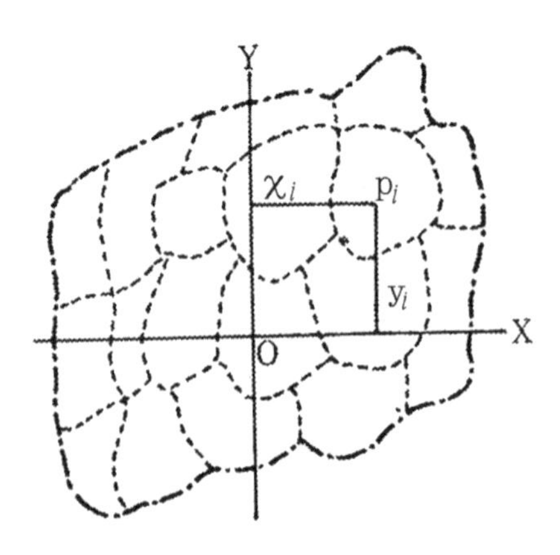

〈그림 4-14〉 미국에서 인구중심의 이동(1790~2000년)

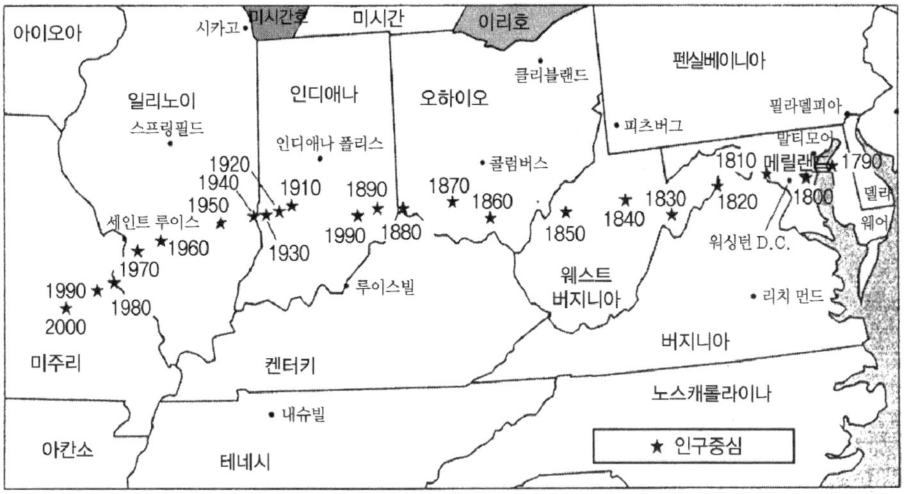

자료: Bruce(2010: 71).

서의 인구중심을 발표했다. 미국의 인구중심 이동은 <그림 4-14>와 같이 제9회 인구 센서스를 실시한 1870년에는 대서양 연안의 북위 39° 부근에 있었지만, 그 후 매회 센서스를 실시한 결과 북위 39° 선을 따라 서쪽으로 이동해 1970년의 인구중심은 일리노이(Illinois) 주 세인트루이스(Saint Louis) 부근에, 1990년은 미주리(Missouri) 주 제퍼슨시티(Jefferson City) 부근에 위치하고 있다는 것을 알 수 있다.

인구중심은 시간이 경과함에 따라 인구분포의 지역적 이동이 어떻게 이루어지는가를 파악하는 데 유용한데, 이때의 인구중심의 이동은 지역 내의 인구분포의 신장(伸張) 방향으로 움직이는데, 극단적인 값의 영향을 받는다는 단점이 있다. 또 인구중심은 인구의 지역적 분포의 산술평균에 지나지 않기 때문에 대상지역 내에서 인구의 빈도가 가장 높은 지역이라고는 볼 수 없다. 예를 들면 군도(群島)의 경우에는 중심이 해상에 존재할 경우도 있다.

3) 인구중심점

인구중심점은 대상지역 내의 모든 거주자들로부터 거리의 합이 최소가 되는 점이다. 이 점의 좌표를 대수적으로 구하는 것이 불가능하지만 사정에 따라 기하학적·실험적

방법 또는 반복계산에 의해 구할 수 있는 방법이 일찍부터 고안되었다. 그중에서도 수학적으로 가장 취급하기 쉬운 방법이 1962년 쿤(H. W. Kuhn)과 쿠엔(R. E. Kuenne)에 의해 고안된 방법이다.

4) 인구중위점(中位点)

이 방법은 1차원 분포에서 중위수(median)를 2차원 분포로 확장한 개념이다. 인구중위점은 대상지역 내의 인구를 2등분하고 서로 직교하는 두 직선의 교점으로 정의한다. 이 중위점은 지역의 인구분포를 집약적으로 표현하는 하나의 방법으로 인구정중점(正中点)이라고도 한다. 특정 지역에서 인구의 총수를 남북으로 2등분한 직선, 즉 정중선(正中線, median line)과 동서의 정중선으로 2등분한 직선이 교차하는 점을 인구중위점이라 한다. 이 인구중위점은 경위도에 따라 위치를 표시하는데, 인구가 홀수이면 이 점은 존재할 수 없다. 또 방향을 동서남북으로 한정시키면 중위점은 무수히 존재한다. 나아가 같은 분면 내에서 단위인구가 이동해도 인구중위점의 위치는 변화하지 않는다.

5) 도로중심점

도로중심점을 구하는 방법은 위의 세 가지 분석방법과 같이 분석대상 지역 내의 임의좌표로 표시하는 것이 아니고 반드시 도로상에 존재하는 점이다. 그 점은 각 거주자로부터 도로에 연한 거리의 합을 최소로 한 점이다.

지금까지 살펴본 '인구분포의 중심점'에 관한 다섯 가지 개념은 임의의 지역의 크기에 적용하는 것이 가능하다. 이 가운데 면적이 가장 넓은 범위의 사례는 하나의 국가이고, 가장 좁은 범위의 사례는 하나의 도시 또는 취락이다. 중심점은 이들의 지역 크기에 따라 가지고 있는 의미가 각각 다르다.

종래 중심점의 개념은 당연히 분포상태를 하나의 좌표로 집약해 표현하는 점에서는 지리학적으로 중요한 의미를 가지고 있다. 그리고 그 좌표는 특히 분석대상 범위가 '행정상의 시역(市域)'과 일치하는 경우에는 입지론 또는 지역정책론에서 대단히 유용했다. 왜냐하면 어떤 행정기관에 의해 시설배치를 계획하는 데 주민 거주분포의 중심점을 파악하는 것은 필요불가결하기 때문이다. 이러한 이유에서 인구중심(重心) 등의 좌표를 구할 때에 분석대상 범위는 '행정상의 시역'일 경우가 일반적이다. 그러나 중심점을 구할 때에 분석대상 범위에 대해 다음과 같은 문제점이 제기되고 있다. 즉, 종래의 중심점이 그 정의에서 밝힌 바와 같이 분석대상 범위를 변화시킴에 따라 다른 위치를 정할 수도 있다.

6) 로렌즈 곡선

로렌즈 곡선(Lorenz curve)은 지리적 현상의 지역적 분포에 대한 균등도 또는 불균등도를 측정하는 방법(〈표 4-16〉)으로 1905년 미국의 통계학자 로렌즈(M. D. Lorenz)에 의해 개발된 것이다. 이것은 본래 인구에 대한 소득분포의 불균등도를 파악하는 데 사용하는 것이기 때문에 두 종류의 현상분포의 대응관계가 나타날 때 잘 이용된다.

로렌즈 곡선은 다음과 같은 순서로 작성한다. 먼저 인구가 적은 순으로 전체 지역에 대한 각 단위 지역의 인구 백분율을 구해 이것을 누적시켜 가로축에 표시하고, 또 전체 지역에 대한 각 단위 지역의 소득 백분율을 구해 이것을 누적시켜 세로축에 표시해 연결한 곡선이 로렌즈 곡선이다. 이 곡선이 대각선에 가까울수록 대각선과

〈표 4-16〉 로렌즈 곡선을 작성하기 위한 가상지역의 예

(제1년차)

지역	a_1	b_1	c_1	계
소득(%)	20	40	40	100
인구(%)	40	40	20	100

(제2년차)

지역	a_2	b_2	c_2	계
소득(%)	10	20	70	100
인구(%)	40	40	20	100

(제3년차)

지역	a_3	b_3	c_3	계
소득(%)	40	40	20	100
인구(%)	40	40	20	100

〈표 4-17〉 1차년의 지니(Gini) 집중지수 계산

지역	백분비		누적 백분비		$x_i \cdot y_{i+1}$	$x_{i+1} \cdot y_i$
	소득(y_i)	인구(x_i)	소득(y_i)	인구(x_i)		
a_1	20	40	20	40	2,400	1,600
b_1	40	40	60	80	8,000	6,000
c_1	40	20	100	100		
계	100	100			10,400	7,600

〈그림 4-15〉 로렌즈 곡선

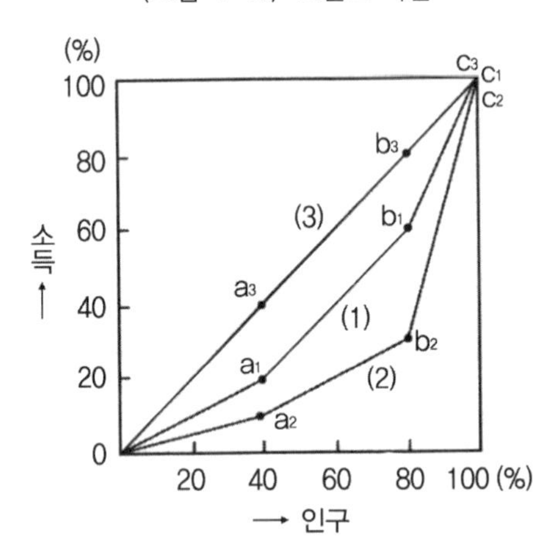

로렌즈 곡선 사이의 면적이 좁아 소득의 지역적 분포는 균등하고, 대각선에서 멀어질수록 대각선과 로렌즈 곡선 간의 면적이 넓어 불균등하다는 것을 나타내는 것이다.

지금 가상의 지역에 소득의 변화를 나타낸 것이 <표 4-17>로 이를 그래프화한 것이 <그림 4-15>이다. 3년차 로렌즈 곡선은 대각선으로 지역 간의 소득차가 존재하지 않아 이 대각선을 평등 분배선 또는 균등선이라 부른다.

대각선과 로렌즈 곡선 사이의 면적을 지니(Gini) 집중지수(Gini's index of concentration)라 부른다. 이 지니지수(G_i)는 다음과 같이 나타낼 수 있다.

$$G_i = (\sum_{i=1}^{n} x_i \cdot y_{i+1}) - (\sum_{i=1}^{n} x_{i+1} \cdot y_i)$$

여기에서 n은 단위 지역 수 y_i는 단위 지역 i의 소득비율의 누적 백분비, 그리고 x_i는 이에 대응하는 인구비율의 누적 백분비이다.

<표 4-17>은 1년차 인구·소득의 G_i를 계산하는 순서를 나타낸 것이다. 1년차의 지니 집중지수는 2800이고, 2·3년차의 지니 집중지수는 각각 5400과 0이다.

7) 인구의 지역경향면 분석

여러 가지 지표현상의 지역적 분포에서 전체적인 관계를 다중회귀분석을 응용해 분석하려는 것이 지역경향면 분석(regional trend surface analysis)이다. 지역경향면이란 현상의 시계열적인 변동이 경향선이란 1차원의 단일 좌표상에 나타나는 데 대해, 지역분석 중에서 규칙성이 정확한 면적(面的) 경향을 찾아내어 그것을 경향면이란 2차원의 양극 좌표상에 나타낸다(〈그림 4-16〉). 지역경향면 분석이란 대상으로 하는 지역의 전역에 걸쳐 지역 현상이 규칙적인 차이를 나타낸 부분과 대상지역 내에서 국지적으로 인정되는 우연적 부분으로 나누어지는데, 분석방법은 다항식 근사법과 이중 푸리에(double Fourier) 급수 근사법 등이 사용된다.

지도상의 직교 좌표(Ui, Vj)에 관한 어떤 지역 현상의 값을 Z_{ij}로 하면 다음과 같은 식으로 나타낼 수 있다.

$$Z_{ij} = \tau_{ij}(U_i, V_j) + e_{ij}$$

여기에서 왼쪽 변의 제1항은 지역경향면을, 제2항은 잔차를 나타낸다.

이 지역경향면 $\tau_{ij}(U_i, V_j)$를 다항식 근사모형에 의해 수식으로 나타내면,

〈그림 4-16〉 각종 경향선(가)과 경향면(나)

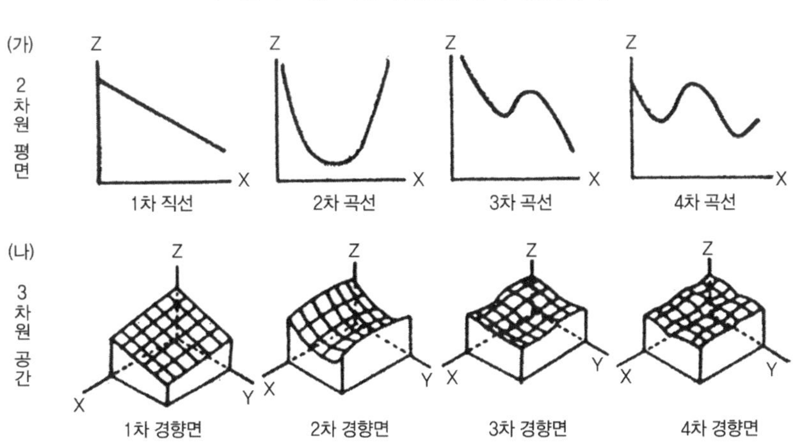

〈그림 4-17〉 서울시의 인구밀도 분포의 경향선(1977년)

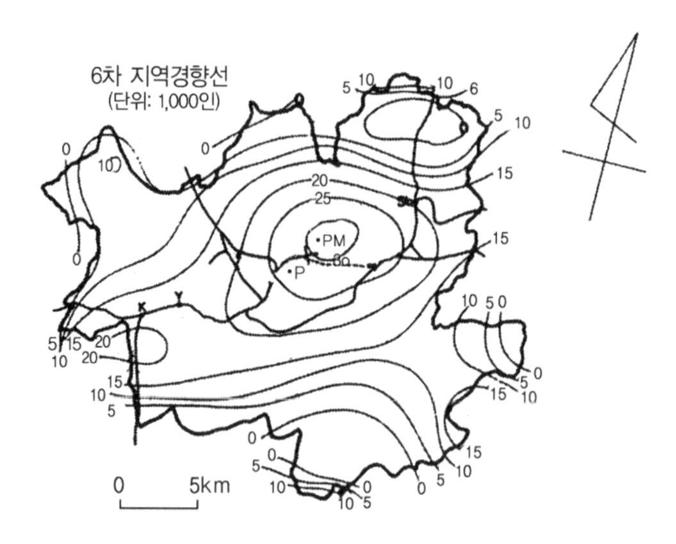

주: 그림에서 P는 최고 지가점, PM은 기대된 최고 인구밀도 지점(명륜 3가), +는 종로 3가임.
자료: 朱京植(1980: 29~30).

〈표 4-18〉 서울시 인구밀도의 지역경향면 적합도

차수	상관계수	결정계수
1	0.0736	0.0054
2	0.6194	0.3837
3	0.6366	0.4052
4	0.7272	0.5288
5	0.7508	0.5638
6	0.8241	0.6792

자료: 朱京植(1980: 31).

1차 경향면 $1\tau_{ij} = a_0 + a_1 U_i + a_2 V_j$

2차 경향면 $2\tau_{ij} = b_0 + b_1 U_i + b_2 V_j + b_3 U_i^2 + b_4 U_i V_j + b_5 V_j^2$으로 3차 이상 차수가 높을수록 모형의 항수는 증대한다. 예를 들면 6차의 지역경향면 6τij는 합계 28개 항의 다항식으로 나타낼 수 있다. 또 $a_{0,}$ $a_{1,}$ a_2... 또는 $b_{0,} b_{1,}$ b_2 ..의 매개변수는 대상 지역 내의 대응지점(U_i, V_j)의 좌표 값과 그 지점의 지역 현상의 수치 자료에서 최소 자승법에 의해 구해진다.

이 지역경향면 모형은 지역 현상의 분포 패턴을 해석하는 데 사용되는 것 이외에 대상 지역 내의 표본 지점의 자료를 이용해 지역경향면의 다중회귀방정식을 정한 뒤, 이 방정식에 의해 비표본 지점의 자료를 추계할 수도 있다. 이 경우 적합도가 높은 다중회귀방정식이 선정되어야 한다.

<그림 4-17>은 1977년 서울시의 인구밀도를 6차 지역경향선으로 나타낸 것이다.

1차 지역경향면은 $Z_1 = 9,783.76+17.11X+172.42Y$

2차 지역경향면은 $Z_2 = -24,340.01+1,438.63X+5,611.12Y-38.44X^2+23.83XY-279.84Y^2$

으로 나타난다.

<표 4-18>은 1~6차의 다항 회귀식의 적합도를 나타낸 것이다. 즉, 다항식의 차수가 높을수록 적합도가 상승해 결정계수에 의한 1차 지역경향면은 전체 지역 경향의 0.5%를 설명하지만, 6차의 지역경향면은 67.9%를 설명한다.

7. 인구에 의한 도시화와 역도시화

1) 도시화

현대는 도시의 시대라고 한다. 에러리지(H. T. Eraridge)에 의하면 도시화(urbanization)란 인구가 도시에 집중되는 과정이라고 한다. 그 과정은 첫째, 도시 수의 증가, 둘째 각 도시에 거주하는 인구규모의 증가라는 두 가지 점에서 진행되게 된다. 도시화란 개념은 때로는 도시 거주의 결과도 의미하는데 도시사회학자 워스(L. Worth)는 이 결과에 대해 도시성(도시주의, urbanism)이라는 단어를 사용했다. 도시성이란 도시생활에 특징적인 생활양식을 구성하는 여러 특성의 복합체를 의미한다. 도시화율은 전국인구에 대한 도시에 거주하는 인구의 비율로서, 도시는 행정시와 읍을 포함하는데 일반적으로 행정시만의 인구에 의해 산출된다.

국가별로 도시화 경향을 보면, 도시 인구의 증가 초기단계(initial stage)에는 도시화 곡선을 나타내는 곡선이 점차적으로 상승한다. 이 시기의 인구는 상당히 분산되어 있으며, 주된 경제활동은 농업이고, 이 시기의 도시화율은 25% 미만이다. 다음으로 가속화 단계(acceleration stage)에서는 제2·3차 산업이 발달해 경제활동의 지역 집중 현상이 뚜렷하며, 도시화율은 25~70% 정도에 달해 인구의 재분포현상이 나타난다.

〈그림 4-18〉 도시화의 3단계

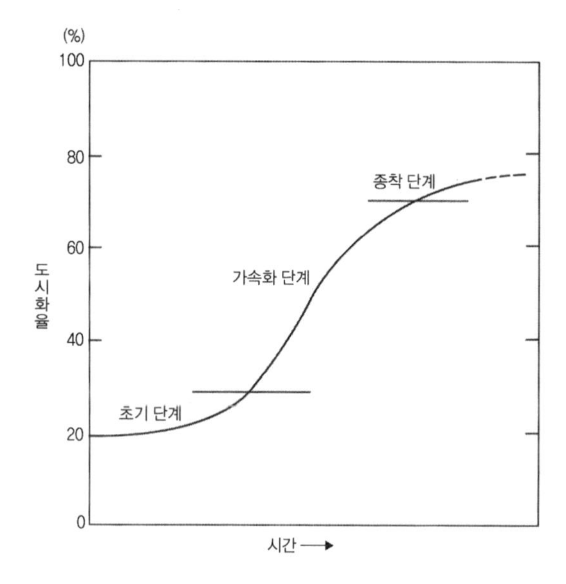

자료: Northam(1975: 53).

〈그림 4-19〉 도시화의 단계

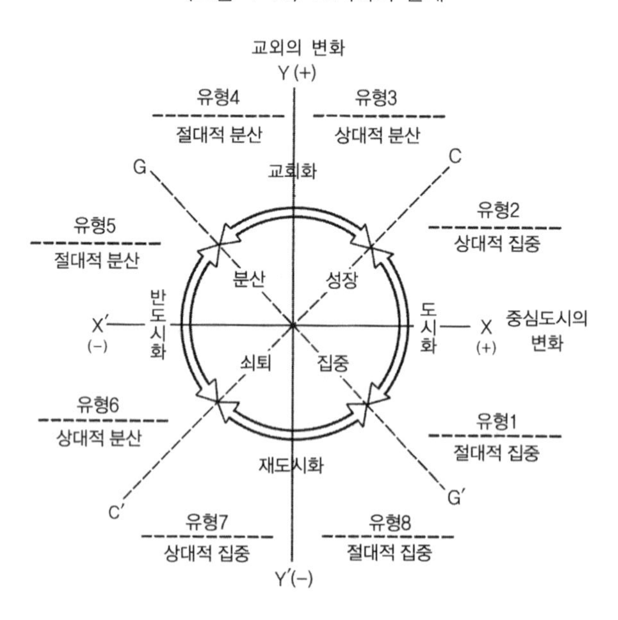

자료: Klaassen, Bourdres and Volmulle(1981).

마지막으로 종착단계(terminal stage)에서는 도시화율이 70% 이상이 되고 점차 둔화되어 곡선이 완만해진다(〈그림 4-18〉).

성장에서 쇠퇴에 이르는 도시발전 단계가설에 대해 네덜란드의 도시 인구학자 클라센(L. H. Klaassen) 등은 도시발전단계 가설에서 중심도시와 교외에서 인구의 상대적 변화에 착안해 다음과 같은 도시화의 단계를 설정했다(〈그림 4-19〉). 즉, 가로축에는 중심도시의 변화, 세로축에는 교외에서의 변화를 나타내고, 도시화의 과정은 두 지역의 인구변화의 조합에 의해 크게 4단계로 구분하고 이를 다시 세분해 8단계로 나누었다.

① 도시화(urbanization) 단계는 주로 중심도시의 인구 증가가 도시권 전체의 성장을 가져오지만 유형 1은 교외에서 인구가 감소한다. ② 교외화(suburbanization) 단계는 교외에서의 인구 증가가 도시권의 성장을 견인한다. 또 유형 3은 중심도시의 인구가 증가하지만, 유형 4에서는 인구가 감소하는 것으로 바뀐다. ③ 역(반)도시화[逆(反)都市化(counter-urbanization)] 단계에서는 중심도시의 인구가 감소해 도시권 전체가 쇠퇴하는 공통적인 특색을 나타낸다. 유형 5에서 교외에서는 인구 증가를 나타내지만, 유형 6이 되면 인구 감소로 바뀐다. ④ 재도시화(re-urbanization) 단계에서는 도시권 전체가 쇠퇴경향을 나타내지만, 그 속도는 완만하게 되고 중심도시의 인구 감소가 곧 멈추게 된다. 즉, 유형 7에서는 중심도시의 인구 감소가 교외에서의 감소보다 줄어들고, 유형 8에서는 중심도시 인구가 증가로 바뀐다.

최근 클라센의 연구에 의하면 서부 유럽 여러 나라 148개 도시권 중 약 60%는 교외화의 단계에 있고, 역도시화 단계도 약 20%에 이르고 있다. 또 재도시화 단계의 유형 7은 두 개의 도시권에서 나타나고, 유형 8의 절대적인 집중은 아직 나타나지 않는다.

1950년의 세계 도시화율은 29.4%였으나 2010년 세계의 도시화율은 51.6%로, 개발도상국은 46.0%, 선진국은 77.5%이다. 그러나 2030년 세계의 도시화율은 59.9%로, 선진국이 82.1%, 개발도상국이 55.8%로 크게 높아질 것으로 전망하고 있다. 대륙별 도시화율을 보면, 아시아와 아프리카를 제외한 나머지 지역에서는 세계 평균보다 높은 도시화율을 나타내었다(〈표 4-19〉). 이러한 과잉 도시화론은 많은 개발도상국에서 녹색혁명 등에 의해 농업생산성의 상승으로 실업이었던 농촌 잉여 노동력이 수도 등으로 대거 이동한 현상과 더불어 발생한 문제들에 착안한 것이다.

도시화의 과정을 고찰할 경우 시간적인 과정을 구별하는 기준을 정하는 것이 문제가

〈표 4-19〉 지역별 도시 인구와 도시화율의 예측

지역	1950년	1975년	1990년	2010년
	도시화율(%)	도시화율(%)	도시화율(%)	도시화율(%)
아시아	17.0	25.1	30.3	44.4
아프리카	14.8	25.6	35.5	39.2
유럽	55.9	68.6	75.4	72.7
앵글로아메리카	63.9	73.9	75.2	82.0
라틴아메리카	41.1	61.5	72.1	78.8
오세아니아	61.2	71.7	71.9	70.7
선진국	53.6	68.7	74.2	77.5
개발도상국	17.4	27.1	34.4	46.0
세계	29.4	38.3	43.6	51.6

자료: Pacione(1981: 16); 유엔, "World Urbanization Prospects"(1992), p. 26; 矢野恒太記念會, 『世界國勢圖會』(2005), pp. 57, 81~84; 二宮書店, 『地理統計要覽』(2014), p. 46.

〈표 4-20〉 현대적 도시화의 단계적 유형

제1단계				제2단계			제3단계				제4단계	
미발전	국유화	공업화	도시화	이행적	공업화	불균형적인 도시	도시적 이행화	균형을 취한 농촌	도시 공업적	균형을 취한 공업	불균형한 대도시	대도시
콩고민주공화국				멕시코							칠레	
인도네시아					그리스			노르웨이			아르헨티나	
	터키											
		인도				파나마			이탈리아			영국
			이집트							캐나다		미국
												네덜란드

자료: Hebert and Thomas(1982: 71).

된다. 조베르그(A. Sjoberg)는 산업혁명을 시대구분의 지표로 사용했고, 또 반스(J. E. Vance)는 자본주의 사회의 성립을 기준으로 그 전후로 시대를 구분했다. 이밖에도 몇 가지 방법이 있지만 어떤 방법이든지 공통되는 점은 공업화나 기술의 발달을 중시하는 것이다. 그렇지만 이념적인 구분으로서 공업화에 의해 구분하는 것이 옳다고 해도 도시화 과정을 국가나 지역별로 검토하는 데는 보다 구체적인 지표가 필요하다. 이 점에 대해 라이스맨(L. Reissman)은 도시와 산업의 발달단계, 그 중간층과 민족주의(nationalism)의 탁월성에 주목해 도시화를 고려했다. 이를 구체적으로 보면, ① 인구 10만 인 이상의 도시 인구가 전국인구에서 차지하는 비율, ② 제조업 제품의 국산화 비율, ③ 1인당 국민소득, ④ 문맹률에 의해 그 정도를 파악했다. 라이스맨은 개발도상국의 도시에서 선진국의 대도시 단계에 이르기까지 그 사이에 네 개의 도시화 단계로 구분할 수 있다는 것을 지적했다(〈표 4-20〉). 또 위의 네 가지 지표에 지리적 요소를 가미한 슈노르(I. F. Schnore)는 ① 인구의 규모·성장률·내용, ② 경제기반과 사회구조, ③ 물리적 시설이 만든 환경, ④ 교통·통신을 위시한 기술발달의 네 가지로 도시화 단계 분류의 지표를 사용했다.

<그림 4-20>은 도시 인구비율의 경년적(經年的) 추이를 로지스틱 곡선으로 나타낸 것이다. 스위스는 1870년경에 도시 인구비율의 증가경향이 상승에서 정체로 향하는 천급점을 통과했다. 한편 코스타리카에서는 도시 인구비율이 약 70%인데 이러한 도시화율의 형성은 농촌에서의 인구유입이 그 원인이지만 그 비율은 약 20%를 차지하고 나머지 약 80%는 도시에서의 자연증가에 의한 것이다.

한국의 도시화율은 <표 4-21>, <그림 4-21>과 같이 1910년에 3.8%이던 것이 1944년 해방 이전에 약 10%를 넘었고 1960년에 25%를 넘어 초기단계에 도달했고, 1990년에 70%를 넘어 종착단계에 도달해 2010년에는 92.2%를 나타내었다. 시기별로 주요 도시의 인구를 보면, 1930년 경성부의 인구가 약 55만 인, 부산·평양부가 약

〈그림 4-20〉 도시화율의 경년적 추이

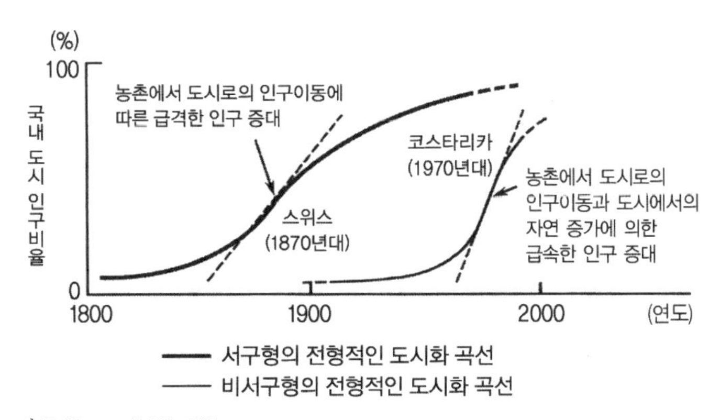

자료: Haggett(1979: 323).

〈표 4-21〉 한국의 도시화율의 추이

연도	총인구(A)	시 인구(B)	도시화율(B/A×100)	도시 수
1910	13,313,017	512,072	3.8	12
1915	16,278,389	508,934	3.1	12
1920	17,288,989	598,055	3.4	12
1925	19,522,945	850,157	4.4	12
1930	21,058,305	1,189,791	5.6	13
1935	22,899,038	1,606,179	7.0	17
1940	24,326,327	2,818,460	8.6	20
1944	25,917,881	3,411,542	13.2	21
1949	20,188,641	3,474,172	17.2	25
1955	21,526,374	5,281,432	24.5	25
1960	24,994,117	6,998,844	28.0	27
1966	29,192,762	9,806,812	33.6	32
1970	31,469,132	12,955,265	41.2	32
1975	34,706,620	16,792,771	48.4	35
1980	37,436,315	21,434,116	57.3	40
1985	40,448,486	26,442,980	65.4	50
1990	43,410,899	32,308,970	74.4	73
1995	44,608,726	38,247,813	78.5	73
2000	46,136,101	36,755,144	79.7	72
2005	47,278,951	38,514,753	81.5	77
2010	48,580,293	44,791,120	92.2	82

자료: 洪慶姬(1979: 1~92); 통계청, 『한국통계연감』(1995, 2010); 통계청, 「인구주택총조사보고서」(2006).

〈그림 4-21〉 한국의 도시화율 추이

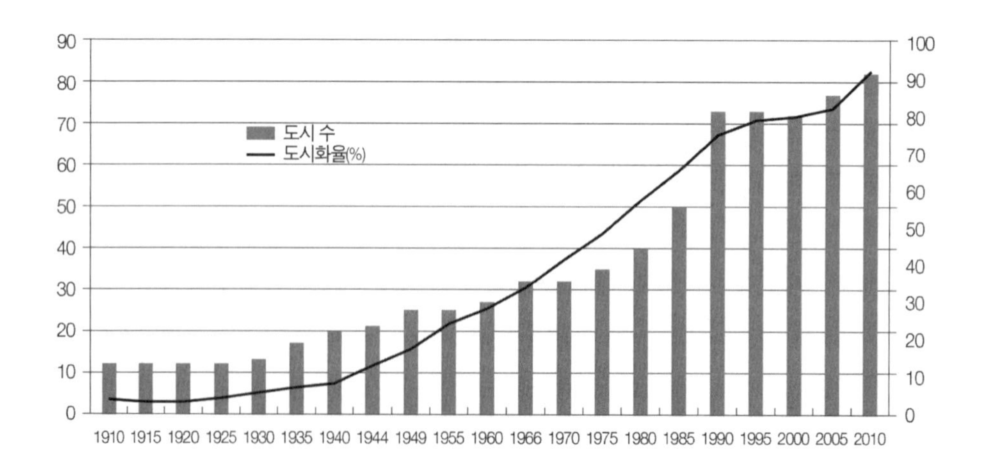

〈표 4-22〉 1930 · 1940년의 주요 도시 인구수

도시	1930년	1940년	인구 증가율(%)
경성부	545,811	934,464	71.2
인천부	99,864	171,165	71.4
대전부	27,594	45,541	65.0
전주부	38,595	47,230	22.4
광주부	39,463	64,520	63.5
대구부	138,658	178,923	29.0
부산부	161,406	249,734	54.7
평양부	160,994	285,965	77.6
원산부	51,822	79,320	53.1
함흥부	46,543	75,320	61.8
흥남읍	25,062	110,842	342.3

자료: 松永達(1991: 56).

16만 인, 대구부가 약 14만 인으로 경성부, 부산부, 평양부, 대구부의 순이었다. 그러나 1940년에는 경성부의 인구가 약 93만 인, 평양부가 약 29만 인으로 부산부를 앞섰다. 그리고 1930년 약 2만 5000인이었던 흥남읍이 1940년에는 11만 인으로 크게 증가한 것은 북부지방의 공업발달과 깊은 관계가 있다. 1940년에는 경성부, 평양부, 부산부, 대구부, 인천부의 순으로 인구규모가 나타났으며, 1930~1940년 사이에 평양·인천·경성부의 인구 증가율은 70% 이상이었다(〈표 4-22〉).

2005년 도시 인구의 분포를 나타낸 <그림 4-9>(108쪽)를 보면, 서울시와 그 주변지역에 서울시의 위성도시가 발달되었고, 서울시와 부산시를 연결하는 축과 대전과 목포를 연결하는 축의 인접지역에 주로 도시가 발달되어 있다는 것을 알 수 있다.

한편 북한의 도시화율은 1944년에 10.6%, 1953년 17.7%, 1956년에는 29.0%, 1959년에는 38.0%로 높아졌으며, 1975년에는 56.7%, 1985년에는 59.0%, 1990년에는 67.4%로 증가하다 2000년에는 59.4%, 2010년에는 60.2%로 증가했다. 1970년대 이후 도시화율이 크게 증가되지 않았는데, 이것은 북한 당국의 안보에 대한 관심과 경제침체가 부분적으로 영향을 미쳤을 것으로 보인다(〈표 4-23〉)(Eberstadt, 1992; 북한경제연구소, 1992).

다음으로 북한의 1987년 총민간인 수의 약 60%가 도시지역에 거주하고 있어[13]

〈표 4-23〉 북한의 도시화 추이

연도	총인구(1000인)	도시 인구수(1000인)	도시화율(%)
1960	10,789	4,326	40.1
1965	12,252	5,820	47.5
1970	14,002	7,589	54.2
1975	16,172	9,170	56.7
1980	18,170	10,339	56.9
1985	19,995	11,797	59.0
1987	20,685	12,328	59.6
1990	21,720	13,510	67.4
1995	21,764	12,845	59.0
2000	22,840	13,570	59.4
2005	23,813	14,242	59.8
2010	24,501	14,752	60.2

주: 시 인구의 합계임.

자료: 國土硏究院(1992: 156); 통계청, http://kosis.kr

북한이 도시 비농업사회라는 것을 알 수 있다. 주요 도시별 인구분포의 변화를 보면(〈표 4-24〉), 평양시가 가장 안정된 성장을 보이고 있으며 도시의 인구 증가도 지속적으로 이루지고 있는데, 이것은 평양시를 국제도시화하기 위해 지속적인 개발을 하는 것이 부분적인 원인일 것이다. 북한의 대도시 중 해방 후 지금까지 뚜렷한 성장을 보이고 있는 도시는 남포직할시를 들 수 있다. 일제강점기까지 평양의 외항으로 인구 약 7만 인에 불과하던 남포시는 1979년 용강군과 대안시를 흡수해 직할시로 승격한 점과 수도 평양의 해상관문이라는 입지적 요인이 큰 영향을 미쳤을 것이다. 이에 대해 청진시의 경우 일제강점기 북부지방에서 제2의 도시로 인구가 많았는데 1991년에는 4위로 낮아진 것은 청진시가 1980년대 전반부에 직할시에서 일반 시로 격하되었기 때문일 것이다.[14] 한편 개성시와 해주시·원산시의 경우는 인구의 급증 현상을 보이고

13) 도시 행정구역 내의 변두리에서 농업에 종사하는 인구를 제외하고, 인구 2만 이상 소읍에서의 비농업인구는 모두 포함한 것이다.

14) 청진시가 일반 시로 격하된 것은 직할시일 경우 인접 군을 시 경계 내에 포함하게 됨으로써 함경북도의 영역이 청진직할시에 의해 남북으로 양분되어 행정이 효율적으로 추진되는 것이 불가능해지기 때문으로 알려져 있다.

〈표 4-24〉 북한의 주요 도시 인구분포 변화

1925년		1944년		1967년	
도시	인구수	도시	인구수	도시	인구수
평양시	89,000	평양시	34,1000	평양시	1,555,000
원산시	36,000	청진시	18,4000	함흥시	424,000
진남포시	27,000	신의주시	11,8000	원산시	226,000
신의주시	23,000	원산시	11,2000	청진시	226,000
청진시	20,000	함흥시	11,2000	신의주시	170,000
		해주시	82,000	강계시	170,000
		진남포시	82,000	개성시	141,000
		개성시	76,000	남포시	141,000
		성진시	68,000	해주시	113,000
		나진시	34,000	김책시(성진시)	113,000
				사리원시	85,000
				혜산시	85,000
				송림시	85,000
1982년		1991년		2008년	
도시	인구수	도시	인구수	도시	인구수
평양시	2,525,000	평양시	3,335,000	평양시	3,255,000
청진시	722,000	함흥시	802,000	함흥시	669,000
함흥시	691,000	남포시	801,000	청진시	668,000
남포시	661,000	청진시	673,000	남포시	367,000
원산시	331,000	순천시	481,000	원산시	363,000
개성시	331,000	개성시	385,000	신의주시	359,000
신의주시	271,000	단천시	353,000	단천시	346,000
평성시	241,000	신의주시	321,000	개천시	320,000
해주시	210,000	김책시(성진시)	292,000	개성시	308,000
사리원시	210,000	원산시	289,000	사리원시	308,000
강계시	180,000	사리원시	289,000	순천시	297,000
신포시	150,000	강계시	257,000	평성시	385,000
구성시	150,000	평성시	257,000	해주시	274,000
희천시	150,000	해수시	224,000	강계시	252,000
혜산시	150,000	혜산시	224,000	안주시	240,000

자료: 洪慶姬(1979), 國土硏究院(1992: 160), 김두섭·박상태·은기수(2011: 180).

있지 않은데, 개성시와 해주시는 휴전선에 인접해 있고, 원산시는 외국인 중심의 관광 도시로 개발한다는 기본 정책 등이 인구급증을 제한한 것으로 보인다.

한편 일제강점기에 도시의 면모를 갖추지 못했던 다수의 중소도시의 급성장이 눈에 띈다. 이와 같은 도시는 순천시를 위시해 단천·혜산·희천·평성·구성시와 같은 도시인데, 혜산시는 양강도의 중심도시로서, 평성시는 평양시가 가지고 있는 평안남도의 행정기능을 이관받으면서, 그 밖의 도시는 내륙공업지대 개발 방침에 의한 공업성장의 결과인 것으로 보인다.

2) 역도시화

미국에서 1960년대에 대도시권과 비대도시권 간의 인구 증가율의 역전(逆轉) 증후가 나타났다. 이것을 처음으로 확인한 사람은 미국 농무성 경제조사국 인구 연구그룹의 주임인 빌(C. L. Beale)이었다. 미국에서 이와 같은 인구의 역전현상에 대해 연구하게 된 것은 다음과 같은 현상이 나타났기 때문이다. 첫째, 대도시에서 소도시로 도시규모와는 반대의 도시 인구성장이 진행되고 있었다. 둘째, 도시권 내에서는 중심부(core)에서 주변부(periphery)로 인구이동 현상이 나타났고, 교외화(suburbanization)나 초교외화(ex-urbanization)가 진행되었다. 셋째, 도시권에서 비도시권으로 인구 증가지역이 이동했고, 도시지역보다 농촌지역에서 인구 증가 현상이 뚜렷하게 나타났다 넷째, 도시의 성장지역은 일찍부터 공업화가 진전되었으며, 새롭게 공업화와 도시화가 진전되는 지역으로 인구가 이동했다. 즉, 북동부나 중서부의 대도시는 인구 감소 현상이 뚜렷하고, 남부나 서부지역에는 인구 증가 현상이 나타났다. 두 번째 교외화 현상은 이심(decentralization)에 의한 것이고, 첫 번째와 세 번째는 인구분산(deconcentration)에 의한 것이다.

미국에서 역(반)도시화 현상을 발생시키는 원동력은 주로 교통·통신기술의 발달과 거주지 선호의 변화로, 통계 자료의 분석에 의하면 비도시화 지역에서 이와 같은 현상이 뚜렷하게 나타났다. 역도시화 현상은 인구이동의 요인, 공업의 분산요인에 의해 발생되기도 한다. 이와 같은 도시화 현상이 발생하는 데 대해 베리는 미국 문화의 특질로서 설명하고 있으며, 클라크(C. Clark)는 미국인의 생활양식의 변화, 취직자의 비도시권으로의 이동, 경제조건의 변화, 특히 고용의 분산으로 설명했다.

<그림 4-22>는 스웨덴 중부의 도시화와 역도시화의 과정을 공간적 모형으로 나타낸 것이다. 제1단계는 고전적인 인구이동에서 중력모형으로 설명이 가능한 도시화

〈그림 4-22〉 스웨덴 중부에서 도시화 · 역도시화 과정의 공간적 모형

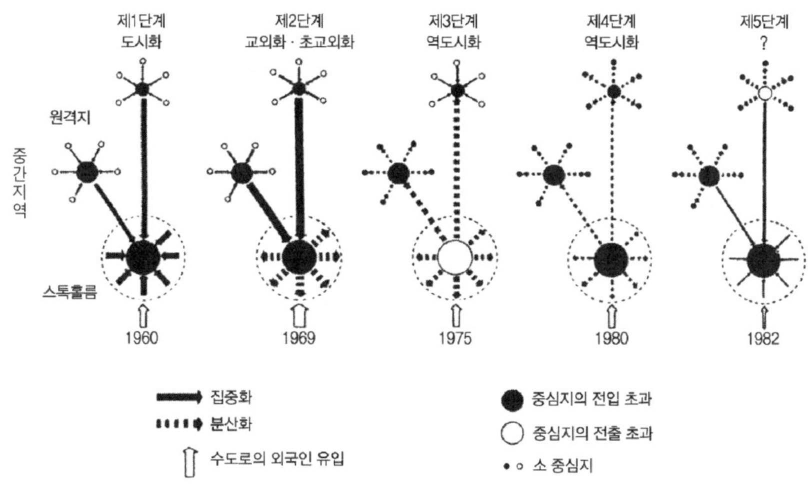

자료: 森川洋(1988: 691).

단계이며, 제2단계는 위성도시와 뉴타운이 형성된 단계이며, 제3단계는 중력모형에 의해 설명이 불가능한 단계이다. 제4단계는 대도시로의 많은 외국인의 유입으로 적지만 전입 초과현상을 나타내 인구 증가로 바뀐다. 한편 역내의 인구분산화로 중간지역이나 주변지역의 중심도시에 인구증가가 나타나나 인구 증가율은 낮다. 제5단계는 인구의 재유입단계로 이러한 현상이 장기적일지 아니면 일시적일지는 불확실한 단계이다. 이러한 도시화와 역도시화 과정은 경제적 기반의 변화에 의해 만들어진다.

8. 도시 인구분포의 법칙

1) 순위-규모 법칙과 도시의 수위성

고도로 근대화된 사회에서 도시로의 인구집중 현상이 나타나 20세기 초에 인구분포의 법칙이 처음으로 등장했다. 1913년 독일의 아우에르바흐(F. Auerbach)는 도시 인구 법칙을 처음으로 정식화(定式化)했는데 독일을 포함해 2~3개 국가를 대상으로 도시 인구규모(Y축)와 그 순위(X축)와의 관계를 $RP_R = M$ 으로 나타내었다. 여기서 R: 도시의 인구 순위, P_R: R 도시의 인구, M: 상수이다. 도시의 인구와 그 순위와의 관계를

〈그림 4-23〉 인구 순위 규모 그래프

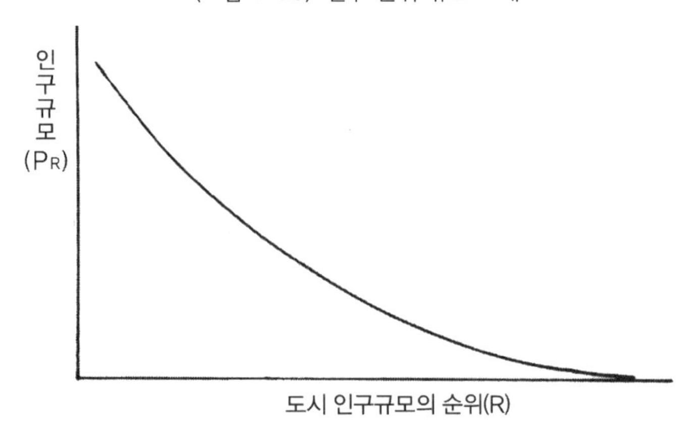

나타낸 것이 <그림 4-23>이다. 그러나 아우에르바흐 이전에 경제학자 파레토(V. Pareto)는 1895년 소득의 분포(A)를 $A = N\ I$로 나타냈는데, 이때 N은 I 이상의 소득을 가진 사람 수, I는 소득의 크기를 나타낸다. 여기에서 파레토의 식을 인구규모와 인구규모의 순위와의 관계로 나타내면 위의 아우에르바흐의 인구분포의 법칙과 같다.

그 후 로트카(A. J. Lotka)는 1920년 미국의 15개 도시 인구를 X축에 순위의 대수(對數)로, Y축에는 각 순위에 대응하는 도시 인구의 규모를 대수로 그려 거의 직선을 나타내었다. 그러나 그 경사는 아우에르바흐의 법칙 R에서 1이 아닌 0.93을 얻어 그 관계식을 $R^{0.93}P_R =$ 5,000,000으로 나타내었다. 그리고 인구분포의 법칙은 지프(G. K. Zipf)에 의해 발전되었는데, 그는 '도시 인구의 순위와 인구크기의 법칙'인 순위-규모 법칙(rank-size rule)을 발표했다. 즉, 그 식은 $R^nP_R = M$으로, 여기에서 R은 인구규모의 순위, P_R은 R 도시의 인구규모, M, n은 상수이다. 이것을 대수 함수식으로 변용시키면 $\log R^n = -\log P_R + \log M$ 이 된다. 이와 같이 도시의 순위와 인구규모를 대수 그래프로 나타내면 음의 기울기를 가진 직선으로 나타나는데, 이 관계를 밝힌 사람이 스튜어트(J. Q Stewart)이다. 지프의 도시 인구분포법칙은 통합의 힘(force of unification)과 분산화, 다양화의 힘(force of diversification)이 작용하는데, 경제적인 조건이 이들 중 어느 한쪽을 촉진시킨다고 했다. 이때 통합의 힘이 점점 강하게 작용할 경우에는 지프의 식에서 M의 값이 증가하고, n의 값은 감소한다고 생각했다. 또 인구분포법칙의 적합도를 나타내는 결정계수 R^2의 범위는 $0.00 \leq R^2 \leq 1.00$이다. 이 법칙은 도시 간의 균등한 발전을 목표로 하는 국토계획의 진단도구(diagnostic tool)로 유용하다.

한편 지리학자 제퍼슨(M. Jefferson)은 국가의 인구분포와 경제활동의 상당부분을 차지하는 거대도시 현상을 설명하기 위해 수위도시의 법칙(the law of the primate city)을 발표했다. 한 국가의 수위도시와 제2·3위 도시와의 인구규모의 관계에 관심을 갖고 1939년 45개 국가를 대상으로 각 국가의 수위도시는 제2·3위 도시에 비해 매우 탁월한 인구규모를 가진다는 도시의 수위성을 제시했다. 수위도시는 불균형적으로 거대해 국민의 능력이나 감정을 표현한다고도 해 $\frac{P_1}{P_2}$(P_1은 인구규모에서 1위 도시, P_2는 인구규모에서 2위 도시)를 수위도시의 법칙이라 했다. 즉, 수위도시의 인구가 많으면 많을수록 순위 인구법칙(〈그림 4-23〉)에 낮게 부합되는데, 이러한 국가는 국민소득이 낮고 원료수출 지향적이고, 과거 식민지였으며, 대부분의 국가가 급속한 인구성장을 이룩했다. 그리고 수위도시의 인구가 2위 도시의 인구보다 두 배 이상이 되는 도시를 종주도시(primate city)라 부른다. 또 제퍼슨은 수위도시의 인구가 제2위 도시 인구의 3배 이상의 도시를 종주도시라 했다. 그리고 한 국가의 도시체계상에서 수위도시의 규모가 상대적으로 비대해지는 현상은 여러 나라, 특히 개발도상국에서 흔히 나타나는데, 수위도시규모의 국제적 비교를 위한 지표로는 일반적으로 다음과 같은 데이비스(K. Davis) 지수가 많이 사용된다. $D=P_1/(P_2+P_3+P_4)$ 여기에서 D: 데이비스 지수, P_1: 수위도시의 인구, P_2, P_3, P_4: 인구규모가 각각 두 번째, 세 번째, 네 번째 도시의 인구규모이다. 데이비스 지수에서 수위도시의 인구가 2, 3, 4위 도시의 인구규모를 합친 인구의 1/3 이상이면 이를 종주도시라 했다.

수위도시의 성립조건은 린스키(A. S. Linsky)가 지적한 바에 의하면 첫째, 인구가 조밀하고 국토가 좁은 국가, 둘째 개인소득 수준이 낮은 나라, 셋째 수출 지향의 국민경제를 나타내는 국가, 넷째 과거에 식민지였던 국가, 다섯째 농업 중심의 경제 형태를 가진 국가, 여섯째, 높은 인구성장률을 나타내는 국가 등 여섯 가지이다. 그리고 린스키는 그 유효성을 검증했는데, 그 결과 첫 번째와 네 번째를 제외한 네 가지 조건이 강한 유효성을 나타내었다. 더욱이 둘째~여섯째의 조건을 구비한 개발도상국 중에 면적이 좁은 국가는 일반적으로 수위도시의 성노가 높다는 것을 밝혔다.

순위-규모 법칙과 도시의 수위성은 본래 발생계통이 다르고, 또 전자의 경우는 도시군 전체를 대상으로 고찰하는 데 대해, 후자는 상위도시에만 초점을 두고 있다. 또 제2위 도시의 이론적 인구수에 대해 전자에서는 수위도시의 1/2이 되지만, 후자의 경우는 1/3 이하가 된다는 뚜렷한 차이가 있다. 그러나 모두 도시의 순위-규모 간에 내재되어 있는 규칙적인 경향을 찾아낸 점은 공통점이라 할 수 있다.

2) 베리의 도시규모 분포 모형

베리(B. J. L. Berry)는 1950년대의 인구자료로 아프리카를 제외한 38개 국가를 대상[15]으로 도시 인구규모 분포가 잘 나타나는 각 국가의 도시규모를 X축에, 도시 수의 누적비율을 Y축에 나타내었다. 그 결과 13개 국가는 대수정규(log-normal) 분포를 나타내었는데, 미국과 같이 고도로 개발된 국가(〈그림 4-24〉 가－㉠)와 한국과 같은 개발도상국(㉡), 중국과 같은 국토규모가 큰 국가(㉢), 그리고 엘살바도르와 같이 국토규모가 작은 국가(㉣)로 나누어진다. 또 15개 국가는 수위도시 분포(primate distribution)로 구분되었는데, 이는 수위도시와 규모가 작은 도시 간에 차이가 매우 큰 것(〈그림 4-24〉 나－㉡)이다. 이 유형의 모든 국가는 국토의 규모가 작고, 도시규모와 도시 누적률과의 관계를 나타내는 곡선이 상당히 다양하게 나타나는 특징이 있다. 타이(㉠)는 대수 정규분포가 결여되어 있고, 덴마크(㉡)는 인구규모가 적은 도시에서 대수 정규분포를 나타내고 있다. 반면 일본은 대수 정규분포에서 조금 벗어난 패턴을 나타낸다. 그리고 나머지 10개 국가는 중간형(intermediate distribution)으로, 잉글랜드·웨일스(〈그림 4-24〉 다－㉠)는 낮은 대수 정규분포의 윗부분에 수위도시 분포를 접목시킨 형이고, 오스트레일리아(㉡)와 뉴질랜드(㉢)는 인구규모가 작은 도시가 대수 정규곡선에서 빗나가 있다. <그림 4-24>(라)는 38개 국가의 모든 곡선의 중복성이 세계의 대수 정규 패턴으로 나아가는 뚜렷한 경향을 가진 곡선의 일반적 성질을 나타낸 것이다.

도시의 순위－규모 분포에 관심을 가진 베리는 여러 가지 특성을 가지고 있는 세계 38개 국가를 대상으로 고찰한 결과 두 가지의 경험적인 법칙을 발전적으로 통합할 수 있는 가능성을 설명하고, 도시규모 분포(city-size distribution)론이라는 종합적인 이론 모형의 구축을 시도했다. 베리가 구축한 모형의 주요 내용은 다음과 같다.

첫째, 도시규모 분포 패턴을 하나의 연속체로 생각하면 수위(primacy) 유형과 순위-규모(대수 정규형: log-normality) 유형의 분포 패턴은 그 연속체의 양극을 나타내는 것으로

---

15) 대상국가의 면적은 구소련과 같이 국토규모가 큰 국가에서 엘살바도르와 같이 국토규모가 작은 나라에 이른다. 그리고 대상도시는 몇몇 도시를 제외하고 인구 2만 인 이상의 4187개 도시이다.

〈그림 4-24〉 도시규모 분포의 유형

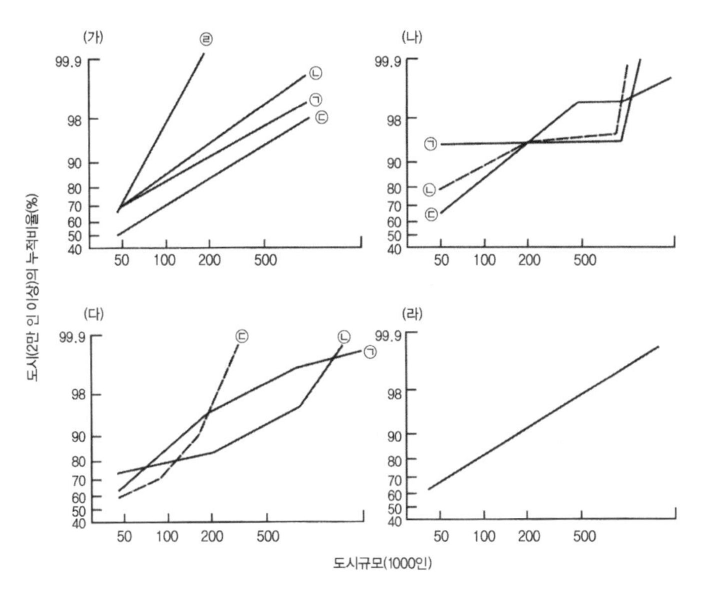

자료: Haggett, Cliff and Frey(1977: 119).

〈그림 4-25〉 도시규모 분포의 발달 모형

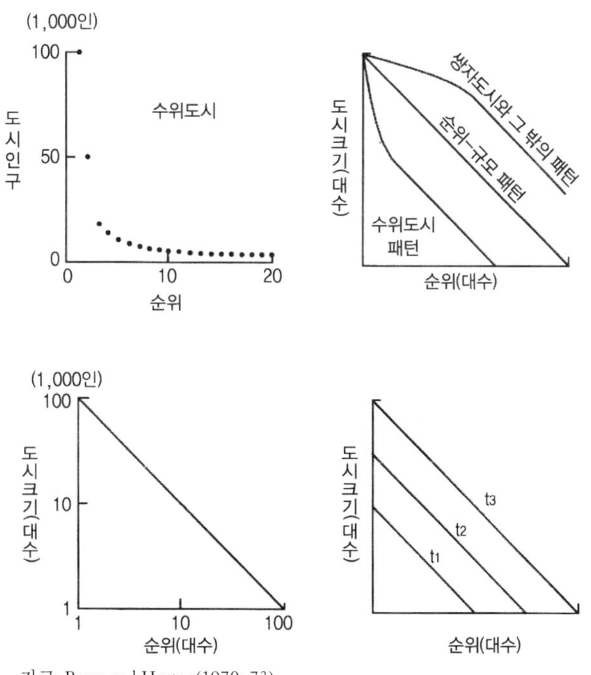

자료: Berry and Horton(1970: 73).

보았다. 즉, 두 유형의 패턴은 본질적으로 상대적이고 배제되는 것이 아니고 각각의 분포 패턴 하나의 변동으로 볼 수밖에 없다. 또 이들 두 유형의 특성을 가지는 유형을 중간형[16]으로 했다(〈그림 4-25〉).

둘째, 이러한 여러 유형과 도시화의 정도 및 경제발전 수준 사이에는 명료한 상관관계가 나타나지 않는다. 예를 들면 도시화의 수준이 높고 경제적으로 성숙해 있는 네덜란드가 수위도시형을 나타내고, 인도·엘살바도르와 같은 개발도상국이 순위-규모형을 나타내었다. 즉, 제퍼슨이나 지프의 가설인 각각 저개발성과 수위성형 또는 경제적 성숙과 대수 정규형이라는 대응관계의 의미를 내포한 것이라고 말하는 종래의 단순한 이분론적 설명은 적절하지 않다. 오히려 도시규모 분포 형태의 다양성은 정치, 경제, 사회, 지리 등 여러 가지 요인이 복잡하게 상호작용을 해 규정되는 것이다.

셋째, 더욱이 여기에 도시규모 분포에 영향을 미치는 여러 가지 힘이 종합적으로 또는 복잡하게 작용하고, 또 열역학 제2법칙이라고 말하는 엔트로피의 증가[17]와 더불어 비교적 단순한 힘이 수위도시라는 목표에 강하게 작용하는 수위유형에서 중간형을 거쳐 조화를 이루는 평형상태(엔트로피가 최대인 상태)를 나타내는 순위-규모형으로 나아가 도시규모의 분포는 단계적으로 발달해가는 것이라고 생각한다. 바꾸어 말하면 도시규모 분포는 해당 도시체계(urban system)에 작용하는 엔트로피의 증가의 정도, 또는 도시규모 분포의 발달과정을 구현하고 있다.

넷째, 이상과 같은 일반적이고 추상적인 가설에 대해 다음과 같은 현실적인 가설이 존재할 수 있다. ① 국토의 규모가 크면 클수록, ② 도시화의 역사가 오래되면 될수록, ③ 정치적·경제적 상태가 보다 복잡하면 할수록, 경제발전의 수준이 높아짐에 따라서 도시규모 분포 패턴은 순위-규모의 상태에 가까워진다.

---

16) 1955년 현재 38개국 중 이탈리아, 핀란드, 벨기에, 미국, 폴란드, 서독, 스위스, 인도, 한국, 브라질, 엘살바도르, 남아프리카공화국 등의 국가가 순위-규모형에 속하고 우루과이, 페루, 과테말라, 멕시코, 도미니카공화국, 타이, 일본, 스리랑카, 그리스, 오스트리아, 에스파냐, 덴마크, 네덜란드, 스웨덴, 포르투갈 등 15개국은 수위도시형으로 분류되었다. 그리고 나머지 10개국인 파키스탄, 말레이시아, 니카라과, 유고슬라비아, 노르웨이, 오스트레일리아, 뉴질랜드, 영국은 중간형에 속했다.

17) 독일의 물리학자 클라우지우스(R. J. E. Clausius, 1822~1888년)에 의해 열역학 제2법칙(엔트로피의 법칙)이 제창되었다. 클라우지우스에 의하면 에너지는 평상시보다 집중된 상태에서 분산되므로 에너지 수준의 차이가 없어진 평형상태, 즉 엔트로피가 최대로 된 질서가 높은 상태에서 무질서한 상태로 이행하는 것으로 생각했다. 이러한 과정을 엔트로피의 증가라 한다.

베리의 모형은 이러한 열역학 제2법칙에서 엔트로피 개념을 원용함에 따라 순위-규모 법칙과 수위도시 법칙이라는 두 가지의 경험법칙을 통합해 도시규모 분포의 발달 모형을 정립했다는 점에서, 나아가 베리 이후에 도시규모 분포에 관한 연구의 방법론적 규범이 되었고, 오늘날에 이르기까지 이론적·실제적 연구를 제시하는 계약을 주었다는 의미에서도 가치가 있다.

그러나 베리의 학설에서 도시규모 분포의 상태와 그 변동을 규정하는 도시 인구의 분배기구, 특히 도시화의 메커니즘이나 도시를 구성하는 인구의 질에 대한 국가 간의 다양성에 대해 충분한 언급이 없었다는 점은 문제가 될 수밖에 없다. 왜냐하면 유럽과 미국의 사회는 도시 인구의 분배기구나 도시화 상황 및 도시 인구의 사회적·경제적 성격이 개발도상국과 다르다. 그런데 과잉 도시화(over-urbanization),[18] 도시 빈곤층의 팽창 등 심각한 도시문제에 직면하고 있는 개발도상국의 사회에서도 유럽과 미국 사회와 같은 순위-규모 상태의 도시규모 분포 패턴을 나타내거나, 베리적 발달경향을 갖는 사례가 많다고 보고되고 있기 때문이다. 더욱이 개발도상국가 각각의 도시규모 분포가 도대체 어떻게 베리가 말하고 있는 발달과 진화에 연결될 것인가라는 의문이 생기기 때문이다.

본래 베리에 의한 도시규모 분포의 발달이나 진화가 하나라는 점이 어떤 의미를 내포하고 있는가에 대한 착상은 지리철학일까? 베리는 소수의 대도시(metropolis)와 다수의 중규모 도시와 보다 많은 작은 읍으로 구성된 하나의 도시체계에서 이들 모든 도시가 국가의 발달을 분담하고 있고, 그 이익을 중심지와 배후지 양쪽에 분배하는 것 같은 도시적 상황이 조화를 이룬 균형 상태이고, 그 그래프상의 결과가 순위-규모 상태의 분포 패턴으로 되어 나타난다고 했다. 그리고 그러한 상태로 도시규모 분포가 단계적·정향적(定向的)으로 추이해가는 과정을 발달·진화라고 해석했다. 그러나 베리가 말한 바와 같이 도시 순위-규모 배열이 제시되었다 해도 동시에 그곳에 베리가 상정(想定)한 것과 같은 사회·경제 시스템이나 도시체계가 성립했다고는 할 수 없다.

따라서 베리가 자연과학적 개념인 엔트로피 개념을 본래 사회과학적인 대상이라고

18) 개발도상국에서 도시의 인구집중 현상을 데이비스(K. Davis)와 골든(H. Golden)과 하우저(P. M. Hauser)는 과잉 도시화라 불렀고, 맥기(T. G. McGee)는 의사(擬似) 도시화(pseudo-urbanization)라 불렀으며, 또 브리즈(G. Breese)는 생존 한계적 도시화(subsistence urbanization)라는 개념을 제시함에 따라 개발도상국의 도시화 상황과 서양 선진국의 도시화와의 차이를 강조했다.

생각하는 도시규모 분포에 적용해 종래 설명이 곤란한 여러 가지 모순을 극복하려고 했고, 매력이 풍부한 모형을 구축한 점은 높이 평가되지만, 설명이 곤란한 문제나 방법론상의 한계를 베리 모형이 내포하고 있다는 새로운 점도 부정할 수 없다.

3) 맬레키와 브레이크만 모형

맬레키(E. J. Malecki)는 도시 인구(Pr)와 도시 인구 순위(r) 간의 관계를 대수(對數)방안지에 세 가지 유형으로 나타내어 순위-규모 분포를 설명했다(〈그림 4-26〉). 첫째는 전체도시 증가형(〈그림 4-26 가〉)으로 t_1에서 t_2로 시간이 경과함에 따라 q(순위-규모 분포의 기울기 계수)[19]값이 변화하지 않고 각 순위의 도시 인구가 성장하는 것을 나타낸 것이다. 둘째는 하위도시의 증가형으로, t_1에서 t_2로 시간이 경과함에 따라 q값이 감소하는 것을 나타낸 것이다. 이 유형은 상대적으로 소도시 인구가 증가한 것을 보여주는 것이다. 셋째는 상위도시 증가형으로 t_1에서 t_2로 시간이 경과함에 따라 q값이 증가한 것을 나타내는 것이다. 이 유형은 상대적으로 대도시 인구가 증가한 것을 보여주는 것이다.

다음으로 1999년 브레이크만(S. Brakman) 등은 순위-규모 분포의 시계열적 분포가 역(逆)U자 모양의 패턴으로 나타난다고 주장했다. 이러한 패턴은 산업화 사회가 됨에 따라 많은 자원과 인구가 도시로 집중해 수위도시와 2위 이하 도시 간에는 큰 차이가 나타나게 된다. 이에 따라 순위-규모 분포 계수 값(q)이 증가하게 된다. 그러나 도시의

〈그림 4-26〉 맬레키의 순위-규모 분포의 변화 모형

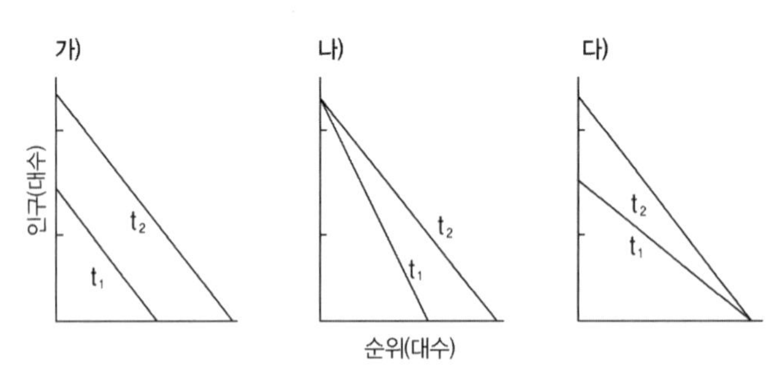

자료: Malecki(1975: 44~45).

19) $\log Pr = \log P_1 - q\log r$ 에서 Pr은 도시 인구, P_1은 수위도시의 인구, r은 도시 인구 순위이다.

〈그림 4-27〉 브레이크만의 모형

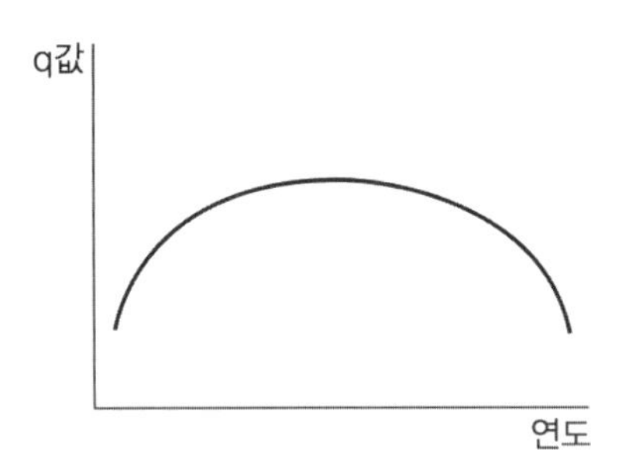

자료: 박현신·김광식(2004: 13).

편익은 교통 혼잡, 환경오염 등과 같은 부정적인 외부효과로 감소하게 되고, 결과적으로 인구는 이러한 부정적인 외부효과가 적은 곳으로 이동하게 된다. 그러므로 수위도시의 인구는 분산하게 된다. 이 결과 순위-규모 분포 계수 값은 작게 나타난다. 이것이 의미하는 점은 경제적 구조 변화가 도시규모 분포의 기초가 된다는 것이고, 역U자 모양의 근거는 응집력(agglomeration forces)이 산업화 시기에 강력한 영향을 미치며, 분산력(spreading forces)은 산업화를 전후한 시기에 상대적으로 많은 영향을 미치므로 인구규모가 작은 도시들은 보다 빠르게 성장하는 경향을 나타낸다는 것이다. 즉, 순위-규모 분포의 기울기 계수 q는 산업화시기에 절정에 오른다고 할 수 있다(〈그림 4-27〉).

9. 인구밀도 분포

인구의 상대적인 분포를 측정하는 방법인 인구밀도(population density)는 어떤 일정 지역의 인구의 밀집정도를 나타내는 양으로, 인구밀도를 d, 인구수를 P, 토지의 면적을 A라 하면 $d_1 = \frac{A}{P}, d_2 = \frac{P}{A}$라는 두 가지 식으로 표현된다. 과거에는 d_1의 식이 사용되어 영국에서는 면적성(areality)이라 불렀는데 인구가 희박한 지역에서는 이 식이 적용되었다. 또 오래된 형태의 하나로 근접성(proximity)이 있는데, 인구밀도를 선분의 길이로 나타내었다. 지금은 일반적으로 d_2의 식이 사용되고 있다. 보통 P, A는 모두 행정구역을 단위로 해 계산하는데, 이것을 보통 단순 산술적 인구밀도(simple arithmetic density)라 부르거나 통계적 밀도(statistical density)라고 한다. 이에 대해 등질지역별로 계산한 것을 지리학적 밀도(geographical density)라고 하는데, 지형면별(地形面別) 인구밀도가 그 하나의 예이다. 어떤 지역의 생산도를 C라고 하면, P/C를 경제적 인구밀도라 하는데, 그 예로는 대(對)경지밀도, 농업 인구밀도 등이 이에 속한다. 또 방(房)당 인구밀도도 있는데, 이 인구밀도는 방의 크기가 표준화되어 있지 않은 경우에는 그 의미가 크지 않다고 볼 수 있다.

다음으로 방안(方眼, mesh)에 의한 인구밀도를 파악할 수 있다. 이와 같은 인구밀도의 측정은 연구 단위 지역의 크기가 다름에 따라 지리학에서 추구하고자 하는 이론·법칙을 정립하고자 할 때 단위 지역의 크기가 매우 중요하기 때문에 단위 지역의 크기를 일정하게 하는 방안이 대두되었기 때문이다. 일반적으로 통계 자료는 행정구역별로 되어 있어 행정구역의 크기가 다름에 따라 각 단위 지역이 갖고 있는 성격도 다르게 나타난다. 따라서 일정한 크기의 단위 지역이 지리학의 이론을 도출하기에 가장 적당하나, 그 연구지역이 광범위할 경우에는 자료수집이 개인적으로 불가능하다. 그러나 최근 몇몇 국가에서 단위 지역의 일반화가 시도되고 있다. 미국의 센서스 구역(census tract)은 인구 4000인을 단위구역으로 하고, 대도시지역 내부를 소지역으로 세분해 통계 자료를 얻을 목적으로 설정된 것이다. 그리고 SMSA(Standard Metropolitan Statistical Area)는 인구 5만 인 이상의 도시를 포함하는 군(county)의 집합체로, 인구·공업·상업 센서스의 조사 자료에도 적용하고 있다. 또 영국의 SMLA(Standard Metropolitan Labour Area), 일본의 DID(Densely Inhabited District)[20] 등은 일정한 크기의 방안을 단위 지역으로 해 그 단위 지역에 대한 자료가 발표되고 있다. 일본의 DID는 대도시권에 대해 위도 20분 간격을 40등분하고, 경도 30분의 간격을 40등분해서 얻어진 방안[21]을 이용해 각종 인구의 분포를 파악하고 있다. 한국에서도 '소지역(小地域) 통계(statistical on small area basis)'가 전국 3대권(수도권, 중부권, 영남권)을 대상으로 1985년 인구센서스의 자료 중 인구·주택 주요 항목에 대해 조사되었는데, '기준 소지역(1km×1km)'은 전국에 9만 9000개이다. 이 기준 소지역에 인구 및 주택 통계 자료를 사용해 지도화한 자료가 1990년에 발간되었다(〈그림 4-28〉).

---

20) 인구밀도가 1km2당 4000인 이상의 조사구가 시·구·정(町)·촌(村) 내에서 서로 인접해 있고, 1959년 10월 현재 인구 5000인 이상의 지역일 때 이것을 인구집중지구라 한다.

21) 도쿄 부근에서는 가로가 약 1.05km, 세로가 약 0.9km이다.

〈그림 4-28〉 기준 소지역에 의한 총인구분포

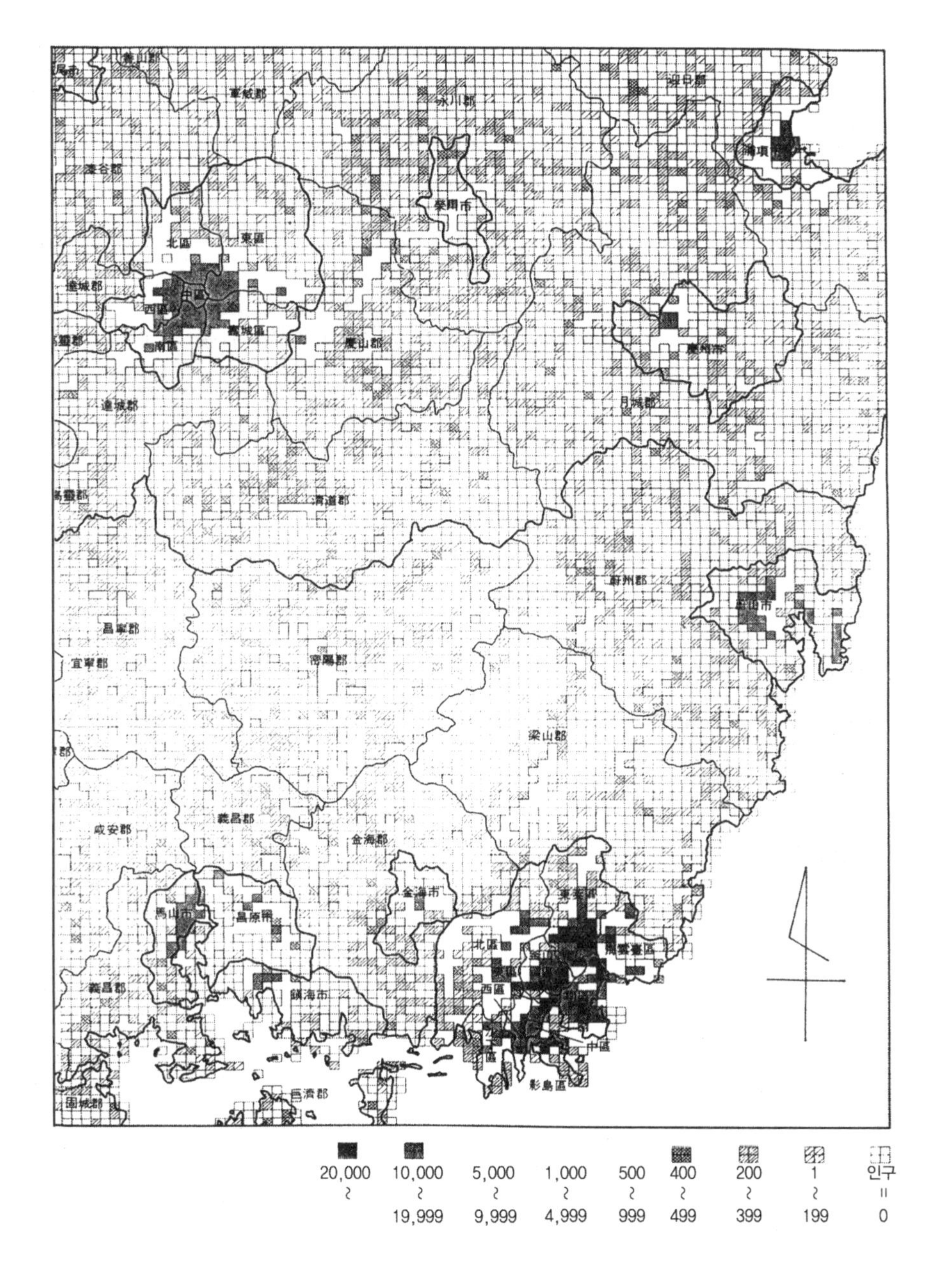

자료: 경제기획원 조사통계국(1990: 36).

〈그림 4-29〉 시 · 군 · 구별 인구밀도 분포(2005년)

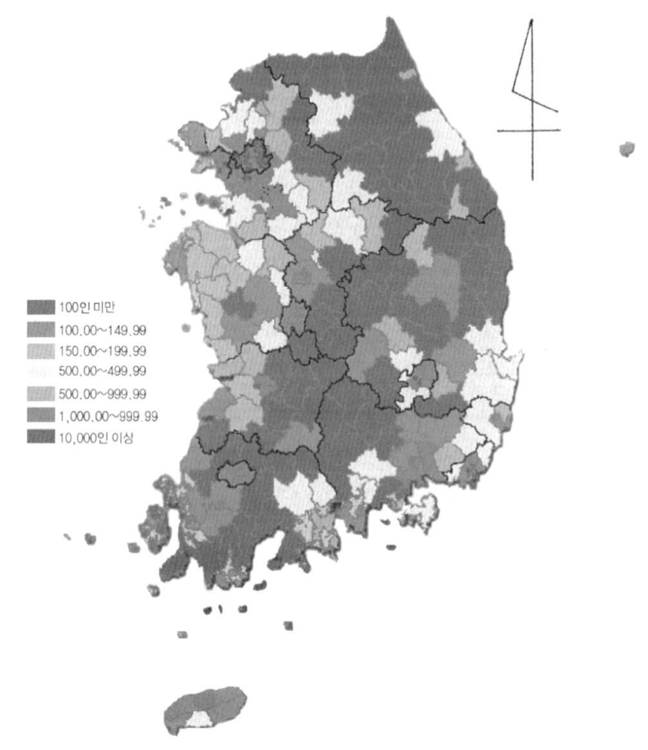

자료: 통계청, http://gis.nso.go.kr

한국의 시·군·구별 인구밀도 분포를 보면(〈그림 4-29〉), 서울시를 포함한 시부와 서울시의 북부에서 목포시까지의 서해안 지역과 남해안 지역, 포항시에서 부산시까지의 남동해안 지역과 대구·광주·대전시의 인접지역에 인구밀도가 높다는 것을 알 수 있다. 2010년 한국의 인구밀도는 486인/km^2으로 2000년의 464인/km^2보다 20인 높아졌다. 그리고 서울시와 광역시 및 경기도의 인구밀도는 전국보다 높으나, 나머지 지역은 낮다. 시·군·구 중 인구밀도가 가장 높은 곳은 서울시 양천구(2만 7256인/km^2) 이며, 가장 낮은 곳은 강원도 인제군(19인/km^2)이다.

북한의 인구밀도는 2010년에 196.4인/km^2으로 2008년을 시·도별 보면(〈표 4-25〉), 평양특별시가 가장 높고 그다음이 평안남도이며 나머지 시·도의 인구밀도는 300인/km^2 미만으로 양강도와 자강도가 가장 낮다.

인구밀도에서 km^2당 인구를 같은 간격으로 배치했을 경우 개인 간 거리를 나타내는 것이 인구접근도이다. 인구접근도는 인구가 균등하게 분포되었다고 가정했을 때 인접

〈표 4-25〉 북한의 시 · 도별 인구밀도 분포(2008년)

시·도	인구밀도(인/km^2)
평양특별시	1,540.6
평안남도	306.7
평안북도	217.0
자강도	77.5
황해남도	278.6
황해북도	223.4
강원도	132.5
함경남도	165.2
함경북도	139.0
양강도	51.8
평균	190.2

자료: 김두섭 외(2011: 162).

〈표 4-26〉 한국의 시 · 도별 인구밀도와 인구접근도

시·도	2000년		2010년	
	인구밀도(인/km^2)	인구접근도(m)	인구밀도(인/km^2)	인구접근도(m)
서울특별시	16,342	7.8	16,188.9	7.9
부산광역시	4,831	14.4	4,452.3	15.0
대구광역시	2,801	18.9	2,767.4	19.0
인천광역시	2,582	19.7	2,587.5	19.7
광주광역시	2,698	19.3	2,945.6	18.4
대전광역시	2,535	19.9	2,781.2	19.0
울산광역시	961	32.3	1,022.3	31.3
경기도	886	33.6	1,119.3	29.9
강원도	90	105.5	88.2	106.5
충청북도	197	71.2	203.4	70.1
충청남도	215	68.2	235.0	65.2
전라북도	235	65.2	220.3	67.4
전라남도	167	77.5	142.2	83.9
경상북도	143	83.6	136.6	85.5
경상남도	283	59.4	300.0	57.7
제주도	278	60.0	287.7	59.0
전 국	464	46.4	485.6	45.3

자료: 통계청, 『인구주택총조사』(2005, 2006, 2010).

사람과의 평균거리를 말하며, 산출 공식은 인구접근도= $\sqrt{국토면적(km^2)/인구수(인)}$ 이다. 2010년 한국의 인구접근도는 45.3m이고, 2005년에는 45.9m, 2000년에는 46.4m로 10년간 약 1m 가까워졌다. 2010년 시·도별 인구접근도를 보면 <표 4-26>와 같다. 서울시의 인구접근도가 7.9m로 가장 좁고, 강원도가 106.5m로 가장 넓다. 인구밀도와 인구접근도와의 관계를 보면 인구밀도가 높은 시·도일수록 인구접근도는 대체로 낮다는 것을 알 수 있다(2000 · 2010년 상관계수 r=-0.6039, r=-0.5972).

1) 도시 인구밀도의 법칙

도시경제학 분야를 중심으로 이론적인 검토도 이루어진 밀도함수의 이론적 기반은 효용 최대화에 바탕을 둔 택지면적, 통근비의 상쇄(trade-off) 관계로 이것을 신고전파의 경제 접근방법이라고 부른다. 신고전파의 경제 접근방법에 대해 여러 비판이 있지만 녹스(P. Knox) 등은 도시지역구조 형성의 설명 이론으로 유효한 출발점이라는 점은 널리 인정되고 있다. 도시에서의 상주 인구밀도는 도심에서 거리가 증가할수록 인구밀도가 낮아지는 거리조락(距離凋落, distance-decay) 현상을 나타낸다. 이와 같은 도시의 인구밀도 경사법칙(傾斜法則)이 시대를 불문하고 존재한다는 것을 밝힌 사람은 1951년 클라크(C. Clark)인데, 그가 수식화한 모형은 다음과 같다. 즉, $Y_X = A_e^{-bx}$ 로서, b의 값은 도심으로 향한 인구가 어느 정도 집중해 있는가를 측정하는 측도이다. 이 식을 자연대수로 변형시키면 $\ln Y_X = \ln A - bx$가 된다. 여기에서 Y_X: 도심으로부터 x만큼 떨어진 지점의 인구밀도, x: 도심에서의 거리,[22] A: 도심의 인구밀도, b: 인구밀도의 기울기, e: 자연대수이다. 그리고 인구밀도는 시가지의 면적이나 전 시역을 대상으로 계산할 수 있으며, 도심을 최고지가 지점으로 하는가, 아니면 역전으로 하느냐, 시청이 입지한 곳으로 하느냐가 문제가 되고 있다. 클라크의 인구밀도 그래프를 나타낸 것이 <그림 4-30>인데, 이 인구밀도 모형은 대체로 소도시의 상주 인구밀도 분포를 분석하는 데 적합하다.

클라크 모형에 대해 베리 등은 도심에서 높은 인구밀도를 나타내는 단계가 있고, 그 후 도시 인구가 증가하며, 도심을 포함한 도시 전체에서 인구밀도가 높아지고

---

22) 최근에는 도심에서의 거리를 도심에서 모든 방위의 평균적인 관계분석을 한다.

〈그림 4-30〉 클라크의 도시 인구밀도 모형

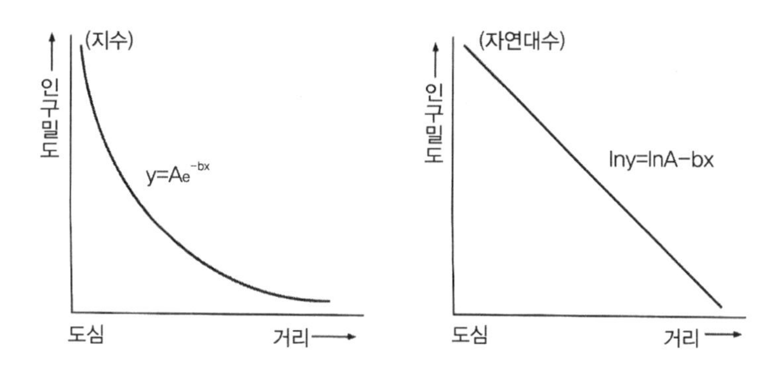

〈그림 4-31〉 서부 유럽 도시(가)와 기타 지역 도시(나)의 인구밀도 분포 변화

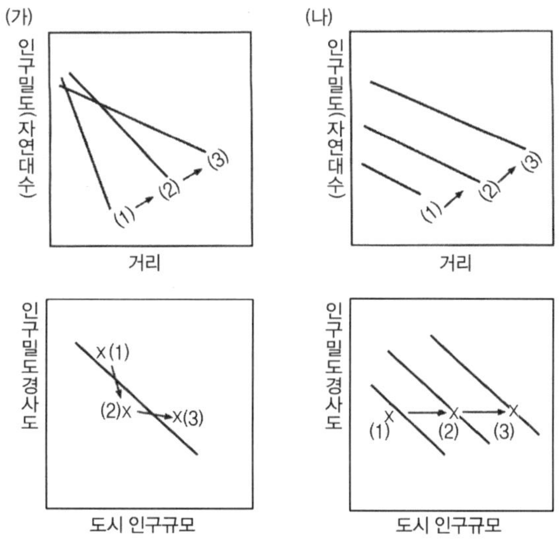

자료: Berry, Simmons and Tennant(1963: 403).

동시에 밀도구배도 완만하게 된다고 보았다. 그리고 인구 이심화가 시작되어 밀도구배가 더욱 완만해짐으로 도심 가까이에서는 인구가 유출하고 도심과 그 주변지역에서는 인구밀도가 낮아지기 시작한다고 보았다.

베리는 유럽과 미국의 도시와 비서구 도시 간의 도시 인구밀도 분포 패턴을 도시성장의 발전과정에 비추어 비교·설명했다(〈그림 4-31〉). 그 결과 유럽과 미국 도시에서의 인구밀도 기울기선은 시간이 경과함에 따라 완만해지는데, 비서구 도시는 도시성장과

<그림 4-32> 뉴링의 도시 인구밀도 모형

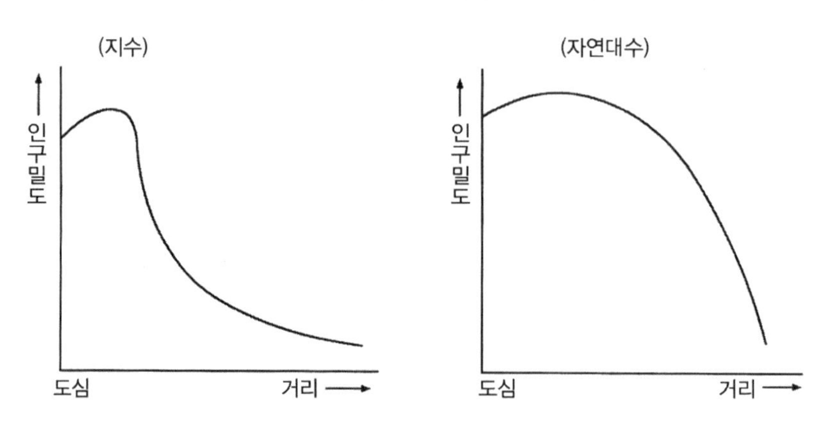

관계없이 기울기선의 경사가 일정하다. 그리고 도시규모와 인구밀도 기울기선과의 관계는 유럽과 미국 도시에서는 도시의 규모가 클수록 경사가 완만한 데 비해, 비서구 도시에서는 도시규모에 관계없이 경사가 일정하다. 또 도심의 인구밀도는 유럽과 미국 도시의 경우 시간이 경과함에 따라 감소하는 반면, 비서구 도시는 인구밀도가 언제나 가장 높은 현상을 나타낸다.

한편 뉴링(B. E. Newling)은 클라크보다 미시적인 관점에서, 도시가 발달하면 도심 상주인구는 줄어들고 상업 및 업무기능과 같은 비거주기능이 증가함에 따라 도심에서의 인구밀도가 낮아진다는 인구 공동화(空洞化) 현상을 주장했다. 그의 모형은 $D_X = D_O \times e^{bx - cx^2}$이고, 이것을 자연대수로 변형하면 $\ln D_x = \ln D_o + bx - cx^2$이 된다. 이것을 나타내면 <그림 4-32>와 같다. 여기에서 Dx는 도심에서 x만큼 떨어진 지역의 인구밀도, Do는 도심의 인구밀도, x는 도심에서의 거리, b는 계수, c는 인구밀도의 기울기, e는 자연대수이다.

뉴링은 도시 인구밀도의 변화과정을 도시의 발전단계와 관련시켜 다음과 같이 설명했다. 즉, b 값이 음($b < 0$)일 때는 도심의 인구밀도가 가장 높게 나타나게 되는데, 이 경우가 도시발전의 초기단계(youth)로 대부분의 인구가 도심에 거주하고 지역분화가 전혀 일어나지 않는 시기이다. 또한 b 값이 0일 때는 도심의 인구밀도가 가장 높기는 하지만 도심의 인접지역도 고밀도화가 시작되는 초기 성숙기(early maturity)가 되는데, 이때에 도심에는 비거주기능이 많아지고 교통의 발달로 외곽지역으로의 거주이동이

〈그림 4-33〉 서울시의 클라크(가) 모형과 뉴링(나) 모형의 도시 인구밀도 그래프

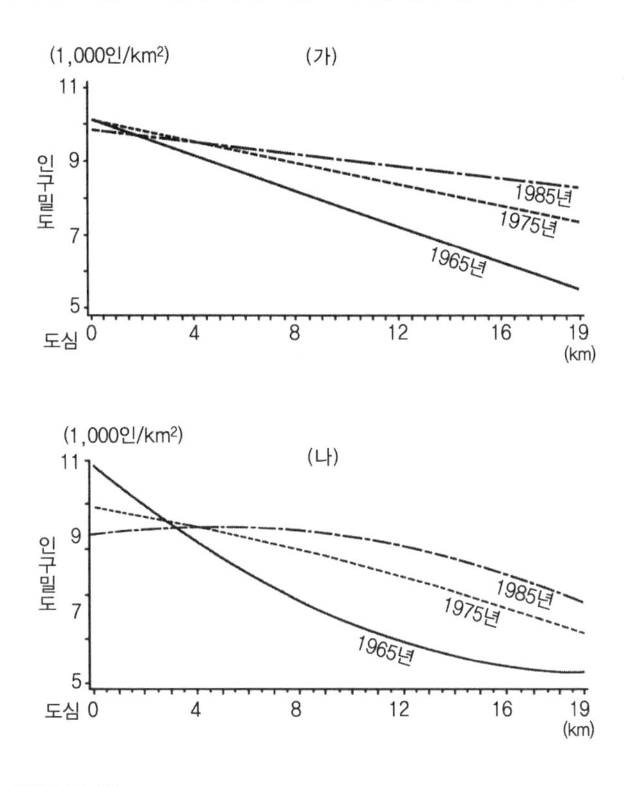

자료: Lee(1988: 68, 72).

나타나는 시기이다. 그리고 b 값이 양($b > 0$)이 되면 인구 공동화 현상이 나타나는 도시발전의 성숙기(late maturity)가 되는데, 이때의 도시는 크게 성장해 도심에는 거주기능이 거의 없어지는 대신에 도심의 인접지역에 인구밀도가 가장 높아지며, 이 시기가 지나면 공동화 현상은 더욱 심해진다. 이와 같이 도심 인접지역의 인구밀도가 가장 높게 나타나는 지역에 거주하는 사람들은 야간 업종에 종사하는 사람들이나 거주환경 선호자보다 생활환경 중시자들이 이곳에 많이 거주하고 있다.

한국 서울시의 인구밀도를 클라크와 뉴링 모형에 의해 나타낸 것이 <그림 4-33>이다. 1965·1975·1985년의 클라크 모형의 방정식은 1965년: $Y = 10.137 - 0.239X$, 1975년: $Y = 10.095 - 0.141X$, 1985년: $Y = 9.862 - 0.079X$ 로서 유의수준 95%(t-분포)에서 유의하다. 1965~1985년 사이에 도심에서의 인구밀도는 낮아지고 주변으로 갈수록 인구밀도의 증가 폭이 커진다.

〈그림 4-34〉 대도시의 인구밀도 분포 패턴

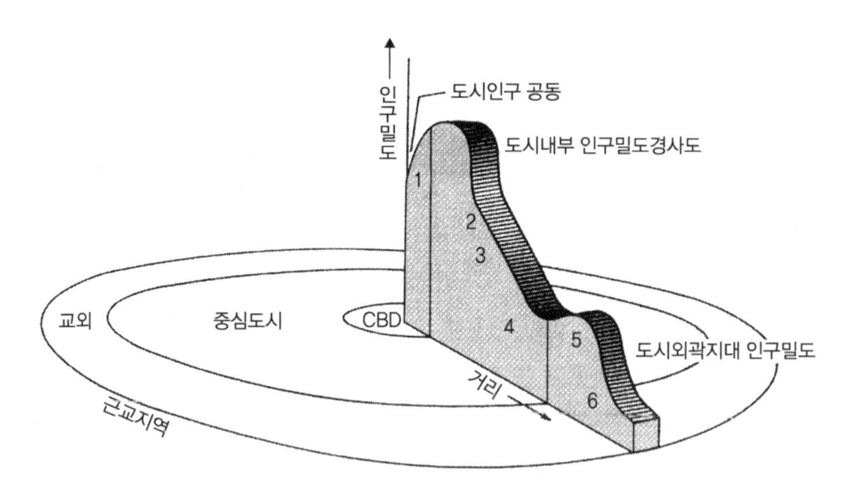

1. 고층 아파트 및 임대주택 지구
2. 저밀도 아파트 지구
3. 다가구 주택 지구
4. 단독주택 지구
5. 전원형 아파트·연립주택 지구
6. 단독 대형주택 지구

자료: Harthorn(1980: 219).

한편 뉴링 모형의 방정식은 1965년 : $Y=10.906-0.473X+0.012X^2$, 1975년 : $Y=9.928-0.090X-0.003X^2$, 1985년 : $Y=9.318+0.090X-0.009X^2$이다. 1965~1985년 사이에 도심에서의 인구밀도 공동화 현상은 1985년에서만 나타나고 있다.

위의 두 모형 방정식에서 클라크 모형은 도시발달 초기단계에 도심의 인구밀도 분포는 잘 나타나지만 완전한 발달이 이루어졌을 때는 그 이용가치가 적다. 그러나 뉴링 모형은 도시화의 정도가 미약하거나 잘 진행된 경우에도 적용할 수 있기 때문에 서울시의 인구밀도 분포를 설명하는 데 뉴링 모형이 더 적합하다는 것을 알 수 있다.

대도시에서의 인구밀도 패턴은 <그림 4-34>와 같이 도시 외곽지역에도 인구밀도가 조밀한 지역이 형성되어 인구밀도의 분포곡선을 그려보면 마치 낙타의 등 모양과 같다. 따라서 대도시의 인구밀도 분포 패턴은 3차식($D_X=D_O+b_1X-b_2X^2+b_3X^3$) 또는 4차식($D_X=D_O+b_1X-b_2X^2+b_3X^3-b_4X^4$)으로 나타낼 수 있다.

도시 인구밀도 법칙에서 도시가 성장하면 할수록 도심의 인구밀도가 감소하는데, 이는 야간에 도심의 상주인구가 감소한다는 뜻으로 이러한 현상은 도시의 토지이용 효율성 측면에서 볼 때 바람직한 토지이용이라고는 볼 수 없다. 이러한 문제점을

〈그림 4-35〉 블루멘펠드의 동심원적 파상이론

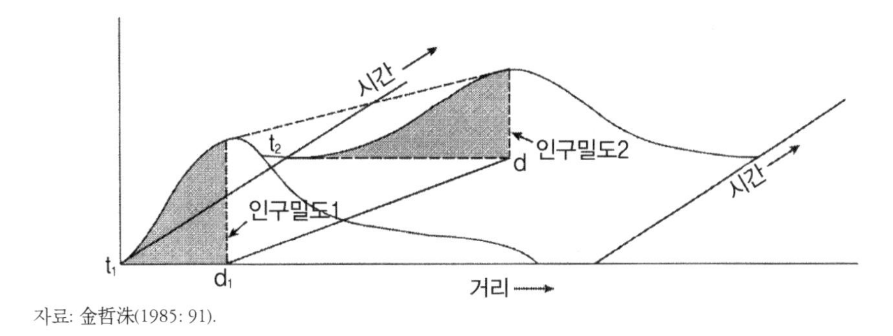

자료: 金哲洙(1985: 91).

〈그림 4-36〉 대구시의 도심 반경 거리대별 상대 인구밀도 변화

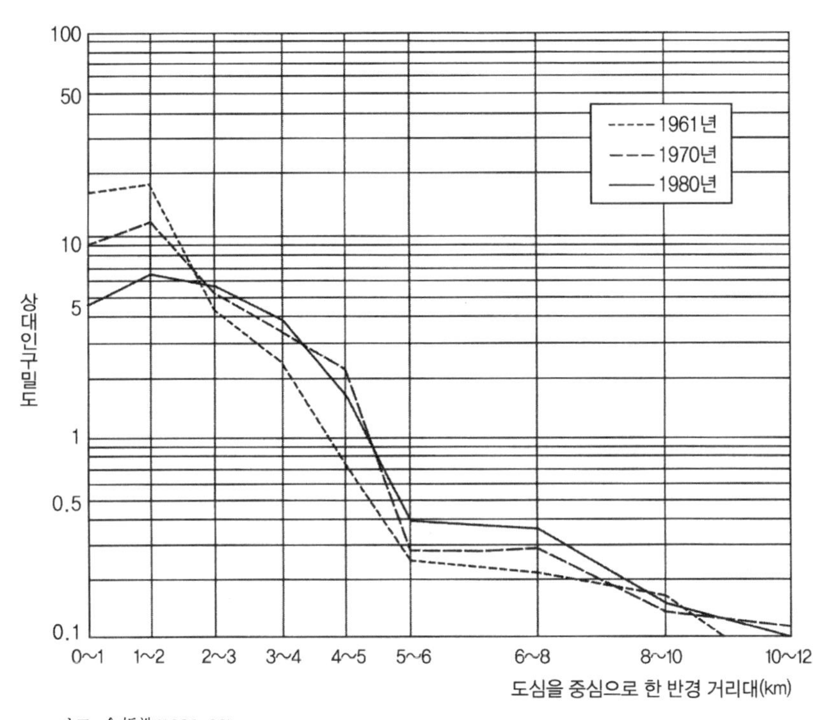

자료: 金哲洙(1985: 99).

해결하기 위한 한 방법으로서 도심에 주상복합건물을 건축하는 것이 바람직하다는 의견이 제시되었다.

다음으로 블루멘펠드(H. Blumenfeld)의 파상이론(波狀理論, wave theory)은 대도시지역에서 인구의 집중과 분산에 따라 인구집적이 도심에서부터 주변지역으로 밀물과 썰물의 파도처럼 이동한다는 이론이다(〈그림 4-35〉). 즉, 그는 동심원 거리대별로 연도별 인구수와 인구구성비, 그리고 인구밀도와 상대 인구밀도[23]로 인구밀도의 분포 변화를 고찰했다. 특히 상대 인구밀도의 시간적 변화패턴을 통해 다음과 같은 특징을 발견했다. 첫째, 도심권의 상대 인구밀도는 점차 감소하고, 둘째 인구분포가 넓어져서 도시권의 평균 인구밀도(1.0) 이상인 지역이 확대되며, 셋째 주변지역의 인구가 증가함에 따라 상대 인구밀도도 증가하며 도심의 인구밀도는 규칙적으로 감소한다. <그림 4-36>은 대구시의 상대 인구밀도를 나타낸 것이다.

2) 도시 인구밀도 분포의 변화 요인

도시의 인구분포는 끊임없이 변화하고 있다. 클라크의 모형이 인구밀도 분포의 초기상태를 나타내는 것이라 한다면 그 후에 생각할 수 있는 변화로는 다음과 같은 것들이 있다. 첫째, 직선의 기울기를 유지하면서 도심의 인구밀도가 증가한다. 둘째, 기울기도 도심부의 인구밀도도 낮아진다. 셋째, 도심부의 인구밀도가 감소해 기울기선이 원형 상태가 된다. 넷째, 인구밀도의 최고지점, 즉 정점부가 바깥쪽으로 이동하고 기울기가 전반적으로 완만하게 된다.

이와 같은 인구밀도 분포의 변화는 자동차 보급 이후에 시간적 간격을 두고 그 영향을 미쳤다고 할 수 있다. 공공 교통수단에서 개인 교통수단으로의 전환은 인간의 행동범위를 확대시켜 행동범위를 도시의 중심부에서 주변부로 넓혔는데 이것은 자가용 승용차의 보급이 본격화된 이후이다.

인구가 도시 주변부에 크게 증가한 직접적인 원인은 무엇보다도 이들 지역에 주택이 대단히 많이 건설되었기 때문이다. 미국은 1949년 이후, 캐나다는 미국보다 거의 10년 후에 도시의 주변부를 중심으로 주택이 건설되었다. 경제발전과 더불어 주택소유의 욕구는 지가가 싸고 넓은 토지를 얻을 수 있는 도시 주변부로 인구를 이동시켰다. 사람들이 도시의 주변부에 주택지를 구입하는 것은 단지 지가가 싸기 때문만은 아니다. 기술혁신이 진전됨에 따라 새로운 주택일수록 설비가 좋은 경향이 있고, 주변부는 좋은 자연환경의 혜택을 받을 수 있는 곳이 많기 때문이기도 하다.

---

23) 도시 전체의 평균 인구밀도에 대한 각 지대의 인구밀도를 나눈 값을 말한다.

유럽과 북아메리카의 도시에서는 도심에 가까운 주택지들이 저소득자의 거주지가 되기 쉬운데, 많은 중산계급이 상류계층으로 향하려는 마음에서 주변부에 새로운 주택지를 구입해 이동했다. 1950~1970년 사이에 미국은 3000만 호의 주택을 건설했는데 그 많은 주택이 교외에 건설되었다. 한편 중심부에는 낡은 주택지를 재건축하는 정책이 추진되었지만 이러한 주택지의 갱신은 고밀도의 저소득층 주택을 입지시킴에 따라 많은 중산층이 입주를 기피했다. 이러한 점도 인구의 분산화를 촉진시키는 원인이 되었다. 그러나 최근에는 비교적 빈곤계층이 많이 사는 도심 부근의 주거지역에 저렴한 임대료를 찾는 예술가들이 몰리게 되었고, 그에 따라 이 지역에 문화적·예술적 분위기가 조성되자 도심에 중상류층들이 유입되는 인구이동 현상이 나타났다. 이것을 젠트리피케이션(gentrification)이라 한다. 이에 따라 빈곤지역의 임대료가 올라 지금까지 살던 사람들, 특히 예술가들이 살 수 없게 되거나, 지금까지의 지역 특성이 손실되는 경우도 있다.

10. 인구의 과밀·과소문제

과밀지역(overpopulated area)은 적정인구 이상의 인구가 분포한 지역을 말한다. 그러나 과밀지역은 과소지역과 같이 각 지역에서 적정인구를 계산하는 것이 매우 곤란하고, 엄밀한 의미에서 과밀을 정의 지을 수가 없어 단지 학술용어로서 사용하기가 매우 애매한 용어이다. 일반적으로 과밀지역은 인구가 매우 많은 지역을 말하며, 특히 대도시지역에서 잘 사용할 수 있는 용어이다. 서울시는 거대도시라고 말하나 엄밀한 의미에서 과밀도시라고 말할 수 있다. 인구집적이 심하고, 그와 더불어 물자나 사람의 수송에 교통문제, 그 밖에 주택문제, 각종 공해문제가 야기되면 일반적으로 과밀의 인상을 주는 것이 사실이다. 일반적으로 지역의 과밀화가 진행되면 인구현상에서는 다른 지역으로의 인구전출이나 이수, 출생제한, 결혼억제 등의 사회현상이 야기되고, 식량 증산이나 자원개발 등의 경제현상이 나타난다.

한편 한국에서 과소(過疎, sparsity)[24]라는 용어는 신문·잡지에서 사용되고 있으나

---

24) 과소(過疎)는 과정적인 측면에서 사용되며, 과소(寡少)는 결과적인 측면을 나타낼 때 사용된다.

학술적·정책적으로는 하나의 개념이 정립되어 있지 않다. 단지 과소대책으로서 '오지 개발(奧地開發) 촉진법' 등이 있을 정도이다. 과소라는 용어는 국가에 따라 약간의 개념적 차이가 있는데, 이 용어를 처음 사용한 국가는 일본으로 농·산촌지역의 개발에서 과밀과 상대되는 용어로 사용했다. 일본의 경우 1970년 과소 대책 긴급 촉진법에 의해, 첫째 국세조사의 인구조사에서 5년 동안 인구 감소율이 10% 이상인 경우, 둘째 과거 3년 동안 평균 재정력 지수[25]가 40% 미만인 경우를 기준으로 해 과소지역(underpopulated area)이라 했다.

한편 영국은 과소촌락(remoter rural)을 인구가 집중된 국토의 사회적·경제적 중심지로부터 멀리 떨어진 벽지로 보고 있다. 벽지는 생산물의 주요 시장이나 산업발달에 필요한 투입물의 공급지에서 격리되어 있으며, 이곳은 사회 간접자본과 서비스의 외부 의존도가 크다. 경제활동은 토착자원 의존형의 제1차 산업에 편중되어 국토 안의 식민지처럼 개발이 부진한 지역이 되고 있다. 따라서 이곳은 성장이 없는 산업의 비중이 높고 고용의 쇠퇴를 가져오므로 높은 실업률과 높은 수준의 인구전출과 감소, 생산성과 소득수준마저 낮아 전형적인 낙후지역에 속하는 곳이다.

미국에서는 낮은 소득과 높은 실업률, 인구전출로 인구가 감소하고, 낮은 교육수준과 1차 산업 위주의 산업구조로 인한 낮은 경제수준 등을 나타내는 대도시로부터 멀리 떨어져 있는 경제적 낙후지역을 과소지역이라기보다 넓은 의미에서 낙후지역이라 불렀다. 그리고 이들 지역은 국토의 균형 있는 발전의 측면에서 개발대상지역으로 선정되어 정책적으로 개발계획사업이 추진되어왔다.

고도경제성장에 의해 지역 간 인구유동이 만들어낸 인구의 집적과 편재는 도시 특히 대도시로의 인구이동을 압도적으로 집중시키는 데 대해 농어촌에서는 젊은 노동력의 유출로 인구 감소를 가져온다. 이는 대도시뿐만 아니라 농어촌지역에서 주민생활에 많은 곤란과 모순을 가져와 지역 경제사회의 중요한 문제점으로 나타나게 된다. 이러한 현상은 국가의 경제적·사회적 발전의 위치를 파악하는 데 기본적인 점이 되고, 문제점 해결과 지역의 장기적 인구변동을 전망할 수 있게 한다. 인구의 과밀·과소의 파악은 먼저 인구이동의 결과로 나타나는 인구분포의 형태에 의해, 또 인구구조에 의해 나타나는 연령구조에 의해, 그리고 출생과 사망의 균형 등에 의해서도 알 수

25) (기준 재정수입액/기준 재정수요액) × 100이다.

있다.

지리학에서 과소지역에 대한 연구는 기본적으로 인구에 대한 연구이지만 경제적·사회적 부문과 맞물려 나타나는 현상이기 때문에 인구지리학뿐만 아니라 다른 사회·자연과학과 관련지어 고찰해야 한다.

1) 과소지역의 생산요소 재배치와 주민 전출형태

인구 과소지역에 대한 연구는 크게 세 영역으로 나눌 수 있다. 첫째는 인구가 어느 정도 과소·과잉인가와 그 특성은 어떠하며, 이것이 미래에 어떤 영향을 미치는지에 대한 것이다. 이와 같은 연구는 인구지리학의 측면에서 주로 다루어져 왔는데, 이에 관한 내용은 인구증감, 인구구조와 그 변동, 인구이동과 인구이동이 지역에 미치는 영향 등이다. 둘째, 인구 과소현상이 나타난 지역은 주로 농·어·산촌이므로 인구 감소지역에서 촌락의 공간구조, 인접지역과의 관련성, 촌락내부의 가옥구조, 공동시설구조 등의 촌락지리학적 관점에서의 연구이다. 셋째, 인구가 감소한 농촌사회에서 노동력 부족으로 인한 농업경영의 변화, 경작규모의 변화, 재배작물의 변화뿐 아니라 농업 노동력 구조의 변화, 농가 계층구조, 토지소유 및 농업 경영형태, 토지이용, 생활환경의 변화 및 구조의 변용 등 사회과학적 연구가 그것이다.

1967년부터 한국의 농·산촌에서 인구가 절대적으로 감소하기 시작해 1970년에서 1980년까지의 10년 사이에는 전국 평균 약 25%의 인구 감소를 가져왔으며, 고도 경제성장기 후기에 해당되는 1980년대에는 이런 격심한 인구 감소는 산간지역뿐만 아니라 대도시권을 제외한 전국으로 퍼져 그 감소 폭의 정도가 약 35%까지 이르러 심각성을 더해가고 있다.

한국의 과소지역은 강한 지역성을 보이는데, 1970년대에 태백산맥과 소백산맥의 동사면 일대에서 나타난 가족이동에 의한 인구유출이 많았던 산촌형과 1980년대에 새로 나타난 유형으로서 단신·부분유출이 많았던 충북·전라도·경북 평야부의 농촌형이 있다. 이와 같은 한국 과소지역의 지역성을 형성한 직접적인 주요 요인은 일본과 같은 지역 생산기반의 붕괴과정이라기보다 가족이동 또는 단신·부분유출이라는 인구유출 패턴의 지역적 차이와, 시간적 차원이라는 요인이 중요한 역할을 했다. 그리고 과소지역의 형성에 국가정책이 결정적인 요인이 되었다.

〈그림 4-37〉 한국의 인구전출에 따른 생산요소의 재배치

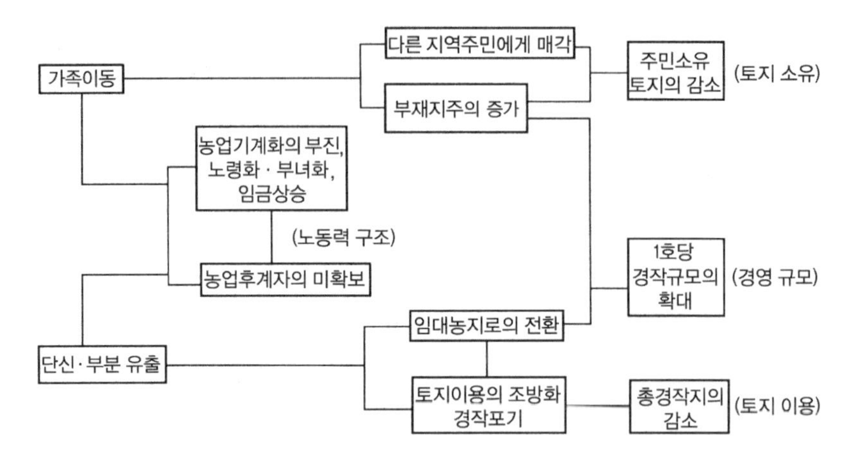

자료: 金科哲(1995a: 37).

〈그림 4-38〉 한국의 농가계층별 주민의 전출형태

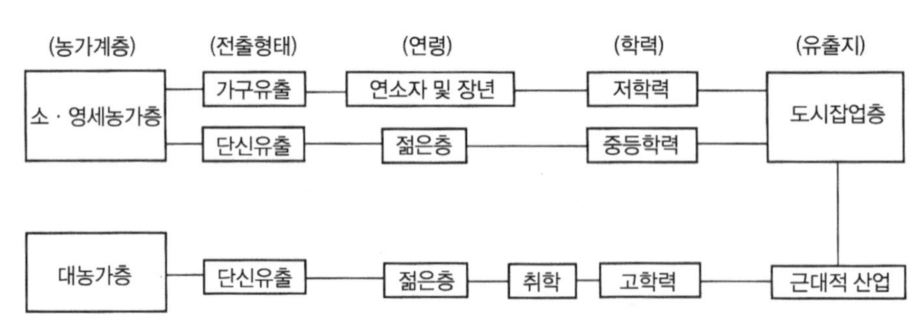

자료: 金科哲(1995a: 32).

<그림 4-37>은 가족이동과 단신·부분유출에 따른 토지소유, 경영규모와 토지이용 등 생산요소의 재배치를 나타낸 것이다. 그리고 농촌지역의 소·영세농가 계층과 대농가 계층 주민의 전출형태, 연령층, 학력과 이출지의 관계를 나타낸 것이 <그림 4-38>로 소·영세농가 계층의 주민은 도시 잡업층에, 대농가 계층의 주민은 근대적 산업에 종사하게 된다는 것을 알 수 있다.

2) 과소지역에서의 '약한 전문 시스템'

과소지역에는 고령자가 많이 거주해 남성 고령 단독가구의 음식 만들기 문제, 간병 문제 등 불안한 점이 많다. 고령기의 불안을 경감하기 위해 당사자 간의 상호자립지원에 필요한 지원 시스템을 만드는 것은 확실히 지금부터 몰두해야 할 주제이다. 그것을 주로 담당하는 것은 지금까지의 전문 시스템, 즉 '강한 전문 시스템' 자체가 아니라 '강한 전문 시스템'과 당사자 사이이다. 즉, 당사자 스스로 문제를 해결할 수 있도록 돕는 '약한 전문 시스템'이라는 새로운 시스템이다.

'약한 전문 시스템'이란 핵가족 시스템의 대응에서 사회적 대응으로 이행해 가는 서비스 영역['새로운 공공(公共)']을 '협동'으로 해결하기 위한 틀이다. 고령화로 인한 부부가구나 단독가구의 증가는 21세기 중반까지 지속적으로 나타날 가족변동 상황이다. 그러므로 '약한 전문 시스템'의 구축은 금후 지속적으로 형성시킬 수밖에 없는 중요한 사안이다. 이러한 고령 단독가구 수의 증가에는 고령인구 수가 크게 늘어난 것이 하나의 요인이 되었다.

'약한 전문 시스템'이란 '강한 전문 시스템'의 대치되는 개념으로 '강한 전문 시스템의 구체적인 영역은 공공적 서비스에 속한 것만을 생각해도 교육, 의료, 보육, 자택에서 요양하는 환자의 간호(介護) 등 여러 가지가 있다. 약한 전문 시스템은 또 현실사회 속에서 명확하게 존재하지 않고 금후 만들어가야 할 시스템이다.

'약한 전문 시스템'은 약한 전문가와 유연한 육성 시스템, 특정 기능의 관리 없이 서비스를 제공하는 장소, 약한 보호나 규제, 약한 시장 시스템을 갖는 기구라고 할 수 있다. '강한 전문 시스템'과 가장 다른 점은 약한 전문가가 당사자와 인격적으로 관련되어 있고, 당사자가 갖는 잠재적인 힘을 도출해 당사자 동아리가 협력해야 할 문제를 해결하려는 것을 지원한다는 점이다. '강한 전문가 시스템'은 당사자를 수동적인 입장에 두지만 그러한 당사자에게 필요한 것은 질병이나 장애가 있어도 사람의 도움이 된다는 자신을 회복하는 것이고, 그것은 구체적으로 누군가의 도움이라는 경험을 통해 실현된다. '약한 전문 시스템'은 '강한 전문 시스템'의 지원에 의해 기능한다는 점도 중요한 포인트이다(〈표 4-27〉).

'약한 전문 시스템'을 위치 짓는 시도로 하버마스(J. Habermas)의 공공권(publicness)과 친밀권(intimate sphere)의 변용 문제를 파악하는 것이 있다. 즉, 친밀권이 축소되면

〈표 4-27〉 강한 전문 시스템과 약한 전문 시스템

강한 전문 시스템(의료)	약한 전문 시스템
강한 전문가(의사)	약한 전문가
강한 육성 시스템(의과대학)	약한 육성 시스템
전문 서비스의 장(병원)	다양한 서비스의 장
강한 보호와 규제(의사법 등)	약한 보호와 규제
강한 시장 시스템(의료품 등)	약한 시장 시스템
부분적 인격 당사자(환자)	전인적인 당사자
당사자의 의존과 고립	당사자의 연대와 자립

자료: 大江守之(2010: 178).

〈그림 4-39〉 친밀도와 공공권의 재편

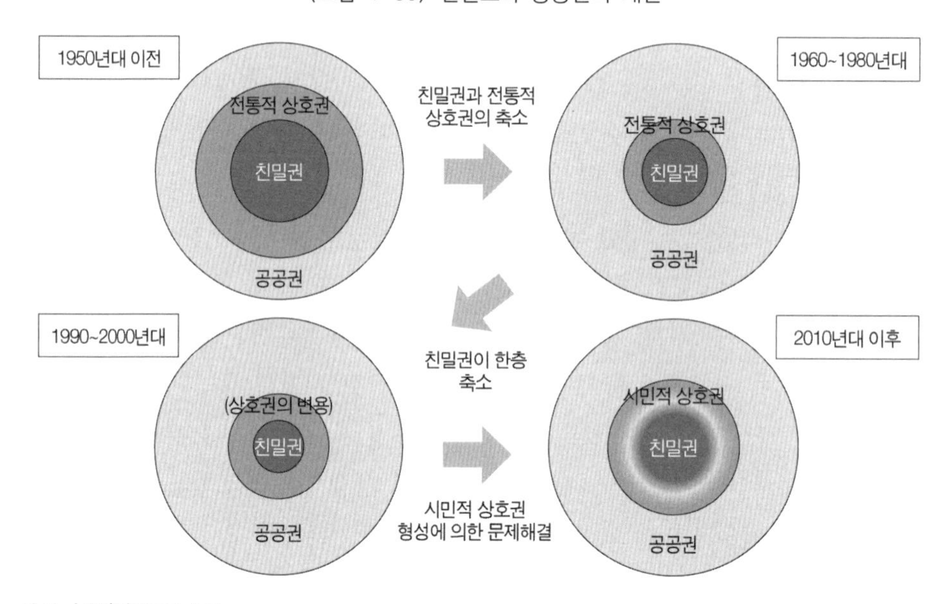

자료: 大江守之(2010: 178).

공공권이 확대되는 것을 영역의 출현 문제라 한다. 친밀권과 공공권이 접하는 부분을 뛰어넘는 형태의 영역을 '상호권'이라 한다. '상호권'이란 상호성이 기반이 되는 영역이고, 친밀권과 공공권을 상호 연결하는 영역이다. '상호권'은 전통적인 촌락 사회에서 명확한 형태를 취하지만, 이웃이 도와주는 형태에서 근대사회의 중심에 있다고 할 수 있다. 이러한 '전통적 상호권'을 대신하는 형태로 '시민적 상호권'이 있다. 자발적인 시민의 참여에 의해 형성된 영역을 만드는 것이 '약한 전문 시스템'밖에 없는 것은 아니다(〈그림 4-39〉).

다만 여기에서 중요한 것은 '시민적 상호권'이 '전통적 상호권'으로 완전히 치환되는 것은 아니라는 점이다. 여기에서는 '상호권'이란 개념을 제시하는 데 그 의미가 있다. '전통적 상호권'의 형성원리를 무시하고 '시민적 상호권'의 형성이 실현되지 않는다. 그러나 동시에 '시민적 상호권'을 형성한다는 명확한 방향성을 갖지 않으면 새로운 생활세계를 실현시킬 수 없다는 점이 가장 중요한 포인트가 된다.

5장
인구구조의 지역적 분포

1. 인구구조의 종류

인구구조(structure of population) 또는 인구구성(population composition)은 과거부터 현재까지 사회의 역사적 발전의 소산이다. 일관된 인구구조는 사회의 존속발전 또는 넓은 사회변동에 작용하는 것으로 인구의 질적인 면을 나타내는 것이다.

인구구조의 종류는 다음과 같이 구분할 수 있다. 인구구성 요소로서는 ① 성비(남·여별), 연령별, 인종별 등 개인의사와는 관계가 없는 생물적 요인이 있으며, ② 개인의 의사가 반영되고 생활 속에서 얻은 사회적·경제적 측면에서는 ㉠ 산업별·직업별·노동력별 등 경제적인 것과 ㉡ 거주지별·결혼 상태별·학력별 등 사회적인 것, ㉢ 국적별·언어별·종교별 등 문화적인 것이 포함된다. 인구구성의 지역적 차이는 지역의 특성과 관련되며 인구의 지역적 이동을 반영한다. 또 한편으로는 그 지역의 역사적 발전의 흔적을 나타낸다(〈표 5-1〉).

〈표 5-1〉 인구구조의 종류

종류	내용
생물적 인구구조	성비 인구구조
	연령별 인구구조
	인종별 인구구조
	민족별 인구구조 등
사회적 인구구조	거주지별 인구구조
	가족 구성별 인구구조
	결혼 상태별 인구구조
	교육 정도별 인구구조
	장애 종류별 인구구조 등
경제적 인구구조	산업별 인구구조
	직업별 인구구조
	소득 계층별 인구구조 등
문화적 인구구조	언어별 인구구조
	종교별 인구구조 등

2. 생물적 인구구조와 분포

1) 성비와 그 분포

성비(sex ratio)는 남자의 수와 여자의 수의 비율을 말한다. $\text{성비} = \frac{\text{남자의 수}}{\text{여자의 수}} \times 100$ 즉, 여자 인구 100에 대한 남자의 수로 표현되는데, 일반적으로 출생 때의 성비는 105로 여자보다도 남자가 약간 많은 편이지만, 20~50세 사이에서는 남자의 사망률이 여자보다 높아 성비가 100 정도이고, 50세가 지나면 남자의 사망률이 여자의 사망률보다 더욱 높아진다. 특히 90세를 넘으면 여자가 압도적으로 많아지는 것이 일반적인 경향이다. 성비가 90 미만이거나 110을 넘는 비정상적인 상태도 나타나지만 90~110이 거의 기준이라고 생각된다. 인구이동이 없는 봉쇄인구에서는 남녀의 인구가 거의 같아 성비가 100에 가깝다. 성비가 100 이상이 되면 남자가 많은 남초 현상을 나타내는 지역이 되고, 100 미만의 경우는 여자가 많은 여초 현상을 나타내는 지역이 된다.

1985년의 한국의 성비는 100.2였으나 1995년에는 100.8로 다소 높아졌고, 2005년에

〈그림 5-1〉 시 · 군 · 구별 성비 분포(2005년)

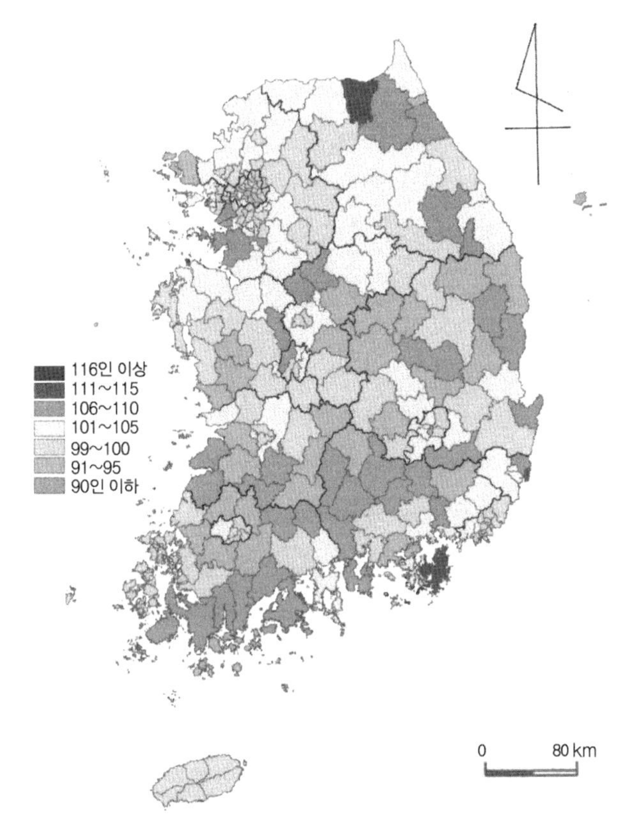

자료: 통계청, http://gis.nso.go.kr

는 해방 이후 처음으로 여자 인구가 남자 인구보다 많아 남자는 2362만 4000인, 여자는 2365만 5000인으로 성비가 99.9가 되었다. 2005년에 여자 인구가 많아진 이유는 여자 노인층 인구가 늘어난 데다 남아 선호 현상이 점차 퇴색되었기 때문이다. 2010년의 성비는 99.0으로 다시 낮아졌는데, 전국 시·도의 성비를 보면 울산시가 106.3으로 가장 높고, 그다음으로 충남(102.0), 경남(101.5), 강원도(100.7), 경기도·충북(100.6), 인천시(100.5)의 순으로, 이들 시·도는 남자 인구가 많으나 나머지 시·도는 여자 인구가 많다. 전남이 95.9로 가장 낮아, 중화학공업이 발달한 시·도에서 남자의 인구가 많고 농촌지역에서는 여자 인구가 많다. 2005년 성비 분포를 살펴보면 <그림 5-1>과 같이, 강원도 화천군(129.5), 인제군(114.0), 양구군(111.8), 인천시 옹진군(118.2)과 같은 군사지역이나 경남 거제시(116.6), 충남 당진군(110.7), 울산시 동구(111.8), 북구(107.6), 시흥시

(109.2), 대전시 유성구(107.4)와 같은 중화학공업이 발달한 지역이나 각종 연구기관이 입지하는 지역이 강한 남초 지역을 나타내는데 대해, 충남 남부지역, 전라도·대구시 주변을 제외한 경상도는 여자가 많은 여초 지역으로 나타난다.

성비의 상이지수(相異指數, index of dissimilarity)는 지역별로 남자 인구와 여자 인구 차이를 측정하는 방법으로 던컨(O. D. Duncan)과 던컨(B. Duncan)에 의해 이름 지어졌는데 그 공식은 다음과 같다.

$I.D. = \sum_{i=1}^{n} \frac{|(X_i/\sum X_i) - (Y_i/\sum Y_i)|}{2} \times 100$ 으로 X_i는 단위 지역 i 의 남자 인구수, $\sum X_i$는 연구대상지역 남자 총인구수이고, Y_i는 단위 지역 i의 여자 인구수, $\sum Y_i$는 연구대상지역의 여자 총인구수이다. 이와 같은 성비의 상이지수는 지역별 연령 계급별로도 파악할 수가 있다.

2) 연령구조와 그 분포

(1) 각종 연령지수

연령구조는 각 연령이나 5~10세의 연령층에 의해 파악된다. 각 지역의 연령특성을 파악하기 위한 지표 중의 하나인 중위연령(median age)은 특정 지역의 인구집단을 연령별로 2등분했을 때의 중간연령을 말한다. 이는 평균연령(mean age)보다 연령특성을 파악하는 데 정확하다. 출생률이 높은 전통적인 농업사회의 인구집단에서는 중위연령이 낮아지고, 공업사회의 인구집단에서는 중위연령은 높아진다. 중위연령이 20세 미만인 인구집단을 연소인구(年少人口, young population), 20~29세까지를 중년인구(intermediate population)라고 하고, 중위인구가 30세 이상이면 노령인구(old or fully mature population)라 한다. 1985년 세계의 중위연령은 23.5세인데, 선진국의 중위연령은 32.5세이고, 개발도상국의 중위연령은 21.0세로 선진국은 노령화가 진전되고 있다는 것을 알 수 있다. 2006년 미국의 중위연령은 36.4세로 2000년 35.3세보다 높아졌는데, 백인은 40.5세, 라틴계(히스패닉)는 27.4세로 10년 이상의 차이를 나타내었다. 한편 한국의 중위연령의 변화를 보면 1980년에 21.8세, 1985년에 24.3세, 1990년에 27.0세, 1995년 29.3세로 2000년에 32.0세로 높아져 노령인구가 된 후 2005년에는 34.8세, 2010년에는 38.1세, 2015년에는 40.9세로 계속 많아지고 있다. 2010년 남녀별 중위연령은 남자

〈표 5-2〉 한국의 지역별 중위연령의 변화

지역	2000년			2010년		
	계	남자	여자	계	남자	여자
읍부	32.8	31.8	33.8	38.4	37.3	39.6
면부	40.8	37.5	44.7	50.3	46.7	53.7
동부	31.0	30.3	31.8	37.1	36.1	38.0
전국	32.0	31.0	33.1	38.1	37.0	39.3

자료: 통계청, 「인구주택총조사」(2010).

37.0세, 여자 39.3세로 여자가 남자에 비해 2.3세 높다. 이와 같이 중위연령이 노령화되어가는 것은 출산율이 급격히 떨어져 젊은 층의 인구가 줄어들었기 때문이다. 2010년 지역별로는 중위연령은 읍부(邑部)가 38.4세, 면부(面部)가 50.3세, 동부(洞部)가 37.1세로 농촌지역의 중위연령이 높게 나타나며, 특히 면부 여자의 중위연령은 53.7세로 노령화의 심각성을 나타내고 있다(〈표 5-2〉).

2010년 시·도별 중위연령을 보면 <표 5-3>과 같이 전국에서 중위연령이 가장 높은 지역은 전라남도로 가장 노령화되었으며, 그다음이 경상북도(41.3), 강원도(40.8), 전라북도(40.5), 부산시(40.3세)의 순이며, 광주광역시가 35.5로 가장 낮다. 전국 평균 38.1보다 높은 지역은 대도시 중에서 부산·대구광역시가, 도는 경기도를 제외한 나머지 지역이다.

〈표 5-3〉 시 · 도별 중위연령(2010년)

시·도	중위연령	시·도	중위연령
서울특별시	37.3	강원도	40.8
부산광역시	40.3	충청북도	39.0
대구광역시	38.5	충청남도	39.0
인천광역시	37.3	전라북도	40.5
광주광역시	35.5	전라남도	43.6
대전광역시	36.0	경상북도	41.3
울산광역시	37.1	경상남도	39.0
경기도	36.6	제주도	38.3

자료: 통계청, http://kosis.kr

〈표 5-4〉 평균연령 상 · 하위 10개 시 · 군(2010년)

순위	상위 지역	평균연령	하위 지역	평균연령
1	경북 군위군	54.9	광주시 광산구	33.0
2	의성군	54.6	대전시 유성구	33.1
3	전남 신안군	53.9	경기도 오산시	33.2
4	고흥군	53.5	울산시 북구	33.4
5	전북 임실군	52.6	경북 구미시	33.4
6	경남 합천군	52.5	경기도 화성시	33.7
7	의령군	52.0	시흥시	34.0
8	경북 영양군	52.0	충남 계룡시	34.4
9	전북 신안군	51.9	경기도 안산시	34.6
10	경북 청송군	51.8	충남 천안시	34.6

자료: 통계청, http://kosis.kr

한편 연령별 해당인구에 연령별 중간연령을 곱해 이를 누적한 후 총인구로 나누어 구한 평균연령을 살펴보면 다음과 같다. 1999년 세계의 평균연령은 26세로 평균연령이 가장 낮은 지역은 팔레스타인의 가자지구가 14.4세로 가장 낮았고, 그다음으로 우간다와 나이지리아가 각각 15.0세, 15.8세였으며, 독일이 39.7세, 일본과 이탈리아가 모두 40.0세로 가장 높았다. 한편 한국의 평균연령은 1980년 25.9세, 1985년 27.5세, 1990년 29.5세, 1995년 31.2세, 2000년 33.1세, 2005년에 35.5세, 2010년 37.9세, 2015년에 40.3세로, 2010년 남자의 평균연령은 36.7세, 여자는 39.1세로 여자가 2.4세 높다. 이와 같이 평균연령이 점점 높아지는데, 신흥·공업도시는 평균연령이 낮고, 구(舊)도시나 농촌의 경우는 평균연령이 매우 높게 나타난다. 한국의 대표적인 완성차산업단지가 입지한 광주시 광산구는 33.0세로 가장 낮고, 연구원들이 많은 대전시 유성구는 33.1세, 이어서 경기도 오산시, 울산시 북구, 경북 구미시, 경기도 화성·시흥·안산시는 산업단지가 입지해 있고, 계룡시는 군사도시로 평균연령이 낮다. 그러나 경북 군위·의성군, 전남 신안·고흥군, 전북 임실군, 경남 합천·의령군 등 농촌지역은 평균연령이 52세가 넘었는데, 이는 이들 지역에 젊은 층이 많이 전출했기 때문이다(〈표 5-4〉).

다음으로 세계 각 국가와 지역에서 연령별 구성을 파악하기 위해 연령구분을 명확히 할 필요가 있다. 연령구분은 보통 0~14세까지의 유소년 인구, 15~64세까지의 생산연령 인구, 65세 이상의 노년인구로 구분한다. 생산연령 인구는 다시 15~24세까지의

〈그림 5-2〉 각종 인구계수의 변화

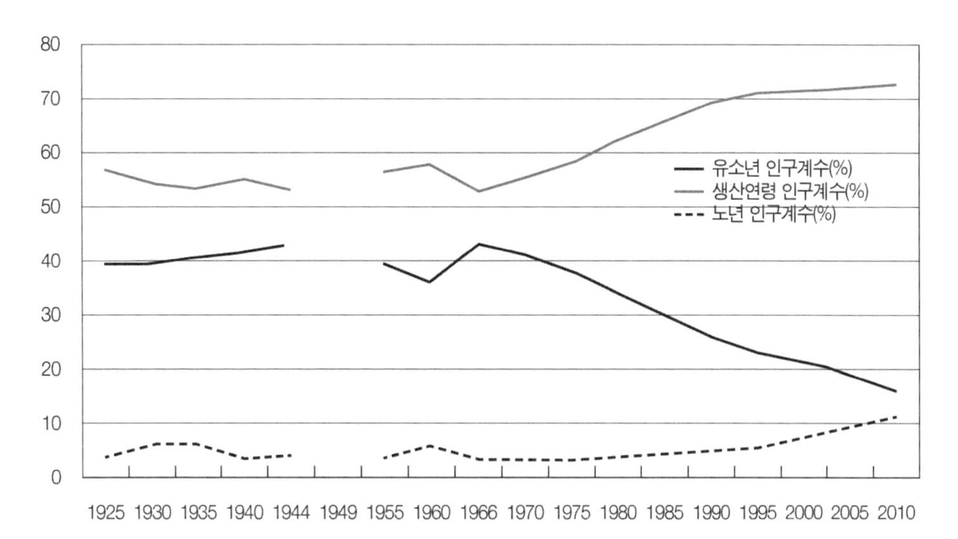

주: 1930·1935년의 인구계수 구분은 생산연령 인구가 15~59세, 노년인구가 60세 이상이고, 1960년의 유소년 인구는 13세 미만이고, 생산연령 인구는 13~59세, 노년인구는 60세 이상임.

자료: 「인구주택총조사」(각 연도).

초기 생산연령, 25~44세까지의 상승적 생산연령, 45~64세까지의 하강적 생산연령으로 나눌 수가 있다. 각 인구계수는 다음과 같다.

$$유소년인구계수 = \frac{유소년\ 인구}{총인구} \times 100$$

$$생산연령\ 인구계수 = \frac{생산연령\ 인구}{총인구} \times 100$$

$$노년\ 인구계수 = \frac{노년\ 인구}{총인구} \times 100$$

1925~2005년 사이의 각종 인구계수의 변화를 보면(〈그림 5-2〉), 유소년 인구계수는 1966년 이후 급속하게 감소한 것에 비해, 노년 인구계수는 1985년 이후 서서히 증가했고, 생산연령 인구계수는 1966년 이후 증가하다가 1995년부터 거의 변화가 없이 안정적이었다. 1985년 한국의 유소년 인구계수는 29.9%, 생산연령 인구계수는 65.7%, 노년 인구계수는 4.3%를 나타내었는데, 2010년에는 각각 16.2%, 72.5%, 11.3%로 유소년층의 인구계수는 낮아졌고, 생산연령과 노년인구계수가 높아졌음을 알 수 있다. 1975년

〈그림 5-3〉 시 · 군 · 구별 유소년 인구비의 분포(2010년)

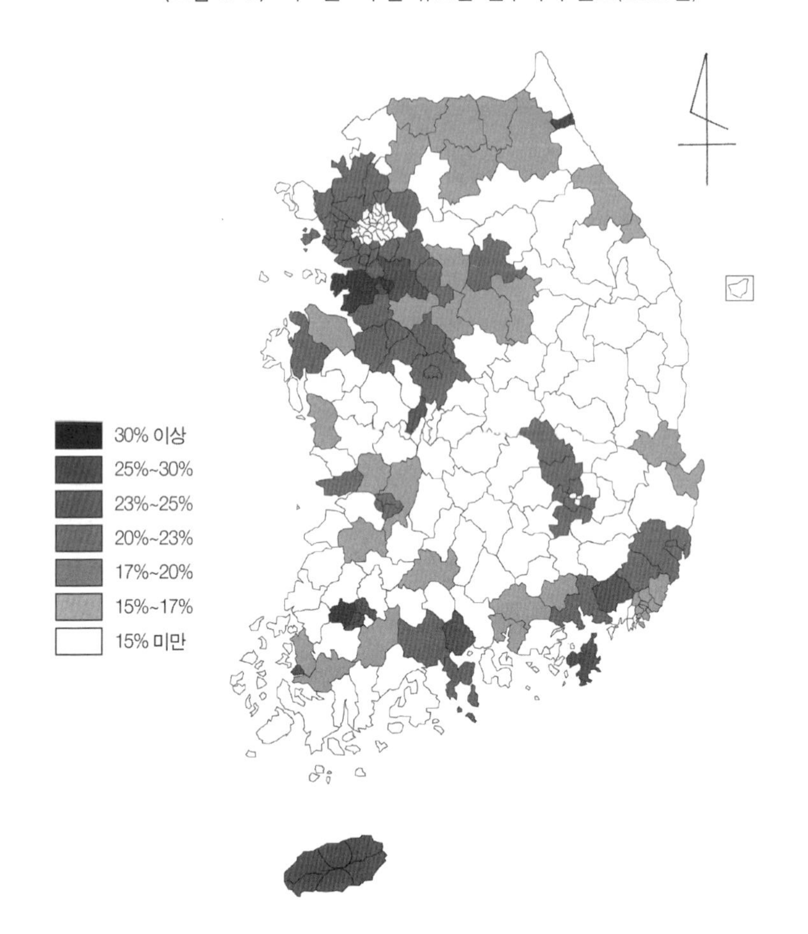

자료: 통계청, http://kosis.kr

과 2010년 한국의 연령구조를 보면, 35년 전의 유소년층이 생산연령층으로 되었으며, 유소년층의 인구가 감소하고 노년층은 크게 증가해 인구의 노령화 현상이 나타났다.

2010년 유소년 인구비의 분포를 보면(〈그림 5-3〉), 서울시의 인접 경기도 지역과 충청도 북부지역, 남동임해 공업지역, 시부에는 유소년 인구계수 값이 높게 나타났으나, 강원도·충남북, 전북의 동서부, 전남의 남북부, 경북의 대부분 지역, 경남의 북부지역은 대체로 낮았다.

각 지역별 사회적·경제적 부담의 정도나 지역의 노령화 정도는 다음과 같은 연령구조지수 또는 연령구성지수를 통해 계산할 수 있다. 먼저 종속인구(dependent population),

즉 피부양인구는 유소년인구(14세 이하)와 노년인구(65세 이상, 때로는 61세 이상)를 합친 인구를 의미하는 것으로서, 보통 종속인구에 대한 생산연령인구(15~64세)의 비율을 종속인구지수(ratio of dependent population)라고 부른다. 독일에서는 이것을 부양 부담 계수(Bellastungskoeffizient der Bevölkerung)라고도 한다. 연소·노년인구 모두 사회적·경제적으로 생산연령인구에 부담을 주고 종속하는 것을 의미하며, 농·산촌지역 등과 같이 생산연령인구가 다른 지역으로 많이 유출한 지역에서는 이 지수의 값이 높은 경향이 있으며, 반대로 생산연령인구의 유입이 심한 도시지역에서는 이 값이 낮은 경향이 나타난다.

$$\text{유소년부양 인구지수} = \frac{\text{유소년 인구}}{\text{생산연령 인구}} \times 100$$

$$\text{노년 부양 인구지수} = \frac{\text{노년인구}}{\text{생산연령 인구}} \times 100$$

$$\text{부양 인구지수} = \frac{\text{유소년 인구} + \text{노년인구}}{\text{생산연령 인구}} \times 100$$

$$\text{노령화 지수} = \frac{\text{노년인구}}{\text{유소년 인구}} \times 100$$

1995년 한국의 유소년 부양 인구지수(youth dependency ratio)는 32.3%이고, 노년 부양 인구지수는 8.3%이며, 부양 인구지수는 40.6%로 생산연령층의 인구 100인이 비생산연령층의 인구 40.6인을 부양해야 했다. 그리고 노령화 지수는 25.8%였다. 한편 2010년에는 유소년 부양 인구지수가 22.4%이고, 노년 부양 인구지수는 15.6%로 1995년에 비해 유소년 부양 인구는 줄어든 대신에 노년 부양 인구가 크게 늘어났으나 부양 인구지수는 줄어든 38.0%이다. 그러나 노령화 지수는 69.7%로 1995년에 비해 2.7배 늘어나 노령화 사회(aging society)가 되었음을 알 수 있다.

북한의 부양 인구지수를 노년인구 60세로 할 경우 1965년에는 47.8%였으나, 1990년에는 38.7%, 2008년에는 12.8%를 차지해 인구 부양지수 값이 낮아시고 있다. 이는 출산율의 저하로 15세 미만의 인구 증가율이 낮아지고 2008년의 경우는 노년인구가 증가했기 때문이다(〈표 5-5〉).

〈표 5-5〉 북한의 부양 인구지수(1965~2008년)

연도	총인구	15세 미만 인구수		60세 이상 인구수		부양 인구지수
1965	12,252,000	5,171,000	(42.2%)	681,000	(5.6%)	47.8
1970	14,002,000	6,032,000	(43.1%)	745,000	(5.3%)	48.4
1980	18,170,000	7,353,000	(40.5%)	908,000	(5.0%)	45.5
1985	19,995,000	7,515,000	(37.6%)	1,045,000	(5.2%)	42.8
1990	21,720,000	7,214,000	(33.2%)	1,184,000	(5.5%)	38.7
2008	23,934,000	5,578,174	(34.1%)	2,096,648	(12.8%)*	46.9

* 65세 이상의 인구수임.

자료: 국토통일원(1991: 16~50); 통계청, http://kosis.kr

(2) 노령자 지리학(gerontological geography)

노령자란 이론적 근거는 없지만 1982년에 발간된 유엔의 보고서에 의하면 65세 이상의 인구를 노령인구(elderly aged)라 하고, 80세 이상 인구를 고령인구(extreme aged)라 부르고 있다.1) 이 보고서에서는 65세 이상의 노령인구가 전체 인구에서 차지하는 비율이 4% 미만(일부 학자들은 4~6%)일 경우는 연소인구(年少人口, young population), 4~6%(일부 학자들은 7~9%)이면 중년인구(中年人口, mature population), 7% 이상(일부 학자들은 10% 이상)이 되면 노년인구(aged population)라 한다.

노령화 현상은 출현하는 시기에 따라 네 개 유형으로 나눌 수 있는데, 제1유형은 조기 노령화(early aging)로 1850년 이전에 이미 노령화를 나타내기 시작한 프랑스와 스웨덴이 이 유형에 속한다. 1994년 스웨덴 인구의 약 18%가 노령인구이다. 제2유형은 중기 노령화(intermediate aging)로 1920년대부터 노령화 현상이 나타나기 시작한 그리스와 불가리아 등이 이 유형에 속한다. 제3유형은 후기 노령화(later aging)로 1950년대부터 노령화 현상이 두드러지기 시작한 국가로 아르헨티나와 일본이 이 유형에 속한다. 제4유형은 초기 노령화(nascent aging) 단계로 2000년대가 되어서 65세 이상의 노령인구가 전체 인구의 6% 정도를 차지하게 될 한국과 스리랑카가 이 유형에 속할 것이다(〈그림 5-4〉).

노령인구 7%의 고령화 사회(aging society)가 된 연도를 보면, 프랑스는 1864년, 스웨

1) 노년사회학에서는 65~74세를 전기 노령층(노령 전기), 75세 이상을 후기 노령층(노령 후기)이라 한다.

〈그림 5-4〉 세계 주요 국가의 노령화 진입속도

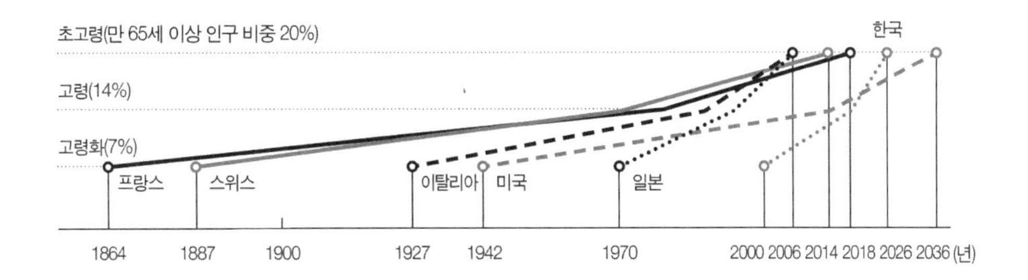

〈그림 5-5〉 OECD에 속하는 국가가 고령사회가 되는 데 걸리는 기간

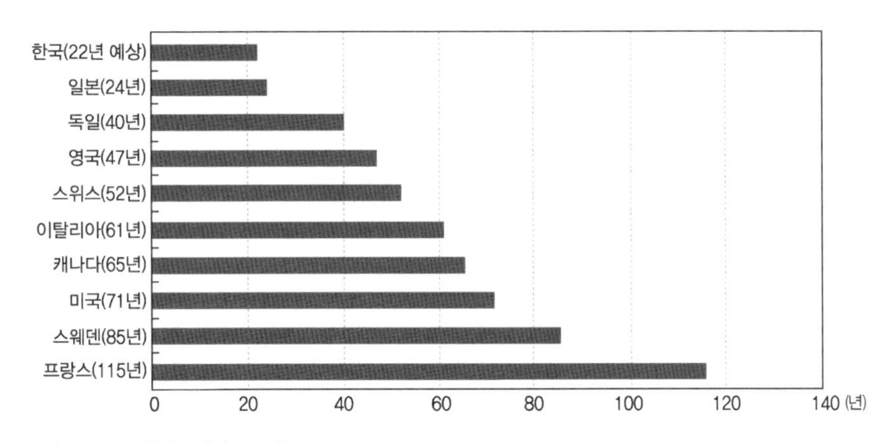

자료: OECD, 「한국경제보고서」(2012).

덴은 1887년, 이탈리아는 1927년, 미국은 1942년, 일본은 1970년 한국은 2000년으로, OECD에 속하는 국가가 노령화 사회에서 노령사회로 진입하는 데 소요되는 기간을 보면 프랑스가 115년으로 가장 기나, 한국은 노령화 사회에서 22년 후에 노령사회가 되어 OECD 국가 중 가장 짧은 기간에 노령사회가 될 전망이다(〈그림 5-5〉).

1995년 한국의 노년인구율(65세 이상의 인구수/총인구수×100)은 5.9%였으나 2000년에는 9.3%로 7%를 넘어 고령화 사회가 되었으며, 2010년에는 노년인구수가 약 542만 5000인으로 총인구의 11.3%를 차지해 14% 이상의 고령사회(aged society)로 다가가고 있다[2]. 각 시·군·구의 노년인구율의 분포를 살펴보면 <그림 5-6>과 같다. 노년인구율이 높은 지역은 충북 보은·괴산군, 충남의 서천·청양군, 전북의 진안·무주·장수·임실·

〈그림 5-6〉 시 · 군 · 구별 노년인구율의 분포(2010년)

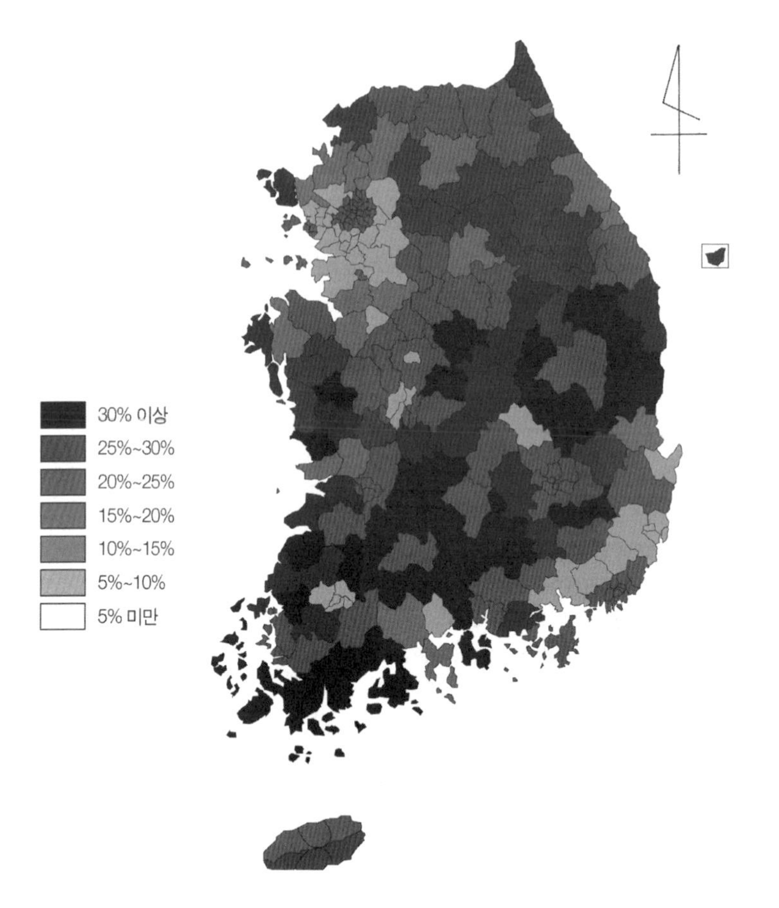

자료: 통계청, http://sgis.kostat.go.kr

고창군, 전남의 담양·곡성·구례·고흥·보성·장흥·강진·해남·함평·완도·진도·신안군, 경북의 군위·의성·청송·영양·영덕·청도·예천·봉화군, 경남의 의령·남해·하동·산청·함양·합천군은 65세 이상의 인구구성비가 30%를 넘는 지역이다. 영서지방의 일부 군부, 소백산맥에 연해 있는 지역과, 전북, 전남, 경북의 북·서부지역, 경남의 서부지역은 노년인구가 높은 지역으로 230개 시·군·구별로 살펴보면 전체의 35.7%인 82개 지역이 초고령사회로 진입했다. 그러나 서울을 포함한 경기도, 충청도의 북부지역, 포항시~부산시~창원시를 잇는 지역과 여수·광양시 인접지역의 남동임해공업지대, 대구·광주·

2) 노년인구율이 20% 이상이면 초고령사회(super-aged society)라고 한다.

대전시의 인접지역과 각 시부지역, 강원도의 지하자원이 매장되어 있는 지역의 인접지역은 노년인구율이 낮은 지역이다. 이와 같은 노년인구율의 지역적 차이는 출생률과 사망률의 지역적 차이와 선택적 연령의 인구이동에 따른 결과로, 이 가운데 선택적 인구이동이 노년인구의 분포에 큰 영향을 미쳤다고 할 수 있다.

2005년에 농촌사회학자 오오노(大野晃)는 65세 이상의 인구가 그 지역인구의 반 이상을 차지해 사회적 공동생활이 곤란한 취락을 한계취락이라고 명명했다. 한국의 시·군·구 단위로 보아 위의 노년인구비율이 높은 지역들의 촌락 중에는 노년인구비가 50%를 넘는 지역이 다수 분포하리라 생각한다.

미국 국제전략문제연구소에서 고령화 준비지수[3]로 이와 같은 고령화에 대비한 준비 상태를 파악한 결과를 보면, 한국의 소득 적절성 지수는 세계 주요 20개국 중 19위, 재정 지속가능성 지수는 12위로 나타났다. 선진국은 연금 등 노인복지제도가 잘 돼 있어 소득 적절성 지수의 순위가 높은 반면 재정 지속가능성 지수는 낮으며, 신흥개발

〈그림 5-7〉 주요 국가의 2040년 중년층 소득(100) 대비 노인층 소득비율 추정 (단위: %)

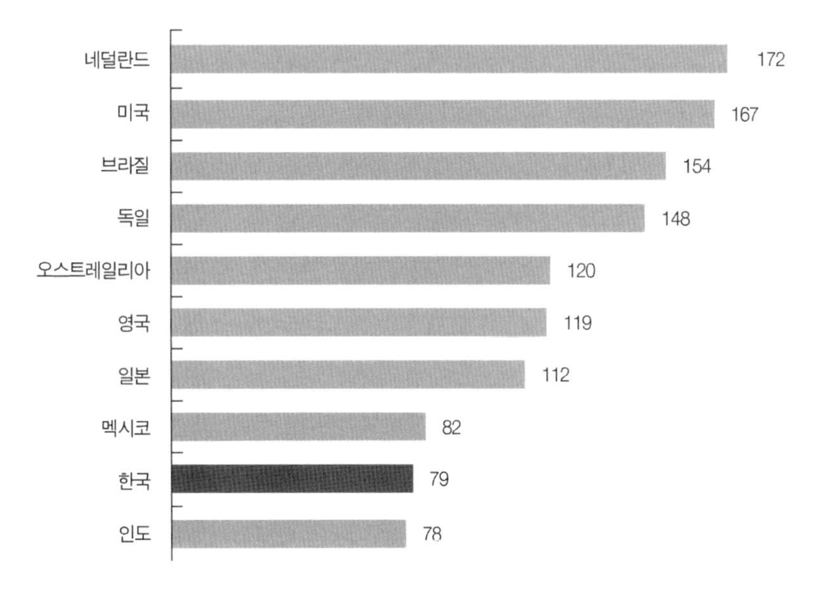

자료: 미국 국제전략문제연구소, 「고령화 준비지수」(2011).

3) 고령화 준비지수는 소득 적절성 지수와 재정 지속가능성 지수로 구성되는데, 소득 적절성 지수는 고령화에 대비해 삶의 질을 유지할 만큼 노인의 소득이 준비됐는지 평가하고, 재정 지속가능성 지수는 노인에게 제공할 공공지출을 견뎌낼 만큼 재정이 탄탄한지를 평가한다.

도상국은 소득 적절성 지수는 낮으나 재정 지속가능성 지수가 높은 것이 일반적이다. 한국은 프랑스, 이탈리아와 함께 두 지수 순위가 모두 낮은 나라에 속한다. 그래서 한국은 연금적립을 늘리고, 빈곤노인층의 사회안전망을 강화하며, 출산율을 높이면서 이민유입을 증가시켜야 할 것이다(〈그림 5-7〉).

노령화 문제가 현재화(顯在化)된 유럽과 북아메리카의 국가들은 1970년대 이후에 이에 대한 연구가 앵글로색슨계 국가들을 중심으로 이루어져왔다. 예를 들면 힐트너(J. Hiltner), 스미스(B. W. Smith), 마시(D. S. Massy)는 CBD 주변의 열악한 주택이 남아 있는 쇠퇴지구에서 노령인구 지수가 높게 나타난다는 점을 밝혔으며, 로(C. M. Law), 원즈(A. M. Warnes)는 양호한 환경을 선호한 노인들이 거주하는 비도시지역에서 노령인구의 지수가 높게 나타났다는 것을 밝혔다. 1970년대까지의 노령인구문제에 관한 연구는 노령사회[4]를 향한 정책과제, 사회지리학적·응용지리학적 논급을 포함했다. 유럽과 미국을 중심으로 한 지리학 중심의 연구는 원즈에 의하면, 노령자의 거주환경, 노령자의 복지 서비스 시설 등의 접근성과 공급, 노령자의 분포와 인구이동, 노령자의 생활활동 패턴으로 분류할 수 있다.

① 노령자의 거주환경

노령자의 거주환경은 도시문제의 한 측면에서 도심(inner city)에 살고 있는 노령자의 생활공간이나 행동범위를 부각시키는 것으로 미국에서 단칸방 거주(single-room-occupancy)[5]는 노령자의 행동범위나 생활공간을 축소시켜 주위로부터 고립된 생활을 하게 한다. 또 단칸방 거주시설 주변은 범죄 다발지역이기 때문에 범죄에 대한 두려움으로 노령자의 행동범위를 축소시키기도 한다. 한편 노령자의 거주환경 조건으로서, 주택에 대한 만족도나 근린 환경의 안정성, 이웃과의 교류빈도가 노령자가 살기 좋은 거주지로서 평가하는 데 영향을 미친다. 또 노령자를 대상으로 한 거주환경을 조성할 때는 노령자 전용주택으로 설계하지 않고, 개인의 사생활을 보호하고 교통기관의 접근성을

4) 오카자키(岡崎陽一)는 '노령사회'와 '노령화 사회'가 다르다고 지적하면서, '노령화 사회'라는 것은 노령인구의 비율이 증대되고 있는 사회를 말하고, '노령사회'란 노령인구의 비율이 어느 수준까지 높아져 그 수준을 유지해가고 있는 사회를 말한다.

5) 도심 내부에 있는 노후화된 아파트나 호텔 거주를 말하는데, 일반적으로 면적이 좁고 부엌과 욕실이 공동이며, 대부분의 입주자가 빈곤한 노령자나 저소득자, 정신적 장애를 가진 사람들인 것을 말한다.

보증하며, 지역사회로부터 고립되지 않는 사회적 역할이나 활약의 장(場)이 확보되는 등 일반주택으로서의 조건을 만족시키는 것이 중요하다. 그리고 주택정책의 하나로서 주택을 팔아 금융자산으로 바꾸는 대신, 주택을 담보로 금융기관 등으로부터 주택 가치에 상당하는 돈을 빌려서 주택자산을 유동화하는 역모기지론(reverse mortgage loan)이 있다. 미국에서는 이 역모기지론을 이용함으로써 주택을 소유한 빈곤한 노령자의 약 29%가 빈곤에서 벗어날 수 있었다.

② 노령자의 복지 서비스 시설 등의 접근성과 공급

노령자의 복지 서비스 시설 등의 접근성과 공급에 대해 살펴보면, 노령자가 살아가는 데 여러 가지 복지요구는 가족, 자원봉사자 조직, 민간시장(民間市場), 국가나 지방자치단체 등 다양한 주체에 의해 만족시킬 수 있다. 이들 공급주체는 상호 관련을 갖고 있으며 이 가운데 어느 것이 중심적 역할을 하고, 보조적인가는 시대에 따라, 그리고 국가에 따라 다르다. 그러나 20세기 선진자본주의 국가에서는 국가가 큰 역할을 하고 있다. 국가나 지방자치단체에 의한 공공 서비스가 공간적으로 적정하게 공급되어 있지만, 이를테면 '영역적 공정성'[6]에 관한 논의는 사회지리학에서 주요한 주제 중 하나이다. '영역적 공정성'은 서비스에 대한 요구량과 서비스 공급량의 상관관계의 강도에 의해 측정할 수 있다. 핀치(S. Pinch)는 요구량의 지표로서 지역의 취업, 공중위생, 거주에 관한 지표를 종합한 사회상태 지표[7]를 이용했다. 공급량을 측정하기 위한 소재로서 시설 서비스, 주택복지 서비스, 방문간호 서비스 등을 사용했다.

③ 노령자의 분포와 인구이동

노령자의 분포와 인구이동에서 노령자 인구이동 모형은 이동자의 속성이나 이동이유에 따라 유형화할 수 있는데, 스피어와 메이어(A. Speare and J. W. Meyer)는 쾌적

---

6) 공공 서비스가 각 지역의 요구에 대응해 각 지역에 배분되어 있는 상태를 말한다.

7) 첫째, 대인(對人) 서비스 및 반숙련·미숙련 육체노동자가 차지하는 남자 취업자 인구와 남자퇴직자 인구의 비율, 둘째 표준사망률, 셋째 기관지염 사망률, 넷째 영·유아(嬰幼兒) 사망률, 다섯째 남자 실업률, 여섯째 자가용 자동차 미보유 가구비율, 일곱째 전용 온수·욕실·화장실이 없는 주택비율, 여덟째 퇴직연령 인구 중 단독가구의 비율에 대해 주성분분석을 한 뒤, 그 성분득점을 각 변수의 사회상태 지표로 나타냈다.

(amenity)형, 혈연형, 퇴직형, 사별형으로 나누었다. 이들의 유형구분에서 나타나는 것과 같이 노령인구 이동은 퇴직이나 배우자 사별 등의 노령기 특유의 요인과 밀접한 관련을 맺고 있다. 이들 요인은 퇴직전후의 연령층(55~64세)을 경계로 그 영향이 강하고 그 후의 생애행로(life course)와 밀접한 관련을 맺고 있다. 생애행로의 개념을 원용해 노령인구이동의 발전 모형을 제창한 리트와크(E. Litwak)와 론지노(C. F. Longino)는 노령기에 발생하는 이동을 퇴직 전후에 발생하는 쾌적성(amenity)형의 제1이동, 건강상태가 나쁜 노령자가 일상생활에서 지원을 구해 거주지를 변경하는 제2이동, 심신이 쇠약한 경우에 가족의 지원과 시설로 향하는 제3의 이동 등의 3단계로 정리했다.

다음으로 클라크와 화이트(W. A. V. Clark and K. White)는 일반적인 인구이동 모형의 하나인 주택공급의 불균형 모형을 제시했다. 주택이동의 경제적 비용을 부담할 수 있는 고소득자와 소득에 맞는 궁한 주택 선택을 해야 하는 저소득자의 이동률은 높고, 중소득자의 이동률은 낮은 U자형의 관계를 나타냈다. 이상의 연구축적에서 리오(Liaw)는 노령인구이동에 관한 기본적인 관점을 첫째, 퇴직 후의 발전단계, 둘째 생애 가운데 위치 지우는 것, 셋째 노부모와 자녀세대 간의 관계, 넷째 경제적 견지로 정리하고, 금후 노부모와 자녀세대 간의 관계에 주목할 필요성을 강조했다. 노령자의 전형적 이동이라고 알려진 계절이동자[피한객(避寒客), snowbird]는 1년에 약 5개월은 온난한 선벨트(sun-belt)에서 지낸다. 그들은 그 사이에 거주지인 RV파크(Recreational Vehicle Park)에서 커뮤니티를 형성하고 새로운 생애 스타일(life style)을 확립한다. 그 결과 자택에 되돌아오지 않고 선벨트에 거주하는 사람과 원기가 있을 때까지 선벨트에 거주하고, 간호가 필요하면 자녀의 거주지로 이동하는 사람 등 계절이동자의 이동 패턴이 변화되었다.

지방 중심도시 내부에서 인구 노령화 현상의 지역적 전개에서 인구 감소, 이를테면 비노령인구의 구역 이외 전출과 관련지어 노령화 인구의 분포를 고찰해보면 다음과 같다. 노령인구 특화지구는 중심 시가지 내지는 시 주변부에 분포하고 있는데, 신시가지에는 노령인구 특화지구가 나타나고 있지 않다. 다만 광역 중심도시에서는 신시가지가 시역의 주변부까지 확대해 있기 때문에 노령인구 특화지구가 중심 시가지에만 나타나고 있다.

한편 인구 감소 지구는 중심 시가지와 시역 주변지역에서 나타나는데, 중심 시가지에는 노령인구 특화지구보다는 약간 넓은 범위에, 시역 주변지역은 노령인구 특화지구보

〈그림 5-8〉 지방 중심도시 내부의 노년인구 특화지구와 인구 감소 지구와의 관계

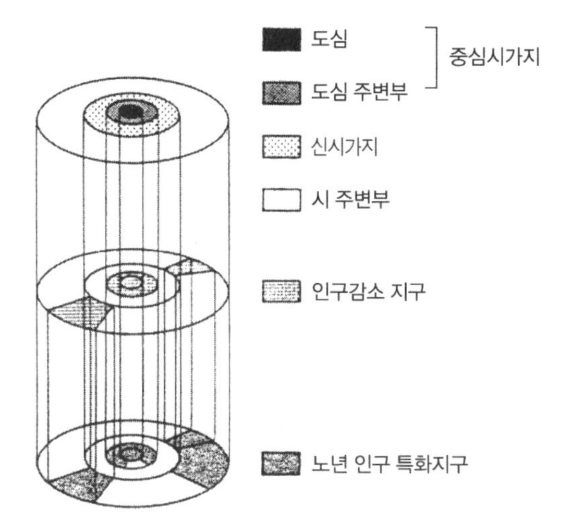

자료: 香川貴志(1987: 382).

다 약간 좁은 범위에서 나타나고 있다. 이것은 인구 노령화의 진행이 인구 감소와 밀접한 관련을 맺고 있다는 것과 중심 시가지에 인구 노령화와 시가지 주변부에서 이들 간의 촉진요인이 다르다는 것을 예측할 수 있다. 이 차이는 동시발생 집단(cohort) 분석으로 조사하면 알 수 있다. 먼저 중심 시가지에서는 결혼이나 주택의 구매에 의한 가구의 분리나 전출, 즉 비노령인구의 지구 외 전출이 노령화를 촉진시키는 주요한 요인으로 나타나며, 시역 주변지역에서는 젊은 노동력의 전출, 즉 비노령인구의 지구 외 전출과 새로운 노령인구의 유입에 따른 증가, 사망률의 저하에 의해 노령인구의 절대적 증가가 인구 노령화를 촉진시키는 요인으로 작용하고 있다(〈그림 5-8〉).

④ 노령자의 생활 활동 패턴

노령자의 생활 활동에 관해서는 행동지리학에서 일찍부터 연구가 이루어져왔다. 이러한 연구는 노령자의 생활 활동이 비노령자의 그것과 다른 점, 나이를 먹을수록 인간의 활동 공간이 축소되어간다는 점에 관심을 가졌다. 노령자의 생활 활동이 비노령자의 그것과 다른 점은 노령자의 인지거리가 젊은 층보다 멀리 느껴지기 때문에 인구이동이 저하될 가능성이 존재한다. 또 나이가 먹을수록 인간은 경제적·신체적 제약으로 외출행동을 활발히 하지 못하므로 활동 공간도 축소된다.

그러나 노령자도 연령, 성, 사회계층, 건강상태, 자가용 자동차 보유여부 등의 사회적·경제적 속성이나 생활환경에 따라 생활 활동은 크게 다르다. 그리고 노령자의 야간외출행동의 특성은 '자극을 원하는 성향을 가진 사람', '자신의 재량으로 행동할 수 있다고 인식하는 사람', '학력이 높은 사람', '취업자', '자가용 자동차 보유자'는 야간외출의 경향이 강하다고 할 수 있다.

한편 피스(S. M. Peace)는 영국 웨일스 남서부 스완시(Swansea) 시내의 생활환경이 다른 지구에 거주하는 노령자를 대상으로 조사한 결과, 자신이 건강하다고 인식하고 있는 사람이나 미망인의 인구이동이 가장 많고, 사회계층이 높은 사람의 생활환경 범위가 넓은 경향을 나타내며, 외출행동과 거주환경과의 관계에서 상점이나 여가시설의 접근성이 높은 곳에 거주하는 노령자는 외출의 빈도가 높은 경향을 나타내며, 또 노령자의 속성에 따라 외출행동의 공간적 차이가 나타난다.

(3) 노년인구에 관한 이론과 노인문제

평균수명의 증가로 노년인구가 증가함에 따라 실버산업이나 실버타운과 같은 노년인구를 대상으로 신종산업이 등장했는데, 이는 노인문제가 사회문제로 등장함에 따라 나타나기 시작한 것이다. 여기에서 먼저 노년화와 노년인구의 특성에 대한 이론을 살펴보면 다음과 같다.

노년화와 관련된 이론으로는 발달론적 관점, 사회학적 관점, 다차원적 발달론 등이 있다. 발달론적 관점이란 노년화는 생애를 통해 지속적으로 경험하는 다차원적인 일련의 과정으로서 신체적·사회적·심리적 차원 등의 내용을 말한다. 사회적 차원에서는 생애주기의 개념을 통해 노년화 과정을 설명하는 것이고, 신체적 차원에서는 노령화에 따라 신체적 기능이 약화됨을 강조하고 있다.

사회학적 관점은 활동감축설, 활동설, 연속설 등이 있다. 활동감축설은 커밍(E. Cumming)과 헨리(W. Henry)에 의해 처음으로 주창되었으며, 정상적인 노령화란 사회체계 내에서 노인과 다른 성원 간의 상호활동을 줄이는 것이라 보았다. 이 학설은 어떤 부정적인 결과가 초래되지 않는 한 늙어가면서 상호활동을 줄이는 것이 바람직한 노인의 생활태도라고 보는 입장이다. 활동설은 카반(R. Cavan)에 의해 주창된 이론으로 은퇴를 하되 여가활동이나 취미생활에서 새로운 역할을 활발히 수행하는 것이 만족스러운 노년생활을 위해 필요하다는 것이다. 연속설은 노년인구가 노년 이전의 활동과 유사한 활동을 계속하므로 새로운 환경에 적절히 대응하는 것이 필요하다는 이론이다. 그러나 이 연속설은 너무 다양하고 복잡한 경험 가능성을 가정하기 때문에 연구의 체계가 없고 예측이 불가능하다는 단점을 가지고 있다.

다차원적인 발달론은 발달론적 관점과 사회적 관점을 통합한 것으로 활동이 가능한 노년인구에게는 활동설을 적용하고, 신체적 능력이 저하하는 시기에는 활동감축설을 채택함으로써 이것을 중간에서 조율하는 것이 연속설이라고 보는 관점이다. 이 설은 활동설과 활동감축설 등의 이론적 갈등을 해결하는 데 기여하고 있다.

다음으로 노인문제를 살펴보면 다음과 같다. 노인이란 '노령화 과정에서 나타난 생리적·심리적·정서적·환경적 및 행동의 변화가 상호작용하는 복합형태의 과정'이다. 의학의 발달과 경제발전으로 평균수명이 증가하므로 노인인구가 많아지나 노인을 위한 사회복지체계가 수립되어 있지 않은 국가에서는 노인문제가 발생하게 된다. 노인문제는 첫째, 노년인구의 급격한 증가로 나타난다. 노년인구의 증가는 경제적으로는 생활보장과 인구의 노령화에 따른 경제적 생산성의 문제, 보건학적으로는 의료수요 증가와 건강유지 문제, 사회적으로는 전통적인 가족제도의 전환에서 오는 문제, 심리적으로는 고독감과 소외감을 초래하는 문제 등을 수반하게 된다. 둘째, 산업화와 도시화로 인한 핵가족화는 노인의 부양책임을 약화시켜 커다란 사회문제가 되고 있다. 더욱이 노인을 부양할 사회복지기능이 강화되지 않는 상태에서 노인문제는 커다란 사회문제가 될 것으로 예상된다. 셋째, 현대사회는 가족 구성원의 경제적·사회적 생활방식이 변하면서 종래의 가족제도나 혈연적 근린연대에 의한 노인부양기능도 쇠퇴하고 있다. 따라서 가부장적인 권위의 상실과 전통적인 부양구조가 와해되는 데서 문제가 발생되고 있다. 넷째, 젊은 세대와 노인세대와의 갈등이다. 즉, 선진복지국가에서 노인을 위한 사회적 지출비가 많아져 재정 부담이 많아지는 젊은 층과 노년층과의 '세대 간의 전쟁'이 우려된다. 다섯째, 산업사회에서 빨라진 정년으로 인한 노인의 역할상실과 소외문제이다. 즉, 개인능력 위주의 가치관이 보편화되므로 노인층의 사회적·경제적 지위나 권위는 섬섬 낮아지고 경로효친의 의식구조마저 퇴색하고 있다. 여섯째, 65세 이상 노인에게 지급되는 경로우대사업과 복지관 증설, 무료의료 서비스 제공 등에도 불구하고 노인들을 위한 각종 노인복지정책이 미흡하다는 문제이다. 따라서 노인들은 소득원이 상실되므로 빈곤과 질병, 심한 소외감과 함께 역할상실에 의한 허탈감에 시달리고 있다(〈그림 5-9〉). 이를 위한 노인들의 복지시설을 노인들이 활동하

〈그림 5-9〉 한국의 노인 빈곤율과 자살률

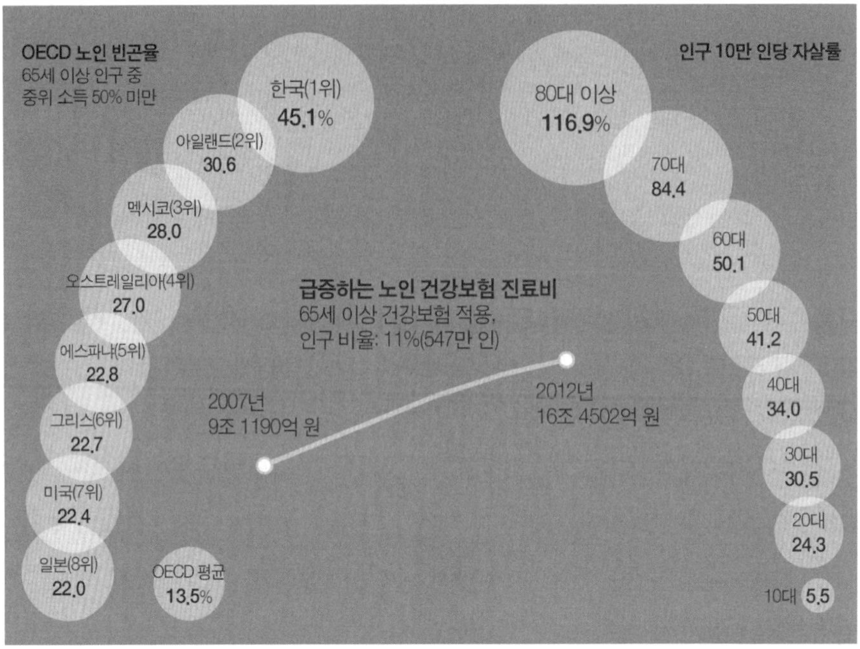

OECD 노인 빈곤율
65세 이상 인구 중
중위 소득 50% 미만
한국(1위) 45.1%
아일랜드(2위) 30.6
멕시코(3위) 28.0
오스트레일리아(4위) 27.0
에스파냐(5위) 22.8
그리스(6위) 22.7
미국(7위) 22.4
일본(8위) 22.0
OECD 평균 13.5%

급증하는 노인 건강보험 진료비
65세 이상 건강보험 적용,
인구 비율: 11%(547만 인)
2007년 9조 1190억 원
2012년 16조 4502억 원

인구 10만 인당 자살률
80대 이상 116.9%
70대 84.4
60대 50.1
50대 41.2
40대 34.0
30대 30.5
20대 24.3
10대 5.5

자료: OECD; 통계청, http://kosis.kr; 국민건강보험공단.

기에 적당한 공간이나 환경 내에 입지시켜야 한다.

(4) 아동지리학

아동지리학(children's geography)은 아이트켄(S. Aitken)이 유럽과 미국의 아동에 관한 지리학의 연구를 매듭지어 만들어졌다. 아동지리학의 등장은 출생률 저하와 더불어 소자녀화(少子女化)의 진행, 낮은 연령의 소년범죄 등 실마리는 여러 가지가 있지만 사회가 아동에 대한 관심이 매우 높아진 데 있다. 지리학에서 지금까지 아동을 대상으로 한 연구는 어린이를 어떠한 존재로 보는가에 따라 크게 두 가지 입장으로 나눌 수가 있다. 하나는 '교육을 받는 존재'로서의 아동이고, 다른 하나는 '생활자'로서의 아동이다. 그러나 후자의 시각에 의한 연구는 전자에 비해 약하다.

제임스(S. James)는 지금까지 지리학의 연구에 아동은 존재하지 않았다고 지적하면서 종래의 지리학을 비판했다. 1970년 이후 지리학 중에서 불평등에 대한 관심이 높아져 지금까지의 남성 중심 연구를 탈피하려는 움직임이 높아 여성에 대한 연구가 진전되었으나 여전히 아동에 대한 연구는 미미했다. 제임스는 지리학에서 아동에 대한 세 가지의 관점을 중시하고 장래에도 이를 취합해야 한다고 주장했다. 그 세 가지 관점은 첫째, 사회-공간관계, 둘째 공간적 행동, 셋째 환경인지이다. 사회-공간관계는 아동이 생활하는 데 있어 어른에게 일방적으로 의존하는 것으로, 도시계획가는 아동의 욕구와 느끼는 것을 함께 담은 시설이나 놀이터를 만들어야 한다. 아동은 환경의 영향을 대단히 받기 쉬운 약자이기 때문에 이것을 고려해 지역계획을 실행하지 않으면 안 된다. 또한 지리학에서는 아동의 욕구를 이해하기 위한 연구를 진행시켜야 할 필요가 있다고 주장했다. 또 공간적 행동에 관해서는 아동에 대한 학교제도나 어머니의 행동 등 여러 가지 제약으로부터 아동의 행동을 해석하는 연구를 행할 필요가 있다고 주장했다. 그리고 환경인지에 관해서는 종래에 왕성하게 연구했지만 같은 환경을 두고서도 아동과 어른이 보는 환경이 서로 다르기 때문에, 그 차이에 주목해 연구할 필요가 있다고 주장했다.

한편 시블리(D. Sibley)는 제임스의 견해를 보강하는 형태로 차이와 의미의 다양성을 중시한 후기 모더니즘의 사회이론에서 어른과 다른 존재인 아동의 연구도 중요하기 때문에 지리학에서 아동에 대한 연구를 적극적으로 할 필요가 있다고 했다. 그리고 아동은 놀이 공간 등 자신의 세계를 독자적으로 만들게 된다. 그러한 아동의 주체성에 초점을 둔 연구를 해야 한다고 주장하고 아동에 대한 연구의 성과가 이루어진 사회인류학 등의 다른 학문분야의 방법론을 원용해야 한다고 주장했다. 그리고 윈체스터(H. Winchester)는 아동은 부모의 제약을 받지만 반대로 아동이 있음으로써 부모의 활동은 제약을 받는다고 생각해 이러한 시점(視點)에서의 연구가 필요하다고 했다. 이와 같이 지리학에서의 '생활자'로서의 아동연구는 아동세계를 해명함으로써 사회를 구성하는 일원을 이해한다는 점에서도 의의가 있다.

(5) 페미니즘 지리학

19~20세기 전반을 중심으로 여성 참정권 획득 등 각 국가의 법률상 남녀평등 문제에 힘을 기울인 제1기 페미니즘(feminism)[8]은 1960년대에 들어와 미국에서 활발하게 전개

8) 페미니즘이나 여성학이 정치적인 문맥에서 사용된 개념이나 이론으로서 받아들인 것에 대해, 젠더는 중립적인 분석인자로 보기 쉽기 때문에 젠더의 연구는 학계나 행정 분야에서 받아들였다. 그렇지만

된 반전운동이나 공민권운동에 참가한 여성들이 그들의 운동내부에 만연해진 성차별적 언동을 문제시하고 스스로의 해방을 위한 운동을 1960년대 후반부터 1970년대 전반을 중심으로 일으켰다.

페미니즘 지리학 또는 여권주의자 지리학(feminist geography)은 페미니스트에 의한 지리학이 아니고 페미니즘의 영향을 받은 지리학자가 이 이론을 지리학에 응용한 것을 의미한다. 여기에서 페미니즘 지리학의 전개를 살펴보면 다음과 같다.

① 페미니즘 지리학의 배경

계몽적 사상이 지배적이었던 서구 사회에서 부르주아·화이트칼라라는 특권적 지식계급인 남성에 의해 확립된 사회이론이나 방법론은 학문분야의 남성 우위주의를 강하게 반영하는 것이다. 그래서 남성과 여성, 정신과 육체, 공과 사, 직장과 가정, 문화와 자연, 이성과 감정, 추상과 구체라는 이분법이 행해지게 되었다. 이 이분법은 경험에 바탕을 둔 객관적인 것이라기보다 관념적(ideology)인 의도가 크게 반영된 것이다. 거기에다 이분화(二分化)된 양자는 이항 대립적인 관계가 아니고 전자에 대해 후자가 열세인 지배와 종속관계를 나타내고 있다. 다시 말하면 패권적 존재인 남성에 의해 성을 바탕으로 이분법이 행해져, 그것도 여성 또는 여성적인 것이 남성 또는 남성적인 것보다 열세에 있다거나 부정적인 것으로 인식되었다.

이를 보다 상세하게 살펴보면, 성 차이에서 남녀가 인식하고 있는 다른 점을 보면 다음과 같이 여성이 극히 불평등한 상황에 있다는 것을 알 수 있다. 시민이나 개인은 남자답다는(masculinity) 특징을 부여받은 사람, 즉 계몽적 사상에 따른 관점에서 합리적인 행동을 하는 인간, 또는 공적인 영역에 소속을 인정받은 인간을 가르치는 것으로 정의되었다. 즉, 여성은 국민 또는 개인으로써 인식되지 못했다. 따라서 서구사회의 학문분야에서는 남성만을 인간(human)의 범주에 위치시키고 여성은 이 범주에 속하지 못한 타인(others)으로 보아 연구나 논의의 대상에서 제외시켰다. 그 결과 학문분야에서 지식의 생산은 모두 남성에게 맡겨졌으며, 여성은 지식의 생산 활동 틀 밖에 두었다. 그뿐만 아니라 가사, 육아, 간호노동 등으로 대표되는 사적 영역(private sphere)에서 행해지는 재생산 활동은 여성에게, 공적 영역(public sphere)을 행하는 생산 활동은

젠더는 결코 중립적이지 않고 권력관계가 편입된 정치적 개념이다.

남성에게 제공됨으로써 공간적 분업이 성적 차이에 따라 결정되었다.

위에 기술한 학문분야에서의 여성의 배제는 물론, 지리학에서도 예외는 아니었다. 세계 전체를 아는 것을 목적으로 하는 지리학의 연구는 지식 생산자의 역할을 담당한 남성연구자들이 의욕적으로 계속해왔다. 따라서 남성들에게는 여성과 관계되는 인문적 여러 현상 등이 아주 사소한 문제였고, 연구대상이 되는 공간, 즉 가정의 규모도 너무나 작은 것에 불과했다. 거기에다 남자와 다른 범주에 속하는 여성을 대상으로 연구가 주관적이고 편견적이라는 이유를 들어 여성 전체를 지리학의 영역 내에서 검토하는 것을 제외시켰다. 지리학 영역 내에서 이러한 여성을 대상으로 연구하는 것에 대해 몽크와 한슨(J. Monk and S. Hanson)은 남성 우월주의에 의한 패권적 경향이 강한 종래의 지리학, 바꾸어 말하면 남성 위주의 생산 활동에서 얻어진 지리학의 지식이 이제 새로운 논의를 촉진시키는 계기가 부여되었다고 지적했다.

② 이론적 전개

지리학적 지식의 생산 활동에서 여성이 배제되어 왔던 것은 여성 지리학자를 중심으로 비난의 대상이 되었다. 여성 지리학자들의 비난행동은 결코 조직적이고 대대적으로 행해지지 않았지만 연구회나 논문을 통해 계속적으로 행해졌다. 이러한 움직임의 결실은 그 뒤 영국지리학회(IBG: Institute of British Geographers)에서는 '여성과 지리학 연구그룹(Women and Geography Study Group)'이 만들어지고, 국제지리학연합(IGU: International Geographical Union)에는 '젠더와 지리학(Gender and Geography)' 위원회가 결성되었다. 그리고 페미니즘 지리학은 지리학에서 가장 주목받는 전문분야 중의 하나로 성장했다. 현재 이 분야의 대표적인 연구자로 들 수 있는 사람으로 맥도웰(L. McDowell)은 페미니즘 지리학은 현실의 생활 전반에 걸쳐 인정된 성(sex)에 바탕을 두고 불평등이나 여성의 억압에 관해 의문을 갖고 그 연구의 착안점을 두었다. 또 그녀는 볼비(S. Bowlby) 등의 공저에서도 페미니즘 지리학이 생산하는 지식은 정치적 실천에 대한 지침으로서 이용할 수밖에 없다고 기술했다. 그녀의 이러한 견해는 페미니즘 지리학이 일상생활공간에서 생기는 성적 차별의 문제를 해결하는 유효한 처방전이라고 시사하고 있는 것이다.

여기에서 페미니즘 지리학은 글자 그대로 페미니즘의 지식과 지리학의 지식에서 나타나는 새로운 학문분야이고, 젠더가 어떻게 인간의 활동 공간을 구축하는가를 페미니즘 관점에서 추구하려는 것이다.

페미니즘 지리학을 페미니즘과 지리학 양자에 의거해 더욱 세밀하게 살펴보면 두 가지의 접근방법이 있다. 즉, 페미니즘 이론에 입각한 지리학의 공간개념을 유효하게 활용하도록 하는 페미니스트 측에서의 접근방법과, 남성 우월주의가 지배적이었던 종래의 지리학에 페미니즘의 주체인 여성의 범주(category)를 도입하려는 지리학자 측에서의 접근방법이다. 전자의 접근방법은 페미니스트에 의한 여성의 일상생활·경험·행동이 남성의 그것과 어떻게 다른가를 추구하는 것이다. 한편 후자의 접근방법은 지리학자가 공간이나 장소의 개념을 이용해 현실의 사회에 반영된 성적 차이에 기인한 차이를 분석하고, 그것을 나타내는 요인을 페미니즘에 입각해 설명하는 것이다.

페미니즘 지리학에 대해 논의가 시작된 것은 1970년대 중반부터로 맥도웰, 프랫(G. Pratt) 등의 인식론적 시각을 참고하면서 이론의 전개과정을 소개했는데, 연구동향의 시기구분은 페미니즘 이론 자체의 흐름과도 관련지어 1970년대 중반부터 1980년대까지, 1980년대부터 현재까지로 나눌 수가 있다. 1970년대의 페미니즘 지리학은 넓은 의미에서 급진지리학(radical geography)[9]으로 분류할 수 있는데, 이 시기에는 후생(복지) 지리학이나 인문주의지리학, 또는 자유주의 페미니즘[10] 등으로부터 이론적 영향을 크게 받은 페미니즘 지리학이 전개되었다. 1970년대까지는 여성의 불평등한 상태에 관점을 두고, 그 상태에 대한 상세한 기술·지도화에 연구자의 노력이 기울어졌다. 이러한 입장에서 프랫은 이 연구를 '여성지리학(the geography of women)'이라고 불렀다. 여기에서 젠더라 부르지 않고 여성(women)이라고 사용한 이유는 1970년대의 단계에서는 남성에 대한 여성의 불평등성이 주부나 어머니라는 일부의 여성에게 주어진 특별한 역할이라는 개념 중에서 불리어졌기 때문이다. 즉, 여성 전체가 아니고 좁은 의미에서

9) 급진지리학이라는 용어는 1960년대 후반 미국에서 처음으로 사용되었는데, 지리학 고유의 것이 아니고 자연과학을 포함한 많은 학문분야에서 일어난 급진과학운동의 일환으로 나타난 것이다. 이것은 종래 과학에 대한 반대 의견과 사회적 유효성의 회복을 목표로 한 운동이다. 급진지리학은 자유론과 급진론으로 나누어지는데, 자유론은 기존질서를 유지하면서 행정적·제도적 문제를 개선하는 것으로 사회복지 측면에서의 공간현상, 환경정화, 자원고갈 문제를 해결하는 것이다. 이에 대해 급진론은 사회주의, 마르크스주의에 입각해 빈민문제, 입지와 관련된 사회적 불평등, 제3세계의 근대화 문제 등에 관심을 갖고 있다.

10) 근대적인 여러 제도를 신뢰하고 그 위에서 이를테면 철저한 근대화를 바탕으로 제도개혁과 평등의 권리 획득을 지향하는 것을 말한다.

의 여성을 논의의 대상으로 삼았다. 그래서 주부나 어머니의 재생산 활동의 장으로서 사적 영역이라는 비교적 좁은 공간을 대상으로 한 검토가 중심이 되었다. 구체적으로는 통근거리나 공공교통·공공 서비스 기관으로의 접근성, 가정과 직장의 공간적 분단이라는 거리나 공간적 분단의 문제해명이 지리학에서 취급된 과제였다.

1980년대에 들어와 마르크스주의, 사회주의 페미니즘[11]의 영향을 받으며 지리학, 젠더, 그리고 자본재에서 경제적 발전 3자의 상호의존 관계를 설명하려는 시도가 있었다. 1990년대에 들어와서는 지금까지 배제·억압받은 그룹으로서 일괄되게 취급되어온 여성이 적극적으로 연구의 대상이 되었고, 여성 간에 당연히 존재할 것으로 생각되는 차이나 다양성에 논점이 옮겨가게 되었다. 그 이유는 기혼여성의 임금노동으로의 참여가 증가했다는 점과 소수민족(minority) 여성의 사회적 지위가 향상되어왔다는 점, 다양한 가족형태[12]가 증가해왔다는 점 등 여성을 둘러싼 사회적·경제적 환경이 다양화되었기 때문이다.

(6) 연령구조지수

연령별 인구는 절대수보다 상대적인 수로 나타내는 것이 더 효과적인데, 콜슨(M. R. C. Coulson)은 미국의 캔자스시를 대상으로 연령구조지수(age-structure index)를 창안했다. 연령구조지수는 5세 간격의 연령 계급별로 총인구에 대한 인구구성비(Y)를 연령계층(X)에 따라 빈도분포를 작성한 뒤, 단순 회귀방정식($Y=a+bX$)의 회귀계수(b) 값에 의해 이상형(idealized type), 젊음형(young type), 노년형(old type)으로 구분하는 것이다(〈그림 5-10〉). 이때에 회귀계수 값은 음을 나타내는데, 회귀계수 값이 작아 경사가 급한 젊음형은 그 지역의 연령별 인구구조에 젊은 층이 많음을 나타내며, 회귀계수 값이 커서 경사가 완만한 노년형은 그 지역의 연령별 인구구조에 노년층이 많음을

---

11) 여성이 억압되고 있는 가장 큰 원인은 여성이 사회적 생산 활동에 참가하지 않아, 경제력이 없다고 생각되었기 때문이다. 그래서 생활을 공과 사의 영역으로 나누는 것을 거부하고, 재생산 활동만이 아닌, 생산 활동에도 여성의 참가를 촉진했으며 여성해방의 가능성을 추구했다. 또 여성은 성 때문에 억압받고 있지만 국적, 인종, 연령, 종교, 계급 등의 차이들은 모두 젠더와 교차하며, 여성의 문제는 다른 정치적 문제에서 떼어낼 수 없다고 주장한다.

12) 미혼, 이혼, 사별 등의 원인에 의해 편부모 가구, 동거가구, 노령자 가구, 동성연애자의 공동생활 가구 등을 위시해 복잡하고 다양한 가족 구성의 가구가 증가해왔다.

〈그림 5-10〉 연령구조지수의 유형

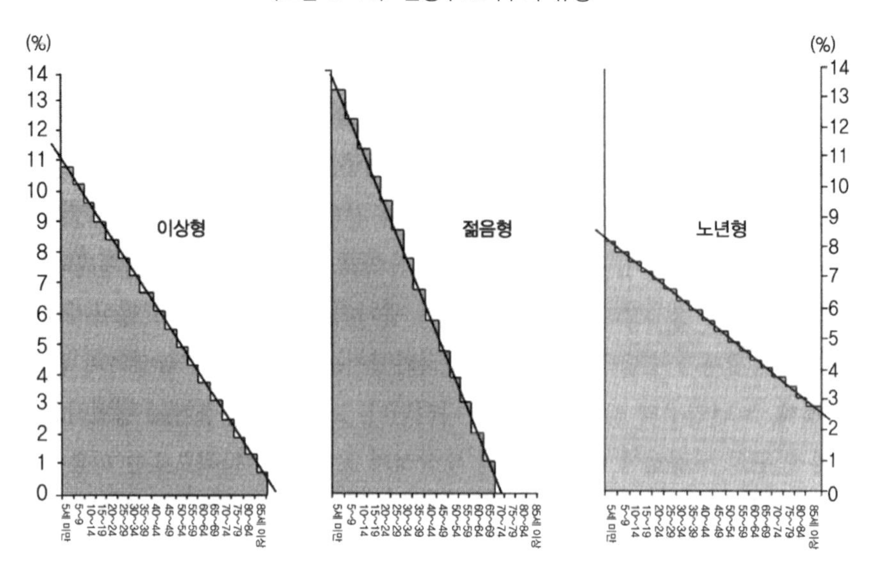

나타낸다.

1980년과 1985년의 서울시 구별(區別) 연령구조지수를 구한 결과, 1980년에는 종로구가 가장 낮아(-0.149) 노년층이 가장 많이 거주하고 있음을 나타냈다. 한편 1985년은 구로구가 높은 연령구조지수(-0.163)를 나타냈다(〈그림 5-11〉). 1980년과 1985년의 서울

〈그림 5-11〉 서울시 종로구와 구로구의 연령구조 히스토그램

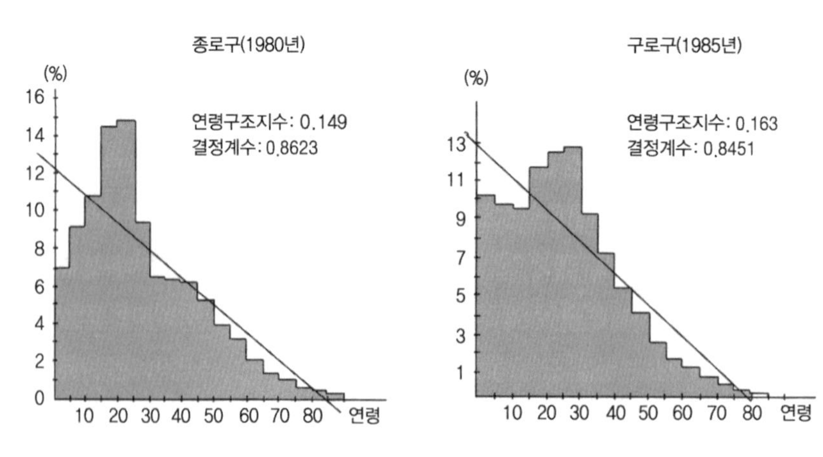

자료: 趙在盛(1988: 11~12).

〈그림 5-12〉 서울시 연령구조지수의 공간적 분포(1980 · 1985년)

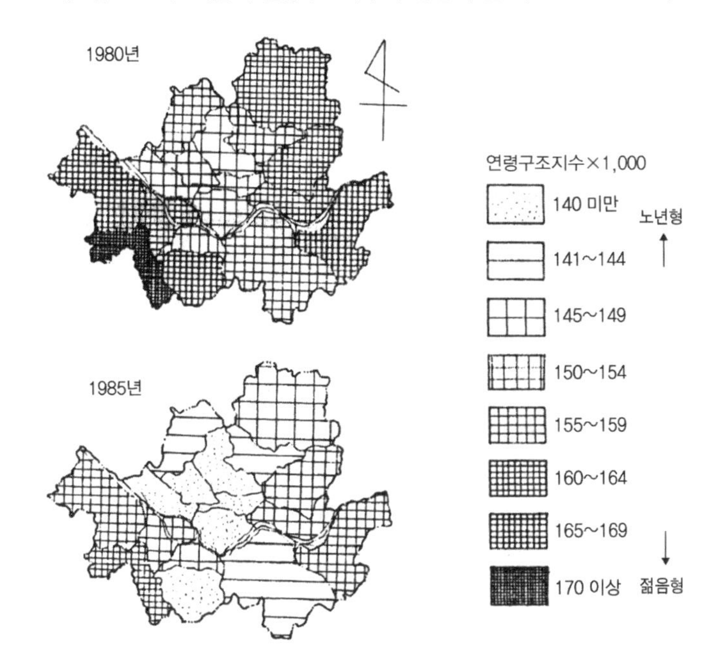

자료: 趙在盛(1988: 13).

시 구별 연령구조지수의 분포를 나타낸 것이 <그림 5-12>이다. 즉, 서울시의 연령구조지수의 분포에서 거주지의 개발이 활발했던 강서구와 제조업체가 많이 입지해 있는 구로구에는 젊은 층이 상대적으로 많으며, 도심에서 반경 5km 내의 전통적인 거주지역에는 노년층이 많이 분포했다. 이와 같은 연령구조지수의 분포는 양년도 모두 통근·통학 통행량, 인구변동률, 판매업 종사자 비율, 전세주택 점유비율에 의해 95.6%를 설명할 수 있다.

다음으로 1990년 경기도 지역의 성 연령구조지수의 공간적 분포를 살펴보면 다음과 같다. 먼저 남자의 연령구조지수의 공간적 분포를 보면(〈그림 5-13〉), 안산시가 가장 높은 지수를 보였고 그다음으로 이천읍, 군포시, 부천시, 인천시, 성남시, 수원시의 순이었다. 서울시 인접지역과 경수축(京水軸), 경인축(京仁軸), 경춘축(京春軸), 고양~파주축, 의정부~동두천축, 하남 방향 등 각종 교통로에 의해 서울시와의 접근성이 높은 지역 및 용인군, 이천군 일부 지역들은 상대적으로 젊음형의 남자 연령구조를 나타냈다. 이들 지역은 서울에 인접해 있거나 기존 간선 도로망을 따라 서울시와 연계가

〈그림 5-13〉 경기도 지역의 성 연령구조 지수의 분포(1990년)

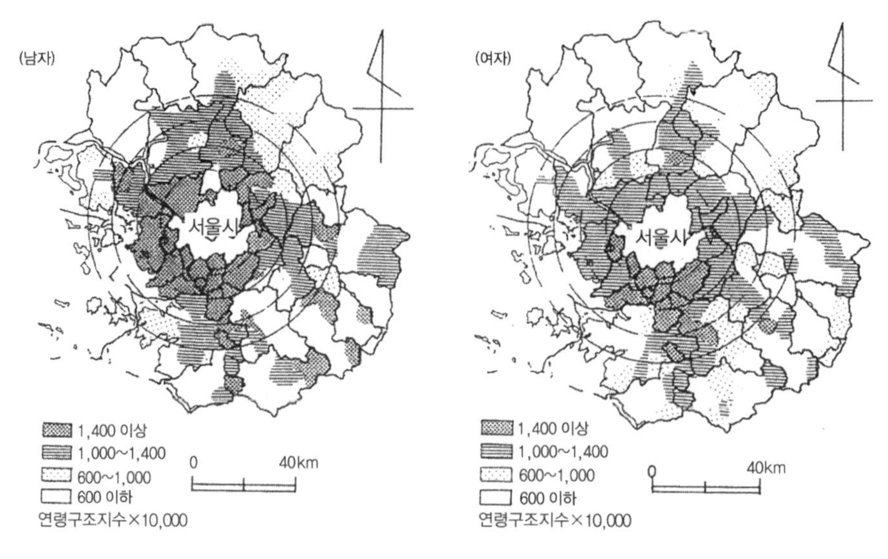

자료: 권용우(1997: 39, 45).

쉬운 지역, 그리고 1985년 이후 시로 승격된 지역이 대부분이다. 또한 이 지역들은 서울시의 과밀문제를 해결하기 위해 건설된 신도시지역과 서울시의 공업기능을 분담해 각종 산업지역과 산업체의 연구단지가 조성되어 있는 지역이다. 한편 연령구조지수가 가장 낮은 지역은 강화군 서도면이고, 그다음으로 강화군 삼산·양사·불은면, 연천군 백학면의 순이다. 이 지역들은 남자 노년인구의 비율이 높으며, 1차 산업이 발달한 지역으로 서울시에서 멀리 떨어진 지역이다.

다음으로 여자 연령구조지수가 상대적으로 높은 지역은 안산시, 용인군 기흥읍, 용인읍, 군포시, 이천읍, 부천시, 수원시의 순이다. 서울시와 연계된 서울시 주변의 거주 교외지역과 용인·이천군의 산업지역, 그리고 읍 규모 이상의 도시지역에 상대적으로 젊은 여성이 다수 거주했음을 알 수 있다. 한편 여자 연령구조 지수가 상대적으로 낮아 노년인구가 많은 지역은 서울시로부터 45km 바깥쪽의 지역으로 강화군의 서도면이 가장 낮고, 그다음으로 삼산·양사·양도·내가·하점·길상·송해·교동·불은면, 평택군 현덕면의 순이다. 이 지역들은 젊은 층이 유출된 농촌지역에 해당된다.

이와 같이 경기도 지역의 남자와 여자의 연령구조지수의 공간적 분포를 결정짓는 사회적·경제적 요인을 연계분석(linkage analysis)[13]에 의해 살펴보면 <그림 5-14>와

〈그림 5-14〉 남자 · 여자 연령구조 지수와 사회적 · 경제적 변수와의 연계 그룹

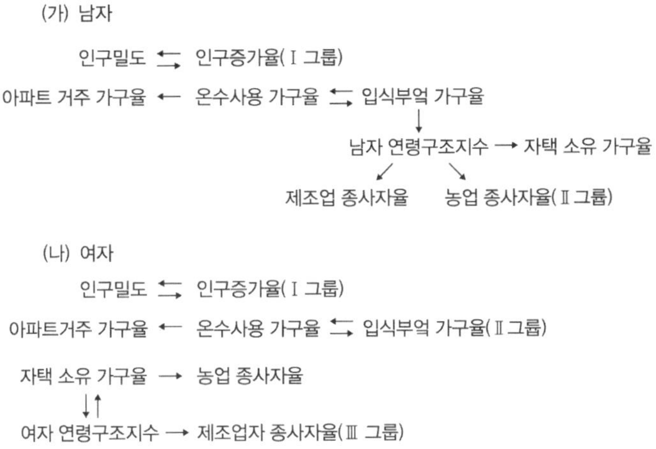

(가) 남자

인구밀도 ⇆ 인구증가율(Ⅰ 그룹)

아파트 거주 가구율 ← 온수사용 가구율 ⇆ 입식부엌 가구율

↓

남자 연령구조지수 → 자택 소유 가구율

↙ ↘

제조업 종사자율 농업 종사자율(Ⅱ 그룹)

(나) 여자

인구밀도 ⇆ 인구증가율(Ⅰ 그룹)

아파트거주 가구율 ← 온수사용 가구율 ⇆ 입식부엌 가구율(Ⅱ 그룹)

자택 소유 가구율 → 농업 종사자율

↓↑

여자 연령구조지수 → 제조업자 종사자율(Ⅲ 그룹)

자료: 권용우(1997: 44, 48).

같다. 즉, 남자 연령구조 지수는 두 개의 연계 그룹에 의해 설명할 수 있는데, I 그룹은 인구밀도와 인구 증가율(1970~1990년 사이의 인구 증가율) 그룹으로 인구밀도와 인구 증가율이 상호 관련을 맺으며, II 그룹은 입식부엌 가구율(전체 가구 수에 대한 입식부엌 가구 수의 비율)에 의해 크게 영향을 받으며, 자택 소유 가구율, 제조업 종사자율, 농업 종사자율에 영향을 미치는 관계이다. 입식부엌 가구율과 온수사용 가구율은 상호 관련을 맺고 있으며, 아파트 거주 가구율은 온수사용 가구율에 의해 영향을 받는다. 그러나 여자 연령구조지수는 세 개의 그룹으로 나누어진다. I 그룹은 인구밀도와 인구 증가율 그룹으로 인구밀도와 인구 증가율은 상호 관련을 맺고 있으며, II 그룹은 아파트 거주 가구율, 온수 사용 가구율, 입식부엌 가구율의 그룹으로, 온수사용 가구율은 입식부엌 가구율과 상호 영향을 미치며 아파트 거주 가구율에 영향을 미치나 나머지 변수와는 분리되어 있다. III 그룹은 여자 연령구조지수, 자택 소유 가구율, 농업 종사자율, 제조업 종사자율의 그룹으로 여자 연령구조지수는 자택 소유 가구율과 상호 연계되

13) 연계분석은 맥퀴티(L. L. McQuitty)가 1957년에 전형적인 구조(typal structures)를 결정하기 위해 개발한 기법이다. 전형적인 구조는 유사한 변수를 연결해 하나의 유형으로 만드는 것이며, 그 순서는 다음과 같다. 첫째, 가장 큰 양의 계수 값을 선정한다. 둘째, 가장 큰 값과 행에서 상관계수가 가장 큰 값과 연결한다.

어 영향을 미치며, 자택 소유 가구율은 농업 종사자율에 영향을 미치는 관계가 있다.

(7) 인구 피라미드

인구 피라미드는 인구의 성·연령구조를 함께 그래프로 나타낸 것으로, 총인구에 대해 남녀의 연령별 인구구성을 0세에서 순차적으로 고연령까지 나타낸 그래프를 말한다. 일반적으로 인구의 실수로 그리는 절대 피라미드와 총수에서 차지하는 비율을 나타내는 상대 피라미드가 있다. 피라미드는 일반적으로 세로축에 연령을 1세 또는 5세 계급으로, 가로축에는 연령별 인구의 실제 수 또는 구성 비율을 남녀별로 좌우[14]에 그린다.

인구 피라미드는 특정 사회의 사회적·경제적 내지 인구학적 특성을 개괄적·일괄적으로 살펴보는 데 가장 유용한 방법이다. 즉, 첫째 젊은이의 구성비를 파악하는 하나의 지표로 사용할 수 있다. 둘째, 남녀 간의 결혼연령의 차이를 추측할 수 있다. 셋째, 장래의 경제나 고용문제를 진단할 수 있다.

인구 피라미드의 유형은 직접적으로는 출생·사망·인구이동의 세 가지 인구성장의 구성요인에 의해 결정된다. 따라서 인구 피라미드는 각종 인구성장의 양상과 구조에 관한 역사적 과정을 추론할 수 있다. 인구 피라미드의 유형에서 자연증감의 특성을 나타내는 유형은 피라미드형, 종형, 방추형이고, 사회적 증감의 지역성을 나타내는 유형은 별형, 표주박형 등으로 나눌 수 있다. 피라미드형은 유소년층이 큰 비중을 차지하는 유형으로 다산다사의 초기 개발도상국에서 나타난다. 이 유형은 경제개발이 진행되면서 출생률이 낮아지면 피라미드의 저변이 줄어든다. 종형은 출생률이 낮아 유소년층의 비율이 낮고 평균수명이 연장되어 노년층의 비율이 높은 경우로 소산소사의 선진국에서 나타나는 형이다. 방추형은 출생률이 더욱 낮아져서 인구 감소 현상까지 보이는 일부 선진국에서 나타난다. 한편 생산연령층의 전입이 많은 도시와 공업지역에서는 별형의 구조가 나타나고, 청년층의 인구가 도시로 대거 전출된 농촌은 표주박형의 인구구조가 나타나는 것을 볼 수 있다(〈그림 5-15〉).

---

14) 동양의 사방관(四方觀)은 등을 북쪽에 두고, 그 왼쪽이 동쪽[양(陽), 해가 뜸], 그 오른쪽이 서쪽[음(陰), 해가 짐]이다. 그리고 지도상으로는 북쪽은 아래에 남쪽은 위에 둔다. 또 우리가 보는 쪽에서 왼쪽이 상석이고, 오른쪽이 차석이다.

〈그림 5-15〉 인구 피라미드의 유형

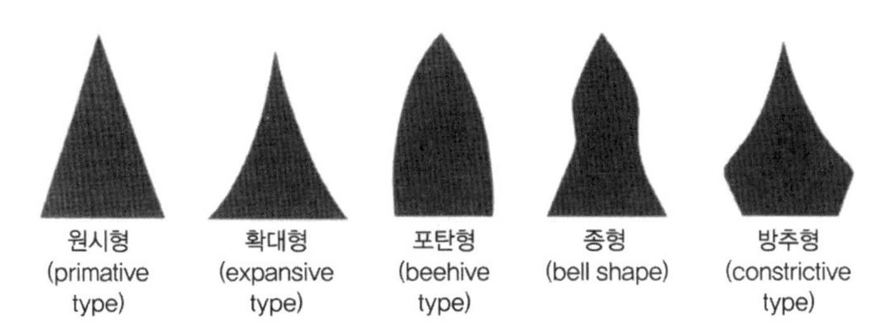

〈그림 5-16〉 주요 국가의 인구 피라미드

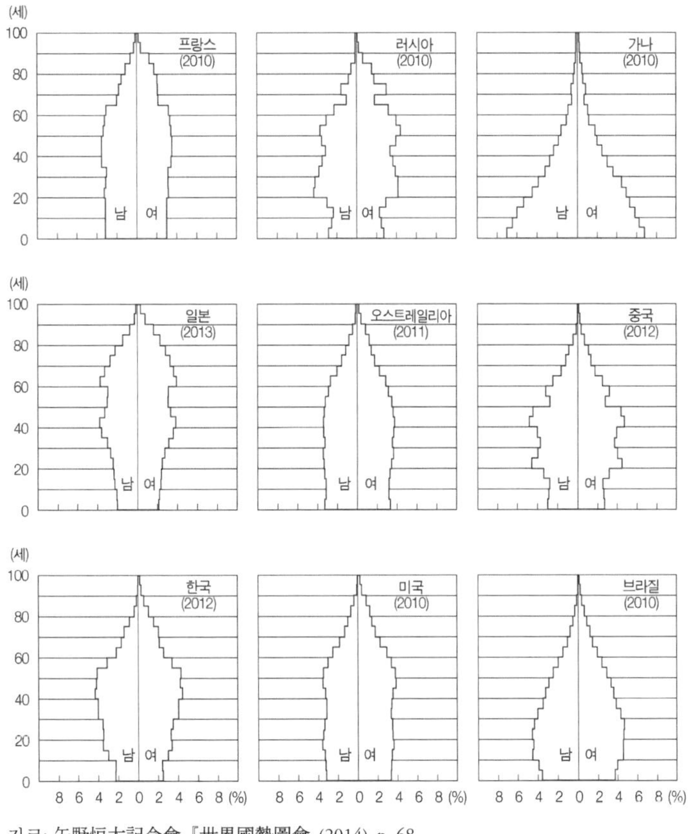

자료: 矢野恒太記念會, 『世界國勢圖會』(2014), p. 68.

<그림 5-16>은 남녀 5세 계급별로 상대 피라미드를 선진국과 개발도상국 9개국을 선정해 도식화한 것이다. 인구 피라미드의 유형은 피라미드형과 종형이 대표적이다. 아시아와 아프리카의 개발도상국은 유소년인구의 비율이 높으며 연령이 많아질수록

〈그림 5-17〉 한국의 인구 피라미드의 변천(1960 · 2015 · 2050년)

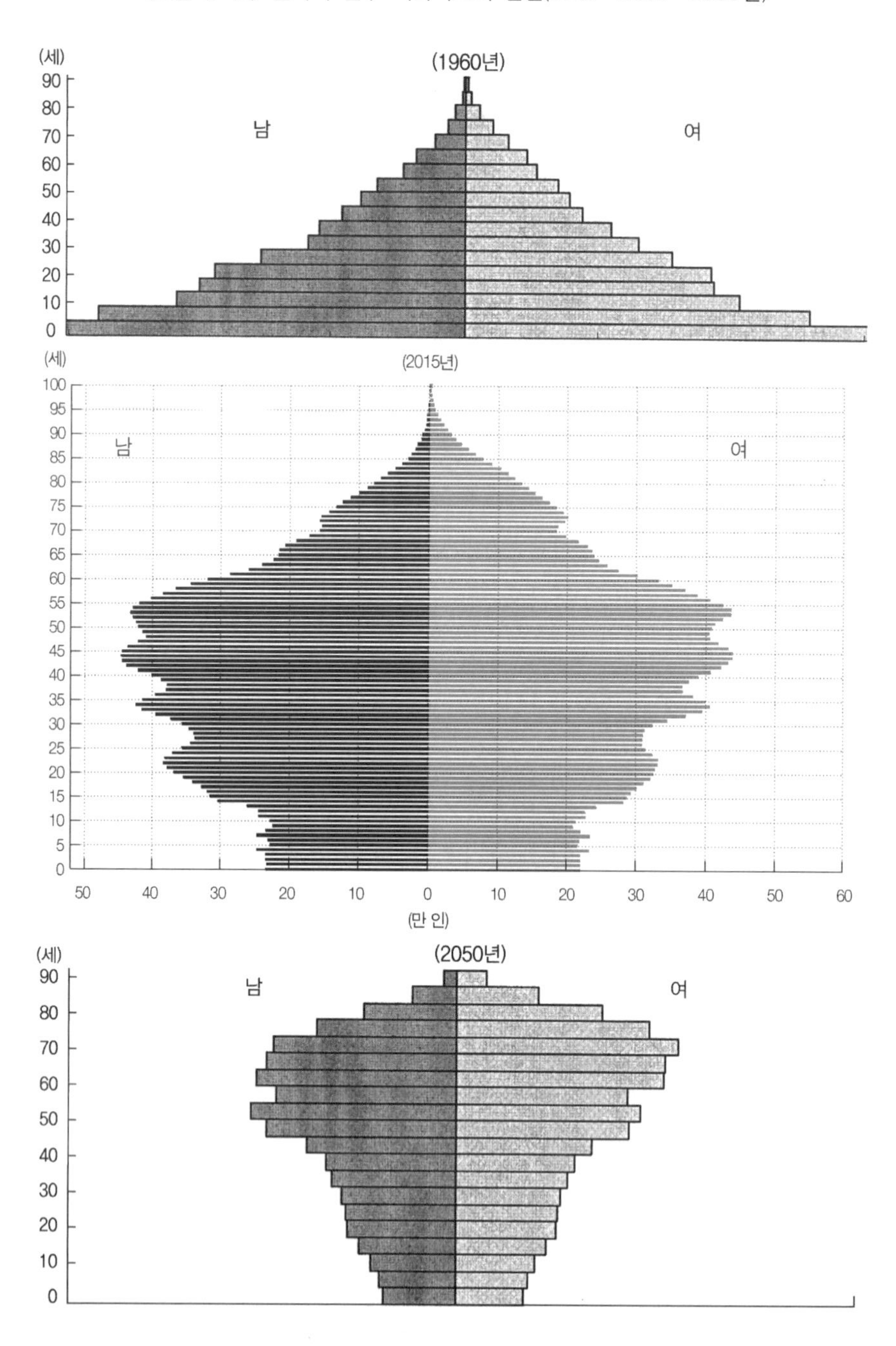

〈그림 5-18〉 북한의 인구 피라미드(2008년)

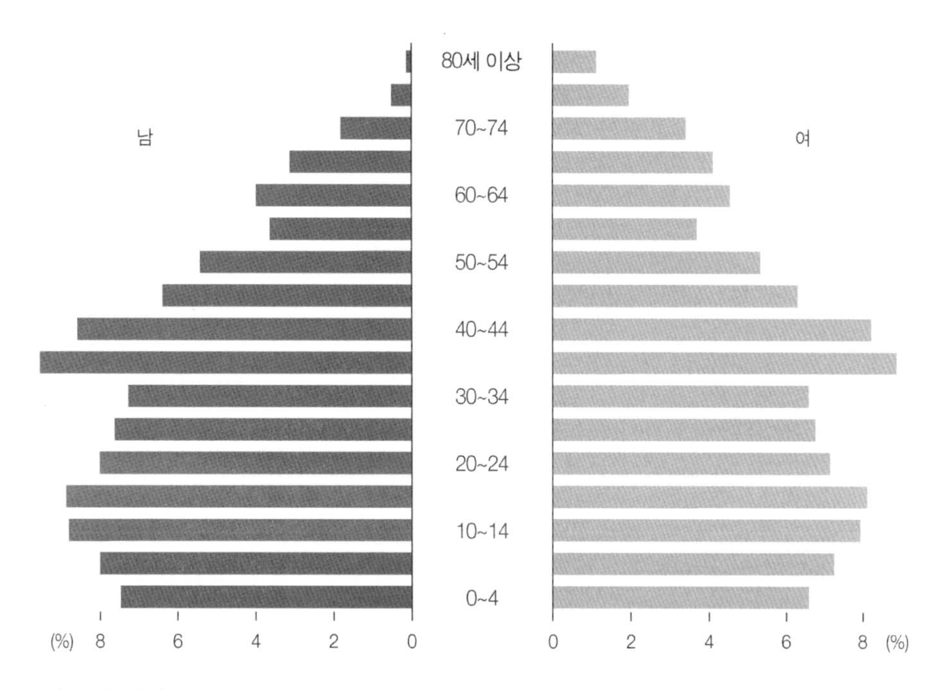

자료: 김두섭 외(2011: 33~34).

피라미드형을 나타낸다. 한편 선진국은 출생률과 사망률이 모두 낮아 종형을 나타낸다. 인구 피라미드 유형은 국가가 발전함에 따라 피라미드형에서 종형으로, 출생률이 낮아짐에 따라 방추형, 항아리형으로 이행한다. 또 전쟁이나 베이비 붐 등 과거에 일어난 사회현상의 인구에 대한 영향이 인구 피라미드에 반영된다.

인구 피라미드의 유형은 출생·사망·인구이동의 크기에 의해 변화한다. 인구이동이 적은 경우에는 출생·사망률의 역사적 변화를 반영해 다산다사형, 중간형, 소산소사형 등으로 구분할 수가 있다. 인구이동이 클 경우에는 이동자의 연령이 많은 경우 청소년층에 집중하기 때문에 인구 피라미드는 큰 변화를 나타낸다. 그 밖에 전쟁이나 기아 등의 사건은 특정 연령층에 뚜렷한 영향을 미친다.

한국의 인구피라미드의 변천을 보면(〈그림 5-17〉), 가족계획이 실시되기 이전인 1960년에는 피라미드형에 가까운 유형을 나타냈으나 2010년에는 유소년 인구가 줄고 고령 인구가 늘었으며 30대와 40대 인구가 전체의 33.3%를 차지해 전형적인 항아리형(주발형) 인구 피라미드를 보였다. 한편 2050년에는 장년층의 구성비가 높은 항아리형으로 변할 것이다. 한편 2008년 북한의 인구 피라미드를 보면(〈그림 5-18〉), 경제활동 주력 연령층인 청년층(20~34세)의 연령층이 홀쭉하게 들어가는 'S자 라인'의 호리병 모양을 띠는 기형적인 인구피라미드를 보인다. 이는 1990년대 심각한 경제난과 식량난을 겪으면서 당시 태어났거나 한창 자랄 나이의 아이들이 영양결핍이나 질병으로 사망한 사례가 많았기 때문으로 분석된다.

3) 인종 · 민족의 거주지 분화

(1) 인종

인종이란 용어는 여러 가지 의미로 사용되고 있지만 여기에서는 생물학적 인종개념, 즉 신체적 형질의 차이에 의한 분류로 쓰였다. 이러한 인간집단의 분류는 피부와 눈의 색깔, 키, 머리의 형, 머리털의 색깔과 형상 등에 따라 오래전부터 과학적으로 다양하게 시도되어져왔다. 그러나 다양한 신체적 특징에 의한 분류는 서로 정합되지 않으며, 또 많은 특징에 의해 분류된 그룹 내에서도 개인적 차이가 크다. 오늘날 인류학자들은 인류를 크게 세 가지로 분류할 수 있다는 점에서는 의견 일치를 이루나, 엄격한 과학적인 기준에서 만족스러운 분류는 어렵다고 하고 있다.

인종이란 개념에는 종래부터 많은 편견과 오해가 있었다. 오늘날의 과학적인 자료에 의하면 인종 간의 능력이나 지능의 차이가 있다는 증거가 전혀 없다. 정신적·심리적 특징도 인종과 연관되어 있지 않다. 또 인류 집단 간의 문화의 차이, 문화적 달성의 차이의 원인을 인종에서 찾는 것은 확실히 잘못된 것이다. 따라서 지역적인 현상을 해명하는 데서 인종은 유효한 개념이라고 할 수 없다. 중요한 것은 인종 그 자체가 아니고 다른 인종, 같은 인종에 속한다는 인종의식이다.

인종을 구분하는 데 관찰만으로 분류할 수 있는 특징과 계측해야 비로소 분류가 가능한 특징이 있다. 분류의 기준으로서 일반적으로 사용되는 신체적 특징 중에서 비교적 중요하고 흔히 사용되는 것은 모발의 형태와 색, 피부색, 눈동자 색깔과 눈 모양, 신장, 머리 모양, 생리적·심리적 특징, 혈액형이다. 오늘날 잘 알려진 분류표를 보면, ㉠ 딕슨(R. B. Dixon)의 두형(頭形)·비(鼻)지수(nasal index, 코 폭/코 높이×100), ㉡ 두니케(Dunike)의 모발, ㉢ 해든(A. C. Haddon)의 모발에 주안점을 둔 신장·두지수(cephalic index, 단경/장경×100) · 비지수, ㉣ 아이크슈테트(E. F. von Eickstedt)의 3인종계주(三人

種系株)에 각각 주인종(主人種)·부인종(副人種)·특수형·중간형을 편성한 확고부동한 분류체계, 그리고 ㉤ 후턴(E. A. Hooton)의 3인종계주를 근간으로 하고 각종 복합인종을 상정한 것, ㉥ 발루아(H. V. Vallois)의 3인종계주에 원시인종을 더해 지리적 분포에 주안점을 둔 것, ㉦ 쿤(R. Kuhn) 등의 인종형성론에 주안점을 둔 것, ㉧ 보이드(R. Boyd) 등의 혈액형 등 유전양식의 확실한 형질을 사용해 인종분류의 새로운 분야를 개척한 방법 등을 들 수 있다.

모발색은 흑색, 흑갈색, 적갈색, 회색, 금발로 분류된다. 그리고 모발형은 직상모, 파상모, 권상모로 나누어진다. 그리고 피부색은 표피심층에 있는 색소과립의 질과 양에 따라 백색, 흑색, 황갈색으로 구분된다. 또 북부 유럽인은 담홍색, 남부 유럽인은 올리브색에서 갈색에 가까운 색을 갖고 있다.

눈의 홍채 속에는 보통 파르스름한 색소가 있고 눈동자 색깔은 홍채 앞에 겹친 색소에 의해 생긴다. 파랑 눈은 홍채 앞부분에 색소가 없어 심부에 있는 색채가 투시되는 경우이다. 파랑 눈, 갈색 눈, 검은 눈이라는 것도 홍채의 앞부분을 통해 홍채의 밑 부분 색깔이 어느 정도 투시되는가에 따라 다르게 나타난다. 눈동자 색깔은 대체로 피부색, 모발색의 짙고 옅음과 관계가 있다. 또 홍채의 색은 피부의 색과 마찬가지로 태양의 자외선에서 눈을 보호하는 몫을 한다. 그러므로 파랑 눈·회색 눈의 유럽인은 열대의 강한 자외선에서 눈을 보호하는 것이 곤란해 색안경을 낀다. 눈을 뜨고 있을 때 눈꺼풀 모양에도 인종에 의한 특색이 나타난다. 유럽인은 편도형(almond shape)이나, 동부 아시아인은 약간 눈꼬리가 치켜지고 눈꼬리에 소위 몽고추벽(皺襞)이라고 불리는 모양으로 되어 있다.

신장은 다른 기준에 비해 환경의 영향을 잘 반영하고 있다. 세계 성인 남자의 평균 신장을 170cm 이상이면 큰 키, 160~169cm이면 중간키, 159cm 이하이면 작은 키로 분류하고 있다. 세계에서 가장 키가 큰 집단은 아프리카의 사라(Sara) 족으로 남자 평균 신장은 181.7cm이다. 이에 대해 아프리카의 피그미(Pygmy) 족은 평균 신장이 140.8cm이다. 신장은 환경의 영향을 받기 쉬운 기준이므로 이 기준만으로 분류하는 것은 합리적이지 않고 보조적인 기준으로 이용해야 한다.

다음으로 머리형은 항상 노출상태에 있어 계측하기 쉬우므로 인종구분에 잘 이용된다. 머리형은 블루멘바흐(J. F. Blumenbach)에 의한 두지수로 측정하는데, 두지수가 74.99 이하이면 장두(長頭), 75~79.99이면 중두(中頭), 80 이상이면 단두(短頭)라고 한다.

〈표 5-6〉 세계 3대 인종의 특징

특징 \ 인종		코카소이드	몽골로이드	니그로
피부색		푸른 장미색 → 올리브색	샛노랑색 → 황갈색 또는 적갈색	갈색 → 흑갈색 또는 황갈색
신장		중간 키 → 큰 키	큰 키의 중간 → 작은 키	큰 키 → 매우 작은 키
머리 모양 및 두고(頭高)		장두 → 단두 중고두(中高頭) → 고두(高頭)	단두가 탁월하다 중고두	장두가 탁월하다 저두(低頭) → 중고두
얼굴 모양		좁음 → 중간의 광돌악(廣突顎)이 없다	중간의 넓이 → 아주 넓음 중간의 높이	중간의 넓이 강한 돌악(突顎)
두발	색	밝은 금발색 → 암갈색	갈색 → 흑갈색	흑갈색
	형상	직모 → 파상모	직모	가벼운 파상모 → 축모(縮毛) 와상모(渦狀毛)
체모		중간 → 밀집	보통	적음
눈	홍채	담청색 → 암갈색	갈색 → 암갈색	갈색 → 흑갈색
	안벽	때로 바깥쪽으로 벽(襞)이 뻗쳐 있다	몽고추벽이 일반적	세로 주름이 잡혀 있는 수가 많다
코	비량(鼻梁)	높은 곳이 탁월함	낮음→보통	낮음
	형상	좁음 → 중간 넓이	중간 넓이	중간 넓이 → 매우 넓음
체형		야윔 → 뚱뚱함	뚱뚱한 것이 탁월함	뚱뚱하고 근육질이 탁월함

자료: 金庚星(1968: 365).

세계에서 가장 전형적인 장두의 종족은 이누이트(Innuit)로서 70~72이며 알류산 열도의 알류트(Aleut) 족은 86으로 세계 최단두(最短頭)에 속한다.

코 모양은 비지수에 의해 구분하는데, 비형지수가 69.9 이하이면 좁은 코, 70~84.9이면 중간 코, 85 이상이면 넓은 코이다. 이 코 모양의 지리적 분포는 극지에 가까이 거주하는 이누이트인은 가장 좁은 코이고 적도의 흑인은 가장 넓은 코이다. 열대기후에서는 넓은 비공(鼻孔)이 습윤한 공기를 호흡기에 아무 지장 없이 대량으로 흡수한다. 그러나 극지방의 인종은 찬 공기가 좁은 코를 통과할 때에 따뜻하게 할 필요가 있기 때문에 자연스럽게 좁은 코를 갖게 되었다.

다음으로 인종에 따라 생리적 기능, 즉 맥박, 체온, 성년에 도달하는 시기 등이 다르다. 또 심리적 기능, 인종에 따라 걸리기 쉬운 병 등도 있다. 끝으로 혈액형에 의한 인종구분을 보면 다음과 같다. 원시인류는 A와 B형이 없었는데 오늘날 유라시아 대륙의 혈액형 분포를 보면, A형은 동부 아시아에 많고 서쪽으로 갈수록 그 수가 적다. 그리고 오스트레일리아에서는 O와 A형이 모두 많다.

크로그만(W. M. Krogman)이 세계의 3대 현생인류인 몽골로이드(Mongoloids), 니그로이드(Negroids),[15] 코카소이드(Caucasoids)의 특징을 종합화한 것이 <표 5-6>이다.

윈즈버로(H. Winsborough) 등은 미국의 109개 도시를 대상으로 백인과 유색인종 가구 간의 거주 분리의 지수를 구했다. <표 5-7>에 의하면 인종적인 분리는 1950년에서 1960년 사이에 절정을 이루었다. 이 시기에는 유색인종의 전입률이 높았고 출생률도 백인이나 유색인종 모두 대단히 높았다. 그리고 이러한 높은 인구 증가율이 도시지역의 공간을 둘러싸고 심각하게 경쟁하고 도시의 분리된 지역에 유색인종의 집중 거주현상이 나타났다. 그 후 출생률이 낮아지고 유색인종의 교외화와 전입의 둔화 등에 의해 거주통합 수준이 꽤 높아지게 되었다. 또 이러한 거주 지역의 통합에는 연방정부의 주택시장 차별화를 금지시킨 주택정책도 효과가 있었다.

이러한 거주 분리는 다음 두 가지 상황에서 나타날 수 있다. 첫째, 한 집단이 다른 집단을 좋아하지 않는 상황이기 때문에 분리되는 것, 둘째 같은 집단의 사람들과 가까운 것이 새로운 환경에 적응하는 데 중요한 역할을 하므로, 그들이 이것을 원할 경우이다. 이 중에서 첫째의 분리과정의 예가 북아메리카의 게토(ghetto)이고, 둘째의 예가 감상(感傷)이나 상징에 의한 집단화의 형태이다.

〈표 5-7〉 미국 109개 도시에서 백인과 유색인종 가구 간의 거주 분리지수

연도	모든 도시	남부지방의 도시	남부지방 이외의 도시
1940	85	85	85
1950	87	89	86
1960	86	91	83
1970	82	88	77

자료: Winsborough, Taeuber and Sorensen(1975: 2).

15) 미국과 캐나다 등에서는 사용을 금하며, 그 대신 블랙 아메리칸(black American)이라 한다.

(2) 유색인종의 게토

게토라는 말은 본래 유럽의 동부 또는 남부지방의 도시에 분포한 유대인의 영역(領域, enclave)을 가리킨다.[16] 그러나 여기에서는 특정 민족(종교) 또는 이탈집단이 몰려와 있는 지역을 말한다. 북아메리카에서의 게토는 그들이 살고 있는 도시의 다수 주민과 구별되는 특정의 사회적·경제적·민족적·문화적 또는 언어적 특성을 갖고 있고, 도시경관 중에서 공간적으로 연속된 지역을 말한다. 문화적 가치관의 차이가 피부색, 언어 또는 종교 등으로 더욱 강조될 경우에는 이 소수인종(minority)이 다수인종(majority)에 의해 둘러싸이기 쉽다. 이런 의미에서 게토는 외부적 압력에 의한 결과라고 할 수 있다.

리스(P. H. Rees)는 시카고를 대상으로 인지생태학적 연구[17]에서 흑인가의 공간적 확대과정을 나타내었다(〈그림 5-19〉). 이 확대과정에서 오래된 흑인가는 부채 모양으로 교외를 향해 좁은 선형(扇形)의 범위에서 한정되었다. 또 로즈(H. M. Rose)의 위스콘신주 밀워키(Milwaukee) 시의 연구에서도 흑인가의 확대과정을 설명했다. 로즈는 게토의 핵이란 그 지역 인구의 75% 이상이 흑인지구이고, 주변은 50~74%가 흑인이고, 30~49%까지의 지구는 점이지대라 했다. 그리고 주변이나 점이지대에 인접해 있고 흑인비율이 30% 이하의 지구는 일시적으로 안정된 지대라고 했다. 백인인구가 많았던 지구에서 점이지대로의 변화는 수년간에 걸쳐서 나타난다. 이에 따라 부동산 가격이 떨어지

---

16) 녹스(P. Knox)는 민족분리를 게토와 소수의 이(異)문화집단의 거주지인 영역(enclave)으로 분리해서 사용할 것을 주장했다. 게토는 다수인종에 의한 주택·노동시장에서의 차별 등 외적 요인에 의해 나타난 것이고, 소수의 이문화집단의 거주지는 집중화에 의한 상호부조, 문화적 정체성(identity)의 유지 등 내적 요인에 의해 나타난 것이기 때문에 그 개념이 다르다고 했다. 게토를 에스닉 게토(ethnic ghetto), 이민자 게토(immigrant ghetto), 흑인 게토(black ghetto)라고 부르기도 하고, 민족 분리를 소수민족사회(ethnic neighborhood), 에스닉 쿼터(ethnic quarter), 에스닉 도메인(ethnic domain), 에스닉 영역(ethnic enclave), 유색 클러스터(colored cluster) 등으로 부르기도 한다.

17) 도시의 내부구조에 관한 연구는 20세기 초 버제스(E. W. Burgess), 호이트(H. Hoyt) 등 도시사회학자들에 의해 연구되기 시작해, 그 후 셰브키(E. Shevky)와 벨(W. Bell)에 의해 도시의 공간적 패턴의 역사적 발전과정을 파악하는 연구가 발달했으며, 도시적 산업사회와 더불어 사회가 어떤 방향으로 발전하는가의 사회적 변화를 척도로 연구되어진 사회지구 분석(social area analysis)으로 발전했다. 그 후 컴퓨터의 보급과 인자 분석법의 사용이 촉진됨으로써 도시 주민의 특성이나 행동의 공간적 분화에 대한 생태학적 연구인 인자 생태(factor ecology) 연구가 스위트저(F. L. Sweetser)에 의해 이루어졌다.

〈그림 5-19〉 시카고에서 흑인 거주 지역의 확대(1920~1965년)

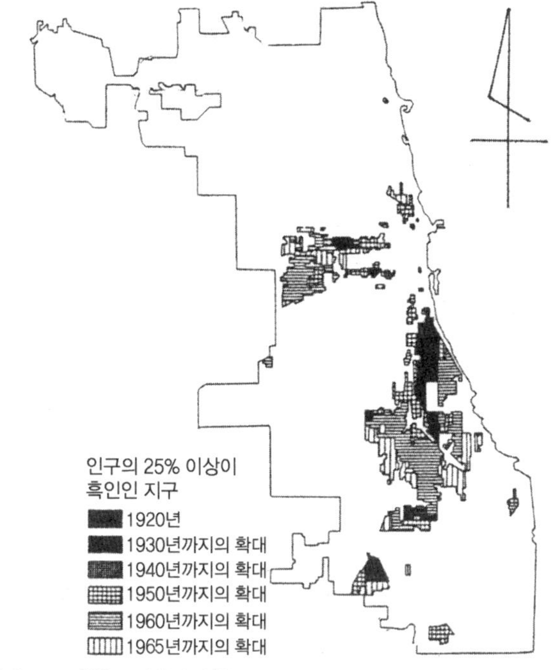

자료: Berry and Horton(1970: 362).

고, 근린사회가 황폐화되며 범죄율이 증가되고 학교수준도 저하되어 이로 인한 백인의 반발이 나타나 인종 대립에 의한 사회계층 간의 갈등이 일어나게 되었다. 즉, 비백인의 도시 내부는 균등하다고는 말할 수 없지만 비백인 게토의 가장 일반적인 특징은 빈곤이고, 백인의 거주 교외지역에 비해 소득은 1/5 정도이다. 이렇게 저소득이 나타나는 이유는 실업률이 높기 때문인데, 때로는 실업률이 10% 이상인 지역도 있다. 이와 더불어 비정규고용이 많은 것도 특징이다. 이와 같이 취업률이 낮은 이유 중 하나는 공업이나 제3차 산업의 취업기회 중심지로부터의 접근성이 낮기 때문이다.

(3) 인종별 구성과 그 분포

현재 세계의 인종분포는 역사적인 이동의 흔적을 잘 반영하고 있다. 게르만·라틴·슬라브족을 중심으로 한 유럽인종은 유럽의 대부분을 차지해 백인종으로서의 코카서스·인도 아리안 족, 햄·셈 족과 더불어 유럽에서 북아프리카, 서남아시아, 남아시아까지 퍼져갔다. 16세기 초 이후 유럽인은 남·북아메리카 대륙을 위시해 오세아니아 주나

〈그림 5-20〉 남아메리카의 인종분포

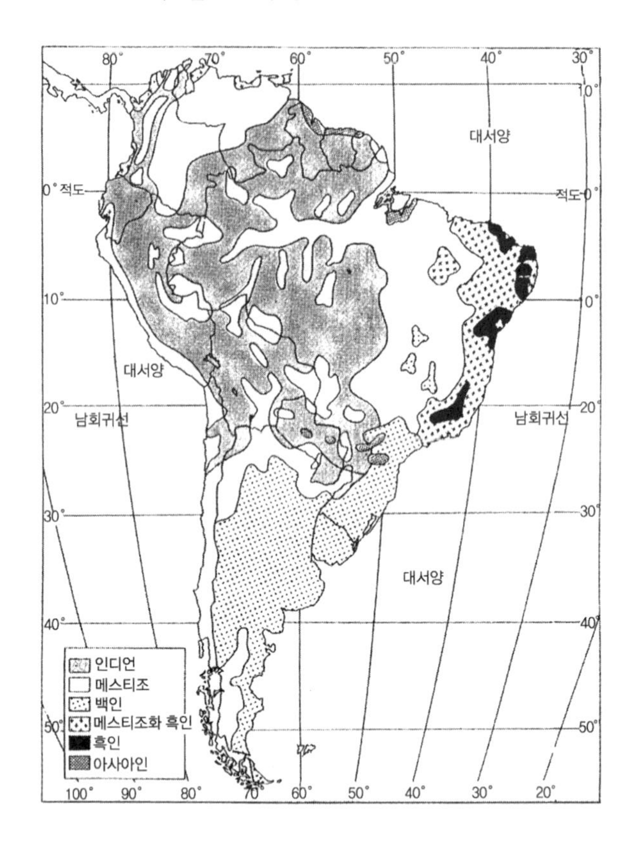

남아프리카까지 많이 이동했으며, 그 결과 백인종이 신·구대륙에 걸쳐 널리 분포하게 되었다. 동아시아를 중심으로 한 황인종인 몽골족은 서쪽으로 카스피 해, 북쪽은 시베리아에서 북극해 연안, 남쪽은 말레이 반도에 이르기까지 이동했다. 중·남아프리카의 수단 반투족은 아프리카 대륙뿐만 아니라 16세기 이후 앵글로아메리카 남부나 라틴아메리카의 저위도 지방까지 거주 지역을 넓혔다. 인도네시아의 여러 섬을 중심으로 한 말레이 인종도 인도양을 건너 멀리 마다가스카르 섬으로 이동했다.

<그림 5-20>은 라틴아메리카의 인종분포를 나타낸 것이다. 유럽인에 의해 1492년 아메리카 대륙이 발견된 이래 원주민인 인디오의 거주 지역에 라틴 인종을 중심으로 한 백인종이 이주해, 원주민과의 사이에 혼혈족인 메스티소(Mestizo)가 탄생했다. 메스티소는 남아메리카의 남부를 제외한 라틴아메리카 대륙에 널리 분포하고 있다. 그 밖에 노동력으로서 아프리카의 흑인종이 이입되어 아메리카 대륙에 널리 분포하고

〈그림 5-21〉 미국의 소수 인종별 분포(국가 평균 이상)

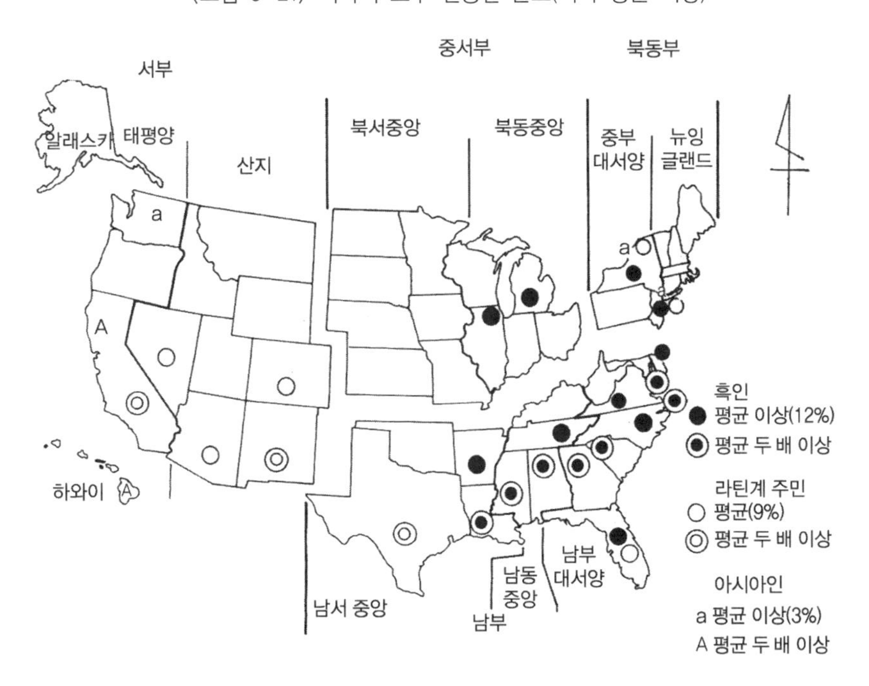

자료: Cole(1996: 217).

있지만 앤틸리스 제도에서 콜롬비아에 걸친 지역은 흑인종의 비율이 높으며, 브라질에서도 북동부의 해안 가까이에 흑인이 널리 분포하고 있고, 흑인의 피를 받은 물라토(Mulatto)[18] 및 잠보(Zambos)족[19]의 수도 매우 많다. 포르투갈인이 처음으로 브라질에 정착한 곳은 북동부지역이다. 이들은 이곳에서 사탕수수를 재배하기 시작해 필요한 노동력을 위해 아프리카에서 흑인을 강제로 이주시켰는데, 그 자손들이 지금도 남아 있다. 아메리카 대륙 남부의 아르헨티나에서 브라질 남부에 걸쳐 백인이 많은 것은 개척 당시 아르헨티나에 영국인이, 브라질에 독일인과 이탈리아인을 중심으로 한 개척과 자본의 도입이 이루어졌기 때문이다. 그래서 인종의 분포는 개척의 역사와 깊은 관계가 있다.

2006년 미국의 인구는 2억 9939만 인으로 이 가운데 백인은 1억 9870만 인, 소수계

18) 백인종과 흑인종의 혼혈족을 말한다.

19) 아메리카 원주민과 흑인 또는 흑백 혼혈족과의 혼혈족을 말한다.

(minority)[20]는 1억 70만 인으로 전체 인구의 33.6%를 차지했다. 소수계 중에서 라틴계(히스패닉) 주민이 4430만 인으로 전체 인구의 14.8%를 차지해 가장 많고, 그다음이 흑인(4020만 인), 아시아인(1490만 인), 아메리카 원주민(450만 인), 하와이계(100만 인)의 순이었다. 워싱턴 D. C.와 하와이·뉴멕시코·캘리포니아·텍사스 주는 소수계가 백인보다 더 많았다. <그림 5-21>은 미국 남부를 중심으로 한 흑인의 분포를 나타낸 것으로 개척 당시에는 목화재배를 위한 노동력으로서 아프리카에서 유입된 흑인이 점차 북부와 서부로 이동했는데, 북부는 취업의 기회가 많은 대도시지역으로 이동한 경향을 잘 나타내고 있다. 이것도 인종분포가 역사적 이동을 나타내는 한 예라고 할 수 있다.

(4) 민족

민족[21]은 문화적·사회적 차이를 바탕으로 한 인류 집단으로, 지리학에서는 인종보다 중요한 개념이다. 그러나 민족을 규정하고 민족의 성립과 결합의 기반이 되는 요인은 언어, 종교, 인종(인종의식), 지역(지리적 공간), 역사, 생활양식 등으로 다양하다. 그 어느 한 가지만으로 분류를 할 수 없다. 그중에서 아마 언어는 민족의 규정요인으로서 가장 중요하다고 할 수 있다. 언어는 민족 구성원 간에 커뮤니케이션을 매개로 그 문화를 표현하고, 그것을 후세에 전달한다. 따라서 언어는 민족을 식별하는 가장 강력한 지표라 할 수 있다.

민족은 특정의 지리적 공간을 기반으로 하며, 공통의 생활양식, 전통문화, 상징(symbol)을 가짐에 따라 하나의 민족으로서 공통적인 의식을 가지고 역사적인 운명이라는 공동의 요소도 가지고 있다. 미국에는 유럽계 아메리카인과 아프리카계 아메리카인이 '아메리카인'이라는 하나의 민족의식을 갖고 있다. 이것 또한 과거의 역사적 운명의

20) 소수민족 거주지는 차별과 집단의 내적 응집력 간의 상호작용의 산물이며, 소수민족 거주지의 유형으로는 거류지(colony), 영역(enclave), 게토(ghetto)가 있다.

21) 민족이란 전통적인 언어와 생활양식, 가치관과 규범체계를 조상대대로 이어받고 있는 집단을 의미하며, 에스니시티(ethnicity)는 이민·난민·강제이주자와 같이 자의적·타의적으로 모국을 떠나 새로운 국가(지역)에서 생활하는 집단을 의미한다. 민족과 에스니시티의 차이점은 다음 표와 같다.

구분	전통적인 민족	상징적인 민족	다수자 (majority)	소수자 (minority)	민족자결 추구 유무
민족	○	×	○	×	○
에스니시티	×	○	×	○	×

〈그림 5-22〉 아프리카의 부족과 국가 경계의 불일치

자료: Getis, Getis and Fellman(1996: 301).

분열 때문이라고 생각한다. 민족은 이동함에 따라 그 기반적 공간을 바꾼다. 이 이동은 인류의 역사를 통해 항상 볼 수 있었지만 근세 이후 유럽계 여러 민족이 신대륙으로 이동한 것이 가장 규모가 컸다. 민족이동은 인류사의 장대한 드라마이고, 동시에 환경과 인간에 관한 많은 지리적 주제를 환기시켜준다.

아프리카의 부족과 국가 경계의 불일치를 나타낸 것이 <그림 5-22>이다. 근대국가의 경계는 부족의 분포를 무시하고 유럽의 식민지 권력에 의해 형성되어 각 국가에서는 민족의 다양성을 갖게 되었고 또 민족 간의 갈등이 끊임없이 일어나게 되었다.

(5) 민족별 거주 분리

근대의 민족은 스스로 국가, 즉 민족국가를 형성하는 것을 하나의 이상으로 생각했지만, 실제로 많은 국가는 내부의 이질적인 요소인 다양한 특색을 갖는 민족계의 집단을 가지고 있다. 이들 집단은 국가의 틀 속에서 국민이라는 의식 이외에 스스로 다른

민족과 구별되는 집단이라는 자각·과시를 함과 동시에 때에 따라 이해관계로 대립하기도 한다. 이것이 민족그룹(ethnic group)이다. 민족그룹은 국가와 민족의 상승작용의 결과로서 형성되어 성장한다.

민족 집단의 입지에 관한 고전적인 논문 중에서 피레이(W. Firey)는 외적인 압력 이외에도 두 가지 상황이 특정 민족 집단이나 특정 사회계층 사람들의 집단화를 가져온다고 지적했다. 그것은 상징성과 감상이다. 상징성은 그것이 역사적·미적 요소와 결부되었을 때 더욱 중요하며, 감상은 특정한 위치에 부수적인 것이다. 민족 간의 거주분화는 시카고학파에 의한 생태학적인 민족동화의 개념이 새로운 이민 집단에도 적용될 수 있다는 것이 검증되었다.

이러한 민족의 거주분화에 대한 논의는 최근 거주지 분화가 소수민족의 주류사회로의 낮은 동화에 기인한다고 주장하는 지리적 동화론(spatial assimilation)과 주택금융시장의 인종차별에 기인한다는 층화론(place stratification), 그리고 거주지선택에서 타민족에 대한 선입관과 자기민족에 대한 선호에 기인한다고 제기되는 민족성론(resurgent ethnicity)으로 나누어 살펴볼 수 있다. 먼저 시카고 도시생태학에 뿌리를 두고 있는 지리적 동화론은 거주지 분화의 원인을 소수민족집단 또는 그 구성원 개인의 동화의 정도가 낮기 때문이라고 주장하며, 주류사회의 가치와 문화를 받아들이고 교육과 소득수준이 향상되면 거주지 분화가 없어진다고 보았다. 따라서 소수민족 집단거주지는 새로운 이민자들이 동화되기 전에 거주하는 임시 거처이자 주류사회로 적응의 발판이라고 보았다. 여기서 동화는 이주국에서 소득이나 교육수준과 같은 사회적·경제적 지위에 의해 측정될 수 있는 구조적 동화(structural assimilation)와 이주국 언어 습득정도, 그리고 체류기간으로 측정될 수 있는 문화적 동화(cultural assimilation)로 나눌 수 있다. 그러므로 지리적 동화론은 한 집단의 거주지분화 정도가 구조적, 그리고 문화적 동화의 정도와 반비례하며, 그 집단이 이주국의 문화와 언어를 습득하고 더욱 나은 교육을 받고 경제적 부를 쌓으면 다수민족 집단과 혼주(混住)로 이어지지 않는다고 지적했다.

다음으로 층화론은 주택시장에서 이루어지는 차별관행들이 혼주를 막고 거주지 분화를 지속시킨다고 로건과 몰로치(J. R. Logan and H. L. Molotch)는 주장했다. 즉, 조정(steering)은 개별 거주지에 인종적 꼬리표를 붙여 주택시장을 분절화하고 소수민족 집단을 특정 거주지에 한정시킨다. 한편 지역 지위 강등(blockbusting)은 소수민족집단이 혼주를 위해 이주하더라도 기존 다수민족 집단이 다른 곳으로 이주해 감으로써 여전히 서로 분화되어 살게 된다. 게다가 특정 경계지역 지정(redlining)은 소수민족거주지 주민들이 적절한 주택담보대출을 받지 못하게 해 결과적으로 재개발이 이루어지지 않고 쇠락하게 한다. 이렇듯 층화론은 혼주를 가로막고 거주지 분화를 유지하게 하는 제도적·구조적 요인을 강조한다. 특히 동화론과 대별되어 층화론은 소수민족집단이 사회경제적 자원을 획득한다 하더라도 여전히 소수민족 집단거주지에 머물 수밖에 없다고 주장한다.

마지막으로 민족성론이 함의하는 공간적 과정은 다음과 같다. 거주지 선택에서 자기민족에 매력을 느끼는 반면, 특정 타민족에 대해 거부감을 가지는데, 이것들이 결합되어 자기 거주지의 인종·민족구성을 특별히 선호하게 된다는 것이다. 첫째, 다수의 새로운 이민자로 도심의 전통적 집단거주지가 포화상태가 되어 지리적으로 팽창하는 유출효과(spillover effect)가 있다. 그 예로서 1990년 로스앤젤레스의 멕시코 인들의 집단거주지를 들 수 있다. 둘째, 새로운 이민자가 친지나 친구의 거주지 곁으로 정착하는 연쇄이민(chain migration)이 있으며, 셋째 새로운 이민자의 높은 사회경제적 지위 덕택에 도심의 전통적인 집단거주지를 거치지 않고 바로 교외에 정착할 수 있다. 남부 캘리포니아의 일본기업에 근무하는 일본인 기술자들과 로스앤젤레스 카운티의 중국인과 한국인이 그런 사례이다.

같은 민족끼리 거주함에 따라 다른 민족과의 갈등이 없어지게 되는데 이러한 점을 분석하기 위한 생태학적 방법으로 사용되는 것이 비유사지수, 교환지수, 분리지수(index of segregation)이다. 이 가운데 분리지수는 인종, 도시, 시대에 따라 다르게 나타나는 도시 내의 거주 집단 분포의 응집성을 측정하는 수단으로 많이 사용된다.

분리지수 연구의 선구자는 1947년 존(J. A. John), 슈미트(C. F. Schmidt), 슈락(C. Schrag) 등이나, 그 후 여러 가지 문제점이 논의된 후 1955년 던컨(O. D. Duncan)과 던컨(B. Duncan)의 연구에 의해 논란의 종지부를 찍었다. 이 지수는 현상 분포의 불균등도를 나타내는 지니(Gini)지수와 같은 종류로, 값이 0이면 완전히 균등한 분포상태 또는 혼재된 상태를 나타내며, 가장 응집된 상태 또는 분리된 상태일 때는 100이 된다.

분리지수의 공식은 다음과 같다.

$I.S. = \sum_{i=1}^{n} \frac{|(X_i/\sum X_i) - (N_i/\sum N_i)|}{2} \times 100$ 으로 여기에서 X_i는 연구대상 지역 중 단위 지역에서 특정 현상의 수이며, N_i는 연구 대상지역의 특정 현상 총수이다. 예를 들면

연구대상지역 단위 지역 i의 특정 민족 수를 X_i라 하면 $\sum X_i$는 연구대상지역 전체의 특정 민족 총수가 된다. 그리고 N_i는 단위 지역 i민족 총수이며 $\sum N_i$는 연구지역의 모든 민족 수가 된다.

다음으로 분리지수와 유사한 상이지수(相異指數, index of dissimilarity)는 덩컨(O. D. Duncan)과 덩컨(B. Duncan)에 의해 이름 지어졌는데 그 공식은 다음과 같다.

$I.D. = \sum_{i=1}^{n} \frac{|(X_i/\sum X_i) - (Y_i/\sum Y_i)|}{2} \times 100$ 으로 X_i는 단위 지역 i의 특정 민족 수, $\sum X_i$는 연구 대상지역 특정 민족 총수이고, Y_i는 단위 지역 i의 다른 특정 민족 수, $\sum Y_i$는 연구 대상지역의 다른 특정 민족 총수이다.

1883년부터 1940년까지 한국 인천의 민족별 인구구성비를 나타낸 것이 <표 5-8>로, 1900년까지 인천에는 한국 사람이 많이 거주했으나 1900~1905년 사이에는 일본인이 가장 많았고, 그 후 한국 사람이 가장 많이 거주했다. 1932년 당시 인천시의 민족별 거주지 분리지수는 $S = \frac{1}{2}\sum_{i=1}^{k} X_i - Y_i$에 의해 산출하면 <표5-9>와 같다.
여기에서 X_i: X 민족 총수 중 i동에 거주하는 인구비율, Y_i: X 민족을 제외한 다른

〈표 5-8〉 인천시의 민족별 인구수와 구성비

연도	한국인		일본인		중국인		기타 외국인*		총인구	
	인구수	%	인구수	%	인구수	%	인구수	%	인구수	%
1883			348							
1885			562							
1890			1,616							
1895	4,728	53.3	4,148	46.7					8,876	100.0
1900	9,393	60.2	4,215	25.6	2,274	13.8	63	0.4	16,445	100.0
1905	10,866	41.3	12,711	48.3	2,665	10.1	88	0.3	26,330	100.0
1910	14,820	47.8	13,315	42.9	2,806	9.1	70	0.2	31,011	100.0
1915	18,185	58.2	11,898	38.0	1,125	3.6	56	0.2	31,264	100.0
1920	23,855	65.4	11,281	30.9	1,318	3.6	36	0.1	36,490	100.0
1925	41,538	73.8	11,969	21.3	2,741	4.9	28	0.0	56,276	100.0
1930	49,960	78.5	11,238	17.7	2,427	3.8	33	0.0	63,658	100.0
1935	65,595	81.6	12,492	15.5	2,291	2.8	42	0.1	80,420	100.0
1940	160,340	89.0	18,088	10.0	1,749	1.0	39	0.0	180,216	100.0

* 영국인, 독일인, 미국인, 프랑스인, 러시아인 등임.

자료: 尹正淑(1987: 281~282).

〈표 5-9〉 인천시의 민족별 거주지 분리지수(1932년)

민족	한국인	일본인	중국인	기타 외국인*	다른 세 민족
한국인	-	73.16	74.21	92.06	72.08
일본인		-	63.06	70.03	72.18
중국인			-	92.08	70.09
기타 외국인*				-	87.94

* 영국인 4인, 독일인 11인, 미국인 9인, 프랑스인 6인, 러시아인 4인임.

자료: 尹正淑(1987: 292).

민족 인구 중 i동에 거주하는 인구비율, k: 분리지수(S)를 산출하기 위한 기본 단위 지역수이다. 1932년 인천시의 민족별 거주지 분리지수를 보면(〈표 5-9〉), 기타 외국인 사이가 가장 높으며(지수 값: 87.94), 그다음으로 일본인, 한국인, 중국인 순으로 낮아 민족 간의 거주지 분리가 상당히 진행되었음을 나타내고 있다. 두 민족 간의 분리지수를 보면, 중국인과 기타 외국인과의 분리가 가장 큰데(92.08), 이는 두 민족 모두 인천에서 소수민족이고, 특히 중국인 집중지역이 한정되어 있기 때문이다(〈그림 5-23〉).

〈그림 5-23〉 인천부의 행정구역(가)과 민족별 입지계수(나)(1932년)

(가) 인천부의 행정구역

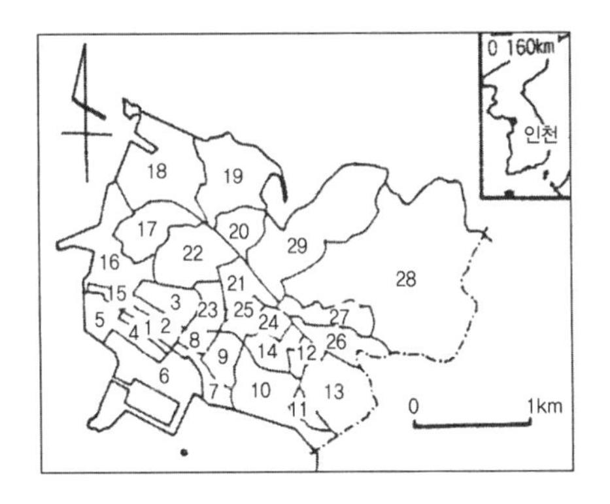

1. 본정(本町) 2. 중정(仲町) 3. 산수정(山手町) 4. 해안정(海岸町) 5. 항정(港町) 6. 빈정(濱町) 7. 궁정(宮町) 8. 신정(新町) 9. 사정(寺町) 10. 화정(花町) 11. 부도정(敷島町) 12. 유정(柳町) 13. 도산정(桃山町) 14. 율목리(栗木里) 15. 지나정(支那町) 16. 화방정(花房町) 17. 송판정(松板町) 18. 만석정(萬石町) 19. 신화수리(新花水里) 20. 화평리(花平里) 21. 용강정(龍岡町) 22. 산근정(山根町) 23. 내리(內里) 24. 외리(外里) 25. 용리(龍里) 26. 우각리(牛角里) 27. 금곡리(金谷里) 28. 송림리(松林里) 29. 송현리(松峴里)

(나) 민족별 입지계수

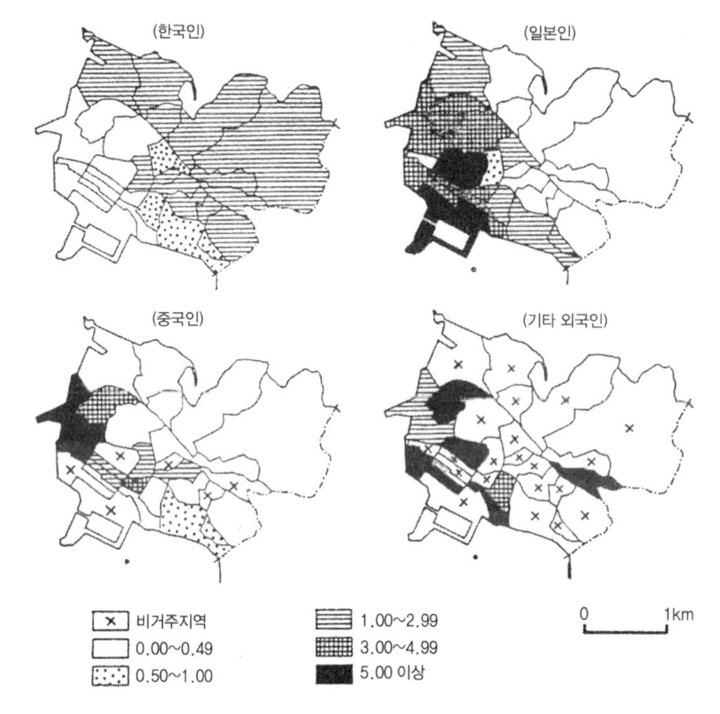

자료: 尹正淑(1987: 280, 290).

이와 같은 외국인 이주민의 집중거주지가 이주국의 사회에 동화된다고 반드시 쇠퇴하는 것은 아니라, 오히려 자신의 생활과 문화를 유지하면서 존속한다는 사실이 최근에 밝혀졌다. 이에 대한 주요 요인으로 '이주국에서의 차별과 고립'과 '자민족 단합'을 들 수 있다. 첫째, 이주국에서의 차별과 고립으로 외국인 이주민은 이주국 사회의 경제적·사회적·문화적 환경에 제대로 적응하지 못한 결과, 주류사회와 분리된 채로 자신들의 집중거주지를 유지하고 발달시키는데, 이러한 현상은 선진국보다 개발도상국 출신 외국인의 집중거주지에서 쉽게 나타난다. 인천시의 차이나타운이 그 예로, 개발도상국 외국인 이주민 집중거주지에 내재한 복잡한 갈등구조의 요인은 그들 각자의 아비투스(habitus)[22]에서 찾아볼 수 있다.

22) 아비투스는 부르디외(P. Bourdieu)가 처음으로 제시한 개념으로 주체(개인)가 차지하는 공간(위치)과 사회적 여정에 따라 그 사회화의 결과가 상이하다는 의미를 내포한다. 즉, 개인의 성향과 그가 속한 공간이 상호작용하면서 사회화가 진행되는데, 그것이 지역별로 상이하므로 아비투스가 서로

둘째, 자민족의 단합이다. 외국인 이주민은 이주국에서의 차별과 고립으로 인해 주류사회와 분리되지만, 그 과정에서 자민족끼리 연대해 자신들의 불리한 경제적·사회적·문화적 환경을 극복함으로써 그 집중거주지를 유지하고 발달시킬 수도 있다는 것이다. 미국의 아시아계 외국인의 거주 지역이 이러한 예로서, 외국인 이주민 집중거주지의 유지와 발달은 트렌스로컬리티(translocality)[23]라는 개념으로 더 상세하게 고찰할 수 있다. 중국의 옌벤(延邊) 지역은 최근 한국에서 일하는 중국 동포의 해외송금을 통해 가계경제가 성장하고, 나아가 사회기반시설이 확충됨으로써 지역사회가 발전했다. 그리고 그 과정에서 지역경관이 나름대로 한국적으로 변모하는 트렌스로컬리티를 형성했다. 이러한 사례는 서울시 동대문 부근의 신금호타워를 중심으로 형성된 몽골타운 등에서도 볼 수 있다.

3. 사회적 인구구조와 분포

1) 가구 · 가족 구성

(1) 가구 구성

한국의 센서스 정의에 의하면 가구는 하나의 주거에서 공동생활을 하고 있는 집단을 말한다. 가구는 일반(또는 보통)가구와 집단(준가구)가구로 나누어지는데, 집단가구는 기숙사, 교도소 등과 같이 동일한 건물에서 생활하지만 일상적인 가구와는 성격이 다른 사람들의 집단을 말한다. 일반가구는 혈연(친족)가구와 비혈연(비친족)가구로 나누어지는데, 혈연가구는 친족관계 또는 가족관계에 있는 사람들을 중심으로 한 가구이고, 비혈연가구는 전혀 친족관계가 없는 사람들이 한집에서 같이 생활하는 경우를 말한다. 단독가구는 혼자 사는 경우로 일반가구에 속한다(〈그림 5-24〉).

다른 것이다.

23) 기존의 방법론적 초국가주의가 외국인 이주를 단순히 국경을 넘는 초국가적 이주로 설명했을 뿐 이주가 시작된 본국의 특정 지역과 그것이 정착 및 경유하는 이주국의 특정 지역 간의 관계 및 그것들과 이주민의 관계를 규명하지 못하는 한계를 보완하고자 제기된 개념이다. 즉, 기존의 초국가적 개념에 지역성을 반영한 것이라 할 수 있다.

〈그림 5-24〉 가구의 분류

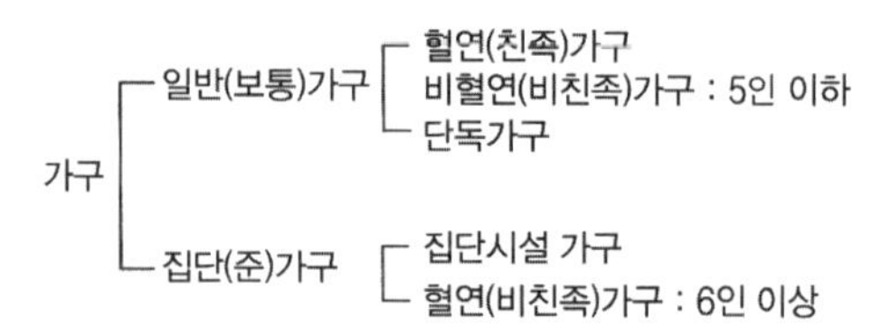

(2) 가족 구성의 유형

가족은 사회의 가장 기본적인 기초집단이다. 부부와 그 자녀를 주체로 하고, 때로는 부부의 아버지와 어머니를 포함하면 직계가족(extended family)이 되고, 가구주의 숙부·숙모 등에 해당하는 방계친족을 포함할 경우도 있다. 그리고 결혼한 형제들이 동거하는 가족은 결합가족이라 한다. 가족을 가족 구성상에서 보면 세 가지 유형으로 나눌 수가 있다. 첫째, 유럽 여러 나라와 미국에서 볼 수 있는 바와 같이 부부와 미혼자녀로 구성된 핵가족(소가족), 둘째 한국에서 볼 수 있는 직계가족을 가족 구성원의 중심으로 하는 직계가족, 셋째 중국 등의 국가에서 볼 수 있는 복수의 가족이 동거하는 대가족이 그것이다.

세대구성은 가장 높은 세대에 속한 사람과 가장 낮은 세대에 속하는 사람 사이의 거리라 할 수 있다. 세대구성은 부부로 된 1세대, 부모와 자녀로 된 2세대, 조부모와 부모 및 자녀로 구성되었거나 조부모와 손자녀만으로 구성되어 중간 세대가 빠진 3세대 등으로 구분된다.

(3) 핵가족과 핵가족률

핵가족 중에는 단독가구를 포함하는 경우도 있는데, 대부분의 경우 단독가구는 포함되지 않는다. 핵가족은 ㉠ 부부만의 가구, ㉡ 부부와 미혼자녀로 구성된 가구, ㉢ 아버지와 미혼의 자녀로 구성된 가구, ㉣ 어머니와 미혼의 자녀로 구성된 가구로 나눌 수 있다.

핵가족률은 $\frac{\text{핵가족 수}}{\text{총가족 수}} \times 100$이다. 핵가족률이 상승한 원인에는 민주주의적 사고에 바탕을 둔 것으로 첫째, 젊은 부부가 과거의 계보가족(系譜家族)을 떠나 독립하려는 경향을 강하게 갖기 때문에, 둘째 젊은 부부가 과거의 계보가족 중에서 상실한 핵가족

〈표 5-10〉 한국의 세대구성별 가구 구성비(일반가구)(2010년)

구분		동부		읍부		면부		전국	
		가구 수	구성비(%)	가구 수	구성비(%)	가구 수	구성비(%)	가구 수	구성비(%)
1세대 가구	부부	1,864,431	13.3	286,835	19.3	520,350	28.6	2,671,616	15.4
1세대 가구	부부+미혼 형제자매	13,407	0.1	1,265	0.1	1,260	0.1	15,932	0.1
1세대 가구	부부+기타 친인척	19,133	0.1	1,724	0.1	2,458	0.1	23,315	0.1
1세대 가구	가구주+미혼 형제자매	179,998	1.3	6,507	0.4	4,540	0.2	191,045	1.1
1세대 가구	가구주+기타 친인척	58,384	0.4	3,891	0.3	4,504	0.2	66,779	0.4
1세대 가구	기타	46,461	0.3	4,870	0.3	7,376	0.4	58,707	0.3
2세대 가구	부부+미혼자녀	5,544,228	39.5	521,117	35.0	350,328	19.2	6,415,673	37.0
2세대 가구	부+미혼자녀	297,813	2.1	26,420	1.8	23,215	1.3	347,448	2.0
2세대 가구	모+미혼자녀	1,090,295	7.8	84,012	5.6	72,383	4.0	1,246,690	7.2
2세대 가구	부부+양친	16,076	0.1	2,846	0.2	5,944	0.3	24,866	0.1
2세대 가구	부부+한 부모	80,459	0.6	16,712	1.1	37,486	2.1	134,657	0.8
2세대 가구	부부+미혼자녀+부부 미혼형제자매	49,258	0.4	4,027	0.3	2,440	0.1	55,725	0.3
2세대 가구	기타	433,733	3.1	45,764	3.1	68,374	3.8	547,871	3.2
3세대 가구	부부+미혼자녀+양친	100,721	0.7	13,472	0.9	19,957	1.1	134,150	0.8
3세대 가구	부부+미혼자녀+부친	57,368	0.4	6,510	0.4	7,188	0.4	71,066	0.4
3세대 가구	부부+미혼자녀+모친	357,144	2.5	40,842	2.7	48,829	2.7	446,815	2.6
3세대 가구	조부모+미혼 손자녀	34,832	0.2	5,974	0.4	10,353	0.6	51,159	0.3
3세대 가구	조부 또는 조모+미혼 손자녀	51,836	0.4	6,828	0.5	9,471	0.5	68,135	0.4
3세대 가구	기타	326,682	2.3	37,201	2.5	46,693	2.6	410,576	2.4
4세대 이상 가구		8,589	0.1	1,562	0.1	2,618	0.1	12,769	0.1
1인 가구		3,244,064	23.1	346,562	23.3	551,539	30.3	4,142,165	23.9
비친족 가구		156,157	1.1	22,549	1.5	23,557	1.3	202,263	1.2
계		14,031,069	100.0	1,487,490	100.0	1,820,863	100.0	17,339,422	100.0

자료: 통계청, http://kosis.kr

의 4가지 기능[성적(性的)·교육적·경제적·재생산적(reproductive)[24] 기능]을 회복한 것 등이 있다. 그러나 한편으로는 이러한 행동이 인구이동의 형태로 나타나 농촌에서 도시로 인구가 이동함에 따라 도시지역은 젊은 부부의 핵가족화, 농촌지역에서는 늙은 부부의 핵가족화가 나타나게 되었다. 2010년 한국의 일반가구 가족 구성비를 보면(〈표 5-10〉), 부부와 미혼자녀로 구성된 가구 수가 전국 가구 수의 37.0%를 차지해 가장 많고, 그다음이 1인 가구(23.9%), 부부가구(15.4%)의 순으로 나타났다. 이를 동부(洞部)와 읍·면부로 나누어보면, 동부의 경우 부부와 미혼자녀로 구성된 가구가 동부 가구 수의 39.5%를 차지해 가장 높았고, 그다음으로 1인 가구(23.1%), 부부가구(13.3%)의 순이며, 읍·면부는 부부와 미혼자녀로 구성된 가구가 읍·면부 가구 수의 35.0%, 19.2%를 차지해 동부보다 낮으며, 그다음으로 부부가구(19.3%, 28.6%), 1인 가구(23.3%, 30.3%)로 동부는 읍·면부보다 부부와 미혼자녀로 구성된 가구가 높고, 읍·면부는 동부보다 부부가구와 1인 가구가 높은 것이 특징이다. 핵가족률은 전국이 61.6%로 동부는 전국 평균보다 높은 62.7%로 읍·면부의 61.7%, 52.1%보다 높다. 한편 부부가구는 동부가 13.3%, 읍·면부는 19.3%, 28.6%를 차지해 동부는 젊은 부부의 핵가족화가, 군부에서는 노부부의 핵가족화가 두드러지게 나타나고 있다는 것을 알 수 있다.

다음으로 최근 증가 추세를 나타내는 1인 가구의 결혼 상태별(marital status) 구성비를 보면 다음과 같다. 1인 가구는 사별이 가장 많으며, 그다음은 낮은 비율이지만 유배우로 부부 모두 다른 지역에서 직장생활을 함에 따라 나타난 것이고, 그다음은 이혼의 순이다. 먼저 미혼의 경우 남자가 20~24세, 65세 이상의 연령층을 제외하고 모든 연령층에서 여자보다 비율이 높은데, 특히 30~54세 사이의 연령층에 미혼 남자의 비율이 높아 최근의 도시와 농촌을 막론한 미혼율을 반영하는 것이라 할 수 있다. 유배우의 경우는 20~24세 연령층을 제외하고 모든 연령층에서 남자의 1인 가구의 비율이 높은 것은 여자들의 경우 자녀들과 거주하는 비율이 높기 때문이다. 사별의 경우 모든 연령층의 여자들이 1인 가구의 비율이 높은데, 연령이 많을수록 1인 가구의 비율이 매우 높은 것은 고령화 때문이라고 본다. 남자들의 1인 가구 비율이 낮은 것은 재혼이 상대적으로 높기 때문이라고 생각한다. 이혼의 경우는 20세 미만의 경우 남자의 1인 가구의 비율이 높으나 45~49세의 연령층까지는 여자의 1인 가구 비율이

24) 출생의 재생산적 기능을 말한다.

〈표 5-11〉 결혼 상태별 1인 가구의 구성비(2010년)

연령층	계	남(%)	여(%)	미혼			유배우			사별			이혼		
				계	남(%)	여(%)	계	남(%)	여(%)	계	남(%)	여(%)	계	남(%)	여(%)
계	4,142,165	46.5	53.5	1,843,266	60.2	39.8	534,028	63.3	36.7	1,208,450	16.2	83.8	556,421	50.5	49.5
20세 미만	48,584	50.1	49.9	48,491	50.0	50.0	78	52.6	47.4	0	0.0	0.0	15	73.3	26.7
20~24	272,226	47.0	53.0	270,911	47.0	53.0	1,003	47.8	52.2	66	37.9	62.1	246	33.3	66.7
25~29	490,847	57.1	42.9	476,286	57.5	42.5	11,848	48.2	51.8	218	35.3	64.7	2,495	36.0	64.0
30~34	426,747	64.1	35.9	381,295	65.1	34.9	32,447	61.8	38.2	658	42.7	57.3	12,347	40.3	59.7
35~39	364,095	64.6	35.4	276,716	67.1	32.9	46,194	68.3	31.7	1,849	43.2	56.8	39,336	43.2	56.8
40~44	313,421	62.8	37.2	169,197	68.2	31.8	63,899	69.3	30.7	5,617	35.6	64.4	74,708	47.2	52.8
45~49	314,894	58.5	41.5	100,137	67.7	32.3	86,713	65.8	34.2	18,947	28.2	71.8	109,097	49.6	50.4
50~54	323,209	53.1	46.9	59,663	63.2	36.8	93,119	63.3	36.7	48,859	24.5	75.5	121,568	51.7	48.3
55~59	267,512	45.6	54.4	29,126	55.9	44.1	68,570	61.6	38.4	83,884	20.7	79.3	85,932	53.7	46.3
60~64	254,265	36.3	63.7	14,608	50.1	49.9	48,831	61.1	38.9	136,641	18.4	81.6	54,185	55.2	44.8
65세 이상	1,066,365	20.3	79.7	16,836	43.9	56.1	81,326	58.8	41.2	911,711	14.5	85.5	56,492	52.7	47.3
%	100.0	-	-	1.6	-	-	7.6	-	-	85.5	-	-	5.3	-	-

자료: 통계청, http://kosis.kr

〈그림 5-25〉 1인 가구비율의 지역적 분포(2005년)

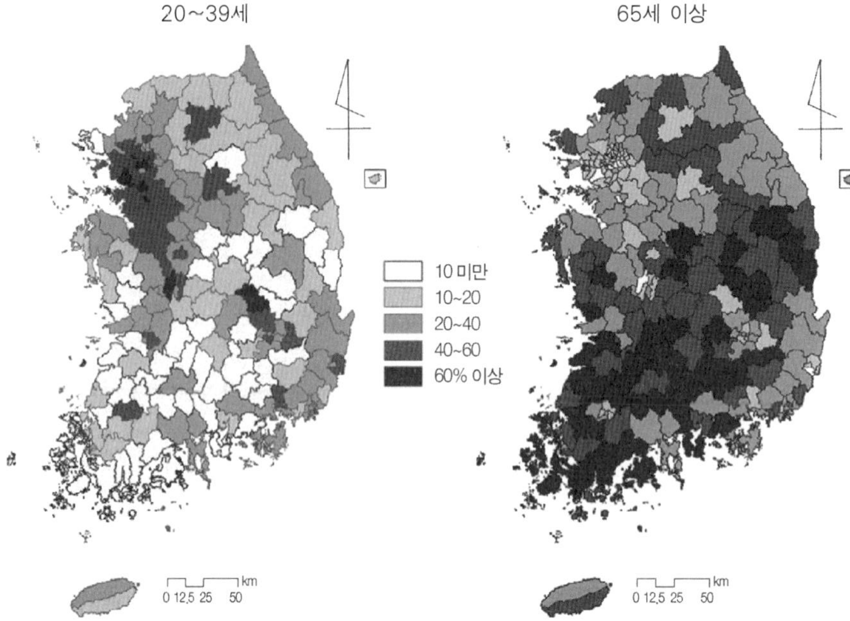

20~39세

65세 이상

10 미만
10~20
20~40
40~60
60% 이상

0 12.5 25 50 km

자료: 이희연 외(2011: 493).

높고 50세 이상의 연령층에서는 남자의 1인 가구비율이 높은데, 이는 남자의 경우 49세 이전까지 재혼을, 여자는 49세 이후에 재혼을 하는 것이 하나의 원인이 아닌 것인가 추측할 수 있다(〈표 5-11〉).

2005년 전국에서 1인 가구 비율이 가장 높은 지역들은 주로 군부지역으로 경남 의령군(35.6%)을 비롯한 합천군(32.4%), 전남 신안·진도·보성·함평군과 경남 창녕군 등으로 1인 가구비율이 30%를 상회한다. 전라도와 경상도 산간지역에 입지한 군부지역의 경우 인구의 절대적 감소와 함께 고령화에 따른 독거노인이 많아 상대적으로 1인 가구 비율이 높았다. 그러나 서울시 관악구(32.6%)의 경우는 서울대학교가 입지해 있고 고시촌이라는 특성으로 인해 젊은 층의 1인 가구 비율이 매우 높으며, 이어서 부산시 중구(32.6%), 대구시 중구(30.9%), 서울시 중구(28.2%)도 1인 가구 비율이 상당히 높다. 이 지역들은 고용유발지로 사회 초년의 젊은 층이 상대적으로 많이 거주하기 때문으로 생각한다.

이와 같이 1인 가구 비율이 유사하더라도 연령층별 1인 가구 구성비는 상당히 다를 수 있다. 연령층에서 가장 대비를 보이는 20~39세 젊은 연령층의 1인 가구비율과 65세 이상의 노년층 1인 가구 비율의 공간분포 패턴을 비교하면 다음과 같다. 즉, 시·군·구별 20~39세 1인 가구 비율이 높은 지역은 주로 대도시에 밀집되어 있는 반면, 65세 이상 1인 가구 비율이 높은 지역은 대부분 농촌에 집중되어 있는 것으로 나타났다(〈그림 5-25〉). 따라서 20~39세 연령층 1인 가구 비율과 65세 이상 연령층 1인 가구 비율 간의 상관계수는 -0.95로, 연령층에 따른 1인 가구의 지역적 분포 패턴이 매우 높은 음의 상관관계를 나타내어 이를 증명해준다.

지난 50년간 한국 사회의 가구 및 가족에 대한 연구는 연구범위나 방법이 전문·세분화되고, 학제 간 연구도 이루어져 가족에 대한 종합적인 이해를 추구하는 방향으로 전개되고 있다. 기존의 논의들을 정리하면, 가족구조는 크게 사회적 요인, 인구학적 요인 및 가족가치관적 요인 등에 의해 상호 영향을 받으며, 또 각 요인의 내부 구성요소 간에도 영향을 받아 변화한다고 할 수 있다. 예를 들면 사회적 요인인 여성의 지위변화는 여성의 사회화로 결혼이나 부부관계에 대한 가치관의 변화와 인구학적 요인의 초혼연령의 상승을 가져와 가족규모가 작아지고 가족세대는 단순화되는 가족구조의 변화를 가져오게 된다(〈그림 5-26〉). 이에 따라 1인 가구, 노인 단독가구, 한 부모 가구,

〈그림 5-26〉 가족구조 변화에 영향을 미치는 요인 간의 관계

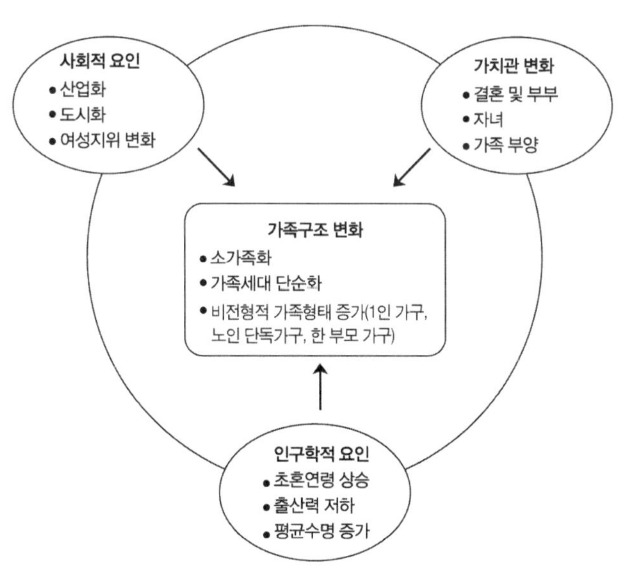

자료: 김두섭·박상태·은기수(2002: 250).

여성가구주 가구와 같은 비전형적인 모습의 가족형태가 증가하고 있다. 이러한 일탈적인 가족유형에 대해 가족 해체론적 관점에서 이러한 가족의 문제점을 지적하고 해결책을 마련해야 한다는 입장이 있다. 반면에 현재 진행 중인 가족의 다양화 현상을 새로운 가족형태의 등장으로 인정하고 이를 수용할 수 있는 사회정책적 대안을 적극적으로 마련해야 한다는 입장도 있다. 이러한 두 가지 입장의 등장은 그동안 우리 사회가 '압축적 근대화'로 말미암아 혼재된 가족유형에 기인한다.

2) 결혼 상태별 인구구조와 그 분포

결혼 상태(marital status)별 인구구성의 분포에도 지역적 차이가 나타난다. 일반적으로 미혼자, 기혼자, 미망인과 홀아비, 이혼자 각각의 비율에 의해 구할 수 있다. 지금까지 이에 대한 지리학적 연구는 적은데, 각 지역의 사회제도, 경제적 사정을 반영하는 것이므로 흥미 있는 문제이다. 2010년 한국의 성·결혼 상태별 구성비를 보면, 미혼의 경우 남자가 많고 사별과 이혼은 여자가 많은데, 특히 여자의 사별이 많은 것은 고령화의 영향이라고 짐작할 수 있다(〈표 5-12〉).

〈표 5-12〉 남녀 결혼 상태별 인구구성(15세 이상) (2010년)

구분	미혼(%)	유배우(%)	사별(%)	이혼(%)	계(%)
남자	7,041,166 (57.2)	11,605,892 (50.0)	432,881 (14.1)	720,479 (44.8)	19,800,418 (49.3)
여자	5,270,536 (42.8)	11,608,062 (50.0)	2,635,664 (85.9)	889,108 (55.2)	20,403,370 (50.7)
전국	12,311,702 (100.0)	23,213,954 (100.0)	3,068,545 (100.0)	1,609,587 (100.0)	40,203,788 (100.0)

자료: 통계청, http://kosis.kr

(1) 미혼

미혼은 세 그룹으로 나눌 수 있다. 첫째는 법률상 결혼연령 이하의 미혼인 사람, 둘째 성인으로서 결혼을 희망하면서 미혼인 사람, 셋째 성인으로서 결혼을 희망하지 않는 독신주의자가 그것이다. 이들의 비율은 국가에 따라 큰 차이가 있지만 각 지역의 법률, 종교상의 관습, 사회적 전통, 경제상태의 불안정성 등의 영향을 받고 지역적인

〈표 5-13〉 15세 이상 인구(국내인)의 남녀 교육수준 및 직업별 미혼 비율 (단위: %)

구분 \ 성		남자	여자	전국(인)
교육수준 (2010년)	무학(미취학 포함)	58.2	41.8	53,130
	초·중학교	60.7	39.3	777,724
	고등학교	58.8	41.2	4,187,111
	대학교 졸업(4년제 미만)	54.8	45.2	2,464,007
	대학교 졸업(4년제 이상)	57.3	42.7	4,438,580
	대학원 이상	45.9	54.1	391,150
직업 (2000년)	고위직	4.1	13.1	
	전문가	20.1	48.2	
	기술공	21.2	48.9	
	사무직	20.4	54.0	
	서비스직	22.8	16.0	
	판매 종사자	17.8	17.2	
	농·임업 종사자	7.0	0.8	
	기능원	21.1	10.4	
	장치직	19.4	18.3	
	단순노무직	20.8	5.5	

자료: 김두섭·박상태·은기수(2002: 232~233); 통계청, http://kosis.kr

차이를 나타낸다. 서부 유럽 국가에서는 미혼 여성은 도시에 많고, 미혼 남성과 노인은 농촌지역에 많은 경향이 있다.

미혼자의 교육수준별·직업별 구성을 보면, 교육수준이 높을수록 미혼의 비율이 높다. 직업별로 보면 여자의 경우 전문직, 기술공, 사무직일수록 미혼의 비율이 높다(〈표 5-13〉).

2010년 한국의 30대 미혼 비율을 보면 <그림 5-27>과 같다. 전국의 30대 미혼율은 남자가 37.9%이고 여자는 20.4%로 남자가 높으며, 지역별로 서울·부산·대구시는 남자와 여자 미혼율이 전국 평균보다 높다. 그리고 남자가 미혼율이 여자보다 매우 높은데, 남자는 모든 시·도에 지역차가 적은데 비해, 여자는 인구가 많은 대도시보다 인구규모가 적은 지역에서 미혼율이 낮게 나타난다. 이와 같이 미혼율이 높은 이유로는 학력수준이 높아진 반면 취업난이 심해 결혼연령이 늦어진 것과 경제적인 어려움을 들 수 있다. 특히 여자의 경우 결혼기피현상이 더욱 심하다. 남여의 미혼율이 가장 높은 서울시의 경우 강남구가 43.5%로 가장 높고, 이어서 관악구(38.8%), 종로구(37.6%),

〈그림 5-27〉 한국 30대의 지역별 남녀 미혼율(2010년)

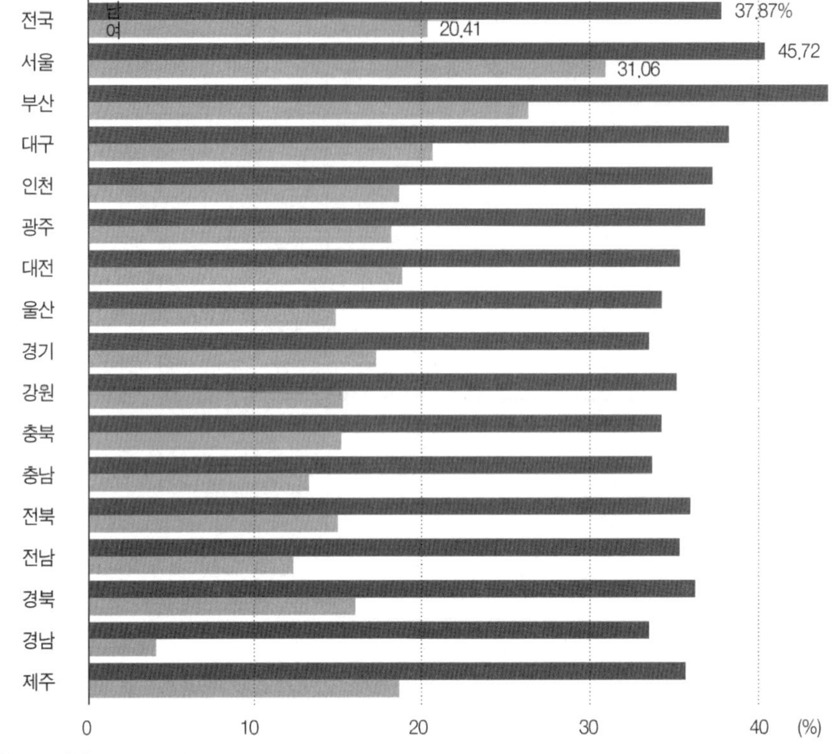

자료: 통계청, http://kosis.kr

마포구(35.2%), 광진구(34.9%)의 순이다.

2010년 한국의 50세 이상 미혼자는 모두 23만 9707인(남자 13만 5246인, 여자 10만 4461인)으로 10년 전 6만 1176인보다 3.9배나 늘어났다. 50세 이상 인구 중 결혼한 경험이 없는 생애(生涯) 미혼자는 100인 중의 1인 수준이다. 그러나 최근 40대의 미혼율을 보면 생애 미혼자가 많아질 가능성이 있다. 45~49세는 20인 중의 한 사람, 40~44세는 10인 중의 한 사람 꼴로 미혼이다(〈그림 5-28〉). 이러한 현상은 남자 비정규직들이 늘어나고, 여자들의 소득이 높아지면서 결혼을 기피하는 현상이 뚜렷해 생애 미혼자 증가 속도가 앞으로 훨씬 빨라질 수 있다.

50세 이상의 미혼자를 학력별로 분석해보면 남자는 저학력, 여자는 고학력자가 결혼하는 데 어려움을 겪는 것으로 나타났다. 남자의 미혼율은 초등학교 졸업자 중 2.8%, 대학원 석·박사학위 소지자는 각각 1.1%였다. 남자 미혼자 중에는 저소득이면서

〈그림 5-28〉 생애 미혼자(50세 이상)자의 추이

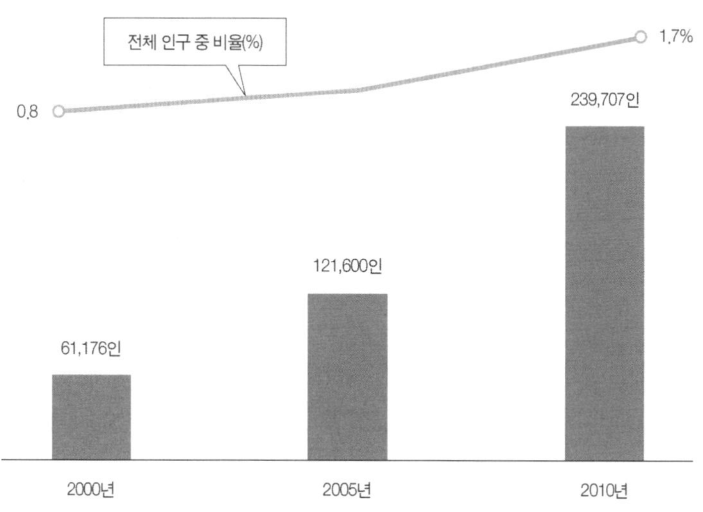

자료: 통계청, http://kosis.kr

초·중학교 졸업자가 많은데, 이들은 노후에도 빈곤에 시달릴 우려가 있다. 한편 여자는 초등학교 졸업자 1.4%, 석사학위 소지자 9.7%, 박사학위 소지자 14.7%였는데, 평생 결혼을 하지 않는 '생애 미혼율[25)]' 역시 1980년 0.3%에서 2005년 2.4%로 급증했다. 또 생애 미혼자들은 절반가량이 다른 가족도 없이 혼자 사는 것으로 집계됐다.

(2) 유배우

결혼에는 세 가지 형이 있다. 즉, 일부일처제(monogamy), 일부다처제(polygyny), 일처다부제(polyandry)로 일부다처제와 일처다부제는 복혼(polygamy)이다. 이러한 결혼의 형은 출생률이나 인구성장에 밀접한 관계를 갖고 있지만 그 자료가 적다.

일부일처제는 지금 선진국에서 볼 수 있는 가장 일반적인 형이지만, 유럽에서 일부일처제가 확립된 것은 그렇게 오래된 것은 아니다. 17세기 중엽 교회나 국가가 이것을 강력히 추진하면서 이루어졌다.

성비가 같은 지역에서는 보통 일부일처제를 취하는 것이 보통이다. 그러나 예를 들면 아프리카의 노예무역이 행해져 남자의 수가 여자의 수에 비해 매우 적은 지역에서는 일부다처제가 되고, 또 우간다의 바간다(Baganda) 족은 남자의 사망률이 매우 높아

25) 평생 한 번도 결혼하지 않은 미혼자의 비율로 50세를 기준으로 통계를 작성한다.

남자의 성비가 낮아 추장이나 통치자의 지시에 의해 일부다처제를 취하고 있다.

회교사회에서는 이슬람교의 경진에 4인의 아내를 맞이하는 것을 인정하고 있다. 이것은 이슬람 이전 사회에서 돈만 있으면 몇 인의 아내도 맞이할 수 있는 이른바 매매결혼에 대한 제한을 두는 해결방법이었다. 모하메드가 그리스도교 사회에서와 같이 일부일처제를 바람직한 제도라고 하면서도 일부다처제를 채택한 이유는 첫째, 모하메드가 살아 있을 당시에는 부족 간 투쟁으로 미망인이 증가한 데 대한 일족(一族)의 사회보장적 구제에서, 둘째 병상에 있는 아내를 두고 결혼생활을 계속하기 위해, 셋째 한 사람의 아내로 만족하지 못하는 남자에 대한 모하메드의 인간적 이해 등에서이다. 서남아시아에서 북아프리카에 걸친 건조지역을 기반으로 하고 있는 회교가 미작지역을 기반으로 한 불교나 목축지역을 기반으로 한 그리스도교와 전혀 다른 강한 전투적 성격을 갖고 있고, 부족 간이나 부족 이외 집단과의 투쟁으로 남자의 소모가 많았다는 것을 생각할 때 지역의 성격과 일부다처제를 잘 이해할 수 있다.

보통[또는 조(粗)] 혼인율(crude marriage rate)은 $\frac{M}{P}\times 1,000$ 또는 $\frac{2M}{P}\times 1,000$(‰)이다. 여기에서 P는 연앙(年央)인구이고, M은 1년 동안 결혼한 사람 수(2M은 한 쌍임)이다. 그 밖에 혼인율을 측정하는 방법으로 일반 혼인율(general marriage rate)은 [(1년간의

〈표 5-14〉 혼인율이 높은 주요 국가(2011년)

국가	혼인율(‰)
쿡아일랜드	44.1
세이셸	17.4
타지키스탄	12.3
이란	11.6
이집트	11.2
키르기스스탄	10.7
요르단	10.3
우즈베키스탄	9.9
카자흐스탄	9.7
케이맨 제도	9.6
중국	9.3
벨라루스	9.2
러시아	9.2

자료: 통계청, http://kosis.kr

〈표 5-15〉 혼인 연령층별 부부 수(2013년)

남 \ 여	15세 미만	15~19	20~24	25~29	30~34	35~39	40~44	45~49	50~54	55~59	60~64	65세 이상	계 (%)
15~19	8	673	233	21	8	3							946 (0.4)
20~24	3	891	6,247	1,890	302	58	11	2	1				9,405 (3.7)
25~29		423	8,860	51,811	11,072	662	84	11	4	1			72,928 (28.8)
30~34	2	464	4,223	40,022	51,546	3,970	477	68	12	4			100,788 (39.8)
35~39		734	1,615	4,463	15,025	10,664	1,920	332	60	7	1		34,821 (13.8)
40~44		83	229	227	331	711	1,090	438	102	11	2		3,224 (1.3)
45~49		118	494	616	858	1,579	3,471	3,343	1,064	173	25	3	11,744 (4.6)
50~54		12	104	178	273	495	1,447	2,926	2,727	561	76	7	8,806 (3.5)
55~59			17	59	106	159	439	983	2,113	1,289	163	29	5,357 (2.1)
60~64		3	5	7	27	50	130	253	626	957	389	45	2,492 (1.0)
65세 이상				3	4	20	56	87	279	552	638	930	2,569 (1.0)
계 (%)	13 (0.0)	3,401 (1.3)	22,027 (8.7)	99,297 (39.2)	79,552 (31.4)	18,371 (7.3)	9,125 (3.6)	8,443 (3.3)	6,988 (2.8)	3,555 (1.4)	1,294 (0.5)	1,014 (0.4)	253,080 (100.0)

자료: 통계청, http://kosis.kr

총혼인건수)/(당해 연도의 15세 이상 남자 또는 여자 인구)]×100이고, 연령별 혼인율(age-specific marriage rate)은 [(1년간의 해당연령 혼인건수)/(해당연령의 남자 또는 여자 인구)]×100이다. 그리고 유배우자에 대한 비율이나 과거 10년간의 연평균 결혼자 수에 대한 비율로도 측정할 수 있다.

세계에서 혼인율이 높은 주요 국가를 보면(〈표 5-14〉), 쿡아일랜드가 44.1‰로 가장 높고, 그다음으로 세이셸, 타지키스탄의 순으로 대체로 개발도상국에서의 혼인율이 높다는 것을 알 수 있다.

2013년 한국의 혼인율은 6.4‰로 이를 혼인연령별로 보면 남자는 30~34세의 연령층이 39.8%를 차지해 가장 높았고, 그다음으로 25~29세의 연령층(28.8%)의 구성비가 높았으며, 여자는 25~29세의 연령층이 39.2%로 1/3을 넘었으며, 그다음으로 30~34세(31.4%), 20~24세의 연령층(8.7%)의 순이다(〈표 5-15〉). 한국 초혼연령의 변화를 보면, 1935년에는 남자가 21.1세, 여자가 17.1세였으나 1955년에는 남녀 각각 24.5세, 20.5세, 1966년에는 26.7세, 22.8세, 1975년에는 27.4세, 23.7세, 1985년에는 27.8세, 24.7세였다. 1995년에는 28.4세, 25.4세였으며, 2000년에는 29.3세, 26.5세, 2005년에는 남자 30.9세, 여자 27.7세, 2010년 31.8세, 29.0세, 2013년에는 32.2세, 29.6로 점차 늦어지는데, 이는 남녀 모두 학력이 높아져 경제활동 참여진입 시점이 늦어지고, 취업난과 청년층의 경제적 및 결혼에 대한 인식 변화 등 때문이다. 그리고 남녀 모두 10대의 혼인율은 감소하고 35세 이후의 혼인율이 증가하는 경향을 보였다.

2013년 한국의 혼인 종류별 구성비를 보면, 남녀 모두 초혼인 경우가 79.2%이고, 남자가 초혼이며 여자는 재혼인 비율은 5.6%, 남자가 재혼이고 여자가 초혼인 경우는 4.0%, 남녀 모두 재혼인 경우는 11.2%를 차지했다. 성으로 보아 남자가 초혼인 경우는 84.8%이고, 그다음은 이혼 후 재혼(15.2%), 사별 후 재혼(1.1%)의 순이다. 여자의 경우 초혼이 83.2%이고, 그다음은 이혼 후 재혼(15.5%), 사별 후 재혼(1.3%)의 순이다(〈그림 5-29〉). 또 남녀 모두 재혼인 경우도 1995년에 남자의 경우 10.0%이던 것이 2000년에 13.1%, 2005년에 18.2%가 되었으며, 여자의 경우 같은 연도에 10.0%, 14.5%, 20.4%로 증가했다.

한국의 시·도별로 혼인율을 보면(〈표 5-16〉), 울산시가 7.0‰로 가장 높고, 이어서 서울시(6.9‰), 경기도, 인천·세종·대전시의 순으로 수도권과 공업도시에서의 혼인율이 높은데, 이는 수도권과 공업도시에 미혼 연령층이 많이 거주하고 있기 때문이다.

〈그림 5-29〉 부부의 혼인종류별 혼인(2013년) (단위: 건)

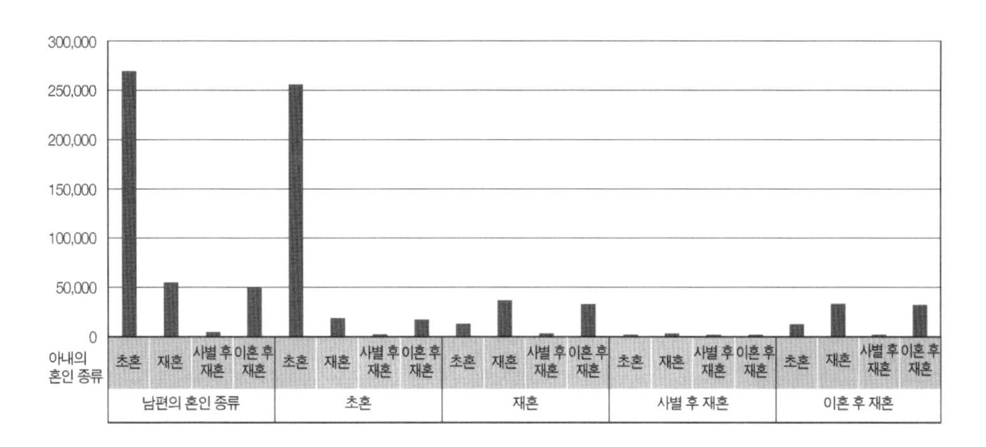

자료: 통계청, http://kosis.kr

〈표 5-16〉 시 · 도별 혼인율(2013년)

시·도	혼인건수	혼인율(‰)	시·도	혼인건수	혼인율(‰)
서울특별시	68,819	6.9	강원도	7,946	5.2
부산광역시	20,734	5.9	충청북도	9,307	6.0
대구광역시	13,601	5.5	충청남도	12,482	6.2
인천광역시	18,010	6.4	전라북도	9,823	5.3
광주광역시	8,820	6.0	전라남도	9,995	5.3
대전광역시	9,621	6.3	경상북도	15,421	5.8
울산광역시	7,998	7.0	경상남도	20,291	6.1
세종특별자치시	743	6.4	제주특별지치도	3,638	6.2
경기도	77,649	6.4	전 국	322,807	6.4

자료: 통계청, http://kosis.kr

한편 북한의 혼인율을 모형 I의 추정 값으로 연말인구에 의해 살펴보면(〈표 5-17〉), 1965년에 가장 높았으며, 1975년에 가장 낮았다. 그리고 1980년대에 결혼 붐이 있었다. 이처럼 결혼이 늘어난 이유는 우선 결혼연령인 20~34세의 여자 수가 1980년에 220만 인에서 1987년에는 290만 인으로 31%나 증가했기 때문이다. 연구자들은 남자의 군복무와 여자의 결혼 전 노동력 확보를 위해 조혼을 억제해온 종래의 인구정책이 1980년대에 들어와서 완화되었을 가능성이 크다고 보고 있다. 북한 당국이 주장하는 전형적인 결혼연령은 남자가 27~28세, 여자가 23~25세이며, 농촌지역이 도시보다 더 일찍

〈표 5-17〉 북한의 혼인율 추이

연도	혼인건수	혼인율(‰)
1953	30,564	-
1956	107,098	-
1960	74,727	7.07
1965	107,493	8.83
1970	86,639	6.02
1975	84,819	5.15
1980	99,871	5.55
1982	138,673	-
1985	142,753	7.28
1987	188,007	-

주: 총인구는 모형 I에 의한 추정 값임.
자료: ≪조선일보≫, 1991년 1월 12일 자.

결혼하는 경향이 있다고 한다.

배우자의 존재는 남녀 모두에게 보호적 환경을 제공해 사망률을 낮추게 하는데, 이와 같은 '결혼효과'는 여자보다 남자에게 더 강하게 작용한다. 배우자의 보호 작용은 첫째, 사회통제기능으로 남자는 유전적으로 공격적인 본능을 갖고 있으며, 여성에 비해 음주와 흡연 등 건강에 해로운 행동을 많이 하는데, 결혼을 하면 위험한 행동을 자제하고 아내의 권유에 따라 건강관리에 관심을 갖는 경향을 보인다. 둘째, 정서적 지지기능이다. 결혼을 통해 형성되는 가족 간의 애정과 관심, 특히 배우자의 사랑은 일상생활에서 느끼는 스트레스를 크게 줄여주는 효과가 있다. 남녀 모두 배우자로부터 정서적 지지를 얻지만, 남자가 상대적으로 더 많이 얻는다고 한다. 셋째, 경제적 지원기능이다. 일반적으로 결혼을 통해 남편은 아내로부터 정서적 지지를 얻고, 아내는 남편으로부터 경제적 도움을 얻는 것으로 설명하고 있다. 그러나 한국의 경우 가구의 약 40%가 맞벌이를 하고 있어 경제적 도움은 부부가 함께 공유하고 있다고 하겠다. 그러므로 결혼은 남자와 여자 모두에게 경제적·심리적·의학적으로 모두 이익을 가져다준다.

(3) 차별 혼인력

① 도시와 농촌 간의 차이

초혼연령은 도시와 농촌 간에 많은 차이를 보이고 있다. 1982년 한국 농촌 여성의 모든 연령층에서 평균 초혼연령은 중소도시나 대도시보다 낮았다. 그러나 2000년 이후에는 도시와 농촌 간의 평균 초혼연령의 차이가 거의 없어졌다. 이는 학업과 취업준비로 인해 결혼연령이 높아지는 등의 이유 때문이다(〈표 5-18〉). 도시와 농촌 간의 초혼연령의 차이는 특수한 예외[26]를 제외하고는 세계적으로 공통된 현상이며, 중국은 최근으로 올수록 도시와 농촌 간의 여성 초혼연령의 차이가 커지고 있다.

〈표 5-18〉 한국의 평균 초혼연령의 지역 간 차이

구분		1925년	1935년	1955년	1966년	1975년	1985년	1995년	2000년	2005년
전국	남편	21.1	21.4	24.5	26.7	27.4	27.8	28.4	29.3	30.9
	아내	16.6	17.1	20.5	22.8	23.7	24.7	25.4	26.5	27.7
시부	남편	-	-	22.5	27.7	27.6	-	-	-	-
	아내	18.6	19.4	21.5	24.0	24.2	-	-	-	-
군부	남편	-	-	24.3	26.1	27.1	-	-	-	-
	아내	16.6	16.7	20.1	22.0	22.9	-	-	-	-

구분		2000년	2005년	2010년	2014년
전국	남편	29.3	30.9	31.8	32.4
	아내	26.5	27.7	28.9	29.8
읍부	남편	29.0	30.6	31.8	32.4
	아내	25.9	27.3	28.7	29.4
면부	남편	28.9	31.0	32.1	32.5
	아내	25.5	26.9	28.4	29.3
동부	남편	29.3	30.8	31.8	32.4
	아내	26.7	28.0	29.3	30.1

자료: 경제기획원·통계청, 『인구 및 주택센서스』; 통계청, http://kosis.kr

26) 남아메리카 가이아나(Guyana)의 경우 1970년에 실시한 인구조사에 의하면 도시 여성의 초혼연령은 19.6세인데 비해, 농촌 여성의 초혼연령은 19.7세로 밝혀졌다.

② 교육수준별 차이

교육수준에 따라 초혼 혼인력의 차이가 나타나고 있다. 한국에서 1974~1982년 사이에는 교육수준과 평균 초혼연령 간에는 교육수준이 높을수록 평균 초혼연령이 높아 정비례의 관계가 성립되었다. 이러한 현상은 1990·2000년에는 학력이 낮은 계층은 평균 초혼연령이 매우 높으나 중등학교와 대학 이상의 졸업자는 이보다 낮은 초혼연령을 나타냈다. 그러나 2009년에는 학력수준이 높을수록 평균 초혼연령이 높다(〈표 5-19〉). 이와 같이 학력수준이 높을수록 평균 초혼연령이 높게 나타나는 현상은 한국뿐만 아니라 세계 여러 국가에서도 볼 수 있다.

이밖에도 남편의 교육 정도나 직업 등이 초혼연령에 영향을 미친다. 즉, 남편이 전문 직종에 종사하는 아내의 초혼연령이, 남편의 직종이 비숙련직인 아내의 초혼연령보다 높게 나타난다. 일반적으로 여자가 경제활동을 하게 되면 결혼을 늦게 하는

〈표 5-19〉 한국의 교육수준별 평균 초혼연령

교육정도 \ 연령계급		15~19세	20~24세	25~29세	30~34세	35~39세	40~44세	45~49세
1974년	무 학	-	-	19.5세	19.2세	18.5세	17.1세	16.2세
	초등학교	-	-	20.7	20.4	19.6	18.3	17.2
	중학교	-	-	21.8	21.9	20.6	19.1	18.0
	고등학교	-	-	21.9	21.9	21.2	19.8	19.2
	대학 이상	-	-	22.9	22.5	22.3	21.2	20.2
1982년	무 학	-	19.7세	19.8세	19.9세	20.2세	19.3세	18.1세
	초등학교	17.7세	19.6	21.1	21.0	21.0	20.3	19.6
	중학교	17.7	20.6	22.2	22.3	22.7	21.4	20.5
	고등학교	19.0	21.3	23.3	23.4	23.5	23.7	21.8
	대학 이상	·	23.0	23.9	24.6	24.5	24.9	22.8

학력 \ 구분 \ 연도	1990년		2000년		2009년	
	남편	아내	남편	아내	남편	아내
무 학	35.9세	30.7세	38.9세	35.2세	-	-
초등학교	30.0	26.3	35.6	33.3	26.57*세	22.38*세
중등학교	27.4	24.1	29.0	26.1	27.28**	24.66**
대학 이상	27.9	25.4	29.1	26.6	28.25	26.42
계	27.8	24.8	29.3	26.5	-	-

* 중학교 이하, ** 고등학교

자료: 李興卓(1994: 475), 김두섭·박상태·은기수(2002: 234); 통계청, http://kosis.kr

〈표 5-20〉 취업여성의 직업별 평균 초혼연령(1990 · 2000년)

직업	1990년	2000년
고위직	25.6	27.5
전문가	26.6	26.8
기술공	24.4	26.6
사무직	25.1	26.0
서비스직	24.7	26.3
농·임업	23.8	27.1
기능원	23.4	25.1
장치직	-	24.4
단순노무직	-	25.3
가사	24.2	25.8
군인	25.3	25.3
무직	25.1	25.9

자료: 김두섭·박상태·은기수(2002: 235).

〈표 5-21〉 한국 여성의 종교별 평균 초혼연령(1982년)

종교	조사 대상 연령 계급							조사 대상 여성 수
	15~19세	20~24세	25~29세	30~34세	35~39세	40~44세	45~49세	
무교	17.9세	20.5세	22.3세	22.1세	21.6세	20.4세	19.2세	21.1(2,561)
유교	-	-	23.0	21.4	21.0	21.4	18.7	21.3(20)
불교	17.6	20.4	21.9	21.9	21.6	20.6	19.4	21.0(1,697)
기독교	17.0	20.7	22.8	22.8	22.9	21.8	20.0	21.1(814)
천주교	18.0	20.7	23.0	23.3	23.2	23.2	21.1	22.6(233)

자료: 한국인구보건연구원(1982).

경향이 강하게 나타나는데, 여성의 직업별 초혼연령을 보면 1990년에는 전문가가 26.6세로 가장 높았으며, 고위직(25.6세), 사무직(25.1세)의 순으로 농·임업 종사자와 기능원의 초혼연령이 낮았다. 2000년에도 1990년과 유사하나 농·임업 종사자와 고위직에 종사하는 여성의 평균 초혼연령은 두드러지게 높아진 것을 알 수 있다(〈표 5-20〉).

그리고 아내나 남편의 종교에 따라 초혼연령의 차이를 나타내는데, 대체로 토속종교인 유교나 불교를 신앙으로 갖는 아내들이 기독교를 신앙으로 갖는 아내들보다 일찍 결혼하는 경향이 있다(〈표 5-21〉).

(4) 통혼권

통혼권(通婚圈, sphere of marriage)은 혼인에 의해 당사자의 한쪽이 다른 당사자가 사는 곳으로 거주지를 이전시키는 지역적 범위 내지는 거주지가 다른 남녀가 혼인으로 결합될 때의 지역적 범위를 말한다. 이 통혼권은 인간사회의 지역적 결합관계를 형성하는 기반의 하나로 그 범위의 좁고 넓음이나 지역구조의 규명은 사회지리학에서도 하나의 연구과제가 되고 있다. 이와 같은 통혼권의 연구는 지역·사회구조를 이해하는 하나의 지표가 될 수 있다.

통혼권은 연구하려는 요소에 따라 지역적·혈연적·계층적·직업적·종교적 통혼권으로 나누어지며, 지역적 통혼권은 그 연구요소에 따라 입혼권, 출혼권, 내혼권, 춘혼권, 하혼권, 농가혼권, 어가혼권, 도시혼권, 공무원혼권 등으로 구분된다. 통혼권은 지리학, 인류학, 사회학, 역사학에서 각기 다른 관점에서 연구가 행해지고 있는데, 이들 연구를 네 가지로 유형화할 수 있다. 첫째, 스키너(G. W. Skinner) 등에 의해 행해진 통혼권과 시장권과의 관계를 분석한 연구가 있다. 둘째, 통혼권과 지역적 근접성과의 관계를

〈그림 5-30〉 시애틀에서 신랑과 신부의 거주지 결합에 의한 공간적 패턴

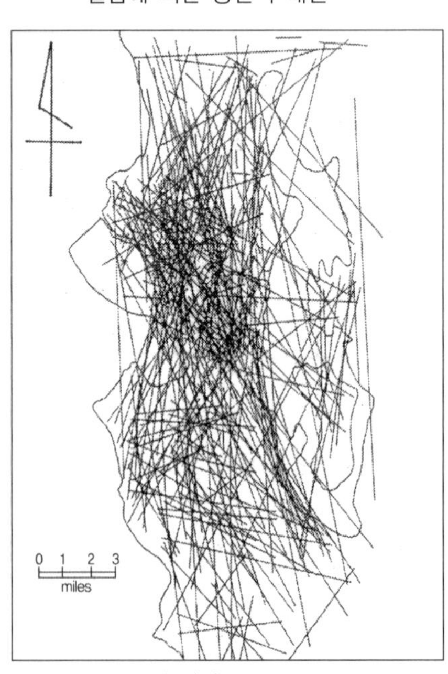

자료: Morrill and Pitts(1967: 404).

〈표 5-22〉 시애틀에서의 거리대별 결혼 건수

거리(마일)	결혼 건수	제곱 마일당 결혼 건수
0~1	47	15.00
1~2	41	4.36
2~3	30	1.91
3~4	28	1.27
4~5	20	0.71
5~6	22	0.61
6~7	22	0.54
7~8	17	0.36
8~9	14	0.26
9~10	10	0.17

자료: Morrill and Pitts(1967: 408).

분석한 연구가 있다. 셋째, 통혼권과 농촌사회의 변동의 관계를 분석한 연구로 옥덴(P. E. Ogden)은 통혼거리의 유형과 농촌의 고립성 정도와의 관계를 분석했다. 넷째, 통혼권을 역사적·지역적 특색의 측면에서 분석한 아우다(合田榮作)의 연구가 있다.

<그림 5-30>는 미국 워싱턴 주 시애틀(Seattle)에서 결혼한 251쌍 신랑과 신부의 거주지를 직선으로 연결한 공간적 패턴을 나타낸 것이다. 이 공간적 패턴은 무질서한 것 같이 보이나 결합의 출발점을 고정해, 그 거리의 분포를 살펴보면(〈표 5-22〉), 4~5마일대를 제외하고 거리의 증가에 따라 결혼 건수가 감소하는 경향을 나타낸다는 것을 알 수 있다.

혼인은 기본적으로 동질혼의 형태를 띠는데, 우리 사회에서는 지역적 특색이 강해 고향이라는 변수가 결혼 결정에 영향을 미친다고 생각한다. 결혼의 동질성을 배우자의 고향, 부부 간의 교육수준을 통해 살펴보면 다음과 같다.

1990·2000년의 아내의 본적별 동향 배우자[27]의 비율을 보면, 지역별 결혼의 동질성이 미미하게 감소하고 있지만 여전히 동향의 결혼 강도가 뚜렷하게 나타나고 있다. 이는 동향의 배우자가 생활습관, 사고방식 등에서 유사한 태도를 보여 배우자 선택에

27) 동향 배우자란 같은 지역의 본적 소유자가 동일한 지역의 본적을 가진 배우자를 택하는 것을 의미한다.

〈표 5-23〉 부부의 동향배우자 비율(1990 · 2000년) (단위: %)

구분		서울특별시	경기도	강원도	충청남·북도	전라남·북도	경상남·북도	제주도
1990년	남편	36.6	39.9	40.6	42.1	68.5	76.2	63.7
	아내	42.2	40.9	37.1	41.9	63.6	76.4	60.6
2000년	남편	38.4	39.9	39.3	41.9	62.5	73.7	64.3
	아내	40.1	38.2	39.1	41.2	62.0	74.1	65.0

자료: 김두섭·박상태·은기수(2002: 237).

있어 유리하기 때문이라고 생각한다. <표 5-23>에서 서울시에 본적을 둔 여자가 서울시 남자와 결혼하는 비율은 1990년 42.2%에서 2000년에는 40.1%로 다소 감소했다. 이와 같이 경기도와 강원도도 같은 시·도 지역 출신자와의 결혼 비율이 40% 이하이다. 이는 경기도와 강원도가 서울시와 가까이 분포해 서울시의 영향력을 많이 받기 때문이라고 생각한다. 그러나 충청도의 경우는 다소 높아 40%를 조금 넘으나 서울시에서 멀리 떨어진 전라도와 경상도, 제주도의 경우는 60% 이상을 보여 서울시로부터의 거리에 의해 동향 배우자의 비율이 강하게 영향을 미친다는 것을 생각할 수 있다. 다만 제주도의 경우 서울시에서 가장 멀리 떨어져 있지만 서울시와의 항공교통이 발달된 것이 전라도와 경상도보다 비율이 다소 낮은 원인이 되었다.

다음으로 동질혼 경향을 부부 상호간의 교육수준의 면에서 살펴보면, <표 5-24>에

〈표 5-24〉 부부 상호 간의 교육수준(1990 · 2000년) (단위: %)

구분			남 편			
			무학	초등학교	중등학교	대학 이상
아내	1990년	무학	70.4	2.6	0.1	0.0
		초등학교	15.5	59.9	1.8	0.1
		중등학교	13.8	36.8	95.1	41.6
		대학 이상	0.4	0.7	1.8	58.2
	2000년	무학	48.9	4.1	0.2	0.0
		초등학교	20.0	48.0	2.1	0.1
		중등학교	28.0	44.6	83.0	28.2
		대학 이상	3.1	3.3	14.7	71.7

자료: 김두섭·박상태·은기수(2002: 239).

서 알 수 있는 바와 같이, 우선 1990년보다 2000년에 학력이 많이 상승했다. 1990년 무학의 부인과 무학의 남편의 비율이 70.4%였으나 2000년에는 48.9%로 크게 감소한 반면, 초·중등학교의 비율은 각각 20.0%, 28.8%로 증가했다. 그리고 남편의 1990년 초등학교 비율은 59.9%에서 2000년에 48.0%로 감소했다. 남편과 아내의 학력을 비교해보면 남편과 아내의 무학의 경우 1990년과 2000년에 가장 높은 비율을 나타내었으며, 초등학교와 중등학교, 대학 이상의 학력에서도 같은 학력의 부부의 비율이 각각 가장 높아 동질혼의 경향을 나타내고 있다는 것을 알 수 있다.

(5) 국제결혼이주여성

국제결혼이주자는 외국인 근로자나 유학생보다 지역사회에 미치는 영향이 크고 그 영향은 결혼이주자들의 자녀로 인해 계속 증가하게 될 것이므로 중요한 지역연구대상이 된다. 국제결혼이주란 결혼으로 배우자의 거주국에 이주해온 것을 말한다. 이러한 결혼이주 중 여자가 남자의 거주지로 이주해오는 경우가 많은데, 이를 결혼이주여성이라 한다. 또한 이를 국제적 매매혼이나 제3세계 여성의 신식민지화의 틀로 설명하기도 한다. 국제결혼을 둘러싼 해석 틀에서 권력지형을 '권력의 기하학(power geometry)'이라고 하는데, 이것은 페미니스트 경제지리학자 매시(D. Massey)가 사용한 은유로서 글로벌화로 인한 시공간 압축(time-space compression)이라는 조건이 서로 다른 사회적 위치에 있는 글로벌 경제의 주체들을 어떻게 권력화(empowerment) 또는 비권력화(disempowerment) 시키는가를 설명하기 위해 제안된 개념이다. 매시는 시공간적 압축이 모두에게 접근성 향상을 가져오는 것이 아니며, 이동을 통제하는 위치에 있는 주체들은 더욱 권력화하는 반면 이동당하는 주체들은 전지구적 권력관계의 말단으로 더욱 하향이동하게 된다고 주장했다. 이러한 권력의 기하학은 매시가 암시하는 것처럼 권력의 기하학의 정점(receiving end)에 있는 남성이나 그 가족들은 반드시 수혜자가 아니며 반대 지점에 있는 여성도 반드시 피해자가 아니라는 점, 그리고 선형적(linear) 이동 및 권력관계는 현실에서 보나 복잡하고 심지어 상호적인 관계를 나타낸다는 점에서 말러와 페사(S. J. Mahler and P. R. Pessar)는 이를 '권력의 젠더 지리학(gendered geographies of power)'이라 했다. 권력의 젠더 지리학은 권력의 기하학을 더욱 발전시킨 개념으로 사회적 지위와 알선업자(agency), 그리고 스케일에 따라 차별화되는 기회구조를 이주연구의 핵심에 위치지우는 것이 특징이다.

〈표 5-25〉 외국인과의 혼인(2013년)

국가	한국인 남편과 외국인 아내	%	한국인 아내와 외국인 남편	%
중국	6,058	33.1	1,727	22.6
베트남	5,770	31.5	279	3.6
필리핀	1,692	9.2		
일본	1,218	6.7	1,366	17.8
캄보디아	735	4.0		
미국	637	3.5	1,755	22.9
타이	291	1.6		
우즈베키스탄	269	1.5		
타이완	248	1.4	152	2.0
몽골	193	1.1		
캐나다			475	6.2
네팔	186	1.0		
독일			157	2.1
인도네시아	121	0.7		
프랑스			165	2.2
영국			197	2.6
오스트레일리아			308	4.0
뉴질랜드			104	1.4
기타	889	4.9	971	12.7
계	18,307	100.0	7,656	100.0

자료: 통계청, http://kosis.kr

국제결혼이주를 포함한 국제이주는 첫째, 거시적 차원에서 이주의 여성화를 유발하는 동인과 구조를 밝혀내려는 경향으로, 글로화와 노동의 성적 분업이라는 가부장적 자본주의체제에 대한 정치경제학적 분석이 주류를 이룬다. 둘째, 국경을 횡단하는 여성들이 만들어내는 초국가적인 사회적 관계망과 이를 통해 이루어가는 대안적인 글로벌화, 즉 이주여성들에 의한 '아래로부터의 초국가주의(globalization from below)'[28]를 들 수 있다. 셋째, 특별히 여성의 알선업자를 부각시키면서 미시적 차원의 연구를

28) 과니조와 스미스(I. Guarnizo and M. Smith)는 초국가주의를 아래로부터의 초국가주의(transnationalism from below)와 위에서부터의 초국가주의(transnationalism from above)로 나누고, 위로부터의 초국가주의가 글로벌화와 유사하다고 했다.

주로 하는 것이다. 이주여성들의 정체성의 사회적 구성, 다양한 이주과정에서 발생하는 여성들의 차별화된 경험과 이들의 의식변화, 현실을 변화시켜가는 여성들의 주체성과 교섭능력 등도 연구대상으로 생각할 수 있다.

한편 주지하는 바와 같이 선진국, 개발도상국을 불문하고 여자가 상방혼[上方婚(hypergamy), 상승혼(上昇婚), 앙혼(仰婚)]하는 경향이 강한데, 이를 국제결혼의 이론적 틀로 적용되는 경우도 있다. 상방혼이란 일반적으로 사회적 지위(status), 수입, 학력 등의 지위가 보다 높은 사람과 결혼을 하는 것으로 상방혼이 아닌 상황을 경험함으로서 현대의 결혼이주를 설명하는 데는 한계가 있다. 오히려 상방혼의 논의는 시민권의 획득이나 친정식구부양, 초국가적인 가족관계망의 형성, 다문화환경의 조성 및 자녀의 이중 언어교육 등 국제결혼이 불러온 경제외적 측면들도 상방혼의 논의에서 고려해야 할 내용이다.

최근 한국에서도 외국인과의 혼인이 증가하고 있어 2000년에 1만 2319건으로 총혼인건수 대비 구성비가 3.7%였으나 2005년에는 4만 3121건으로 13.6%를, 그리고 2013년에는 2만 5963건으로 8.0%를 차지했다. 2013년 외국인과의 혼인을 보면 <표 5-25>와 같이 남자는 중국인과 베트남인과의 혼인비율이 높은데, 이는 농촌지역에서 많이 이루어지기 때문이다. 한편 여자의 경우는 미국인과 중국인, 일본인과의 혼인비율이 높아 남자와 여자의 혼인 대상국에 다소 차이를 나타내었다.[29)]

한국인 남편과 결혼한 베트남인과 필리핀인 아내의 지역적 분포를 보면 다음과 같다. 먼저 베트남인 아내의 경우 대체로 경상도에 많이 분포하는데, 특히 경북의 중북부지방과 대구시의 남쪽 경북 청도군, 경남의 합천·창령군, 전남 보성군에서 탁월하게 나타난다. 그러나 필리핀인 아내는 강원도와 충남 남부, 전라도에서 탁월하게 나타난다(〈그림 5-31〉).

여기에서 한국인의 남편과 베트남인 아내와의 결혼을 살펴보면 다음과 같다. 2005년 베트남의 호치민 한국영사관에서 발급한 결혼비자 건수는 3853건이고, 하노이 시 한국영사관이 발급한 결혼비자 건수는 720건으로 메콩 삼각주 입지한 호치민 시의 결혼비자 건수가 더 많았다. 이는 베트남의 도이모이(doimoi, 개혁 · 개방) 정책 실시

29) 2007년 3월 실시된 방문취업제 도입 등으로 중국 동포들이 한국 국적의 배우자와 결혼을 하지 않더라도 쉽게 입국할 수 있어 중국인 아내와 남편을 맞이하는 국제결혼 건수가 줄어들고 있다.

〈그림 5-31〉 결혼이주여성의 국적별 지역적 분포(2011년)

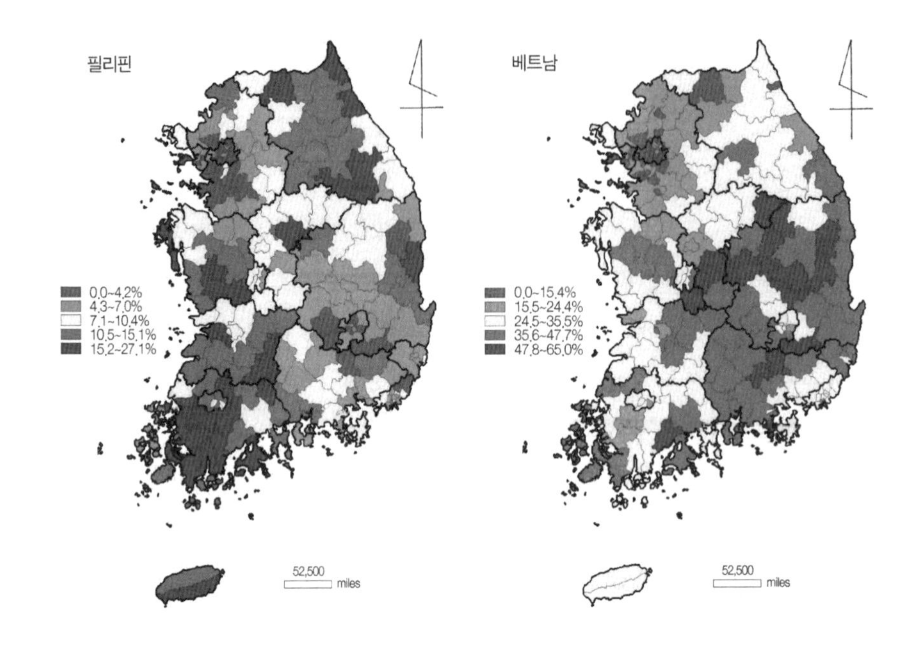

자료: 류주현(2012: 77).

이후 베트남 경제가 크게 성장했으나 도농 간의 격차는 2004년 상·하위 각각 10%의 소득격차가 13.5배나 커졌다. 그리고 메콩 삼각주 지역의 이농현상은 남자보다 여자가 36만 5300인으로 더 많아 성적 불균형을 이루어 사회적·경제적 문제가 국제결혼의 큰 원인이 되었다.

17세기 말에 베트남 영토에 편입된 남부지역은 북부지역과 달리 역사적으로 인도·이슬람·프랑스·미국 등 다양한 문화를 받아들인 지역이고, 유교적 전통이 덜하며 이민족과의 결혼에 개방적인 편이다. 또 중매를 통한 신부에 대한 대가를 지불하고 결혼하는 풍속이 있어 결혼중개업체의 체계에 친숙하고, 수로를 따라 촌락이 산재되어 있기 때문에 공동체 의식이 덜 결속되었다. 따라서 주위의 평판에서 비교적 자유로워 한국인 남자와의 결혼이 상대적으로 많이 이루어졌다. 그리고 종래에 베트남 여자들은 타이완 남자들과 결혼을 많이 했으나 혼인신고 뒤에 인신매매, 가정폭력 등의 문제로 타이완 정부에서 국적취득 요건을 강화함으로써 타이완인과의 결혼 건수가 급감해 그 빈자리를 한국 남자로 대체하게 되었다. 2005년 한국 남자와의 혼인건수는 5822건으로 타이

〈그림 5-32〉 베트남 여자의 한국 · 타이완 남자와의 국제결혼 건수 변화

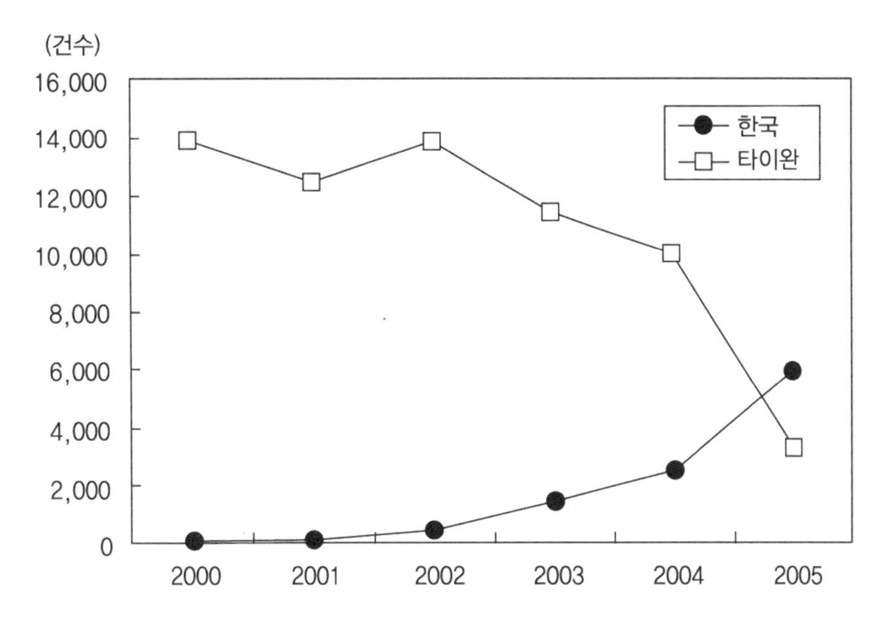

자료: 김현재(2007: 245).

완의 3212건을 앞질렀다(〈그림 5-32〉). 그다음으로 베트남에서의 한류(韓流)의 영향으로 농촌에서 공중파 TV를 통해 한국 드라마 등을 접한 여자들이 한국에 대한 동경심을 가지게 된 것이 그 원인이었다.

(6) 미망인과 홀아비

일반적으로 남자는 결혼이 늦고 사망률도 높을 뿐만 아니라 여자보다도 재혼의 기회가 많아 미망인이 홀아비보다 많다. 2010년에 65세 이상 남자노인의 유배우자는 185만 9481인으로 아내와 사별한 27만 3758인보다 유배우자가 6.8배 많으나, 여자노인의 경우 사별자가 188만 1821인으로 유배우자 127만 1110인보다 1.5배 많다. 특히 사별자의 경우 여자가 모든 연령층에서 남자보다 훨씬 많은 것에서 기인했다(〈그림 5-33〉).

미망인과 홀아비가 많은 지역은 일반적으로 빈곤지역이거나 온천지나 별장지에 많이 모여 그곳에서 여생을 보내는 경향이 있다. 6·25 전쟁으로 한국에 많은 미망인들이 생겨났는데, 그들의 생활은 약 1/3이 상업에 종사했으며, 삯일이 약 29%, 공장

〈그림 5-33〉 한국 노인의 혼인상태(2010년)

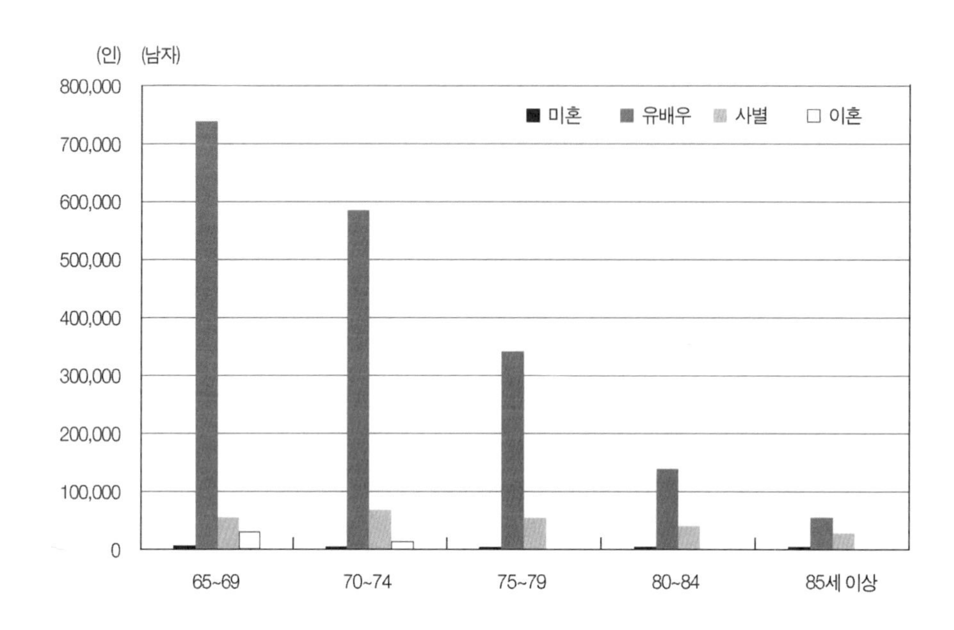

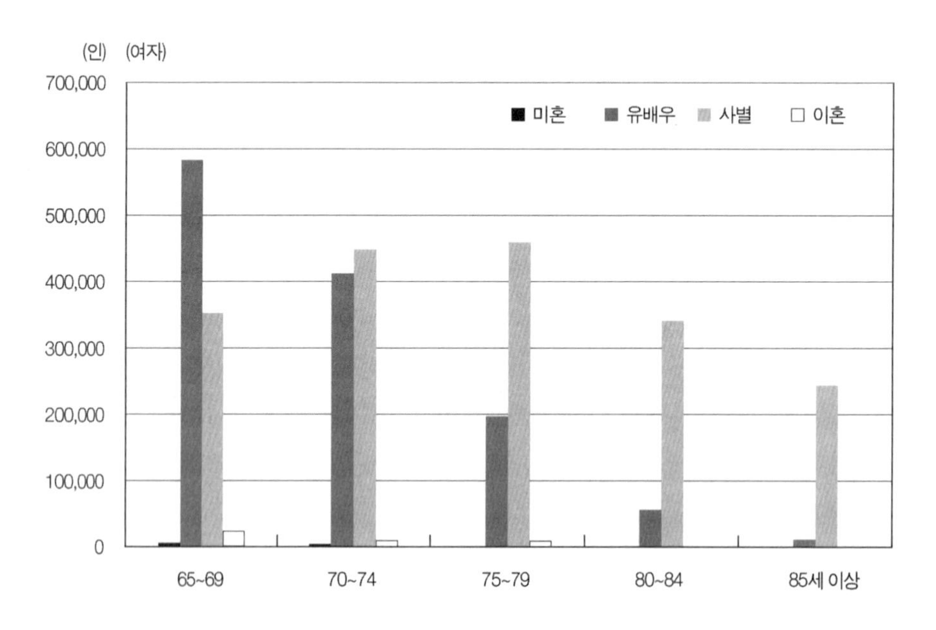

자료: 통계청, http://kosis.kr

〈그림 5-34〉 6 · 25 전쟁 미망인의 경제활동

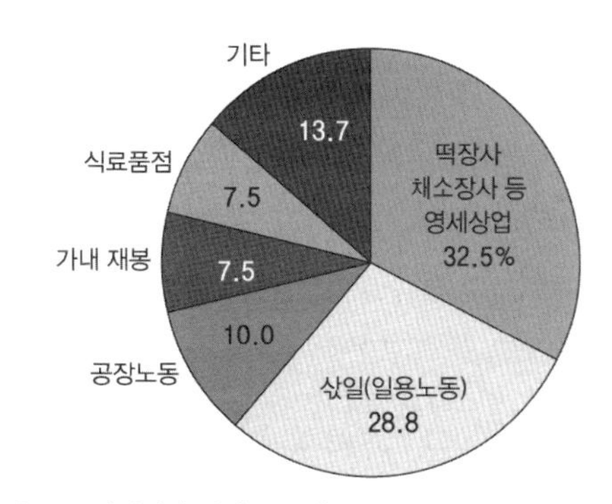

자료: 보건사회부 부녀국 조사(1957).

종업원으로 약 10%가 종사해 이들 세 가지 업종에 종사한 미망인수가 71.3%를 차지했다(〈그림 5-34〉).

(7) 이혼

보통 이혼율(crude divorce rate)은 이혼율= $\frac{\text{이혼자수}}{\text{연앙 인구수}} \times 1,000(‰)$, 또는 이혼율= $\frac{\text{이혼자수}}{\text{기혼자수}} \times 1,000(‰)$, 이혼율= $\frac{\text{과거 10년간의 연평균 이혼건수}}{\text{과거 10년간의 연평균 결혼건수}} \times 1,000(‰)$으로 나타내지만, 일반 이혼율(general divorce rate)은 [(1년간 총이혼건수)/(당해 연도의 15세 이상 남자 또는 여자 인구)]×100이고, 연령별 이혼율(age-specific divorce rate)은 [(1년간 해당 연령 이혼건수)/(해당 연령의 남자 또는 여자 인구)]×100이고, 유배우자 이혼율(divorce rate of married persons)은 [(1년간 총이혼건수)/(유배유자 연앙인구)]×100이다. 이혼율을 국제적으로 비교하는 것은 쉽지 않다. 그것은 이혼 사유의 차이, 이혼법의 차이 때문이다. 이슬람교 사회에서는 이혼은 간단하지만 에스파냐, 이탈리아, 아일랜드, 남아메리카의 여러 나라와 같이 가톨릭을 국교로 하고 있는 나라에서는 이혼에 관한 법률이 없고, 또 이혼도 곤란하다. 영국에서는 10쌍 중 한 쌍이 이혼을 하고 있다. 이혼 사유는 부부의 성격 차이, 자녀가 없는 사유가 많으며, 농촌과 도시의 이혼율을 비교하면 일반적으로 농촌이 낮고 도시지역이 높다.

세계에서 이혼율이 높은 주요 국가를 보면(〈표 5-26〉), 러시아가 월등히 높고 그다음으로 벨라루스, 라트비아 순으로 과거 독립국가연합의 국가들이 높았다.

2013년 한국의 이혼율은 2.3%로, 연령층으로 보아 남편은 45~49세 사이에 9.9‰로

〈표 5-26〉 이혼율이 높은 주요 국가(2012년)

국가	이혼율(‰)
러시아	4.7
벨라루스	4.1
라트비아	3.6
리투아니아	3.3
몰도바	3.0
덴마크, 미국	2.8
카자흐스탄, 버뮤다	2.7
요르단, 쿠바	2.6
벨기에, 룩셈부르크, 체코, 스웨덴, 코스타리카	2.5

자료: 矢野恒太記念會, 『世界國勢圖會』(2014), p. 449.

〈표 5-27〉 시 · 도별 이혼율(2013년)

시·도	이혼율(‰)		시·도	이혼율(‰)	
	남편	아내		남편	아내
서울특별시	4.7	4.6	강원도	5.7	5.2
부산광역시	5.0	4.8	충청북도	5.6	5.2
대구광역시	4.6	4.6	충청남도	5.6	5.0
인천광역시	6.0	6.1	전라북도	5.3	4.7
광주광역시	4.9	5.0	전라남도	5.1	4.1
대전광역시	4.8	4.8	경상북도	4.7	4.1
울산광역시	5.2	5.3	경상남도	5.4	5.0
세종특별자치시	4.8	4.1	제주특별자치도	6.0	5.6
경기도	5.7	5.6	전 국	5.4	5.3

자료: 통계청, http://kosis.kr

가장 높고, 그다음으로 40~44세(9.6‰), 50~54세(8.4‰), 34~39세(8.1‰)의 순이다. 아내는 40~44세 사이가 10.2‰로 가장 높고, 이어서 35~39세(9.7‰), 45~49세(9.1‰), 30~34세(8.4‰)의 순으로 나타났다. 평균 이혼연령은 남편 46.24세, 아내는 42.42세이고, 평균 동거기간을 보면 20년 이상이 28.1%로 가장 높고, 이어서 15~19년(14.9%), 10~14년(14.6%)의 순으로 동거기간 9년이 3.0%로 가장 낮아 10년 이상 동거한 부부의 이혼율이 57.6%를 차지한다.

시·도별로 남편과 아내의 이혼율을 보면(〈표 5-27〉), 인천시가 6.0, 6.1‰로 가장

〈표 5-28〉 여성의 교육수준별 이혼원인(2000년) (단위: %)

이혼 원인	무학	초등학교	중등학교	대학 이상
배우자 부정	8.8	10.0	8.1	7.0
정신적·육체적 학대	6.8	6.4	4.2	3.4
성격 차이	32.7	35.9	41.3	41.6
가족 간 불화	25.0	24.0	21.9	21.7
건강문제	2.4	1.4	0.8	0.9
경제문제	8.3	9.6	11.1	10.3
기타	16.0	12.7	12.7	15.1

자료: 김두섭·박상태·은기수(2002: 243).

〈그림 5-35〉 결혼이주여성과 이주여성의 이혼 건수 변화

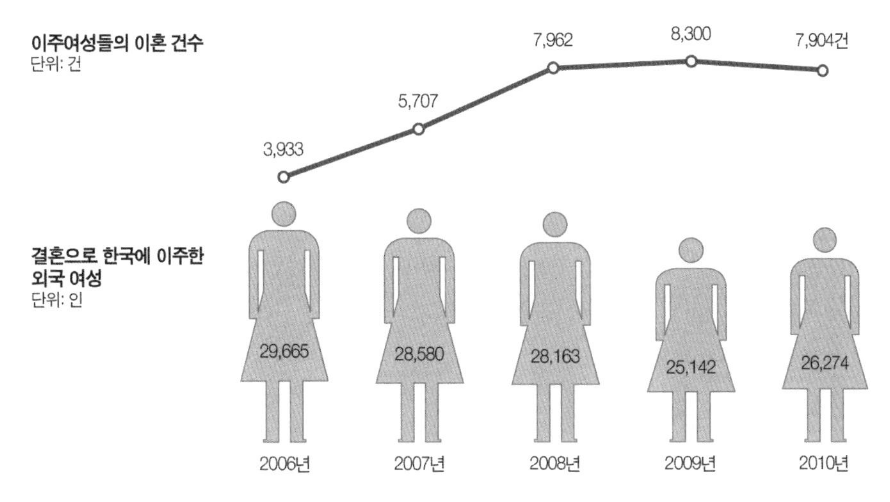

자료: 통계청, http://kosis.kr; 법무부.

높고 이어서 제주도(6.0, 5.6‰), 경기도(5.7, 5.6‰)의 순으로 서울시를 제외한 수도권과 강원도, 충청도, 제주도에서 이혼율이 높다. 2013년 이혼자의 직업을 보면 무직 및 가사, 학생이 33.5%로 가장 높고, 이어서 서비스 및 판매 종사자(20.8%), 이어서 사무종사자(12.2%)의 순이다. 또 교육수준별로 보면 고등학교가 50.7%를 차지해 가장 높고, 대학교(4년제 미만)이 29.3%, 대학교(4년제 이상)이 29.3%로 교육수준이 높을수록 이혼율이 높았다. 이혼 사유별 구성비를 보면 성격차이가 46.7%로 가장 높고, 그다음으로 경제문제(12.9%), 배우자 부정(7.5%), 가족 간 불화(6.9%)의 순이다. 여성의 교육수준별

〈표 5-29〉 북한의 이혼율 추이

연도	이혼 건수	이혼율(‰)
1953	3,453	-
1956	4,124	-
1960	3,931	0.37
1965	3,021	0.25
1970	3,791	0.26
1975	3,714	0.23
1980	4,359	0.24
1982	4,182	-
1985	4,526	0.23
1987	4,231	-

주: 총인구는 연구자들의 예측 값임.
자료: ≪조선일보≫, 1991년 1월 12일 자.

이혼의 사유를 보면, 학력에 관계없이 성격 차이와 가족 간 불화가 높은 비율을 나타내지만, 학력이 낮을수록 배우자 부정, 정신적·육체적 학대, 건강문제의 비율이 높고, 학력이 높을수록 경제문제의 비율이 높다(〈표 5-28〉).

한편 결혼이주여성의 이혼 건수를 보면 2006년 3933건이던 것이 2010년 7904건으로 2.0배 증가했다(〈그림 5-35〉). 이들의 이혼사유는 부부갈등이 42.4%를 차지해 가장 높고, 이어서 가정폭력이 24.3%, 고부갈등(6.3%), 남편의 경제적 무능력과 실망(5.4%), 남편이 거짓정보를 제공한 경우(2.6%), 기타(18.8%)이다.

북한에서도 이혼은 합법화되어 있는데 연말인구에 의한 이혼율을 살펴보면, 1960년의 이혼율이 가장 높았으나 그 밖에는 0.25‰ 내외로 한국의 1/10 수준이다(〈표 5-29〉).

3) 교육정도별 인구구조와 그 분포

교육수준은 한 국가의 문화수준을 나타내는 척도로서 그 분포는 사회의 복지수준과 인구의 질을 평가하는 데 가장 중요한 지표라고 할 수 있다. 특히 교육정도별 인구구성은 특정 시점의 사회발전의 정도를 나타내는 지표로 많이 이용되고 있다.

교육정책을 수립하기 위한 학령연령에 의한 인구구조는 취학 전 집단, 초등학교, 중학교, 고등학교, 대학교(4년제 미만), 대학교(4년제 이상) 이상으로 나누어진다.

먼저 평균 교육수준을 나타내는 문맹률[(문맹자 수 / 총인구) × 100]은 한국이 1931년에 약 90%, 1945년 77.8%였으나 1954~1958년 사이에 전국문맹퇴치운동과 초등학교 교육의무화로 1955년에 문맹자 수가 942만 1000인으로 전체의 53.6%를 차지했다. 이후 1975년에는 14.3%, 1990년에 7.8%, 2008년에 1.7%, 2012년에는 0.3%로 선진국 수준에 이르렀다.

2010년 한국의 6세 이상 총조사인구(4534만 8575인)의 교육정도별 구성비를 보면, 초·중·고, 대학 등 정규학교 재학생 수는 980만 9374인(22.6%)이고 졸업자 수는 3071만 9515인(70.8%), 중퇴자 수는 164만 8295인(3.8%) 등이다. 재학생 수는 초등학교가 33.4%로 가장 높고, 그다음이 고등학생(20.3%), 중학생(20.0%)의 순이다. 한편 2010년 학력별 졸업자 수(수료 및 중퇴 포함)는 고등학교 졸업자가 1184만 4645인(38.6%), 대학교(4년제 이상) 694만 3591인(22.6%)이며, 초등학교 11.8%, 중학교 10.4%를 차지했다. 성에 따른 교육인구를 보면 대학교(4년제 미만)부터 남자가 많으나 여성이 차지하는 비중은 2000

〈표 5-30〉 교육정도별 인구구성(6세 이상)(2010년) [단위: 인 (%)]

구분	초등학교	중학교	고등학교	대학교 (4년제 미만)	대학교 (4년제 이상)	대학원 (석사)	대학원 (박사)	계
6세 이상 인구	7,214,170 (16.6)	5,413,129 (12.5)	14,150,318 (32.6)	5,438,453 (12.5)	9,581,757 (22.1)	1,261,106 (2.9)	317,805 (0.7)	43,376,738 (100.0)
재학	3,272,287 (33.4)	1,962,728 (20.0)	1,995,892 (20.3)	626,581 (6.4)	1,680,358 (17.1)	214,438 (2.2)	57,090 (0.6)	9,809,374 (100.0)
중퇴	330,758 (20.1)	249,469 (15.1)	309,781 (18.8)	388,226 (23.6)	331,277 (20.1)	33,870 (2.1)	4,914 (0.3)	1,648,295 (100.0)
졸업	3,611,125 (11.8)	3,200,932 (10.4)	11,844,645 (38.6)	4,043,632 (12.2)	6,943,591 (22.6)	880,394 (2.9)	195,196 (0.6)	30,719,515 (100.0)
휴학				289,383 (34.8)	541,754 (65.2)			831,137 (100.0)
수료				90,631 (24.6)	84,777 (23.0)	132,404 (35.9)	60,605 (16.5)	368,417 (100.0)
남	3,055,544 (13.9)	2,563,588 (11.7)	7,033,170 (32.0)	2,821,327 (12.8)	5,509,248 (25.1)	760,632 (3.5)	232,847 (1.1)	21,976,356 (100.0)
여	4,158,626 (19.4)	2,849,541 (13.3)	7,117,148 (33.3)	2,617,126 (12.2)	4,072,509 (19.0)	500,474 (2.3)	84,958 (0.4)	21,400,382 (100.0)

주: 미취학은 197만 1837인(2.3%).

자료: 통계청, http://kosis.kr

년 41.1%에서 2005년 43.6%, 2010년 33.9%로 그 차이는 꾸준히 줄어들고 있다(〈표 5-30〉). 그리고 한국에서 30세 이상의 인구의 평균 학력수준(국민 평균 교육연수)은 1995년 9.67년이었으나 2000년에는 10.24년, 2005년에는 11.01년으로 고등학교 2학년 수준이다.

1966~2000년 사이의 도농 간 교육수준의 변화를 보면, 국민의 평균 교육수준이 높아졌는데도 불구하고 고등학교 이상의 경우 도시지역이 농촌지역보다 높은 교육수준을 나타내었고, 무학과 초등학교의 교육수준은 농촌지역이 높다. 그리고 중학교의 교육수준은 1966년에는 도시지역이, 2000년에는 농촌 지역이 높은 것이 특징이다. 중등학교 이상의 교육수준 변화에서 도농 간의 차이는 조금 줄어들었으나 도시지역의 교육수준은 여전히 높다는 것을 알 수 있다. 이상의 도농지역에서의 교육수준 변화는 그동안 의무교육의 확대와 생활수준의 향상, 청·장년층의 이촌향도 현상, 농촌인구의 노령화 등에 영향을 받은 것으로 파악된다(〈표 5-31〉).

2006년 한국 초등학교 졸업자의 중학교 진학률은 99.9%로 그 비율이 매우 높으며, 중학교 졸업자의 고등학교 진학률은 99.7%로 의무교육으로 그 비율이 높다. 고등학교 졸업자의 대학 진학률은 2006년 82.1%, 2010년에 79.0%로 초·중학교에서의 진학률은

〈표 5-31〉 농촌과 도시의 교육수준 변화 (단위: %)

학력 \ 구분	1966년		2000년		2010년		
	농 촌	도 시	농 촌	도 시	읍부	면부	동부
무 학	43.1	19.3	17.5	6.0			
초등학교	43.2	39.2	24.8	10.6	19.6	27.3	14.2
중학교	8.3	21.6	13.3	12.3	12.9	14.1	11.6
고등학교	4.1	12.0	31.5	42.3	32.7	25.5	31.7
대학교(4년제 미만)	0.3	1.2	5.9	10.1	11.8	8.1	12.5
대학교(4년제 이상)	0.9*	6.6*	7.1*	18.7*	14.9	10.2	23.0
대학원(석사)					1.6	1.2	3.1
대학원(박사)					0.3	0.2	0.8
계(1000인)	100.0(11,453)	100.0(5,694)	100.0(6,797)	100.0(24,473)	100.0 (3,871)	100.0 (4,302)	100.0 (37,176)

* 대학교 이상임.

자료: 김두섭·박상태·은기수(2002: 514); 통계청, http://kosis.kr

〈그림 5-36〉 각 급 학교 진학률의 추이

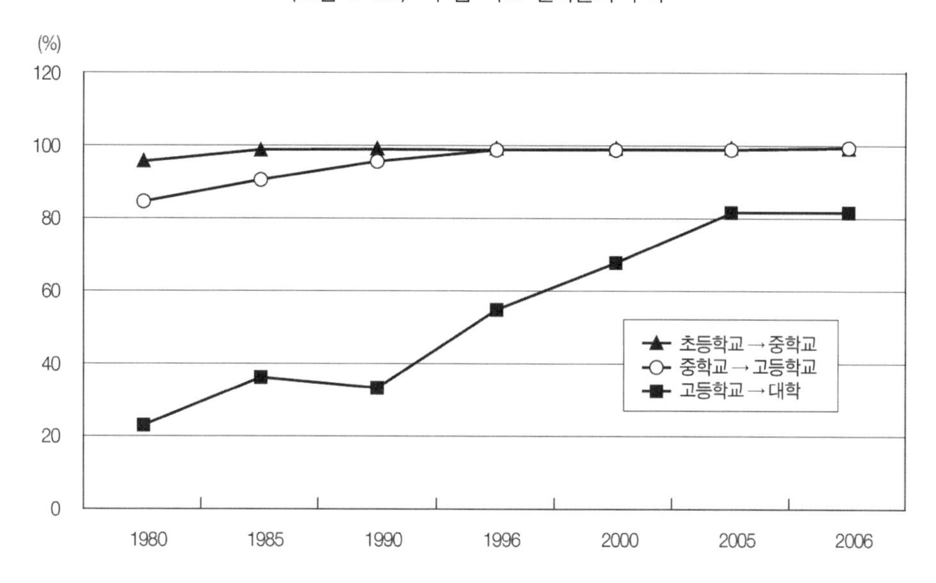

자료: 통계청, 『청소년통계』(2007), 11쪽.

1980년에 비해 변화가 적으나 대학진학은 1980년의 23.7%와 비교해 매우 높아졌다(〈그림 5-36〉).

다음으로 학력층의 지역적 분포를 서울시를 대상지역으로 살펴보면 다음과 같다. 2000~2010년 저학력층 군집지는 종로·중·용산·동대문구 등 구도심과 구로·금천·중랑·강북·성동구, 성북구 등 도시 주변지역에서 나타난다. 반면 고학력층 군집지는 강남구·서초구·송파구 등 소위 강남 3구와 양천·용산·영등포구의 고급주택가 또는 대단위 고급아파트 지역에서 나타났다. 특히 고학력층의 군집지는 2000년에는 은하수와 같이 다핵화되어 있는 패턴이었다면, 2010년에 이르러서는 한강 이남지역에서 강변을 따라 누적적으로 발달해 거대한 군락을 형성하고 한강 이북 지역에서는 몇몇 지역에 한정되어 누적 발달하고 있다. 고학력층과 저학력층의 뚜렷한 거주지 분리 패턴은 2000년에 이미 형성되어 1997년 경제 위기 이후 고착화될 뿐 아니라 더 심화되었다. 특히 고학력층 군집지가 강북지역에서 소수의 일부 지역을 제외하고 강남지역에서 군락화되어 서울시가 이중도시적 면모를 보이고 있다(〈그림 5-37〉).

〈그림 5-37〉 서울시의 교육수준별 입지계수 분포(위: 2000년 · 아래: 2010년)

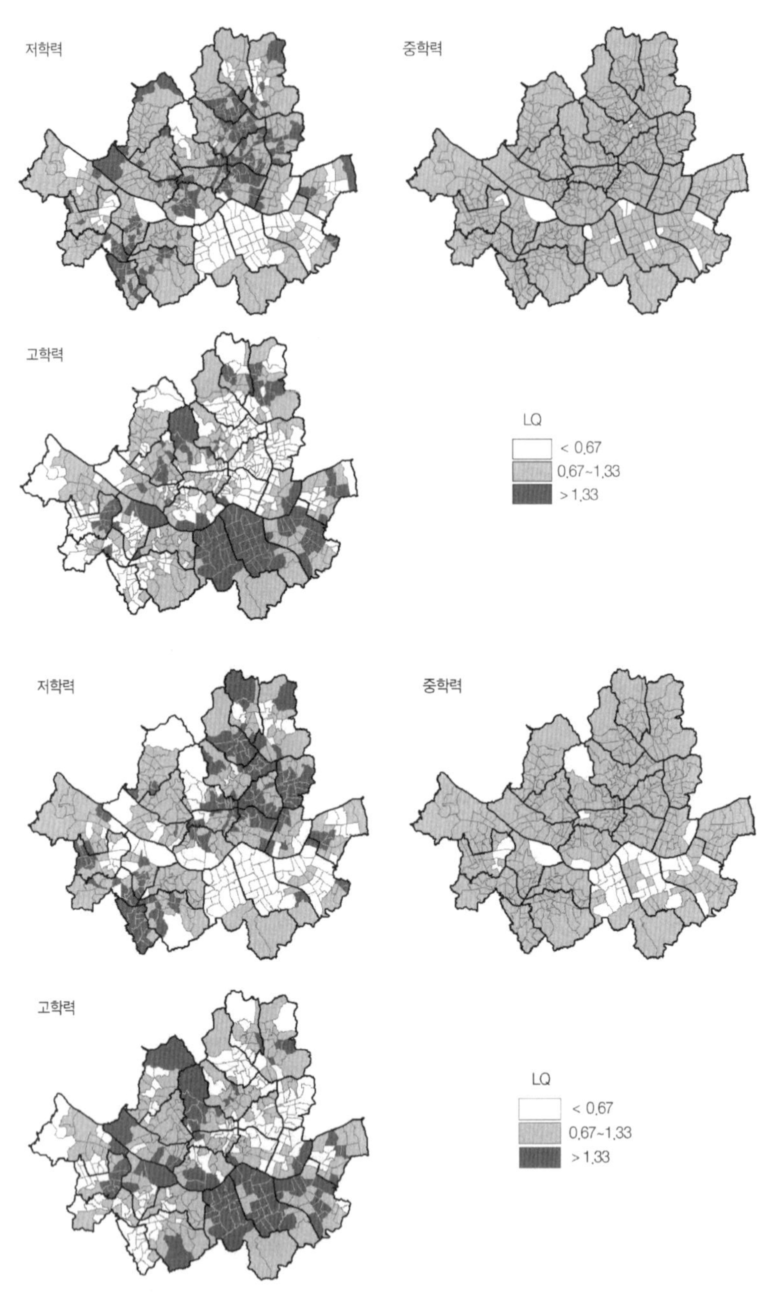

자료: 정수열(2015: 11).

4) 장애 종류별 인구구조

일반적으로는 장애란 정신이나 신체가 무엇인가의 원인으로 정상적인 기능을 하지 못하는 것이라고 이해한다. 장애의 종류에는 시각장애, 지체부자유, 정신장애, 청각장애, 지적장애, 학습장애 등이 있다. 1960년대 후반부터 1970년대에 걸쳐 선진국에서의 첨예화된 장애자 운동이나 영국에서 전개된 장애연구의 움직임을 보면, 장애가 무엇을 의미하는지 그다지 자명하지 않았다는 것을 알 수 있다. 그래도 이러한 장애자 운동이나 장애연구의 움직임이 영국의 지리학과 아무런 연관이 없는 것도 아니었다. 거기에 그치지 않고 장애자라는 정체성(identity)과 범주(category)가 구축되어 주체가 억압된 과정(process)에서 공간이 어떠한 역할을 하는가가 지리학의 쟁점이 되었다. 공간이나 장소에 특별한 관심을 가진 지리학이 장애자 운동이나 장애학(disability studies)의 움직임에 어떠한 모양으로 응답할 것인가?

영국에서의 장애학은 1960년대 후반에 시작된 장애자 운동을 계기로 발전해왔는데 당사자(當事者)학의 특징을 강하게 나타내고 있다. 장애학의 공적(功績)은 장애자가 경험한 편견과 차별을 그들의 신체적 손상의 당연한 귀결로 보지 않았다는 것이다. 바꾸어 말하면 신체적 손상을 가진 사람을 배제하고 무력화(disabling)하려고 한 사회적 구조를 날카롭게 비판했다. 그러나 그 한편에서는 장애학이나 장애자 경험의 원인을 그들의 신체에서 찾지 않는 것을 강하게 의식하는 나머지 신체적인 손상이 장애자에게 미치는 고통에 관해서 적극적으로 채택할 수가 없었는데, 이 과제는 2000년 이후의 연구에도 계속되었다.

한편 영어권의 지리학에서는 1990년대를 경계로 장애학이나 지리학 내부에서의 움직임이 촉발되어 장애자 신체의 구축성이 논의되었다. 장애자가 배제된 기구를 공간적인 관점에서 이해하려고 한 연구자가 나타났다는 것이다. 나아가 2000년대에 들어와 논의된 장애의 범위가 넓어짐과 동시에 당사자들의 신체의 경험에 의해 밀착된 연구가 나타나는 등 새로운 움직임이 등장했다.

(1) 영국에서의 장애자 운동과 장애학의 전개

영국에서의 장애자 운동의 큰 특징은 그것이 장애를 겨냥한 사회학적 연구와 일체가 되어 전개되었다는 것이다. 영국의 장애자 운동은 19세기 이후 일관되게 지속되어

왔지만 1960년대 후반부터 1970년대 전반에 걸쳐, 그 후 장애학을 견인하는 사람들이 운동의 무대 앞에 서기 시작했다. 예를 들면 1965년에는 후에 장애자 운동의 대표적인 이론가가 된 헌트(P. Hunt)나 핀켈스타인(Vic Finkelstein)이라는 인물을 배출한 '장애자 연금운동 단체'가 탄생했다. 또 1974년에는 장애학 창설의 1인자가 된 올리버(M. Oliver)가 '척수손상자협회'의 결성에 참여했다. 이러한 운동가들은 그 요구가 사회의 변혁 내지는 현실적으로 불가능하다는 인식에서 시작했다. 그래서 1975년에 나타난 것이 현재의 '장애 사회모형'로서 알려졌다. 이 모형은 '장애자가 직면한 문제는 개인적인 손상에서 생겨난 것이 아니고 사회가 정상인의 생활만을 적용하려는 배타적인 설계의 존재로부터 발생한다'는 새로운 견지에서 나온 것이다. 장애는 하나의 표현된 장애자의 경험을 손상(impairment)과 장애라는 두 가지 차원으로 나누어 생각할 수 있다. 전자는 신체적·정신적·감각적 손상에 의해 발생한 기능적 제한을, 후자는 물리적·사회적 장애에 의해 손상을 가진 사람들의 사회활동에의 참가가 제한된 것을 가리킨다. 장애자 운동은 후자를 강하게 비판하고, 장애자의 곤란에 관한 사회적 책임을 명확하게 했다. 이 '격리에 반대한 신체장애자 연맹(UPIAS: The Union of the Physically Impaired Against Segregation)'의 주장은 핀켈스타인과 올리버 등에 의해 계속되었다. 사회심리학자로 장애자 운동의 활동가였던 핀켈스타인과 사회학자로 같은 운동에 다른 견해를 가진 올리버는 유물론적 관점에서 장애가 생성된 과정을 분석해 오늘날의 장애학의 장애이론에 큰 영향을 미쳤다. 그에 의하면 장애를 경험한 사회구조적인 장벽(barrier)은 근대 이후 자본주의적인 생산관계가 확립됨과 동시에 구축된 것에 지나지 않는다는 주장은 장애를 개인적·생물학적 비극이라고 보아온 의학모형을 통렬히 비판하는 것이다. 특히 올리버의 '장애 사회모형'은 영국의 장애학을 발전시키는 기초가 되었는데, 의학모형에 도전한 '장애 사회모형'은 일정한 정치적 중요성을 가지고 있다. 그러나 장애학이 장애를 문제시하는 한편, 장애와 손상을 나누어 분리시킨 것을 파악하는 것은 타당성이 있는지 의심을 받게 되었다. 바꾸어 말하면 장애의 경험을 신체적 특징에 의한 당연한 귀결로 본 의학모형이 되지 않도록 주의를 기울이면서 장애자의 신체를 논의의 대상으로 하는 것이 장애연구에 요청된 것이다.

(2) 영어권 지리학에서의 장애연구

1990년대 지리학에서는 문화론적 전환(cultural turn)이나 신체론이 장애연구의 내용에 큰 변환을 나타내 장애가 사회적·공간적으로 재생산된 구조가 문제시되게 되었다. 이러한 전환의 배경에 영국에서의 장애운동이나 장애학의 영향이 있었던 것은 틀림없다. 다만 의학지리학만 아니고 사회운동이나 정책연구, 젠더 등 다양한 관심을 갖는 문화·사회지리학자가 이 분야에 참여한 것이 이 움직임에 박차를 가했다고 해도 좋을 것이다.

또 장애에 관한 이론적 틀이나 화제(topic)가 변화한 것과 더불어 사용되는 방법론에도 변화가 나타났다. 장애자와 그들을 둘러싼 장소나 사회와의 관계성을 밝히기 위해 당사자들의 경험이나 관점에 관심을 기울이도록 되었기 때문이다. 그래서 이러한 사항에 접근하는 유효한 수단으로서 1인 내지는 소수의 사람들을 대상으로 한 심층 인터뷰 조사(in-depth interview), 그룹 내에서의 토론을 통해 자료를 얻어 시장조사나 여론조사의 대상이 되는 전형적인 사람들(focus group), 참여관찰 조사법이나 녹음사료(oral history) 등이 재평가되게 되었다.

그렇지만 한편으로는 이 움직임의 가운데는 검토되어 만들어지지 않았던 것도 있다. 예를 들면 월치(J. Wolch)와 필로(C. Philo)는 이 시기의 정신보건(mental health) 연구에 대해 개인의 정체성이나 주관에 대한 미시적 수준에서의 연구가 증가하는 한편, 현실세계의 정치나 정책결정의 과정을 고찰하는 연구가 감소했다고 말했다. 그 밖에도 신체장애자와 비교하면 지적장애자의 문제에 몰두한 연구가 여전히 적었다.

한편 2000년대에는 장애학과 영어권 지리학의 양쪽에서 연구대상으로서 논의된 문제가 확대되었다. 그 이유는 그때까지 논하기 어려운 것인 지적장애 등이 적극적으로 채택되었기 때문이고, 또 무엇이 장애인가라는 질문을 생각할 때에 의학적인 진단보다도 개인이 무력화된 과정을 중시되었기 때문이다. 덧붙여 1990년대의 장애학이나 지리학에서는 충분히 채택되지 않았던 장애자의 신체나 그의 물질성에도 관심을 기울이게 되었다. 지리학에서도 문화·사회지리학에서 전환과 호응해서 장애자의 경험을 사회적·물질적·감정적 측면까지 생각하는 연구가 나타났다. 이 시기에 장애에 대해 지리학에서는 인터뷰를 중심으로 한 질적(質的) 조사법을 이용하면서 당사자들이 장애자가 된 과정을 사회적 측면만이 아니고 신체적·정신적 고통 등 신체성에 착안해서 검토하려는 연구가 많았다. 한편으로는 이러한 장애연구의 경향은 사회운동이나 정책으로의 관심에서 점점 멀어진다고 걱정하는 목소리도 있다. 2000년대의 연구는 장애자의 경험이 개인적인 문제가 아니라는 것을 비판적으로 검토하면서 당사자들의 감정이나 신체의 성질을 중시하고 좀 더 현실성을 갖는 것으로서 묘사하고 있다는 점에서 중요한 지식을 도출하고 있다고 말할 수 있다.

(3) 한국 장애인 수의 변화와 장애인 속성 및 분포

2011년 한국의 장애인 수는 약 252만 인으로 전체 인구의 5.2%에 불과하다. 이 가운데, 지체자애가 53.1%, 뇌병변장애가 10.2%, 청각장애가 10.1%, 시각장애가 9.7%의 순으로 안면장애가 2696인으로 가장 적었다. 이를 2000·2005년과 비교해보면 해마다 장애인 수가 증가하는데, 2000년에 90만 7571인이던 것이 2005년에는 169만 9329인으로 100만 인을 넘었으며, 2011년에는 251만 7312인으로 계속 증가하는 추세인데 특히 지체장애 등 상위 다섯 개 장애자의 증가비율이 높았다(〈그림 5-38〉).

한국의 각종 장애의 원인을 보면(〈표 5-32〉), 모든 장애가 질환에 의한 후천적 원인에 의한 비율이 가장 높은데, 지체장애는 사고에 의한 후천적 원인이, 지적장애는 선천성 원인과 원인불명이, 자폐성장애는 원인불명이 가장 높았다.

2011년 한국의 연령층별 장애 종류별 구성비를 보면(〈표 5-33〉), 지체장애, 뇌병변장애, 시각장애, 청각장애는 연령이 많을수록 그 비율이 높아지는데, 언어는 10세 미만과 40세 이상의 연령층에, 지적장애는 10~49세 사이에, 자폐성 장애는 29세 이하

〈그림 5-38〉 한국의 장애 종류별 장애인 수의 변화

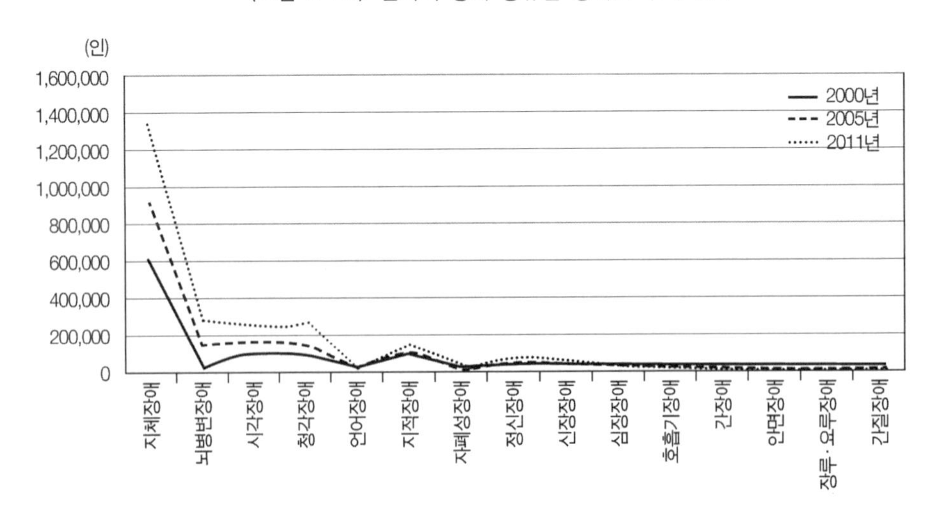

자료: 통계청, http://kosis.kr

〈표 5-32〉 장애의 종류별 원인 구성비(2011년) (단위: %)

종류	선천적 원인	출산 시 원인	후천적 원인 (질환)	후천적 원인 (사고)	원인불명	계
지체장애	1.6	0.3	44.2	53.4	0.5	100.0
뇌병변장애	2.2	2.3	82.1	12.7	0.7	100.0
시각장애	4.6	0.4	53.5	37.3	4.2	100.0
청각장애	3.5	0.8	75.7	15.5	4.5	100.0
언어장애	24.2	5.2	57.8	6.3	6.5	100.0
지적장애	35.9	5.3	11.2	9.8	37.8	100.0
자폐성장애	22.6	0.0	12.7	0.0	64.8	100.0
정신장애	1.1	0.0	83.0	14.9	1.0	100.0
신장장애	0.0	0.0	99.5	0.2	0.3	100.0
심장장애	22.3	0.0	77.7	0.0	0.0	100.0
호흡기장애	0.0	0.0	100.0	0.0	0.0	100.0
간장애	0.7	0.0	99.3	0.0	0.0	100.0
안면장애	2.9	0.0	52.6	44.5	0.0	100.0
장루·요루장애	0.0	0.0	100.0	0.0	0.0	100.0
간질장애	3.2	1.1	60.4	21.4	13.9	100.0
계	4.6	0.9	55.1	35.4	4.0	100.0

자료: 통계청, http://kosis.kr

〈표 5-33〉 연령층별 주요 장애 종류별 구성비(2011년) (단위: %)

연령층	지체 장애	뇌병변 장애	시각 장애	청각 장애	언어 장애	지적 장애	자폐성 장애	정신 장애	계
10세 미만	0.1	1.5	0.7	0.5	13.3	4.7	32.9	0	1.0
10~19세	0.8	2.9	2.4	1.6	6.4	27.2	41.6	0.2	3.1
20~29세	1.7	2.9	2.8	2.2	6.4	20.5	25.5	3.2	3.5
30~39세	6.6	3.7	7.2	3.9	3.4	18.8	0	21.9	7.2
40~49세	15.2	8.3	10.6	9.2	17.4	14.6	0	37.1	14.2
50~59세	24.5	15.8	21	14.3	19.5	9.9	0	17.6	20.4
60~69세	24.9	28.9	27.5	24.9	17.5	2.5	0	17.2	23.9
70세 이상	26.2	35.9	27.8	43.4	16.1	1.8	0	2.7	26.6
계	100.0	100.0	100.0	100.0	100.0	100.0	100.0	100.0	100.0

자료: 통계청, http://kosis.kr

〈표 5-34〉 장애 종류별 주로 도와주는 사람의 유형(2011년) (단위: %)

종류	배우자	부모	자녀(며느리,사위)	형제자매	조부모	손자녀	기타가족	친척	친구	이웃사람	활동보조인	가정봉사원	간병인	요양보호사	기타	계
지체장애	50.4	7.4	24.7	2.7	0.4	0.5	0.4	1.0	0.3	1.4	0.9	2.0	3.0	4.8	0.1	100.0
뇌병변장애	46.8	13.3	16.3	1.5	0.1	0.7	0.0	0.3	0.5	1.2	0.9	0.9	5.8	9.7	2.1	100.0
시각장애	32.8	12.9	24.5	1.1	0.0	2.1	0.0	0.0	0.8	1.8	13.4	5.2	1.8	3.8	0.0	100.0
청각장애	43.8	8.0	34.8	0.2	0.0	1.8	0.0	1.0	2.8	3.0	0.2	0.5	0.5	2.9	0.7	100.0
언어장애	15.8	59.7	0.0	0.0	7.4	0.0	0.0	5.8	0.0	0.0	0.0	4.2	0.0	0.0	7.0	100.0
지적장애	5.3	76.7	1.1	7.8	2.8	0.0	0.3	0.8	0.0	1.0	0.6	0.4	0.1	0.7	2.4	100.0
자폐성장애	0.0	92.2	0.0	0.0	0.5	0.0	0.0	0.0	0.0	0.6	0.0	0.0	0.0	0.0	6.7	100.0
정신장애	18.2	41.3	4.4	13.4	0.4	0.0	1.8	0.0	0.7	2.8	0.0	1.5	3.4	0.0	12.1	100.0
신장장애	32.6	12.7	27.0	6.1	0.0	0.0	0.0	0.0	0.0	9.2	4.7	4.2	1.1	2.5	0.0	100.0
심장장애	47.1	0.0	52.9	0.0	0.0	0.0	0.0	0.0	0.0	0.0	0.0	0.0	0.0	0.0	0.0	100.0
호흡기장애	43.0	2.1	37.4	0.0	0.0	0.0	0.0	0.0	0.0	0.0	0.0	0.0	0.0	13.0	4.5	100.0
간장애	53.8	4.0	30.1	0.0	0.0	0.0	0.0	0.0	0.0	0.0	0.0	0.0	12.1	0.0	0.0	100.0
안면장애	0.0	100.0	0.0	0.0	0.0	0.0	0.0	0.0	0.0	0.0	0.0	0.0	0.0	0.0	0.0	100.0
장루·요루장애	37.0	0.0	56.3	0.0	0.0	0.0	0.0	0.0	0.0	0.0	0.0	0.0	0.0	6.7	0.0	100.0
간질장애	43.7	20.5	9.2	15.9	5.6	0.0	0.0	0.0	0.0	0.0	0.0	0.0	5.1	0.0	0.0	100.0
계	37.4	23.3	18.6	3.4	0.6	0.6	0.3	0.6	0.6	1.7	1.7	1.5	2.8	4.8	1.9	100.0

자료: 통계청, http://kosis.kr

에서, 정신장애는 30~69세의 연령층에서 높게 나타났다.

다음으로 2011년 한국의 장애 종류별 주로 도와주는 사람의 유형을 보면(〈표 5-34〉), 배우자가 37.4%를 돌보아주어 가장 높고, 이어서 부모(23.3%), 며느리, 사위를 포함한 자녀가 18.6%의 순으로 84.2%가 가족이 도와주고, 활동보조인, 가정봉사원, 간병인, 요양보호사가 돌보아주는 비율은 10.8%에 불과해 가족중심의 돌봄이가 이루어지고 있다.

2011년 한국 장애인의 취업률을 보면 남자가 91.2%, 여자가 95.1%를 차지했다. 직무별 경제활동을 보면 단순노무종사자가 30.1%로 가장 높고, 이어서 기능원 및 기능종사자(12.5%), 장치기계 조작 및 조립(12.4%), 농업어업 숙련종사자(12.2%)의 순으로 관리자가 4.1%로 가장 낮았다.

다음으로 시·도별 인구 1000인당 주요 장애인비율의 보면(〈그림 5-39〉) 다음과 같다. 먼저 지체장애의 경우 경기도·제주도를 제외한 도 지역에 그 비율이 높다. 그리고 뇌병변·시각·청각·지적·정신장애는 경기도와 경남을 제외하고 도 지역에서 대체로 높았다. 이는 농촌지역에 노령자들이 많이 분포하고 있기 때문이다.

〈그림 5-39〉 시 · 도별 주요 장애인 비율의 분포(2014년)

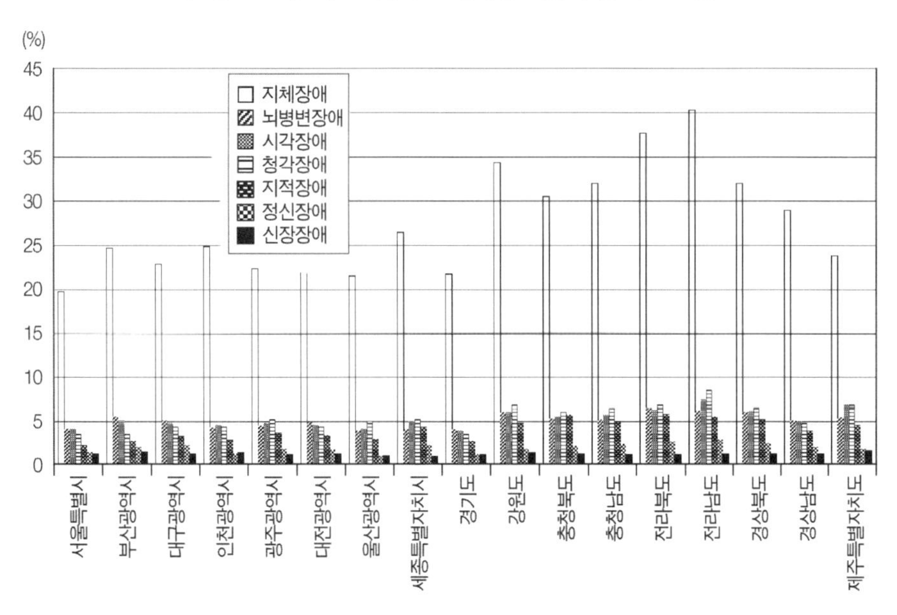

자료: 보건복지부, http://www.mw.go.kr

4. 경제적 인구구조와 분포

1) 노동력과 경제활동 인구

노동력에는 노동연령 인구(population of working age),[30] 취업가능 인구(미취업자 포함, working population), 취업인구(employed population)[31]로 구별된다. 취업자는 기본적으로 매월 15일이 속한 일주일 동안에 수입을 목적으로 한 시간 이상 일한 사람으로 정의된다. 여기에는 수입을 목적으로 하지 않더라도 자기 집에서 경영하는 농장이나 사업체를 위해 주당 18시간 이상 일한 소위 무급 가족종사자도 포함되며 원래는 직장이나 사업체를 갖고 있으나 일시적인 질병 휴가 노동쟁의 등으로 조사 대상 기간에 일을 하지 못한 일시 휴직자도 포함된다.

세계 각 국가의 노동력을 정확하게 파악하는 것은 곤란하다. 왜냐하면 노동력의 정의와 연령이 통일되어 있지 않기 때문이다. 이러한 점은 여성 노동력에 대해 더욱 파악하기가 어렵다. 노동력의 크기는 각 지역의 인구구조, 사회적·경제적 구조와 관계가 깊다. 또 노동력은 국가의 인구구조의 변화나 경제의 발전상황 등에 의해 질적·양적으로 모두 변화한다. 선진국의 노동력은 출생률 저하와 더불어 젊은 층의 감소, 노령화, 고학력화, 직업관의 변화, 높은 소득 수준 등을 배경으로 높은 수준의 기술력과 높은 임금이 특징으로 나타난다. 한편 개발도상국은 높은 출생률의 유지와 저·중 소득수준에 의해 풍부한 노동력과 저임금의 특징을 갖고 있다.

여성들은 일생동안 가정에서 일하고 있지만 노동자로 파악되지 않으며, 공식적으로 고용되어도 남자보다 소득이 낮다. 그 이유는 고용에서는 합법적인데도 불구하고 남자와 유사한 일을 해도 임금이 낮다는 점과, 둘째 숙련도가 결핍되어 있고 교육수준도 낮으며, 자녀 양육의 간섭 때문에 임금이 아주 낮은 유형의 일을 하는 경향이 뚜렷하다는 점을 들 수 있다.

개발도상국에서는 남자 노동력 지수(지수 100)에 대한 여자 노동력 지수는 52인

30) 생산연령 인구와 같다.

31) 불완전 취업자는 취업을 했지만 단기간 근로 일용직, 임시직 등 지위가 불안정하거나 반실업인 상태의 노동자를 말한다.

〈표 5-35〉 노동력의 성 구성비(남자=100)

공산·사회주의의 영향	지수	상대적으로 높음	지수	이슬람교의 영향	지수
탄자니아	105.6	타이	81.8	터키	38.4
몽골	98.3	콜롬비아	74.2	모로코	36.3
체코	55.8	인도네시아	61.9	이란	13.9
슬로바키아	54.1	미국	87.3	파키스탄	18.5
루마니아	55.1	브라질	72.7	이집트	28.1
불가리아	53.2	한국	69.5	파키스탄	18.5
폴란드	84.7	멕시코	52.4	사우디아라비아	12.2
중국	81.7	인도	38.8	방글라데시	60.0
에티오피아	86.4	아르헨티나	74.0	이라크	13.0
러시아	94.7	나이지리아	50.1	알제리	15.0

자료: 矢野恒太記念會, 『世界國勢圖會』(2005), p. 102.

데 비해, 선진국의 여자 노동력 지수는 77이다. 유럽의 게르만 민족 국가는 88로 세계에서 남녀의 균형을 가장 잘 이루고 있다. 미국의 여성 노동력 지수는 87이고 EU와 일본은 약 70이며, 중부 유럽과 구소련은 75~87로 높은 수준이지만 남부 유럽의 지수는 상당히 낮다. <표 5-35>는 노동력의 성 구성비를 3가지로 분류한 것으로, 공산·사회주의 국가는 여성 노동력 지수가 상대적으로 높으나 이슬람교의 영향을 받는 국가는 여성의 노동력 구성비가 상대적으로 낮다.

다음으로 연령 계급별 노동력 구성비를 보면 <표 5-36>과 같다. 먼저 개발도상국의

〈표 5-36〉 연령 계급별 노동력 구성비 (단위: %)

지역	국가	남여	15~19세	20~24세	25~29세	30~34세	35~39세	40~44세	45~49세	50~54세	55~59세	60~64세	65세 이상
개발도상국	한국 (2003년)	남	8.3	50.9	82.7	94.7	95.2	94.8	92.8	89.6	80.3	63.7	39.8
		여	11.3	61.5	60.5	49.8	58.2	64.0	61.5	55.5	49.0	42.7	21.5
	인도네시아 (1999년)	남	45.5	90.6	94.3	97.8	98.5	98.8	98.0	95.7	87.6	66.4	
		여	33.6	53.8	53.2	56.6	60.2	62.5	62.2	60.0	54.3	34.0	
선진국	일본 (2003년)	남	16.6	70.8	94.4	96.7	96.9	97.5	97.2	96.0	93.5	71.2	29.9
		여	16.6	69.4	73.4	60.3	63.1	70.3	72.5	68.1	58.9	39.4	13.0
	미국 (2003년)	남	44.3*	80.0	90.6	92.9	92.8	91.4	89.2	86.0	77.6	57.2	18.6
		여	44.8*	70.7	74.4	73.8	74.5	77.4	78.6	74.7	65.5	45.3	10.6

* 16~19세임.

자료: 矢野恒太記念會, 『世界國勢圖會』(2005), pp. 104~105.

〈그림 5-40〉 경제활동 인구의 분류

경우 인도네시아는 15~19세의 노동력은 높으며, 65세 이상의 노동력도 높은 비율을 나타내고 있으나, 미국과 일본의 경우는 60세 이상의 노동력 구성비가 급격히 낮아지는 것이 특색이다. 한국은 20~24세의 노동력 구성비가 낮은데 이는 재학 중인 인구가 많기 때문이고, 여자의 노동력 구성비도 낮은 것이 특색이다. 개발도상국에서의 65세 이상의 노동력 구성비가 높은 것은 농업 노동력이 많기 때문이다.

노동력 중 경제활동 인구를 상태별로 분류하면 다음과 같이 나눌 수가 있다. 경제활동 인구는 15세 이상의 인구 중 취업자와 실업자로 구성된다. 한편 비경제활동 인구는 조사 대상 기간 중 주간 취업자도 실업자도 아닌 15세 이상인 자, 즉 집안에서 가사와 육아를 도맡아 하는 가정주부, 학교에 다니는 학생, 일할 수 없는 연로자와 심신장애자, 자발적으로 자선사업 및 종교단체에 관여한 자, 구직 단념자 등을 말한다(〈그림 5-40〉).

1963~2015년 사이에 한국의 경제활동 인구는 1963년에 약 823만 인에서 2015년에는 3.2배 증가했다. 그리고 경제활동 참여율은 높아졌으나 실업률은 낮아졌는데, 그 동안 일자리가 많이 창출되었기 때문이다(〈표 5-37〉).

경제활동 지표는 보통[또는 조(粗)] 경제활동률(crude activity rate), 일반 경제활동률(general activity rate), 성·연령별(특수) 경제활동률(sex-age-specific activity rate) 등이 있다. 먼저 보통 경제활동률은 사회의 경제활동 수준을 가장 간단하게 나타내는 지표로서

〈표 5-37〉 주요 고용 지표의 변화(1963~2015년)

연도	15세 이상의 인구 (단위: 1000인)	경제활동 인구 (단위: 1000인)	취업자		실업자	
			취업자 수 (단위: 1000인)	경제활동 참여율(%)	실업자 수 (단위: 1000인)	실업률(%)
1963년	14,551	8,230	7,563	56.6	667	8.1
1973년	19,490	11,389	10,942	58.4	447	3.9
1983년	26,212	15,118	14,505	57.7	613	4.1
1993년	32,400	19,803	19,253	61.1	550	2.8
2000년	36,394	22,016	21,042	60.5	974	4.4
2005년	38,503	23,526	22,699	61.1	827	3.5
2010년	40,803	24,538	23,684	60.1	853	3.5
2015년	42,874	26,577	25,501	62.0	1,076	4.0

주: 15세 이상 인구 중 군인, 전투경찰, 공익근무요원, 형이 확정된 교도소 수감자, 외국인 등은 제외됨.
자료: 통계청(1994: 7).

특정 시점의 경제활동 인구를 전체 인구로 나누어서 백분율로 나타낸 것이다. 이는 보통 경제활동률 $= \frac{\text{경제활동 인구}}{\text{전체 인구}} \times 100$이다. 또한 일반 경제활동률은 인구의 연령구조에 의해 영향을 받는 보통 경제활동률의 단점을 보완한 것으로, 일반 경제활동률 $= \frac{\text{경제활동 인구}}{\text{15세 이상 인구}} \times 100$이다. 그리고 성·연령별(특수) 경제활동률은 인구의 성, 연령별 분포의 영향을 배제하기 위해 고안된 경제활동 지표로 그 식은, 성(연령별) 경제활동률 $= \frac{\text{특정 성별(연령별) 집단의 경제활동 인구}}{\text{특정 성별(연령별) 집단의 전체 인구}} \times 100$이다.

2) 공식 및 비공식부문

개발도상국의 도시경제는 이중적인 성격을 띠고 있는데, 조직적이고 현대적인 공식부문(formal sector)과 비조직적이고 전통적인 비공식부문(informal sector)으로 나누어진다. 비공식부문이라는 용어는 1971년 하트(J. F. Hart)에 의해 도시의 실업과 빈곤을 다루면서 처음 사용되었다. 공식부문은 대규모이고 자본 집약적인 경영조직체로 구성되어 있으나, 비공식부문은 전통적으로 존재해온 영세 수공업, 상업 및 서비스업 등으로 소규모적이고 가족주의적이며, 노동집약적이고 낮은 노동생산성을 나타낸다.

비공식부문의 특징은 첫째, 공식부문의 종사자와 같이 노동조합이나 정부로부터

보호를 받을 수 없어서 정당한 이유 없이 해고를 당하고 퇴직하는 경우에도 근로기준법에 의해 퇴직금 지급을 주장할 수 없다. 둘째, 일정기간 근로계약이나 채용이 아닌 일당 또는 시간 근무제가 대부분이거나, 영세 농업에 종사하는 사람들보다 대체로 평균임금이 낮은 잠재 실업자이다. 셋째, 대부분이 농촌에서 도시로 이주한 사람들로서 우선 생계유지를 위해 정상적인 취업기회를 얻을 수 없는 사람들이 일시적으로 쉽사리 종사할 수 있는 부문이다. 따라서 어떤 의미에서는 취업과 실업의 중간적 역할을 담당하며, 이 부문에는 여성을 비롯해 경제활동 연령층이 아닌 미성년자와 노약자들이 주로 종사하고 있다.

이러한 특징을 가진 비공식부문은 여러 국가의 문화와 전통의 차이, 제도와 관습에 따라 존재양식이 다르나 공통적인 양태는 다음 두 가지이다. 첫째, 적법활동이 아닌 경우가 많으나 사회적·경제적 필요를 충족시켜가면서 존재하는 활동으로 각종 법률이 사회활동 전부를 수용하지 못하거나, 국민의 준법정신이 박약하거나 때로는 법률의 경직성 때문에 오히려 단속 대상이 되고 있다. 이 때문에 활동자체가 음성화·지하화되기 쉽고, 장소적 이동성도 강해 공식통계로 파악하기 어렵다. 둘째, 경영규모의 영세성으로 시설규모나 기술도입 면에서 발전을 기약하기 어렵다. 더욱이 경영규모의 영세성으로 담보능력이 부족하고 가족이나 개인노동에 의해 면세점 이하의 소득으로 정부의 행정·재정·금융지원 대상에서 제외되고 있다.

이와 같은 비공식부문의 취약성이 존재함에도 불구하고 개발도상국에서는 도시인구의 급증, 공식부문의 고용증대 효과와 제약, 공식부문을 위한 제도와 조직의 미비, 공식부문의 제품가격이나 공급가격이 매우 높거나 판매자 중심의 시장조직으로 인해 소비자의 물품구매에 불편이 심한 경우 등으로 비공식부문이 계속 확대되고 있다. 따라서 비공식부문에 종사하는 도시 근로자가 페루의 리마(Lima) 시, 인도의 뭄바이(Mumbay) 시, 인도네시아의 자카르타(Jakarta) 시에서는 약 50%를 차지하며 브라질의 벨로 호리존테(Belo Horizonte)에서는 지역주민의 약 2/3 이상, 가나에서는 60~80%를 차지하고 있어 제3세계에서 비공식부문의 도시고용상의 중요성을 나타내고 있다.

비공식부문이 경제발전에 미치는 효과에 대해 그동안 많은 논의가 이루어져왔으나 크게 두 가지로 정리할 수 있다. 첫째는 도시 비공식부문의 급속한 팽창을 사회병리학적 현상으로 인식해 경제발전의 장애로 보는 입장이다. 비공식부문 종사자는 낮은 임금과 직업의 불안정성으로 도시의 빈곤을 상징한다. 따라서 세계 시스템론[32]자 및 종속이론가들은 제3세계의 도시에서 비공식부문의 확대는 저발전을 심화시킨다고 주장했다.

둘째, 이와는 달리 도시 비공식부문의 확대가 인적 자원의 재분배라는 측면에서 경제발전에 도움이 된다는 견해가 있다. 경제적으로 침체되어 있고 실업과 불완전 취업이 만연하는 농촌지역의 인구가 도시로 이동해 도시의 비공식부문이 확대된다는 것을 전제로 한다면, 이는 사회 총산출의 증대 및 경제발전에 긍정적으로 기여하는 것이다. 그리고 미시적 차원에서도 정체되고 생산성이 낮은 농촌에서 도시로 이주해 비공식부문의 주변화된 직업을 갖는 것은 사회경제적 상승이동의 수단으로 널리 이용되고 있다. 그러나 경제규모가 커지고 발전이 이루어지면 비공식부문의 비중은 차차 감소된다.

제3차 산업의 비공식부문에 대한 이론적 배경을 한계성(marginality)의 개념으로 설명하고 있다. 포르투갈어와 에스파냐어에서 한계(marginal)란 범죄, 폭력, 약물, 매춘 등의 지하세계와 결부되고 나태하고 위험하기 때문에 결코 잘살 수 없는 아주 경멸적인 의미를 내포하고 있다. 그리고 한계성은 사회학에서 '아직 통합되지 못한' 또는 '……로부터의 제외'란 뜻으로 사용되고 있다.

지리학에서의 한계성에 대한 연구는 자유주의적 입장과 급진주의적 입장에서 연구되고 있다. 자유주의적 입장에서의 연구는 빈곤지역에 대한 연구, 노점상인, 기지촌 위안부 등의 한계집단에 대한 연구, 여성 집단에 대한 연구가 있다. 한편 급진주의적 입장에서는 사회적·경제적 불균등을 주로 갈등주의적인 면에서 반자본주의, 반서양, 친후진(親後進) 세계를 표방하고 있다.

3) 산업별 인구구조와 그 분포

경제적 인구구성 중에서 보통 잘 사용하는 것이 산업별 인구구성(population structure

32) 미국의 사회학자 월러스틴(I. Wallerstein)은 경제력 및 정치력의 불평등한 분배가 어떻게 해서 시간과 공간을 초월해 진화했는가를 설명하는 수단으로서 처음으로 세계 시스템론을 전개했다. 월러스틴에 의하면 '여러 가지 부문이나 지역에서 지역이 필요로 하는 물자를 원활하게 지속적으로 공급하기 위해 다른 부문 및 지역과 경제적으로 교환에 의존하려는 분업'을 사회 시스템이라고 부르고, 이것에는 역사적으로 두 개의 시스템, 즉 미니 시스템과 세계 시스템이 등장했다고 했다.

by industry)과 직업별 인구구성(population structure by occupation) 두 가지이다. 그리고 산업별·직업별 인구구성은 혼동되고 있다.

산업별이란 각 경제활동에 종사하는 인구에 대해 그 사람이 소속해서 일하고 있는 사업소의 종류에 따라 분류하는 것이고, 직업별이란 그 사람이 실제 종사하고 있는 일의 종류에 따라 분류하는 것이다.

산업별 분류체계로서 대분류(one digit detail), 중분류(two digit detail), 소분류(three digit detail), 세분류(four digit detail) 등으로 나누어지는데, 한국의 표준 산업분류의 대분류는 A. 농업, 임업 및 어업, B. 광업, C. 제조업, D. 전기, 가스, 증기 및 수도업, E. 하수·폐기물 처리, 원료재생 및 환경복원업, F. 건설업, G. 도매 및 소매업, H. 운수업, I. 숙박 및 음식점업, J. 출판, 영상, 방송통신 및 정보서비스업, K. 금융 및 보험업, L. 부동산업 및 임대업, M. 전문, 과학 및 기술 서비스업, N. 사업시설관리 및 사업지원 서비스업, O. 공공행정, 국방 및 사회보장 행정(84) P.교육 서비스업, Q. 보건업 및 사회복지 서비스업, R. 예술, 스포츠 및 여가관련 서비스업, S. 협회 및 단체, 수리 및 기타 개인 서비스업, T. 가구 내 고용활동 및 달리 분류되지 않은

〈표 5-38〉 주요 국가의 산업별 인구구성비 (단위: %)

국가	조사연도	취업자 수(1000 인)	농·임·수산업	광업	제조업	전기·가스·수도업	건설업	도매·소매업	숙박·음식점업	운수·보관업	정보통신업	금융·보험·부동산업	교육·의료·복지서비스업	기타서비스업
한국	2013	25,066	6.1	0.1	16.7	0.7	7.0	14.6	7.9	5.6	2.8	5.4	13.2	19.4
중국	2012	767,040	33.6	30.3				36.1						
일본	2013	63,093	3.8	0.0	16.4	0.5	4.1	12.0	1.3	6.3	0.1	0.6	2.7	5.7
베트남	2012	51,686	47.4	0.5	13.8	0.5	6.3	12.3	4.2	2.9	0.6	0.9	4.4	5.9
영국	2013	29,821	1.0	0.4	9.8	1.3	7.2	13.4	5.1	5.0	3.9	5.0	23.7	22.8
독일	2013	40,450	1.4	0.2	19.4	1.4	6.4	14.4	3.9	4.9	2.9	3.8	18.6	21.6
이탈리아	2013	22,420	3.6	0.2	18.4	1.6	7.1	14.8	5.6	4.7	2.5	3.5	14.5	20.3
러시아	2013	71,391	7.0	2.2	14.8	3.2	7.6	18.4		9.5		9.0	17.0	11.4
미국	2013	143,929	1.5	0.0	10.3	0.8	6.4	13.7	7.2	4.3	2.1	6.8	22.6	23.5
오스트레일리아	2013	11,440	2.6	2.3	8.1	1.3	8.8	14.4	6.8	5.2	1.8	5.3	19.8	23.6

자료: 矢野恒太記念會, 『世界國勢圖會』(2014), pp. 100~102.

자가소비 생산 활동, U.국제 및 외국기관으로 나누어지는데, 이러한 구분은 모든 국가에 일치하는 것은 아니다.

주요 국가의 산업별 인구구성을 보면 <표 5-38>와 같다. 세계 주요 국가의 산업별 인구구성을 보면 각 국가의 자연조건의 차이나 경제발전에 따라 그 구성비가 다르게 나타난다. 가장 먼저 산업혁명을 맞이한 영국에서의 1차 산업의 구성비는 1.0%에 불과한데 한국은 6.1%를 나타내었다. 2차 산업은 대부분의 국가가 약 15% 이상이지만 유럽과 미국 선진국의 경우 3차 산업 중 서비스업의 구성비가 상대적으로 매우 높게 나타났다.

2005년 한국의 산업별 인구구성을 보면 다음과 같다. 먼저 농·임업 종사자 구성비의 시·군별 분포를 보면(〈그림 5-41〉), 강원도, 충청남도, 전라남·북도, 제주도 및 경상북도의 북부지역, 경상남도의 서부지역에서 그 비율이 높게 나타난다. 또 광·공업 종사자의

〈그림 5-41〉 농 · 임업 종사자의 시 · 군별 분포(2005년)

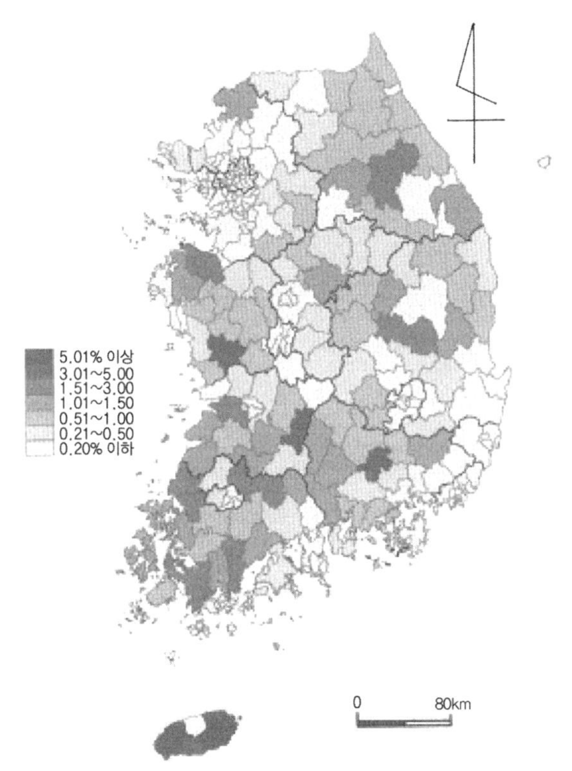

자료: 통계청, http://gis.nso.go.kr

〈그림 5-42〉 광 · 공업 종사자의 시 · 군별 분포(2005년)

〈그림 5-43〉 서비스업 종사자의 시 · 군별 분포(2005년)

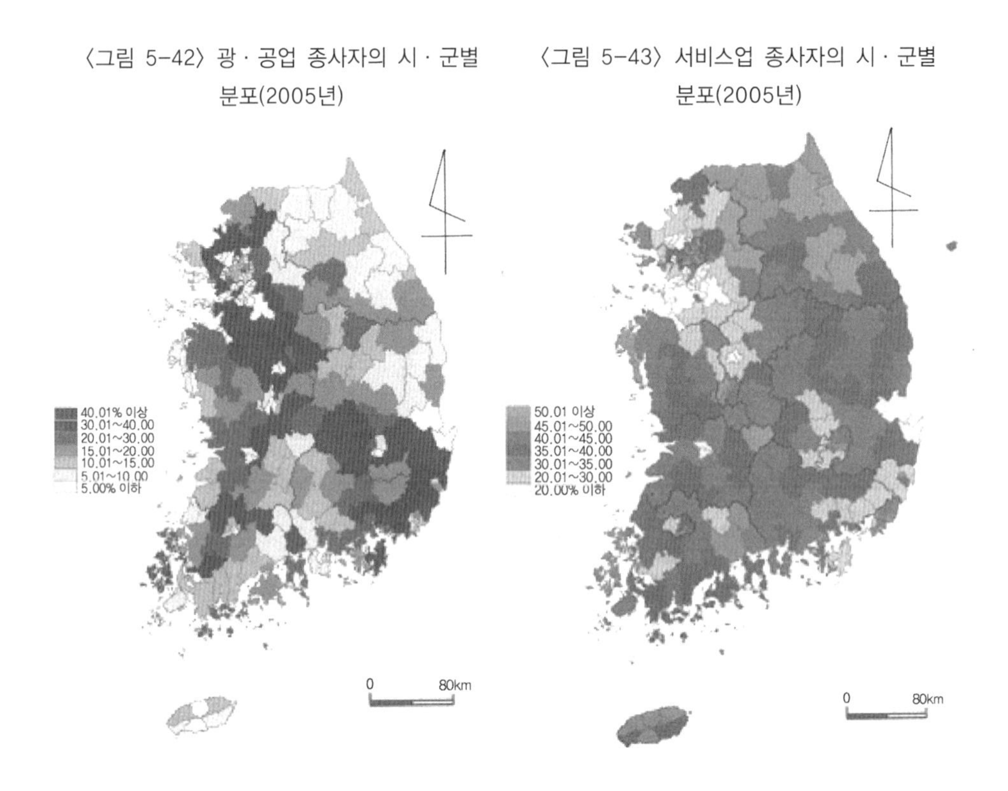

자료: 통계청, http://gis.nso.go.kr

자료: 통계청, http://gis.nso.go.kr

시·군별 분포를 보면(〈그림 5-42〉), 서울~부산축과 대전~광주축에 분포한 지역에서 그 구성비가 높게 나타난다. 그리고 서비스업은 전국적으로 그 구성비가 높게 나타나는데, 수도권과 충청북도 일부 지역, 포항시, 경상남도 남부지역에서 낮게 나타난다(〈그림 5-43〉).

4) 직업별 인구구조와 그 분포

직업분류(job classification)는 산업분류와 그 분류의 기준과 명칭이 크게 다르다. 한국의 직업 대분류는 1. 관리자, 2. 전문가 및 관련 종사자, 3. 사무 종사자, 4. 서비스 종사자, 5. 판매 종사자, 6. 농림어업 숙련 종사자, 7. 기능원 및 관련 기능 종사자, 8. 장치, 기계조작 및 조립종사자, 9. 단순노무 종사자, A. 군인의 10가지로 분류되지만 고도의 기술혁명과 더불어 직업구조의 변화나 사회적 사정에 따라 그 항목이 변경될 수도 있다.

1963년과 2010년 한국의 직업별 인구구성의 변화를 보면 다음과 같다. 1963년 당시 직업별 구성비에서 가장 높은 비율을 차지하는 직업은 농·임·수산업 종사자(62.9%)이고 그다음으로 생산·운수장비 운전사, 단순 노무자(15.0%)의 순으로 나타나 이들 두 직업의 구성비가 전체 취업자의 약 78%를 차지했다. 그러나 2010년에는 전문가 및 관련 종사자가 19.4%로 가장 많고, 이어서 사무 종사자(16.3%), 판매 종사자와 장치기계 조작 및 조립 종사자(12.2%), 단순 노무자(10.5%), 서비스 종사자(10.0%)의 순으로, 이들 상위 2위의 종사자가 전체 직업종사자 수의 35.7%를 차지했다. 47년간 농·임·수산직 종사자의 구성비가 크게 감소한 대신에 전문가 및 관련 종사자, 사무 종사자의 구성비가 크게 증가했다(〈표 5-39〉).

북한은 이른바 '11년제 의무교육'을 채택하고 있기 때문에 16세 이상부터 노동에 종사할 수 있는데, 무직을 인정하지 않으므로 16세 이상의 사람은 전원이 직업을 갖고 있는 셈이다. 북한의 경제활동 참여율은 1965년에 61.0%로 가장 낮았고 그 후에는

〈표 5-39〉 직업별 취업구조의 변화(1963 · 2010년)

<table>
<tr><th rowspan="2">직업</th><th colspan="2">1963년</th><th rowspan="2">직업</th><th colspan="2">2010년</th></tr>
<tr><th>취업자(1000인)</th><th>%</th><th>취업자</th><th>%</th></tr>
<tr><td rowspan="3">전문·기술·행정·관리직 종사자</td><td rowspan="3">247</td><td rowspan="3">3.3</td><td>관리자</td><td>624,124</td><td>2.8</td></tr>
<tr><td>전문가 및 관련 종사자</td><td>4,305,234</td><td>19.4</td></tr>
<tr><td>사무 종사자</td><td>3,607,845</td><td>16.3</td></tr>
<tr><td>사무·관련직 종사자</td><td>266</td><td>3.5</td><td>서비스 종사자</td><td>2,209,667</td><td>10.0</td></tr>
<tr><td>판매 종사자</td><td>765</td><td>10.1</td><td>판매 종사자</td><td>2,697,442</td><td>12.2</td></tr>
<tr><td>서비스 종사자</td><td>393</td><td>5.2</td><td>농·임·어업 숙련 종사자</td><td>1,675,586</td><td>7.5</td></tr>
<tr><td>농·임·수산업 종사자</td><td>4,760</td><td>62.9</td><td>기능원 및 관련 기능 종사자</td><td>1,959,586</td><td>8.8</td></tr>
<tr><td rowspan="3">생산·운수장비 운전사, 단순 노무자</td><td rowspan="3">1,131</td><td rowspan="3">15.0</td><td>장치기계 조작 및 조립 종사자</td><td>2,707,684</td><td>12.2</td></tr>
<tr><td>단순 노무자</td><td>2,328,485</td><td>10.5</td></tr>
<tr><td>기타</td><td>79,433</td><td>0.4</td></tr>
<tr><td rowspan="2">계</td><td rowspan="2">7,563</td><td rowspan="2">100.0</td><td>미상</td><td>5,312</td><td>0.0</td></tr>
<tr><td>계</td><td>22,200,398</td><td>100.0</td></tr>
</table>

자료: 통계청(1994: 19).

〈표 5-40〉 북한의 직업별 인구구성(2008년)

주요 직종	남	여	계
책임일군	158,408(83.6)	31,146(16.4)	189,554(1.6)
전문가	667,710(66.0)	343,324(34.0)	1,011,034(8.3)
보조 전문가	154,856(35.0)	287,186(65.0)	442,042(3.6)
기타 전문가	18,565(18.2)	83,581(81.8)	102,146(0.8)
봉사 노동자	54,197(6.6)	762,702(93.4)	816,899(6.7)
채취, 수산, 산림 노동자	1,920,030(45.2)	2,324,612(54.8)	4,244,642(34.8)
채굴, 건설, 식료가공, 연관거래 노동자	1,398,470(65.8)	725,591(34.2)	2,124,061(17.4)
운전공, 조립공	1,114,793(64.0)	628,387(36.0)	1,743,180(14.3)
기타 노동자	868,797(57.8)	634,729(42.2)	1,503,526(12.3)
잘 모름	4,112(53.9)	3,524(46.1)	7,636(0.1)
계	6,359,938(52.2)	5,824,782(47.8)	12,184,720(100.0)

자료: 통계청, http://kosis.kr

증가해 1990년에 66.5%였다. 2008년 직업별 인구구성을 보면(〈표 5-40〉), 총직업자 수가 582만 4782인으로, 이 중 채취, 수산, 산림 노동자가 34.8%로 가장 많고, 이어서 채굴, 건설, 식료가공, 연관거래 노동자(17.4%), 운전공, 조립공(14.3%), 기타 노동자(12.3%)의 순이다. 직업별 남녀 인구구성비는 남자가 책임일군, 전문가, 채굴, 건설, 식료가공, 연관거래 노동자, 운전공, 조립공, 기타 노동자가 높고, 여자는 봉사 전문가, 기타 전문가, 보조 전문가, 채취, 수산, 산림 노동자의 구성비가 남자보다 높다.

5) 여성취업

지리학에서 1970년대 후반, 특히 1980년대 이후 유럽과 미국의 여러 나라를 중심으로 새로운 연구의 움직임이 나타나기 시작했다. 그중의 하나가 사회공간의 구성원인 남성·여성이란 젠더[33]에 대한 관심이었다. 남녀의 성(sex)은 인간이 태어나면서부터 운명이 지어진 생물적 속성이다. 그러나 사회적·문화적·심리적 요인에 크게 규정된

33) 젠더라는 개념은 여성주의(feminism)에 의해 발견된 것으로 문화적·사회적으로 구축된 성적 차이이고, 남녀 각각에 대한 행동규범을 동반하고 있다.

남녀의 성은 생물적 속성인 성과 구분되며 후천적으로 획득된 젠더라 부르지만 문화적·사회적 관계에서 억압을 받아왔다.[34] 1984년 일리히(I. Illich)는 산업혁명 이전에 시대와 지역에 따라 다른 여러 문화 속에 상호보완적인 남녀의 역할과 분업관계가 존재한다고 생각하고 이것을 젠더라 불렀다.

젠더에 대한 관심은 여성 쪽으로 향하게 되었는데, 이에 대해 그룬트페스트(E. Gruntfest)는 지금까지 남성 측에서의 관점만이 중시되고, 여성 측의 관점이 무시당했기 때문이라고 주장했다. 그리고 맥켄지(S. Mackenzie)는 지리학에서 여성에 대한 연구는 성에 의한 전문적·공간적 분리의 반영을 인식하고, 또 이 분리를 명확하게 해야 한다고 주장했다. 그러나 홀콤(B. Holcomb)은 양성(兩性)이 공간적으로 분리되어 있는 것은 드문데, 그것은 남녀가 같은 공동체에 살고 가구에서 같이 거주하고 있기 때문이라고 주장했다.

루터포드(B. M. Rutherford)와 위컬리(G. R. Wekerle)는 공간적 제약, 젠더, 도시의 노동시장과 관련된 두 가지 접근방법을 주목해야 한다고 주장했다. 이 두 가지 접근방법은 교통의 접근과 고용기회와의 관계에 주목한 통근연구, 그리고 노동력의 공간적 분업과 관련된 지역분석·산업입지의 연구로, 전자를 행동적 접근방법, 후자를 구조적 접근방법이라고 했다. 이들 두 가지 접근방법은 이론적 틀은 다르나, 지역노동시장이나 기혼 취업여성의 직장에 대한 접근성에 관해 논의를 전개하고 있는 것은 공통점이다.

여기에서 행동적 접근방법과 구조적 접근방법에 대해 간단히 살펴보면 다음과 같다. 행동적 접근방법의 분석수준은 기본적으로 그 대상이 개인이고, 고용이나 서비스에 대한 접근성에 착안한 것이다. 지금까지의 연구결과에서 기혼여성은 기혼남성보다도 집 가까이에서 일을 해 기혼여성의 통근기회는 제한되어 있으며, 수입은 통근거리가 증가함에 따라 증가하는 경향이 있다는 점이 밝혀졌다. 이러한 현상은 개인이 고용과 거주, 교통에 대응해 직장을 선택하고 있다는 것을 알 수 있다. 그리고 이러한 선택을 행하는 이유는 여성이 가부장제에 의해 강한 이중의 역할을 부담하고 있기 때문으로, 이와 같은 현상에 대한 설명은 집 근처의 식상을 선택한다는 선택모형과, 남성으로

34) 이는 남녀 간의 권력관계 문제로 직장이라는 공적 공간에서 권력관계가 사적인 존재로 개입되는 성희롱(sexual harassment), 제3자로부터 격리된 사적 공간으로 형성된 가정 내부에서의 행위가 불가시적 상태로 되어 있는 곳에서 발생하는 가정폭력(domestic violence) 등이 있다.

인해 제약된 교통기관을 선택하게 되고 여성직에만 취업이 집중되기 때문에 집 근처에서 일하게 된다는 제약모형이 이용되고 있다. 또 정책면에서는 공공교통수단에 크게 의존하고 있는 취업자, 특히 기혼여성의 교통 접근성을 개선하기 위한 목표를 설정하고 있다.

한편 구조적 접근방법은 지역과 기업, 직업범주를 분석대상으로 하고 그 지역적 입지활동에 대해 주목을 하고 있다. 자본은 입지선택에 따라 노동비나 지대의 최소화를 추구하게 되고, 또 노동시장은 성에 기인해 분리되는데, 이러한 현상은 기업이 이윤을 최대로 추구하려는 데에서 나타나게 된다. 이러한 관점에서 볼 때 여성의 직장선택은 제약을 받기 때문에 여성노동력이 성에 의해 분리된 지역노동시장의 원천이 되었다는 급진주의 모형(radical model)과 여성직이나 저임금을 강조하는 산업에 의해 여성의 고용기회가 제약되어 있다는 여성주의 모형(feminist model)에서 기업의 지역적 입지활동에 대한 설명을 시도하고 있다. 또 이들 두 모형은 여성의 저임금 노동에서 이익을 얻는 기업의 행동을 결정하는 바탕에는 가부장제가 존재하고, 여성은 보조적으로 돈벌이하는 것이라는 점에 의거한다. 기업은 값싼 여성노동력을 착취하는 것을 목적으로 입지하고 있기 때문에 성에 기인해서 분리된 노동시장은 존속하게 된다. 또 공공교통수단을 개선함으로 취업자는 증가하겠지만 취업자간의 경쟁을 조장시켜 임금을 낮추는 결과를 초래하게 된다.

행동적 접근방법에 대한 연구는 통근 및 거주지 선택, 여성의 시간이용, 여성 빈곤화, 성에 의한 노동시장의 공간적 분리구조가 있다. 그리고 구조적 접근방법에 관한 기존의 연구는 여성취업과 재구조화(restructuring)에 관한 것이다. 재구조화는 첫째, 자본주의 세계경제체제의 재구성, 현대 독점자본이 국제적 규모에서 축적조건을 재구성하는 것을 의미하며, 둘째, 선진 자본주의 여러 나라에서 경제구조나 산업구조의 재편성 정책의 의미로 사용하며, 셋째, 자본주의 세계경제의 재편성을 목표로 국제협조, 해당 선진국에서 '경제구조의 조정'의 틀의 변화에 호응한 독점 대기업의 사업 재구축 등을 의미한다. 그리고 여성 빈곤화, 지역노동시장과 지역정책과의 관계로 구성된다.

여기에서 이슬람 주요국의 여성지위에 대해 살펴보면 <그림 5-44>와 같다. 이슬람 국가는 중등교육을 선진국에 비해 최저 약 60%, 최고 약 30% 덜 수혜함에 따라 경제활동의 비율이 선진국에 비해 약 40%에서 약 20%까지 그 참여율이 낮은데, 의회에서의 여성비율도 매우 낮게 나타난다.

〈그림 5-44〉 이슬람 주요국 여성지위의 현황 (단위: %)

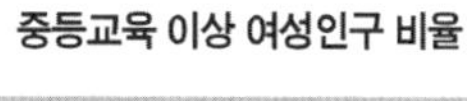

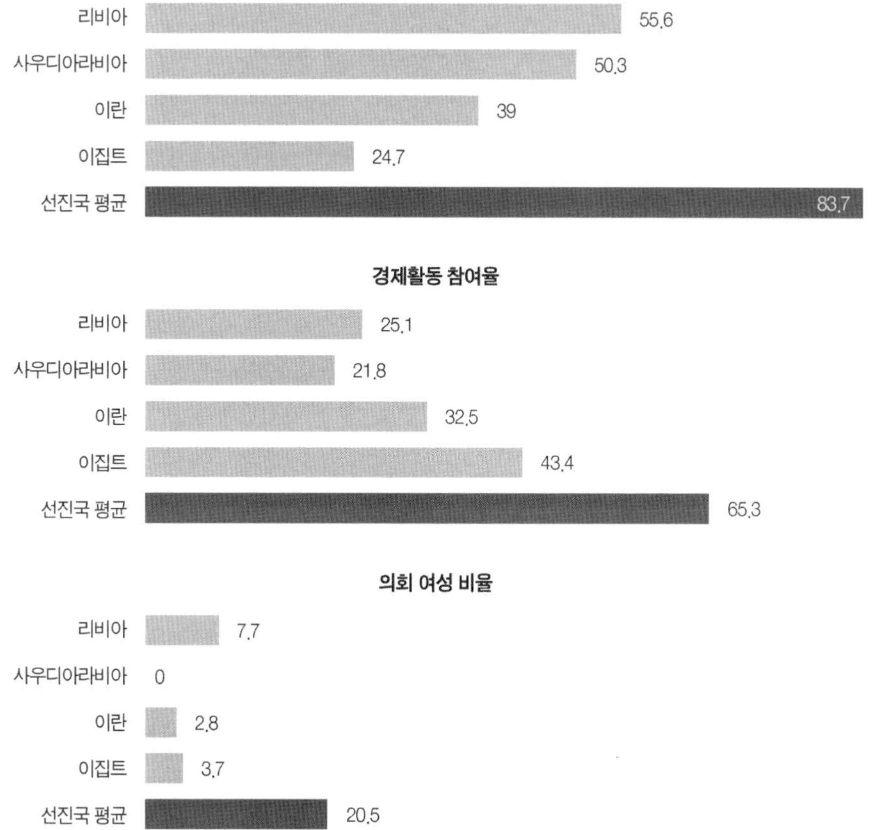

주: 선진국 평균은 인간개발지수(Human Development Index) 상위 42개국의 평균임.
자료: 유엔개발계획(UNDP, 2010), 160개국 조사자료.

이상적으로 직업을 택할 때에 성에 따른 차별이 없어야 하지만 현실적으로 직업선택에 성에 따른 차별이 존재한다. 성 직업구성을 살펴보면 <표 5-41>와 같다. 남자의 경우 사무 종시자, 장치, 기계조작 및 조립 종사자의 비율이 14.8%를 자지해 가장 높고, 그다음으로 기능공 및 관련 기능 종사자(13.5%), 농·임·어업 및 어업 숙련 종사자(9.9%), 기술공 및 준전문가(9.6%)의 순으로 나타났다. 그러나 여자의 경우에는 서비스 종사자(22.0%)가 가장 높고, 그다음으로 사무 종사자(13.4%), 판매직(13.0%), 농·임·어업 및 어업 숙련 종사자(12.6%)의 순으로, 남자는 여자보다 장치, 기계조작 및 조립, 기능공

〈표 5-41〉 성에 따른 직업구성과 편향 직업(2005년)

직업	남자(%)	편향 직업	여자(%)	편향 직업
의회의원, 고위임직원 및 관리자	5.9	기업 고위임원, 생산 및 운영부서 관리자, 기타 부서 관리자	1.3	
전문가	8.2	건축·토목, 전기, 전자, 기계, 화학 및 금속공학 전문가	10.7	간호 및 조산 전문가, 유치원 교사, 초등학교 교사, 정규학교 이외 교육기관 전문가
기술공 및 준전문가	9.6	건축·토목, 전기, 전자 및 기계공학 종사자, 선박·항공기 조종사	6.6	의료진료 준 전문가, 대학교육 조교 및 초·중등학교 보조교사, 정규교육 이외 교육 준 전문가
사무 종사자	14.8		13.4	안내 및 접수사무 종사자
서비스 종사자	5.4	경찰종사자, 소방 및 응급구조 종사자, 기타 보안 서비스 종사자	22.0	개인보호 및 관련 종사자, 이·미용 및 관련 서비스 종사자, 음식조리 종사자, 음식 서비스 관련 종사자
판매 종사자	9.0		13.0	소매방문판매 및 이동 판매 종사자
농업, 임업 및 어업 숙련 종사자	9.9		12.6	
기능공 및 관련 기능 종사자	13.5	건물골조, 건물완성, 금속주형 및 용접, 운송기계 장비, 농·공기계 설치 및 정비, 전기전자장비 종사자	4.1	
장치, 기계조작 및 조립 종사자	14.8	금속가공장치, 화학물 가공장치, 동력생산, 자동차 운전, 건설장비 운전	5.3	
단순 노무 종사자	7.9	건물관리·경비, 광업 및 건설관련, 운수관련	10.5	가사 및 관련 보조원, 청소 및 세탁 종사자
계	100.0		100.0	

자료: 통계청, http://kosis.kr

및 관련 기능 종사자, 의회의원, 고위임직원 및 관리자의 비율이 높은 데 대해 여자는 서비스 종사자, 판매 종사자, 농·임·어업 및 어업 숙련 종사자 등이 남자보다 높은 것이 특징이다.

5) 실업률과 그 분포

실업자는 조사주간 중 수입이 있는 일에 전혀 종사하지 못한 자로서 즉시 취업이 가능하며, 적극적으로 구직활동을 한 자, 또는 과거에 구직활동을 계속했으나 일기불순, 구직결과 대기, 일시적인 병, 자영업 준비 등의 불가피한 사유로 조사 대상 주간 중 구직활동을 적극적으로 하지 못한 자를 말한다. 즉, 경제활동에 참여하기를 원하거나 생산 활동에 참여할 수 있는 능력을 가지고 있는 데도 불구하고 취업의 기회를 얻지 못하고 있는 사람을 말한다.[35]

실업자에 대한 통계는 국가마다 다르다. 영국과 프랑스, 독일은 실업 급부(給付) 사무소에 등록된 자료를 바탕으로 실업자를 산정하는데, 프랑스는 월 78시간 이상의 아르바이트를 해도 구직등록을 하면 실업자가 된다. 미국과 일본에서는 조사기간 중에 직장을 구해도 취직하지 못한 사람이 실업자이고, 예를 들면 1시간 이내의 일을 했으면 실업자가 아니다. 프랑스를 포함해 OECD 국가들은 실업률이 높은데, 서부 유럽 국가들은 많은 실업급부로 취업의욕이 감퇴되었기 때문이고, 몇 년 전 미국은

〈그림 5-45〉 한국의 실업률 변화

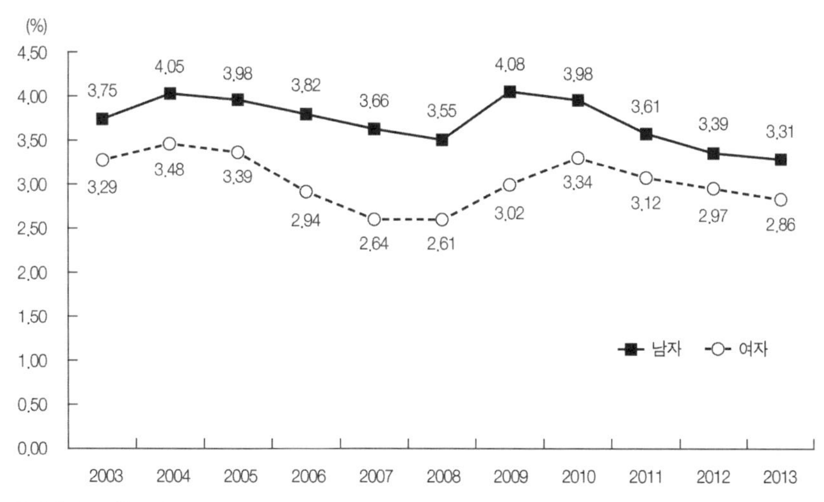

자료: 통계청, http://kosis.kr

35) 구직의사가 전혀 없거나 포기한 사람을 실망실업자라 한다.

〈표 5-42〉 주요 국가의 실업률(연평균)

국가	조사 연도	실업률(%)
한국	2012	3.1
일본	2012	4.0
중국	2012	4.5
영국	2013	7.5
프랑스	2013	10.3
독일	2013	5.3
미국	2013	7.4
오스트레일리아	2013	5.7

자료: 矢野恒太記念會, 『世界國勢圖會』(2014), p. 103.

경영악화로 해고가 많아졌기 때문이다. 반면 일본은 종신 고용제로 해고가 적었을 때에는 실업률이 낮았다.

한국의 실업률은 1963년 8.1%였으나 그 후 1973년에는 3.9%로 낮아졌고 1983년에는 석유파동의 영향으로 다소 높아졌으나 1993년 2.8%에서 1994년은 가장 낮은 2.4%를 나타내었다. 그 후 IMF 구제금융으로 실업률이 매우 높아져 1998년 7.0%로 아주 높아졌으나 2004년 3.5%로 2014년에는 3.4%로 낮아졌다(〈그림 5-45〉). 2012년 세계 주요 국가의 실업률을 보면 모리타니(Mauritania)는 31.0%, 그리스 27.3%, 에스파냐 26.1%, 남아프리카공화국 25.0%로 20% 이상을 나타내는 국가들이나, 타이는 0.7%, 베트남 2.0%로 매우 낮다(〈표 5-42〉).

5. 문화적 인구구조와 분포

1) 언어별 인구구조와 분포

민족을 규정하고, 그 성립·결합의 기반이 되는 요인은 언어, 종교, 인종(인종의식), 지역(지리적 공간), 역사, 생활양식 등으로 다양하고, 그 어느 한 가지만으로 분류를 할 수 없다. 이 가운데에 아마 언어는 민족의 규정요인으로서 가장 중요하다고 할 수 있다. 언어는 민족 구성원 간에 커뮤니케이션을 매개로 문화를 표현하고 후세에

〈그림 5-46〉 세계 주요 어족의 분포

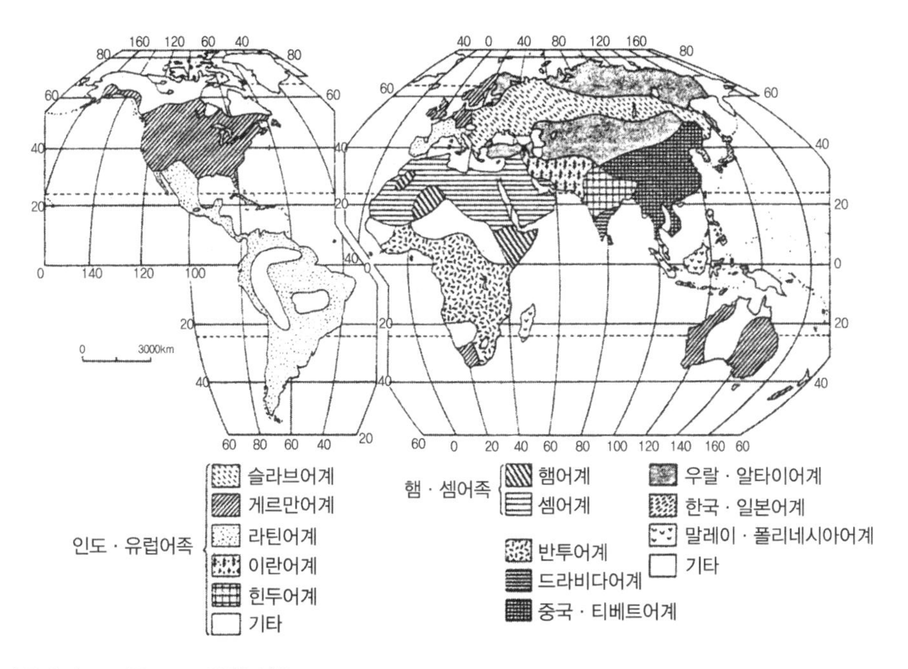

자료: Jordan and Rowntree(1982: 142).

그것을 전달한다. 따라서 언어는 민족을 식별하는 하나의 강력한 지표가 된다. <그림 5-46>은 세계 주요 어족(language family)의 분포를 나타내는 동시에 언어를 사용하는 민족의 주요 그룹 분포를 나타낸 것이다. 특히 오늘날에는 영어나 에스파냐어와 같이 많은 민족 간에 보급된 언어도 있다.

언어별 구성은 인종이나 민족의 이동을 잘 나타내고 있다. 본래 지리적으로 또는 사회적으로 고립된 지역에서는 다른 지역과는 다른 언어나 생활양식을 갖추고 있다. 거리가 먼 것 이외에 대양·큰 산지·정글·사막과 같은 자연적 장애가 있으면 언어의 전파를 제한하고, 그 양쪽 지역의 언어가 다르게 나타난다. 그러나 상업·무역 등 끊임없는 상거래가 있으면 언어는 전파되게 된다. 영어, 프랑스어, 에스파냐어가 유럽 대륙에서 남·북아메리카까지 전파되고, 아라비아어가 아라비아 반도에서 북아프리카 전역에 퍼진 것도 이러한 이유에서이다. 선교사·이민·정복자·식민자도 언어를 다른 지역에 널리 퍼지게 하는 역할을 한다. 때에 따라 유목민과 같은 집단에 의한 이동은 언어 전파에 강력한 힘을 갖고 있다. 예를 들면 중앙아시아에서 생겨난 우랄알타이어가 북부 유럽(핀어)까지 전파되고, 북아프리카와 서남아시아의 세미테익(Semiteik)어, 북부·동부아프리카의 하미테익(Hamiteik)어, 동인도 여러 섬에서 마다가스카르·뉴질랜드·필리핀을 거친 말레이·폴리네시아어도 그와 유사하게 민족이동과 더불어 전파된 결과이다. 언어의 지역적 분포는 규칙성과 역사성을 갖고 있는데, 민족이나 지역주민의 생활권과 관련되어 그 분포가 나타난다. 방언과 교통과의 관계에 대해 바흐(A. Bach) 등에 의해 연구되었다. 또 와그너드(P. L. Wagnerd)는 어휘 분포가 인구(민족)이동의 역사나 정복의 역사 등과 관련성이 존재한다는 점을 논했다.

2013년 세계에 널리 사용되고 있는 언어를 살펴보면 다음과 같다. 먼저 중국어는 중국 이외에 동남아시아에서 많이 사용하는데, 특히 싱가포르가 그러하며 모두 약 11억 9700만 인이 사용한다. 에스파냐어는 에스파냐와 에스파냐어권의 아메리카 18개국, 푸에르토리코, 서사하라, 그리고 적도기니 등 약 4억 600만 인이 사용하고 있다. 영어를 사용하는 국가는 세계 15개 국가(인구 약 3억 3500만 인)로 세계에서 널리 사용되고 있는데, 아프리카의 반 이상의 인구를 차지하고 있는 16개 국가(2억 6000만 인)[36]에서 공식어로서, 또 인도 아대륙(亞大陸)의 여러 국가에서는 관청어로서 각각 사용하고 있다. 그리고 동남아시아에서도 영어는 무시할 수 없는 역할을 하고 있다. 예를 들면 영국의 식민지였던 미얀마, 말레이시아, 홍콩차이나, 공업문명의 아메리카니즘이 침투된 타이와 그 밖의 오세아니아 주에서도 영어를 사용해 영어가 국제적인 언어인 것은 두말할 필요가 없다. 그다음으로는 힌두어는 인도와 파키스탄에서 한정되어 약 2억 6000만 인이 사용한다. 아랍어는 아랍연맹 가맹국 22개국에서 약 2억 2300만 인이 사용하는데, 고전적인 문학형식과 근대에 방언으로 세분화되어 실제적이기보다는 잠재적인 국제어가 되었다. 포르투갈어는 포르투갈, 브라질, 카보베르데(Cape Verde), 기니비사우(Guinea Bissau), 상투메 프린시페(Sao Tome and Principe), 앙골라, 그리고 모잠비크에서 사용해 대서양을 중심으로 양쪽으로 약 2억 200만 인이 사용하고 있어, 포르투갈 문화의 주요한 도구가 되고 있다. 그리고 벵골어는 약 1억 9300만 인, 러시아어는 구소련을 위시해 코메콘(COMECON) 등을 통해 약 1억 6200만 인의 유럽인들이 사용하고 있다. 일본어는 약 1억 2200만 인, 자바어·독일어는 각각 약 8400만 인이다.

36) 감비아, 시에라리온, 라이베리아, 가나, 나이지리아, 우간다, 케냐, 탄자니아, 잠비아, 말라위, 짐바브웨, 보츠와나, 레소토, 스와질란드, 나미비아, 남아프리카공화국이다.

<그림 5-47> 국제 언어별 세계 인구

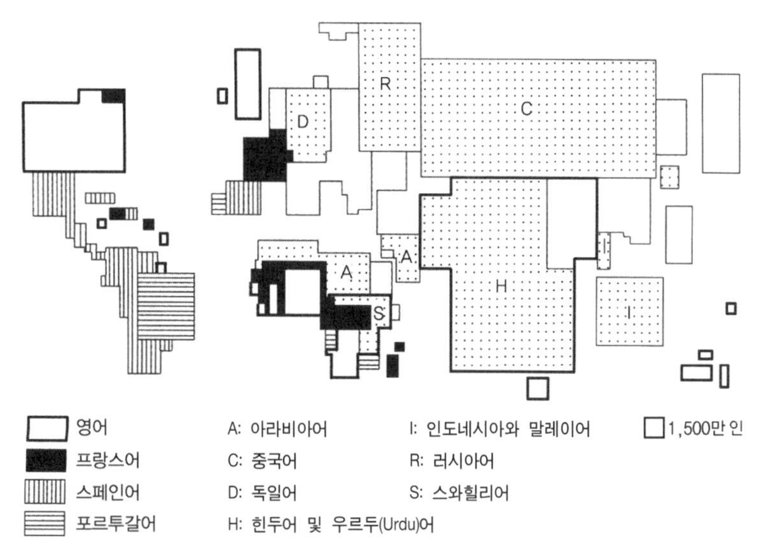

자료: 田邊裕·中俣均 共譯(1991: 135).

유럽의 중심부에서 독일어를 공용어로 사용하는 나라는 5개국으로, 유럽 이외의 지역에서는 수리남 등이 사용해 약 8400만 인이다. 프랑스어는 유럽과 아메리카 주, 인도양의 여러 섬 등 10개 나라 정도와 아프리카의 16개국[37]과 마다가스카르가 공용어이거나 교육용 언어로 사용한다. 또 베트남, 캄보디아, 라오스, 레바논에서도 관청어로 사용하기도 한다. 이와 같이 넓은 의미의 프랑스어를 사용하는 국가는 약 40여개 국가이고 인구는 약 6900만 인이다(<그림 5-47>).

한국의 방언분포를 일본인 오쿠라(小倉進平)가 구획한 것을 보면 6개의 방언권으로 나누어진다. 함경도 방언권은 함경북도 전부와 함경남도 정평 이북의 지역이 포함된다. 영흥 이남은 경기도 방언권에 속한다. 평안도 방언권은 평안도 전 지역을 포함하는데 다만 압록강 상류의 후창지방은 함경도 방언의 영향을 받고 있다. 경기도 방언권은 서울·경기·황해·강원·충청도의 대부분의 지역을 포함하고, 다만 전라북도 무주지방이

37) 세네갈, 말리, 기니, 코트디부아르, 부르키나파소, 토고, 베냉, 니제르, 차드, 중앙아프리카공화국, 가봉, 콩고, 콩고민주공화국, 르완다, 부룬디, 그리고 카메룬으로 카메룬은 공식어가 영어와 프랑스를 사용하는데, 영어를 사용하는 인구가 약 20%를 차지하고 있다.

〈그림 5-48〉 한국의 방언권

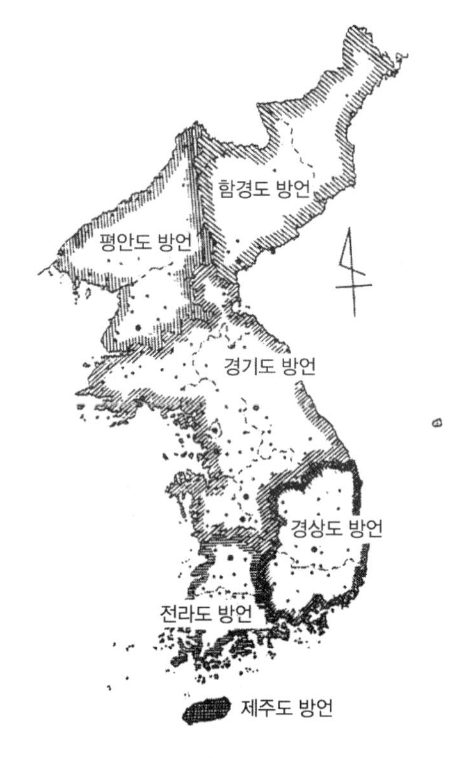

자료: 建設部 國立地理院(1980: 35).

이 방언권에 속한다. 전라도 방언권은 전라북도의 무주지방을 제외한 전라도 전역을 말하는데, 전라도 방언은 충청남도 지방의 방언에 많은 영향을 주고 있다. 경상도 방언권은 경상도 전역을 포함하고 있다. 마지막으로 제주도 방언권은 제주도 전역을 말한다(〈그림 5-48〉).

2) 종교별 인구구조와 분포

세계의 종교별 구성의 분포는 언어별 구성의 분포 이상으로 복잡하지만 그 분포상의 특색을 보면 양자 간에는 유사한 점이 많고 지역의 특성을 잘 반영하고 있다. 그리스도교는 밭농사 지역의 유럽에서 세력을 키워 16세기 이후 백인들이 신대륙에 진출하게 되면서 남·북아메리카는 물론 오스트레일리아·남아프리카까지 전파했는데, 서·북부

〈그림 5-49〉 종교의 지역적 분포

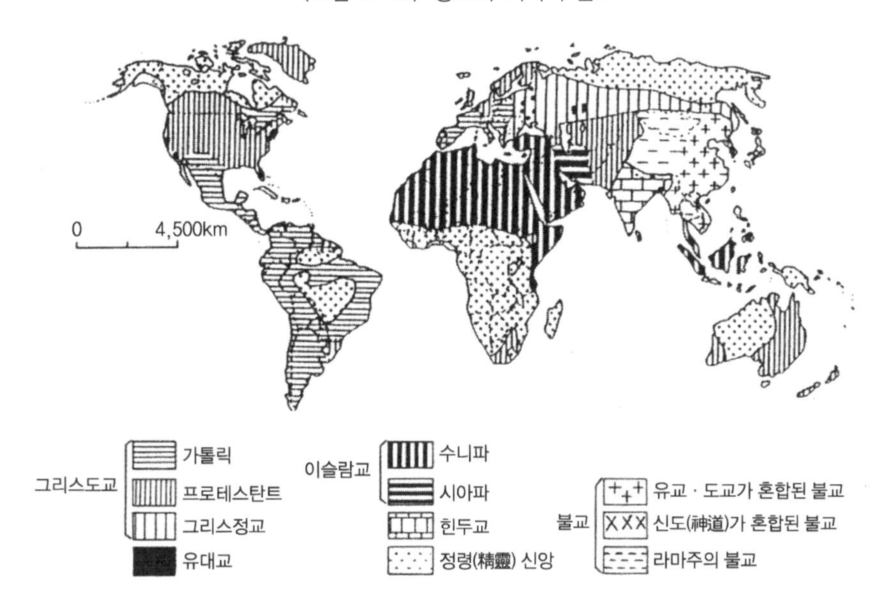

주: 정령신앙은 자연 속의 신을 믿는 신앙을 말하며, 신도는 고관의 죽은 영혼을 신령으로 간주해 그 무덤으로 가는 길(道)이란 뜻을 의미함.

자료: Jordan and Rowntree(1982: 169).

유럽에서에서 이민이 많았던 앵글로아메리카 지역에서는 프로테스탄트교가, 멕시코 이남의 라틴아메리카에서는 가톨릭이 전파되었다. 유럽의 러시아를 중심으로 발칸반도나 시베리아에 그리스 정교[38]가 전파된 것도 민족의 이동과 관계가 깊다는 점은 잘 알려진 사실이다.

아라비아 반도를 중심으로 북아프리카에서 중앙아시아의 건조지역에는 전투적인 정신이 깃든 이슬람교[39]가 그 발생지인 서남아시아에서 아프리카의 북부, 동남아시아

38) 그리스 정교의 개조(開祖)는 가톨릭의 포시우스(Photios) 주교이다.

39) 이슬람교는 7세기 초에 유대교와 그리스도교의 영향을 받아 성립되었으며, 이슬람이란 아라비아말로 '복종'을 의미한다. 경전인 코란(Quran)은 알라 신의 말씀을 담은 교조 모하메드의 교시집이며, 알라 신은 아라비아의 전통적인 최고의 신 '알라 탈라(Allah Tala)'에서 따온 것이다. 이슬람교는 신자가 실천해야 할 계율인 5행(다섯 기둥)과 믿어야 할 6가지(알라, 천사, 경전, 예언자, 최후의 심판, 숙명)가 신앙의 뼈대를 이룬다. 이슬람교의 5행은 첫째, 알라만이 유일한 신이라고 매일 고백하는 일, 둘째 성지 메카를 향해 하루에 5번 기도를 해야 하며, 셋째 빈곤하고 불행한 사람에게 매년 수입의 1/40을 희사하는 일, 넷째 마호메트가 코란을 계시받은 성스러운 달인 라마단(Ramadan,

〈표 5-43〉 세계 주요 종교의 신자 수(2010년)

종교		신자 수(인)
크리스트교	가톨릭	11억 5100만
	프로테스탄트	4억 2000만
	정교	2억 7000만
	성공회	8600만
	기타	3억 5400만
	계	22억 8100만
이슬람교	수니파	13억 500만
	시아파	2억 1700만
	기타	3100만
	계	15억 5300만
힌두교		9억 4300만
불교	대승불교	2억 5900만
	상좌불교	1억 7600만
	티베트 불교	2800만
	계	4억 6300만
시크교		2400만
유교·도교 등		1500만
유대교		1500만
신종교		6400만
기타 종교		7억 5500만

자료: 二宮書店, 『地理統計要覽』(2014), p. 37.

로 전파되었는데 이슬람교가 분포한 것도 건조지역이라는 지역적 특색과 민족이동을 반영하는 것이다. 그리고 힌두교[40]와 불교는 비교적 국지적으로 분포하고, 힌두교는

이슬람 역의 제9월)에는 일출부터 일몰까지 배고픈 사람의 고통을 체험하기 위해 단식을 하는 일, 다섯째 일생 동안 1회 이상의 성지 메카를 순례할 일이다.

이슬람교는 주로 아랍 상인에 의해 전파되었으며, 이슬람교를 믿지 않으면 과다한 세금을 부가하는 등의 강압적인 방법으로 이루어졌다.

40) 힌두교에서 '힌두'라는 말은 인도를 산스크리트어로 '신두'라고 부른 데서 유래된 것인데, 이 종교는 B. C. 1500년경에 인도를 침입한 아리안 족에 의해 만들어진 것으로 브라만교에 토착 미신과 불교 및 자이나교가 결합된 인도 고유의 민족 종교이다. 힌두교는 우주 만물을 창조했고, 인간 세계를 다스리는 주신(창조자)인 브라마와, 하늘과 공중 및 땅에 돌아다니며 세상을 지킨다는 비시누신(보존자), 그리고 4개의 얼굴에 눈이 셋, 팔이 10개, 머리에 달을 이고 있는 시바 신(파괴자)의 3대

인도, 불교는 동남·동아시아에 분포하고 있는데, 불교가 인도에서 기원해 중국·한국을 거쳐 일본에 전파되어 몬순을 기반으로 한 벼농사지역에 보급된 것도 그 지역의 자연적·사회적·경제적 특성과 관련이 깊은 것을 나타낸다. 세계 7대 종교가 신봉되고 있는 지역을 나타낸 것이 <그림 5-49>이다. 즉, 종교의 지역적 분포는 대체로 적도를 중심으로 남북으로 배열되어 있는데 이는 종교와 환경 사이에 밀접한 관계가 있음을 보여준다.

신자 수에 따른 세계의 주요 종교를 보면 22억 8100만 인을 가진 크리스트교가 가장 많고, 그다음으로 이슬람교(15억 5300만 인), 힌두교(9억 4300만 인)의 순이며, 세속주의·무신론·불가지(不可知) 등 무종교 등도 있다(〈표 5-43〉).

젤린스키(W. Zelinsky)는 미국의 종교분포에 대해 북동부와 같이 오래전에 개척이 이루어졌고 인구밀도가 높으며 안정된 지역에서는 종교의 종류도 많은 데 비해, 캘리포니아를 위시한 서부의 여러 주나 플로리다 등 인구밀도가 낮고 소득이 적고 전입인구가 많은 지역에서는 종교의 종류도 단순하다고 지적했다. 세계 44개국의 국민소득과 신앙심 깊이에 대한 득점과의 관계를 보면 종교의 힘이 강한 국가일수록 가난하고, 1인당 소득이 높은 국가일수록 신앙심의 깊이는 줄어든다. 국민소득이 높은 서부 유럽에서는 종교의 영향력은 대체로 약하다. 미국인의 신앙심은 남아메리카 국가와 같은 수준이지만 국민소득은 훨씬 높다. 그러나 실제로는 신앙인이 많은 것에 비해 이들이 지닌 신앙의 깊이는 얕다(〈그림 5-50〉).

2005년 한국에서 종교를 가지고 있는 인구수는 전체 인구의 53.1%이다. 종교별·연령별 인구구성비를 보면, 먼저 종교별 인구구성비는 불교를 신봉하는 인구가 43.0%를 차지해 가장 많고, 그다음은 개신교(34.5%), 가톨릭(20.6%)의 순으로 이들 3대 종교를 신봉하고 있는 인구수가 종교를 가지고 있는 인구수의 97.5%를 차지했다. 연령층별로는 40대의 신자 구성비가 높다. 종교별·연령별 인구구성비를 보면, 불교를 믿고 있는 인구는 40대 이후에 많으나 개신교와 가톨릭의 경우는 30대 이전의 신자 구성비가 가장 높아 불교와는 반대 현상을 나타내고 있다. 그리고 유교 이외의 모든 종교에서 여자의 신자 수가 많다는 것을 알 수 있다(〈표 5-44〉)

신이 있다. 그 밖에도 태양·달·코끼리·머리·강·불 등의 여러 신을 믿고 있으며 신을 숭배하는 의식도 다르다. 이러한 종파들을 하나로 묶어둔 것이 카스트제도였다.

〈그림 5-50〉 국민소득과 신앙심 깊이에 대한 득점과의 관계

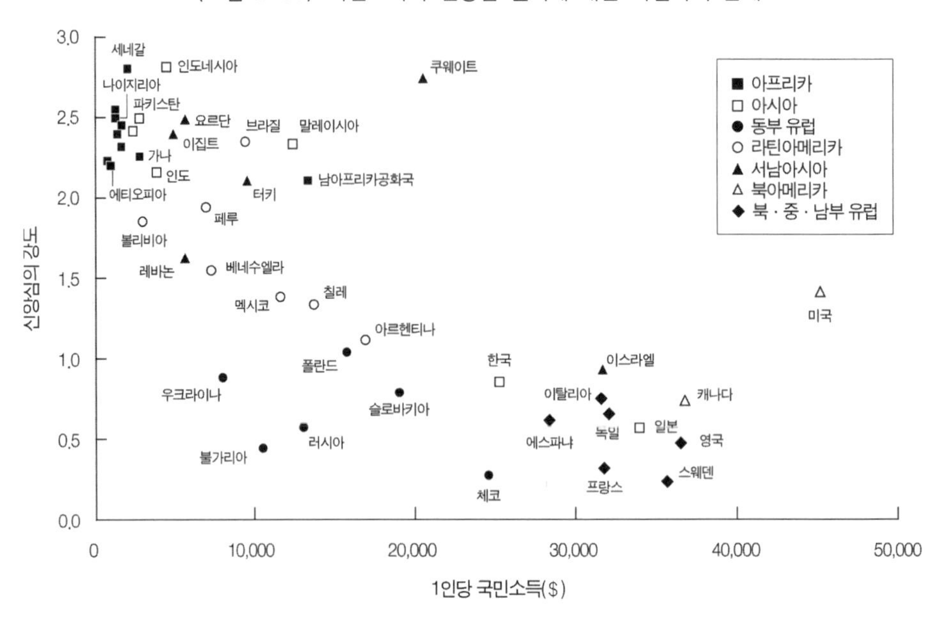

자료: *Atlantic Monthly*(2008: 3).

〈표 5-44〉 연령별 · 종교별 인구구성비(2005년)

구분＼종교	구성비(%)	불교	개신교	가톨릭	유교	원불교	천도교	증산교	대종교	기타
0~9세	9.7	6.8	12.8	10.2	2.5	9.2	7.7	9.3	6.8	10.1
10~19세	13.3	10.8	15.5	14.8	5.0	12.3	11.7	9.7	9.5	12.5
20~29세	14.4	13.2	15.2	16.0	7.2	13.0	16.4	12.3	12.5	12.9
30~39세	15.8	15.0	16.8	15.7	7.7	15.0	16.3	23.7	14.5	16.5
40~49세	18.2	19.9	16.5	17.6	11.6	16.3	16.7	18.9	17.4	17.3
50~59세	12.9	15.2	10.6	12.0	15.4	12.9	12.0	11.5	15.1	13.3
60~69세	9.0	11.3	6.9	7.5	26.0	10.8	9.8	8.3	13.1	10.3
70~79세	5.1	6.1	4.1	4.5	19.0	7.8	7.0	4.8	8.7	5.6
80세 이상	1.6	1.7	1.5	1.6	5.6	2.9	2.5	1.5	2.5	1.6
합계 (%)	24,970,766 (100.0)	10,726,463 (43.0)	8,616,438 (34.5)	5,146,147 (20.6)	104,575 (0.4)	129,907 (0.5)	45,835 (0.2)	34,550 (0.1)	3,766 (0.01)	163,085 (0.7)
남자(%)	46.7	47.1	46.5	46.1	55.1	47.2	46.9	47.0	48.2	45.4
여자(%)	53.3	52.9	53.5	53.9	44.9	52.8	53.1	53.0	51.8	54.6

자료: 통계청, http://kosis.nso.go.kr

〈표 5-45〉 시 · 도별 인구의 종교 구성비(2005년) (단위: %)

종교 / 시·도	불교	개신교	가톨릭	유교	원불교	천도교	증산교	대종교	기타	계
서울특별시	30.8	41.7	25.9	0.2	0.4	0.2	0.1	0.0	0.6	100.0
부산광역시	67.4	17.8	12.8	0.1	0.4	0.1	0.2	0.0	1.1	100.0
대구광역시	61.4	19.1	18.0	0.2	0.1	0.1	0.2	0.0	0.8	100.0
인천광역시	27.3	44.1	27.1	0.3	0.2	0.2	0.1	0.0	0.7	100.0
광주광역시	29.9	41.0	27.0	0.4	0.7	0.2	0.1	0.0	0.5	100.0
대전광역시	40.6	38.1	19.9	0.2	0.5	0.2	0.2	0.0	0.4	100.0
울산광역시	70.2	16.8	11.3	0.1	0.2	0.1	0.1	0.0	1.1	100.0
경기도	32.4	42.1	24.0	0.3	0.3	0.2	0.1	0.0	0.5	100.0
강원도	47.5	32.1	18.8	0.6	0.2	0.2	0.2	0.0	0.4	100.0
충청북도	48.3	30.7	20.0	0.3	0.1	0.2	0.1	0.0	0.3	100.0
충청남도	41.0	39.0	18.2	0.8	0.3	0.2	0.1	0.0	0.3	100.0
전라북도	23.9	49.1	21.3	0.5	4.4	0.2	0.2	0.0	0.3	100.0
전라남도	33.1	44.8	17.8	2.4	1.3	0.2	0.1	0.0	0.4	100.0
경상북도	63.2	21.6	13.2	0.8	0.2	0.2	0.1	0.0	0.8	100.0
경상남도	71.9	15.3	10.5	0.5	0.5	0.2	0.1	0.0	0.9	100.0
제주도	63.7	14.0	20.1	0.6	0.4	0.2	0.1	0.0	0.8	100.0

자료: 통계청, http://kosis.nso.go.kr

시·도별 종교인구구성비를 보면, 부산시를 위시해 경상도·제주도지역에서는 불교가 60% 이상을 차지하며, 서울시를 포함해 수도권·강원도·충청도·전라도지역은 개신교가 30% 이상을 차지하는데, 특히 수도권은 40% 이상을 차지한다. 그리고 가톨릭은 수도권·광주시·충북·전북·제주도에 20% 이상의 신자가 분포했다(〈표 5-45〉).

6. 인구구조에서 본 지역 특성

인구의 각 구성요소는 인구를 질적인 측면에서 본 경우의 요소로 지역연구를 목표로 하는 지리학의 입장에서 각 요소를 별도로 보지 않고 이들 각 요소가 각 지역에서 어떻게 관련을 맺고 결합되어 있는가를 파악하는 것은 지역연구에서 중요하다고 생각한다. 각 요소 간의 결합은 아마 지역의 역사적 발전과정을 잘 나타내는 역사적 소산이라고 말할 수 있다. 그리고 지역의 자연·경제·사회·문화지리적 성격을 잘 반영하는

〈그림 5-51〉 인구구조의 지리행렬

1965년	인구밀도	인구증가율	1차산업 종사자율	2차산업 종사자율	
서울					
부산					

1985년	인구밀도	인구증가율	1차산업 종사자율	2차산업 종사자율	
서울					
부산					

2005년	인구밀도	인구증가율	1차산업 종사자율	2차산업 종사자율	
서울					
부산					
대구					

것이라 할 수 있다.

이들 인구구성의 각 요소를 지역별로 어떻게 조합시키는가는 수리통계적인 컴퓨터의 사용에 의한 방법도 있다. 그러나 간단하게 정리하는 방법으로 지리행렬(geographical matrix)을 사용할 수가 있다. 지리행렬은 행에 지역을, 열에 인구구성의 변수를 기입해 각 현상 간의 관계를 생각함과 동시에 각 지역에서 결합되어 나타나는 특성을 파악하는 것이다. <그림 5-51>은 지리행렬의 예를 나타낸 것으로 시계열적으로 그 변동도 파악할 수 있다.

6장

출산력의 지역적 분포와 그 요인

1. 출산력과 출생률

출산은 출생과 사산(死産)으로 나누어진다. 유엔에서 공인한 출생은 임신에 의해 발생한 태아가 임신기간에 관계없이 모체로부터 분리된 후 심장의 움직임을 보이게 되면 출생이라 간주한다. 출산력(fertility)은 한 인구의 집단에서 나타나는 출생아 수에 기초를 둔 현실적인 출산수준을 의미하는 것으로, 인구가 가지고 있는 잠재적 수준인 가임력과 구별된다. 그리고 출산력은 가임력보다 그 수준이 낮으며, 일정수준의 출산력은 그 사회의 사회적·경제적 구조 및 제도적 요인에 의해 규정된다.

출산력은 출산의 빈도로 측정되며, 측정기간에 따라 크게 동시발생 집단(cohort) 출산력과 기간(期間) 출산력으로 구분된다. 동시발생 집단 출산력은 어느 집단에 속한 부녀자의 가임기부터 불임기까지 낳은 모든 출산아 실적을 나타내는 측정값으로서 결혼 동시발생 집단과 출생 동시발생 집단으로 다시 나누어진다. 기간 출산력이란 1년 동안 계속되는 상이한 동시발생 집단들의 출산실적을 나타내는 출산력 지표로 보통 출생률, 일반출산율, 연령별 출산율, 합계 출산율, 재생산율, 모아비(母兒比) 등이 있다. 출산력의 분석에서는 동시발생 집단 출산율은 자료획득의 제약이 많아 거의

〈그림 6-1〉 출생아 수와 보통 출생률의 변화(1970년~2014년)

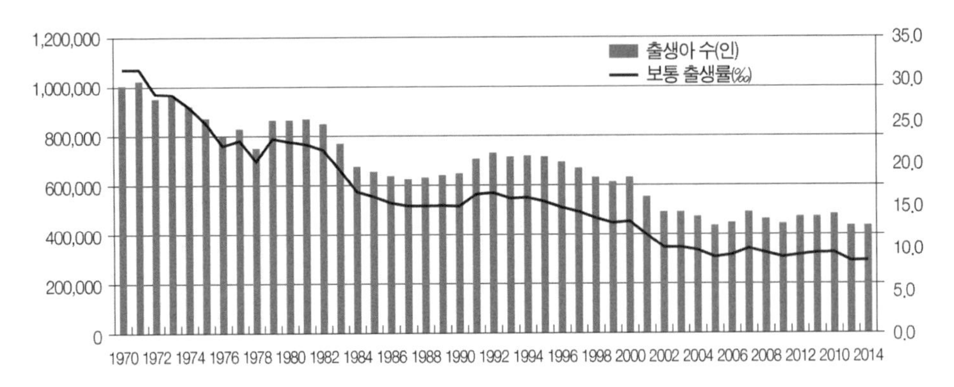

자료: 통계청, http://kosis.kr

이용되지 않고 기간 출산력을 사용한다.

출산력을 나타내는 지표로는 보통[또는 조(粗)]출생률(crude birth rate)은 특정 기간의 출생자 수를 특정 기간의 총인구로 나누어 천분률(‰)로 계산한다.

$$\text{보통출생률} = \frac{B}{P} \times 1{,}000(‰) \quad \ldots \text{ 식①}$$

$$\text{즉, 보통출생률} = \frac{\text{1년간 출생자 수}}{\text{연앙인구}} \times 1{,}000(‰)\text{이다.}$$

이 계산방법은 자료를 구하기 쉽고, 계산방법도 단순하고 국내의 지역 간이나 국가 간 출생력 측정을 비교하는 데도 장점을 갖고 있어 일반적으로 잘 사용된다. 그러나 지역이나 국가의 출생력을 정확하게 측정하는 데는 반드시 적당하지 않다. 이를 보완하기 위해 특수출생률을 사용하는 데 이에 대응하는 출생률을 보통 출생률 또는 조출생률이라 한다. 1970년 한국의 보통 출생률은 31.2‰이었는데, 해마다 낮아지다가 제1차 베이비 붐 시기에 출산한 자녀가 결혼해 제2의 베이비 붐이 나타난 1979~1982년 사이에 증가하다가 다시 낮아지는 경향을 보여 2014년에는 8.6‰로 낮아졌다(〈그림 6-1〉).

지역의 출산력을 측정하기 위해서는 보통 출생률(식 ①)은 직접 출산과 관계없는 남자와 유년여자와 노년여자를 포함하고 있기 때문에 출산수준을 합리적으로 나타낼 수 없다. 따라서 출생률을 보다 합리적으로 산출하기 위해 가임여성($F_{15\sim49}$)[1)]의 연앙인구로 일반출산율(general fertility rate)을 산출하면 다음과 같다.

〈그림 6-2〉 합계 출산율의 변화(1993년~2013년)

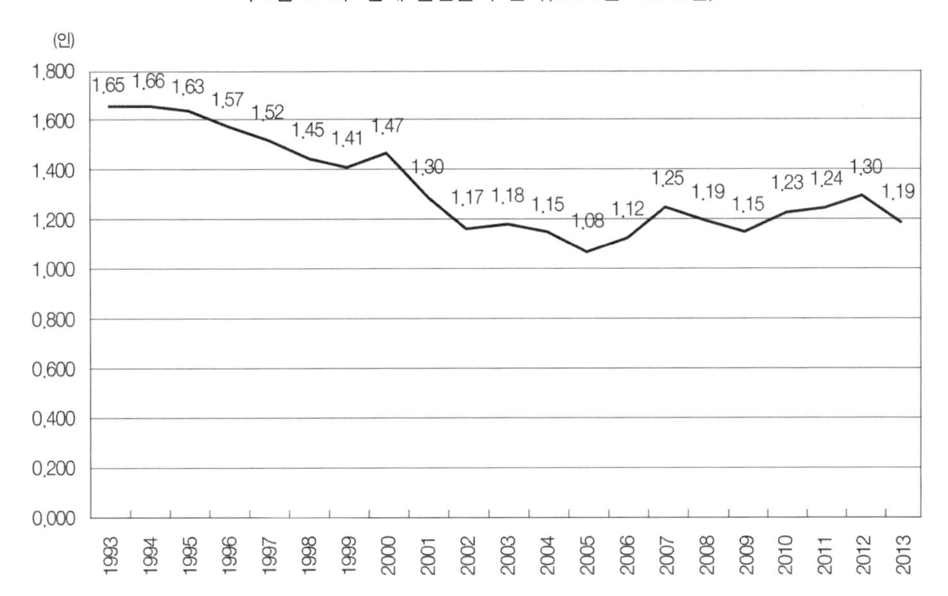

자료: 통계청, http://kosis.kr

$$\text{일반출산율} = \frac{\text{1년간 출생자수}}{\text{가임여성의 연앙인구}} \times 1{,}000,\ \text{즉}\ \frac{B}{F_{15\sim49}} \times 1{,}000\ \text{이다.}$$

다음으로 가임여성 중에서도 연령에 따라 출생빈도가 뚜렷하게 다르므로 연령별로 출산율을 산출할 필요가 있다. 이때 $P_F(x)$를 x세의 여자 인구라 하고, $B(x)$를 X세의 여자가 출산한 남녀아 수로 해, 통계상 임신가능 연령인 15~49세까지의 여자에 대해 $f_F(x) = \frac{B(x)}{P_F(x)}$ ... 식②를 계산한다. 이것이 여자의 연령별 특수출산율(age-specific fertility rate)이라 한다. 이것을 합계하면 $r_t = \sum_{t=15}^{49} f_F(x)$ ... 식③이 되고, 이것이 합계특수출산율(total fertility rate) 또는 보통재생산율(crude reproduction rate)이라고 한다. 가임여성 당 평생 낳을 평균 자녀 수인 합계 출산율은 한국의 경우 1970년 4.53인에서 계속 낮아지다가 제2차 베이비 붐의 시기에 다소 높아지다가 다시 낮아져 2013년 1.19인을 나타냈다(〈그림 6-2〉).

1) 출산율이 높은 개발도상국 여성의 가임연령은 15~49세이나, 출산율이 낮은 선진국 여성의 가임연령은 15~44세이다.

그러나 식 ②의 $B(x)$에는 남아와 여아가 포함되어 있는데, 남아는 장래 출산에 직접 관계가 없는 인구이다. 그래서 $B(x)$ 중 남아를 제외한 여아 수를 $B_F(x)$라 하면 x세의 여자$P_F(x)$가 출생한 $B_F(x)$의 비율은 $_Ff_F(x) = \frac{B_F(x)}{P_F(x)}$ ... 식④가 되며, 이것으로 15~49세까지 각 연령의 여자에 대해 계산할 수 있다. 다시 이것을 합계하면 $r_g = \sum_{x=15}^{49} {_Ff_F(x)}$...식⑤가 얻어진다. 이것이 여자의 총재생산율(gross re-production rate)이다. 다만 여기에서 ④의 출생아 $B_F(x)$는 모두 어머니가 되지 못하고 도중에 사망할 수 있다는 것을 예상할 수 있다. 그래서 여아의 출생 후 생존 확률(연령별 생존율)l_F를 생각할 필요가 있고 $r_n = \sum_{x=15}^{49} {_Ff_F(x)} \cdot l_F(x)$ ... 식⑥이 된다. 이것을 여자의 순재생산율(net reproduction rate)이라고 부른다. 인구가 장래에 감소하지 않기 하기 위해서는 이 값이 1.0이 되어야 한다. 그러기 위해서는 부부가 2.0인의 자녀를 출산하면 1.0이 되지 않고, 최저 평균 2.7인의 출생아를 낳아야 한다.

1970년 한국의 순재생산율은 여성 1000인당 1,985.1인이었다. 즉, 한 사람의 가임여성이 가임기간 동안 1.985인의 여아를 출생해 인구가 성장하게 되었다. 총재생산율은 사망률을 고려하지 않았기 때문에 순재생산율보다 높아 가임여성당 2.19인이며, 합계

〈표 6-1〉 총재생산율과 순재생산율의 산출방법

연령층	연령층별 출생률($\frac{B}{P_F}$)	여아의 출생률(A) ($\frac{B}{P_F}$)$\times 0.400$	생잔확률에 대한 인/연수(B) $\frac{_5l_f(x)}{l_o}$	생잔확률을 고려한 가임여성당 여아 출생률(A×B)	가임여성당 여아 출생률 누계
15~19	0.007	0.003	4.6492	0.0139	0.2695
20~24	0.182	0.089	4.6110	0.4104	2.1215
25~29	0.325	0.159	4.5642	0.7257	5.7500
30~34	0.215	0.105	4.5093	0.4735	8.1175
35~39	0.115	0.056	4.4439	0.2489	8.3664
40~44	0.042	0.021	4.3635	0.0916	8.4580
45~49	0.010	0.005	4.2584	0.0213	8.5645
Σ	합계출생률 4.485	총재생산율 2.190		순재생산율 1.9853	

주: l_o는 생명표에서 순간연령 0세의 인구, $_5l_f(x)$는 x연령층의 여성 생잔율을 말함.

자료: 경제기획원 조사통계국(1973).

출산율은 가임여성당 4.49인을 출산했다(〈표 6-1〉).

다음으로 인구정태 통계로 사회의 전반적인 출생수준을 파악할 수 있는 지표가 모아비(child-woman ratio)[또는 출산비(fertility ratio)]이다. 모아비는 0~4세의 인구수와 15~49세의 가임여성의 인구수 비율로서 한 사람의 가임여성당 생존한 어린이가 평균 몇 인인가를 나타내는 지수이다.

즉, $\text{모아비} = \dfrac{0\sim4\text{세의 어린이 수}}{15\sim49\text{세의 가임여성 수}} \times 1{,}000$, 즉 $\dfrac{C_{0\sim4}}{W_{15\sim49}} \times 1{,}000$이다.

모아비는 총출생아가 아닌 현재 생존하고 있는 어린이만으로 출생의 정도를 파악하고, 또 과거 5년 동안의 출생을 동시에 취급하기 때문에 그 기간 사이의 출생률 변동, 사망 추세, 인구이동 양상의 영향을 크게 받기 쉽다. 그러나 모아비는 인구동태 통계자료가 없는 사회에서나 매우 조잡한 인구자료밖에 없는 경우에도 산출할 수 있기 때문에 이러한 지역에서의 출생률을 파악하는 데 도움이 된다.

2. 출산에 영향을 미치는 요인

출산력에 영향을 미치는 요인은 <그림 6-3>과 같다. 즉, 출산력은 사회적·경제적 요인이 중간변수인 생물학적 요인에 영향을 미쳐 결정짓게 된다. 한국의 출산력 저하에 영향을 미치는 사회적·경제적 요인은 교육수준, 여성의 취업, 남편의 직업 등으로, 이들 사회적·경제적 요인은 직접 출생에 영향을 미치지 못하고 생물학적 현상에 영향을 미침으로써 출생에 영향을 주게 된다. 데이비스(K. Davis)와 블레이크(J. Blake)는 생물학적 요인에 직접 영향을 미치는 요인을 중간변수라 했는데 한국에서 중간변수로는 결혼연령, 피임, 인공유산 등으로, 교육수준, 여성의 취업 여부, 남편의 직업 등에 따라 자녀에 대한 가치관이나 자녀 수 등에 영향을 미쳐 초혼연령, 피임 실천율, 인공유산율 등이 다르게 나타나 출산수준이 결정된다.

출산수준 및 출산행위는 생물학적·사회적·경제적·문화적 요인 등의 복합적인 요인에 의해 영향을 받고, 그 영향력은 지역과 시간에 따라 다르게 작용한다(〈그림 6-4〉). 출산행위는 가족제도 및 사회적 규범과 밀접한 관계를 맺고 있지만 출산행위의 기간을 규제하거나 출산수준을 통제하는 직접적인 요인은 결혼 또는 혼인연령이라 할 수

〈그림 6-3〉 사회적 · 경제적 요인이 출산력에 미치는 과정

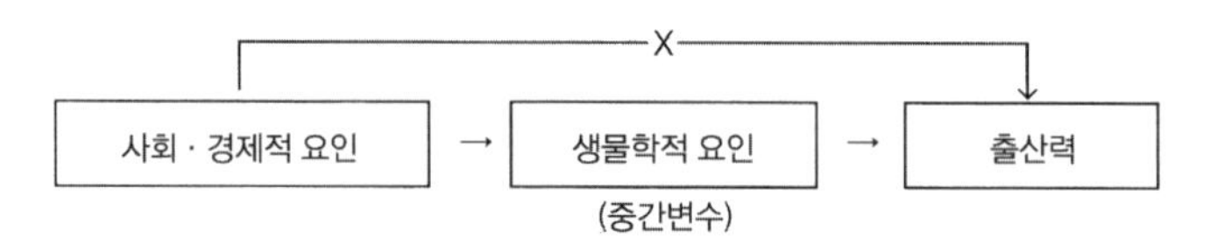

자료: 권태환·김두섭(1990: 90).

〈그림 6-4〉 출산력에 영향을 미치는 주요 요인

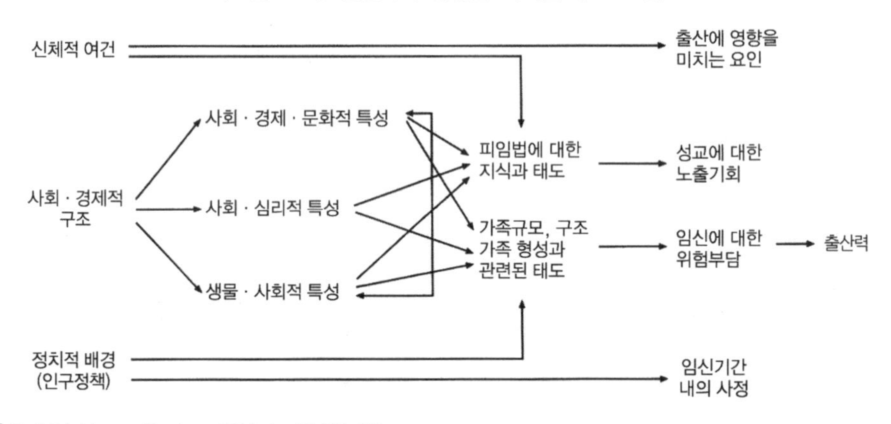

자료: Balakrishman, Ebanks and Grindstaff(1980: 88).

있다. 한편 출산력이나 출산수준은 개인이나 가족의 욕구에 의해 결정되기도 하지만 사회적·경제적 변화에 의해 이루어지기도 한다. 또한 출산력의 증감은 인구 증가율과 인구구조의 변동에 영향을 미치고 사회의 생태학적 균형과 사회제도에 긴장을 조장하기도 한다. 따라서 출산력에 영향을 미치는 생물학적·사회학적·경제학적 요인의 고찰은 매우 중요하다.

1) 생물학적 요인

출산력의 수준을 결정짓는 가장 기본적인 요인이 생물학적 요인이라 할 수 있다. 출산은 남녀의 성교행위에 의해 임신을 하고 10개월 동안 모체에서 성장해 분리되는 것이다. 출산을 하기 위해서는 먼저 성교행위를 해야 가능한데, 성교에 영향을 미치는 요인으로는 연령에 따른 성숙의 시기, 성불구 등이며, 임신에 영향을 미치는 요인으로

는 월경이나 불임 등 건강상태가 있다. 그러나 출산력은 가임능력에 의해 그 한계가 결정되지만 실제 출산할 수 있는 수준은 결혼, 피임, 경제사정 등 사회적·경제적 요인의 작용으로 가임력보다 훨씬 낮은 수준에 머물러 있다. 결혼연령이 낮고 임신조절이나 산아제한이 없는 사회에서는 비교적 가임력과 출산력의 차이가 크지 않으나 결혼연령이 높고 피임이나 인공유산이 보편화된 사회에서는 이들 간의 차이가 크다.

2) 사회학적 요인

출산력에 영향을 미치는 사회적 요인으로는 가족규모에 대한 가치와 규범이나 자녀의 가치, 남아선호의 관습 등이 있는데, 이는 출산행위에 직접적인 영향을 미치고 있으며, 사회적 규범이나 가치, 제도 등은 출산에 간접적인 영향을 미친다.

(1) 가족규모에 대한 가치와 규범

출산력은 두 가지 수준에서 결정된다. 하나는 출산에 대한 무의식적인 규제이며, 다른 하나는 의식적인 규제이다. 이때의 규제란 억제뿐만 아니라 장려의 뜻까지도 포함된다. 전통사회에서 출산은 아무런 규제 없이 이루어진 것으로 생각하기 쉽다. 그러나 출산에 대한 규제가 존재하지 않는 사회는 없다. 대체로 전통적인 농촌사회에서의 자녀 수가 많은 대가족 사회를 선호했다. 그 이유는 높은 사망률로 인한 자녀의 상실을 보상받기 위한 것인데, 이러한 현상은 사회를 존속하기 위해서도 필요한 것이었다. 그러나 사망률이 낮아짐에 따라 상대적으로 인구가 증가해 인구압이 발생하므로 가족규모에 대한 가치관은 변화하게 된다. 그러나 가족의 규모에 대한 가치는 사회마다 배경이 다르다.

가족의 규모에 대한 태도는 사회적 수준에서의 자녀의 가치와 또한 연관되어 있다. 자녀의 가치는 사회·문화·근대화의 정도에 따라 다르다. 유교 문화권에서와 같이 가족과 친족이 사회적으로 중요한 사회에서는 가계(家系)의 계승이 자녀의 가지에서 중요한 위치를 차지한다. 아프리카의 가부장적 가족제도에서는 자녀가 가부장의 부(富)의 축적수단과 원천으로서 중요성을 가진다. 또한 사회보장제도가 잘 되어 있지 않는 사회에서는 노후의지가, 경제적으로 가족 노동력이 중요한 의미를 갖는 사회에서는 노동력 확보가 기본적인 자녀의 가치가 된다. 서구사회에서는 자녀를 갖는다는 것

〈그림 6-5〉 조선시대 왕들의 자녀 수

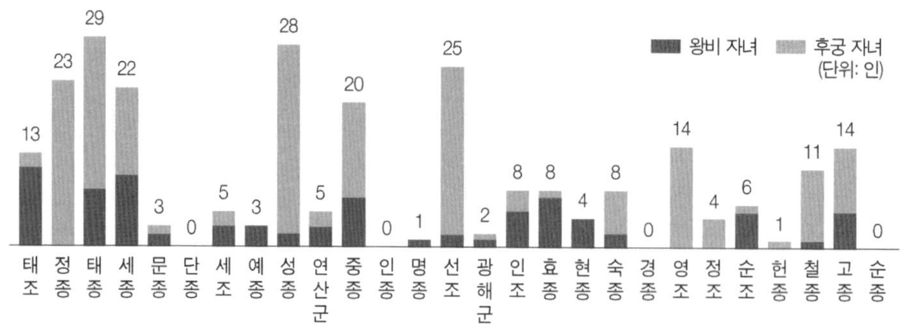

자료: ≪조선일보≫, 2011년 9월 30일 자.

자체에 그다지 가치를 부여하지 않으며, 자녀가 있어야만 한다는 문화적 또는 규범적 속박도 미약한 편이어서 자녀가 없는 가정이나 부부들을 흔히 볼 수 있다.

오늘날 출산력에 영향을 미치는 중요한 요인으로 남아선호를 들 수 있다. 남아를 출산하기 위해 자녀를 계속 출산함으로써 높은 출생률을 나타내게 된다. 그러나 남아만 있을 경우에는 원하는 자녀 수에 도달하지 않았더라도 여아가 덜 중요하기 때문에 단산(斷産)해 출산을 억제하는 경향이 있다.

대체적으로 자녀 수에 대한 가치는 생활환경과 밀접한 관련을 맺고 있으나 남아선호는 사회제도와 더 관련이 깊다. 따라서 생활환경이 변하면 자녀 수에 대한 태도가 바뀌기 쉽다. 그러나 남아선호는 자녀 수에 대한 태도의 변화에도 불구하고 제도가 지속되는 한 변하지 않는 경향이 강하다. 한국의 경우 대가족에서 소가족으로 자녀에 대한 가치가 급격히 변했음에도 불구하고 남아 선호는 아직도 지속되고 있는 점에서 잘 알 수 있다. 남아선호사상이 강하게 작용했던 조선시대에 왕들의 자녀 수를 보면 <그림 6-5>와 같이 태종의 자녀 수가 29인으로 가장 많았고, 그다음은 성종(28인), 선조(25인), 정종(23인), 세종(22인), 중종(20인)의 순으로 명종과 헌종은 각각 1인, 단종, 인종, 경종, 순종은 자녀가 없었다.

(2) 혼인규범

결혼이 출산을 규제하는 중요한 요인이라는 점은 대부분의 사회에서 인정되고 있다. 현대사회에서 혼전 성교와 출산이 상당히 행해지고 있지만 결혼 후 부부생활과 출산이 일반적으로 용인되고 있다. 결혼은 출산력을 규제하는 중요한 요인 중의 하나로 출산력

〈그림 6-6〉 첫 아기 낳는 평균연령(2011년)

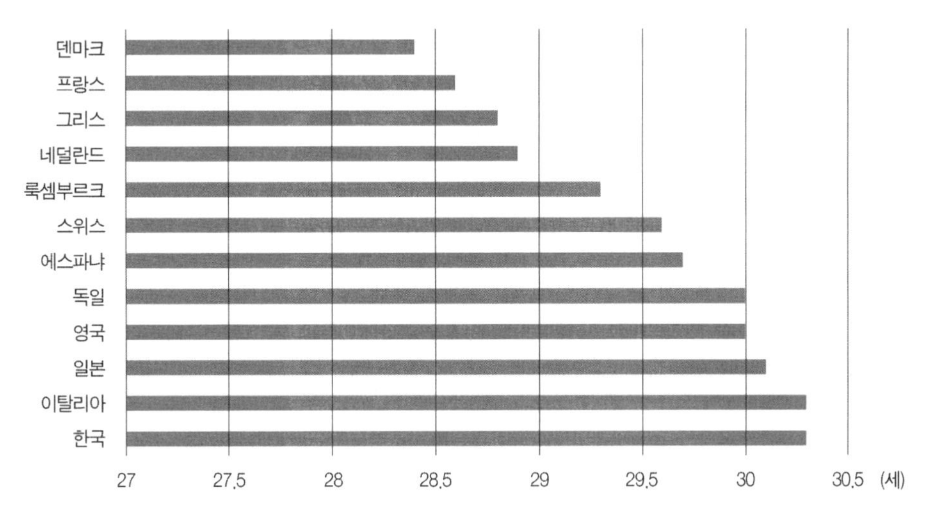

주: 한국, 일본, 이탈리아는 2008·2009년 자료를 각국 통계청 2011년 자료로 업데이트한 것임.
자료: OECD 가족데이터.

수준을 결정짓는 것은 혼인연령이다. 특히 여성의 혼인연령은 출산력 수준에 큰 영향을 미친다. 혼인연령이 낮을수록 가임기간이 길어지므로 출산력은 높아진다. 사하라사막 지역의 중부아프리카와 서남아시아 지역에서는 아직도 조혼이 이루어지고 있다. 그리고 인도, 방글라데시, 리비아 등의 초혼연령은 약 16세이고, 라틴아메리카의 파나마, 온두라스, 볼리비아는 합법적인 혼인연령이 남자 14세, 여자 12세로, 20세 이전에 결혼하는 여성이 기혼여성의 약 반을 차지하고 있다.[2] 따라서 피임이나 인공임신중절 수술을 하지 않을 경우에는 출산력은 높게 나타난다. 한편 인구 증가율이 낮은 일본, 프랑스, 싱가포르 등의 국가는 20세 이전에 결혼하는 여성이 전체 기혼여성의 0.3~15.0%에 불과하다.

경제협력개발기구(OECD: Organization for Economic Cooperation and Development)의 가족(family) 데이터에 따르면 2011년 여성이 첫아기를 낳는 평균연령은 한국이 30.3세로 이탈리아와 공동으로 가장 높았으며, 이어서 일본(30.1세), 영국(30.0세), 독일(30.0세), 스페인(29.7세), 스위스(29.6세), 룩셈부르크(29.3세)의 순이었다(〈그림 6-6〉). 이렇게 한국

2) 한국의 혼인 가능연령은 독일, 프랑스 등과 같이 남녀 18세이고, 미국과 영국은 각각 남녀 16세, 일본은 남자 18세, 여자 16세, 북한은 남자 18세, 여자 17세이다.

여성의 첫 출산이 늦은 이유는 여성들의 대학 진학률이 높아졌고, 불황으로 취업이 어려워 결혼연령이 매년 높아지면서 첫 출산도 늦어진다고 볼 수 있다. 실제 출산연령을 30여 년 전인 1983년과 비교해보면, 35세 이상 출산은 2.8%에서 20.2%로 7.2배나 급증했다. 반면 20대에 아기를 낳는 비율은 같은 기간 88.0%에서 약 1/3인 29.3%로 크게 떨어졌으며, 30~34세는 9.4%에서 50.5%로 늘어났다.

한국에서 첫 출산연령이 2011년 처음으로 30세를 넘은 뒤 2012년 30.5세, 2013년 30.7세, 2014년에 31.0세로 매년 평균 0.2세씩 최근 가파르게 높아지고 있다. 이런 고령출산은 유럽 국가들보다 훨씬 빠른 속도로 진행되고 있는데, 1995년과 2011년을 비교해보면, 한국은 16년간 3.8세(26.5세→30.3세)나 높아졌으나 일본은 같은 기간에 2.6세, 스위스·이탈리아는 2.3세, 룩셈부르크는 2.1세, 영국 1.8세, 덴마크 1.7세, 미국 1.1세, 독일 1세에 그쳤다.

저출산 국가로 손꼽히는 일본과 비교하면 1995년에는 일본(27.5세)의 첫 출산 평균연령이 한국(26.5세)보다 1세 높았으나, 2013년에는 한국(30.7세)이 일본(30.4세)보다 오히려 0.3세 높아졌다. 2010년 인구센서스에 나타난 20대 후반(25~29세) 여성들의 4년제 대학 졸업자 비율을 보면 한국이 41.4%로 일본(30.8%)보다 훨씬 높아 한국이 일본보다 결혼이 늦어지고 출산 평균연령도 함께 높아진 것이라고 분석할 수 있다. 이렇게 20대 출산이 줄고 35세 이상 출산이 늘어나는 것은 세계적 추세로 교육기간 연장과 관련이 깊으며, 여성들이 사회에 진출해 빠른 시간 안에 직장을 갖는 교육제도와 육아 시스템으로 수정해야 할 것이다.

결혼이 출산력에 영향을 미치는 또 다른 원인은 결혼의 안정성이다. 결혼의 안정성을 와해시키는 것은 이혼과 사별로, 이혼과 사별은 출산력을 저하시키는 요인이 된다. 이혼이 쉽게 용납되는 사회에서는 재혼도 쉽게 용납되므로 이혼과 재혼 그 자체가 출산의 억제요인이 된다. 즉, 이혼은 그 자체가 출산력 억제가 되고, 재혼의 경우는 재혼의 조건이 무엇인가에 따라 다르지만 재혼을 해 자녀를 가지지 않으려는 경향은 출산을 억제하게 된다.

(3) 피임과 인공유산의 보급

출생률을 낮추는 데 결정적인 역할을 하는 요인 중의 하나가 산아조절이다. 산아조절을 위해 피임과 인공임신중절, 월경조절(menstrual regulation) 등을 한다. 피임법은 19세

〈그림 6-7〉 기혼여성의 피임 실천율과 보통 출생률과의 관계

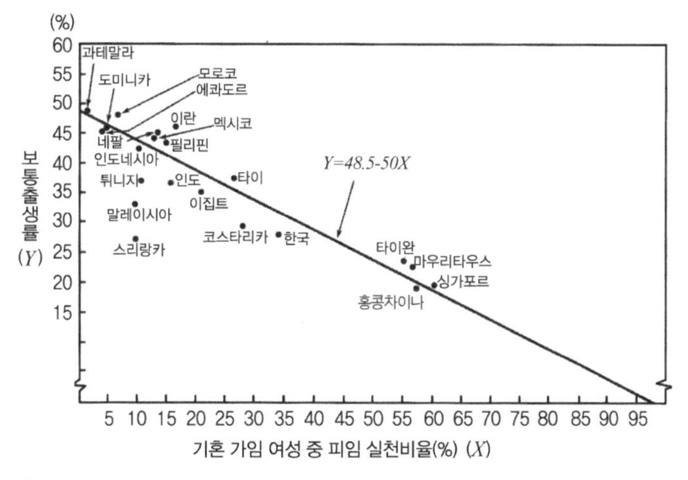

자료: 이희연(1993: 284).

기 말부터 유럽과 미국 사회에서 산아조절을 위해 개별적으로 보급되기 시작했는데, 피임법을 받아들이게 된 개인적 동기는 개인의 생활수준 향상이 대부분이다. 인공임신중절은 사회적으로나 법적으로 매우 중요하게 다루어지는 논제인데, 이것은 태아도 생명체이므로 법률상 존중과 보호를 받아야 하기 때문이다. 그러나 국가에 따라 임신중절을 낙태죄로 취급하는 국가가 있는가 하면 그렇지 않은 국가도 있는데, 낙태죄라는 법적 조치에도 불구하고 음성적으로 낙태수술을 행하고 있다. 피임은 출생률을 낮추는 데 그 역할이 큰데 <그림 6-7>에서와 같이 기혼여성이 피임법을 실천하는 비율이 높을수록 보통 출생률은 낮아진다.

3) 경제학적 요인

자녀를 출산해 양육하는 것이 경제적인 관념이나 계산에 따라 이루어질 수 있는가에 대한 논쟁이 많았다. 출산에 대한 경제이론은 다음과 같은 기본적인 가정을 전제로 하고 있다. 즉, 자녀의 출산에 대한 부부의 의사결정은 그 세대의 효용을 최대화하도록 한다는 합리적인 기준에 의해 이루어진다는 것이다. 라이벤슈틴(H. Leibenstein)은 한 사회가 경제발전으로 소득이 증대됨에 따라 자녀의 효용성이 어떻게 변화하는가를 고찰했다. 일반적으로 자녀를 소득원으로나 부모의 노후 부양자로서 간주할 때 자녀의

〈그림 6-8〉 소득과 자녀 효용성과의 관계

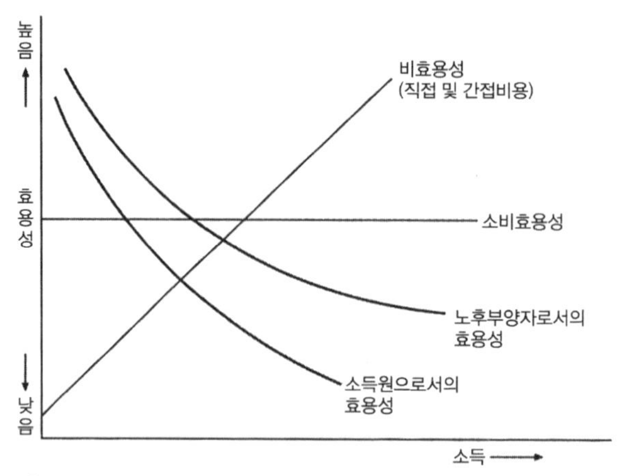

자료: Leibenstein(1957: 163).

효용성은 증가하지만, 자녀양육에 필요한 직접비용 및 간접비용으로 자녀에 대한 효용성은 감소하며, 여성의 사회참여도가 높아짐에 따라 기회비용[3]이 커지므로 자녀에 대한 비효용성이 증가된다는 것이다. 따라서 합리적인 의사결정이 이루어진다고 가정할 때 소득이 높을수록 자녀 수는 줄어들게 된다는 것이다(〈그림 6-8〉).

이와 같이 경제학자들은 비용-편익분석(cost-benefit analysis)에 근거해 소득과 출산력과의 관계를 분석했다. 이스터린(R. Easterlin)은 자녀의 출산은 근본적으로 수요와 공급이라는 경제학적 관점에서 볼 때 비용(가격)과 함수관계에 있음을 지적하고 있다. 이때의 수요는 자녀에 대한 가치가 되는 것이다. 자녀에 대한 가치에는 자녀가 부모에게 제공하는 직접적인 경제적 이익(노동의 제공, 노후봉양)과 심리적 이익도 포함된다. 그러나 심리적 이익을 경제적인 변수로 환산하는 것은 매우 어려운 일이다.

전통적인 농촌사회에서는 자녀에 대한 경제적 가치가 크게 부여되었으나 사회가 근대화되고 사회·경제적 발전을 이룩함에 따라 자녀에 대한 경제적 가치는 감소되어가

3) 기회비용이란 자녀로 하여금 노동을 못해 잃는 노동소득으로 부모가 자녀를 양육함으로서 희생당하게 되는 여러 가지 기회를 말한다. 뮐러(E. Mueller)는 기회비용을 크게 세 가지로 나누었는데, 첫째는 자녀에게 지출되는 비용이 전체 가계수익 중에서 상당한 비중을 차지해 결국 낮은 생활수준을 유지하게 된다는 것이다. 둘째, 자녀들은 가구의 저축 및 투자할 수 있는 재정능력을 감소시킨다. 셋째, 자녀들은 어머니의 소득기회를 박탈시킨다는 것이다. 이러한 세 가지의 기회비용은 경제발전의 정도에 따라 다른데, 개발도상국의 경우는 첫째, 둘째의 기회비용이 일반적으로 주된 것인데 반해, 선진국의 경우는 셋째 기회비용의 비중이 더 크다.

고 있다. 즉, 의무교육의 확대, 아동 노동법의 제정으로 자녀로부터 받게 되는 직접적인 경제적 도움의 규모는 점차 줄어들게 되는 반면에 사회보장제도가 실현되고 공공보건 시설, 연금제도, 생명보험 프로그램 등이 나타남에 따라 부모가 노후에 자녀에게 의존하려던 생각은 점점 사라지게 된다. 한편 자녀에 대한 가치의 저하, 무가치, 불만족감을 야기하는 것은 자녀양육에 필요한 비용이다. 이 비용도 경제적인 면에서뿐만 아니라 자녀들의 건강, 행동 등에 대한 근심, 걱정 등을 포함한 심리적(비경제적) 비용도 포함된다. 경제적 비용은 크게 두 가지로 나눌 수 있다. 하나는 직접적인 양육비용으로 자녀들을 위한 의·식·주 및 교육·의료비용 등을 말하며, 또 다른 비용은 기회비용이다. 선진국의 여성들은 사회참여의 기회가 많이 주어져 있기 때문에 기혼여성의 경우 시간당 임금수준이 높을수록 기회비용은 커지게 된다. 따라서 자녀를 둔 기혼여성이 취업과 출산·육아 중에서 후자를 택하게 되면 그만큼 수입은 잃게 된다. 이때에 자녀를 둔 기혼여성은 일할 수 없는 일정기간에 대한 시간가격은 교육수준에 비례한다고 볼 수 있다. 즉, 교육수준이 높을수록 고소득의 직종에 종사하므로 출산과 육아로 인해 기회비용이 상대적으로 높아져 소자녀(少子女)를 가지려고 할 것이다. 이와 같이 어머니의 능력수준, 즉 교육수준이나 소득의 가득(稼得)능력 등에 의해 기회비용이 달라지므로 자녀에 대한 비용도 달라질 것이다.

4) 그 밖의 요인

출산력에 영향을 미치는 요인은 아주 많다. 예를 들면 수유(授乳) 여부와 수유기간이 출산 후 약 1년 동안 가임에 영향을 미치는 점, 출산 후 부부관계를 하지 않는 기간의 설정 여부, 부부관계에 관한 제도적인 제약이 사회적으로 존재하는 여부, 연중 부부가 동침하지 않아야 하는 기간의 설정 여부, 부모의 상(喪)을 당했을 때에 부부관계를 기피해야 한다는 제약의 존재 여부 등이 출산에 영향을 미친다. 그리고 1966년 일본에서는 '백말띠' 여자는 남편을 불행하게 하므로 결혼을 해서는 안 된다는 관념 때문에 딸을 낳을까봐 두려워 출산을 기피하므로 그해의 출산율이 약 30% 낮아졌다.

저출산 문제가 한국의 사회경제 전반에 암울한 그림자로 드리운 가운데, 무엇보다 여성의 출산율이 계속 낮아지는 것이 문제로 지적되고 있다. 통계청에 따르면 한국 여성들의 출산율 하락에 직간접적으로 작용하는 요인은 크게 미혼율, 혼인의지, 일과 가정의 양립환경, 소득 및 고용불안 등 네 가지 범주로 볼 수 있다. 먼저 여성 미혼율이 계속 높아지고 있는 것이 문제이다. 25세 이상 결혼 적령기 여성의 미혼율은 크게 늘어 30년 전에 비해 연령층별로 약 11.0~54.2%나 증가했다. 20~24세는 1980년 66.1%에서 2010년 94.6%로, 25~29세는 14.1%에서 68.3%, 30~34세는 2.7%에서 28.7%, 35~39세는 1.0%에서 12.3%로 현격히 늘었다. 또 평생 결혼을 하지 않는 '생애 미혼율' 역시 1980년 전체 인구의 0.3%에서 2010년 1.7%로 급증했다. 둘째, 결혼을 하나의 '옵션'으로 여기는 분위기이다. 결혼을 반드시 해야 한다고 응답한 여성인구 비율은 20대의 경우 1998년 64.4%에서 2008년 52.9%로 줄었고, 30대도 67.1%에서 51.5%로 내려갔다. 셋째, 일과 가정을 양립시키기 어려운 사회구조적 문제는 저출산의 단골 메뉴다. 여성의 경제활동 참여가 보편화되고 있지만, 우리 사회의 보육환경개선 속도는 정작 이런 사회변화를 따라가지 못하고 있다. 넷째, 20대의 고용불안정 등 경제적 불안요인도 여성들이 결혼을 미루는 중요한 이유로 꼽힌다. 취업난을 겪고 나서 취업에 성공하더라도 소득수준이 만족스럽지 않고, 고용이 불안한 상태가 지속하다 보니 결혼은 나중에 해야 할 것으로 미루는 경향이 늘고 있는 것이다. 그리고 자녀양육과 교육비용에 대한 부담으로 자녀를 둘 이상 낳는 것을 기피하는 분위기도 계속 확산되고 있다. 이러한 현상은 대부분의 선진국이나 개발도상국에서 현재 진행형인 문제다. 그러나 유독 한국에서 더 두드러진다는 것이 더 큰 문제라는 지적할 수 있다. 또 한국 사회에서는 미혼모에 대한 사회적 차별 탓에 결혼하지 않은 여성이 출산하는 경우가 거의 없어 다른 나라처럼 결혼제도를 우회해 출산하는 경우가 드문 것도 출산율 하락에 한 몫을 한다. 그리고 이민자에 배타적인 분위기 역시 적극적인 이민정책을 펴기 어렵게 만들어 고령화 속도를 늦추지 못하는 요인이 된다.

3. 출생률의 지역적 분포

세계 주요 국가의 보통 출생률을 보면 <표 6-2>와 같다. 콩고민주공화국, 이집트, 인도, 남아프리카공화국, 멕시코는 보통 출생률이 20‰ 이상이고, 한국, 독일, 이탈리아는 10‰ 미만으로 낮다.

다음으로 주요 국가의 연령 계급별 보통 출생률을 살펴보면 <표 6-3>과 같다.

〈표 6-2〉 세계 주요 국가의 보통 출생률

국가	조사 연도	출생률(‰)	국가	조사 연도	출생률(‰)
한국	2012년	8.2	독일	2012년	8.2
북한	2008년	14.4	스웨덴	2013년	11.8
일본	2013년	18.4	러시아	2012년	13.3
중국	2013년	12.1	미국	2011년	12.8
타이	2005~2010년	11.8	캐나다	2011년	11.0
인도	2010년	22.1	자메이카	2012년	14.5
이집트	2013년	29.4	멕시코	2005~2010년	20.6
콩고민주공화국	2005~2010년	45.1	브라질	2005~2010년	16.4
남아프리카공화국	2005~2010년	22.1	아르헨티나	2011년	18.5
영국	2012년	12.8	페루	2013년	17.2
프랑스	2012년	12.4	오스트레일리아	2012년	13.6
이탈리아	2012년	9.0	뉴질랜드	2013년	13.1

자료: 矢野恒太記念會, 『世界國勢圖會』(2014), pp. 61~65.

〈표 6-3〉 주요 국가 여성의 연령층별 보통 출생률 (단위: ‰)

국가	15~19세	20~24세	25~29세	30~34세	35~39세	40~44세	45~49세	해당연도
한국	1.8	16.7	81.9	116.1	34.2	4.3	0.2	2010
일본	4.6	33.5	84.6	93.6	45.9	8.0	0.2	2010
홍콩차이나	3.5	36.1	72.3	91.8	55.4	9.3	0.4	2009
이집트	31.2	189.5	207.8	159.2	66.7	19.9	3.3	2009
영국	25.0	73.0	107.3	112.6	57.9	11.9	0.7	2009
프랑스	10.2	60.7	134.0	123.5	56.1	11.5	0.6	2008
독일	8.9	38.9	81.1	93.1	46.8	8.4	0.4	2010
미국	41.5	103.0	115.1	99.3	46.9	9.8	0.6	2008
아르헨티나	68.4	113.3	111.5	100.5	63.3	18.2	1.4	2010
오스트레일리아	15.4	52.5	100.2	123.3	69.7	14.8	0.7	2010

자료: 二宮書店, 『地理統計要覽』(2014), p. 42.

이집트, 프랑스, 미국, 아르헨티나는 25~29세 연령층의 출생률이 가장 높은데, 한국을 포함해 일본과 홍콩차이나, 영국, 독일, 오스트레일리아에서는 30~34세의 연령층에서 출생률이 높다. 그다음으로 20~24세의 연령층의 출생률이 높은 국가는 이집트, 미국, 아르헨티나이다. 15~19세의 연령층에서 출생률의 구성비가 높은 국가는 미국과 아르

〈그림 6-9〉 주요 국가의 초저출산율에서의 탈피하는 데 걸린 기간

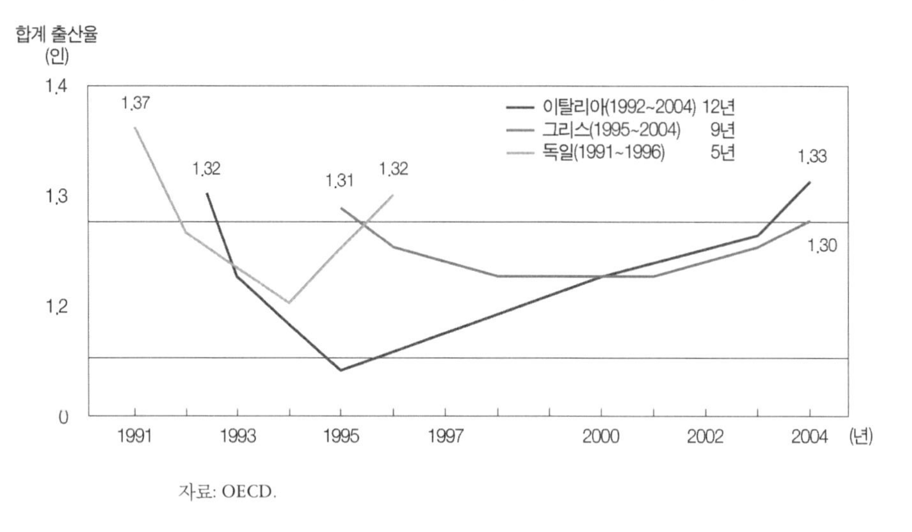

자료: OECD.

헨티나이다.

위에서 보통 출생률이 낮은 국가 중 초저출산국가는 합계 출산율이 1.5인 미만인 국가를 말한다. 저출산국가는 인구를 유지하는 수준인 2.1인보다 출산율이 낮은 국가로 대부분 선진국이 이에 속한다. 한국처럼 합계 출산율이 1.3미만으로 떨어진 국가들을 초저출산국이라 하며 홍콩차이나, 타이완, 일본 등 아시아 신흥공업경제지역군의 국가들은 여기에 속한다. 초저출산국이 이를 탈피하는 데 걸린 기간을 보면, 이탈리아는 12년(1992~2004년), 그리스는 9년(1995~2004년), 독일은 5년(1991~1996년)이었다(〈그림 6-9〉).

여기에서 에스파냐 출생력의 장기적 추이에 의한 유형의 지역적 분포를 살펴보기로 한다. 에스파냐의 보통 출생률은 19세기 말에는 약 35‰로 유럽 국가들 가운데에서 가장 높은 수준이었으나 20세기에 들어와서 계속 낮아졌으며, 내전 시기[4] 이전에는 약 25‰까지 낮아졌다. 내전의 혼란 중과 1940년대에서 1970년대 중반까지는 20‰ 전후를 나타내었으나, 그 뒤 급속한 저하를 나타내어 1990년대에는 10‰을 하회하게 되었다(〈그림 6-10〉).

또 보통 출생률은 연령구조의 변화에 의해 왜곡을 받기 때문에 이것을 배제하기

4) 1936년 7월부터 1939년 3월까지 에스파냐에서 인민전선 정부를 상대로 군부와 우익의 여러 세력이 일으킨 내전을 말한다.

〈그림 6-10〉 에스파냐 출생력의 경년적 추이(1978~1991년)

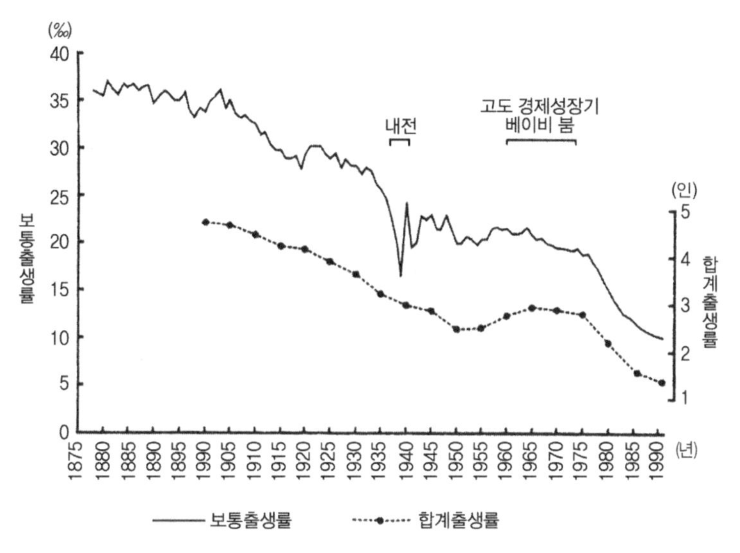

자료: 竹中克行(1997: 435).

위해 연령별 출생률을 누계한 합계출생률의 추이를 보면 1950년경까지는 일관되게 저하했으나 베이비 붐 시기라고 불리는 1950년대 후반부터 1970년대 전반에 걸쳐서는 0.5~1인 정도로 높아졌다는 것을 알 수 있다.

1887~1991년 사이의 기간 출생력 지수[5]의 추이를 바탕으로 에스파냐 50개 현(縣)을 4개 유형으로 구분했다. 유형구분에 의하면 대부분의 현이 출생력을 일시적으로 회복시키기 시작하는 1940년 이전에는 출생력 저하의 시기적인 차이가 가장 명확하게 보이는 것을 염두에 두고, 1940년 이전의 어느 시점에서 출생력 지수가 2.5~3.0의 수준까지 낮아진 것을 공통의 기준으로 했다. A는 초기 저하형, B는 중기 저하형, C는 만기 저하형으로 크게 나누어진다. 유형 A·B는 유형 B가 유형 A에 비해 약 20년 늦은 유형으로 출생력을 저하시켜 1960년대를 중심으로 출생력의 일시적인 회복을 보이고 있다. 또 모든 기간을 통해 유형 A가 유형 B보다도 낮은 출생력을 나타내는 경향이 있다. 모든 현 중의 반을 넘는 27개 현을 포함하는 유형 C는 출생력의 저하를

5) $If = \dfrac{B}{\sum_{z=1}^{7} Hf_z \cdot F_z}$ 여기에서 If: 기간 출생력 지수, B: 대상인구의 출생자수, Hf_z: 인구의 연령별 출생률(z는 15~49세까지의 7개 연령 5세 계급), F_z: 대상인구의 연령별 여자 인구를 말한다.

〈그림 6-11〉 에스파냐 출생력 지수의 추이에 의한 현의 유형분포(1887~1991년)

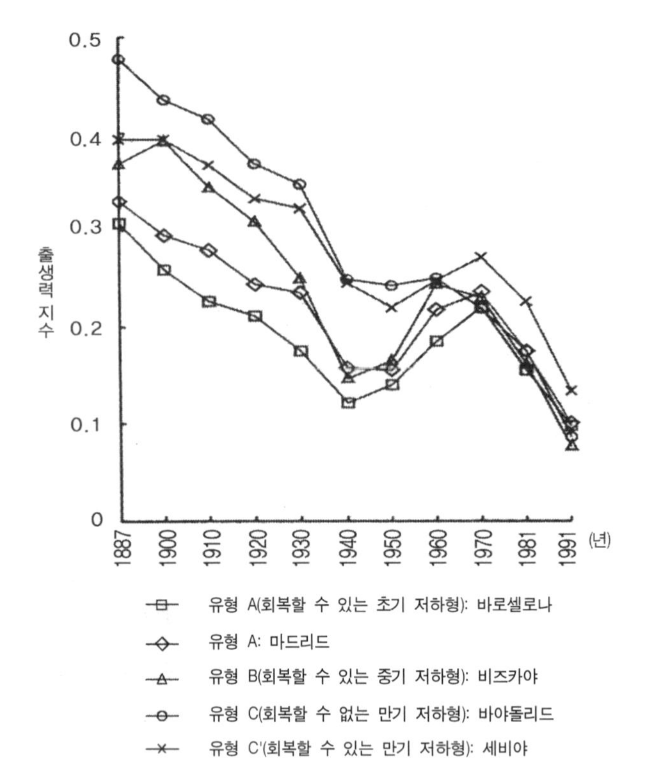

자료: 竹中克行(1997: 436).

대폭 늦추고, 출생력의 회복을 본 현과 그렇지 않는 현으로 나눌 수 있기 때문에 각각 유형 C', 유형 C로 나눌 수 있다. 유형 C'는 1970년 이후 모든 유형 중에서 가장 높은 출생력을 나타내고 있다(〈그림 6-11〉).

유형의 지역적 분포를 보면, 각 유형은 인접한 현끼리 묶어진 지역구분을 나타내고 있다는 것을 알 수 있다. 유형 A는 북동부 지방의 바르셀로나(Barcelona)와 지중해상의 발레아레스(Baleares) 제도 및 수도 마드리드(Madrid) 시가 있는 마드리드 현을 포함하는 에스파냐의 제1·2의 대도시권에 분포하고 있다. 유형 B는 발렌시아(Valencia) 지방 등 에스파냐의 북부와 동부지방에 분포하고 있는데 에스파냐에서 제3의 대도시권을 포함하고 있다. 이들 지역은 일찍부터 공업화가 시작된 지역이다. 유형 C는 에스파냐의 내륙 중부지방에 분포하고 있고, 유형 C'는 에스파냐의 남부지방에 분포하고 있다. 이상에서 에스파냐의 동부·북부의 연안지역에서 시작된 기간 출생력의 저하가 차차

〈그림 6-12〉 출생력 지수의 추이에 의한 에스파냐 현 유형의 분포(1887~1991년)

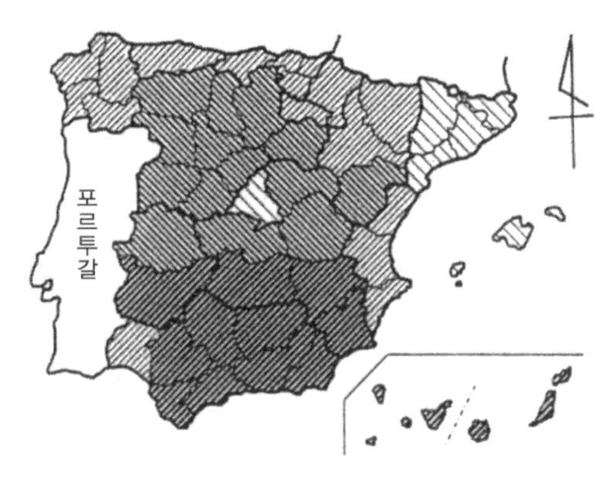

- A 회복할 수 있는 초기 저하형
- B 회복할 수 있는 중기 저하형
- C 회복할 수 없는 만기 저하형
- C' 회복할 수 있는 만기 저하형

자료: 竹中克行(1997: 437).

내륙북부에서 내륙남부·남부 연안지역으로 확장되었다는 것을 알 수 있다. 조기·중기 저하형의 유형 A·B는 에스파냐를 대표하는 대도시권 전체를 포함함과 동시에 이들을 둘러싼 농촌 현에 분포하고 있다. 또 만기 저하형의 유형 C, C'는 농촌 현이 많은 지역에 분포하고 있는 것이 특징이지만, 지방 중핵도시에도 분포하고 있다. 이러한 점에서 기간 출생력의 장기적 추이는 현 단위로 보면, 거시적으로는 도시화의 정도와 일정한 관계를 나타내지만 인접 현 간에는 도시화의 정도와 거의 관계가 없다는 것을 알 수 있다(〈그림 6-12〉).

2013년 한국의 시·도별 합계 출산율의 분포를 보면 전라남도가 1.518인으로 가장 높고 그다음으로 충남, 세종시, 제주도의 순이며, 서울시와 대전·울산시를 제외한 광역시는 전국의 평균 합계출생률보다 낮다(〈표 6-4〉). 시·군·구별 분포를 휴전선부근지역과 충남의 임해공업지역, 전북의 무주·진안·장수군, 전남, 경북 북부지역, 울산시, 거제시 등 공업이 발달한 지역에서 합계 출산율이 높게 나타났다(〈그림 6-13〉).

2013년 합계 출산율의 시·군·구별 분포를 보면, 먼저 합계 출산율이 높은 지역은 전남의 지역과 강원도의 접경지역, 남해안의 공업도시로 전남 해남군이 2.349인으로 가장 높고, 이어서 영암군(2.150인), 강진군(1.988인)의 순으로 높다. 한편 낮은 지역은 서울·부산·대구시와 충북 괴산군, 경남 남해군으로, 서울시 종로구가 0.729인으로 가장

〈표 6-4〉 합계 출산율의 시 · 도별 분포(2013년)

시·도	합계 출산율	시·도	합계 출산율
서울특별시	0.968	강원도	1.249
부산광역시	1.049	충청북도	1.365
대구광역시	1.127	충청남도	1.442
인천광역시	1.195	전라북도	1.320
광주광역시	1.170	전라남도	1.518
대전광역시	1.234	경상북도	1.379
울산광역시	1.391	경상남도	1.367
세종특별자치시	1.435	제주특별자치도	1.427
경기도	1.226	전 국	1.187

자료: 통계청, http://kosis.kr

〈그림 6-13〉 한국의 시 · 군 · 구별 합계 출산율의 분포(2010년)

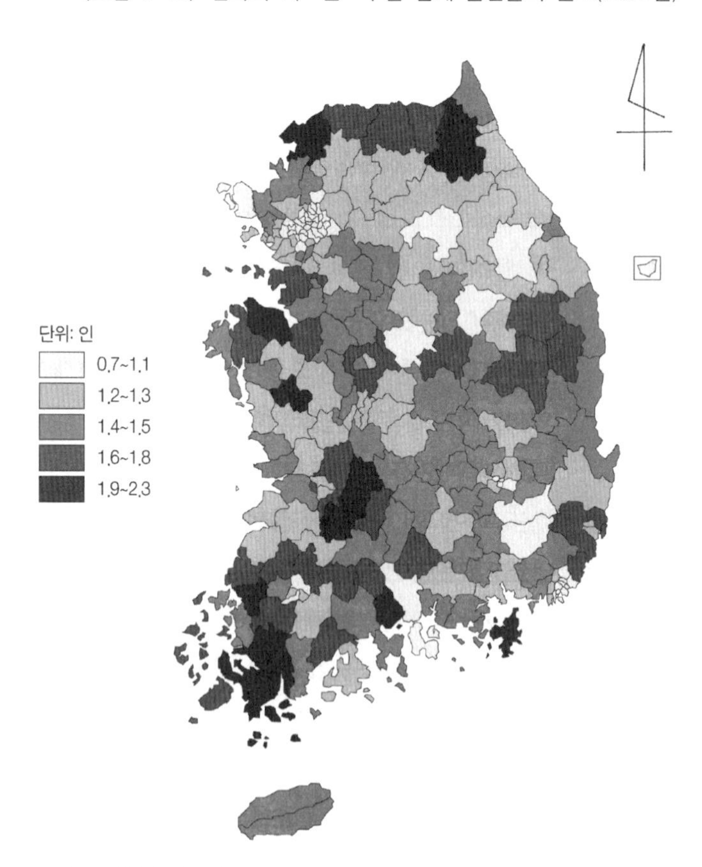

자료: 김동진 외(2014: 62).

〈그림 6-14〉 한국에서 합계 출산율이 상위 · 하위 20개 시 · 군 · 구(2013년)

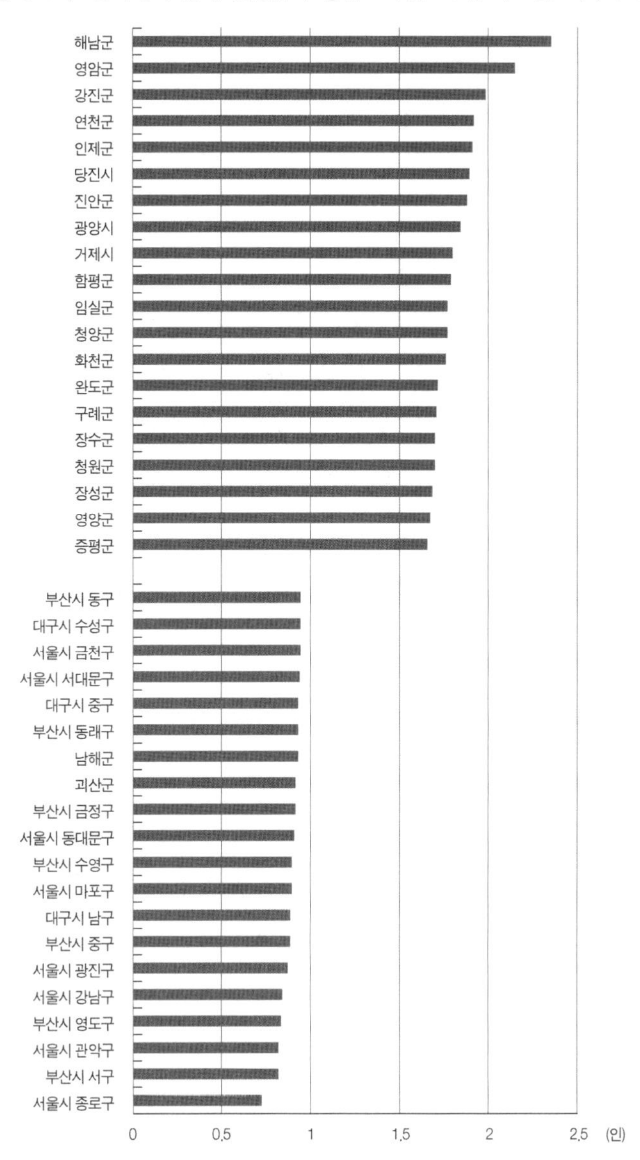

자료: 통계청, http://kosis.kr

낮고, 이어서 부산시 서구(0.819인), 서울시 관악구(0.825인)의 순이다(〈그림 6-14〉).

다음으로 2010년 세계 주요 국가의 합계 출산율을 보면 세계 평균이 2.52인인데, 가장 높은 국가가 니제르로 7.1인이고, 그다음으로 아프가니스탄, 소말리아, 동티모르,

〈그림 6-15〉 합계 출산율이 높고 낮은 주요 국가(2010년) (단위: ‰)

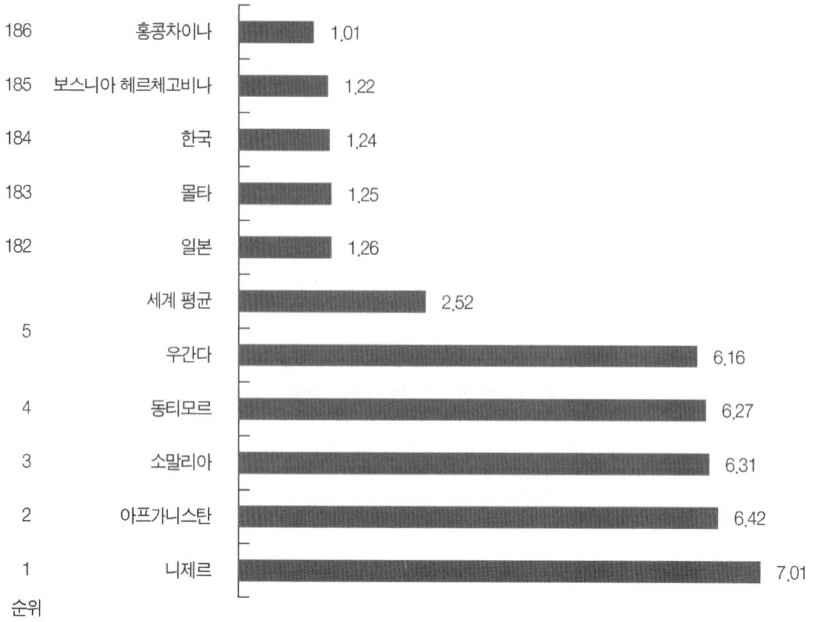

순위	국가	합계 출산율
186	홍콩차이나	1.01
185	보스니아 헤르체고비나	1.22
184	한국	1.24
183	몰타	1.25
182	일본	1.26
	세계 평균	2.52
5	우간다	6.16
4	동티모르	6.27
3	소말리아	6.31
2	아프가니스탄	6.42
1	니제르	7.01

자료: 유엔인구기금, 『세계 인구현황 보고서』(2010).

우간다의 순으로 한국은 184위이고 홍콩차이나는 1.01인이었다(〈그림 6-15〉).

1955~2000년까지의 한국 합계 출산율의 변화를 보면, 제1단계의 출산력 변천이 나타났던 1960~1985년의 25년 동안은 혼인연령, 인공유산, 피임 등이 거의 같은 정도로 중요한 역할을 했다. 이를 5년 간격으로 살펴보면, 1960~1965년 사이에는 혼인연령과 인공유산의 증가가 출산력 변천을 주도했으며, 1965~1970년에는 피임과 인공유산이 출산력 감소를 주도하는 주요 변수였다. 2단계의 출산력 변천에서는 이들 구성요소의 상대적 중요성이 변화하기 시작했다. 1975~1980년과 1980~1985년의 두 기간에는 불임수술을 포함한 피임실천의 효과가 더욱 더 괄목할 만한 것이었으며, 1990~2000년의 10년 동안은 혼인연령의 상승이 아울러 제2단계의 출산력 변천에서 합계 출산율을 대체수준 이하의 저출산 상태로 유지하는 데 주도적인 역할을 했다. 한편 인공유산의 출산억제 효과는 지속적으로 감소해 유배우 출산율을 상승시키는 점은 주목할 만한 가치가 있다(〈표 6-5〉).

한편 북한의 보통 출생률은 1970년에 44.7‰로 최대였으나 그 후 1980년에는 21.8‰,

〈표 6-5〉 합계 출산율 변화의 구성요소(1955~2000년) (단위: %)

구분	1955~1960년	1960~1965년	1965~1970년	1970~1975년	1975~1980년	1980~1985년	1985~1990년	1990~1995년	1995~2000년
합계 출산율 변화율	5.6	-16.8	-17.6	-13.4	-24.6	-25.7	-18.3	1.2	-5.4
· 혼인상태별 구성	-3.9	-6.3	-3.7	-3.5	-5.6	-6.4	-6.5	-5.8	-9.9
- 결혼연령	-6.9	-7.6	-3.4	-3.7	-4.9	-6.7	-7.9	-5.6	-9.6
- 이혼	3.0	1.3	0.5	0.2	0.7	0.3	1.4	-0.2	-0.3
· 연령별 유배우 출산율	9.5	-10.5	-14.1	-9.9	-19.1	-19.3	-11.8	7.0	4.5
- 피임	-	-1.7	-9.5	-5.9	-23.0	-23.9	-13.4	-5.3	-7.4
- 인공유산	-3.1	-5.1	-4.6	-4.0	3.9	4.6	1.6	12.3	11.9
- 기타	11.0	-3.8	-	-	-	-	-	-	-

자료: 김두섭·박상태·은기수(2002: 90).

1986년에는 22.9‰로 낮아졌다. 1950년대 후반부터 1970년 초반까지 베이비 붐 시대가 있었다. 북한 당국이 제공한 민간인 수의 자료를 바탕으로 북한 여성의 총출산율[6]은 1970년에 6.8인으로 가장 많았으나 1975년에는 3.6인, 1987년에는 2.5인으로 감소했다. 북한 당국은 공식적으로 산아제한 정책을 표방한 적이 없으며, 오히려 한때에는 노동력 확보를 위해 출생을 장려한 적은 있었다. 그러나 북한 인구의 추이를 분석해보면, 1970년 초 이래로 당국이 비공식적인 여러 경로를 통해 산아제한을 했거나, 아니면 주민 스스로 당국의 출생 장려에도 불구하고 생활고 등의 이유로 많은 제한을 한 것 같다고 연구자들은 보고 있다.

4. 출산율의 지역적 차이를 발생시키는 요인

출생률이 높은 지역은 열대 또는 이에 가까운 고온 다습한 지역으로 개발도상국의 지역이다. 고온다습한 지역에서는 일반적으로 여자의 성숙이 빨라 수태기가 빠르며 임신가능기간이 길기 때문에 출생률이 높다는 설도 있다. 한편 이러한 지역은 18세기 중엽 이후 유럽 열강의 식민정책의 희생이 되었고 100여 년 동안 식민지 종주국을 위해 봉사했기 때문에 사회적·경제적으로 독립이 늦었던 지역이다. 또 문맹률도 50%

6) 여성 한 사람이 평생 출산하는 자녀 수의 평균을 말한다.

이상이어서 경제적·문화적 성장이 늦어 높은 출생률이 나타난 원인이 되기도 했다.

세계의 출생률의 지역적 차이를 발생시키는 요인은 복잡하다. 그리고 지리학에서는 지역의 규모에 따라 그 입장이 다르다. 즉, 세계적 규모에서는 문화적·경제적 발전 정도가 가장 큰 요인이 되고 있지만, 지역적 규모인 작은 국가 내지 수개 국가를 단위로 할 경우에는 지지적(chorographic)[7] 입장에서 다른 요인이 작용한다.

1) 인종

인종의 차이가 출산율의 지역적 차이를 발생시킨다. 예를 들면 흑인이 백인보다도 출산율이 높고, 뉴질랜드에서는 마오리(Maori) 족이 유럽계 백인종보다도 출산율이 높다. 또 짐바브웨와 잠비아에서는 원주민이 유럽인보다 출산율이 뛰어나고, 동부 아프리카에서도 인도의 여자는 백인의 여자보다 출산율이 높다고 보고되고 있다. 흑인이 많이 거주하는 지역이나 마오리족이 많이 거주하는 지역에서의 출산율이 높은 것도 인종구성의 차이에서 나타나는 출산율의 지역적 차이를 나타내는 것이다. 흑인이 백인보다 출산율이 높은 이유는 낮은 교육수준, 빈곤, 그리고 상당 부문의 흑인가정이

〈그림 6-16〉 인종별 합계 출산율의 변화(1955~1969년)

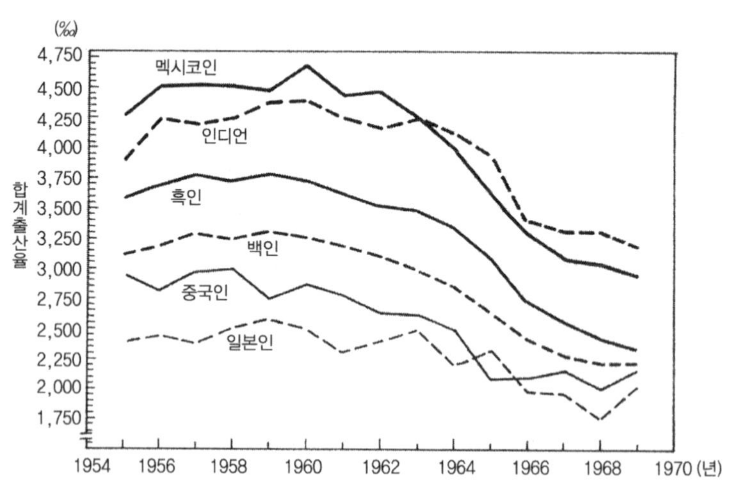

자료: Taeuber, Bumpass and Sweet(1978: 19).

7) 지리학을 지지적 과학(chorologische Wissenschaft)이라고 한 학자는 헤트너(A. Hettner)이다.

여성 가구주에 의해 유지되고 있기 때문이다. 그러나 대학교육을 받은 흑인들의 출산율은 대학교육을 받은 백인보다 출산율이 낮은 것을 보면 흑인들의 교육 정도가 출산수준에 영향을 미치고 있다는 것을 알 수 있다.

<그림 6-16>는 미국에 거주하고 있는 멕시코인, 중국인, 일본인 등의 합계 출산율을 나타낸 것이다. 가톨릭이 지배적인 멕시코인의 출산율이 가장 높고 일본인이 가장 낮다. 그리고 인디언이 높고, 흑인이 백인보다 출산율이 높게 나타났다.

2) 거주 지역

출산율의 거주 지역의 차이는 일반적으로 도시지역이 농촌지역에 비해 출산율이 낮다. 1960년 한국의 합계 출산율의 경우 농촌지역은 6.7인인 데 비해 도시지역은

〈표 6-6〉 어머니의 현거주지 및 연령별 출생아 수(1970 · 2000 · 2010년)

동·읍·면 \ 연령층		15~19	20~24	25~29	30~34	35~39	40~44	45~49	50~54	평균
동부	1970년	0.01 (100.0)	0.34 (100.0)	1.50 (100.0)	3.00 (100.0)	3.91 (100.0)	4.61 (100.0)	5.01 (100.0)	5.17 (100.0)	2.11 (100.0)
	2000년	0.00 (-)	0.06 (17.6)	0.59 (37.1)	1.47 (49.1)	1.81 (46.3)	1.91 (41.4)	2.16 (43.1)	2.53 (41.8)	1.25 (50.2)
	2010년	0.8 (8,000.0)	1.0 (294.1)	1.4 (93.3)	1.8 (60.0)	1.9 (48.6)	2.0 (43.4)	2.0 (39.9)	2.3 (44.5)	-
읍부	1970년	0.02 (100.0)	0.48 (100.0)	2.01 (100.0)	3.59 (100.0)	4.65 (100.0)	5.40 (100.0)	5.71 (100.0)	5.69 (100.0)	2.85 (100.0)
	2000년	0.00 (-)	0.13 (27.1)	0.91 (45.3)	1.69 (47.1)	1.94 (41.7)	2.05 (38.0)	2.50 (43.8)	3.07 (54.0)	1.53 (53.7)
	2010년	0.5 (2,500.0)	0.9 (187.5)	1.2 (59.7)	1.6 (44.6)	1.9 (40.9)	2.0 (37.0)	2.0 (35.0)	2.2 (38.7)	-
면부	1970년	0.02 (100.0)	0.58 (100.0)	2.39 (100.0)	3.95 (100.0)	5.03 (100.0)	5.76 (100.0)	6.02 (100.0)	5.92 (100.0)	3.38 (100.0)
	2000년	0.01 (-)	0.16 (27.6)	0.94 (39.3)	1.74 (44.1)	2.02 (40.2)	2.24 (38.9)	2.73 (45.4)	3.28 (56.5)	1.75 (51.8)
	2010년	0.4 (2,000.0)	1.0 (172.4)	1.2 (50.2)	1.7 (43.0)	1.9 (37.8)	2.1 (36.5)	2.1 (34.9)	2.3 (38.9)	-

주: 괄호 안의 숫자는 1970년=100의 지수임.
자료: 김두섭·박상태·은기수(2002: 98); 통계청, http://kosis.kr

5.4인이었고 1991년에는 각각 1.9인, 1.5인으로 다소 격차가 좁혀졌으나 농촌지역이 아직도 높은 수준을 유지하고 있다. 이는 두 지역 간의 피임 실천율의 차이에 기인된 것이다. 이와 같이 도농 간의 출산율의 차이는 후진사회일수록 크게 나타난다. 한국의 도농 간 출생아 수의 차이를 나타낸 것이 <표 6-6>이다. 1970년과 2000년 사이에 출생아 수는 거주 지역 및 연령층을 불문하고 줄어들었으며, 동부는 모든 연령층에서 출생아 수가 가장 적은 반면에 면이 가장 많다. 평균 출생아 수에서도 이와 같은 현상을 나타내고 있다. 2010년에는 15~19세, 20~24세 연령층에서 출생아 수가 매우 많았으나 1970년에 비해 모든 연령층에서 출생아 수가 적었다. 또 동부에서는 50~54세 연령층을 제외하고 2000년에 비해 모든 연령층에서 많았으나 읍·면부는 15~29세의 연령층에서만 2000년에 비해 많았다.

3) 직업과 소득

경제활동에서 농업, 수산업과 광업에 종사하는 부부들의 출산율이 대체로 다른 직종에 종사하는 부부들보다 출산율이 높은 것으로 밝혀졌다. 특히 남편의 직업이 출산수준과 밀접한 연관이 있다. 한국의 직업별 자녀 수를 보면 <표 6-7>과 같다. 즉, 전국 평균 자녀 수는 2.52인으로 남편이 농업, 축산업, 임업, 수산업 및 수렵업에 종사하는 아내의 자녀 수가 4.11인으로 가장 많고 남편이 사무 및 관련직에 종사하는 아내의 자녀 수가 2.00인으로 가장 적다.

〈표 6-7〉 남편 직업별 아내의 자녀 수(1990년)

구분	아내 수	%	자녀 수
전문, 기술 및 관련직 종사자	564,418	7.0	2.09
행정 및 관리직 종사자	296,133	3.7	2.46
사무 및 관련직 종사자	1,237,406	15.4	2.00
판매 종사자	1,128,373	14.0	2.25
서비스 종사자	531,607	6.6	2.47
농업, 축산업, 임업, 수산업 및 수렵업 종사자	1,490,780	18.5	4.11
생산 및 관련 종사자, 운수장비 운전사 및 단순노무자	2,740,964	34.1	2.14
분류 불능자	70,243	0.9	1.78
계(평균)	8,059,924	100.0	2.52

자료: 통계청, http://kosis.kr

그러나 직업에 따른 출산율의 지역적 차이는 남편이나 아내의 교육 정도, 소득수준, 연령 및 거주 지역 등에 의해 복합적으로 나타나는 현상이기 때문에 직업만으로 출산율의 지역적 차이를 설명하지는 못한다.

다음 출산력의 지역적 차이에 영향을 미치는 소득은 대개 1인당 소득이 적은 국가일수록 출산율이 높고, 1인당 소득이 많을수록 출산율이 낮다(〈그림 6-17〉). 이와 같은 현상은 한 국가 내에서도 소득이 적은 계층일수록 출산율이 높고, 소득이 많은 계층일수록 출산율이 낮다(〈그림 6-18〉). 그러나 고소득층의 출산율이 높게 나타나는 경우도

〈그림 6-17〉 보통출생률과 1인당 국민소득과의 관계

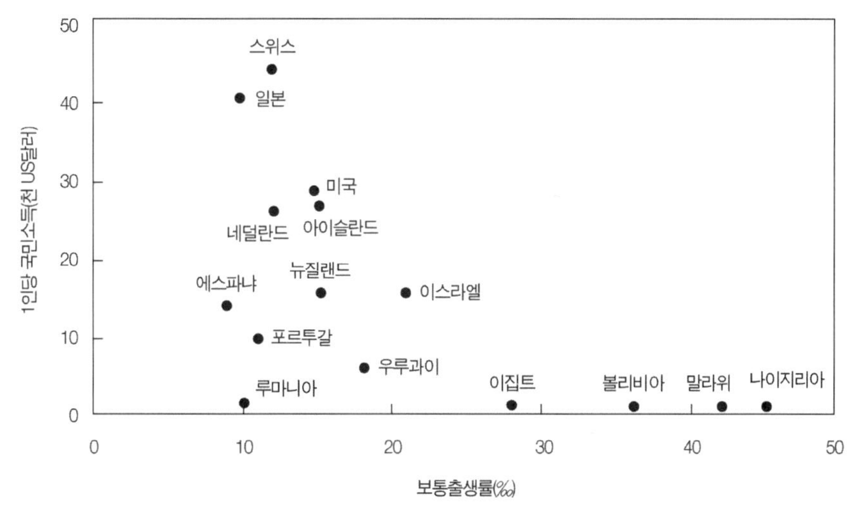

자료: Peters and Larkin(1997: 160).

〈그림 6-18〉 모로코의 소득수준과 출산율과의 관계

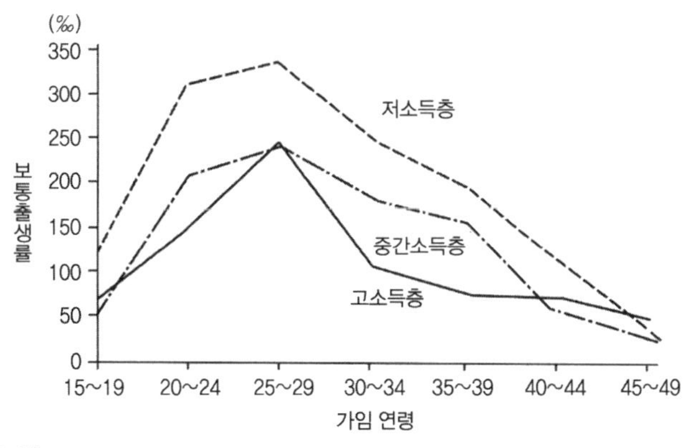

자료: Findlay(1987: 24).

있다. 이것은 소득수준이 높을수록 자녀 양육의 부담이 적게 느껴지기 때문이다.

4) 교육수준

남편이나 아내의 교육수준과 출산율은 반비례의 관계를 나타낸다. 그러나 남편의 교육수준과 아내의 교육수준이 일치하지 않을 때는 아내의 교육수준이 출산수준과 좀 더 밀접한 관계를 나타낸다. 즉, 교육수준이 낮은 아내가 교육수준이 높은 아내보다, 경제활동의 참여보다는 자녀 출산이나 양육과 같은 가사와 직결되는 일에 더욱 관심이 많은 가족집단 중심(familistic)의 가치관으로 다자녀(多子女)를 갖게 된다.

1980년의 아내 교육수준이 미취학의 경우 총출산아 수가 40.0%를 차지해 가장 많고, 그다음으로 초등학교의 교육수준이 39.5%의 순으로 교육수준이 낮을수록 총출산아 수가 많으며, 또한 평균 출산아 수도 많다. 이러한 현상은 1990년에도 미취학 교육수준의 아내의 출산아 수가 가장 많으나 유사한 구성비를 나타내었고, 평균 출산아 수도 마찬가지 현상을 보였다. 2000년에는 교육수준이 향상되어 고등학교 교육수준 아내의 총출산아 수의 구성비가 27.3%로 가장 높았고, 그다음으로 초등학교 교육수준 아내의 구성비가 26.8%를 차지해 1980·1990년과 다소 다른 현상이 나타났으나 평균

〈표 6-8〉 한국인 아내의 교육수준별 출산아 수(1980 · 1990 · 2000년)

교육수준	1980년		1990년		2000년	
	총출산아 수(%) (1000인)	평균 출산아 수	총출산아 수(%) (1000인)	평균 출산아 수	총출산아 수(%) (1000인)	평균 출산아 수
미취학	12,830(40.0)	5.05	10,077(28.9)	4.88	7,481(21.4)	4.40
초등학교	12,709(39.5)	3.66	11,449(32.8)	3.71	9,366(26.8)	2.54
중등학교	6,089(18.9)	2.29				
중학교			5,901(16.9)	2.43	5,014(14.4)	2.42
고등학교			6,072(17.4)	1.82	9,532(27.3)	1.88
대학교 이상	540(1.7)	1.98				
대학교 (4년제 미만)			264(0.8)	1.48	1,303(3.7)	1.56
대학교 (4년제 이상)			1,071(3.1)	1.66	2,034(5.8)	1.65
대학원			46(0.1)	1.58	192(0.5)	1.50
계	32,168(100.0)	3.59	34,880(100.0)	2.96	34,921(100.0)	2.54

자료: 김두섭·박상태·은기수(2002: 304).

출산아 수의 경우는 교육수준이 높을수록 적다는 것을 알 수 있다(〈표 6-8〉).

5) 결혼연령

연령구성상에서 젊은 연령구성을 가진 지역에서는 출생률이 높고, 노년인구율이 높은 지역에서는 출생률이 낮다. 또 결혼연령이 낮은 지역, 결혼 지속기간이 긴 지역에서는 출생률은 높은 경향이 있다. 인도와 동남아시아의 여러 나라에서는 결혼연령이 낮은데 그것 또한 높은 출생률을 나타내는 요인 중의 하나가 될 수 있다.

6) 종교

같은 그리스도교 중에서도 가톨릭교도는 산아조절을 극도로 배제하는 경향이 있으나, 개신교도는 산아조절을 거의 배격하지 않는다. 그리고 이슬람교는 남아선호의 경향이 강할 뿐만 아니라 여성이 남성에 예속되는 것을 강요하며 조혼과 다산을 권장한다. 이는 쿠란에 자녀란 신이 인간에게 내려주는 가장 고귀한 축복이니만큼 인간이 결혼해 출산하는 것은 신의 섭리에 따르는 것이므로 산아조절을 할 필요가 없다고 생각하기 때문이다.

인도에서는 이슬람교도와 시크교도의 출산율은 힌두교도나 그리스도교도의 출산율보다 높다(〈표 6-9〉). 인도 인구의 약 13%를 차지하는 이슬람교도의 출산율이 높은 이유는 교육수준이나 생활수준이 힌두교도나 그리스도교도보다 낮은 데에 기인되며,

〈표 6-9〉 인도의 종교별 합계 출산율 변화

종 교	유배우자 합계 출산율(‰)			
	1972년		1978년	
	농촌	도시	농촌	도시
힌두교	6.8	5.8	5.4	4.5
이슬람교	7.6	6.8	6.1	5.4
그리스도교	6.3	5.8	5.4	4.8
시크교	-	-	5.8	5.4
계	6.8	6.0	5.6	4.7

자료: Visaria and Visaria(1981: 28).

이들의 낮은 교육수준과 생활수준은 교리에 연유된 것으로 생각된다.

7) 국가의 정치와 정책

제2차 세계대전 중 독일의 나치스(Nazis)나 이탈리아의 파시스트(Fascist)는 인구 증가를 국가의 인구정책으로 삼아 출산을 장려했기 때문에 당시에 출생률이 높았다. 또 당시 일본에서도 출생증대의 국가적 운동에 의해 출생률이 회복되었다. 지금 세계 인구 억제운동이 성해 산아조절이나 가족계획의 추진이 실천되고 있고, 특히 동남아시아, 아프리카, 라틴아메리카 등에서도 그 영향이 나타나 출생률의 저하를 볼 수 있다.

그 밖에 출생력의 지역적 차이를 야기하는 요인으로는 도시화·공업, 지방 간의 문화적 차이나 도시화·사회계층의 영향 등이 있다.

1965~1975년 사이에 95개국의 개발도상국을 대상으로 출생률의 변화에 영향을 미치는 변수를 상관분석한 결과 가족계획의 실시도의 변수가 $r = 0.89$로 상관계수가 가장 높았고, 그다음이 근대화 변수(문맹률, 교육 정도, 평균 기대수명, 유아 사망률)로 $R = 0.81$(다중상관계수)였다. 그리고 가족계획과 근대화 변수에 의한 출생률의 예상 설명량은 83%($R^2 = 0.83$)이다. 따라서 출생률의 감소는 근대화와 가족계획사업에 의해 나타날 수 있다는 것을 알 수 있다(〈표 6-10〉).

〈표 6-10〉 출생률에 영향을 미치는 변수 간의 상관행렬표(1965~1975년)

변수	1	2	3	4	5	6	7	8	9
1. 문맹률	1.00								
2. 교육 정도	0.80	1.00							
3. 평균수명	0.87	0.76	1.00						
4. 유아 사망률	-0.78	-0.71	-0.86	1.00					
5. 비농업부문 종사자	0.65	0.73	0.80	-0.73	1.00				
6. 1인당 국민소득	0.23	0.38	0.40	-0.37	0.62	1.00			
7. 도시화	0.45	0.58	0.58	-0.54	0.78	0.57	1.00		
8. 가족계획 사업 실시도	0.64	0.52	0.70	-0.64	0.52	0.07	0.32	1.00	
9. 보통 출생률의 변화(1965~1975년)	0.70	0.60	0.76	-0.71	0.61	0.13	0.42	0.89	1.00

자료: Mauldin and Berelson(1978: 99, 104~105).

7장

사망력의 지역적 분포와 그 요인

1. 사망력의 측정

사망력은 첫째, 사망률(dead rate), 사망확률(mortality rate)을 측정하는 것으로서, 사망률은 해당연도에 사망한 사람 수의 빈도이며, 사망확률은 확률개념에 의한 사망빈도를 나타내는 것이다. 이에 해당하는 지표로는 보통 사망률, 표준화 사망률이 있다. 둘째, 인구집단의 사망비율을 파악하는 것과 인구의 구성 요인별 사망빈도를 측정하는 요인별 사망률의 측정이다. 이에 해당되는 측정방법은 연령별 사망률과 유아 사망률이 그것이다. 셋째, 동시발생 집단(cohort)의 사망률과 사망확률의 측정방법으로 생명표(life table)가 있다.

B. C. 100년경의 로마제국의 평균 기대수명은 22~25세였으며, 1750년경 유럽 여러 나라의 평균 기대수명은 30세를 약간 넘을 정도로 오랜 기간 사망률은 높은 수준에 있었다. 사망의 자료로 유아 사망이나 사산은 제외된다. 사망력을 측정하는 지표로는 먼저 보통[또는 조(粗)]사망률(crude death rate)은,

$$\frac{\text{특정 기간(보통 1년) 중의 사망자 수}}{\text{특정 기간 중의 연앙인구}} \times 1{,}000(‰),\ \text{즉}\ \frac{D}{P} \times 1{,}000(‰)\ \text{이다.}$$

〈표 7-1〉 세계 주요 국가의 보통 사망률

국가	사망률(‰)	조사 연도	국가	사망률(‰)	조사 연도
한국	5.1	2010년	독일	10.4	2011년
북한	9.0	2008년	스웨덴	9.5	2011년
일본	9.3	2010년	러시아	13.5	2011년
중국	7.1	2011년	미국	8.0	2009년
타이	7.5	2011년	캐나다	7.2	2009년
인도	8.0	2011년	자메이카	5.1	2009년
이집트	6.1	2011년	멕시코	5.2	2009년
콩고민주공화국	11.7	2005~2010년	브라질	6.4	2005~2010년
남아프리카공화국	15.2	2005~2010년	아르헨티나	7.9	2010년
영국	9.0	2010년	페루	5.4	2005~2010년
프랑스	8.6	2011년	오스트레일리아	6.4	2010년
이탈리아	9.7	2011년	뉴질랜드	6.8	2011년

자료: 二宮書店, 『地理統計要覽』(2014), pp. 26~32.

〈표 7-2〉 한국의 시 · 도별 사망률의 분포(2013년)

시·도	사망자 수	보통 사망률(‰)	시 · 도	사망자 수	보통 사망률(‰)
서울특별시	42,063	4.2	강원도	10,756	7.0
부산광역시	20,096	5.8	충청북도	10,371	6.7
대구광역시	12,531	5.0	충청남도	13,854	6.8
인천광역시	13,039	4.6	전라북도	13,492	7.3
광주광역시	6,891	4.7	전라남도	16,332	8.6
대전광역시	6,634	4.4	경상북도	20,245	7.6
울산광역시	4,871	4.3	경상남도	19,994	6.1
세종특별자치시	812	7.0	제주특별자치도	3,317	5.7
경기도	50,959	4.2	전국	266,257	5.3

자료: 통계청, http://kosis.kr

세계의 보통 사망률을 보면 사망률이 높은 국가는 남아프리카공화국, 러시아, 콩고민주공화국, 독일 등이고, 사망률이 아주 낮은 국가는 한국을 위시해 자메이카, 멕시코, 페루 등이다(〈표 7-1〉). 일반적으로 사망률이 높은 국가는 생활수준이 낮고, 의학이나 의료시설의 정비가 늦은 국가이다. 또 공통적으로 유아 사망률이 높고 평균수명도 짧지만 최근 의료시설이 점차 정비되어 사망률은 일반적으로 낮아지는 경향이 있다.

〈그림 7-1〉 한국의 시 · 군 · 구별 보통 사망률의 분포(2010~2012년)

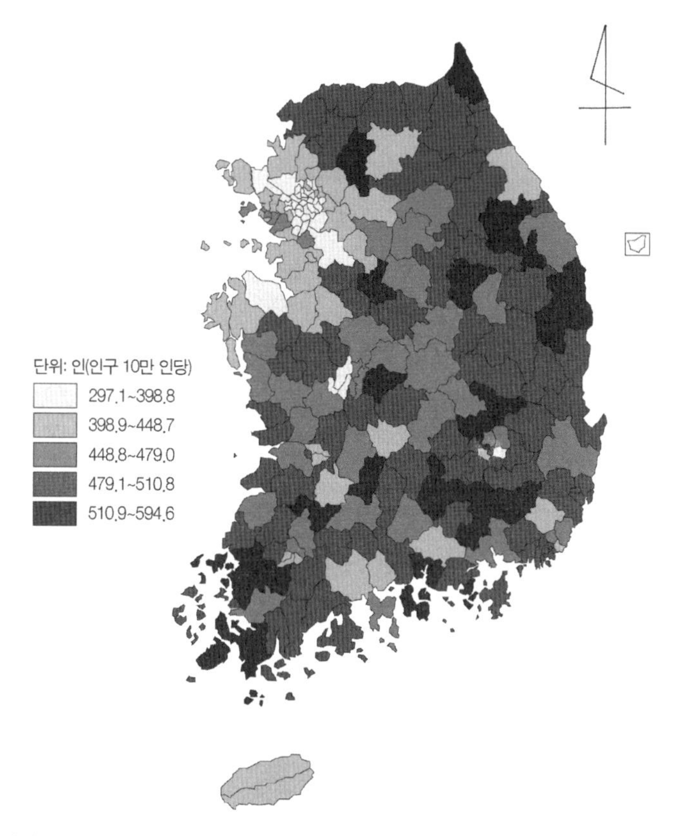

자료: 김동진 외(2014: 269).

2013년 한국의 시·도별 보통 사망률을 보면(〈표 7-2〉), 전국의 보통 사망률은 5.3‰이며 서울시와 경기도가 4.2‰로 가장 낮고, 이어서 울산시(4.3‰), 대전시(4.4‰)의 순으로 이고 전남이 8.6‰로 가장 높다. 전국 보통 사망률이 평균보다 높은 시·도는 부산시, 세종시를 포함하고 경기도와 제주시를 제외한 모든 도가 이에 해당된다. 한편 북한의 보통 사망률은 1955년 20.9‰로 최고에 달했으나 1982년에는 4.3‰, 1986년에는 5.0‰이고, 1990년에는 5.6‰로 추정되고, 2008년에는 9.0‰이었다.

한국의 시·군·구별 보통 사망률의 분포를 보면(〈그림 7-1〉), 경북 의성군(15.9‰), 전남 고흥군(15.1‰), 경남 의령군(15.1‰), 합천군(15.0‰), 전남 강진군(13.8‰), 경남 남해군(13.8‰), 충북 보은군(13.7‰), 경북 군위군(13.6‰), 전남 함평군(13.3%), 경남 함양군(13.0‰)의 순으로 높다. 특히 전북·경북·경남 내륙지역과 전남의 해안 지역에서

〈그림 7-2〉 한국의 성 · 연령별 보통 사망률 추이(2013년) (단위: ‰)

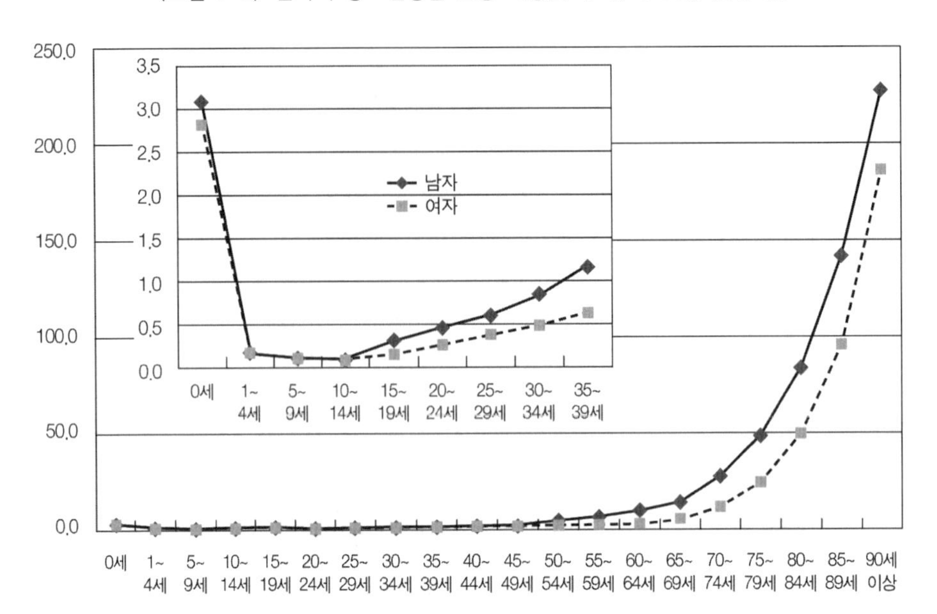

자료: 통계청, http://kosis.kr

사망률이 높으며 수도권과 대도시 및 그 인접지역에서는 낮게 나타났다. 이는 노령인구 분포와 관련이 깊다.

연령층별 사망률(age-specific death rate)은 연령층별로 사망수준을 나타내는 사망률로서 사망수준을 좀 더 정확하게 측정하는 방법 중의 하나이다. 연령층별 사망률은 각 연령집단별로 1년간 사망자 수를 그 연령집단의 연앙인구로 나눈 것을 말한다. 즉, i 연령의 사망률 $= \frac{i\text{세 인구의 사망자 수}}{i\text{세 연앙 인구수}} \times 1{,}000(‰)$, $\frac{D_i}{P_i} \times 1{,}000(‰)$이다. 연령층별 보통 사망률의 일반적 패턴은 <그림 7-2>와 같이 J자형 곡선을 나타내고 있다. 즉, 1세 미만까지의 사망률이 매우 높으나 10세 전후에서 가장 낮고 다시 연령이 많아짐에 따라 높아져 50세 이상이 되면 급격히 높아지며 남자의 사망률이 특히 높아진다. 그리고 모든 연령에서 여자의 사망률이 남자의 사망률보다 낮다(〈그림 7-2〉).

영아(嬰兒)[1] 사망은 출생전후의 사망, 출생 후 4주 이내에 사망하는 신생아 사망, 출생 후 1년 이내에 사망하는 신생아 후기 사망으로 나눌 수 있는데, 이 중 지리학자의

1) 영아(嬰兒)는 1세 미만을 말하며, 유아(幼兒)는 0~4세 이하를 말한다.

관심사는 신생아의 후기 사망이다. 이와 같은 영아 사망자 수를 합친 영아사망률은 $\frac{\text{특정 기간 1세 이하의 영아 사망자 수}}{\text{특정 기간 영아 출생자 수}} \times 1{,}000(‰)$이다. 그리고 출생 전후 영아사망률은

$$\frac{(\text{특정 기간의 태아 사망 수})+(\text{특정 기간의 신생아사망자 수})}{\text{특정 기간의 출산자 수}} \times 1{,}000(‰)$$ 이다.

세계 주요 국가 영아사망률은 <표 7-3>과 같다. 2012년 한국의 영아사망률은 1970년의 56.5‰에 비해 약 90% 감소한 3.0‰로 영유아가 가장 적게 사망하는 30위에 올랐다. 일본과 스웨덴은 각각 2.0‰로 매우 낮고, 그다음으로 프랑스는 3.0‰의 순으로 1인당 국민소득과 영아사망률과는 반비례의 관계를 나타낸다. 미국 보건측량평가연구소에서 세계 187개국 1만 6174건의 자료를 분석한 결과 2010년 영유아(5세 미만) 사망자는 약 770만 인으로 40년 전 1970년의 1600만 인의 절반 이하로 줄어들었다고 했다. 이는 백신 및 에이즈 치료제 보급, 말라리아를 예방하기 위한 방충망 설치 등 국제사회의 노력이 효과를 보였다고 했다.

또 이와 관련되는 모성(母性)사망률(임산부 사망률)은 분만으로 야기되는 사망과 임신 합병증으로 발생하는 사망으로 나눌 수 있다. 이에 대한 측정은 특정 기간의 출생 또는 출산에 대한 비율로 구한다. 한국의 출생아 10만 인당 모성사망률은 2000년에 15.2인, 2011년에는 17.2인으로 높아졌다. 또한 치명률(致命率, fatality rate)은 특정 기간의 상해와 질병의 발생건수에 대한 사망비율로, $\frac{\text{사망 건수}}{\text{완쾌 건수}+\text{사망 건수}} \times 1{,}000(‰)$로

〈표 7-3〉 세계 주요 국가의 연간 유아 사망률(2012년)

국가	유아 사망률(‰)
한국	3.0
일본	2.0
영국	4.0
프랑스	3.0
스위스	4.0
스웨덴	2.0
미국	6.0
캐나다	5.0
오스트레일리아	4.0

자료: 矢野恒太記念會,『世界國勢圖會』(2014), pp. 434~440.

나타난다.

18~20세기 초에 걸쳐 유럽과 북아메리카, 오스트레일리아 등의 선진 국가에서 사망률이 감소한 원인으로는 공중위생과 가옥의 개선 등보다 양질의 식량과 식수의 공급, 생활수준의 향상, 노동조건의 향상, 의학의 발달 등을 꼽을 수 있다.

2. 표준화 사망률

보통 사망률은 연령구조의 영향을 받기 때문에 두 인구집단의 사망률을 직접 비교할 수 없다. 따라서 직접 비교를 하기 위해서는 표준인구의 성, 연령별 구성을 고찰해 각 인구의 성·연령별 사망률을 적용해 계산하는 직접 표준화 방법을 사용해야 한다.

〈표 7-4〉 미국과 코스타리카의 표준화된 사망률의 계산

연령 계급	표준인구 [1975년 일본의 인구(1000인)]		미국				코스타리카			
			연령층별 특수 사망률 (1975년) (‰)		표준인구에 의한 기대 사망자 수		연령층별 특수 사망률 (1974년) (‰)		표준인구에 의한 기대 사망자 수	
	남	여	남	여	남	여	남	여	남	여
1세 미만	973	933	18.3	14.4	17,806	13,435	49.5	35.3	48,164	32,935
1~4세	4,121	3,937	0.8	0.6	3,297	2,362	2.0	2.0	8,242	7,874
5~14세	8,813	8,410	0.4	0.3	3,525	2,523	0.6	0.5	5,288	4,205
15~24세	8,606	8,386	0.8	0.6	6,885	5,032	1.6	0.8	13,770	6,709
25~34세	10,120	10,012	2.0	0.9	20,240	9,011	2.5	1.0	25,300	10,012
35~44세	8,337	8,295	3.5	1.9	29,180	15,760	3.5	2.3	29,180	19,079
45~54세	6,293	6,868	8.6	4.6	54,120	31,592	7.0	4.5	44,051	30,906
55~64세	3,983	4,941	20.3	10.1	80,853	49,904	14.5	10.5	57,754	51,881
65~74세	2,715	3,305	44.1	22.5	119,732	74,362	36.0	30.1	97,740	99,481
75~84세	998	1,441	95.2	60.3	95,009	86,892	81.9	72.5	81,736	104,472
85세 이상	124	275	175.7	140.3	21,787	38,582	160.7	165.4	19,927	45,485
계	111,886		·	·	452,434	329,455	·	·	431,152	413,039

주: 표준 사망률: 미국 $\frac{(452,434+329,455)}{111,886,000}\times 1,000=6.99‰$,

코스타리카 $\frac{(431,152+413,039)}{111,886,000}\times 1,000=7.55‰$

자료: Jones(1981: 19).

$\frac{\sum(P_{as}D_{as})}{P}\times 1{,}000$, 여기에서 P는 표준인구, P_{as}는 성, 연령별 범주의 표준 인구수, D_{as}는 연구대상 인구로서의 특정 연도의 성·연령별 사망률이다.

이 방법은 표준인구의 성·연령별 특수사망률을 가중 값으로 사용해 비교하려는 국가의 성·연령별 사망률의 가중 산술 값을 구하는 것이다. 이때 표준인구는 비교하려는 국가가 아닌 임의의 제3의 국가를 선정하며, 이 국가의 인구를 비교하려는 국가의 사망률로 곱해 기대 사망자 수를 계산한다. <표 7-4>에서 본래 미국과 코스타리카의 보통 사망률은 각각 8.9‰, 5.0‰이나, 표준인구를 이용한 표준화된 사망률은 미국과 코스타리카가 각각 6.99‰, 7.55‰로 오히려 미국의 사망률이 코스타리카보다 낮다는 것을 알 수 있다. 이 표준화된 사망률은 본래의 사망률의 의미를 거의 나타내지 않으며, 각각 다른 관련성과 선택된 표준인구만의 의미를 가지고 있다.

또 연령 표준화 사망률(age-standardized death rate)은 인구구조가 다른 집단 간의 사망수준을 비교하기 위해 연령구조가 사망률에 미치는 영향을 제거한 사망률로,

$$\text{연령 표준화 사망률} = \frac{\sum(\text{연령별 사망률} \times \text{표준인구의 연령별 인구})}{\text{표준인구}}$$

로 나타낸다.

3. 평균수명과 건강수명 및 생명표

고대 그리스시대의 인간의 평균수명(life expectancy at birth)은 18세였고, 기원 후 로마시대에는 25세였다. 그 후 인간의 수명은 점점 길어져 1900년대에는 평균 47세로 늘어났다. 2012년에 일본의 평균수명은 84세로 세계에서 가장 높다.

평균수명은 출생 시 평균여명(life expectancy)이라고도 부른다. 일반적으로 인간이 특정 연령 이후 평균 몇 년 생존할 것인가가 평균여명으로, 출생 시의 평균여명을 평균수명이라고 한다. 평균수명에 크게 영향을 미치는 것은 영(嬰)·유아(幼兒)의 사망률이고 그 밖에 영양상태·의료시설·위생상태의 좋고 나쁨에 따른다. 평균수명의 국제비교는 국가에 따라 생명표의 계산방법이 다르고 자료의 기간이 같지 않아 정확하게 비교하기 어렵다.

2005년 한국의 시·도별 기대수명을 보면, 서울시가 80.39세로 가장 높고, 그다음으로 제주도(79.30세)가 높으며, 경남이 77.50세로 가장 낮다. 이를 성에 따라 보면, 남자는

〈표 7-5〉 시 · 도별 기대수명(2005년)

시·도	남자	여자	계	남녀 차이
서울특별시	77.15	83.26	80.39	6.11
부산광역시	74.42	80.95	77.84	6.53
대구광역시	75.06	81.61	78.54	6.56
인천광역시	75.01	81.72	78.50	6.71
광주광역시	75.31	82.33	79.05	7.02
대전광역시	75.83	82.28	79.21	6.45
울산광역시	74.16	80.83	77.73	6.66
경기도	75.86	82.22	79.16	6.36
강원도	73.49	81.62	77.56	8.13
충청북도	73.71	81.44	77.60	7.73
충청남도	74.26	81.61	77.97	7.35
전라북도	74.45	81.61	78.15	7.16
전라남도	73.38	81.96	77.75	8.58
경상북도	73.74	81.61	77.74	7.87
경상남도	73.49	81.20	77.50	7.71
제주도	74.45	83.30	79.30	8.85
전 국	75.14	81.89	78.63	6.75

자료: 통계청(2007).

서울시가 77.15세로 가장 높고, 그다음으로 경기도(75.86세), 대전시(75.83세)의 순이다. 서울시와 광역시 및 경기도의 기대수명은 높은 반면, 전남(73.38세), 경남(73.49세), 강원도(73.49세)의 기대수명은 낮게 나타났다. 최고의 기대수명을 나타내는 서울시와 최저의 기대수명을 나타내는 전남의 차이는 3.78세였다. 한편 여자 기대수명은 제주도가 83.30세로 가장 높고, 그다음으로 서울시(83.26세)의 순으로 부산시(80.95세)와 울산시(80.83세)는 낮게 나타났다. 최고의 기대수명을 나타낸 제주시와 최저를 나타낸 울산시의 차이는 2.47세로 남자보다 적게 나타났다.

남녀 간 기대수명 차이는 제주도가 8.85세로 가장 컸고 서울시가 6.11세로 가장 적었다. 서울시의 기대수명이 다른 시·도에 비해 높은 이유는 질 좋은 병원이 많이 입지해 의료 서비스의 접근성이 높고, 경제수준도 상대적으로 높기 때문이다(〈표 7-5〉, 〈그림 7-3〉).

2010년 출생아 기대여명을 보면(〈그림 7-4〉), 서울시를 위시해 수도권과 남동임해공

〈그림 7-3〉 시 · 도별, 성별 기대수명(2005년)

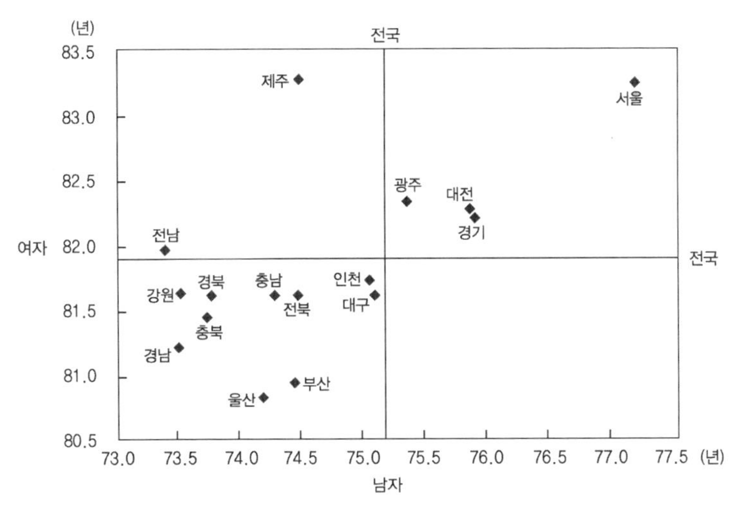

자료: 통계청(2007).

〈그림 7-4〉 시 · 군 · 구별 출생아 기대여명(2010년)

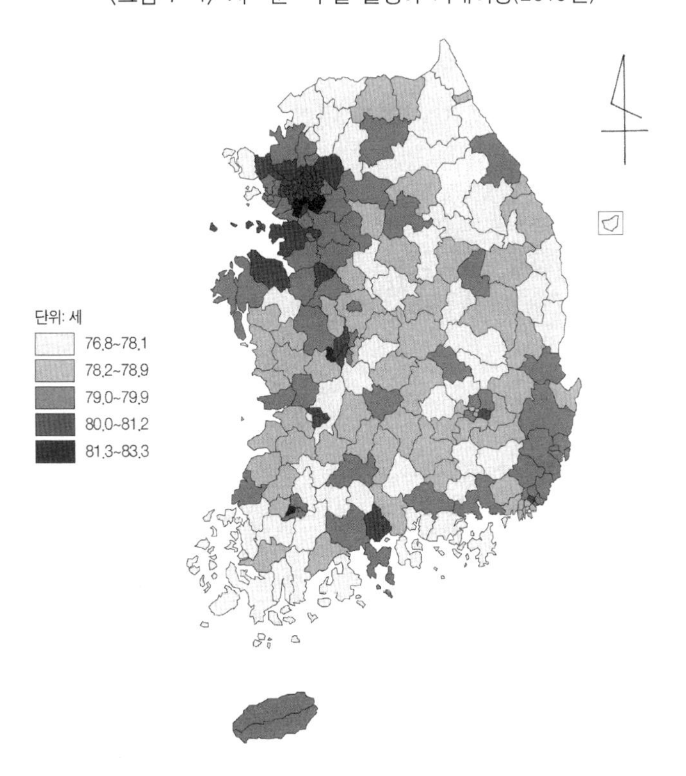

자료: 김동진 외(2014: 224).

업지대 및 도시지역에서의 기대수명이 높고, 강원도 산간지역과 경북 내륙지방, 전남내륙지역이 가장 낮게 나타났다. 출생아의 기대수명이 가장 긴 곳은 경기도 용인시 수지구였으며 가장 짧은 곳은 강원도 태백시였다.

한국의 2012년 생명표에 따르면 남자는 78세까지, 여자는 84년을 사는 것으로 나타났다. 이에 따르면 2011년 출생아는 평균 기대수명이 81.4년으로 남자는 77.9년, 여자는 84.6년으로 여자의 기대수명이 남자보다 6.7년 더 길다. 특히 여자는 2011년 OECD 34개 회원국과 비교했을 때 6위를 차지했다. 여자 1위는 일본으로 85.9년으로 한국과 1.3년의 격차를 보였다. 한국 여자 기대수명은 1970년 65.6년에서 2000년 79.6년으로 늘어날 때까지 증가 속도가 빨랐다. 그러나 2010년부터 급격히 둔화되고 있다. 여자 기대수명은 2010년과 2011년 사이 0.4년 늘었고, 2011년과 2012년 사이에는 0.1년 증가에 그쳤다. 남자 역시 같은 기간 중 증가 폭이 각각 0.4년, 0.3년으로 크게 둔화되었다. 남자의 기대수명은 77.9년으로 OECD 국가 중 20위 수준이다. 세계 1위인 아이슬란드(80.7년)와는 2.8년, 세계 7위 장수국인 일본(79.4년)과는 1.5년 차이가 난다(〈그림 7-5〉).

〈그림 7-5〉 기대수명과 건강수명

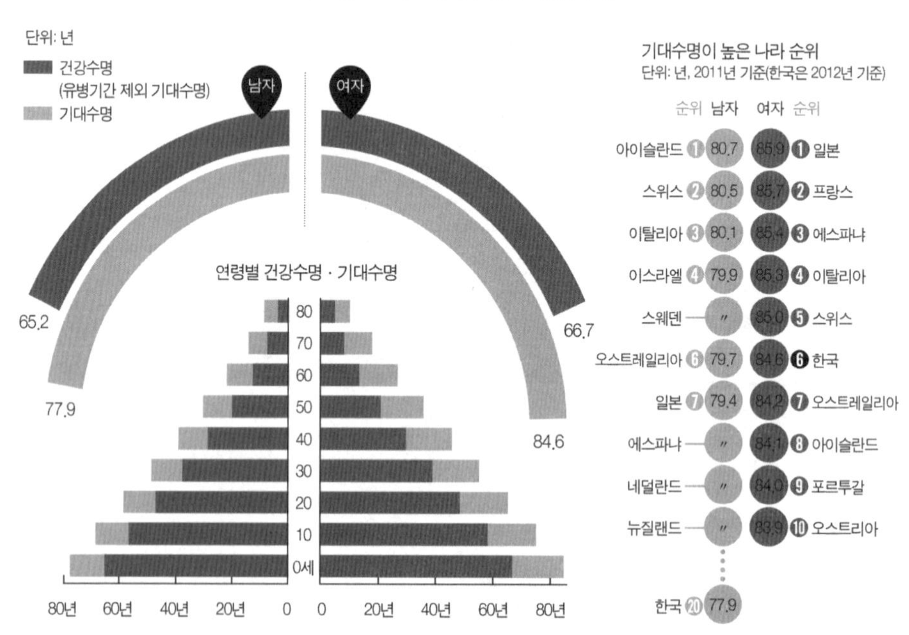

자료: 통계청, http://kosis.kr

〈그림 7-6〉 건강수명(장애보정수명)을 줄이는 요소들

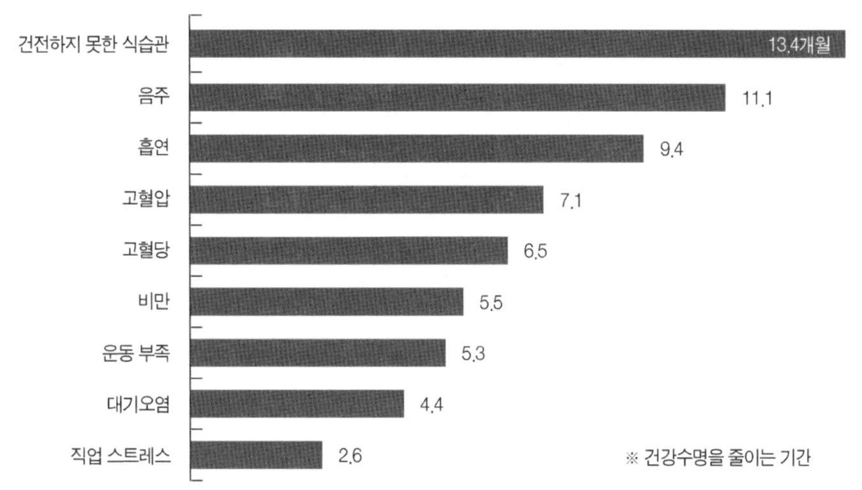

자료: 미국 워싱턴대학 건강측정평가연구소, 「장애보정수명 조사 결과」(2013).

그러나 한국의 기대수명은 크게 늘어났지만 건강수명[2]은 그다지 길지 않다. 기대수명은 OECD 회원국 평균(남자 77.3년, 여자 82.8년)보다 남자는 0.6년, 여자는 1.8년 더 높다. 하지만 건강수명은 남자 65.2년, 여자 66.7년으로 추정되어 평균 66년이다. 이는 질병이나 사고로 인해 아프지 않은 기간으로, 지난해 출생한 남자의 기대수명 중 12.7년(16.3%), 여자는 17.9년(21.2%)을 건강치 못한 상태로 생존한다는 것이다.

〈표 7-6〉 한국인의 수명을 단축시킨 요인 변화

큰 폭으로 증가한 요인			큰 폭으로 감소한 요인		
요인	1990년	2010년	요인	1990년	2010년
자살	7위	2위	교통사고	2위	8위
폐암	10위	5위	간경화	4위	7위
당뇨병	12위	9위	선천성 기형	8위	22위
대장암	20위	10위	결핵	9위	18위
치매	39위	15위	익사	13위	24위

자료: 미국 워싱턴대학 건강측정평가연구소, 「장애보정수명 조사 결과」(2013).

2) 장애보정수명(DALY: disability-adjusted life year)이라 부르며, 건강한 삶을 최대로 유지한 나이를 말한다. 평균수명이 80세이고, 장애보정수명이 70세라면 말년의 10년은 질병으로 일상생활을 제대로 하지 못한다는 의미이다. WHO에서 국가 간 건강수준을 비교하는 지표로 인정한다.

다음으로 기대수명 기간 중에 건강하게 살 수 있는 건강수명을 줄이는 요소들을 보면(〈그림 7-6〉), 건전하지 못한 식습관이 13.4개월로 가장 많이 줄이는 것으로 나타났다. 즉, 나트륨 과다섭취나 불규칙한 식사습관이 영향을 미쳤다. 이어서 음주(11.1개월), 흡연, 고혈압, 고혈당, 비만, 운동부족, 대기오염, 직업 스트레스의 순으로 건강수명을 줄였다. 일본과 중국에서 건강수명을 줄이는 순위 중 여섯 번째는 음주로, 각각 4.0개월과 4.3개월이었고, 미국은 5.7개월이었다. 한국의 술 판매나 마케팅에 관한 음주관련 정책이 필요하다고 하겠다. 반면 일본은 고혈압, 중국은 대기오염, 미국은 비만이 건강한 삶에 영향을 끼쳤다.

지난 20년간 한국인의 수명을 단축시킨 요인의 변화를 보면<표 7-6>과 같다. 가장 큰 폭으로 증가한 요인은 자살로 1990년에 비해 2010년은 7위에서 2위로 올랐는데, 이는 청소년과 노인의 자살이 크게 늘어난 데에서 기인된다. 흡연율이 높아 폐암은 10위에서 5위로, 과식과 육류섭취로 당뇨병은 12위에서 9위로, 대장암은 20위에서 10위로 올랐다. 반면 안전에 대한 의식이 높아져 교통사고는 같은 기간 중에 2위에서 8위로 내려갔으며, 간경화는 4위에서 7위로, 선천성 기형은 8위에서 22위로 내려갔다.

2010년 동아시아 3국과 미국의 기대수명과 건강수명을 비교해보면 한국의 기대수명은 79.7세, 건강수명은 70.3세로 9.4년이 줄어든 반면, 일본은 82.6세, 73.1세로 9.5년, 중국은 75.7세, 67.8세로 7.9년, 미국은 78.2세, 67.9세로 10.3년이었다. 즉, 미국이 질병과 사고로 살아가는 기간이 가장 길며 그다음이 일본이다.

한국에서 건강기대여명은 서울시가 가장 길었고 전남이 가장 짧았는데, 기대여명과 건강기대여명의 경우 서울시를 중심으로 한 수도권에서 비교적 높은 수준으로 나타났다. 기대수명과 건강기대여명의 격차가 가장 큰 지역은 제주도였으며, 가장 작은 지역은 충남이었다. 기대여명과 건강기대여명의 차이가 교육수준별로 격차를 나타내 중졸 이하인 집단에서 기대여명과 건강기대여명의 차이는 10.6년이었던 반면, 대졸(4년제 미만) 이상인 집단에서의 기대여명과 건강기대여명의 차이는 5.2년에 불과해 교육수준이 높을수록 기대여명과 건강기대여명과의 차이가 적었다.

1980~1999년 사이의 기대수명과 무역의 변화를 보면(〈그림 7-7〉), 양의 상관관계를 나타내고 있다는 것을 알 수 있다. 기대수명이 높을수록 무역의 성장을 이끈다는 점이다. <그림 7-7>은 직접적인 관계를 나타내며, 통계학적으로는 유의적이지만 전적으로 무역이 증가하면 기대수명이 증가한다고는 말할 수 없다. 그러나 기대수명은

〈그림 7-7〉 기대수명과 무역의 변화와의 관계(1980~1999년)

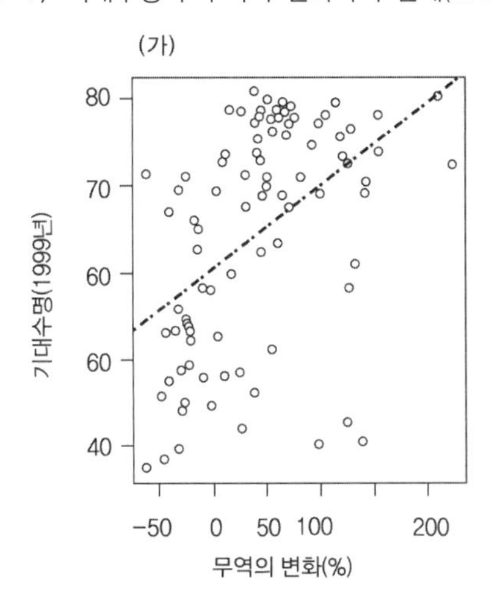

자료: O'Loughlin, Staeheli and Greenberg(2004: 197).

〈표 7-7〉 조선시대 역대 왕들의 수명

수명계급 (만 연령)	왕명(년, 개월)	왕 수	%
15~19	단종(16.3), 예종(19.11)	2	8.0
20~24	헌종(21.11), 명종(24.0)	2	8.0
25~29	-	-	-
30~34	연산군(30.0), 인종(30.4), 철종(32.5), 현종(33.6)	4	16.0
35~39	경종(36.0), 성종(37.4), 문종(37.7)	3	12.0
40~44	효종(40.0), 순조(44.5)	2	8.0
45~49	정조(47.9)	1	4.0
50~54	세조(51.0), 세종(52.8), 인조(53.5)	3	12.0
55~59	태종(55.0), 선조(55.2), 중종(56.0), 숙종(59.0)	4	16.0
60~64	정종(62.3)	1	4.0
65~69	광해군(66.0)	1	4.0
70~74	태조(72.7)	1	4.0
75~79	-	-	-
80~84	영조(81.6)	1	4.0
계		25	100.0

자료: 洪性鳳(1991: 45).

경제발전을 대신하는 것으로 간주할 수 있다. 다시 말해 지난 20년 동안 더 건강하면 더 부유한 국가이며, 개발도상국보다 글로벌화로 수익과 참여 위치가 더 나았다.

조선시대 역대 왕들의 수명을 조선왕조실록에 기록된 음력의 만(滿) 연령으로 살펴보면 <표 7-7>과 같다. 태조에서 철종까지 왕들의 평균수명은 44.6세이나 가장 수명이 짧았던 왕은 단종으로 16세 3개월이었고, 그다음은 예종(19세 11개월)으로 30세 이전에 사망한 왕은 총 4인이었다. 그러나 태조와 영조의 수명은 70세 이상이었다. 조선시대 왕들은 양질의 보건환경에서 생활했으리라 믿어지지만, 개국 초 반세기는 건국정신과 바른 기강으로 4대 세조까지는 모두 50~70대까지 수명을 유지했으나, 8대 예종부터 13대 명종에 이르는 중기에는 중종을 제외하고 모두 30대에 요절을 했다.

주요 국가의 평균수명을 나타낸 것이 <표 7-8>로 선진국의 경우 남자가 75세, 여자는 80세가 넘는 경우가 일반적이다. 여자가 더 오래 살게 된 것은 역사적으로 보면 최근의 일이다. 과거에는 남자가 더 오래 살았으나 그동안 산업화 현장에서 스트레스를 많이 받아 여자보다 수명이 짧아진 것이다.

한국의 평균수명의 변화를 살펴보면 1925~1930년 사이에는 남자가 32.4세, 여자가 35.1세였으나 1935~1940년 사이에는 42.5세, 45.0세, 1955~1960년 사이에는 52.2세,

〈표 7-8〉 주요 국가의 평균수명(2012년)

국가	남자	여자	국가	남자	여자
한국	78	85	케냐	59	62
일본	80	87	콩고민주공화국	50	53
중국	74	77	남아프리카공화국	56	62
말레이시아	72	76	미국	76	81
미얀마	64	68	캐나다	80	84
인도	64	68	멕시코	73	79
파키스탄	64	66	아르헨티나	73	79
영국	79	83	에콰도르	73	78
프랑스	82	79	칠레	77	83
독일	78	83	브라질	70	77
스위스	81	85	페루	75	79
러시아	63	75	콜롬비아	76	83
이집트	69	74	오스트레일리아	81	85
가봉	62	64	뉴질랜드	80	84

자료: 矢野恒太記念會,『世界國勢圖會』(2014), pp. 434~441.

〈표 7-9〉 북한의 평균수명 추이

연도	남	여	전국
1960	56.0	59.0	58.3
1969	62.0	68.0	63.8
1972	62.9	68.9	66.0
1986	70.9	77.3	74.3
1990*	65.6	72.0	69.0
2012	66.0	73.0	70.0

* 모형 I로 추정한 평균수명임.
자료: ≪조선일보≫, 1991년 1월 12일 자; 矢野恒太記念會, 『世界國勢圖會』(2014), p. 434.

〈표 7-10〉 시 · 도별 장수도의 변화(1966~2010년) (단위: %)

시·도 \ 연 도	1966	1970	1975	1980	1985	1990	1995	2000	2005	2010
서울특별시	2.1	2.3	2.6	2.9	3.1	3.8	4.9	5.1	5.3	6.0
부산광역시	2.5	2.0	2.7	2.8	3.5	3.6	4.1	4.2	4.2	5.3
대구광역시	-	-	-	-	3.0	3.5	4.4	4.4	4.4	5.6
인천광역시	-	-	-	-	2.8	3.2	4.3	4.8	5.2	7.0
광주광역시	-	-	-	-	-	5.4	5.8	5.5	5.6	6.7
대전광역시	-	-	-	-	-	4.1	4.9	5.3	5.4	6.9
울산광역시	-	-	-	-	-	-	-	5.4	5.4	6.5
경기도	2.8	2.8	3.1	3.1	4.0	3.8	4.5	5.0	5.3	6.9
강원도	2.0	2.3	2.7	2.8	3.0	3.6	4.6	5.0	5.6	7.2
충청북도	2.5	2.8	3.3	3.3	3.6	4.1	5.1	5.4	5.7	7.2
충청남도	2.5	2.8	3.3	3.6	4.1	4.9	5.4	5.4	5.7	7.5
전라북도	2.2	2.7	3.6	4.3	4.8	5.1	6.1	5.4	5.9	7.4
전라남도	3.1	3.5	4.7	5.3	6.0	6.2	5.5	5.7	5.7	7.8
경상북도	2.3	2.8	3.7	3.3	4.6	4.2	5.0	5.5	5.9	7.5
경상남도	2.7	2.8	4.0	4.0	5.8	4.5	4.7	4.6	4.7	6.6
제주특별자치도	5.9	6.0	7.2	7.0	8.9	9.2	9.8	8.7	8.0	9.4
전 국	2.5	2.8	3.5	3.7	4.5	4.4	5.0	5.2	5.3	6.8

자료: 박삼옥·정은진·송경언(2005: 193); 통계청, http://kosis.kr

57세였다. 이러한 평균수명의 연장은 근대의학의 도입과 공중위생시설의 보급으로 이룩되었다. 1970~1975년 사이에는 58.4세, 64.3세였고, 1980~1985년 사이에는 62.9세, 71.2세, 1995년에는 69.5세, 77.4세, 2003년은 73.9세, 여자 80.8세였으나 2012년에는 각각 78세, 85세였다.

북한의 출생 시 평균수명은 남녀 구성비, 유아 사망률, 보통 사망률 등의 관련 자료와 비교해볼 때 불일치하는 점이 있는데, 평균수명에서 보면 세계에서 중상위 소득의 국가와 비슷한 평균수명으로 개발도상국으로서는 높은 편에 속한다(〈표 7-9〉).

한국의 장수도[(85세 이상 인구/65세 이상 인구)×100][3]의 시·도별 분포를 보면(〈표 7-10〉), 제주도가 가장 높은데 1966년에는 전국 평균의 두 배 이상이었다. 그다음으로 전남은 1990년까지 장수도가 두 번째로 높다가 그 후 다소 낮아졌다가 다시 두 번째로 높아졌다. 전북은 1995년에 두 번째로 높은 장수도를 기록했다. 2010년의 장수도가 전국평균 이상인 시·도는 대전시와 경남을 제외한 모든 시·도로 나타났다.

장수도의 지역적 분포의 변화를 살펴보면, <그림 7-8>과 같이 먼저 1966년에는 제주도와 전남 지역의 해안·도서지역과 경기도 파주시, 강원도 삼척시, 경북 구미·경주시가 상대적으로 장수도가 높았다. 그리고 1985년에는 노령화로 인해 넓은 장수지역을 형성했는데, 특히 제주도와 전남북의 경계지역과 전남과 경남의 소백산맥에 연해 있는 지역 및 전라남도 해안 지역으로 나타났고, 그 밖에 경기도 용인시, 강원도 고성군, 경상북도 안동·구미·경주시 등에서 나타났다. 한편 2000년에는 노령화로 인해 장수지역이 넓어졌는데, 제주도지역을 위시해 강원도의 화천·양양군, 충북 청원군, 충남 태안군, 전남북의 경계지역과 소백산맥에 연해 있는 전남북·경북 지역에 분포했다. 이러한 장수지역의 분포에서 연도별로 지속성을 갖고 100세 이상의 인구비율이 전국 평균에 양의 1σ(표준편차) 이상에 해당하는 지역을 장수벨트 지역으로 선정한 것이 <그림 7-8>이다. 이 장수벨트 지역은 내륙에 위치한 전북 순창군과 전남 담양·곡성·구례군의 내륙 장수벨트 및 순천·광양시와 보성군의 해안 장수벨트로 나눌 수 있다.

장수벨트 지역의 환경적 특성을 기온과 강수량, 해발표고, 삼림률과 관련지어 살펴보면 이들 네 개의 지표가 전국 평균보다 높은 것을 알 수 있는데, 특히 삼림률이 훨씬 높다. 그리고 해안 장수벨트 지역은 강수량 및 기온과의 관련성이 높은 데, 내륙 장수벨트 지역은 해발표고와 산림률이 전국평균 이상으로 산간내륙이라는 지형적

---

3) 이 측정기준이 지역의 일반적 특성과 관련지어 장수도를 측정한 결과, 가장 변별력이 크고 65세 이상의 인구를 기준으로 사용할 경우, 청장년층이 많은 도시의 장수도가 과소평가될 수 있는 반면, 농촌은 과대평가될 수 있기 때문에 65세 이상의 인구를 사용하는 것이 의미가 있다고 했다.

〈그림 7-8〉 장수도 분포의 변화와 장수벨트

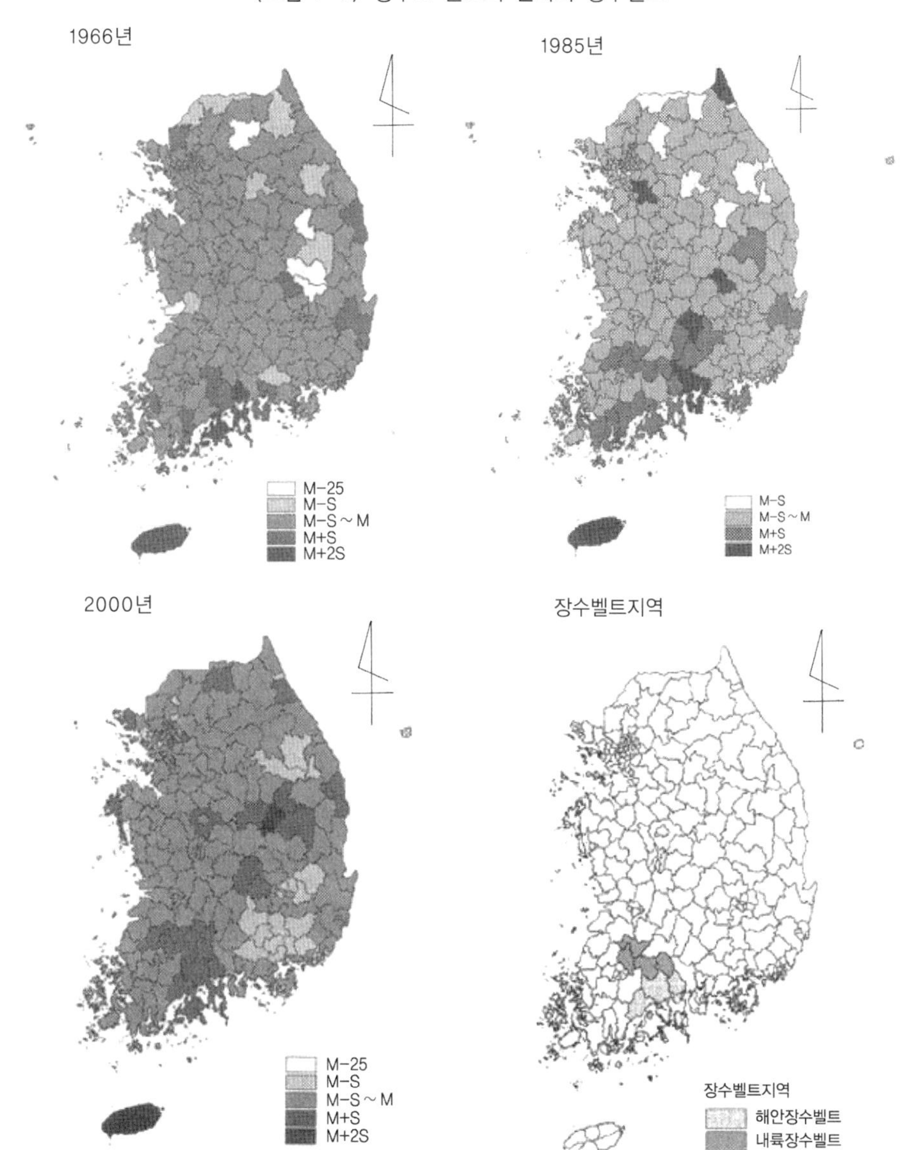

자료: 박삼옥·정은진·송경언(2005: 196~199).

요소가 장수벨트 지역에 영향을 미친 것으로 보인다.

장수는 전원생활을 하는 사람들에게서 많이 나타나지만 도시의 스트레스를 이겨내고 살아남은 사람들이 오히려 더 오래 살 수도 있어, 결국 장수의 비결은 개인적

〈표 7-11〉 생명표의 종류

통계집단의 종별에 의한 종류	·인류생명표(human life table) ·자연 생물 생명표(sub-human life table) ·경제적(물적) 생명표
통계집단의 일부 또는 전체인가에 따라	·일반생명표 ·특수생명표

선택에 의해 결정된다고 봐야 한다. 또한 국가나 사회적 지원에는 한계가 있기 때문에 이웃들과 좋은 유대 관계를 유지하는 사회적 네트워킹도 장수의 주요한 요인이 된다.

생명표(life table, mortality table)란 현재의 사망수준이 그대로 지속된다는 가정하에, 특정한 출생 코호트가 연령이 많아짐에 따라 소멸되어가는 과정을 정리한 표이다. 또 특정 인구에 대해 인구통계를 자료로 정지인구(靜止人口)[4]를 바탕으로 생존과 사망의 확률을 남녀 연령의 함수로 계산해 표로 작성한 통계표를 말한다. 어떤 연령층의 인구가 주어진 사망력의 유형과 수준이 그대로 적용된다는 가정하에, 평균적으로 더 살 수 있는 기간, 연령별 사망확률, 특정 연령의 사람이 다른 연령까지 생존할 수 있는 확률 등을 나타낸다. 각 연령별로 작성한 생명표를 완전생명표(complete life table), 5세 연령계급별로 작성한 생명표는 간이생명표(abridged life table)라고 부른다. 생명표는 국민들이 신고한 사망신고 자료를 기초로 연령별 사망률을 산출해 평균 몇 세까지 살 수 있는지를 분석한 자료로, 보험회사가 보험료 등을 산정할 때 활용한다. 이 표는 B. C. 3세기 로마에서 성하기 시작했는데, 근대적인 생명표는 1662년 그랜트(J. Graunt)와 핼리(E. Halley, 1656~1742)에 이르러 정리되었고, 1766년 스웨덴의 바르겐틴(P. G. Wargentin)에 의해 생명표가 만들어졌다. 생명표는 연금·생명보험 사업과 매우 깊은 관계가 있다. 생명표의 종류는 <표 7-11>과 같이 나눌 수가 있다.

인류생명표는 인구통계집단을 대상으로 하고, 자연 생물 생명표는 자연 생물집단을 대상으로 한다. 또한 일반생명표는 국민 전체를 대상으로 하며, 특수생명표는 직업별, 배우관계별, 사인별(死因別) 등으로 나누어 그것을 대상으로 한다.

<표 7-12>는 2012년 한국인의 간이생명표를 나타낸 것이다. 현재 10세의 남자는

4) 정확한 연령에서의 생존자들이 세에 도달하는 기간에 생존할 것으로 기대되는 생존 연수의 합계를 말한다.

〈표 7-12〉 한국인의 간이생명표(2012년)

연령	기대여명	
	남자	여자
0	77.95	84.64
1	77.19	83.86
5	73.27	79.92
10	68.31	74.96
15	63.35	69.99
20	58.45	65.05
25	53.59	60.13
30	48.76	55.24
35	43.95	50.37
40	39.20	45.52
45	34.55	40.71
50	30.05	35.94
55	25.73	31.22
60	21.55	26.55
65	17.54	21.98
70	13.77	17.58
75	10.46	13.52
80	7.69	9.94
85	5.53	7.06
90	4.00	4.96
95	2.98	3.53
100세 이상	2.33	2.64

자료: 통계청, http://kosis.kr

기대여명은 68.31년이고, 여자는 74.96년, 20세는 각각 58.45년, 65.05년, 50세는 각각 30.05년, 35.94년, 65세는 각각 17.54년, 21.98년이다.

한편 생존표는 10만 인당 각 연령의 생존자 수를 말하고, 사망표는 성·연령별 사망자 수를 말한다. 그리고 평균여명(平均餘命)은 특정 연령의 생존자 수의 평균 사망연령을 말하며, 절반(折半)여명(median life, probable)은 인구가 반으로 줄어드는 기간으로 인구 l이 $\frac{l}{2}$에 도달하는 연령을 말한다.

4. 사망의 원인과 죽음지도

사망의 원인을 밝히는 것은 매우 어려운 점이 많다. 이는 의료제도가 잘 발달된 선진국의 경우에서도 사망의 원인이 복합적인 요인일 경우가 많고, 또 개발도상국에서는 의사의 진단 없이 사망하는 경우가 많기 때문이다. 그리고 전체 인구에서 나타나는 사망의 원인이 연령층에 따라 원인이 다양하게 나타난다. 유아 사망률이 낮은 선진국에서는 유아 사망의 원인이 선천적 기형, 출산상해(傷害), 질식과 같은 내생적 원인이 많은 데 비해, 유아 사망률이 높은 개발도상국에서는 불결한 환경과 의료시설의 미비 등에 의한 외생적 요인에 의한 사망이 더 높은 비율을 차지한다. 그리고 청소년기의 주요 사망원인은 선진국에서는 사고, 유행성 감기, 폐렴, 선천성 기형의 순으로 나타나나 개발도상국에서는 유행성 감기와 폐렴, 위염과 장염의 순으로 나타난다. 특히 개발도상국 청소년의 절반 이상이 영양결핍으로 여러 가지 질병에 대한 저항력에 약해 사망하고 있다는 점이 밝혀지고 있다. 따라서 사망의 원인에 영향을 미치는 중요한 요인은 경제성장과 이에 따른 생활수준의 향상, 보건제도의 확립과 의료시설의 보급, 영양상태 등이다. 경제성장에 따른 사망원인의 유형은 <그림 7-9>와 같이 모형화할 수 있다. 즉, 전염성 질환모형과 퇴행성 질환모형이 그것인데, 농업이 발달한 개발도상국은 전염성 질환모형에, 공업화를 이룩한 선진국은 퇴행성 질환모형에 속한다.

이와 같은 질환모형의 국가 간 차이는 각 국가의 연령구조, 의학기술, 생활수준 등의 향상 정도에 의해 이루어진 것이다. 각 모형에 속해 있는 국가는 경제발전에 따라 질병의 종류와 사인(死因)이 변화한다고 주장하며, 이것을 병학적 변천(epidemiological transition)이라 한다. 옴란(A. R. Omran)이 제시한 병학적 변천 이론의 첫째 단계는 페스트와 기근시대(age of pestilence and famine)로 사망률이 전반적으로 매우 높고 콜레라, 페스트, 그 밖의 전염병과 기근, 정치적 소요 등에 의해 사망률이 상당한 변동을 나타내는 단계이다. 이 단계는 영아사망률이 매우 높으며, 출생 때 기대수명이 20~40세 사이이다. 미국의 감염에 의한 사망자 추이를 보면 1950년대 후반까지 높은 사망자를 나타내었다(〈그림 7-10〉). 두 번째 단계는 유행병의 감퇴시기(age of receding pandemic)로 사망률이 급격히 감소하기 시작하며 출생 때 기대수명도 30~50세로 연장된다. 이와 같은 현상은 산업혁명 이후 소득 증대로 좋아진 영양상태, 의학의 발달과

〈그림 7-9〉 전염성 질환모형과 퇴행성 질환 모형

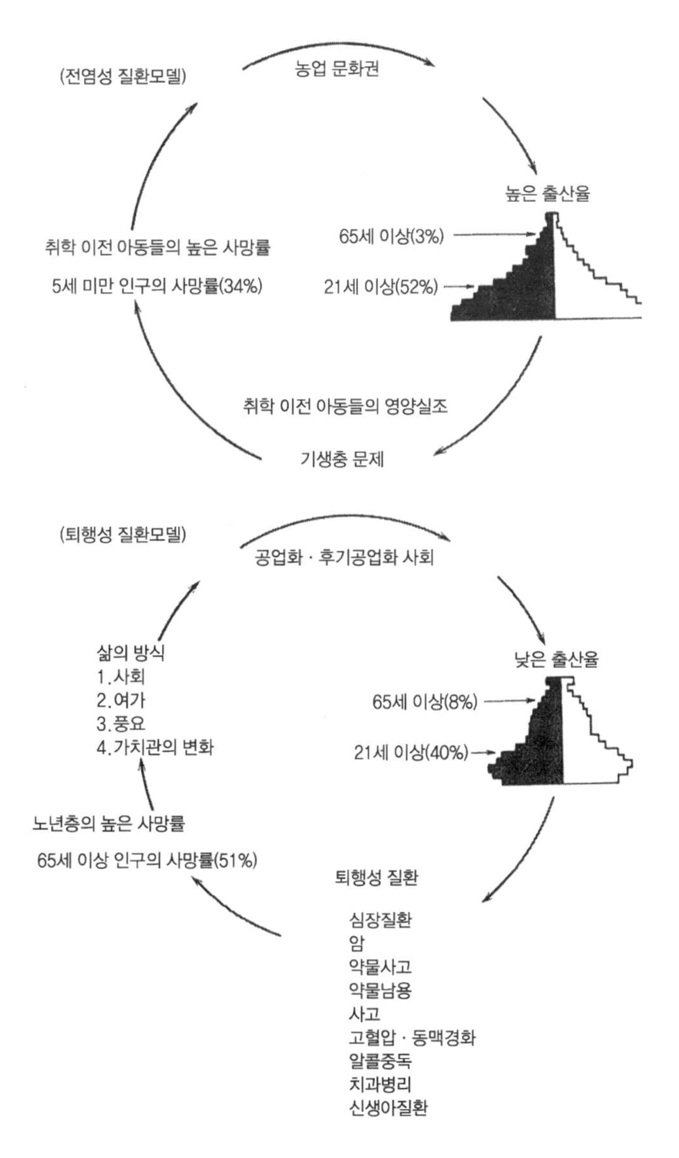

자료: Pyle(1979: 20).

항생물질의 보급, 의료시설과 공중보건시설의 확충 등이 이루어졌기 때문이다. 마지막 세 번째 단계는 퇴행성·인위적 질병시기(age of degenerative and man-made disease)로 사망률이 계속 감소하고 어느 정도 안정된 상태를 보이는 단계로 유아 사망률과 연령별

〈그림 7-10〉 미국의 감염병 사망자(인구 10만 인당) 추이

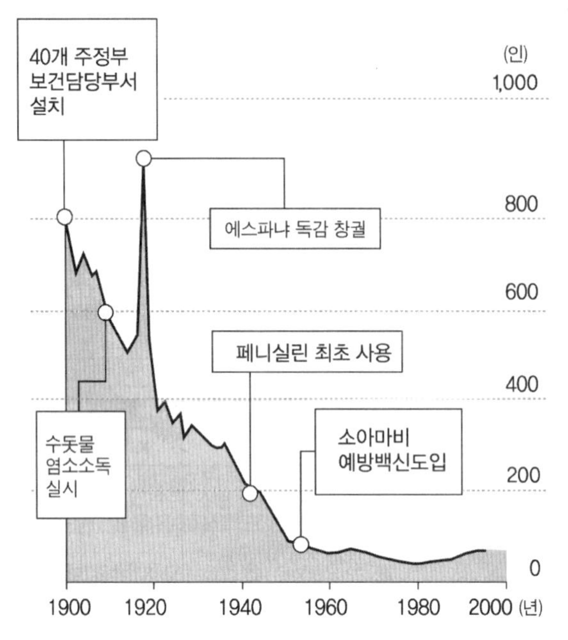

자료: ≪조선일보≫, 1999년 12월 2일 자.

〈그림 7-11〉 미국에서의 주요 사인에 의한 사망률 변화(1900~1970년)

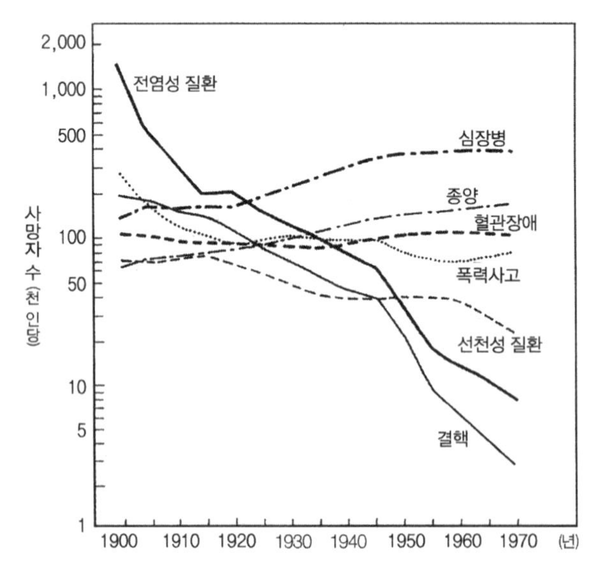

자료: Omran(1977: 24).

〈그림 7-12〉 세계의 사인별 사망자 수(1998년)

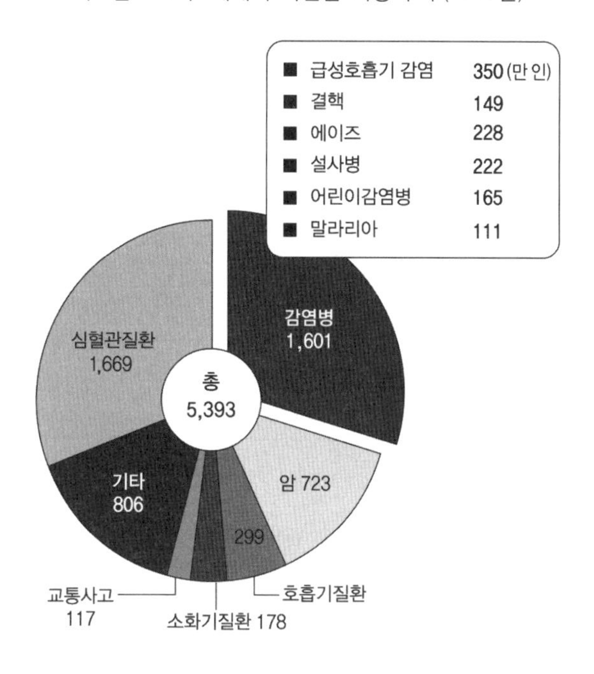

자료: 세계보건기구, 「사인별 사망지수」(1998).

사망률이 아주 낮게 나타나는 시기이다. 이 단계의 출생 때 평균 기대수명은 70세를 상회하며, 인구성장은 출산력 수준에 의해 좌우된다(〈그림 7-11〉).

1998년 세계 사망자 5393만 인의 사망원인을 살펴보면, 심혈관질환이 가장 많았고, 그다음으로 감염에 의한 사망, 암의 순서였다(〈그림 7-12〉).

조선시대 역대 왕의 사인을 살펴보면(〈표 7-13〉), 세균성 감염에 의한 사망이 가장 많고 그다음으로 뇌출혈 등으로 나타났다. 조선시대의 가공할 질병은 종기(腫氣)에 뒤따른 패혈증으로 문종, 성종은 30대에, 효종, 정조, 순조는 40대에 사망해 장년기를 넘지 못했다. 또 역학에 관한 지식이 미흡해 전염병에 대한 방역대책이 없었던 탓에 연산군, 현종, 경종 등은 열병으로 사망했으리라 생각된다.

한편 조선시대 백성들이 어떤 질병으로 많이 사망했는지는 16세기 경상도 성주지역에서 의원생활을 한 이문건(1494~1567)이 남긴 『묵재일기(默齋日記)』에 나타나 있다. 사망 원인 129건 중 가장 많은 33건이 전염병인 역병(疫病)이었다고 기록되어 있다. 이어서 천연두(두창)가 16건, 이질(痢疾)과 종기가 각각 12건으로 뒤를 이었다. 출산

〈표 7-13〉 조선시대 왕들의 사인분류

사인		왕명
뇌출혈(중풍)		태조, 정종, 태종
당뇨병		세종, 숙종
세균성 감염증	소화기계	중종
	폐렴	선조, 영조
	폐혈증[종기(腫氣)]	문종, 성종, 효종, 정조, 순조
전염병		연산군, 현종, 경종
자살		단종
불명	만성질환	세조, 인조
	결핵의증(疑症)	인종, 명종
	기타	예종[족병(足病)], 광해군, 헌종, 철종

자료: 洪性鳳(1991: 45).

시의 사망도 7건으로 적지 않았다. 1914년부터 22년간 진료기록을 남긴 서울 종로구 낙원동 보춘의원의 환자 4만 4697인 중 감기가 1만 606인으로 가장 많았고, 이어서 설사 5213인, 복통 4789인 등의 순이었다.

2013년 한국의 사망자 사인(死因)을 순위별로 보면(〈표 7-14〉), 신생물이 인구 10만 인당 151.5로 가장 높고. 그다음으로 순환기 계통의 질환(113.1), 질병이완 및 사망의 외인(61.3), 호흡기 계통의 질환(44.5), 내분비, 영양 및 대사 질환(23.4)의 순이다. 성별로 보면 남자는 여자보다 신생물, 질병이완 및 사망의 외인, 소화기 계통의 질환이 높고, 여자는 순환기 계통의 질환, 호흡기 계통의 질환, 내분비, 영양 및 대사 질환의 비율이 남자보다 더 높다. 이어서 연령별 사망원인을 보면, 0세에는 출생과 관련된 질병의 비율이 높으며, 1~14세 연령층에서는 질병이환 및 사망의 외인의 비율이 상대적으로 높으나 15~34세 연령층에는 이 비율이 더욱 높아진다. 34~44세 연령층은 특정감염성 및 기생충성 질환이 다른 연령층에 비해 높게 나타나고, 45세부터 79세까지는 신생물이 가장 높은 비율을 나타내며, 질병이환 및 사망의 외인의 비율이 높다. 또 59세까지 내분비, 영양 및 대사 질환의 비율이 높은 것이 특징이다. 60~79세 연령층은 순환기계통의 질환, 호흡기계통의 질환의 비율이, 80세 이상의 연령층은 순환기계통의 질환이 가장 높은 사인이 된다.

다음으로 2013년 시·도별 주요 사망원인 구성비를 보면 다음과 같다. 특정 감염성 및 기생충성 질환은 세종시와 전남·경북이 높았으며, 신생물은 전남·경북이, 내분비,

〈표 7-14〉 한국의 성, 연령계급별 주요 사망 원인(2013년)

성·연령 계급별	사망자 수 (10만 인당)	1위	2위	3위	4위	5위
남 자	146,599 (579.8)	신생물 (188.9)	순환기 계통의 질환(107.2)	질병이완 및 사망의 외인 (83.6)	호흡기 계통의 질환 (49.4)	소화기 계통의 질환 (28.8)
여 자	119,658 (437.4)	순환기 계통의 질환 (119.0)	신생물 (114.2)	호흡기 계통의 질환 (39.6)	질병이완 및 사망의 외인 (39.1)	내분비, 영양 및 대사 질환 (23.6)
전 국	266,257 (526.6)	신생물 (151.5)	순환기 계통의 질환 (113.1)	질병이완 및 사망의 외인 (61.3)	호흡기 계통의 질환 (44.5)	내분비, 영양 및 대사 질환 (23.4)

연령층	사망자 수 (10만 인당)	1위	2위	3위	4위	5위
0세	출생전후기에 기원한 특정병태 (154.2)	선천 기형, 변형 및 염색체 이상 (61.2)	달리 분류되지 않은 증상·징후 (39.7)	질병이환 및 사망의 외인 (13.8)	순환기계통의 질환(5.6)	신생물 (4.3)
1~4세	질병이환 및 사망의 외인(5.9)	신경계통의 질환(3.4)	신생물 (2.5)	선천 기형, 변형 및 염색체 이상(2.0)	순환기계통의 질환(0.8)	호흡기계통의 질환(0.7)
5~9세	질병이환 및 사망의 외인(4.4)	신생물 (2.6)	신경계통의 질환(1.3)	선천 기형, 변형 및 염색체 이상(0.7)	순환기계통의 질환(0.6)	소화기계통의 질환 (0.3)
10~14세	질병이환 및 사망의 외인(4.0)	신생물 (2.2)	신경계통의 질환(1.2)	순환기계통의 질환(0.9)	선천 기형, 변형 및 염색체 이상(0.3)	달리 분류되지 않은 증상·징후(0.3)
15~19세	질병이환 및 사망의 외인(15.3)	신생물 (3.2)	신경계통의 질환(1.4)	순환기계통의 질환(1.3)	달리 분류되지 않은 증상·징후(0.8)	선천 기형, 변형 및 염색체 이상(0.4)
20~24세	질병이환 및 사망의 외인(25.1)	신생물 (3.9)	순환기계통의 질환(1.8)	신경계통의 질환(1.5)	달리 분류되지 않은 증상·징후(1.5)	호흡기계통의 질환(0.5)
25~29세	질병이환 및 사망의 외인(32.4)	신생물 (6.0)	순환기계통의 질환(2.9)	달리 분류되지 않은 증상·징후(2.0)	신경계통의 질환(1.5)	특정감염성 및 기생충성 질환, 소화기계통의 질환(0.7)
30~34세	질병이환 및 사망의 외인(39.0)	신생물 (11.6)	순환기계통의 질환(5.0)	달리 분류되지 않은 증상·징후(3.3)	소화기계통의 질환(1.9)	신경계통의 질환(1.2)
35~39세	질병이환 및 사망의 외인(41.8)	신생물 (19.7)	순환기계통의 질환(9.7)	달리 분류되지 않은 증상·징후(5.8)	소화기계통의 질환(4.6)	특정감염성 및 기생충성 질환(1.6)

40~44세	질병이환 및 사망의 외인(49.4)	신생물 (37.0)	순환기계통의 질환(17.3)	소화기계통의 질환(11.6)	달리 분류되지 않은 증상·징후(5.8)	특정감염성 및 기생충성 질환(2.8)
45~49세	신생물 (66.0)	질병이환 및 사망의 외인(57.9)	순환기계통의 질환(30.1)	소화기계통의 질환(21.6)	달리 분류되지 않은 증상·징후(14.3)	내분비, 영양 및 대사 질환(6.2)
50~54세	신생물 (118.7)	질병이환 및 사망의 외인(71.1)	순환기계통의 질환(46.5)	소화기계통의 질환(28.5)	달리 분류되지 않은 증상·징후(20.5)	내분비, 영양 및 대사 질환(11.1)
55~59세	신생물 (184.6)	질병이환 및 사망의 외인(78.5)	순환기계통의 질환(66.7)	소화기계통의 질환(33.2)	달리 분류되지 않은 증상·징후(26.1)	내분비, 영양 및 대사 질환(18.2)
60~64세	신생물 (302.6)	순환기계통의 질환(105.8)	질병이환 및 사망의 외인(88.8)	소화기계통의 질환(36.1)	달리 분류되지 않은 증상·징후(29.5)	호흡기계통의 질환(28.1)
65~69세	신생물 (445.3)	순환기계통의 질환(182.6)	질병이환 및 사망의 외인(107.4)	호흡기계통의 질환(52.9)	달리 분류되지 않은 증상·징후(44.4)	소화기계통의 질환(41.9)
70~74세	신생물 (721.5)	순환기계통의 질환(393.2)	질병이환 및 사망의 외인(158.6)	호흡기계통의 질환(140.6)	내분비, 영양 및 대사 질환(105.0)	달리 분류되지 않은 증상·징후(90.0)
75~79세	신생물 (1,079.6)	순환기계통의 질환(829.4)	호흡기계통의 질환(328.2)	질병이환 및 사망의 외인(220.8)	달리 분류되지 않은 증상·징후(217.4)	내분비, 영양 및 대사 질환(197.5)
80세 이상	순환기계통의 질환(2,398.7)	신생물 (1,515.2)	달리 분류되지 않은 증상·징후(1,364.6)	호흡기계통의 질환(1,182.1)	신경계통의 질환(477.9)	질병이환 및 사망의 외인(427.9)

자료: 통계청, http://kosis.kr

영양 및 대사 질환은 전남이, 정신 및 행동장애는 전남·경북이, 신경계통의 질환은 전남이, 순환기 계통의 질환은 전남·경북이, 호흡기 계통의 질환은 세종시가, 소화기계통의 질환은 강원도, 전남·경북이, 비뇨생식기계통의 질환은 경북과 강원도가, 달리 분류되지 않은 증상, 징후는 충청도가, 질병이환 및 사망의 외인은 전남이 높은 비중을 차지해, 노년층의 비율이 높은 지역에서 주요 사망원인의 비율이 높았다(〈표 7-15〉).

<표 7-14>와 <표 7-15>에서 신성물이란 암을 말하며, 나이가 들수록 암으로 사망하는 사람이 늘어나는 패턴에는 변화가 없다. 현재 평생에 걸쳐 남자 약 3인 중 한

〈표 7-15〉 시 · 도별 사망원인 10만 인당 구성비(2013년)

구분 / 시·도	사망자수	특정 감염성 및 기생충성질환	신생물	내분비 영양 및 대사 질환	정신 및 행동 장애	신경 계통의 질환	순환기 계통의 질환	호흡기 계통의 질환	소화기계 통의 질환	비뇨 생식기 계통의 질환	달리 분류 되지 않은 증상 및 징후	질병 이환 및 사망의 외인
서울특별시	42,063	10.9	132.5	18.0	6.4	15.3	77.6	29.5	15.5	8.8	54.7	44.7
부산광역시	20,096	14.2	172.3	24.5	10.6	5.2	149.1	45.9	26.2	14.3	23.8	61.2
대구광역시	12,531	12.6	151.5	24.4	6.6	25.1	121.9	39.5	23.8	11.0	25.1	54.7
인천광역시	13,039	10.3	130.4	16.0	9.4	14.8	102.2	34.8	19.9	9.9	39.8	55.0
광주광역시	6,891	12.6	141.5	18.3	10.4	25.0	86.7	46.4	16.8	8.8	44.1	54.4
대전광역시	6,634	10.0	127.7	18.2	9.5	16.7	85.7	33.2	14.8	11.4	50.2	52.9
울산광역시	4,871	10.0	122.4	18.4	7.8	15.5	99.1	33.0	20.4	10.1	27.7	53.5
세종특별자치시	812	23.1	192.7	19.0	12.0	24.8	152.5	91.6	25.7	13.7	61.7	72.8
경기도	50,959	9.3	122.5	23.0	9.7	14.1	86.5	30.8	18.0	8.2	39.3	53.8
강원도	10,756	19.5	189.0	28.5	14.1	14.9	149.9	76.8	34.2	17.1	65.0	85.4
충청북도	10,371	16.2	177.8	25.8	13.1	15.8	138.6	70.0	26.6	13.2	80.5	79.0
충청남도	13,854	16.8	182.9	26.0	12.4	20.7	137.5	66.7	27.4	12.9	86.7	85.6
전라북도	13,492	19.7	198.6	28.4	14.8	37.5	149.3	71.2	23.8	15.8	68.5	88.0
전라남도	16,332	22.9	232.4	42.9	18.5	44.4	181.9	76.9	36.9	13.2	78.0	101.1
경상북도	20,245	21.0	202.4	26.9	15.9	22.9	180.7	78.9	32.2	18.2	63.5	81.9
경상남도	19,994	16.5	171.2	22.9	12.4	20.5	152.6	54.0	29.9	13.9	34.8	67.6
제주특별자치도	3,317	17.6	157.7	19.0	8.2	19.0	107.0	49.3	27.9	12.8	63.3	77.0

자료: 통계청, http://kosis.kr

사람이, 여자는 4인 중 한 사람이 암으로 사망하고 있다. 요컨대 고령화로 암 발생자는 계속해서 늘어나지만 의학의 발달 등으로 사망자는 줄어들었다. 결국 노년기에 암 생존자 또는 암 투병자로 살아갈 확률이 높다는 것을 의미한다.

암 이외 다른 질병 가운데 남자는 상대적으로 간 질환 사망률이 높고, 여자는 심·뇌혈관 질환 사망률이 높다. 가장 눈에 띄는 변화는 뇌경색이나 뇌출혈 등 뇌혈관 질환으로 과거보다 노년기 환자가 기하급수적으로 늘었다. 처음 발병하는 나이도 앞당겨져서 50세부터 환자가 확연히 늘어났지만 사망자는 도리어 예전보다 줄었다. 이는 치료 기술의 발달과 조기 약물투여의 효과에 기인한 것으로 보인다. 또 고혈압은 30세부터 조기 발생해 60대 후반에는 절반이 고혈압을 앓고 있는 것으로 밝혀졌다. 이는 비만인구가 늘고 외식(外食)의 증가로 짜게 먹는 사람들이 많아진 탓이다. 그만큼 뇌혈관 질환 후유증으로 노년을 살아가는 한국인이 부쩍 늘고 있다는 의미이다. 심장병도 유사한 형태로 환자는 늘고 사망률에는 변함이 없는데, 이는 노년에 심장병 치료로 활동반경이 줄어든 환자가 많아졌다는 뜻이다.

30대 후반부터 당뇨병 환자가 가파르게 늘어, 조기 발병추세가 확연해졌다. 70대가 되면 3인 중 한 사람이 당뇨병 환자이다. 2002년에는 같은 연령대 한국인 10인 중 한 사람만 당뇨병 환자였으나 이 질병에 의한 사망률은 과거보다 감소했다. 이 추세라면 인생 후반의 40년을 당뇨병과 살아가는 사람이 많아 보인다. 간 질환은 발생자 변화는 없으나 사망률은 많이 줄었는데, 이는 간염 백신 보급으로 젊은 층에서 환자가 줄고, 간염 바이러스 치료제의 사용으로 사망자가 줄어든 결과이다. 그러나 간 질환이 40~50대에 많은 것은 여전하며, 폐렴 발생과 사망은 노년으로 갈수록 꾸준히 늘고 있다.

2002~2010년 건강보험 전 국민진료기록을 분석해보면, 한국인은 같은 노인이라도 의료 인프라, 경제적 수준, 생활문화에 따라 지역별로 생로병사(生老病死) 패턴이 크게 달라지는 것은 물론, 전체적인 질병 패턴도 빠르게 변해가고 있었다. 한국 사람들의 목숨을 앗아가는 9가지 질병은 결핵, 암, 당뇨병, 고혈압성 질환, 심장질환, 뇌혈관질환, 폐렴, 만성 하기도 질환(호흡기병), 간질환이다. 이 빅데이터 분석에서 서울시는 60세 이상 인구 중 암에 걸린 사람의 비율이 전국에서 높은 곳 중 하나이다. 남성은 100인 중 8인(전국 3위), 여성은 100인 중 5인(전국 1위)이지만 그중에서 실제로 세상을 떠나는 사람은 남녀 모두 합해, 암 환자 10인 중 1인으로, 제주도를 제외하고 그 비율이

전국에서 제일 낮다. 그러나 경남은 정반대로 60세 이상 인구 중에서 남성 100인 중 6인, 여성은 3인이 암으로 그 비율이 서울시의 약 2/3이다. 그러나 실제로 사망하는 사람 비율은 남성은 5인 중 1인, 여성은 6인 중 1인으로 서울시의 약 두 배이다. 이와 같이 중소도시·농촌지역에서 환자는 적으나 사망자가 많은 이유는 질병을 제때에 치료받지 못하기 때문이다.

위의 9가지 주요 질병 중 최소 6가지 이상에서 서울·광주·대전·울산시와 경기도의 환자 수는 전국 평균보다 많다. 반면 사망자 수는 전국 평균보다 적다. 이들 지역은 의료 인프라가 잘 되어 있어 질병이 악화되기 전에 제때에 치료받아 사망자가 적은 것으로 볼 수 있다. 그러나 부산시, 강원·충북·전남·경북·경남은 그 반대 현상을 나타내었다. 이는 제때에 의료혜택을 누리지 못하고 지병이 악화된 사람이 많기 때문인데, 이들 지역은 부산시[5]를 제외하면 모두 중소도시와 농촌이 많은 지역으로 기대수명 역시 전국 평균보다 모두 짧았다. 그러나 제주도는 전국에서 유일하게 9가지 주요 질병 모두에서 아파서 병원의 신세를 지는 사람 비율도 낮고, 실제로 사망한 사람의 비율도 낮았다.

자살의 경우 서울시에서는 60세 이상 남자 1만 인 중 7인(0.07%)이 스스로 목숨을 끊었는데, 강원도는 0.14%로 그 수치가 두 배이다. 이어서 충북(0.13%)·충남(0.12%) 순이었다. 또 서울시의 60세 이상 여성의 자살률은 1만 인 중 3인(0.03%)인데, 강원도·충북·충남은 각각 0.05%로 그 비율이 더 높다. 노인의 자살은 외롭고 가난해서 벌어지는 비극이지만, 사회경제적 조건이 전부가 아닐 수도 있다. 가령 전남은 농촌지역이 많은데도 불구하고 추락사·교통사고 등 사고사 비율은 비슷하다. 자살률은 남녀 각각 0.07%, 0.03%로 강원도·충남북의 2/3에 해당해 훨씬 낮았다(〈그림 7-13〉). 암 사망률의 경우 강원도와 경북이 높았고, 심장질환사망률은 경상도 지역이 높았으며, 운수사고 사망률은 전남에서 높게 나타났다.

<그림 7-14>는 2002년과 2010년 전 국민의 진료기록 빅 데이터를 이용해 사망하기 전에 앓은 수요 질병 9가지와 그 투병기간을 비교한 것이다. 사망하기 전에 앓는 기간은 평균 남녀 각각 5.4년과 5.9년으로 2002년보다 2010년이 더 길어졌으나, 질병 간의 순위변동이나 남녀 간의 차이의 변화는 나타나지 않았다. 남녀 간에 가장 긴

5) 부산시의 경우, 의료 인프라나 소득 이외에 다른 요인이 작용하고 있다는 것을 일 수 있다.

〈그림 7-13〉 한국 사람들의 죽음지도

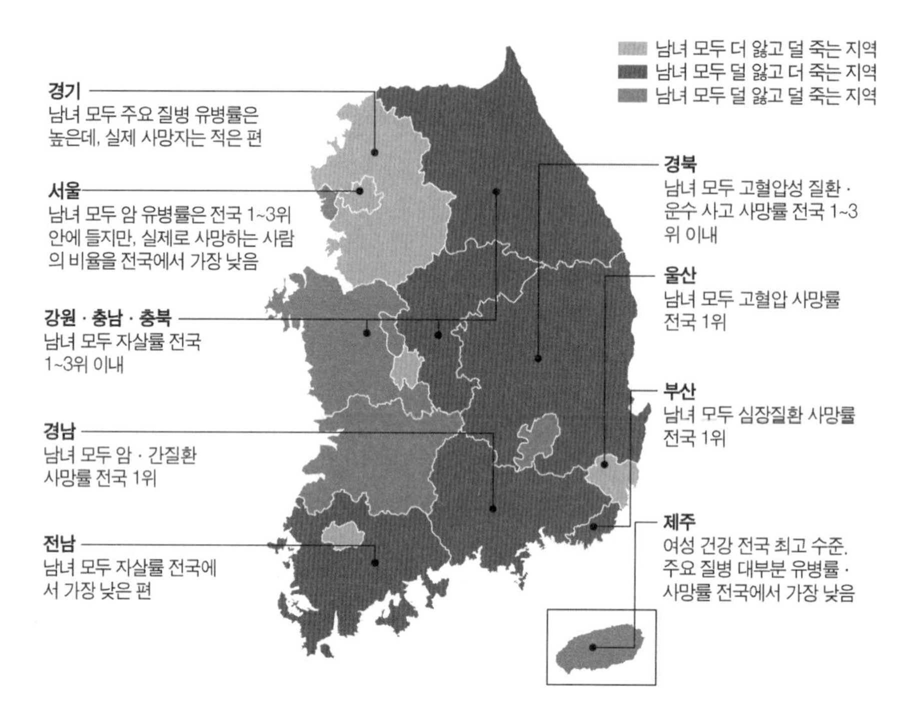

자료: ≪조선일보≫, 2013년 11월 4일 자.

〈그림 7-14〉 사망하기 전에 병을 앓는 기간 (단위: 년)

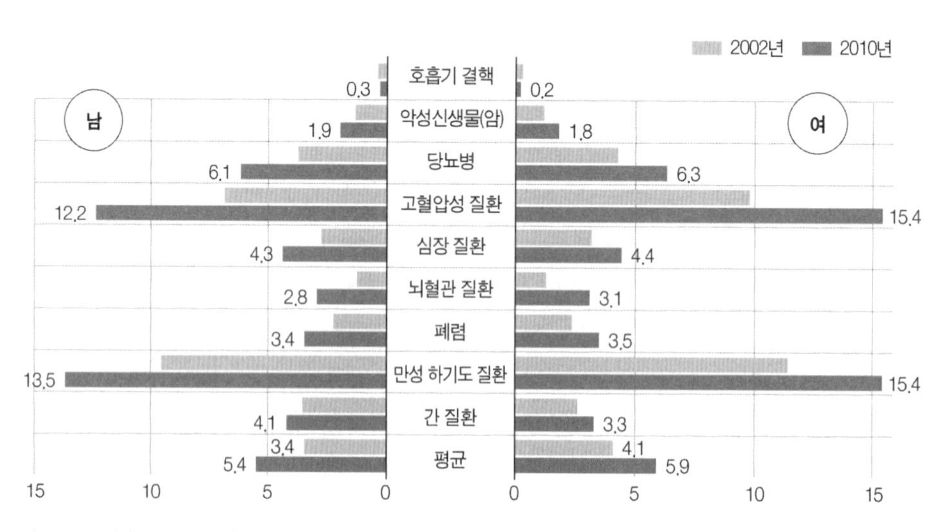

자료: ≪조선일보≫, 2013년 11월 4일 자.

〈표 7-16〉 북한의 주요 사망 원인별 사망률의 변화 (단위: %)

사망 원인	1960년	1986년
순환기 질환(심장, 혈관 등)	12.1	45.3
신생 종양(암)	2.4	13.9
소화기 질환	14.4	10.4
호흡기 질환	14.2	9.4
사고 및 중독	2.9	7.7
세균감염 및 기생충	28.3	3.9
원인불명	13.7	3.9

자료: ≪조선일보≫, 1991년 1월 12일 자.

투병생활은 만성 하기도 질환이 남녀 각각 13.5년, 15.4년으로 가장 길었고, 고혈압성 질환이 12.2년, 15.4년으로 2002년에 비해 가장 많이 늘어났으며, 그다음은 당뇨병으로 각각 6.1년, 6.3년이었다.

한편 북한의 사망원인별 사망률을 보면(〈표 7-16〉), 1960년에는 세균성 감염 및 기생충에 의한 사망률이 가장 높았으며, 그다음으로 소화기계 질환, 호흡기계 질환, 원인불명, 순환기계 질환의 순이었다. 그러나 1986년에는 순환기계 질환에 의한 사망률이 가장 높았고, 이어서 신생종양의 순으로 나타나 1960~1986년 사이에 퇴행성 질병에 의한 사망률이 높아졌다는 것을 알 수 있었다.

역사적으로 사망력의 감소는 선진지역의 경우 생활수준의 향상으로, 개발도상국은 현대의학의 발달로 이루어졌다. 옴란은 사망력의 변화를 세 가지 역학변천모형-고전 또는 서구모형(classic or Western model), 가속모형(accelerated model), 지연모형(delayed model)에 의해 설명했다. 고전 또는 서구모형은 과거 200여 년 동안 서구사회에서 사망력이 점진적으로 낮아진 경우이며, 가속모형은 사망력 변천이 늦게 시작되었지만 고전모형보다 빨리 낮아진 경우이다. 지연모형은 사망률이 제2차 세계대전 이후에 현대의학과 많은 예방약품의 공급으로 급속히 낮아졌지만 1970년대 말 선진국의 수준에 노달하지 놋한 개발도상국의 사망유형에 해당된다.

파탁(K. Pathak)와 머티(P. Murty)는 사망력 변천 과정에서 한 국가의 사망률 감소요인을 기초로 세 가지 단계의 사망력 변천을 설명했다. 사망력은 처음에 건강조건을 향상시키고 의학을 도입함으로써 감소한다. 둘째, 건강조건을 향상시키고 사람들의 경제적·영양학적 상태를 증진시킬 때 사망률 감소가 나타난다. 셋째, 현대 의료시설의

〈표 7-17〉 사망력의 변천 과정

구분 \ 유형	Ⅰ	Ⅱ	Ⅲ	Ⅳ
지역	서부 유럽, 북아메리카, 오스트레일리아, 뉴질랜드	동부·남부 유럽, 일본	'경제·사회개발 주도' 개발도상국	그 밖의 개발도상국
사망률 감소의 주요 원인	생활수준의 향상	사회·경제개발 후 공중보건위생시설의 향상	공중보건위생 시설의 향상 후 사회·경제개발	현대의학의 도입과 확산 중
변천 시작 (평균수명 30~50세)	18세기 말~ 19세기 초까지	19세기	19세기 말~ 20세기 초	20세기 초
변천 (평균수명 50~70세)	1920년대~ 1950년대	1930~ 1950년대	1950년 이후	1950년 이후
변천 완료 (평균수명 70세)	1950년대	1950~ 1960년대	1970년대 이후	(진행 중)

자료: 김두섭·박상태·은기수(2002: 119).

활용뿐만 아니라 보건과 사회적·경제적 발전이 전반적으로 이루어짐으로써 사망률이 가장 낮은 단계로 나아갈 때이다. 이와 같은 사망력의 변천 과정을 나타낸 것이 <표 7-17>이다.

5. 사망률의 지역적 차이를 발생시키는 요인

사망률의 지역차를 발생시키는 요인에 대해 출생률과 같이 지지적(chorographic)인 입장에서 살펴보면 다음과 같다.

1) 인종

미국에서는 흑인의 사망률이 백인보다도 높고, 뉴질랜드의 마오리족도 백인보다 사망률이 높은 경향이 있다. 남아메리카에 사는 백인이나 아시아에서 온 전입자의 경우, 주로 도시에서 살아 의료기관의 이용도가 높아 현지인인 유색인종보다 사망률이 낮다.

2) 연령과 성

연령이 많을수록 사망률이 높아지는 것은 생물학적 요인에 따라 인체의 여러 가지 기능이 쇠퇴하면서, 노쇠로 인해 사망하는 사람이 많기 때문이다. 연령별 사망률은 <그림 7-2>(312쪽)와 같이 일반적으로 J자형을 나타내고 있어 유아 사망률이 가장 높고 10세 전후의 사망률이 가장 낮다. 그 후 40대부터 연령이 많을수록 사망률이 급격히 높아진다. 따라서 유아와 장·노년층의 인구구성비가 높은 지역에서는 사망률이 높다.

다음으로 성에 따른 사망률을 보면 <그림 7-2>에서와 같이 모든 연령층에서 남자의 사망률이 높다. 그 이유는 생물학적으로 볼 때 여자가 남자보다 질병에 대한 저항력이나 전염의 감염도면에서 더 강하기 때문이다. 아동기에 남아의 사망률이 높은 이유는 남아들이 위험한 행위에 노출되어 있는 경우가 여아보다 많기 때문이고, 청소년기와 성년기에는 취업률이 높은 남성이 직업병이나 산업재해 등에 의한 사망이 상대적으로 많기 때문이다. 그리고 노년기에는 오랫동안의 취업활동으로 쌓인 스트레스 등으로 발병 가능성이 높고, 또 신체적 소모 등에 의해 여자보다 사망률이 높다. 그리고 다른 이유로는 직업이나 지위와 역할에서 남녀 간의 차이가 사망률의 차이를 유발한다. 일반적으로 남자는 여자보다 위험한 직종에 종사하고 스트레스를 훨씬 많이 받는 경향이 있으며, 여자보다 흡연과 음주 및 자동차 운전을 많이 해 사망의 위험성이 높다. 그리고 여자는 남자보다 아픈 증상에 민감하고 빨리 치료를 받는 경향이 있고 감정을 그대로 표현하는 경우가 많아, 정신건강이 훨씬 좋기 때문에 사망률이 남자보다 낮다.

그러나 최근 남자가 여자보다 스트레스를 많이 받아 빨리 사망한다는 사회적·환경적 설명보다 원래부터 여성이 더 오래 살게 태어났다는 유전적인 차이의 진화론으로 '자연선택설'이 유력해졌다. 즉, 성에 따른 수명 차이에 내재된 생물학적 원인이 존재한다는 것이다.

한편 남아선호를 하는 한국, 중국, 일본, 인도 등과 전근대적인 사회에서는 여아의 사망률이 남아의 사망률보다 높게 나타난다. 그리고 경제적으로 빈곤하고 남녀의 차별이 심한 농업사회에서는 여자가 많은 일로 과로하며, 영양결핍과 빈번한 출산으로 부실한 건강관리 때문에 사망률이 높게 나타난다.

3) 거주 지역

19세기 초까지만 해도 도시지역은 인구의 집중으로 인한 쓰레기 등에 의해 환경이 불결해져, 각종 질병이 만연되어 농촌지역보다 사망률이 높았다. 그러나 20세기에 들어오면서 높은 수준의 의학기술로 도시지역의 사망률이 낮아졌다. 그러나 각종 오염과 사고, 범죄로 농촌지역과 사망률이 거의 차이를 보이지 않았다. 그러나 개발도상국에서 농촌지역은 일반적으로 도시지역보다 생활수준이 낮고 영양섭취가 좋지 않으며, 의료기관 수가 적고 시설도 좋지 않고 그 이용도 낮기 때문에 도시지역보다 사망률이 일반적으로 높다.

4) 직업 · 소득 · 교육수준

일반적으로 상류계층이 하류계층에 속하는 사람보다 사망률이 낮다. 물론 질환에 따라 상류계층이 하류계층보다 사망률이 높은 경우도 있으나, 특히 영아사망률은 하류계층이 상류계층보다 높은 경우가 많다. 한국의 직업별 사망률의 변화를 보면 <표 7-18>과 같다. 먼저 사회적 지위가 비교적 높은 직종에 종사하는 계층이 비교적 낮은 직종에 종사하는 계층보다 사망률이 낮다. 그리고 기타 직업에 종사하는 계층을 제외하면 전문·기술, 행정·관리, 사무직에 종사하는 계층의 사망률이 최근으로 올수록 사망률이 높아 생산관리직과 기타 직업을 제외하면 사망률이 가장 높다. 그리고 농업 관련직과 생산관리직에 종사하는 계층의 45세 이상의 연령층에서 사망률이 높다. 연령별로 보면 전문·기술, 행정·관리, 사무직과 판매·서비스직과 농업 관련직, 생산관리직은 45~54세 연령층의 사망률이 가장 높은 데 비해, 판매·서비스직과 농업 관련직, 생산관리직과 기타 직업은 55~64세 연령층의 사망률이 가장 높게 나타난다.

다음으로 소득수준과 사망률과의 관계를 보면, 소득수준이 높은 계층의 사망률이 낮고, 소득수준이 낮은 계층의 사망률이 높게 나타난다(〈표 7-19〉).

마지막으로 지역적 차이를 나타내는 교육수준별 사망률을 살펴보면, 교육수준이 높은 사람일수록 건강유지를 위해 신체적 단련, 영양상태 등에 관심을 갖고 있으며, 의료기관을 보다 효율적으로 이용하고 건강에 관한 새로운 정보도 적극적으로 받아들여 교육수준이 낮은 연령층보다 사망률이 낮다(〈표 7-20〉). 이와 같은 현상은 유아

〈표 7-18〉 한국의 연령층별 · 직업별 사망률의 변화(1974~2013년) (단위: %)

연도	연령층	전문·기술, 행정·관리, 사무직	판매·서비스직	농업 관련직	생산관리직	기타(실업자, 학생, 군인 등)
1974~1976년	25~34세	0.41	0.45	1.24	0.35	3.86
	35~44세	0.38	0.48	1.03	0.43	7.97
	45~54세	0.35	0.53	0.84	0.45	5.53
	55~64세	0.37	0.50	0.76	0.57	2.02
1984~1986년	25~34세	0.75	0.58	2.03	0.64	1.85
	35~44세	0.55	0.60	1.66	0.66	3.46
	45~54세	0.52	0.59	1.20	0.64	2.75
	55~64세	0.44	0.60	0.99	0.67	1.49
2004년	25~34세	0.49	0.28	0.07	0.25	1.16
	35~44세	0.95	0.79	0.39	0.86	2.79
	45~54세	1.23	1.34	0.97	1.36	4.84
	55~64세	1.04	1.11	2.43	1.11	8.49
2013년	25~34세	0.39	0.22	0.01	0.18	0.78
	35~44세	0.81	0.47	0.08	0.57	1.78
	45~54세	1.41	1.00	0.42	1.50	4.34
	55~64세	1.31	1.11	1.00	1.53	7.02

자료: 윤덕중·김태헌(1989: 10); 통계청, 『2004년 인구동태통계연보(총괄·출생·사망편)』(2005), 238쪽; 통계청, http://kosis.kr

〈표 7-19〉 미국의 소득수준별 사망률(1960년) (단위: ‰)

소득수준 \ 성	남자	여자
4000 달러 미만	132	115
4000~6000 달러	99	100
6000~8000 달러	88	97
8000 달러 이상	88	88

자료: 이희연(1993: 355).

사망률의 차이에서도 잘 나타나고 있는데, 특히 어머니의 교육수준이 높을수록 유아 사망률은 낮아진다.

한국보건사회연구원의 연구결과에 의하면 한국 30세 대학 졸업자의 기대여명은 51.7년, 중학교 졸업자 이하는 46.3년으로 대졸자가 중졸 이하보다 5.4년 더 사는 것으로 나타났다. 그리고 남은 수명 중 질병 없이 건강하게 사는 건강기대여명도

〈표 7-20〉 한국의 연령별 · 교육수준별 사망률의 변화(1970~2000년) (단위: %)

기간 및 연도	남자					여자			
	연령층	미취학	초등학교	중등학교	대학교(4년제 미만) 이상	미취학	초등학교	중등학교	대학교(4년제 미만) 이상
1970~1972년	25~34세	3.14	1.58	0.58	0.35	2.20	1.12	0.44	0.29
	35~44세	1.53	1.38	0.60	0.36	1.15	1.09	0.50	0.37
	45~54세	0.96	1.32	0.65	0.41	0.95	1.19	0.66	0.52
1979~1981년	25~34세	8.51	2.30	0.63	0.32	8.55	1.49	0.46	0.38
	35~44세	3.35	1.77	0.58	0.30	2.41	1.07	0.51	0.33
	45~54세	1.88	1.52	0.71	0.40	1.17	1.02	0.62	0.55
1990년	25~34세	6.48	4.42	0.96	0.40	14.77	3.03	0.74	0.50
	35~44세	4.69	2.81	0.78	0.33	4.06	1.64	0.67	0.44
	45~54세	1.77	1.67	0.77	0.43	1.28	1.19	0.20	0.49
	55~64세	1.08	1.28	0.81	0.57	0.95	1.15	0.72	0.64
2000년	25~34세	8.61	7.15	1.35	0.48	15.58	8.54	1.11	0.57
	35~44세	4.40	4.64	1.07	0.36	4.59	2.86	0.89	0.45
	45~54세	2.41	2.17	0.89	0.43	1.39	1.39	0.79	0.54
	55~64세	1.32	1.37	0.90	0.57	1.13	1.13	0.77	0.52

자료: 윤덕중·김태헌(1989: 7), 김두섭·박상태·은기수(2002: 131).

대졸자는 46.6년, 중졸 이하는 35.8년으로 10.6년으로 약 두 배 차이가 나타나 교육수준이 높은 사람이 낮은 사람보다 더 건강하고 장수하는 것으로 나타났다. 특히 여자보다 남자에게서 이러한 격차가 더 뚜렷하게 나타났다. 학력에 따라 사망률을 분석한 결과 30~64세 초등학교 졸업 이하 집단의 사망률은 대학(4년제 미만) 졸업자 이상인 집단보다 5.2배 높아 인구 10만 인당 637.6인이 더 사망한 셈이다. 특히 학력이 낮은 계층은 교통사고 등 운수사고·자살 사망률이 높다.

5) 결혼 상태

유배우자는 이혼자, 미혼자, 사별자보다 사망률이 일반적으로 낮은 경향이 있다. 이혼자는 일반적으로 신체적·심리적으로 열등감을 갖고 있으며, 이혼 이후 생활에 적응하는 데 어려움을 갖는다. 또 미혼자와 사별자는 쉽게 우울해지고 과음이나 충분하

〈표 7-21〉 연령층 및 혼인상태별 사망률의 변화 (단위: %)

연도	연령층	남자			여자		
		미혼	유배우	기타*	미혼	유배우	기타*
1990년	25~34세	1.48	0.67	7.00	2.45	0.64	7.92
	35~44세	6.09	0.77	4.38	8.49	0.73	2.70
	45~54세	7.22	0.87	3.25	15.47	0.78	1.67
	55~64세	7.79	0.89	2.39	19.27	0.78	1.23
2000년	25~34세	1.28	0.68	5.69	1.38	0.75	6.28
	35~44세	3.07	0.70	3.65	2.92	0.81	2.50
	45~54세	4.10	0.83	2.62	3.70	0.85	1.59
	55~64세	3.46	0.92	1.85	5.28	0.84	1.28
2013년	25~34세	1.46	0.33	0.07	0.80	0.36	0.10
	35~44세	2.02	1.83	0.71	0.57	0.57	0.51
	45~54세	2.29	6.23	2.97	0.37	3.45	1.40
	55~64세	1.12	11.08	3.85	3.16	43.72	2.40

* 사별, 이혼 및 별거자를 포함.

자료: 김두섭·박상태·은기수(2002: 134); 통계청, http://kosis.kr

지 못한 영양공급이나 운동부족으로 건강을 해치는 경우가 있으며, 사별자는 배우자를 잃은 슬픔으로 건강을 잘 돌보지 않는 경향이 있다. 그러나 유배우자들은 서로의 건강에 관심을 가지며, 생활방식에서도 영양식단과 충분한 수면 등으로 건강을 잘 유지하기 때문에 이혼·독신·사별자보다 사망률이 낮은 경향이 있다. 특히 이혼남성이나 홀아비의 경우 이혼여성과 미망인보다 사망의 위험성이 훨씬 더 높은 경향이 있다(〈표 7-21〉).[6]

6) 흡연

최소한 35세 이상 남자의 경우 흡연자가 비흡연자보다 훨씬 사망률이 높게 나타난다. 그러나 흡연의 양이나 흡연기간에 따라 다소 차이가 있으나, 특히 폐암의 경우 흡연자

6) 독일의 저널리스트 크리스티나 베른트(C. Berndt)는 그의 저서 『번아웃(Burnout)』에서 삶, 사건과 스트레스를 다음과 같이 나타내었다. 배우자 사망을 100으로 할 경우, 이혼은 73, 투옥 63, 질병 55, 결혼 50, 실직 47, 퇴직·은퇴 44, 임신·출산 39, 부채 31, 상사와의 갈등 23 등이다.

〈표 7-22〉 주요 국가의 15세 이상 남녀 인구 흡연율 (단위: %)

국가	연도	남자	여자	국가	연도	남자	여자
한국*	2012	44.9	4.0	덴마크	2013	18.6	15.5
일본	2012	34.1	9.0	노르웨이	2013	15.0	14.0
터키	2012	37.3	10.7	스웨덴	2012	12.8	13.4
영국	2011	20.3	18.1	핀란드	2012	20.9	14.0
프랑스	2012	28.7	20.2	아이슬란드	2013	10.7	12.1
네덜란드	2012	20.6	16.3	미국	2012	15.9	12.5
룩셈부르크	2013	18.0	14.0	캐나다	2012	18.7	13.5
이탈리아	2013	26.7	15.9	멕시코	2012	18.1	6.5
에스파냐	2011	27.9	20.2	뉴질랜드	2013	16.2	14.9
체코	2012	26.3	19.6				

* 20세 이상 남녀 인구의 흡연자 비율임.
자료: 통계청, http://kosis.kr

가 비흡연자보다 사망률이 1080%나 높다. 흡연과 사망률 간의 관계는 흡연을 시작한 연령, 흡연기간, 또 흡연한 담배의 종류 등에 의해 각각 다르게 나타난다. 그리고 남자와 여자 흡연자를 비교해보면 남자 흡연자가 여자 흡연자보다 많다는 점과 여자 흡연자의 대다수는 필터담배(filtered tobacco)를 애용하며, 흡연할 때 연기를 들이마시지 않는 여성 특유의 흡연양상 때문에 남자 흡연자의 사망률이 훨씬 높다.

주요 국가의 15세 이상 인구의 흡연자 비율을 보면 한국은 남자가 44.9%, 여자가 4.0%를 차지해 남자는 주요 국가에서 가장 높은 흡연율을 나타내는 반면, 여자는 가장 낮다. 남자는 일본과 터키를 제외하고 30% 이하의 흡연율을 나타내는 국가가 대부분으로 아이슬란드가 10.7%로 가장 낮으며, 여자는 프랑스와 에스파냐가 20% 이상으로 높으며, 나머지 국가는 한국과 멕시코, 일본을 제외하고 모두 10%대의 흡연률을 보였다(〈표 7-22〉).

6. 죽음의 질

영국은 '신사의 나라'인 만큼 죽음의 얘기를 꺼리는 문화가 있으며 처음부터 죽음에 호의적인 나라가 아니었다. 이러한 사회 분위기 속에서 2008년 영국 정부는 고령화가

〈표 7-23〉 죽음의 질 지수 순위

순위	국가	지수
1	영국	7.9
2	오스트레일리아	7.9
3	뉴질랜드	7.7
4	아일랜드	6.8
5	벨기에	6.8
14	타이완	6.0
18	싱가포르	5.5
20	홍콩차이나	5.3
23	일본	4.7
32	한국, 말레이시아	3.7
37	중국	2.3

자료: ≪조선일보≫, 2013년 11월 4일 자.

심각해지는 데, 죽음에 대한 사회적 준비가 부족함을 직시하고 전문가 집단을 구성해 「생애 말기 치료 전략(The End of Life Care Strategy)」 보고서를 발표했다. 2009년 정부는 이 보고서를 통해 죽음을 대한 사회적 준비를 알리는 프로그램을 가동했다. 이때 나온 개념이 '좋은 죽음(good death)'이다. 이는 '익숙한 환경에서', '존엄과 존경을 유지한 채', '가족·친구와 함께', '고통 없이' 죽어 가는 것으로 정의된다. 여기에 비영리 단체들도 동참해 2009년 민관합동기구인 '다잉 매터스(Dying Matters, 중요한 죽음)'가 출범했다. 영국 보건부와 전국완화치료위원회(NCPC: National Council for Palliative Care)는 "죽음을 금기시하는 문화를 바꾸자"는 취지로 2009년에 이 단체를 만들었다. 영국에서는 해마다 5월이면 '죽음 알림 주간(Dying Matters Awareness Week)' 행사를 연다. 리처드슨(E. Richardson) '다잉 매터스' 대표는 "거리낌 없이 생의 마지막을 이야기하고 직시하는 사회에서 '잘 살고 잘 죽기'가 가능하다"고 말했다. '죽음의 질'에서 1위라는 명성은 의료 인프라(practice), 정책(policy), 사회 인식(public)의 삼박자 위에서 얻어진 것이다. 죽음의 질을 따질 때 가장 중요한 요소가 '얼마나 아프지 않고, 편안하게 세상을 떠나느냐'이다. 죽음을 앞둔 이들을 돌보는 호스피스(hospice)[7]는 '편안한 죽음'

7) 호스피스라는 말은 라틴어 hospes(손님)에서 유래한다. 호스피스는 중세에 성지순례자들이 하룻밤을 쉬어가는 곳이라는 의미를 가지고 있었다. 그리고 예루살렘 성지 탈환을 위한 십자군전쟁 당시 많은 부상자를 호스피스에서 수용해 수녀들이 치료했고, 부상자들이 이곳에서 임종하게 되면서

〈그림 7-15〉 OECD 40개국 죽음의 질

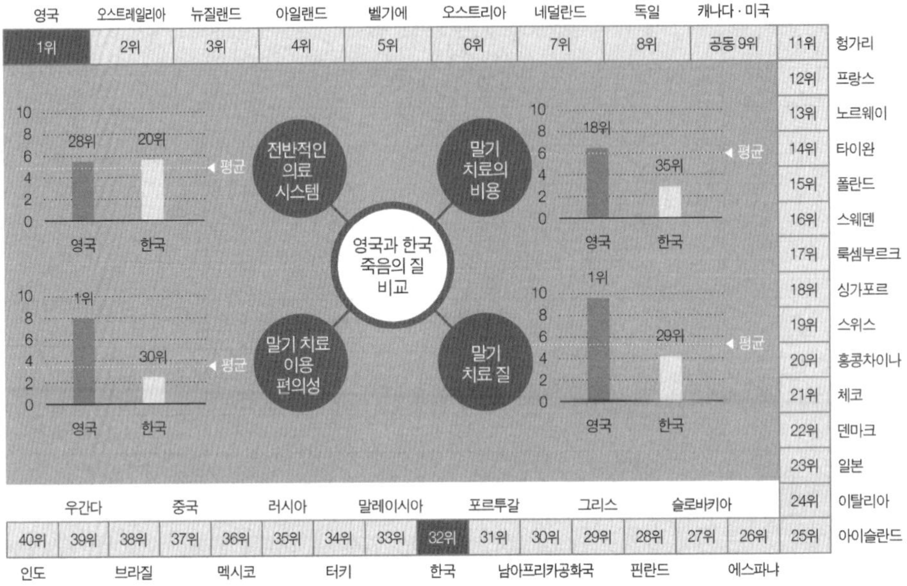

주: 막대그래프에서 숫자는 점수를 나타냄.
자료: 《조선일보》, 2013년 11월 4일 자.

을 맞이하기 위해 꼭 필요한 시설이다. 2010년 영국 이코노미스트연구소(EIU: Economist Intelligence Unit)가 OECD 40개국을 대상으로 실시한 죽음의 질 지수(Quality of Death Index) 조사에서, 의료 수준이 만족스러운지, 말기 환자 치료비용이 적절한지, 국민연금·건강보험이 튼튼한지, 호스피스 병상 수가 넉넉한지, 죽음을 바라보는 시선이 따뜻한지 싸늘한지 등 총 24개 항목으로 평가했다. 예를 들면 영국에는 인구 약 6300만 인에 호스피스 병상이 3175개 있으며, 한국은 인구가 약 5000만 인에 호스피스 병상은 880개뿐으로 이와 같은 순위가 나타났다(〈표 7-23〉, 〈그림 7-15〉).

호스피스는 임종을 앞둔 사람들의 안식처라는 의미로 사용되었다. 그래서 죽음을 앞둔 환자에게 연명의술(延命醫術) 대신 평안한 임종을 맞도록 위안과 안락을 최대한 베푸는 봉사활동을 말한다.

7. 의학·건강지리학

1) 의학지리학

의학지리학(medical geography)[8]의 역사는 오래되었는데, 그 기원은 고대 그리스시대에 근대의학의 시조라고 하는 히포크라테스(Hippocrates, B. C. 460?~B. C. 377?)가 개인의 건강에 대한 환경의 영향에 대해 언급한 시기까지 소급된다.

의학지리학이란 집단적 질병현상을 지역과 관련지어 파악하는 학문이다. 이 학문은 질병의 병리과정 그 자체를 연구하는 것이 아니고 병리과정에 작용을 미치는 요인으로서의 지리적 조건과 질병현상과의 관계를 분석하는 것에 중점을 두고 있다. 지리적 조건 중에서는 사회적인 조건과 자연적인 조건 및 생리학적인 조건 등이 있다. 그러나 실제로는 이밖에도 기술적인 조건의 영향까지 덧붙여 현실의 질병현상은 복잡한 양상을 나타낸다. 따라서 집단적인 질병현상은 각 시대의 사회모습을 강하게 반영한다고 볼 수 있다.

지리학의 연구에서 사망에 대한 연구는 적은 편인데, 의학지리학에서는 이러한 것을 '사망의 원인'에 의해 설명하고 있다. 사망의 원인은 노쇠에 의한 것과 질병에 의한 것으로 나눌 수 있다. 노쇠에 의한 원인에도 심장장애, 혈관장애, 암 등에 의해 합병이 되어 사망할 수 있기 때문에 노쇠에 의한 사망이라고 엄밀하게 구분을 짓기가 어렵다. 그러나 의학지리학은 노쇠에 의한 사망이 그 대상이 아니고 질병에 의한 사망이 그 연구대상으로, 이때에 사망의 자료에서 유아 사망이나 사산은 제외된다.

18세기 이후 인구학, 역학(疫學), 통계학 등의 분야에서 연구되어온 의학지리학은 그 방법론이 서술되면서 연구가 활발하게 촉진되었다. 특히 1950년 의학지리학의 창시자인 메이(J. M. May)의 연구 이후로 하우(G. H. Howe), 리어먼스(A. T. A. Learmonth), 머레이(M. Murray), 스탬프(L. D. Stamp), 모미야마(籾山政子) 등에 의해 연구되었다. 이 중 스탬프는 의학시리학의 연구 대상지역의 범위를 기후적 조건과 밀접한 관계가

8) 의학지리학은 질병지리학과 거의 같은 의미로 사용되는데, 그 연구대상이 질병에 국한되지 않는다. 이를테면 병적 현상도 연구대상이 된다. 그리고 의학생태학도 질병지리학과 유사한 의미로 사용되고 있다.

있는 세계적 차원, 그리고 대륙적 차원, 국가적 차원, 지방적 차원의 연구가 가능하다고 구분했다. 그리고 하우는 사망률이 높은 지역에서 고려해야 할 자연조건으로서 기후, 태양열, 토양, 물 등을 들고 있다.

의학지리학은 명시적·잠재적 분포(manifested and potential distribution) 및 병원(pathogens)이라 불리는 질병의 원인이 되는 병리학적 인자(pathological factors)와 지황(地況, geogens)이라 불리는 질병발생에 영향을 미치는 지리학적 인자 사이의 관계를 연구하는 것이다. 그리고 의학지리학의 주요 관심사는 인간의 건강문제에서 공간적 차이의 분석과 그 원인이 되는 환경조건의 분석이다. 최근 의학지리학에서의 연구동향을 보면 첫째, 질병·사망의 지도화, 둘째, 질병의 생물·생태학적 연구, 셋째, 만성질환과 환경의 관련성 연구, 넷째, 질병의 공간적 확산에 관한 연구, 다섯째, 지역의료에 관한 연구로 크게 나눌 수 있다.

한편 1970년대의 의학지리학 연구는 두 가지의 큰 계보가 존재한다. 하나는 질병의 생태학이고, 다른 하나는 건강 돌봄의 지리학이다. 후자의 연구 중심은 보건 돌봄 시설의 분포나 접근성 또는 그 이용행동 등에 관한 연구이다. 그리고 1980년대 이후의 의학지리학의 방향에 크게 영향을 미친 것은 구조주의적·유물론적 정치경제학적 접근 방법이고, 또 문화지리학의 문화론적 전환(turn), 사회지리학의 영향을 받아 다양한 시각·수법을 도입해, 연구대상이나 분석 방식(style)이 다양화되었으며 급속하게 진행되고 있다.

(1) 질병의 생물 · 생태학적 연구

메이는 질병을 지리적으로 다른 환경요소가 인간의 생체조직을 자극한 결과로서 나타난 반응현상으로 보았다. 그리고 이들 양자 간의 복잡한 관계를 분석함으로써 특정한 질병에 의한 사망분포를 설명할 수 있다고 주장했다. 즉, 질병을 구성하는 개개의 생물체가 어떤 환경에 규정되는가를 지리적 요소(자연 · 생물 · 사회 · 경제)를 사용해 해명하는 것으로, 이는 질병을 중심으로 한 지역 고유의 생태계를 파악하려는 방법이다.

듀타(H. M. Dutta)와 듀타(A. K. Dutta)는 말라리아에 의한 사망자의 출현지역이 말라리아 거미가 서식하는 지역이라 했다. 그리고 월 평균기온 22°C 이상의 지역에 한정해 1월에는 북위 20°에서 남위 30° 사이의 지역에 분포하고, 7월에는 북위 40°에서 남위

20° 사이의 지역에서 분포한다고 했다. 또 말라리아와 더불어 특정 지역의 풍토병 성격이 강한 주혈흡충병(住血吸蟲病)이 있다. 주혈흡충병은 인간이 물에 서식하는 동물을 식용으로 하거나 야외에서 목욕이나 세탁, 농 작업을 할 때에 물과 접촉하면서, 맑은 물에 서식하는 각종 디스토마가 인체에 침입해 생기는 병이라고 밝혀졌다. 1980년 세계의 주혈흡충병 환자는 1억 2500만 인이 넘는 것으로 추정되지만, 이 중 70% 이상인 9000만 인은 아프리카 적도지대에 집중 분포해 있다는 것이 밝혀졌다. 더욱이 이들 사망자의 분포는 디스토마의 종류에 따라 뚜렷하게 다르고, 또 디스토마의 종류는 매개 곤충인 조개[9]의 생태에 의해 규정된다는 것도 밝혀졌다. 매개 곤충인 조개의 서식지는 해발고도, 기온, 일조량, 강수량, 흐르는 물, 염분 농도, 용해된 산소량, 식생 등에 의해 결정된다고 했다.

한편 맥도널드(G. MacDonald)는 최근 주혈흡충병의 발병과 사망 현상이 많이 나타나는 것이 말라리아의 발병 및 사망 정도와 같다고 밝혔다. 또 지역 주민의 낮은 위생의식에서 질병의 지역적 분포를 검토하면서 인간의 사회적·문화적 측면의 분석이 중요함을 주장했다. 따라서 종래 전염병에 의한 사망의 분석에서, 지역 고유의 자연적·생물적 측면의 생태계 고찰에서, 사회적·경제적 측면의 중요성이 주장되어 아프리카 지역에서의 수면병이나 가나의 맹목증(盲目症), 미국의 페스트 등도 이러한 관점에서 분석했다.

(2) 만성질환과 환경과의 관계

제2차 세계대전 이후, 특히 1950년대 이후에 의료기술의 비약적인 진보가 있었고 세계적인 규모에서 전염병의 쇠퇴가 이루어졌다. 그러나 한편으로는 1960년 이후부터 평균수명이 늘어난 선진 여러 나라에서 암이나 순환기 질환을 위시한 만성질환이 사망원인의 대부분을 차지하게 되었다. 이러한 질병에 의한 사망원인의 순서가 크게 변화하는 과정에서 말라리아 등의 전염병을 대상으로 한 종래의 의학지리학 연구는 다양한 연구의 전환을 하게 되었다. 질병에 의한 사망의 지역차를 설명하기 위해 필요한 지리적 요소를 크게 자연·생물·사회경제의 세 가지 측면에서 분류해 고찰했다는 점에서, 이 분야의 연구는 생태학적 관점을 답습한 것이라 볼 수 있다.

하와이 오아후 섬에서 갑상선종(甲狀腺腫)의 환자가 발생하는 데에는 토양 중의 요오

---

9) 소라처럼 껍데기가 나사같이 말린 조개류를 말한다.

〈그림 7-16〉 스리랑카에서의 비장에 의한 사망률 분포와 지형 · 기후조건과의 대비

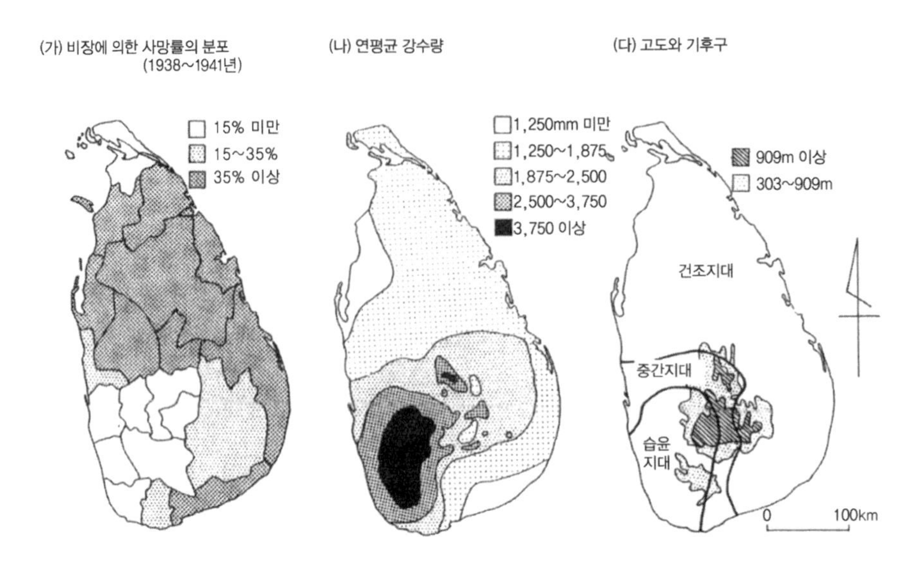

자료: Jones(1981: 81).

드와 방사성 요오드의 분포와 관련성이 있다. 미국의 버펄로(Buffalo) 시와 애틀랜타(Atlanta) 시에서 백혈병에 의한 사망자가 많은 것은 열악한 주택 사정과 관계가 있으며, 휴스턴(Huston) 시에서 폐암에 의한 사망자의 분포는 대기오염과 관계가 있다. 또 오하이오(Ohio) 주에서 위암에 의한 사망은 음료수와 관계가 있고, 노스캐롤라이나(North Caroline) 주에서 심장병에 의한 사망률이 높은 것은 낮은 수준의 사회적·경제적 요소로 해석할 수 있다. 또 미국에서 위암에 의한 사망률의 지역적 차이 분석에서 아메리카 인디언의 사망률이 다른 인종에 비해 매우 낮다는 것은 형질(形質, character)[10]적·문화적 차이에 의한 사망률의 차이를 나타내는 것이다.

시카고(Chicago) 시의 질병연구에서 유아 사망률이 높은 지역은 낮은 소득, 높은 유색인종률, 높은 인구밀도가 작용해 열악한 위생환경이나 생활수준으로 특징지어진 지역성이 유아 사망의 배경이 된다는 것이 실증되었다.

질병의 지리적 분포를 그와 관련된 환경요소의 측면에서 논한 정태적 연구의 몇 가지 예를 보기로 한다. <그림 7-16>은 스리랑카에서 말라리아의 예방활동이 있기

10) 일반적으로 유전자의 작용에 의해 생물의 표면에 나타나 있는 육체적·정신적 성질을 말한다.

이전에 비장(脾臟)에 의한 사망률의 분포(〈그림 7-16〉 가)를 나타낸 것이다. 이 분포 패턴은 섬의 자연적·인문적 환경과 깊은 관계가 있다. 특히 건조지대와 습윤지대의 지역적 구분과 매우 깊은 관계가 있다. 습윤지역은 5~7월 사이에 남서계절풍의 바람의 지사면에 해당되며, 또 섬의 남부지방은 적도 수렴대에 해당되어 강수량이 많다. 습윤지역에는 물이 항상 흐르기 때문에 알이 유충으로 성장하기 어렵다. 그러나 건조지역의 경우, 물이 고여 있는 곳이 많기 때문에 번식이 급속하게 일어난다. 따라서 말라리아에 의한 사망자는 건조지역에서 많이 볼 수 있다.

대상지역을 국가 규모에서 지역의 규모로 축소시켜 질병의 발생을 파악하는 것은 더욱 효과적이다. 영국의사 스노(J. Snow)가 연구한 1848년 8~9월 사이에 런던의 소호(Soho)지구 골든 스퀘어(Golden Square)의 콜레라 발병 분포도를 보면(〈그림 7-17〉), 음료수를 공급하는 펌프시설의 분포와 사망자 수와의 관계가 명백하게 나타나고 있다. 즉, 브로드 스트리트(Broad Street)의 펌프시설 주변에서 음료수의 병균 오염에 의한 사망자 수가 많이 나타났다는 점이 1883년 세균학자 코흐(R. Koch)에 의해 증명되었다.

〈그림 7-17〉 런던 소호(Soho)지구의 콜레라에 의한 사망자 분포(1848년 8~9월)

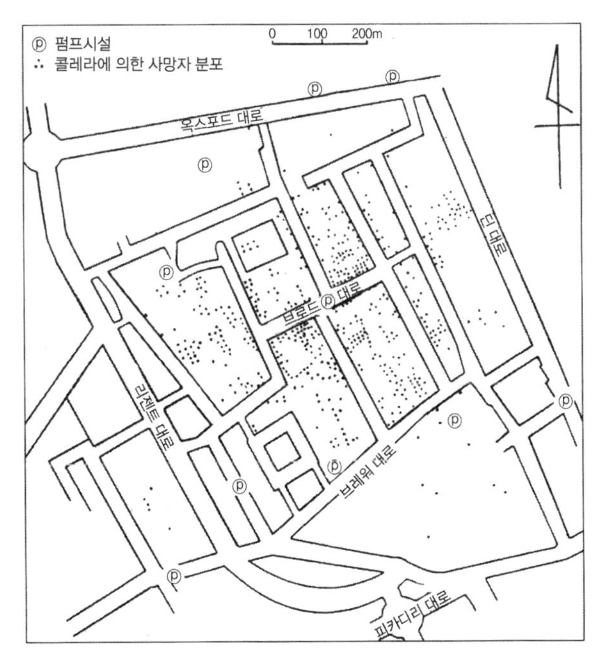

자료: Jones(1981: 84).

그러나 그보다 이전에 1854년 런던에서 콜레라가 발생했을 때는 1855년 영국 의사 스노가 우물을 폐쇄해 질병의 확산을 막아 전염매개체에 의해 전염된다는 사실이 확인되었다.[11]

다음으로 일본에서의 질병에 의한 사망의 지역적 분포를 살펴보기로 한다. 먼저 위장염에 의한 사망의 지역적 분포(〈그림 7-18〉)를 보면, 1930~1938년 시기에는 동고서저(東高西低)의 패턴을 보였으나, 1970~1985년 시기에는 서고동저(西高東低)의 패턴을 보였다. 이 두 시기에 지역적 차이의 변화는 세균성 질환의 치료를 위한 항생물질의 보급 및 공중위생의 개선에 의해 설명할 수 있다. 특히 1930~1938년 시기의 동고현상 지역은 제2차 세계대전 이후 적극적인 위생활동에 의해 사망자 수가 격감했지만 상대적으로 서쪽지역은 위장염의 사망률이 높게 나타났기 때문이다.

〈그림 7-18〉 위장염에 의한 사망자의 지역적 차이

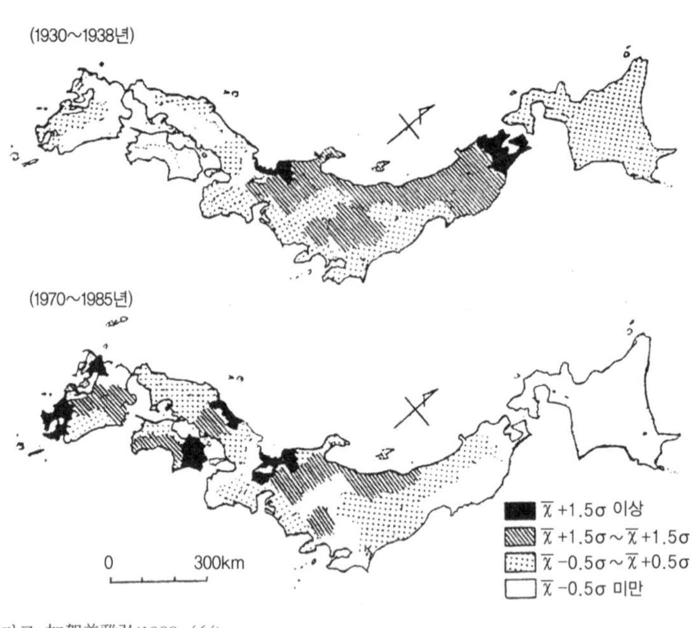

자료: 加賀美雅弘(1988: 464).

11) 스노는 콜레라가 발병하자 집집마다 묻고 물어 환자들이 같은 우물물을 마시고 발병했다는 사실을 알아냈다. 그러나 자신의 연구 성과는 죽을 때까지 인정을 받지 못했다. 그 당시 사람들은 심각한 질병은 나쁜 공기나 기운을 뜻하는 '미아즈마(miasma)' 때문이라고 생각해 그의 연구는 놀림거리가 되었다.

〈그림 7-19〉 뇌혈관 질환에 의한 사망의 지역적 차이

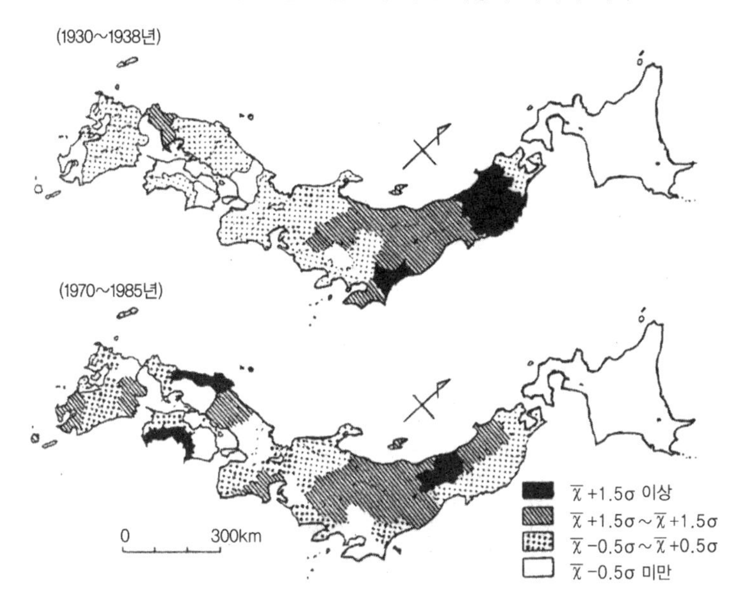

자료: 加賀美雅弘(1988: 466).

〈그림 7-20〉 뇌졸중 발생의 요인

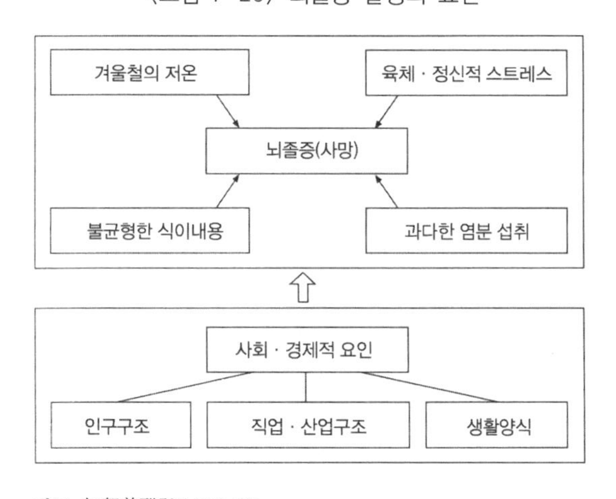

자료: 加賀美雅弘(1986: 61).

다음으로 뇌혈관 질환의 경우(〈그림 7-19〉), 1930~1938년 시기의 사망자의 지역적 분포 패턴은 동고서저 형태를 나타냈으며, 1970~1985년 시기에도 거의 동고서저 현상을 나타내었다. 이러한 현상은 뇌혈관 질환에 의한 사망의 경우(〈그림 7-20〉), 겨울

철에 기온이 낮고, 정신적·육체적으로 스트레스가 많으며, 과다한 염분섭취와 단백질과 비타민의 결여 등이 직접적인 요인으로 인체에 작용한 결과 도호쿠(東北) 지방에서 사망자가 많이 발생했다.

(3) 질병에 의한 사망과 사회적 특성

인간은 그가 생활하고 있는 장소인 지역의 환경과 상호작용하는 과정에서 질병이 생길 수가 있다. 여기에서 어떤 지역을 구성하는 지리적 여러 요소는 질병의 병리학적 메커니즘의 진행을 촉진시키는 것이라고 말할 수 있다. 이런 관점에서 일본에서 직업별 질병 사망자 수를 통계적으로 비교한 것이 <표 7-24>이다.

일본 메이지(明治)(1868~1912년) 중기에서는 위장염에 의한 사망만이 보든 직업에서 특화되었다. 특히 그 경향은 농·어업 종사자가 뚜렷하다. 상업·공무 종사자는 암에 의한 사망률이 비교적 낮은 것을 제외하면 이 시기에서는 위장염을 제외한 다섯 가지 질병과 직업 사이에는 어떤 특징적인 관계가 없었다. 따라서 직업의 종류가 발생하는 질병의 종류에 영향을 미쳤다고는 볼 수 없다. 제I기에는 질병과 직업과의 사이에 몇 가지 특징이 나타났다. 즉, 농·어업을 제외한 제조업, 상업, 공무의 종사자에게 결핵에 의한 사망이 많다는 점이다. 특히 제조업 중에서도 방직업에 종사하는 직장인이 그러한 경향이 뚜렷했다. 이에 대해 농·어업 종사자에게는 결핵이 매우 적었고 위장염에 의한 사망이 여전히 많은 경향을 나타냈다. 이러한 점은 결핵이 도시를 중심으로 만연해 점차 농촌으로 확산되는 것을 나타낸 것이다. 제II기에는 질병과 직업과의 관계가 더욱 강해져 직업에 따라 질병의 종류가 한정되게 된다. 즉, 2·3차 산업 종사자와 농업 종사자와는 질병의 종류가 다르다. 농·어업 종사자는 여전히 결핵에 의한 사망이 적었고, 위장염 대신에 뇌혈관 질환에 의한 사망이 많았다. 이 대신에 항생물질의 보급으로 결핵은 제2차 세계대전 이후 격감했으며 도시적 산업 기술직, 상업 종사자에게 많이 발병했다. 또 도시적 산업 종사자에게는 뇌혈관 질환이 적고 암에 의한 사망자가 많다는 것을 들 수 있다.

이상의 결과를 개괄적으로 보면, 도시와 농촌지역에 존재하는 여러 가지 다른 점이 질병의 종류에 반영된 것을 나타낸 것이다. 그리고 도시와 농촌에는 주민의 직업도 달라서 질병이 주민의 사회적 측면을 밝히는 지표가 된다고 말할 수 있다.

〈표 7-24〉 질병과 직업과의 관계

시기	직업 / 질병	결 핵	암	심장병	뇌졸중	폐 염	위장염	계
메이지(明治) 중기 (1883 ~ 1892)	농·어업	17,347	47,804	4,963	55,357	31,201	69,309	225,981
		0.88	1.03	0.92	0.98	0.95	2.11	
	제조업	1,406	3,268	470	4,458	2,932	4,856	17,390
		1.03	0.91	1.14	1.03	1.15	1.91	
	노동	587	1,137	159	1,387	920	1,527	5,717
		1.31	0.57	1.17	0.97	1.10	1.83	
	상업	2,578	5,742	1,072	8,706	5,593	8,728	32,419
		1.02	0.86	1.39	1.08	1.18	1.84	
	공무	559	925	175	1,607	1,200	1,701	6,167
		1.16	0.73	1.19	1.05	1.34	1.89	
	계	22,477	58,876	6,839	71,515	41,846	86,121	287,674
제 I 기 (1930 ~ 1938)	농·어업	19,173	15,985	10,519	37,979	27,561	18,011	129,228
		0.65	1.06	1.09	1.07	1.14	1.16	
	제조업	8,430	1,725	1,161	4,496	2,524	1,571	19,907
		1.87	0.75	0.78	0.82	0.68	0.66	
	방직업	2,784	235	215	570	521	311	4,636
		2.65	0.44	0.62	0.45	0.60	0.56	
	상업	8,448	3,297	1,842	7,143	3,658	2,374	26,762
		1.39	1.06	0.92	0.97	0.73	0.74	
	공무	4,630	1,051	542	2,447	1,601	926	11,197
		1.82	0.81	0.65	0.80	0.76	0.69	
	계	43,465	22,293	14,279	52,635	35,865	23,193	191,730
제 II 기 (1970~ 1985)	농·어업	221	9,789	5,262	7,224	1,227	256	23,979
		0.87	0.92	0.97	1.14	1.19	0.95	
	노무작업	173	8,234	4,168	4,665	556	196	17,992
		0.90	1.03	1.03	0.98	0.72	0.87	
	전문기술직	96	3,385	1,711	1,683	346	87	7,308
		1.23	1.04	1.04	0.87	1.10	1.06	
	상업	188	5,993	2,984	8,297	584	179	13,225
		1.33	1.02	1.00	0.94	1.02	1.21	
	관리직	63	3,609	1,549	1,504	291	60	7,076
		0.84	1.14	0.87	0.80	0.95	0.76	
	계	741	31,010	15,674	18,373	3,004	778	69,580

注: 사망자 수, 하단: 사망의 입지계수(특정 직업에서 특정 질병의 사망자 수가 차지하는 비율) / (모든 직업에서 특정 질병에 의한 사망자 수가 차지하는 비율)를 말함.

자료: 加賀美雅弘(1988: 43).

(4) 질병의 공간적 확산

질병 중에서는 공기에 의한 전염, 곤충에 의한 전염, 사람 간의 접촉에 의한 전염 등으로 전파되는 질병이 있다. 이와 같은 전염성 질병은 그 발병지에서 공간적으로 전파되게 된다. 이와 같은 질병의 공간적 확산을 살펴보면 다음과 같다.

공간적 확산 모형은 아직도 개량의 여지가 남아 있지만 현실 세계의 문제해결에 어느 정도 응용될 수 있을까? 사람과 사람과의 접촉에 의해 퍼지는 전염성 질병의 전파는 메커니즘적으로는 정보의 전파와 유사하다. 따라서 전염성 질병을 '환영하지 않는 혁신'이라고 한다면 공간적 확산 모형은 그 유행의 전파·예측 문제에 응용된다. 인류의 역사는 질병과의 투쟁이라고 말한다면, 중세의 페스트, 19세기의 콜레라, 20세기의 에스파냐 감기, 아시아 감기, 그리고 최근의 후천성 면역 결핍증(AIDS: Acquired Immunodeficiency Syndrome) 등의 세계적 유행이 사회에 큰 영향을 미쳤거나 미치고 있다. 전염성 질병의 공간적 확산은 인접효과에 의한 전염확산과 계층효과에 의한 계층확산에 의해 동시에 이루어진다.

14세기 중기 모든 유럽에서 크게 유행한 페스트는 1347년 킵차크부대에 의해 아시아 대륙에서 유럽으로 전파되어 수년간에 걸쳐 유럽인구가 1/5로 감소해 백년전쟁이 중단되기도 했다. 그리고 대규모의 인명손실이 노동력의 손실로 이어졌으며, 유럽경제 기반을 이루고 있던 장원·봉건제도를 뒤흔들었다. 서남아시아에서의 페스트의 공간적 확산은 남부 유럽으로, 나아가 중서부·북부유럽으로 확산되었다.

1905년 엘 토르(El Tor: 검역소의 이름) 콜레라가 메카 밖의 검역소에서 6인의 이슬람교 순례자에게서 처음 확인되었다. 1930년대에 이 콜레라는 셀레베스(Celebes) 섬의 풍토병으로 인식되었는데 일반적으로 이슬람교도가 갖고 있는 병이었다. 그 후 30년 동안 아무런 언급이 없다가 1964년 엘 토르 콜레라는 인도에 상륙해 수세기 동안 갠지스강 삼각주 지방의 풍토병이었던 원래의 콜레라와 대체되었으며, 1970년대 초에는 중앙아프리카까지 남하했고, 서쪽으로는 구소련과 유럽까지 전파되었다(〈그림 7-21〉).

또 1918년 가을과 1947년 여름~가을, 1977~1978년에 미국에서 유행한 독감의 공간적 확산과정 중 1977~1978년의 공간적 확산을 나타낸 것이 <그림 7-22>이다. 독감의 유행은 북동부지방, 5대호 주변지역, 서해안 대도시에서 시작되어 거리 체감적으로 확산되다가 콜로라도주 덴버(Denver)로 비화했다.

다음으로 에이즈의 공간적 확산은 그 감염경로가 성행위에 의한 감염, 혈액에 의한

〈그림 7-21〉 콜레라의 공간적 확산과정

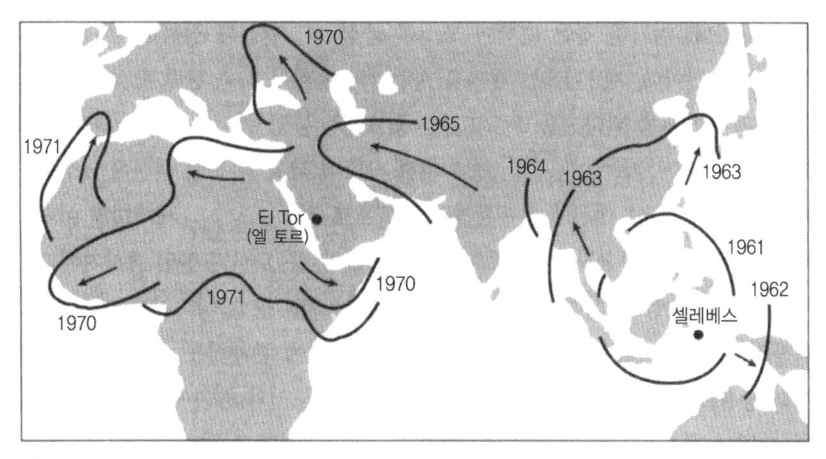

자료: Haggett(1979: 347).

〈그림 7-22〉 미국에서 독감의 공간적 확산과정(1977~1978년)

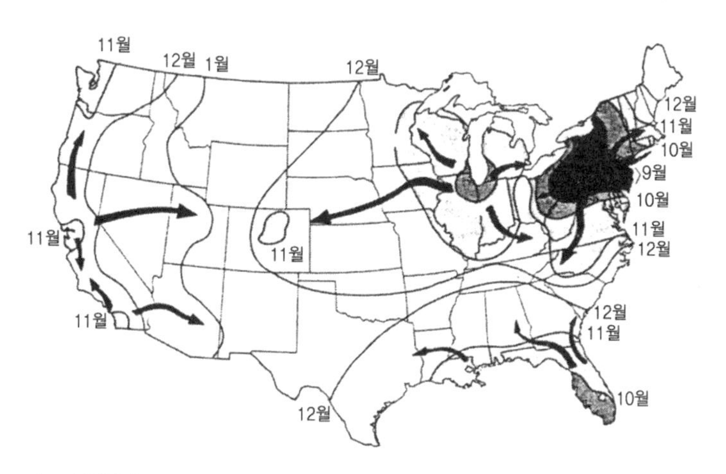

자료: 杉浦芳夫(1989: 125).

감염, 모자(母子)감염에 의하기 때문에 집촉성 팽창확산의 개념으로 지리학적인 분석방법을 활용한 연구가 효과적이다. 에이즈는 1970년대에는 중앙아프리카를 중심으로 퍼졌지만, 그 지역과 인적 교류가 많았던 유럽이나 아이티로 확대되었다. 에이즈의 기원지는 중앙아프리카지역(자이르, 잠비아, 우간다, 르완다, 중앙아프리카공화국)으로 추정된다. 에이즈는 카메룬의 침팬지로부터 기원해 카메룬 주민 중 누군가가 과거 침팬지

〈그림 7-23〉 가정적인 후천성 면역 결핍증의 확산(1970 · 1980년대)

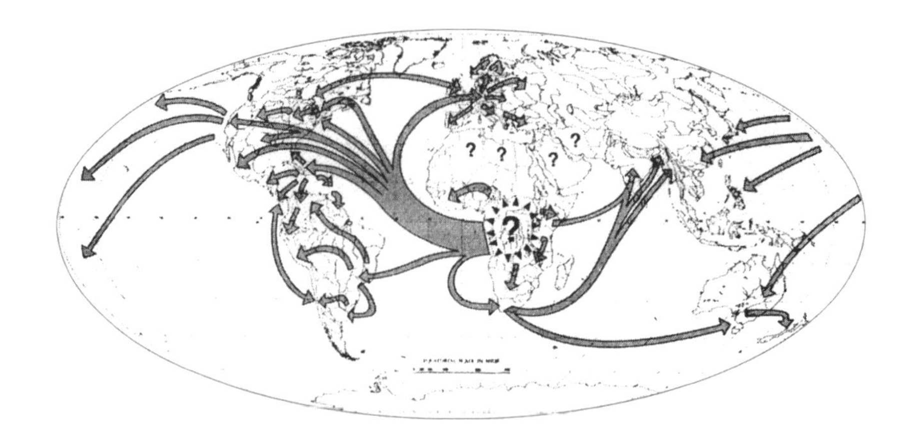

자료: Shannon and Pyle(1989: 12).

를 잡는 과정에서 부상된 것으로 생각되며, 에이즈 바이러스에 감염된 뒤 다시 다른 사람들에게 옮겨 에이즈가 전 세계로 확산된 것으로 추정하고 있다. 유럽으로의 전염은 1979년 5월~1983년 4월 사이에 벨기에의 브뤼셀에서 벨기에와 자이르 사이의 우호관계를 위한 사절단이 브뤼셀을 방문한 사실과 20년 동안 자이르에 거주한 그리스인에 의해 이루어졌다. 이와 같은 사실 때문에 벨기에에서는 1980년대 초까지 에이즈의 발병률이 높았다. 그 후 1985년까지는 프랑스, 덴마크, 네덜란드에서 발병률이 높게 나타났다. 또한 1980년대 후반에는 서부 유럽에서 동부 유럽으로의 확산을 보였다. 유럽으로의 공간적 확산은 도시계층에 의한 계층성 팽창확산의 형태가 뚜렷하게 나타났다. 또한 유럽으로의 공간적 확산은 도시계층에 의한 계층성 팽창확산의 형태가 뚜렷하게 나타났다. 또 미국에 전염된 경로로는 미국의 동성연애자들이 자주 아이티를 방문했다는 것이 꼽히며, 그들이 미국에 HIV 바이러스[12]를 갖고 들어가 동성연애자들 사이에, 또 마약 상용자 사이에 확산되었다는 설이 유력하다. 그리고 다른 지역의 경우 멕시코와 캐나다에서는 1981년에 발병되었으며, 브라질과 오스트레일리아에서는 1982년에, 일본·중국·필리핀·한국에서는 1985년에 환자가 나타났다(〈그림 7-23〉).

12) Human Immunodeficiency Virus 에이즈 바이러스는 1981년에 발견되었으며, 그 기원지와 경로는 2006년에 밝혀졌다.

세계보건기구는 1998년까지 에이즈의 HIV 바이러스 감염자수가 약 3300만 인으로 이 가운데 사망자 수가 약 1390만 인이라고 발표했다. HIV 바이러스 성인 감염자 중 여성의 비율을 보면, 사하라사막 이남 아프리카 지역이 약 50%로 가장 많았고, 그다음으로 카리브 해가 약 35%, 남·동남아시아 및 북아프리카·서남아시아, 서부 유럽, 북·중·남아메리카가 약 20%, 동아시아와 태평양 제국이 약 15%, 오세아니아 주가 약 5%로 이들이 출생아에 영향을 미칠 것이다. 미국 상무성의 『1994년 세계 인구개관』에 의하면 2010년에는 에이즈의 영향으로 유아 사망률이 높아질 국가가 있을 것이라고 경고했다. 그 영향이 클 것으로 예상된 국가로는 사하라사막 이남의 아프리카 국가들과 브라질, 아이티, 타이 등 16개 국가로 잠비아, 짐바브웨, 타이는 2010년의 유아 사망률이 에이즈가 없었던 경우에 비해 약 두 배가 될 것이라고 예측하고 있다. 타이에서는 에이즈의 영향으로 인구 증가율이 음의 값이 될 가능성도 있다고 말하고 있다.

2012년 지역별 에이즈 감염자(HIV 바이러스 양성, 에이즈가 감염된 성인, 어린이)의 분포를 보면 사하라사막 이남 아프리카에서 약 2500만 인으로 가장 많고, 그다음으로

〈표 7-25〉 HIV 감염자의 주요 국가별 분포(2009년)

국가	2012년	2009년		국가	2012년	2009년	
	계 (1000인)	15세 이상 여성 (1000인)	0~14세 어린이 (1000인)		계 (1000인)	15세 이상 여성 (1000인)	0~14세 어린이 (1000인)
일본	8*	3	-	탄자니아	1,500	730	160
중국	740	230	-	우간다	1,500	610	150
타이	4,400	210	-	짐바브웨	1,400	620	150
베트남	260	81	-	잠비아	1,100	490	120
인도네시아	610	88	-	말라위	1,100	470	120
인도	2,100	880	-	에티오피아	760		
러시아	980	480	-	카메룬	600	320	54
우크라이나	230	170	-	코트디부아르	450	220	63
미국	920	310		보츠와나	340	170	16
남아프리카공화국	6,100	3,300	330	레소토	360	160	28
나이지리아	3,400	1,700	360	가나	240	140	27
케냐	1,600	760	180	수단	260*	140	-
모잠비크	1,600	760	130	세계	33,300*	15,900	2,500

* 계는 2009년 자료임.

자료: 二宮書店,『地理統計要覽』(2014), p. 143; 矢野恒太紀念會,『世界國勢圖會』(2014), p. 446.

남·동남아시아가 약 370만 인, 중·남아메리카가 약 130만 인의 순이다(〈표 7-25〉).

에이즈의 HIV 바이러스 감염자 수가 많은 사하라사막 이남 아프리카지역은 에이즈에 의한 사망자 수도 많다. 예를 들면 잠비아에서는 1980~1990년 사이에 3.7%이던 인구성장률이 1990~2003년 사이에는 2.3%로 낮아졌다. 이는 에이즈의 HIV 바이러스 감염자의 사망에 의한 것인데, 사망자의 대부분은 장년층으로 농촌사회에 미치는 영향이 크다. 이에 대한 복합적인 요인을 살펴보면 다음과 같다.

먼저 농업생산에 대한 영향은 첫째, 농업 조방화의 뚜렷한 현상이다. 이로 인해·공동경작단위 노동의 감소, 아동과 여자 노동의 과중한 증가 등이 나타났다. 둘째, 한 부모나 양친이 사망한 아동은 친족에 의해 양육되지만 고아의 분산양육이나 소극적인 양육으로 친족 네트워크의 존속을 흔들리게 되었다. 셋째, 가구주가 사망함에 따라 밭이나 가재도구 등의 상속문제, 미망인 상속문제 등 상속방법의 변화가 나타난다.

다음으로 신종 전염병과 그 유행지역을 보면 <그림 7-24>와 같다. 세계에는 8개의 신종 전염병이 발생했는데 동·남·동남아시아에서는 사스, 조류독감, 0139변형 콜레라, 니파 바이러스 뇌염 등 다양한 신종 전염병이 발생했고, 서남아시아에서 메르스(중동

〈그림 7-24〉 신종 전염병과 그 유행지역

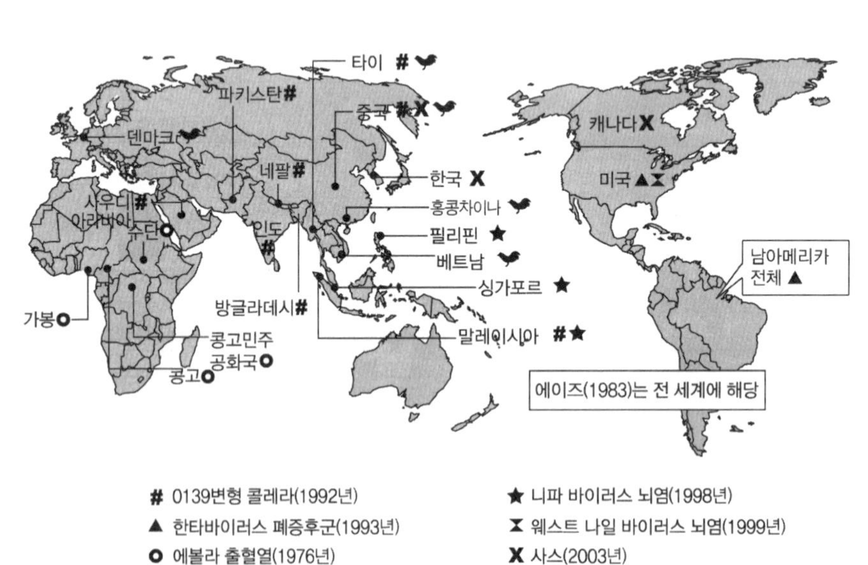

주: 괄호안의 연도는 최초 발생연도임.

〈그림 7-25〉 사스에 의한 사망자 분포

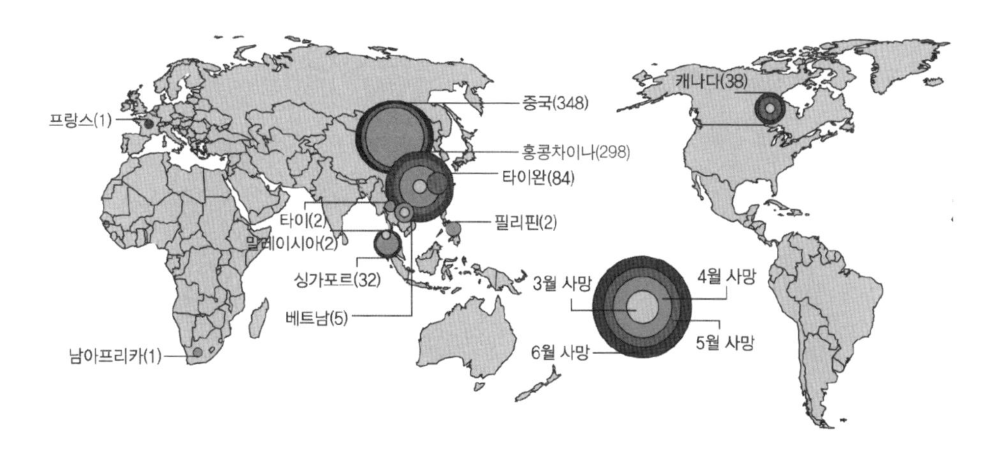

자료: O'Loughlin, Staeheli and Greenberg(2004: 201).

호흡기 증후군, MERS: Middle East Respiratory Syndrome), 아프리카에서는 에볼라 출혈열이 발생했다.

<그림 7-25>은 2003년 봄에 세계보건기구(WHO)에 보고된 사스(중증급성 호흡기 증후군, SARS: Severe Acute Respiratory Syndrome)의 누적사망자 수에 의한 공간적 확산을 나타낸 것이다. 가장 많은 사망자를 나타낸 중국은 사스의 기원지는 아니지만 2003년 4월 이전확산(relocation diffusion)을 나타냈다. 이전확산은 질병이 지역적·세계적으로 퍼지는 것을 설명할 수 있다. 아시아-태평양 지역 사스는 국제항공교통 노선이 사스를 확산시켰다고 믿고 있다.

2) 건강지리학

최근 건강지리학(health geography)이 정책론적 전환의 논의를 환기시키는데, 그 가장 큰 요인은 연구 성과의 영향력이 늦다는 점이나. 또 이 분야는 1980년대 이후 정치경제학적 접근방법이나 문화론적 전환(cultural turn) 등의 영향을 받았으며, 그 연구내용이나 시각을 크게 변화시키고 그 사정을 확대시켜온 흐름 가운데에서 의학지리학 분야 중 1990년대 초에 새롭게 제기된 연구영역이다. 의학지리학이 갖고 있는 의료적 이미지(image)를 초월하기 위해 새로운 건강지리학을 제기하는 움직임이 나타났는데, 컨스(R.

A. Kearns)는 전통적인 의학지리학에 대해 건강과 장소 사이의 동태적인 관계성, 그리고 장소의 활력에 대한 보건서비스와 사람들의 건강상태의 쌍방의 영향을 고려한 영역으로서 건강지리학을 제창했다. 또한 건강지리학은 사회지리학이나 문화지리학에 의해 폭넓은 영역과 밀접하게 연결되어 있다. 건강지리학의 대두를 상징으로 한 것이 1995년에 창간된 ≪헬스 앤 플레이스(Health and Place)≫라는 학술잡지이다.

건강지리학에 관해 가트렐과 엘리오트(A. C. Gatrell and S. J. Elliott)는 의학지리학에서 건강지리학으로의 발걸음을 반영한 모양으로, 건강상태의 지리를 설명하기 위한 접근방법으로서 첫째, 실증주의, 둘째 사회적 상호작용론(social interactionist), 셋째 구조주의, 넷째 구조화이론, 다섯째 후기구조주의 등 다섯 가지를 제시했다. 또 한편으로 보건서비스의 공급과 이용에서 불평등에 관한 실태와 패턴을 기술하는 가운데, 이에 대한 평가나 그 함의에 대해 약간 언급했다.

미국의 보건후생부는 「건강한 국민 2020(Healthy People 2020)」에서 4대 목표 중 하나로 '모든 이에게 건강을 촉진하는 사회적·물리적 환경조성'을 제시하고, 이와 더불어 이 네 가지 목표가 얼마나 달성되었는지를 측정하는 지표로서 건강결정요인(determinant of health)과 건강격차(health disparities) 등의 기준을 마련했다. 건강결정요인은 개인적 생활양식(life style), 유전적 요인, 의료 서비스와 함께 물리적·사회적 환경이 중요하게 포함되어 있는데, 특히 물리적 환경에는 자연환경과 함께 건조 환경(built environment)도 거론된다. 또한 건강격차는 성·인종 등 인구집단간의 차이뿐 아니라 지리적 차이에 의한 건강수준의 격차도 중요한 지표로 작용하고 있다. 주요 건강지표를 나타낸 것이 <표 7-26>이다.

먼저 국외 사례는 범국가, 국가, 지역단위 계획으로 구분할 수 있다. 범국가 단위계획으로 OECD 웰빙(well-being) 지수는 21개의 지표로 구성되어 있는데, 직접적으로 건강상태와 관련된 지표는 평균수명과 주관적 건강수준 인지율을 포함했다. 한편 WHO의 건강도시 지표는 사망률, 사망원인, 저체중 출생아 비율이 중요 건강지표이다. 다음으로 국가단위 계획으로 우선, '미국인의 건강순위(America's Health Rankings)'에서는 사망률, 저체중 출생아 비율, 우울증, 흡연율, 음주율, 비만율을, '공동체 건강상태 지표(Community Health Status Indicators)'에서는 사망률, 저체중 출생아비율, 고혈압, 당뇨, 주관적 건강수준 인지율, 신체 비활동, 흡연율, 비만율 등이 있다. 한편 건강한 '국민 2010(Healthy People 2010)'에서는 저체중 출생아 비율, 신체 비활동, 흡연율 등이 있고,

〈표 7-26〉 국내외 주요 건강지표

구분	지표	국외										국내	
		범국가단위		국가단위						지역단위			
		OECD 웰빙 지수	WHO 건강 도시 지표	미국인의 건강 순위	공동체 건강 상태 지표	건강한 국민 2010	건강한 미국을 만들기 위한 위원회	아메리카 칠드런	올드 아메리칸	뉴욕시 공동체 프로필즈	로스앤젤레스 군 주요 건강 지표	건강 증진 종합 계획	건강 빈곤 지수
건강결과	사망률(%)		○	○	○			○	○	○	○		○
	저체중 출산아 비율(%)		○		○	○		○	○	○			
	우울증			○			○		○	○	○		
	고혈압				○					○	○	○	
	당뇨				○					○	○		
건강상태	주관적 건강 수준 인지율(%)	○			○					○	○		○
건강위해	신체 비활동				○	○	○		○	○	○	○	
건강행태	흡연			○	○	○	○	○	○	○	○	○	○
	음주		○				○		○	○	○		
	비만		○	○		○	○	○	○	○		○	

자료: 김은정·김태환(2013: 164).

‘건강한 미국을 만들기 위한 위원회(Commission to Build a Healthier America)’에서는 우울증, 신체 비활동, 흡연율, 비만율 등의 건강지표가 있다. ‘아메리카 칠드런(America's Children)’에서는 사망률, 저체중 출생아 비율, 흡연율, 음주율, 비만율 등 건강행태군의 지표를 중점적으로 포함했으며, ‘올드 아메리칸스(Older Americans)’에서는 사망률, 흡연율, 비만율 등 건강행대군의 지표와 함께 신체 비활농, 우울증 여부도 중요한 지표로 포함시켰다. 지역단위 계획으로는 뉴욕과 로스앤젤레스의 사례를 살펴보았다. 이들 두 지역 모두 건강결과(outcomes), 건강상태(health status), 건강 위해(risks), 건강행태(behaviors) 요소가 포함되었다. ‘뉴욕시 공동체 프로필즈(NewYork City Community Profiles)’에서는 사망률, 저체중아 비율, 당뇨, 주관적 건강수준 인지율, 신체 비활동, 흡연,

음주, 비만 등이 지표로 사용되었고, '로스앤젤레스 군 주요 건강지표(LA County Key Health Indicators)'에서는 뉴욕시 공동체 프로필즈에서 활용된 지표에 우울증, 고혈압 지표를 추가해 포함했다.

한편 국내 사례로는 보건복지부의 제3차 국민건강증진종합계획(2011년)과 건강증진사업지원단의 건강 빈곤지수를 살펴볼 수 있다. 건강증진종합계획에서는 총 12개를 건강지표로 활용하고 있는데, 이 중에서 국외 계획에서 중복해 활용된 지표로 우울증, 고혈압, 신체 비활동, 흡연, 음주 등이 있고, 국민건강증진종합계획은 10년을 주기로 수립되는 최상의 보건계획으로, 이 계획에서의 대표 지표들은 주기적으로 모니터링된다. 또한 이 지표들을 관리하기 위해 다양한 건강 및 보건사업과 정책들이 발굴된다. 한편, 건강빈곤지수(Health Poverty Index)는 지역별 건강불평등 수준을 파악하기 위해 건강증진사업지원단에서 개발한 것이다. 이 지수는 지역보건정책을 발굴하고 관련 사업을 추진하는 데 근거자료로 활용하기 위해 개발되었으며, 사망률, 고혈압, 주관적 건강수준 인지율, 흡연, 비만 등의 지표가 포함되어 있다.

<표 7-26>에서 건강도 지표로 4대 부문이 포함되어야 할 당위성을 세부적으로 살펴보면 다음과 같다. 첫째, 흡연과 음주, 신체활동 등의 건강행태는 청·장년층의 선행질환 및 노인층의 중증질환을 일으킬 수 있는 요소이며, 건강행태가 양호하면 물리적·심리적 건강과 직간접적으로 연관된다. 또 행태요소들이 건강지표로 많이 활용된 것은 건강행태가 주요한 지표로 포함되어야 함을 시사한다. 둘째, 비만, 고혈압, 당뇨, 고지혈증 등의 질병이환(disease morbidity)은 그 자체로 건강지표로서 의미가 높다. '질병의 부재' 자체가 건강의 가장 중요한 척도이기 때문이다. 또한 비만, 고혈압, 당뇨, 고지혈증 등은 뇌졸중, 심근경색 등 중증질환을 유발하는 선행질환이므로 건강지표로 그 필요성이 높다. 특히 비만은 WHO에서 질병으로 정의하고 있고, 한국뿐만 아니라 전 세계적으로 비만은 급속도로 증가하고 있으므로 여기서는 건강행태군이 아니라 질병이환군에 포함된다. 셋째, WHO에서는 건강의 개념을 질병의 부재(absence of disease or infirmity)를 넘어 육체적·정신적·사회적 웰빙 상태로 보고 있으므로, 심리건강을 건강지표로 포함할 필요성이 크다. 기존에는 질병이환이나 건강행태를 건강지표로 보는 경향이 높았으나, 최근 들어 현대인의 건강에 우울증이나 스트레스 등이 악화되는 경향이 나타나는 것은 심리건강을 대신하는 지표들이 건강지표로 활용될 필요성을 시사하고 있다. 그래서 '미국인의 건강순위', '건강한 미국을 만들기 위한

위원회', '올드 아메리칸스', '로스앤젤레스 군 주요 건강지표', 건강증진종합계획에서도 우울증을 건강지표로 활용했다. 넷째, 건강이란 개인의 주관적 인지율이 크게 영향을 미치므로, 건강인식 수준이 건강의 지표로 포함되어야 할 것이다. 아무리 객관적 건강수준이 좋다고 할지라도, 개인이 직접 체감하는 건강 인식수준이 낮다면 개인의 건강수준이 높다고 할 수 없기 때문이다. 그래서 '공동체 건강상태 지표', '뉴욕시 공동체 프로필즈', '로스앤젤레스 군 주요 건강지표' 등에서 건강 인식수준을 건강지표로 활용하고 있는 것은 그 중요성을 대변하는 것이다.

<그림 7-26>은 한국 종합건강도를 시·군별로 나타낸 것으로, 권역별 기준으로 보면 전라도의 건강도가 3.1 수준으로 가장 높고, 충청도(0.3), 대구시·경북(-0.1), 부산·

〈그림 7-26〉 종합건강도의 지역적 분포

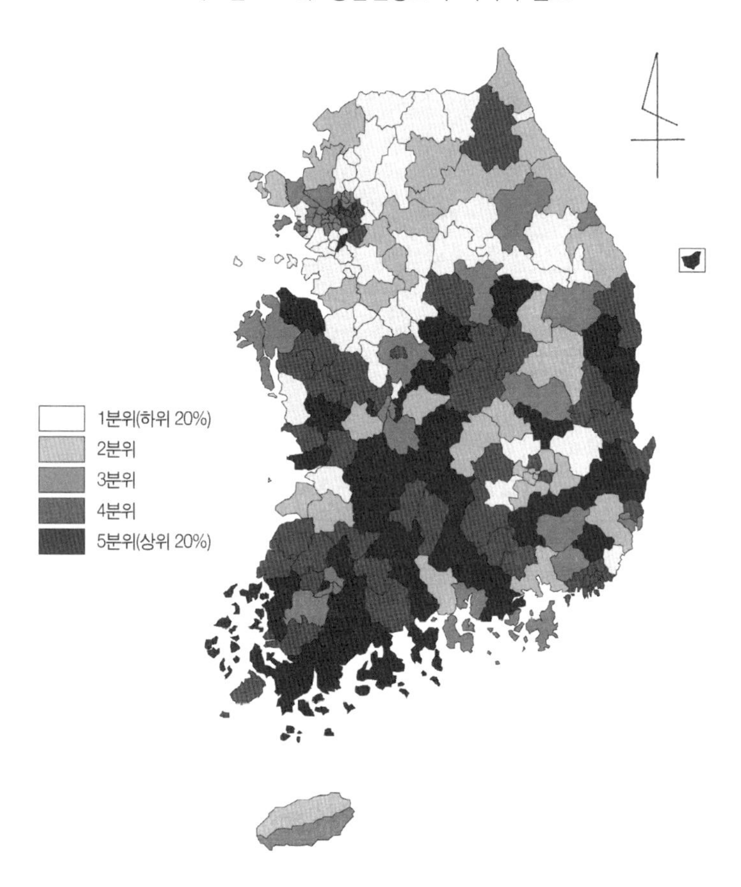

자료: 김은정·김태환(2013: 173).

울산시·경남(0.4)은 전국 평균과 유사하며, 수도권(-1.5)과 강원·제주도(-2.6)의 값은 상대적으로 낮았다. 도시규모별로는 농촌형(군부) 도시가 1.4 수준으로 가장 높았고, 대도시형(-0.5), 중소도시형(-0.9) 순이었다. 호남지방의 농촌형 지역에서 건강도가 상대적으로 월등히 높은 수준을 보이며, 수도권의 대도시형이나 중소도시형 도시에 거주하는 시민들의 건강도 수준이 낮은 것으로 분석된다. 건강도 기준 5분위(상위 20%)의 약 46%가 전라도의 시·군이 차지하며, 충청도 7개 시·군, 경상도 11개 시·군을 포함하는 등, 중·남부지방의 건강도 수준이 오히려 높은 것으로 나타났다. 반대로 1분위(하위 20%) 지역으로는 경기도와 강원도에서 약 50% 이상이 포함되었다. 도시규모별로 볼 때, 농촌형이 건강측면에서 좋은 지역으로 분류되고, 중소도시형이 가장 미흡한 지역으로 나타났다. 이것은 상대적으로 중소도시에서 도시개발에 따라 건강에 대한 도시적 환경의 부정적 영향은 커지고 있으나 건강 인프라에 대한 투자는 미비한 점에 기인한 것으로 해석할 수 있다. 특히, 고전적 장수지역으로 분류되는 제주도의 경우, 심리건강을 제외한 건강행태, 질병이환, 건강인식 지표에서 공통적으로 건강성이 매우 낮은 것으로 분류되었다.

한편 전국 시·군·구의 건강성과, 질병예방, 의료 효율, 의료공급의 네 분야의 건강평가 항목에서 19개 평가 지표를 기준으로 파악했다(〈표 7-27〉).

전국 75개 시 가운데 건강평가 1위는 전북 전주시다. 전주는 10만 인당 의사 수(311명)와 병상 수(1742개)가 비교적 많고, 비만율(20.0%)과 흡연율(21.1%)은 상대적으로 낮은 편이었다. 그리고 86개 군 중에선 울산시 울주군이 1위(전체 18위)로 군 가운데 건강일수

〈표 7-27〉 건강평가 지표(2013년)

건강성과(50점)	질병예방(25점)	의료 효율(10점)	의료공급(15점)
• 기대수명 • 건강일수 • 주관적 건강수준 인지율 • 주민 10만 인당 6대 암 환자 수 • 주민 10만 인당 당뇨병 환자 수 • 주민 10만 인당 고혈압 환자 수	• 주관적 스트레스 인지율 • 현재 흡연율 • 비만 인구율 • 건강검진 수진율 • 필요의료 서비스 미치료율	• 주민의 외래진료 해당 자치체 내 이용률 • 주민의 입원진료 해당 자치체 내 이용률 • 상대 평균 외래 진료비 • 상대 평균 입원 진료비 • 평균 재원(在院)일수	• 주민 10만 인당 의사 수 • 주민 10만 인당 병상 수 • 주민 1인당 보건예산

자료: ELIO&Company, http://www.healthranking.org

(연중 병원이나 약국에 가지 않고 생활하는 일수)가 가장 길고(240일), 10만 인당 대장암 환자 수(193인)가 가장 적었다. 또 폐암은 두 번째, 위암은 네 번째, 간암은 다섯 번째로 적었다. 육류 섭취 등 서구식 식생활이 발병 원인일 것으로 여겨졌던 대장암은 도시보다 농어촌에서 발생률이 높았다. 이것은 농촌지역의 노인인구 비율이 높은 데다 힘든 농사일을 이겨내기 위해 하루 두 잔 이상 마시는 술이 대장암의 원인이 될 수 있다고 설명할 수 있다. 예외적으로 유방암은 시·구 등 도시 주민이 많이 발병했는데, 특히 여성 주민 10만 인당 유방암 환자 수의 경우 서울 강남구(623인)가 전국 230개 시·군·구 중에서 경북 울릉군(626.5인) 다음으로 많았다. 서울시 25개 구 중 서초(603인)·송파(554인)·강동·중·도봉구 등 11개 구가 유방암 발생률 전국 1～20위에 포함됐다. 서울시 강남 3구를 비롯한 수도권의 유방암 발생비율이 높은 것은 여성 호르몬의 분비(유방암의 발병 요인으로 추정)와 관련된 지방 섭취가 상대적으로 많기 때문으로 추정되며, 만혼, 고령임신, 적은 자녀 수로 인해 서울시 여성의 여성 호르몬 노출기간이 연장된 탓도 있을 것으로 분석할 수 있다.

고혈압과 당뇨병의 비율은 밀접한 관계가 있는 것으로 보인다. 10만 인당 고혈압 환자 수가 전국 최저인 시·군·구 네 곳(광주시 광산구, 경북 구미시, 대전시 유성구, 울산시 북구)은 10만 인당 당뇨병 환자 수도 전국 최저를 기록했다. 현재 흡연율이 최저인 곳은 서울 서초구(16.5%)로 전국 최고 흡연율을 기록한 강원도 태백시(32.2%)의 절반 수준이었다.

시·도별 건강평가에서 광주시가 1위를 차지했는데, 광주시의 10만 인당 고혈압 환자 수(8750인)가 16개 시·도 중에서 가장 적고, 비만율이 20.6%로 최저인 것이 그 원인이다. 그리고 2위인 울산시는 대장암·자궁암·당뇨병 환자 수가 전국 시·도에서 최저이고, 폐암·고혈압 환자는 두 번째로 적었다. 특히 제주도의 비만율은 1위(27.6%), 흡연율은 인천에 이어 2위(25.6%)로 최하위를 기록한 강원도는 10만 인당 고혈압 환자 수(1만 4805인)가 가장 많았다(〈그림 7-27〉).

〈그림 7-27〉 전국 시 · 군 · 구 건강평가 지수 분포(2013년)

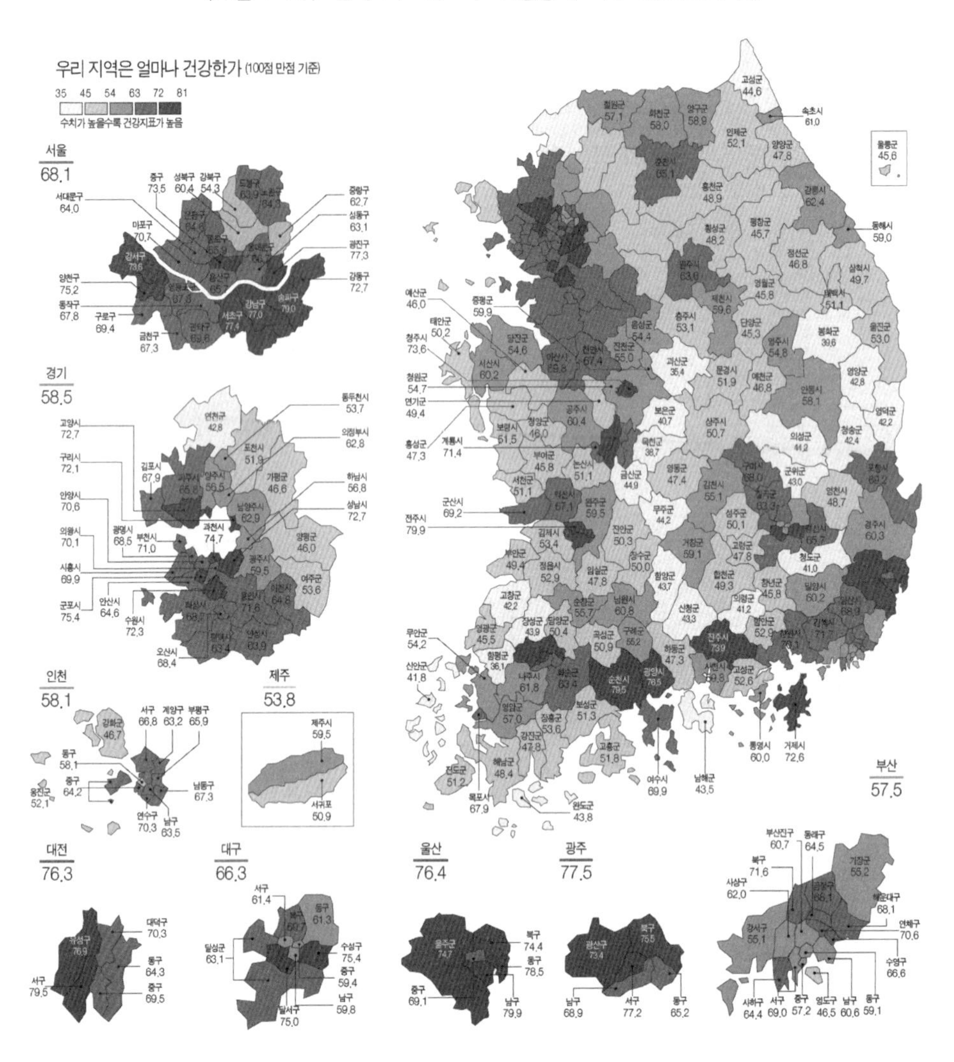

자료: ≪중앙일보≫, 2013년 9월 20일 자.

시 · 도별 건강순위

순위	시·도	순위	시·도	순위	시·도
1	광주광역시	7	전라북도	13	경상북도
2	울산광역시	8	경기도	14	충청북도
3	대전광역시	9	인천광역시	15	충청남도
4	서울특별시	10	부산광역시	16	강원도
5	대구광역시	11	제주특별자치도		
6	경상남도	12	전라남도		

시 · 군 · 구 건강순위

순위	시	군	구
1	전북 전주시	울산시 울주군	울산시 남구
2	전남 순천시	전남 화순군	대전시 서구
3	전남 광양시	경북 칠곡군	서울시 송파구
4	경기도 군포시	대구시 달성군	울산시 동구
5	경기도 과천시	충북 증평군	서울시 서초구
6	경남 진주시	전북 완주군	서울시 광진구
7	충북 청주시	경남 거창군	광주시 서구
8	경기도 성남시	강원도 양구군	서울시 강남구
9	경기도 고양시	강원도 화천군	대전시 유성구
10	경남 거제시	강원도 철원군	광주시 북구
11	경기도 수원시	전남 영암군	대구시 수성구
12	경기도 구리시	전북 순창군	서울시 양천구
13	경남 김해시	부산시 기장군	대구시 달서구
14	경기도 용인시	전남 구례군	울산시 북구
15	충남 계룡시	충북 진천군	서울시 강서구
16	경기도 부천시	충북 청원군	서울시 중구
17	경기도 안양시	충남 당진군	광주시 광산구
18	경남 창원시	충북 음성군	서울시 강동구
19	경기도 의왕시	전남 무안군	부산시 북구
20	경기도 시흥시	경기도 여주군	서울시 마포구

위암환자가 적은 시 · 군 · 구(10만 인당 환자 수)

순위	시	군	구
1	경기도 안산시	강원도 철원군	인천시 서구
2	경기도 시흥시	충북 증평군	광주시 광산구
3	경기도 오산시	강원도 양구군	인천시 계양구
4	경기도 수원시	울산시 울주군	인천시 남동구
5	경기도 부천시	강원도 인제군	울산시 북구
6	제주도 제주시	경기도 여주군	인천시 연수구
7	경북 구미시	경북 달성군	서울시 양천구
8	경남 거제시	경북 칠곡군	인천시 부평구
9	경기도 군포시	강원도 정선군	대전시 유성구
10	경기도 과천시	강원도 화천군	서울시 강남구

간암환자가 적은 시 · 군 · 구(10만 인당 환자 수)

순위	시	군	구
1	충남 계룡시	경북 칠곡군	대전시 유성구
2	경북 구미시	충북 증평군	대전시 서구
3	경기도 시흥시	충북 진천군	인천시 계양구
4	경기도 오산시	충북 음성군	울산시 남구
5	충북 청주시	울산시 울주군	인천시 서구
6	경기도 수원시	대구시 달성군	인천시 연수구
7	경기도 안산시	강원도 양구군	울산시 북구
8	경기도 과천시	충남 연기군	인천시 남동구
9	경기도 광명시	강원도 화천군	광주시 광산구
10	경기도 군포시	충남 당진군	대구시 달서구

폐암환자가 적은 시 · 군 · 구(10만 인당 환자 수)

순위	시	군	구
1	충남 계룡시	충북 증평군	울산시 북구
2	경기도 안산시	울산시 울주군	인천시 서구
3	경북 구미시	대구시 달성군	인천시 계양구
4	경기도 시흥시	부산시 기장군	울산시 남구
5	경기도 의왕시	강원도 철원군	인천시 연수구
6	경기도 오산시	경기도 여주군	대전시 유성구
7	경기도 군포시	경북 칠곡군	인천시 부평구
8	경남 김해시	충북 청원군	대구시 달서구
9	경남 거제시	경북 울릉군	광주시 광산구
10	경기도 부천시	충북 진천군	서울시 강남구

대장암환자가 적은 시 · 군 · 구(10만 인당 환자 수)

순위	시	군	구
1	경북 구미시	울산시 울주군	울산시 북구
2	경기도 오산시	대구시 달성군	광주시 광산구
3	경남 거제시	경북 칠곡군	인천시 서구
4	경기도 시흥시	부산시 기장군	울산시 동구
5	경기도 화성시	강원도 철원군	인천시 계양구
6	경남 김해시	경남 고성군	인천시 연수구
7	경기도 안산시	인천시 옹진군	울산시 남구
8	충남 계룡시	충북 증평군	대전시 유성구
9	경기도 수원시	전북 장수군	인천시 남동구
10	전남 광양시	강원도 고성군	부산시 사상구

자료: ≪중앙일보≫, 2013년 9월 20일 자.

8장

인구이동 유형과 이동이론

유엔에서는 인구이동(migration)[1]을 '지리상 단위 지역 간의 유동성(mobility), 즉 공간적 유동성의 하나의 형태이고, 일반적으로 출발지에서 목적지까지의 주소변경을 한 것'이라고 규정하고 있다. 따라서 이 정의에 의하면 주소의 변경은 통상 없지만 공간적인 이동을 행하는 통근(commuting)이나 계절이동(seasonal migration), 노동력 이동(labor migration), 단기간의 여행은 포함되지 않는다. 또 인구유동의 현상만으로 정의하는 이외에, 예를 들면 인구이동은 인구의 직업적 이동을 바탕으로 행해지는 지역적 이동이라고 정의하는 경우도 있어 인구이동에 대한 정의는 여러 가지가 있다.

인구이동은 전출(out-migration)과 전입(in-migration)을 포함한 국내 인구이동(internal migration)과 이주(emigration, immigration)를 포함하는 국제 인구이동(international migration), 초국가적 인구이동(transnational migration)으로 구별된다. 국내 인구이동은 다시 이동자의 집단성에 의해 단신이동, 가족이동, 집난이동으로 구분되고, 또 이동지역에 따라 지역사회 내 이동, 도시·농촌 간 이동, 도시 간 이동 등으로, 이동시간에 의해

1) 영어의 migration이란 단어는 라틴어의 migrare라는 단어에서 유래된 것으로서 '거처를 옮긴다'는 뜻이다.

정기이동, 계절이동으로, 이동목적에 따라 직업이동, 연사(緣事)이동, 취학이동 등으로 구분되지만 근대사회에서는 직업이동에 의한 단신 또는 가족단위 이동 및 농촌에서 도시로의 반영구적인 이동이 중심이 되고 있다. 또 국제인구이동은 이주국에서 동화의 과정을 기꺼이 수용해 결국 성공적으로 정착하는 것을 목표로 하는 일반적인 이주방식을 말한다. 그리고 초국가적 인구이동은 기원지와 정착지간의 유대관계가 강화되는 새로운 방식의 이주를 말한다. 최근 초국가적 인구이동의 연구는 글로벌화를 초국적 이주자들에 의한 탈영토화의 진행으로 보던 과거의 비장소적 연구로부터 더 나아가 이주의 주체와 그 문화가 로컬(local)과 장소에 어떻게 착근되고 변용되어 가는지에 대한 재영토화의 과정에 초점을 맞추고 진행되고 있다.

인구이동의 종류는 총인구이동(gross migration)과 순인구이동(net migration)으로 나눌 수 있다. 총인구이동은 특정 지역의 전입자 수와 전출자 수를 합친 총이동 수를 말한다. 그리고 순인구이동이란 특정 지역의 전입자 수에서 전출자 수를 뺀 수를 말한다. 인구이동률을 산출하는 공식을 보면 다음과 같다. 먼저 전출률(out-migration rate)은 $\frac{O}{P} \times 100$이고, 전입률(in-migration rate)은 $\frac{I}{P} \times 100$이다. 그리고 총이동률은 $\frac{I+O}{P} \times 100$이고, 순이동률은 $\frac{I-O}{P} \times 100$이다. 여기에서 I는 전입자 수이고, O는 전출자 수이며, P는 특정 지역의 연앙인구이다.

1. 인구이동의 유형

인구이동은 사람의 일상생활의 장소를 다른 장소로 이동하는 것으로, 이동에서 이동자의 수, 이동기간, 이동목적 등에 의해 여러 가지 유형으로 나눌 수가 있다. 인구이동의 유형을 살펴보면 다음과 같다.

① 이동자가 단독인가 집단인가에 따른 유형
개인이동 – 취학이동, 통혼이동
가족이동 – 수반이동, 가족이동
② 자유의지에 의한 것인가에 따른 유형
자유이동, 강제이동[2)]

③ 이동지역에 의한 유형
농촌·도시 간 이동
도시 간 이동
도시·농촌 간 이동
농촌 간 이동

④ 이동기간에 의한 유형
영구적 이동
일시적 이동
주기적 이동 – 계절이동, 통근이동

⑤ 이동목적에 의한 유형
직업(취업)이동
취학이동
연사이동
인퇴(引退)이동

1) 이동자의 단위에 의한 유형

첫째, 개인이 단독으로 한 사람의 생활 장소를 떠나 다른 곳으로 이동해 사는 경우가 개인이동으로, 취학에 의한 취학이동, 결혼에 의해 농촌에서 도시로 또는 도시에서 다른 도시로 이동하는 통혼이동 등이 개인이동의 예이다. 둘째 한 가족이 이주하는 가족이동, 가족 전원 중 부모가 자녀를 동반하고 노부모는 본래의 거주지에 남겨 두고 이동하는 수반이동, 또 때에 따라 다수의 개인 또는 가족이 집단으로 다른 거주지로 옮기는 집단이동이 있다.

2) 이동의사에 의한 유형

인구이동은 일반적으로 개인의 자유의사에 바탕을 둔 자유이동(free migration)과

2) 수몰지구 이주 등을 말한다.

강제성을 띤 강제이동(forced migration)이 있다. 국내이동인 경우 자유이동이 많지만 국내의 정치적 사정이나 자연재해로 인해서는 자유의사와 관계없이 이동하지 않으면 안 될 경우가 발생하는데, 이와 같이 전쟁이나 비상사태의 경우는 강제이동인 경우가 많다. 1870년 프로이센(Preussen)과 프랑스 간의 전쟁 이후 알자스·로렌(Alsace-Lorraine)이 독일에 합병되어 많은 프랑스인들이 추방되어 프랑스나 알제리로 송환된 예나 제2차 세계대전 때에 독일 국내 약 1000만 인의 피난민이 국경을 넘었던 예, 특히 나치스에 의한 유대인의 추방 등의 예도 강제이동의 전형적인 예이다.

3) 이동지역에 의한 유형

사람이 생활하는 장소를 농촌과 도시로 나누면 인구이동은 농촌에서 도시로 이동하는 농촌·도시 간 이동(rural-urban migration), 도시에서 농촌으로 이동하는 도시·농촌 간 이동(urban-rural migration), 농촌에서 농촌으로 이동하는 농촌 간 이동(inter-rural migration), 도시에서 도시로 이동하는 도시 간 이동(inter-urban migration)의 네 가지, 형태가 있다.

이동량으로 보면 한국 및 유럽과 미국 등 선진국에서도 농촌·도시 간 이동이 나머지 이동들보다 많으며, 현재 아프리카나 라틴아메리카 등의 개발도상국 여러 지역에서의 국내 인구이동에서도 가장 탁월하다. 농촌에서 도시로의 인구이동량이 많은 것은 산업혁명 이후 도시에 대량생산이 가능한 근대공업의 설립과 3차 산업의 발달에 따른 고용기회의 증대로 농촌의 잉여 노동력이 도시로 집중하게 되었기 때문이다.

제2차 세계대전을 계기로 생산기술의 발달과 더불어 정보기술의 혁신을 가져와 공업 생산 분야 중에서도 직접생산에 참여한 블루칼라(blue collar), 이밖에 생산·유통부문의 행정·관리직종이나 판매·홍보부문의 경제활동 인구가 급증했다. 그와 더불어 일반 사무관계자의 증가로 화이트칼라(white collar)의 수가 증가하고 제조업의 발달로 3차 산업화가 진행되었다. 정부의 행정부문은 물론 금융·종합상사 등의 확대, 교통·커뮤니케이션 부문의 새로운 영역으로의 성장, 기술에서 경영에 이르는 전문적 컨설턴트(consultant)의 등장과 증가, 각종 임대의 등장 등 고도 경제·정보사회의 성장으로 도시 간의 인구이동이 증가하는 경향이 촉진되었다. 이것이 최근 선진국에 도시 간 인구이동을 가져왔다.

도시에서 농촌으로의 인구이동량은 적은 편인데, 그 주요 이유는 농촌에는 취업의 기회가 적고 문화시설이 적기 때문이다. 그러나 노령 퇴직자는 도시에서 농촌으로 이동하는 경우가 있다. 프랑스 파리의 퇴직자들이 파리를 떠나 지중해 연안의 온난한 기후지역으로 노후를 지내기 위해 이동하며, 영국의 런던 퇴직자들은 런던을 떠나 영국해협에 연해 있는 서섹스(Sussex) 해안에 살고, 미국에서는 플로리다(Florida) 반도 등에서 여생을 보내는 경우가 그 예이다.

4) 이동기간에 의한 유형

이동기간에 의한 인구이동에는 영구이동(permanent migration), 일시이동(temporary migration), 주기이동[(periodical(rhythmic, oscillatory) migration)] 또는 회귀이동(recurring migration)의 세 가지 유형이 있다.

영구이동은 본래의 거주지로 영구히 돌아가지 않는 이동을 말한다. 그러나 전출을 갈 때는 영구히 돌아가지 않는다고 결심한 이동이라 해도 돌아가는 경우가 있고, 반대로 일시적 이동이라고 생각한 이동이 영구이동이 될 수도 있어 이들을 구별하기가 어렵다. 주기이동은 1년을 주기로 하는 계절이동(seasonal migration)이나 하루를 주기로 하는 통근이동(commuting, journey to work)이 있다. 이 이동은 거주지를 변경하는 이동이 아니기 때문에 엄밀한 의미에서 인구이동의 범주에 넣지 않아야 된다는 의견도 있다. 그러나 주소지의 이동이 아니더라도 거주지 이동이 흥미 있는 현상이기 때문에 넓은 의미의 인구이동으로 취급하는 연구자도 있다.

5) 센서스의 주거지역 정보로부터 구분된 인구이동 유형

1940년 이전에 센서스를 실시했을 때에 인구이동에 관한 조사는 출생지만을 조사해 출생 후부터 조사 당일까지 출생지에서 살고 있었는지 여부를 파악했나. 그러나 이와 같은 조사로는 평생의 거주지 파악은 불가능했다. 그래서 미국에서는 1940년부터, 영국에서는 1961년부터 센서스 조사 때에 5년 전의 거주 지역을 조사하기 시작했으며, 1년 전 거주지, 현재 거주지의 자료를 조사함으로써 거주 지역의 변화를 파악할 수 있게 되었다. 이와 같은 조사를 통해 거주 지역 이동의 유형은 다섯 가지로 나눌

〈그림 8-1〉 센서스의 거주 지역 정보로부터 구분된 인구이동 유형

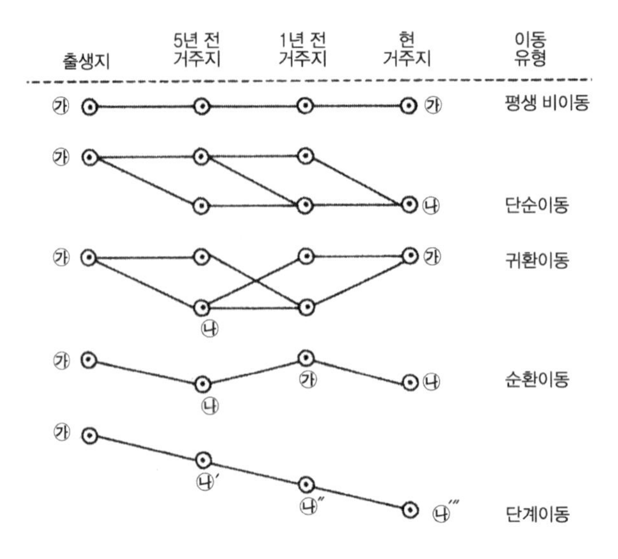

자료: 권태환·김두섭(1990: 162).

수가 있다(〈그림 8-1〉). 먼저 평생 비이동은 출생해서 한 지역에서만 거주하는 경우를 말하며, 단순이동은 출생지에서 현재 거주하고 있는 지역으로 이동이 이루어졌을 경우로 이들 이동 유형은 쉽게 파악될 수 있다. 또 ㉮→㉯→㉮(또는 ㉮')는 귀환이동(return migration)으로 농촌→도시→대도시→농촌[3]의 이동형태로 나타내며, O-턴(turn)[4]과 J-턴[5]이 이에 속한다. 그리고 ㉮→㉯→㉮(㉮')→㉯(㉯')의 유형은 순환유형(circular migration)이라 한다. 그리고 출생지와 최종 거주지 사이에 여러 개의 잠정적 거주지가 게재되어 있는 이동을 단계적 이동(step migration)이라 하는데 농촌→ 중소도시 → 대도시로의 이동은 이에 속한다.

3) 앞의 농촌과는 반드시 같지 않다.

4) U-턴은 지방 출신자가 취업과 취학을 위해 대도시로 거주지를 이동한 후 몇 년이 지난 뒤, 이유가 있어 출신지에 돌아오는 현상을 말한다. 지방 출신자가 그의 출신지로 돌아온다면 U-턴이 아니고 O-턴이 된다. U-턴이란 매스 커뮤니케이션에서 사용하는 용어이다. 그리고 도시권 출신자가 어떤 거주목적으로 비도시권으로 이동하는 것을 I-턴이라 한다.

5) 출신지가 아닌 대도시 주변지역이나 지방 중심도시로 역류하는 이동은 J-턴이라 한다.

2. 국내 인구이동량의 추계방법

국내 인구이동에 대한 행정기관의 통계는 매우 한정되어 있고, 개인이나 단체에서 전국적인 자료는 물론 광역의 인구이동 자료를 파악하는 것이 어렵다. 국내 인구이동량에 대한 직접적인 자료를 얻기 어려울 경우 이동량을 추계하는 방법으로 여러 가지 방안을 강구하고 있으나 그중에서 중요한 것은 다음과 같다.

1) 출생 · 사망수법

출생자 수와 사망자 수, 즉 동태통계(vital statistics)를 이용하기 때문에 이 이름이 붙여졌다. 어떤 지역의 특정 연도 인구수를 P_o로 하고 그 지역의 t년 후의 인구수를 P_{t+0}, 그 기간의 각 연도의 출생자 수를 B, 사망자 수를 D로 하고, 또 같은 기간에 각 연도의 전입인구를 I, 전출인구를 O라 하면 $P_{t+0}-P_o=\sum_0^t(B-D)+\sum_0^t(I-O)$로 나타낸다.

즉, t년 사이의 인구변동은 그 기간의 자연적 변동과 사회적 변동의 합으로 생각할 수 있다. 여기에서 오른쪽 변의 한 항을 왼쪽 변으로 이항함에 따라 $\sum_0^t(I-O)=[P_{t+0}-P_o]-\sum_0^t(B-D)=M_n$이 얻어진다. M_n은 t년 사이에 그 지역의 인구의 순이동량으로, 만약 전출이 전입을 초과하면 음이 되고 전입이 전출을 초과하면 양이 된다.

2) 생잔율법에 의한 인구이동

생잔율법은 연령별 인구에 생명표에 의한 생잔율(survival rate)을 이용해 계산하는 것이기 때문에 이 이름이 붙여졌다. 어떤 해의 x세 인구를 $P_{(x)}$로 하고 N년 후의 이 동시발생 집단 인구를 $P_{(x+N)}$으로 해서, 이 N년 사이의 x세의 생잔율을 $p(x)$, 이 사이에 x세의 순이동률을 $M_n(x)$라 하면

(가) 전진법: 어느 해의 인구$P_{(x)}$를 기준으로 해

$$M_n(x)=P_{(x+N)}-P_{(x)}\cdot\ p(x)$$

(나) 역진법: 어느 해에서 N년이 지난 인구를 기준으로 해

$$M'_n(x) = \frac{P_{(x+N)}}{p_{(x)}} - P_{(x)}$$

(다) 평균법 : 전진법과 역진법으로 계산한 것은 반드시 일치하지 않기 때문에 두 가지를 평균한다. 그 값을 $\overline{M_n}(x)$이라 하면

$$\begin{aligned}\overline{M_n}(x) &= [M_n(x) + M'_n(x)] \times \frac{1}{2} \\ &= [P_{(x+N)} - P_{(x)} \cdot p(x) + \frac{P_{(x+N)}}{p(x)} - P_{(x)}] \times \frac{1}{2} \\ &= \frac{1+p(x)}{2p(x)} [P_{(x+N)} - P_{(x)} \cdot p(x)]\end{aligned}$$

생잔율에 의한 계산에는 생명표를 사용하지 않으면 안 되고 그 자료가 얻기 어려운 경우도 있다. 따라서 출생·사망수법을 사용하는 경우가 많으며 이편이 간편하고 사용하기 쉽다.

유엔에서도 1970년 인구추계의 방법에 관한 안내서의 하나로『국내 인구이동의 계산법(Methods of Measuring Internal Migration)』이라는 책을 출간했다. 그중에서 국내 인구이동량의 추계방법으로 출생·사망수법과 생잔율법의 두 가지 방법을 제시하고 해설하고 있다.

3. 인구이동의 이론과 분석모형

1) 인구이동의 접근방법

인구이동을 설명하는 데에는 다양한 접근방법이 있는데, 이 가운데 경제적 모형은 거시적 체계보다는 잠재적 이동자 개인의 합리적 행동의 초점 면에서 접근하는 미시적 분석방법이다. 근대화 이론과 신고전적 경제학은 1차적으로 노동력 이동의 집중에 초점을 맞춘다. 노동력 유동은 노동력의 공급과 수요의 지리적 차이를 필수적이고 합리적으로 조절한다. 이것은 실질임금과 실업률의 지역적 차이에서 일차적으로 측정되기 때문이다.

근대경제학에서 이들 두 가지 모형은 산업화 과정에서 도시로의 인구이동을 설명하는 데 도움이 된다. 도시의 높은 임금은 농업부문에서 고용 감소의 기회와 결부되며 사람들, 특히 젊은 층은 확장된 도시지역에 점진적으로 이동하는 것을 유도한다. 그들은 또한 경제의 글로벌화로 고용변화라는 새로운 방향에서 사람들을 어떻게 흡인하고 있는지를 설명하는 데 도움을 준다. 선진국과 개발도상국 간의 많은 임금의 차이는 잘 알려져 있으며, 특히 글로벌 통신체계가 공통적으로 증가하므로 가난한 국가에서 낮은 임금 노동력의 잉여는 부유한 국가의 대규모 자본축적과 함께 나타나는 현상이다. 그런데 이들 두 추세는 동시에 작용해 선진국에서는 임금수준의 이점을 얻을 수 있는 가난한 국가로의 자본유동이다. 그리고 가난한 국가의 잉여 노동력은 부유한 국가로 유동한다. 인구가 정체되어 있는 부유한 국가는 미숙련 노동력에 대한 주목할 만한 수요를 창출한다. 한때 노동력 유입을 농업에 1차적으로 제한한 미국은 지금 공업이나 건설업보다 호텔·식당업과 같은 서비스 부문에서 더 많은 노동력을 요구하고 있다. 그래서 더 많은 임금의 차이가 유지되는 동안 경제학자들은 노동력 이동을 요구할 것이다. 인구이동은 경제의 글로벌화의 하나의 통합된 부분이다.

인구이동에 대한 접근방법은 신고전적 경제학적 접근방법(neo-classical economic approach), 행동적 접근방법(behavioral approach), 제도적 접근방법(institutional approach), 구조주의적 접근방법(structuralism approach), 구조성 접근방법(structuration approach) 등이 있다. 신고전적 경제학적 접근방법은 주로 노동력 이동에 초점을 두고 지역 간 인구이동을 실질임금 격차로 설명하고 있다. 임금이 높은 지역에서는 노동력이 증가하고, 임금이 낮은 지역에서는 노동력이 감소하는데, 이러한 임금의 차이로 임금이 낮은 지역에서 임금이 높은 지역으로 노동력이 이동하며, 그 이동은 지역 간 노동시장에서 임금이 균형을 이룰 때까지 이루어진다. 그러나 신고전적 경제학적 접근방법에서 주장하는 지역 간 임금격차는 현실적으로 인구이동의 선별성에 의해 더 커지고 있다는 점이다. 또 인구이동에 장애물이 없다고 주장하지만 인구이동에서 직접비용과 기회비용 등을 지불해야 하며, 노동력과 이동에 따른 정보 획득의 동질성, 직업에 따라 이동하는 거리 등이 다르다는 점이다.

한편 새로운 경제적 접근방법(new economics approach)은 미시적 모형을 유용하게 전개한 것이다. '새로운 경제적 접근방법'은 인구이동의 의사결정에서 대규모 사회 단위, 개인보다 가족에서의 논의가 고려되는 것이 1차적인 차이점이다. 이 접근방법의 제안은 소득의 최대화보다 인구이동의 의사결정에서 위험의 최소화가 동적 요인이다.

1965년 지리학자 월퍼트(J. Wolpert)는 인구이동의 총계적 자료보다는 개인적 행동에 초점을 둔 행동적 접근방법을 제시했다. 그는 인구이동 패턴을 설명하는 데 이동자 행동에서 분류된 공통성을 이용했다. 월퍼트는 인구이동 행동의 세 가지 중심적 개념을 확인했다. 첫째가 장소의 효용성, 둘째 행동을 탐색하기 위한 장이론(field theory) 접근방법, 셋째 자극에 대해 반응하기 시작하는 분계점 형성(threshold formation)에 대한 생애주기 접근방법이 그것이다. 장소적 유용성은 공간상의 위치에서 개인적 통합을 도출할 수 있는 효용성의 최종 혼합이라 할 수 있다. 현재의 입지에 대한 불만족은 다른 입지에 대한 탐색의 시작으로서 주요한 자극이 된다. 장소적 효용성은 개인의 입지에 대한 개인적 지각이 어떠한가에 따라 긍징적이거나 부정적일 수 있다. 그러나 행동주의적 접근방법은 개인의 주관적인 행동을 객관화시키는 문제가 남아 있다.

제도적 접근방법은 인구이동에서 정부, 주택자금 담당기관, 자금융자기관, 부동산 중개업자와 같은 조직체의 영향력을 강조하는 것으로, 최근 사회학적 이론과 통합되어 발전하고 있다. 제도주의 학자들의 견해에 따르면 주택의 공급과 수요는 금융자본, 산업자본, 그리고 정부를 포함한 공공부문에서의 다양한 핵심요인들이 상호작용하는데, 인구이동을 분석할 때는 주택, 교육, 교통 등과 같은 자원에 대한 접근성의 차이를 야기하는 공간적·사회적 제약에 관한 분석도 반드시 포함시켜야 한다고 강조하고 있다. 그러나 제도주의 접근방법은 제도와 경영주의에 바탕을 둔 것으로 정교하지 못한 점이 있고, 개인적 이동에 공적 부문으로 해석한다는 문제점을 가지고 있다.

인구이동의 구조주의 접근방법은 1차적으로 국제 인구이동이 신마르크스주의(neo-Maxist) 이데올로기나 세계 시스템론(world system theory)으로부터 유래된 것이란 점이다. 이것은 경제적 논의 이상의 또 다른 차원을 덧붙이고, 임금률의 차이가 인구이동의 자극을 유지하지만 핵심국가와 주변국가 간의 의존관계에 의해 유지된다. 사실 구조주의자들은 글로벌 자본주의의 결과로 불균형 개발이 발생한다는 논의는 임금의 차이가 아니라 의존관계 때문이라고 주장한다. 인구이동은 사회계급의 지위 차이에서 오는 것이고, 이러한 관점은 세계를 경제적 중심지(일본, 서부 유럽, 북아메리카)와 과거 선진국의 식민지였던 주변국가로 구분된다. 구스와 린드퀴스트(J. Goss and B. Lindquist)는 저개발 과정이 이중 노동시장을 글로벌 시장에서 창출하고 지속한다고 주장하고, 제3세계 주변국가는 값싼 노동력의 재생산을 위해 이익이 많은 핵심국가에 노동력을 선택적으로 보충·제공한다고 주장했다. 구조주의의 문제점은 다음과 같다. 첫째, 사회의 구조적 총체가 어떻게 생산, 재생산되는가라는 의문을 무시하고 있으며, 둘째 사회구조의 이론적 모형을 지나치게 강조함으로써 실증주의 방법론으로 편향하는 경향이 있고, 셋째 공시성(共時性, synchrony)과 통시성(通時性, diachrony) 또는 '체계로서의 언어(langue)[기표(基表), signifier][6]'와 '구체적 언어행위(parole)[기의(基意), signified]' 간을 이원론적으로 구분해 언어 사용자(또는 언어 행위자)의 능력을 경시하고, 넷째 사회 행동자의 주체적 의식에 기반을 둔 실천성을 배제하고 있다.

다음으로 인구이동 연구에 가장 새로운 접근방법은 구조-작용(structure-agency) 문제에 1차적으로 관련된 기든스(A. Giddens)의 구조성 이론에 바탕을 둔 구조성 접근방법이다. 구스와 린드퀴스트는 이 접근방법을 국제 노동력 유동을 설명하는 수단으로 제안했다. 이 접근방법의 기본적인 아이디어는 오늘날 글로벌 경제의 복잡한 세계에서 글로벌 경제 시스템 내의 선진국과 급속한 경제발전을 이룩하는 개발도상국 내에 노동력 기회가 제공됨으로써 제3세계 내의 잠재적 이동자가 이동하도록 하는 기능으로 중개자(이동제도)가 존재한다는 것이다. 구스와 린드퀴스트는 국제 노동력 이동은 현재의 가능성에 대한 제한을 개인이 초월하는 과정으로서 생각해냈고, 멀리 떨어진 공급원의 출현과 통제를 성립시키기 위해 장소 간의 국경을 넘는 방법을 협상했다.

오랜 기간 글로벌 경제의 구조적 차이의 지속성이 주어지기 쉬워 국제 노동력 이동의 확립과 영속적 흐름이 그와 같은 이동자를 이동하도록 하는 제도의 역할로 나타날 것이라고 보고 있다.

마지막으로 페미니즘 인구이동 연구(feminism migration study)는 인구이동의 주체로서 여성을 배제하고, 또 여성을 남성의 부수적 존재로 폄하한 전통적인 인구이동 연구를 비판한 데서 제기되었다. 인구이동의 주체로서 여성에 대한 관심을 환기시킨 초기의 페미니즘 인구이동 연구는 사회적 관계로서의 젠더가 인구이동과정에 영향을 미치며, 또한 초국가적 국제 인구이동은 성 관계에 변화를 가져왔다는 젠더에 따른 노동종시(gendered) 과정으로서의 인구이동에 대한 관심으로 그 영역이 확대되었다. 1990년대 이후 페미니즘 인구이동 연구는 인구이동의 여성화(feminization of migration)

6) 후기산업사회에서 공통된 문화의식으로 후기 구조주의, 해체주의의 인식론을 바탕으로 한 문화의식을 말한다.

라는 대명제에서 전개되었다. 인구이동의 여성화는 여성 인구이동의 급속한 증가현상을 설명하는 동시에 노동의 국제분업의 성화 양상을 설명하는 개념이다. 근대화로 인해 제1세계에 돌보미(care labor)로, 성매매의 국제화로 성산업에, 생산노동력으로 유입되는 현상은 국제노동분업의 성화와 여성의 성과 성적 관심(sexuality)이 여성의 인구이동을 촉진하는 매개체가 되고 있음을 알 수 있다. 이러한 연구들은 전 지구적인 경제 재구조화와 신자유주의로의 전환, 또 이에 따른 노동의 국제적 분업의 변동, 그리고 국제 역학관계의 변동 등 거시적인 차원에서 인구이동의 여성화가 촉진되었다고 지적하고 있다.

페미니즘 인구이동 연구에서 여성의 이동은 성화된 과정일 뿐만 아니라 정치적 과정으로 규정된다. 이민정책이나 인구이동 여성에 대한 제도권의 대응은 인구이동 여성의 이민결정에 영향을 미칠 뿐만 아니라 이미 정착한 인구이동 여성들의 이동에도 큰 영향을 미친다. 또한 인구이동 여성에 대한 특정 사회의 담론적 구축은 이들을 피해자로, 억압받는 사회의 소수로 위치짓기도 한다. 따라서 여성의 이동과 그러한 이동을 가능케 하는 지리적 상상력은 정치적·문화적 투쟁의 산물이며, 이들이 넘을 수 있는 지리적 경계는 끊임없이 협상되고 재구성된다.

인구이동은 경제적 요인이 주도했으나 점차 쾌적도(amenity), 공공 서비스 수준, 문화·복지수준 등과 같은 비경제적 요인들도 인구이동에 상당히 영향을 미치는 것으로 밝혀졌다. 이에 따라 인구이동에 영향을 미치는 다양한 요인들 간의 복잡한 인과관계를 파악하기 위해 여러 변수들 간의 인과관계를 하나의 모형을 통해 검증하는 분석방법인 구조방정식과 변수들이 어떻게 서로 다른 변수에 의해 영향을 주고받는가를 보여주는 경로 그림에 의해, 인과 모형이 설명되는 경로분석(path analysis)방법을 활용한 연구들이 1980년대 이후 활발하게 이루어졌다.

2) 인구이동의 총계적 분석방법

(1) 라벤스타인의 인구이동 법칙

1876년 파(W. Farr)가 인구이동에는 어떤 법칙이 존재하지 않는다고 주장한데 대해, 독일 출생으로 영국에서 활동한 지리학자인 라벤스타인(E. G. Ravenstein,[7] 1834~1913)은 독일의 프랑크푸르트에서 토지 분할 상속제로 인해 과잉인구 증가가 나타난 독일

남서부에서 네덜란드를 거쳐 미국으로 건너가는 이민자들을 보고, 또 그가 영국으로 건너간 1850년대는 독일에서 가장 많은 해외 이민이 나타난 시기였다는 점에 착안해 1871년과 1881년에 영국의 인구조사 결과를 바탕으로 연구를 수행했다. 그리고 그는 1885년 5월 17일 영국 왕실통계협회(Royal Statistical Society)의 모임에서 그 연구결과를 발표한 후, 같은 해 7월 협회의 기관지 『왕립통계협회잡지(Journal of Royal Statistical Society』에 「인구이동의 법칙(The lows of migration)」이라는 제목으로 논문을 게재했다. 이어서 그는 약 20개국의 인구조사를 한 것을 바탕으로 그의 연구를 매듭지었으며 같은 제목으로 1889년 7월에 같은 학회의 기관지에 이 논문을 다시 게재한 것으로 유명하다.

라벤스타인의 인구이동 법칙은 리(E. S. Lee)에 의해 다음과 같이 정리되었다.

① 인구이동과 거리(migration and distance)

이동인구의 대부분은 근거리 이동으로, 어떤 인구 흡인지에서의 전입인구수를 보면 흡인지에서 거리가 멀수록 그 전입인구수는 적다. 장거리 인구이동은 일반적으로 보다 큰 상공업 중심지로 이동하는 경향이 있다.

② 단계적 인구이동(migration by stage)

인구이동은 인구 흡인지를 중심으로 모든 지역에 걸쳐 나타나고 이것이 인구이동의 흐름(currents of population)을 생기게 한다. 이때 인구흐름은 급속히 발전한 시가지 주변지역의 농촌주민이 시가지로 유입되고, 그다음은 순차적으로 보다 먼 곳에 사는 농촌주민이 전입하게 된다. 이렇게 급속히 성장한 도시의 흡인력은 점점 먼 곳에도 영향을 미치고 마지막으로 국가의 가장 먼 곳의 지역에도 그 영향을 미친다. 한편 도시로부터의 인구 분산과정은 흡인과정 반대의 흐름을 가지지만 같은 특징을 갖는다.

---

7) 통계협회 및 왕실지리협회 회원인 라벤스타인은 독일 프랑크푸르트에서 태어났으나 1814~1815년 사이의 빈 회의 이후 독일인의 자유로운 이동이 인정된 후 영국으로 이주한 지도학자로 그 후 약 60년 동안은 그의 생애를 영국에서 보냈다. 그리고 그동안 폭넓은 분야에서 연구업적을 남겼다. 그의 인구이동법칙은 지리학자뿐만 아니라 인구학·경제학·사회학 등 사회과학에 널리 영향을 미쳤다. 그가 사용한 방법론은 그 시대에서는 매우 뛰어난 것이었으나 그의 업적은 생전에 높이 평가를 받지 못했고 그가 죽고 난 후 널리 인정받았다.

③ 주류와 반주류(역류)(current and counter-current)

인구이동의 주류는 발생하는 지역에 인구유출을 채우는 역류가 발생한다.

④ 농촌과 도시에서의 인구이동 경향의 차이

도시에서 태어난 사람은 농촌에서 태어난 사람에 비해 이동성이 낮다.

⑤ 근거리 이동에 많은 여자 이동

근거리 이동에서는 남자에 비해 여자가 우위에 있고, 장거리 이동에서는 남자가 여자보다 이동성이 높다.

⑥ 기술과 인구이동

인구이동은 기술과 경제의 발달에 따라 점차 증가하는 경향이 있다. 각 국가의 상태를 비교하면 철도 기술의 발달이나 상공업의 발달에 의해 인구이동이 증가하는 것을 알 수 있다. 금후 기술의 발달이나 상공업의 발달로 인구이동의 증가를 예상할 수 있다.

⑦ 경제적 요인의 우위성

지금까지 역사적 사실을 보면, 인구이동이 정치적 요인이나 자연적·사회적 요인에 의해 나타난 예가 많지만 인구이동량에서 보면 경제적 요인에 의한 것이 가장 많다.

이상의 7개 항목에서 라벤스타인의 법칙 중 후세에 가장 주목을 받고 있는 것은 ①의 인구이동량과 이동거리와의 관계이다. 즉, 인구이동량은 중심지에서의 거리에 반비례한다. 이것이 라벤스타인의 거리법칙으로서 오늘날에도 매우 중시되는 인구이동의 중심과제의 하나이다.

(2) 중력모형과 인구잠재력

① 중력모형

인구의 이동거리와 이동량에 관한 연구로서는 뉴턴(I. Newton)의 만유인력의 법칙을 원용해 지프(G. K. Zipf)가 제시한 중력모형을 생각할 수 있다. 여기에서 $M_{i \to j}$를 i에서

j로의 인구이동량, P를 i, j 지역 각각의 인구수, $D_{i\to j}$를 i, j지역 사이의 거리, k를 상수로 하면, $M_{i\to j} = k\dfrac{P_i \cdot P_j}{D_{i\to j}^2}$로 나타낼 수 있다. 이 식에서 각 지역의 인구수 대신에 고용인구수나 소득 등의 지표를 사용하는 것이 가능하다. 그리고 $D_{i\to j}$는 도로·철도 등의 물리적 거리인데, 이밖에 시간이나 비용을 이용할 수도 있다. 뉴턴의 법칙에서 $T_{i,j} = aP_i^{b1}P_j^{b2}d_{ij}^{b3}$의 4개의 매개변수 값은 $a = 6.67 \times 10^{-11}$, $b_1 = b_2 = 1$, $b_3 = -2$로 고정되어 있고, 통상 $T_{i\ j}$, P_i, P_j, a는 각각 $F_{i\ j}$, M_i, M_j, G로 나타내면 $F_{i\ j} = GM_iM_jd_{i\ j}^{-2}$ 또는 $F_{i\ j} = \dfrac{GM_iM_j}{d_{i\ j}^2}$로 나타낼 수 있다. 그러나 지리학에서 인구의 이동을 분석할 때에는 매개변수의 값이 여러 가지 형으로 나타나는 것이 일반적이다. 중력모형에서는 모형 자체가 간단함에도 불구하고 현실적인 이동자료에 아주 적합한 예측결과를 가져오기 때문에 지리학이나 관련 분야의 학문에서 잘 이용된다.

<그림 8-2>에 나타난 두 농촌에서 세 도시로의 인구이동에 대해 중력모형을 적용하면 다음과 같다. 이동자 수, 농촌·도시의 인구규모 및 이동이 행해지는 농촌과 도시 간의 거리는 <표 8-1>의 $T_{i\ j}$, P_i, P_j, $d_{i\ j}$로 나타낸 것이다. 모형의 적용은 구체적으로 먼저 4개의 매개변수 a, b_1, b_2, b_3의 값을 $T_{i\ j}$, P_i, P_j, $d_{i\ j}$의 값을 사용해 추정하고, 나아가 그 추정 값을 이용해 $T_{i\ j}$의 예측 값 $\widehat{T_{i\ j}}$를 구하고, 나아가 이동자 수의 관측 값과 예측 값을 비교·검토하는 것은 의미가 있다. <표 8-1>의 제1행은 농촌 1에서 도시 1로의 이동, 제2행은 농촌 1에서 도시 2로의 이동에 관한 자료를 나타낸 것이다. 여기에서는 농촌에서 도시로의 이동만을 가정했기 때문에 전체의 이동은 6개의 이동만을 나타낸 것이다.

먼저 양변에 대수를 취하면 앞의 식은 $\log T_{i\ j} = \log a + b_1 \log P_i + b_2 \log P_j - b_3 \log d_{i\ j}$

〈그림 8-2〉 가상적인 농촌과 도시의 배치

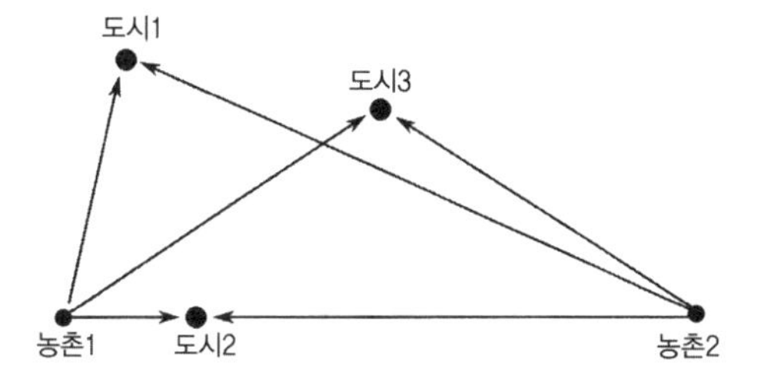

〈표 8-1〉 가상적인 농촌에서 도시로의 인구이동을 이용한 중력모형의 적용

이동방향 (농촌 → 도시)	인구이동자 수 (관측 값)		출발지의 인구규모		도착지의 인구규모		거리		인구이동자 수 (예측 값)	
	T_{ij}	$\log T_{ij}$	P_i	$\log P_i$	P_j	$\log P_j$	d_{ij}	$\log d_{ij}$	$\log \widehat{T_{ij}}$	$\widehat{T_{ij}}$
1 1→1	9	0.95	500	2.70	5,000	3.70	2	0.30	0.92	8.26
2 1→2	74	1.87	500	2.70	10,000	4.00	1	0.00	1.89	78.29
3 1→3	23	1.36	500	2.70	15,000	4.18	3	0.48	1.37	23.68
4 2→1	6	0.78	1,000	3.00	5,000	3.70	5	0.70	0.82	6.54
5 2→2	30	1.48	1,000	3.00	10,000	4.00	4	0.60	1.45	28.28
6 2→3	89	1.95	1,000	3.00	15,000	4.18	3	0.48	1.94	86.58
$\sum$		8.39		17.10		23.75		2.56		

$\sum(\log T_{i\,j})(\log P_i) = 23.91$ $\sum(\log P_i)^2 = 48.85$ $\sum(\log P_i)(\log P_j) = 67.67$

$\sum(\log T_{i\,j})(\log P_j) = 33.62$ $\sum(\log P_j)^2 = 94.24$ $\sum(\log P_i)(\log d_{i\,j}) = 7.43$

$\sum(\log T_{i\,j})(\log d_{i\,j}) = 3.30$ $\sum(\log d_{i\,j})^2 = 1.40$ $\sum(\log P_j)(\log d_{i\,j}) = 10.09$

로 바꿀 수가 있다. 이에 따라 매개변수를 최소 자승 값으로 간단히 추정할 수 있는데, 이 방법을 사용하기 위해서는 식의 오른쪽 변에 있는 매개변수 값을 찾아내지 않으면 안 된다. 식을 간략하게 하기 위해 $\log T_{i\,j}$, $\log P_i$, $\log P_j$, $\log d_{i\,j}$를 각각 Y, X_1, X_2, X_3로 하면 4개의 매개변수의 값은,

$$\sum Y = 6\log a + b_1\sum X_1 + b_2\sum X_2 + b_3\sum X_3$$

$$\sum YX_1 = \log a\sum X_1 + b_1\sum X_1^2 + b_2\sum X_1X_2 + b_3\sum X_1X_3$$

$$\sum YX_2 = \log a\sum X_2 + b_1\sum X_1X_2 + b_2\sum X_2^2 + b_3\sum X_2X_3$$

$$\sum YX_3 = \log a\sum X_3 + b_1\sum X_3X_1 + b_2\sum X_3X_2 + b_3\sum X_3^2$$

이라는 4개의 방정식을 만족시키는 값이다. 이것을 풀이하는 데 필요한 13개의 $\sum$의 값은 <표 8-1>에 나타낸 것이다.

그 결과 $\log T_{i\,j} = -9.45 + 1.87\log P_i + 1.57\log P_j - 1.67\log d_{i\,j}$가 되는데, 이것은 같은 의미로 $T_{i\,j} = (3.53\times 10^{-10})\dfrac{P_i^{1.87}\,P_j^{1.57}}{d_{ij}^{1.67}}$로 나타낼 수가 있다. 여기에서 b_1, b_2는 양, b_3는 음의 추정 값을 가지고 있지만, 이것은 앞에서 예상한 대로이다. 예측 값 $\widehat{T_{i\,j}}$는 이들 매개변

수 추정 값과 <표 8-1>의 $\log P_i$, $\log P_j$, $\log d_{ij}$를 사용해 산출한 결과 얻은 값에 대수를 붙이면 된다. 이렇게 해서 얻어진 6개의 인구이동의 예측 값을 <표 8-1>의 오른쪽 끝에 나타내었는데 T_{ij}와 $\widehat{T}_{ij}$의 값은 아주 비슷하다는 것을 알 수 있다. 두 값이 접근할수록 중력모형의 적합도가 높다고 할 수 있다. 그런데 가상적인 인구이동의 경우에는 전출지의 농촌 주민 전체가 이동이라는 행동에 대해 모두 같은 지향성을 갖고 있다고 가정했다. 그러나 현실적으로는 농가계급, 연령, 성별 등에 따라 이동행동이 다르게 나타나게 된다.

중력모형은 실제 연구에서 어느 정도의 역할을 하고 있는가에 대해 논의가 많지만 이동거리와 이동량과 관련된 연구를 할 때 잘 이용되고 있다. 다만 문제가 되는 것들이 있다. 위의 식에서 첫째, $D^2_{i\to j}$에서 거리 자승에 반비례하는가에 대한 부분이다. 둘째, 모든 지역의 인구가 요구, 취미의 정도, 교류의 정도 등이 모두 같고 표준적인 인구라고 가정해도 좋은가에 대한 부분이다. 셋째, 중심지와 주변지역 사이에 상호작용의 강도, 동심원상에 모든 인구가 동일하게 분포하고 있다고 가정해도 좋은가 등이다.

인구이동을 분석하는 데 중력모형에서 사용된 인구규모와 거리변수 이외에 경제적 변수를 이용해 중력모형을 발전시킨 로저스(A. Rogers)는 미국 캘리포니아지역의 인구이동 현상에 아래의 독립변수로 분석한 결과 결정계수(coefficient of determinant)가 $R^2=0.92$로 나타나 이들 독립변수가 인구이동 현상을 설명해주는 데 유효하다는 것을 증명했다. 그 식은 다음과 같다. $M_{ij}=K\cdot\left[\frac{U_i}{U_j}\cdot\frac{WS_i}{WS_j}\cdot\frac{LF_i LF_j}{D_{ij}}\right]$ 여기에서 M_{ij}: i에서 j로 이동한 인구수, U: 실업률, LF: 경제활동 인구, WS: 1인당 소득, D_{ij}: i에서 j까지의 고속도로 길이이다.

이 밖에 인구이동 현상을 설명할 수 있는 독립변수(〈표 8-2〉)로는 경제학적·인구학적·사회학적·자연환경적·문화적 요인 등이 있다. 인구학적 요인 중의 연령은 젊은 층과 취학 전 자녀를 둔 연령층의 이동이 많다. 그리고 여성의 경우 15~25세 연령층의 이동률이 높은데, 이는 결혼이나 도시의 서비스 고용에 기회가 많기 때문이다. 이와 같은 독립변수들을 이용해 중력모형을 보다 발전시킨 다중회귀 모형(multiple regression model)으로도 인구이동 현상을 설명할 수 있다. 이 다중회귀 모형으로 분석하고자 할 때 특히 유의해야 할 점은 여러 독립변수 간의 공선성(multicollinearity)[8]을 파악하는 일이다.

〈표 8-2〉 인구이동을 설명하는 독립변수

요인	독립변수
경제적 요인	실업률, 고용증가, 경제활동 참가율, 임금수준, 생계비, 주택가격, 소매 물가지수, 전문직 종사자 비율, 농업 종사자 비율, 경제적 수행능력 등
인구학적 요인	연령, 인구밀도, 인구 증가율, 연령별 인구구성비, 과거의 이동경험, 기존 이동자 수 등
사회적 요인	도시거주자 비율, 사회적 지위 등
자연환경적 요인	평균기온, 연강수량, 홍수·가뭄·기근 발생회수, 지역의 매력도 등
서비스 시설	공공시설(학교·병원 등), 위락시설, 교통수단의 개선 등

② 인구잠재력

인구잠재력(potential of population)은 인구가 특정 지역에 단지 분포해 있는 것이 아니고 상호적으로 무엇인가 영향을 미치고 에너지를 갖는다고 할 경우 그 상태를 물리적 개념에 바탕을 두고 표현한 결과이다. 미국의 물리학자 스튜어트(J. Q. Stewart)는 미국에서 도시의 수 c와 총인구에 대한 도시 인구율 u와의 사이에 그 관계는 $u=\alpha\sqrt{c}$ 라는 경험적인 법칙이 존재한다고 주장했다. 그는 1939년에 구체적으로 인구와 거리와의 관계는 $\frac{N}{d}$으로 표현했다. 여기에서 N은 어떤 지역의 인구, d는 거리이다. $\frac{N}{d}$은 인구 N이 거리 d에 영향력을 미치는 것으로 $\frac{N}{d}$을 인구학적 영향력(demographic influence)이라고 한다. 이와 같은 계산방법에 의해 각 지역에 집적된 영향력을 지도화한 것이 인구잠재력 지도이다.

그 계산방법은 각 단위 지역의 인구가 다른 지역에 미치는 영향력을 상호 계산해서 지역별로 그 영향력을 합계한다. 그 경우 각 지역 간의 거리 d를 측정하기 위해서는 각 지역의 인구를 한 점으로 대표시키는 것이 필요하고, 지역의 행정중심, 최대도시, 인구중심(人口重心) 등이 이에 이용된다. 또 각 지역이 자기 지역 내의 인구로부터 받는 영향력도 더할 필요가 있는데, 이것은 지역을 원으로 생각하고 원에 균등하게 분포하고 있는 인구가 원의 중심에 미치는 영향력을 적분으로 계산해 구한다. 이 값은 $\frac{2N}{r}$(r은 원의 반경)이다. 이 계산의 결과에 의하면 많은 인구를 가진 몇몇 지역에

8) 독립변수 행렬에서 한 열이 다른 한 열 또는 여러 열과 선형결합(linear combination)의 관계를 맺고 있는 상태를 말한다.

〈그림 8-3〉 인구잠재력

(가) 인구잠재력 모형의 자료

25 1	5 2	50 3	5 4	25 5	5 6
5 7	5 8	25 9	5 10	50 11	5 12
5 13	5 14	50 15	5 16	50 17	5 18
5 19	5 20	25 21	5 22	25 23	5 24

(나) 인구잠재력 지도

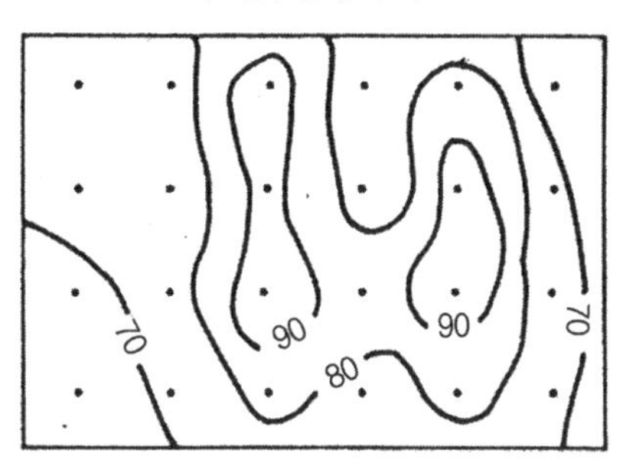

자료: Yeates(1974: 127).

〈그림 8-4〉 세계의 인구잠재력 지도

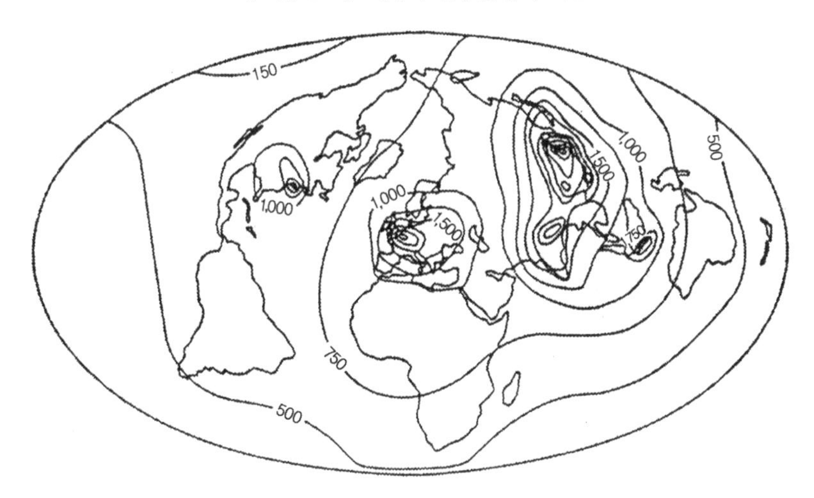

자료: Warntz(1965: 111).

접근해 입지할 경우에는 상호 큰 영향력을 미치고 잠재력도 높게 된다.

인구잠재력의 계산은 $\frac{P_1P_1}{d_{11}^b}+\frac{P_1P_2}{d_{12}^b}+\frac{P_1P_3}{d_{13}^b}+\cdots+\frac{P_1P_n}{d_{1n}^b}=\sum_{j=1}^{n}\frac{P_1P_j}{d_{1j}^b}$ 이다.

또한 이 전체를 합계하는 식은 $V_i=\sum_{j=1}^{n}\frac{P_j}{d_{1j}^b}$ 이다(단, d의 지수 값 b는 1로 함).

<그림 8-3>에서 도시 1의 인구잠재력을 계산하는 방법은

$V_1=\frac{P_2}{d_{1,2}}+\frac{P_3}{d_{1,3}}+\frac{P_4}{d_{1,4}}+\cdots+\frac{P_{24}}{d_{1,24}}+\frac{P_1}{0.5d_{1,2}}$ 이다.

이와 같은 인구잠재력은 실제의 경제·사회현상과의 관련성을 분석하는 데 필요하다. <그림 8-4>는 세계의 최대 인구집중지를 구획지은 것으로, 인구가 인도양과 남중국해를 연결하는 선에 탁월하게 분포하고 있다는 것을 알 수 있다.

(3) 개재기회 모형

개재기회 모형(Intervening opportunity model)은 사회학자 스토퍼(S. A. Stouffer)가 미국 오하이오 주 클리블랜드에서 1933~1935년 사이의 주택이동을 연구하면서 1940년에 만들어낸 경험적인 모형이다. 그는 거리와 유동량 사이에는 어떤 필연적인 관계가 존재하는 것이 아니며, 출발지에서 도착지까지의 통행 수는 도착지의 기회의 수에 비례하고 기재기회 수에 반비례한다고 주장했다. 이것은 거리체감 모형에 대한 비판에서 제시된 대안이다. 그 원형의 식은 다음과 같다.

$$\frac{\Delta y}{\Delta s} = \frac{a}{x}\frac{\Delta x}{\Delta s}$$

즉, <그림 8-5>에서 출발지 O로부터 $s - \frac{1}{2}\Delta s$의 반경과 $s + \frac{1}{2}\Delta s$의 반경을 갖는 원에서 Δy: 출발지 O로부터 Δs의 폭을 가진 원형 밴드(band)로 이동하는 사람 수,

〈그림 8-5〉 개재기회 모형

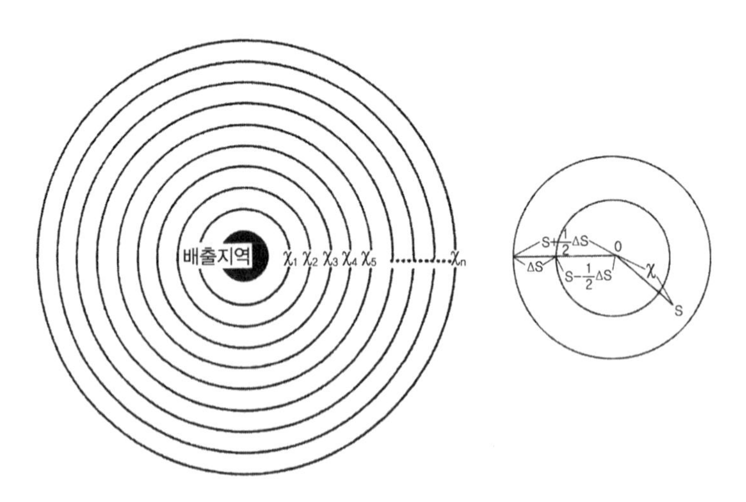

자료: Thoman and Corbin(1974: 179), Stouffer(1940: 846~847)에 의거해 작성.

x: 출발지 O에서부터 s까지 그 사이에 누적된 개재기회의 수(x의 값은 $x_n = x_1 + x_2 + x_3 + ... + x_{n/2}$에 의해 구해짐), $\Delta x : \Delta s$의 폭을 가진 원형 밴드 내 기회의 수, a: 상수이다.

주택이동량과 이동거리는 단지 거리만의 문제가 아니고 출발지와 도착지 사이에 개재하는 개재기회의 수, 즉 주택이동을 할 때의 취업기회, 매매할 집의 수 등을 고려해야 한다고 주장했다.

<표 8-3>은 1946~1950년 사이의 스웨덴 비트스조(Vittsjö)지구에서 인구이출을 개재기회 모형에 의해 분석한 것으로, 그 수식은 $M = k\frac{\Delta x}{x}$이다. 여기에서 M은 이동자 수, Δx는 특정 원형 밴드 내의 기회의 수, x는 각 원형 밴드의 누적된 기회의 수, k는 상수를 나타낸다.

이 개재기회 모형은 1960년에 스토퍼 자신에 의해 수정되었는데, 그 모형은 당초 모형에 경합 이동자의 개념을 부가한 것으로서, 수식은 중력 모형과 같은 형태이다.

〈표 8-3〉 스웨덴 비트스조 지구의 인구이출에 사용된 개재기회 모형

비트스조 지구로부터 지구별 중심지까지의 거리	인구총이입		$\frac{\Delta \chi}{\chi}$	비트스조로부터 기대된 인구이동 수 ($k\frac{\Delta \chi}{\chi}$)	비트스조로부터 실제 인구이동 수 (O)
	지구당 ($\Delta \chi$)	개재 (χ)			
1. 인접지구	4,104	2,052	2.00	251.5	167
2. 10~20km	1,636	4,922	0.33	41.5	33
3. 20~30km	24,156	17,818	1.36	171.0	203
4. 30~40km	19,160	39,476	0.49	61.6	43
5. 40~50km	35,596	66,854	0.53	66.7	58
6. 50~60km	48,549	108,927	0.45	56.6	69
7. 60~70km	82,141	174,272	0.47	59.1	96
8. 70~80km	55,719	243,202	0.23	28.9	41
9. 80~90km	26,849	284,486	0.09	11.3	11
10. 90~100km	158,803	337,312	0.42	52.8	80
계			6.37	801.0	801

주: 비례상수 $k = \frac{\sum O}{\sum \frac{\Delta x}{x}}$

3지구의 개재 인구 이입(17,818)의 계산은 1지구 인구 이입 수(4,104) + 2지구 인구 이입 수(1,636) + 1/2 3지구 인구 이입 수(12,078)에 의한 것임.

자료: Jones(1981: 219).

〈그림 8-6〉 개재기회의 공간적 범위

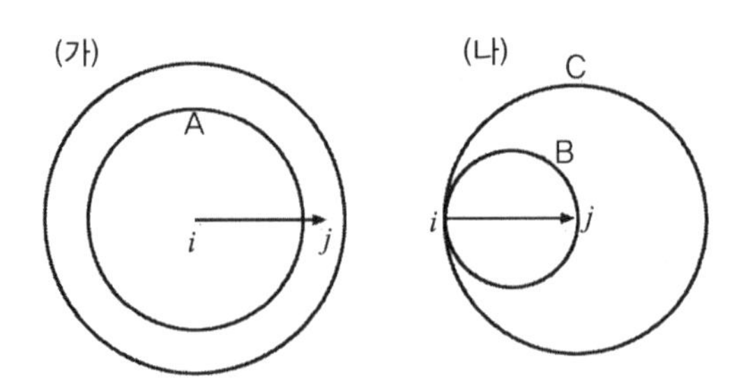

i와 j 사이의 거리는 그림 중의 (가), (나)에서 같게 나타냈음.
자료: 石川義孝(1988: 186).

즉, $I_{ij} = K\dfrac{(P_i P_j)^{\gamma 1}}{(O_{ij})^{\gamma 2}(C_{ij})^{\gamma 3}}$

여기에서 I_{ij}: 지역 i에서 j로의 인구이동 수,

P_{ij} : i와 j의 인구수,

O_{ij} : i와 j 사이의 거리를 직경으로 하는 원으로 유출되는 인구수(개재기회의 수),

C_{ij} : j를 중심으로 하고 i와 j 사이의 거리를 반경으로 하는 원으로 유입된 인구수(경합 이동인구수),

$K, \gamma_1, \gamma_2, \gamma_3$: 매개변수이다.

스토퍼는 1940년에 발표한 당초의 모형을 수정해 개재기회의 정의가 바뀌었다. <그림 8-6>에서 i(배출지) → j(흡입지)로의 이동에서 개재기회는 <그림 8-6> (가)의 당초 모형인 원 A에서, 또는 수정모형인 <그림 8-6> (나)의 원 B에서 나타나고 있으며, 또 <그림 8-6> (나)의 C에서는 수정모형에 새로 도입된 경합 이동자의 범위를 나타내고 있다.

이 모형의 매력은 공간적 상호작용 모형의 거리변수가 물리적 거리가 아니고 대상으로 하는 상호작용의 성격을 좀 더 사회적인 요인으로 설명하려고 한 점과, 중력모형에서 거리와 규모라는 이질적인 두 변수를 설명변수로 취한 데 대해, 기회와 개재기회라는 원리적으로는 하나의 내용으로 설명하려는 점 등을 들 수 있다. 나아가 기회를 목적지의 매력도, 개재기회를 사회적인 거리로 간주하므로 결국 개재기회 모형은 공간적 상호작용 모형의 일종이라고 이해하는 것이 가능하다.

그러나 개재기회 모형은 다음과 같은 문제점이 있다. 첫째, 기회와 개재기회의 조작적인 정의를 유연하게 행할 수 있다는 이점과는 달리 그들이 갖고 있는 의미 내용이 애매해 정의하기가 어렵다. 스토퍼 자신도 자료의 입수에서, 예를 들면 빈 집수와 같은 지표를 기회라고 정의했지만, 결국 총유입자 수를 이용할 수밖에 없었다.

둘째, 스토퍼의 개재기회 모형은 설명해야 할 인구이동의 원인으로서 이미 밝혀져 있는 인구이동의 결과인 총유입자 수를 사용해 순환론법에 빠지고 있다. 또 경합 이동자의 생각을 도입한 수정모형(〈그림 8-6〉의 원 C)에서 전출 인구수로 대체했으며, 역시 순환론법에서 빠져나오지 못하고 있다. 즉, 인과관계에 관한 취급이 불충분하다. 그 때문에 이 모형은 장래를 예측하는 목적으로 사용하는 데는 문제점도 있다. 셋째, 이동방향의 편중을 고려하지 않았다. 스토퍼는 목적지를 출발지에서 밴드 거리대 모양으로 설정하고, 특정 거리대 기회 수나, 그곳까지의 개재기회 수는 모든 출발지에서 방향적으로 편중이 없는 것으로 간주하고 있다. 그러나 이 결과 개재기회의 공간적 범위가 <그림 8-6>(가)에서 i에서 j로의 방향이라는 것은 반대방향에 있는 모든 기회도 개재기회에 포함됨을 의미하는데, 이것으로 이 점을 밝히기에 너무 광범위하게 설정되어 있다. 그러나 이동방향이 갖는 의미의 중요성을 지적하지 않을 수 없다. 수정 개재기회 모형에서도 개재기회의 범위를 더욱 한정시키는 것은 이 의미에서 적절한 조치라고 말할 수 있다.

한편 포터(H. Porter)는 1964년 미국 네브래스카 주의 도시 간 전화 통화량 등을 지표로 개재기회 모형의 개념을 재정립했다. <그림 8-7>에서 출발지 i와 목적지

〈그림 8-7〉 개재기회 모형의 기본적인 주제의 변화

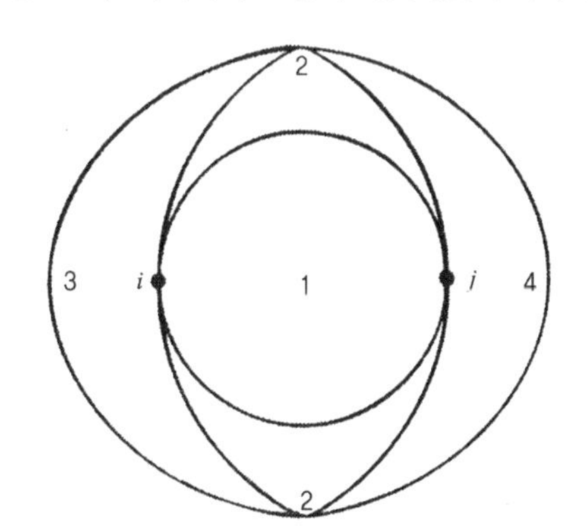

자료: Porter(1964).

j사이의 거리를 직경으로 한 1지역은 두 도시 간의 이동량을 감소시키는 개재기회를 제공하는 지역이며, 2·3지역은 이동량에 영향을 미친다. 3지역의 인구가 조밀할수록 i지역에서 j지역으로 인구이동은 증가하며, 4지역은 도착지 j와의 경합공간이 되어 i로부터 들어오는 기회가 감소된다.

(4) 마르코프 연쇄

지금까지의 인구이동의 분석방법은 결정론적 접근방법의 모형이다. 확률론적인 모형으로는 마르코프 연쇄(Markov chain) 방법을 이용해 일정기간의 인구이동률을 나타내는 변환행렬(transition matrix)을 이용한, 비현실적인 가정하에서 인구이동이 지속될 경우, 이미 결정된 방향에 따라 나타나는 비래의 지역별 인구이동 패턴을 예측할 수 있다.

마르코프 연쇄란 t 시기의 상태가 $t+1$ 시기의 상태를 규정지어 전자에 기초해 후자가 형성되는 것을 말한다. 또한 전자로부터 후자에게로의 변화과정을 마르코프 연쇄과정(Markov chain process)이라고 부른다. 마르코프 연쇄는 러시아의 수학자 마르코프(A. A. Markov)에 의해 처음 개발되었는데, 이 이론이 처음 사용된 것은 기상학과 물리학에서였다. 이와 같은 현상은 지리학에서도 흔히 발견할 수 있는 것으로, 인구이동이나 정보의 확산분석에 적용되게 되었다.

일반적으로 인구는 도시에 많고 농촌에 적게 분포하는데, 그 분포는 시간의 경과와 더불어 변화한다. 이와 같은 인구의 지역적 분포의 변화는 넓은 의미에서 공간적 확산이라고 말할 수 있다. 캐나다 온타리오(Ontario) 주 킹스턴(Kingston) 시를 사례로 마르코프 연쇄 모형에 의해 분석해보자. 가령 하나의 지역에 7개 지구가 있고, 시기 t에 인구 10만 인이 <표 8-4>와 같은 비율로 각 지역에 분포해 있다고 가정하자. 또 인구의 지역적 분포의 변화는 자연적 증가와 사회적 증가에 의해 나타나지만 자연적 증가는 어떠한 지구에서도 같은 증가율을 나타내며, 그 증가율은 매년 일정하다고 가정하자. 그러면 인구분포의 변화는 사회적 증가에 의해서만 이루어지며, 전입인구가

〈표 8-4〉 7개 지구의 인구분포의 비율 (단위: %)

지구	A	B	C	D	E	F	G
구성비	12.8	26.9	22.8	5.5	9.8	10.1	12.1

자료: 奥野隆史(1977: 351).

〈표 8-5〉 1 기간의 7개 지구 간 인구이동

전출지＼전입지	A	B	C	D	E	F	G	계
A	179	62	39	7	18	10	5	320
B	116	359	103	31	32	12	18	671
C	64	95	337	13	22	19	8	568
D	11	23	12	66	7	6	13	138
E	27	40	25	15	96	18	23	244
F	10	24	19	12	23	146	17	251
G	6	25	21	9	20	15	207	303
계	413	628	556	153	218	236	291	2,495

자료: 奧野隆史(1977: 352).

전출인구를 초과할수록 그 지구의 인구는 증가하고, 시간이 경과함에 따라 큰 인구집중 지구가 된다. 반대로 전출인구가 전입인구보다 많으면 많을수록 그 지구는 과소지구가 된다. 여기에서 시기 t에서 시기 $t+1$까지의 사이에 지구 간의 인구이동은 <표 8-5>와 같다. <표 8-5>에서 전출지에 해당하는 7개 지구는 시기 t에서 $t+1$까지의 사이에 전입지에 해당하는 7개 지구로 인구를 전출시켜 그 인구수만큼만 지구가 변화한다고 할 수 있다. 따라서 각 전입·전출지구는 앞에서 서술한 부분 상태로 간주한다. 여기에서 어떤 부분의 상태가 다른 상태로 변화하는 상황을 확률의 의미로 나타내어 변환행렬을 구해보자. <표 8-5>의 각 행의 요소의 합으로 각 행을 나누면 <표 8-6>과 같은 변환행렬을 얻을 수 있다. 이 행렬은 각 전출지가 총전출자 수의 몇 %를 다른 지구로 전출시키고 있는가를 나타내는 것이지만 확률적으로 보면, 시기 t에서 시기 $t+1$까지의 1기간에서 지구 A가 그대로 변함이 없을 확률은 0.559이고, 지구 B로 변화할 확률은 0.194라는 것을 보여준다. <표 8-6>에 나타난 확률행렬은 그 요소가 모두 양이고, 또 대각요소에 1이 없으므로 균형 마르코프 연쇄에 관한 변환행렬이고, 또 정규행렬임이 분명하다.

이와 같은 변환행렬이 보여주는 변화상황을 어떤 시기에든 볼 수 있다고 가정하면, 시기 $t+n$에는 인구의 지역적 분포가 어떻게 될 것인지를 통계실험(simulation)을 할 수 있다. 먼저 시기 $t+1$에서 분포상황을 통계 실험해보자. 이 경우 <표 8-4>와 같이 행벡터(vector)를 S_t, <표 8-6>의 변환행렬을 P라고 하면, $t+1$일 때의 분포상황을 나타내는 S_{t+1}은 $S_{t+1}=SP$에 의해 주어진다. 이것을 <표 8-5>와 <표 8-6>으로부터

〈표 8-6〉 인구이동에 관한 변환행렬

전출지＼전입지	A	B	C	D	E	F	G	계
A	55.9	19.4	12.2	2.2	5.6	3.1	1.6	100.0
B	17.3	53.4	15.4	4.6	4.8	1.8	2.7	100.0
C	11.3	16.7	59.3	2.3	3.9	5.1	1.4	100.0
D	8.0	16.7	8.7	47.8	5.1	4.3	9.4	100.0
E	11.1	16.4	10.2	6.1	39.4	7.4	9.4	100.0
F	4.0	9.5	7.6	4.8	9.2	58.1	6.8	100.0
G	2.0	8.3	6.9	3.0	6.6	5.0	68.2	100.0

자료: 奧野隆史(1977: 352).

실제로 산출해보면, $S_{t+1}=(16.5\ 25.2\ 22.3\ 6.1\ 8.7\ 9.5\ 11.7)$이 된다. 이 벡터의 요소 값과 <표 8-4>의 요소 값을 비교해보면, 인구분포에 대한 지구의 비율이 지구 A에서는 큰 폭으로 증대하고, 지구 B·C·E·F·G에서는 미미하게 감소하고, 지구 D에서는 미미하게 증가하고 있다는 것을 알 수 있다. 시기 $t+1$에 지역전체의 인구수가 10만 인에서 11만 인으로 증가(1만 인은 자연증가)한다고 하면, 10만 인을 여기에서 구해진 비율로 배분해 자연증가의 지구별 인구수를 더하면 이 시기에서의 인구의 지역적 분포의 상황을 얻을 수 있을 것이다. 시기 $t+2$에 대해 $S_{t+2}=S_{t+1}P=SPP=SP^2$으로 주어진다. 실제로 S_{t+2}를 구하면 $S_{t+2}=(18.2\ 24.7\ 22.1\ 6.3\ 8.4\ 9.1\ 11.2)$가 얻어진다. 이것을 바탕으로 앞의 경우와 같이 인구의 지역적 분포 상황을 파악할 수 있다.

이와 같이 통계실험한 결과와 현실의 인구의 지역적 분포 상황과를 비교함으로써 그 인구분포의 변화가 마르코프 연쇄적 과정을 갖고 있는지 여부를 검토할 수 있다. 양자를 비교한 결과 뚜렷한 불일치가 보인다면 분포의 변화는 그와 같은 과정이 아니라고 말할 수 있다. 이 경우는 다른 변화의 과정을 도입하지 않으면 안 된다는 것을 말한다. 양자를 비교한 결과 거의 일치하고 있다는 것이 판명되면 인구의 지역적 분포의 변화가 마르코프 연쇄적인 과정에서 행해지고 있다고 말할 수 있을 뿐만 아니라 분포의 장래 예측이 S_{t+n}을 구하므로 가능하게 된다. 그것에 관해 시기 $t+7$까지의 지구별 비율을 구하면 <표 8-7>과 같다.

이와 같은 변환행렬 P가 수렴되는 시기를 유일 고정점 확률 벡터(unique fixed-point probability vector)라고 부르며, 이것을 S_u라고 나타낸다. 위의 사례에서 시기 $t+7$에서

〈표 8-7〉 시기 $t+7$까지의 지구별 배분 비율 (단위: %)

지구 시기	A	B	C	D	E	F	G
S_t	12.8	26.9	22.8	5.1	9.8	10.1	12.1
S_{t+1}	16.5	25.2	22.3	6.1	8.7	9.5	11.7
S_{t+2}	18.2	24.7	22.1	6.3	8.4	9.1	11.2
S_{t+3}	19.0	24.7	22.0	6.3	8.2	8.9	10.9
S_{t+4}	19.3	24.7	22.0	6.3	8.2	8.8	10.7
S_{t+5}	19.5	24.8	22.0	6.3	8.2	8.7	10.5
S_{t+6}	19.7	24.8	22.0	6.3	8.2	8.6	10.4
S_{t+7}	19.7	24.9	22.0	6.3	8.1	8.6	10.4

자료: 奧野隆史(1977: 354).

수렴되었으므로 $S_{t+7}=S_u$가 되며, 이 벡터는 <표 8-7>에서와 같이 $S_u=$(19.7 24.9 22.0 6.3 8.1 8.6 10.4)가 된다. 이 벡터와 S_t의 차이(S_u-S_t)를 구하면 (6.9 −2.0 −0.8 0.8 −1.7 −1.5−1.6)이 산출된다. 이 결과는 지구 A로부터 다른 지구로의 인구이동이 많으며 지구 B·E·G 등으로의 인구전입이 많음을 뜻하는 것이다.

이상이 균형 마르코프 연쇄의 변화과정을 설명한 것이다. 그러나 이 모형은 근본적으로 인구이동과정을 기술하는 것이고, 인구이동에 대한 설명력은 결정론적 모형들보다 더 정확하지만 전출지의 인구규모만이 인구이동량에 영향을 주는 변수로 채택되고 있다는 문제점을 갖고 있다.

3) 인구이동의 분류적 분석방법

앞 절에서는 인구의 총계적 분석방법, 즉 거시적 관점에서의 인구이동 이론에 대한 내용을 소개했으나 본 절에서는 개인의 의사결정에 의한 인구이동을 분석하는 미시적 관점의 내용을 살펴보기로 한다.

인구이동의 분류적 분석방법의 이론으로서 샤스타드(L. A. Sjaastad)에 의해 처음 개발되고 클라크(W. A. V. Clark)에 의해 세밀하게 요약된 인적자본 모형(the human capital model)은 선택적 경제학 모형이다. 왜냐하면 개인은 장기간에 걸쳐 그들의 소득을 증대시키기를 추구하기 때문에 이동은 개인이나 가족이 이동함으로써 이득이 비용을 능가할 때에 일어난다. 이 모형은 비록 그것이 개념적으로 관련이 없는 것은 아니지만 더 단순한 이동요인의 접근방법상에서 여러 가지로 개선되었다. 클라크는 인적자본론 모형의 장점을 다음과 같이 증명했다. 첫째, 이득은 기간이 경과함에 따라 발생한다. 그리고 이동률이 왜 연령과 단절되는가를 설명하는 데 도움이 된다. 둘째, 금전적 비용뿐만 아니라 심리적 비용과 이익도 포함될 수 있다.

(1) 인구이동을 야기하는 인자

중력모형 등 지역을 이동지역의 단위로 분석하는 총계적(aggregate) 분석방법은 이주자 개개인의 이주 의사결정 과정에 대한 고찰이 불가능하기 때문에 비인간적이고 기계적면이 있다고 해서 개개인의 수준에서 이동의 자료를 수집해 분석하는 방법을 취하기도 하며, 이를 분류적(disaggregate) 분석방법이라 한다. 이 분류적 분석방법에서 인구이동을 야기하는 인자를 살펴보면 다음과 같다.

인구이동은 지역과 이동자 개인이 갖고 있는 배출인자(push factor)와 흡인인자(pull factor) 및 장애인자(intervening obstacles)에 의해 이루어지는 지역 간의 거주지 이동이다. 인구이동의 배출·흡인인자와 개재 장애인자 및 개인적 인자는 <표 8-8>과 같다.

인구이동에서 각 인자에 대한 개개인의 반응은 다르다. 즉, 이동에 영향을 미치는 인자에 쉽게 영향을 받아 결정하는 사람과 상당히 작용해야 결정하는 사람, 이동을 결정하는 데 오랜 시간이 필요한 사람 등이 있다. 이러한 현상을 이동의 탄력성(migration elasticity)이라 하며, 탄력성이 클수록 쉽게 이동하는 경향을 나타낸다.

리(E. S. Lee)는 인구이동의 의사결정에 영향을 미치는 인자를 네 가지로 분류했다.

〈표 8-8〉 인구이동의 배출 · 흡인 · 개재 장애 · 개인적 인자

구 분	인 자
배출인자	농촌의 빈곤, 낮은 임금, 실업, 교육·문화·보건시설 등의 부재, 인종적·정치적·종교적 억압, 기근 홍수 등의 자연재해, 타 지역 및 거주자의 친근감 등
흡인인자	저렴한 농지가격, 고용기회의 증대, 높은 임금수준, 학교·병원·위락시설 등의 시설확충, 쾌적한 환경, 미지에 대한 두려움 등
장애인자	이동비용, 심리적 비용(가족, 친구, 지역사회와의 분리에서 오는 불안감), 이주 규제법, 노동허가 규제법 등
개인적 인자	성, 연령, 건강상태, 혼인상태, 교육수준, 자녀 수 등

자료: Lee(1970: 290~291), Knapp, Ross and McCrae(1989: 80).

〈그림 8-8〉 인구이동의 배출인자와 흡인인자 및 개재 장애인자와의 관계

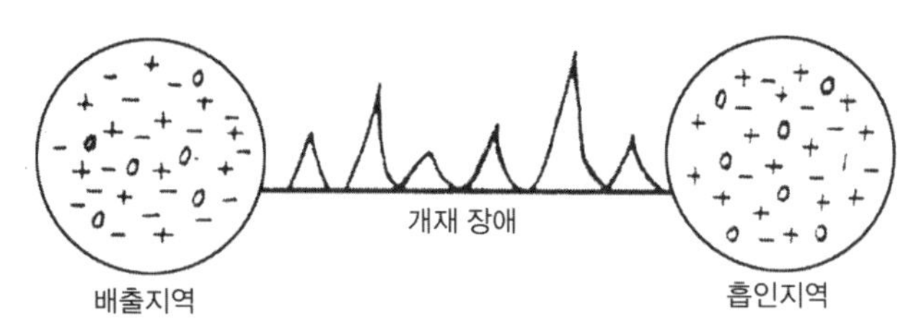

자료: Lee(1970: 291).

즉, 인구 배출지역의 긍정적·부정적 인자, 인구 흡인지역의 긍정적·부정적 인자, 배출·흡인지역 사이에 개재하는 장애인자, 그리고 개인적 인자가 그것이다. 이와 같은 인자들이 서로 작용해 인구이동이 야기된다는 점을 나타낸 것이 <그림 8-8>이다.

<그림 8-9>는 2005~2010년 사이에 한국 시·도별 종업원 5인 이상의 기업조사에서 일자리의 증감을 나타낸 것이다. 이 기간에 일자리가 많이 늘어난 시·도는 인구를 흡인지역으로 볼 수 있는데, 서울시가 약 23만 인으로 가장 많고, 이어서 경기도(약 13만 인), 경남(약 3만 인)의 순으로 부산시는 324인이 증가했으나, 강원도(약 1만 인),

〈그림 8-9〉 시 · 도별 일자리 변동(2005~2010년) (단위: 인)

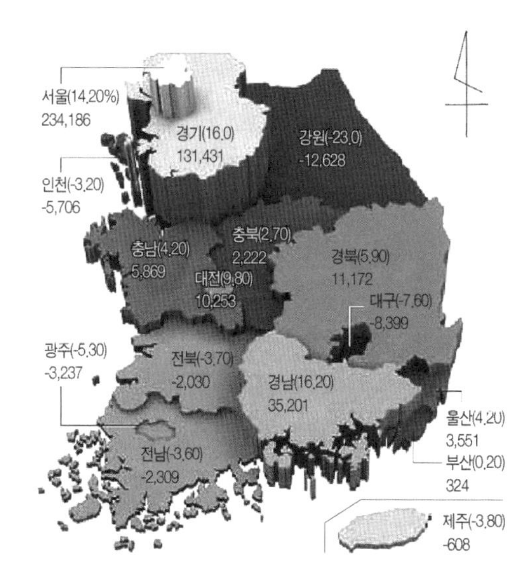

주: 괄호는 증감률(%)을 나타냄.
자료: 대한상공회의소 코참비즈, www.korchambiz.net

대구·인천시, 전남, 전북, 제주도는 오히려 감소해 이들 지역은 인구 배출지역이라고 볼 수 있다.

(2) 인구이동의 비용 · 편익분석

다음으로 인구이동이 지역 간 소득격차에 대한 적응과정이라는 고전경제학자들의 견해에 입각한 슐츠(T. W. Schultz)와 샤스타드의 비용-편익분석(cost-benefit analysis)을 살펴보자. 이들은 인구이동에 관한 고전경제학 이론이 갖고 있는 결점을 극복하려는 의도에서 이 이론을 제기했다. 인구이동 현상을 노동력의 수요와 공급의 맥락에서 파악하려는 고전경제학자들에 의하면 인구이동이란 지역 간의 임금 또는 소득수준의 차이를 감소시키는 경제적 균형화를 위한 메커니즘이다.

슐츠와 샤스타드는 인구이동의 비용을 크게 세 가지로 나누었다. 첫째는 실제 이동비용인 직접경비이고, 둘째는 전출해서 직장을 잃게 됨에 따른 정기적인 수입인 소득으로서의 간접비용 또는 기회비용(opportunity costs)이다. 셋째는 집과 가족과 친구와 떨어짐에 따른 불안감, 새로운 환경에 대한 적응 등의 심리적 비용(psychological costs)이다. 이와 같은 비용은 이동함과 동시에 발생하지만 이동에 따른 수입인 편익은 훨씬 후에 나타나므로 할인된 가치로 평가해야만 정확한 비용·편익분석을 할 수 있다.

슐츠와 샤스타드의 비용·편익 분석은 첫째, 인구이동은 거리와 반비례하기 때문에 거리가 멀어질수록 이동에 따른 이사비용 등의 직접경비가 많이 든다는 점과 심리적 비용도 거리가 멀어질수록 증가되는 점을 설명하고 있고, 둘째, 나이가 든 사람은 젊은 사람보다 임금수준이 높기 때문에 이동함에 따른 기회비용이 많이 상실되므로 이동이 적다는 것을 밝혀준다. 셋째, 경제적인 기회는 당시의 기회비용의 상실보다 평생의 수입과 비교해 평생수입이 많은 곳으로 이동한다고 볼 수 있다는 점을 제시해주며, 소득격차가 존재하는데도 인구이동이 나타나지 않는 이유를 설명해준다. 그러나 이 분석은 기회비용이나 심리적 비용을 어떻게 측정하는가의 문제와 개발도상국에서 나타나는 실업률이 상당히 높은 도시로 인구이동 현상을 설명하지 못하는 점 등이 문제점이다.

이와 같은 개발도상국의 인구이동 현상을 미국의 경제학자 토다로(M. P. Todaro)는 다음과 같이 설명한다. 즉, 농촌지역과 도시지역에서의 임금격차 때문에 농촌에서 도시로 인구가 이동하는데, 이로 인해 상당한 기회비용을 상실하더라도 농촌보다

〈그림 8-10〉 인구이동에 따른 연간 순소득 곡선

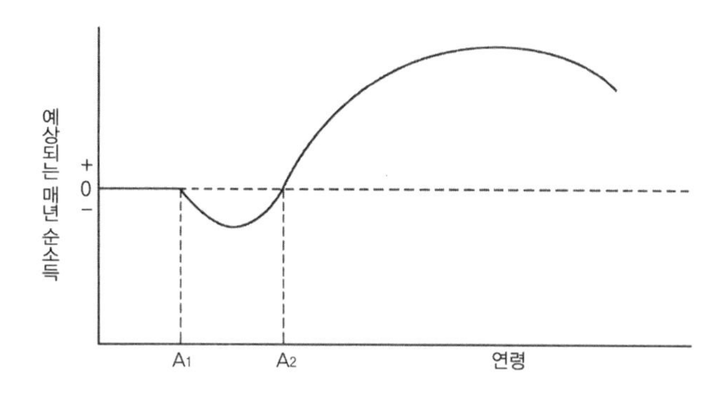

자료: Todaro(1971: 402).

도시에서 더 많은 소득을 올려 잘살 수 있을 것이라는 기대감으로 인구가 도시로 이동한다고 밝혔다. <그림 8-10>는 슐츠와 샤스타드의 이론을 수정한 토다로의 모형으로 학교를 졸업한 젊은 층이 도시로 이주함에 따라 나타나는 연간 순소득(net income)의 변화를 나타낸 것이다. $A_1 \sim A_2$는 도시로 거주지를 이동한 후에 실업자로서 소득이 전혀 없기 때문에 연간 순소득은 음이 된다. 그러나 A_2의 시점에 직장을 구하게 됨에 따라 연간 순소득은 양이 되며 연령이 많아질수록 연간 순소득은 증가되다가 생산성이 낮아지면서 연간 순소득은 감소되게 된다. 이와 같은 토다로의 모형은 노동시장에서 구직자의 구직관습에 의해서도 발생할 수 있는 현상이며, 또 도시에 취업을 할 수 있는 자질을 갖춘 사람들의 이동만을 설명하고 있어 농촌에서 도시로의 인구이동에 포함되어 있지만 학력수준이 낮아 전문적인 직업에 종사할 수 없어 비공식부문에 취업하는 사람들을 놓치고 있다는 약점이 있다.

2009년 한국의 월평균 임금(상여금과 각종 수당 포함)분포를 보면 수도권과 남동임해공업지대와 도시의 월평균 임금이 많아 농촌지역에서의 인구이동을 유추해볼 수 있다(〈그림 8-11〉). 월평균 임금이 가장 많은 도시는 여수시로 1인당 281만 원이며, 이어서 울산시(253만 원), 서울권(251만 원)의 순으로, 남원시가 126만 원으로 가장 적어 산업기반이 잘 갖추어져 있는지 여부가 결정적인 요인으로 작용했다. 이와 같은 현상은 임금이 많은 지역에 생산성이 높은 고급인력이 몰리면서 발생하는 현상이며, 또 집값이나 생활비 등 지역마다 다른 물가수준이 임금격차로 반영된 것이다.

〈그림 8-11〉 전국 50개 도시권의 월평균 임금분포(2009년)

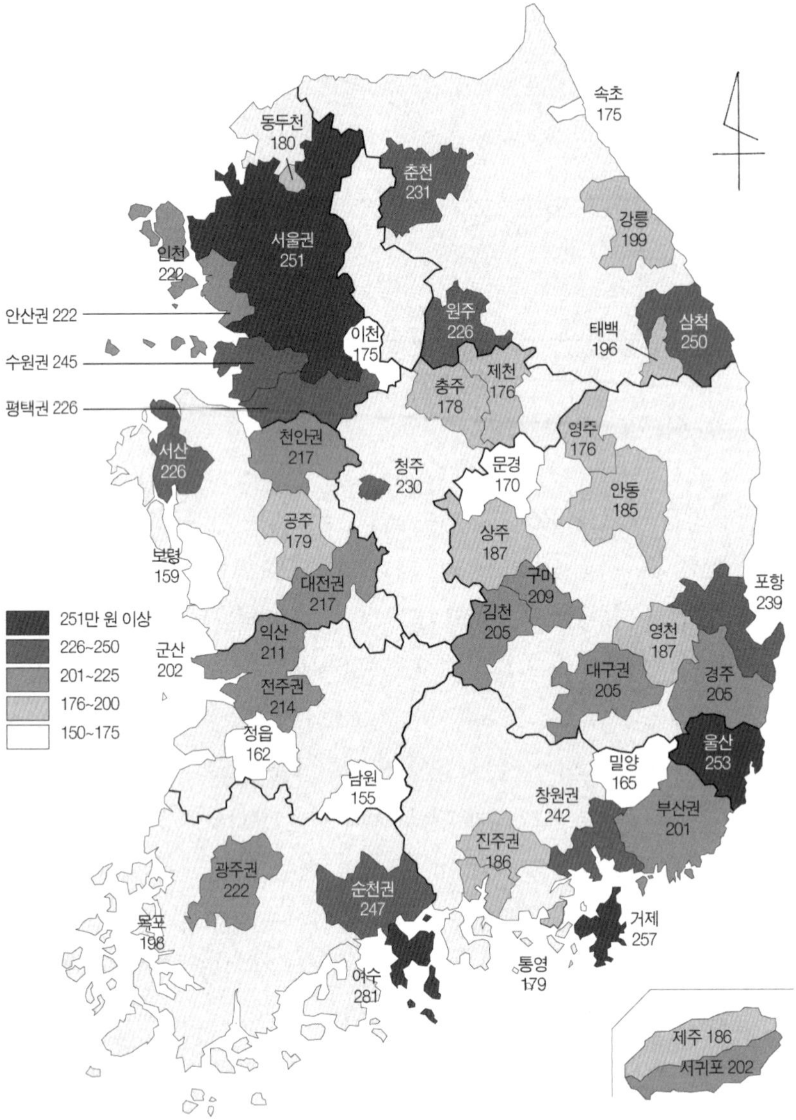

자료: 산업연구원.

인구이동 패턴은 궁극적으로 개개인의 열망, 욕구, 인지수준의 표현이라 할 수 있으며, 이동행태는 개개인이 자신의 복지나 효용성을 최대화하려고 추구하는 방법 중의 하나라고 볼 수 있다. 그러므로 분류적 분석방법의 연구초점은 장소와 인구집단의

〈그림 8-12〉 인구이동을 할 때 의사결정에 영향을 미치는 요인들 간의 관계

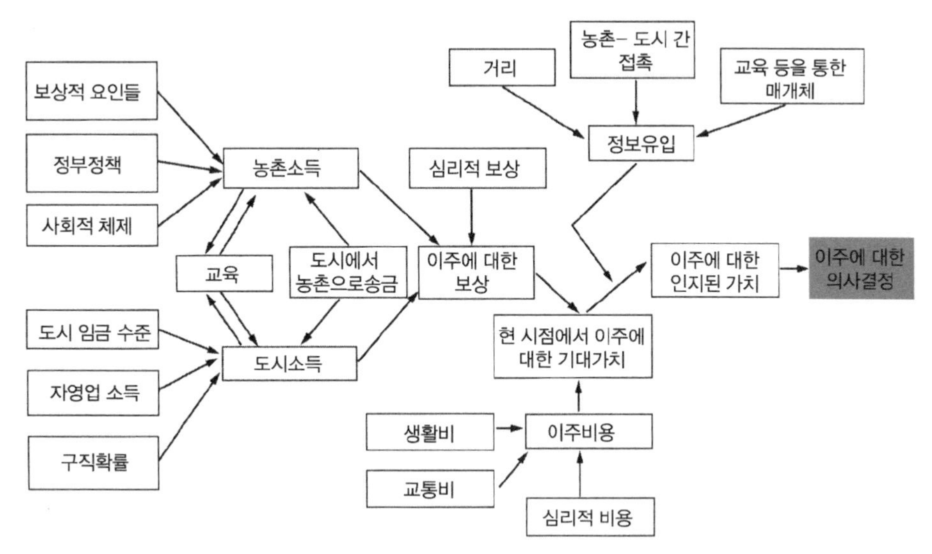

자료: Knapp, Ross and McCrae(1989: 52).

특성보다는 개개인의 이동행태에 두고 있다. 특히 이주자 개개인은 서로 다른 개인적 속성을 가지고 있기 때문에 개인을 둘러싼 환경에 대한 지각(知覺)과 반응이 서로 다르다는 점을 강조하고 있다. <그림 8-12>에서와 같이 이동하려는 의사결정 과정에는 매우 복합적인 여러 요인들이 상호작용하면서 영향을 미치고 있다.

(3) 인구의 이동과 의사결정 과정

브라운(L. Brown)과 무어(E. Moore)는 인구의 이동과정은 두 단계의 심리적 속성으로 구성되어 있다고 했다. 첫 번째 단계는 현거주지에 대한 불만족 또는 스트레스 상태가 지속되어 이들 욕구를 충족시키거나 환경을 재구조화하기 위해 이동하게 된다. 두 번째 단계는 가구주가 탐색 공간(search space) 내에서 장소의 효용성을 평가하는 과정을 거치게 된다. 이러한 순차적인 단계로 접근하는 방법은 인구의 이동과정을 이해하는 데 적절한 이론적 틀이다(〈그림 8-13〉).

그러나 잠재적 이동의 발단과 스트레스의 임계값(threshold) 도달 중 어느 것이 먼저 나타나는가는 이들이 서로 밀접한 상호작용을 하고 있기 때문에 판단하기 매우 어렵다. 스트레스는 객관적으로 나타나는 부적합한 주택, 만족스럽지 못한 고용상태나 환경의

〈그림 8-13〉 인구이동과정

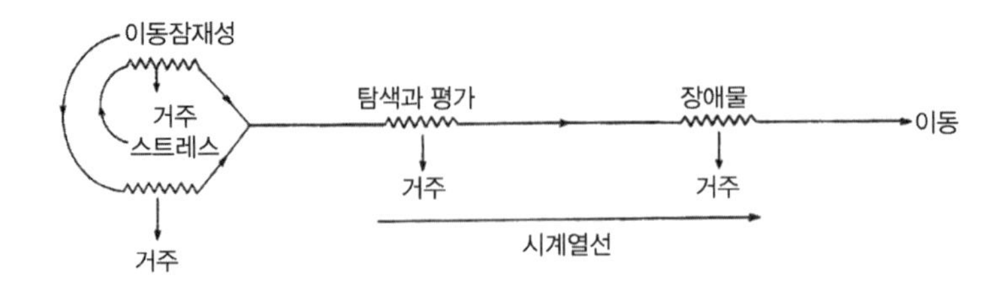

자료: Jones(1981: 228).

〈그림 8-14〉 인구이동의 의사결정 과정

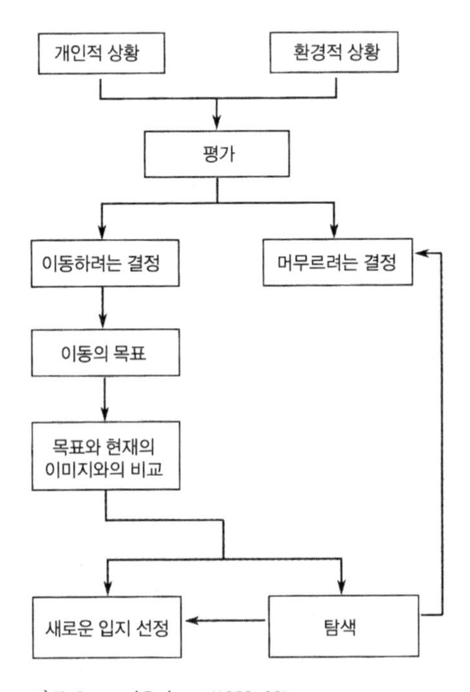

자료: Low and Pederson(1989: 39).

악화 등에서 야기될 뿐만 아니라 이동을 함으로써 이러한 상황에서 벗어날 것이라는 판단능력까지도 반영된다. 따라서 이동잠재력이 낮은 사람은 스트레스를 느끼는 정도가 약하며 또 스트레스를 받는 상황을 합리화시킨다.

다음으로 이동을 하려는 의사가 결정되면 이주할 장소를 물색하고 평가하는 과정을 거치게 되는데, 그 과정은 목표설정→과정선정→정보수집을 거치게 된다. 여기에서 정보수집의 공간적 범위는 매일 매일의 생활을 통해 직접 관찰한 정보를 얻을 수 있는 활동 공간(activity space)과 친척, 친지, 부동산업자, 매스커뮤니케이션 등을 통해 얻을 수 있는 간접적 접촉 공간(indirect contact space)으로 나누어진다(〈그림 8-14〉).

(4) 생애주기에 의한 거주지 선택

거주지 이동에 관한 미시적 연구로 로시(P. Rossi)는 도시내부 인구이동의 대부분은 거주공간에 대한 가족적인 요구의 변화와 관련이 있다고 밝혔다. 그리고 주택뿐만 아니라 그것을 둘러싼 환경에 대한 요구 면에서도 생애주기(life cycle)에 의해 변화한다. 여기에서 생애주기란 결혼으로 세대가 형성되어 자녀가 출생·성장·독립하고 노령세대로 변화해가는 세대의 성장과정을 의미하며, 생애단계는 생애주기를 몇 개로 분류할 때의 각 단계를 말한다. 같은 단계에 속하는 세대는 가족의 구성원 수, 각 가족 구성원의 연령, 가족 구성원 간의 관계가 유사하기 때문에 생애단계는 세대를 종합적으로 평가한 것이라 말할 수 있다. 표준적 생애주기는 부부단계, 자녀가 6세에서 의무교육 기간까지의 단계, 자녀의 연령이 18~23세의 취직단계, 아들이 27세, 딸이 24세의 결혼단계, 결혼 후 첫째 손자의 출생단계, 첫째 손자의 결혼단계로 나누어진다.

각 개인은 인생 중에서 많은 단계를 통과하는데 그 단계는 다음과 같이 분류할 수 있다. 즉, ① 유아기, ② 아동기 전반, ③ 유치원 시기, ④ 학교시기, ⑤ 10대 청소년기, ⑥ 청년기, ⑦ 장년기(미혼 자녀와 생활), ⑧ 노년기이다. 더 나아가 평균수명이 길어지고 출생률이 감소함에 따라 ⑨ 장·노년기(자녀가 독립한 후의 노년기)를 덧붙일 수도 있다.

예이츠(M. Yeates)와 가너(B. Garner)는 일반적으로 생애주기는 다음 세 가지 의미에서 거주입지에 중요하다고 지적하고 있다. 첫째, 개인이 생애주기를 통과함에 따라 주택의 종류나 자연적 입지에 대한 요구가 변화한다. 둘째, 거주입지의 결정은 가족적 요구의 인식을 바탕으로 가구주에 의해 행해진다. 이들 요구는 가족 구성원의 생애주기가 다양하기 때문에 그것을 일치시키거나 타협을 본다는 것은 어렵다. 예를 들면 10대의 청소년과 아동의 요구는 차이가 커서 교외로 주거지를 이동하면 도시생활을 좋아하는 10대 청소년은 큰 스트레스를 받게 된다. 셋째, 각 생애단계의 길이가 서로 다르다. 예를 들면 5단계까지는 인생의 처음 20년간이지만, 6단계 이후는 50년의 시기가 되므로

〈표 8-9〉 성인의 생애주기에서 변화와 관련된 거주변화

가구주의 연령	단계	각 단계의 가구상태	가구주의 평균연령	가구의 평균규모	이동회수
20	성년전기	자녀가 없는 젊은 미혼자	25.4	1.65	1
		자녀가 없는 젊은 부부	26.4	2.00	1
30	성년				
		유아의 자녀를 둔 젊은 부부	31.5	4.53	1
		자녀를 둔 젊은 부부	38.9	5.16	1
50	성년후기	큰 자녀를 둔 장년부부	51.8	5.46	1
		자녀가 출가한 장년부부	62.8	2.27	1
65	퇴직				
		자녀가 출가한 노년 미혼자	67.1	1.23	1
75	사망				

자료: Yeates and Garner(1980: Table 10.7).

생애주기의 변화에 대한 가족의 반응이 둔화된다. 이 패턴은 나이가 든 후에 거주의 변화에 대한 저항이라는 형태로 나타나는 것이 확실할 때가 많다. 여기에서 저항이란 이미 가족의 요구와 일치하지 않는 주택이나 입지에 대한 감상적인 애착을 말한다.

도시에서 주거입지에 대한 생애주기 변화의 영향을 살펴보면 다음과 같다. 인생의 초기단계에는 개인의 주거입지가 부모에 의해 결정되는 경우가 많다. 그래서 첫째와 두 번째 의미에서의 생애주기에 의한 거주이동은 어린이의 요구를 반영하는 형태에서 부모에 의해 행해지고, 이러한 이동은 그들의 자녀에 의해 또 반복된다. 세 번째 의미에서의 생애 주기적 이동은 일반적으로 성숙의 시기에 발생한다. 그것은 개인이 독립하거나 학교를 졸업하고, 직장을 얻고, 대학에 입학하는 등의 결과이다. 이러한 종류에 의한 이동은 <표 8-9>와 같이 생애주기의 각 단계에서 나타난다.

생애양식(life style)은 거주결정에서 점점 중요한 요소로 되고 있다. 베리(B. J. L. Berry)는 개인의 가치관을 네 가지로 분류했다. 첫째는 가족주의(familism)로, 개인은 가족의 결속에 높은 가치관을 두고 청년의 교화(敎化)와 사회화를 위한 기구로서의 가족활동을 중시하고 있다. 두 번째는 출세 제일주의(careerism)로서, 상방(上方)으로의 지향 이동과 책임을 요구하고 주목받는 것을 필요로 한다. 물질적 이득과 소비주의라는 형태를 취하는 것으로 북아메리카에서는 강하게 발전되어왔다. 세 번째 가치관은 지방주의(localism)이다. 여기에서 사람들의 관심은 잘 알고 있는 국지적인 지역에 살고 있는 사람에 한하고, 그 태도와 행동은 많은 점이 근린사회에서 인정된 기준에 종속되

〈표 8-10〉 미국의 중류층 도시인의 생애주기에 따른 주택수요와 욕구

단계	생애주기	주택수요와 욕구
1	자녀 출산 전	도심에 입지한 값싼 아파트
2	자녀 출산 직후	아파트 단지나 도심에 가까운 단독주택의 임대
3	자녀 양육	교외의 주택으로 이주
4	자녀 출가	넓고 좋은 주택으로 이주
5	자녀의 분가	질이 높은 소규모 주택으로 이주해 거주지의 안정을 기함
6	노후	자녀와 함께 사거나 아파트 또는 노인 복지관에 거주

자료: Short(1978: 427).

고 있다. 마지막으로 세계주의(cosmopolitanism) 가치관은 지방주의와 대조되는 것이다. 그것은 어느 쪽에도 속하지 않고 어떤 개념이나 행동기준에서도 채용될 수 있는 자유라는 점을 중시하는 가치관이다.

이들 가치관의 어느 부문을 중시하느냐에 따라 도시내부의 거주에 관한 결정이 크게 변하게 된다. 북아메리카의 중산계급은 가족주의를 널리 받아들이고 있다. 출세제일주의는 배타적인 교외의 주택지나 호화스러운 아파트로 상징된다. 지방주의는 노동자 계급이나 여러 민족이 거주하는 지구의 주민들이 갖고 있는 가치관일 것이다. 세계주의는 대도시에 거주하는 사람들에서 볼 수 있는 가치관일 것이다.

<표 8-10>은 미국 중류층 도시인의 생애주기와 주택수요와의 관계를 나타낸 것으로 가구형성이 거주이동에 영향을 미치고 있다는 것을 알 수 있다.

(5) 거주지 선호와 심상지도(心像地圖)

사람은 장소에 대해 좋아하고 싫어하는 감정을 갖고 있다. 이에 따라 장소에 대한 선호에 바탕을 둔 여러 가지 공간행동을 취하게 된다. 사람들이 장소에 대한 선호를 취하는 데 대해, 일찍부터 특정행동을 가정해 그것을 행하고 싶은 장소를 순서로 질문하게 된다. 예를 들면 각자가 여행하고 싶은 장소의 순서를 정하라고 하면 상위의 장소들과 하위의 장소들이 나타나게 된다. 이러한 순위의 공통성은 무엇에 의해 생기는가를 밝힘에 따라 사람들이 공통으로 갖는 선호구조를 알게 된다.

미국의 지리학자 굴드(P. Gould)와 화이트(R. White)는 이러한 생각을 바탕으로 거주지 선호지도를 작성했다. 그들은 미국의 48개 주를 대상으로 '일체의 제약조건이 없이 자유롭게 선택해 살고 싶은 주는 어디입니까? 살고 싶은 순서대로 각 주에 순서를

〈표 8-11〉 가상지역의 선호순위 자료(가)와 그 상관행렬(나)

(가) 학생

	구분	A (김아무)	B	C	D	E	F (이누구)	G
지역	가	1	8	3	4	10	2	1
	나	5	10	6	8	9	6	6
	다	7	7	7	7	7	7	8
	라	9	9	9	10	8	9	9
	마	10	6	10	9	6	10	10
	바	8	5	8	6	5	8	5
	사	6	4	5	5	4	5	7
	아	4	3	4	3	3	4	4
	자	3	1	2	2	1	3	3
	차	2	2	1	1	2	1	2

(나)

	변수	A (김아무)	B	C	D	E	F (이누구)	G
김아무	A	1.00	0.35	0.95	0.83	0.20	0.98	0.93
	B	0.35	1.00	0.58	0.79	0.96	0.49	0.42
	C	0.95	0.58	1.00	0.93	0.47	0.99	0.88
	D	0.83	0.79	0.93	1.00	0.67	0.90	0.85
	E	0.20	0.96	0.47	0.67	1.00	0.36	0.26
이누구	F	0.98	0.49	0.99	0.90	0.36	1.00	0.90
	G	0.93	0.42	0.88	0.85	0.26	0.90	1.00

자료: 杉浦芳夫(1989: 158).

적으시오'라는 질문을 미국 각 주의 대학생들에게 했다. <표 8-11>(가)는 7인의 학생이 10개의 지역에 대한 선호의 순위를 나타낸 것이다. 여기에서 공통의 선호구조를 얻기 위해 먼저 각 학생의 선호가 어느 정도 유사한가를 조사할 필요가 있다. 따라서 각 학생들 간의 상관계수를 구해 상관행렬을 나타낸 것이 <표 8-11>(나)이다. 이 상관행렬을 이용해 주성분분석을 한 결과 얻어진 성분득점으로, 성분득점의 최고값을 100으로 하고 최저값이 0이 되게 비례 배분해 비율 값을 바꾸어 등치선으로 나타낸 것이 전 학생이 공통적으로 장소에 대해 갖는 선호의 분포도인 거주지 선호지도이다.

<그림 8-16>은 위와 같은 방법에 의해 미국 펜실베이니아 주 주립 대학생들이 미국의 48개 주를 대상으로 한 거주지 선호지도이다. 높은 득점을 나타내어 많은 학생들이 거주하기를 원하는 지역은 학생 자신들이 살고 있는 펜실베이니아 주와 그 주위지역이다. 펜실베이니아 주에서 서쪽으로 갈수록 그 득점이 낮아지고 콜로라도 고원에 있는 콜로라도 주에서는 일시적으로 득점이 상승하다가 다시 낮아진 후 서해안에서 득점이 높게 나타난다. 특히 캘리포니아 주는 펜실베이니아 주 다음으로 거주선호

〈그림 8-16〉 펜실베이니아 주립 대학생의 거주지 선호지도

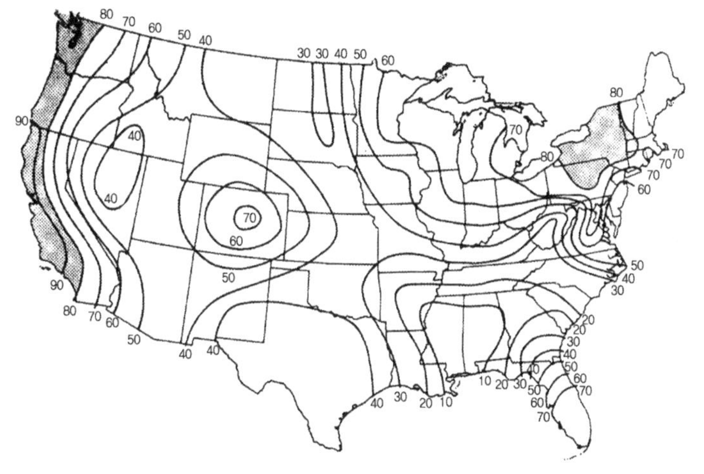

자료: Abler, Adams and Gould(1971: 521).

가 높게 나타난다. 1977년 한국을 대상으로 전국을 23개 지역으로 나누어 서울·부산·강릉·청주·광주·대구시의 6개 도시 대학생에 대한 거주지 선호조사를 했다. 그리고 위와 같은 방법에 의해 분석한 결과, 서울시 대학생의 거주지 선호는 서울시를 거주지로 선호한 비율이 가장 높게 나타났고 부산시를 그다음 거주지로 선호하고 있다는 것을 밝혀냈으며 그 선호도 지도가 <그림 8-17>이다.

골리지(R. G. Golledge)는 심상지도(心像地圖, mental map)[9]의 형성에 대해 3단계로 설명했다. 즉, 사람들의 심상지도의 형성과정에 관해 정박점(碇泊点, anchor point)이론이라는 가설을 발표했다. 어떤 사람이 새로운 도시로 이주한다고 가정하자. 그는 먼저 자신이 살고 있는 집의 위치를 인지한다. 그리고 그가 일할 직장이 인지지도에 그려지고 구매를 하는 근린상점도 하나의 결절점으로 나타난다. 또 자녀가 있으면 학교도 제1단계에서 인지된다.

제2단계는 자기 집, 직장, 상점 등을 결절점으로 해서 주변지구까지의 환경이 심상지도에 부가된다. 제3단계는 자기 집에서 출발해 직장, 상점 등으로의 경로에서 각각 부차적인 경로가 넓어진다. 사람은 거주기간이 길면 길수록 상점도 많이 알게 되고

9) 이동자가 평소 신문이나 개인적 접촉, 행동, 부동산의 정보, 다른 사람이나 친척으로부터 얻은 여러 가지 정보를 종합해 머릿속에 그린 지도가 있는데, 이동지를 선정할 때 이것을 이용한다.

〈그림 8-17〉 서울시 대학생의 거주지 선호

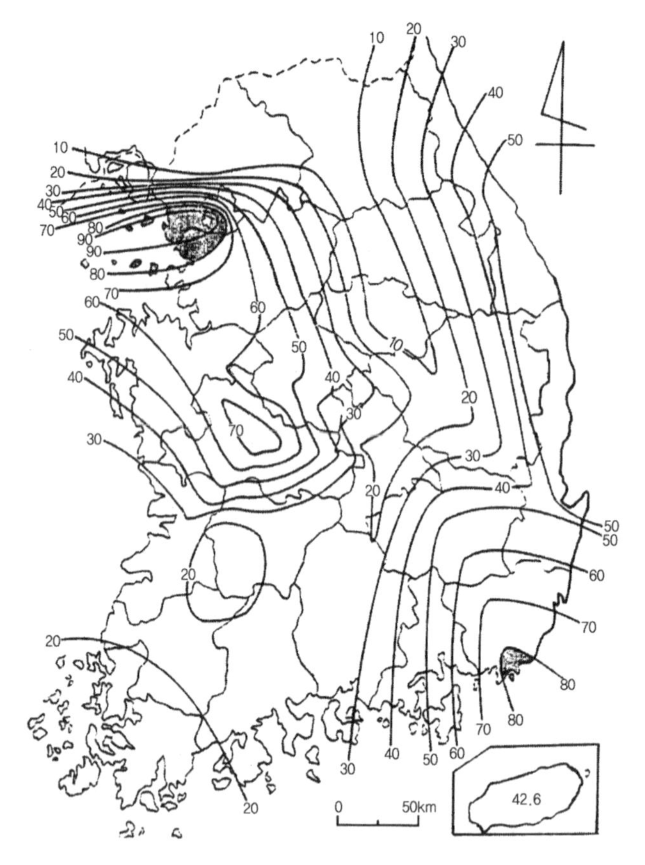

자료: 李熙悅(1977: 35).

레크리에이션 지구와 같은 생활공간도 알게 되어 생활공간이 넓어진다.

이상과 같이 사람들은 자기 집을 중심으로 점상(点狀)으로 생활에 필요한 장소를 인식하고 그것이 선상(線狀)으로 연장되며 더욱이 시간이 경과하면 면적(面的)인 심상지도가 형성된다고 한다. 그리고 시간의 경과와 더불어 인지한 결절점의 계층성을 형성하게 되고 각각의 결절점을 연결하는 경로도 주요한 것과 부차적인 것으로 존재하게 된다(〈그림 8-18〉).

인구이동의 분류적 분석방법은 장소보다 사람에 주로 초점을 두며, 또한 이동 패턴보다는 이동과정에 초점을 두고 있다. 그러나 분류적 분석방법은 총계적 분석방법보다 구조화의 정도가 훨씬 낮으며 모형화도 어렵고 부정확한 결과를 얻을 수도 있다.

〈그림 8-18〉 정박점 이론

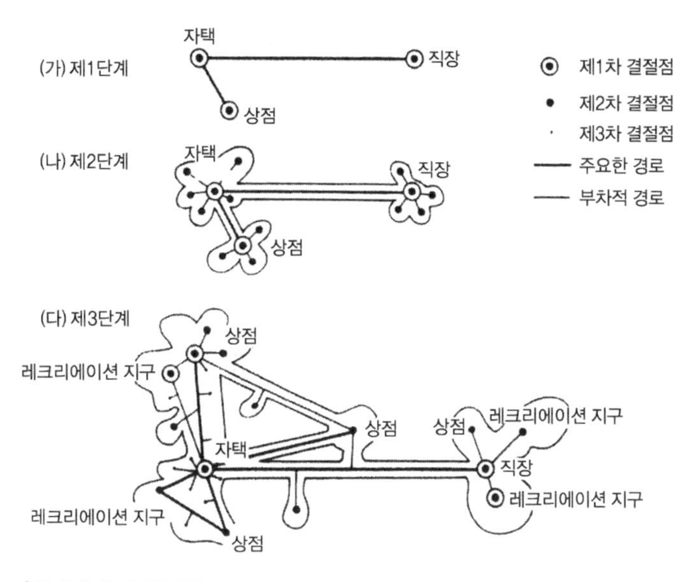

자료: Golledge(1978: 80).

이러한 문제점은 이동자가 주어진 환경의 자극에 대해 동질적인 반응을 나타내지 않기 때문에 이동성향에 대해 일반화하기가 어렵다. 따라서 질적으로 좋은 자료를 수집하는 것이 중요하다.

(6) 경로분석

인구이동은 여러 가지 요인이 작용해 이루어지는데, 인구이동을 유발하는 요인들 간의 인과관계를 분석하는 연구는 거의 이루어지지 못했다. 이러한 문제의 해결방법으로 경로분석(path analysis)을 들 수 있다. 이 접근방법은 먼저 인구이동에 영향을 미치는 요인들을 추출하기 위해 먼저 인자분석(factor analysis)을 해 여러 변수들을 합성하고, 경로분석을 이용해 합성된 인자 간의 인과관계를 구축하고, 인구이동에 영향을 미친 요인들의 중요도를 파악하는 방법이다.

한국은 전입인구수와 전출인구수 간의 상관관계가 매우 높아 전입인구수에 영향을 미친 요인들 간의 경로를 2000~2005년의 5년 간 228개 시·군·구(증평군과 계룡 · 제주 · 서귀포시, 북제주 · 남제주군은 제외) 간에 이루어진 누적적 인구이동을 대상으로 해 경로모형을 구축하기 위해 신규주택환경, 교육환경, 산업·취업환경, 문화·복지환경은 인구

〈그림 8-19〉 인구이동(전입인구수)에 영향을 주는 변수들 간의 관계를 나타낸 경로모형

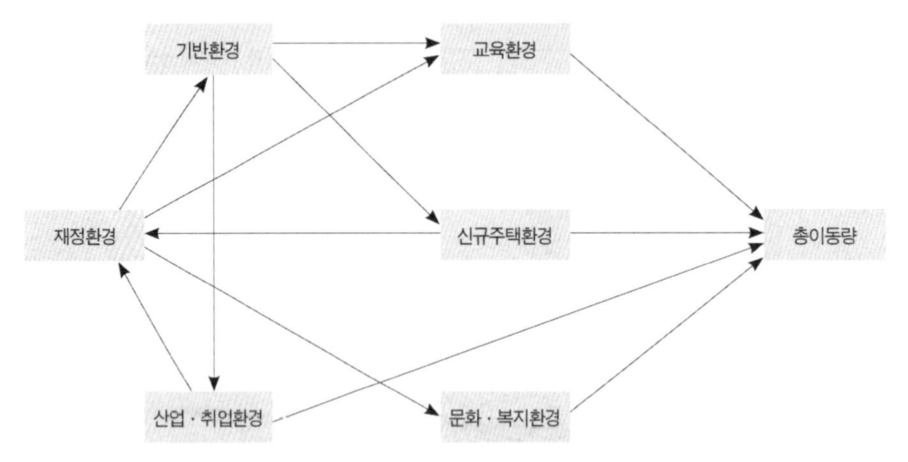

자료: 이희연·박정호(2009: 131).

이동을 직접적으로 유발하는 경로로 설정할 때 사용했다. 이들 6개 환경지수와 전입인구수 간의 경로는 12개로 설정했다(〈그림 8-19〉). 경로모형의 적합도를 평가한 결과 비록 χ^2검정에서는 적합하지 않은 것으로 나타났지만, 다른 적합도 지수들의 경우 모형을 수용할 수 있는 기준치를 대부분 만족하는 것으로 나타났다.

경로분석도 일종의 회귀분석이므로 회귀계수, 즉 경로계수(path coefficient)를 통해 변수의 상대적 중요도를 판정한다. 경로계수는 두 변수의 직접적인 영향의 방향과 강도를 나타내므로 직접효과(direct effect)라고 불리기도 한다. 이와 같이 산출된 경로모형의 경로계수를 보면, 인구이동에 미치는 직접효과는 문화·복지환경이 가장 크게 나타났으며, 신규주택환경, 교육환경, 산업·취업환경 순으로 나타났다. 그러나 간접적인 영향을 주는 요인은 재정환경, 기반환경, 산업·취업환경, 신규주택환경 순으로 나타났다. 이러한 결과를 통해 인구이동을 유발하는 요인은 직접적으로 영향을 주기도 하지만 간접경로를 통해 인구이동에 영향을 미치고 있음을 엿볼 수 있다. 특히 산업·취업환경은 인구이동에 미치는 직접효과는 작은데 비해 간접효과는 훨씬 더 크게 나타나고 있다. 또한 지역 간 전입인구수에 직접적으로 미치는 효과와 간접적으로 미치는 효과를 합한 총효과를 보면 재정환경, 문화·복지환경, 산업·취업환경, 기반환경, 신규주택환경, 교육환경 순으로 나타났다. 특히 재정환경의 경우 순환경로를 가지며, 이러한 재정환경의 순환구조는 인구이동에 직접적인 영향을 가져오지는 않지만, 다른

〈그림 8-20〉 경로모형에서 산출된 표준화 경로계수

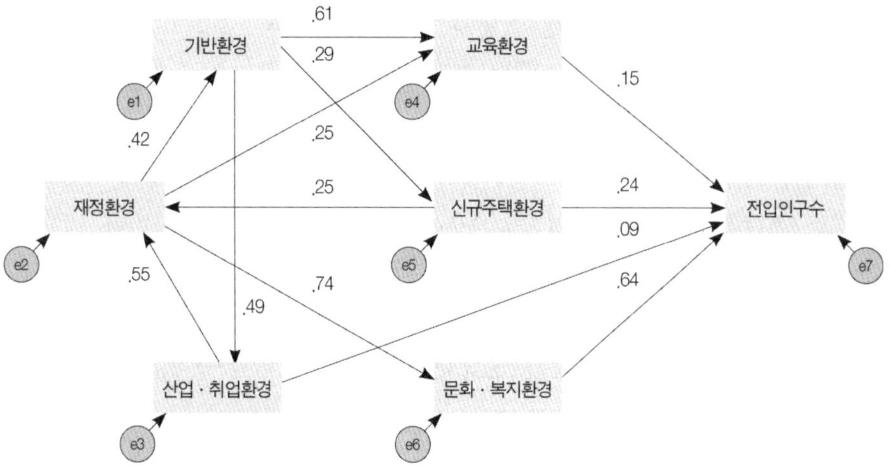

자료: 이희연·박정호(2009: 134).

영역과의 간접효과를 통해 결과적으로 인구이동에 영향을 미치는 여러 환경변수들의 총효과를 증대시키고 있다(〈그림 8-20〉).

4. 인구이동의 과정

인구이동은 지리적·사회적 과정에서 세 가지 중요한 특징을 가지고 있다. 첫째, 인구이동은 적응과정(adjustment process)이다. 인간은 현재 대개 거주하고 있는 지역보다 살기 좋은 지역으로 이주해 거주한다. 예를 들면 1960년대 말부터 1970년대에 미국에서 인구가 집중해 있고 공해가 상대적으로 많이 발생하는 스노벨트(Snow Belt)에서 에너지 비용이 절약되고 거주에 좋은 기후이고 주택가격이 저렴하며, 공해가 상대적으로 적은 남동부 내지 서부지역의 선벨트(Sun Belt)로 이동한 것은 더욱 살기 좋은 지역으로의 적응과정이라 할 수 있다.

둘째, 인구이동은 발전과정(development process)이다. 인구가 이동할 때에는 현재 거주하고 있는 지역보다 수입면에서 더 경제적이든지, 더 좋은 교육시설이 입지하고 있든지, 더 좋은 위락시설이 입지해 얻고자 하는 욕구를 더 충족시킬 수 있는 곳이라야만 이동하게 된다.

셋째, 국내와 국제 인구이동은 모두 선별적으로 일어나는데, 이때에 인구이동의 차별(migration differentials) 항목은 이동자의 성, 연령, 직업, 교육수준, 인종 등으로 이들에 의해 비이동자들과 많은 차이점을 나타내고 있다.

㉠ 먼저 연령과 성에 의해 인구이동이 다르게 나타난다. 20~29세는 유랑벽(wanderlust)이 심한 연령층으로, 이들 연령층의 인구이동률이 높은 것은 생애주기의 영향 때문이다. 즉, 이 연령층은 취업과 결혼으로 거주지의 이동이 많이 발생한다. ㉡ 직업에 따라 인구이동이 다른데, 비농업부문에 종사하는 사람이 농업부문에 종사하는 사람보다 이동률이 높다. 특히 비농업부문 중에서도 전문직에 종사하는 사람의 이동률이 가장 높다. ㉢ 성에 의해서도 인구이동이 다르게 나타나는데, 이동거리를 보면 남자가 여자보다 더 멀리 이동한다. ㉣ 결혼 상태에 의해 인구이동은 영향을 받는데, 부부가 새로운 생활터전을 마련하기 위해서는 결혼 후 일단 이동을 경험하게 되는 경우가 많다. 또한 결혼 후 자녀 수와 연령에 따라 이동빈도의 차이가 나타난다. 즉, 자녀 수가 많은 부부일수록 이동의 빈도가 낮고, 미취학연령의 자녀를 둔 부부일수록 이동의 빈도는 많아진다. 따라서 자녀 수, 자녀의 연령과 인구이동률 사이에는 반비례 관계가 성립된다. ㉤ 교육수준이 높을수록 인구이동이 빈번하다고 하나 적극적인 선별에 의해 인구이동이 야기될 때에 주로 나타나는 현상이며, 소극적 선별일 때는 오히려 교육수준이 낮은 사람이 이동의 빈도가 높다. 따라서 교육수준과 인구이동 사이에는 항상 정비례의 관계가 성립하지는 않는다.

5. 인구이동 변천이론

젤린스키(W. Zelinsky)의 인구이동 변천(mobility transition) 모형은 1971년 발표된 인구이동 변천 가설(The hypothesis of mobility transition)에서 인구이동 유형은 단계적으로 변천해간다는 전제로, <그림 8-21>과 같이 농촌에서 도시로의 인구이동량의 변화를 완만한 산 모양과 같은 곡선으로 매우 단순하고 명쾌한 모형을 나타내었다. 제I단계는 전근대적 전통사회(the premodern transitional society)로, 이를테면 봉건시대와 같이 거주지 이동이 거의 이루어지지 않았던 시대로 인구동태는 높은 출생률과 높은 사망률을 나타내는 유형이다. 제II단계인 초기 변천사회(the early transitional society)는 17세기

〈그림 8-21〉 근대화 단계에 의한 이동성의 유형 변화

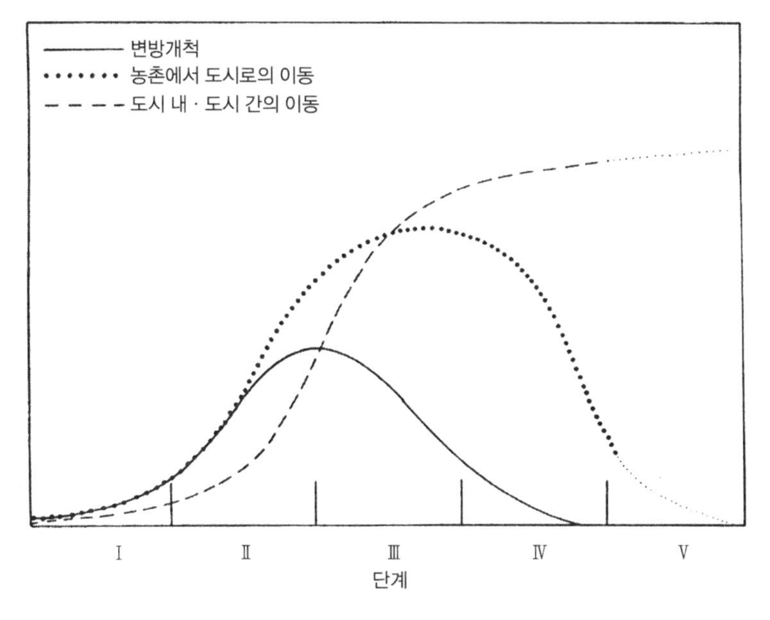

자료: Zelinsky(1971: 223).

북해 연안의 여러 나라에서 시작된 근대화와 더불어 먼저 사망률이 낮아져 인구의 급격한 증가가 나타나기 시작한 시대로 농촌에서의 대규모 인구전출이 시작되었다. 이러한 현상은 농촌에서의 고용기회 부족으로 탈출적 이동이고, 전출지로는 국내외의 도시, 국내외의 미개척지역 네 가지 유형이 있다. 제III단계의 후기 변천사회(the late transitional society)는 초기 변천사회의 사망률이 낮아지는 것이 계속되고 동시에 출생률도 낮아지므로 인구 증가는 정체되고, 농촌과 도시 사이의 인구이동은 정체되기 시작하는 시대이다. 제IV단계인 고도화 사회(the advanced society)는 인구동태에서는 낮은 출생률과 낮은 사망률의 단계에 도달하는 시기로 농촌에서의 인구전출은 큰 폭으로 낮아진다. 마지막으로 제V단계는 초고도화 사회(a future super advanced society)로 출생과 사망에 대한 조절 능력이 크게 증대되는 미래의 시대로, 거주지 이동에서 농촌과 도시 사이의 이동량은 꽤 줄어들고, 도시 간 또는 도시 내 이동이 지배적이 된다.

이상, 젤린스키의 인구이동 변천이론은 주로 농촌에서 도시로의 인구전출이라는 점을 중심으로 연구된 이론이다.

젤린스키는 한 국가나 지역에서 인구이동 변천의 단계와 근대화 수준에 따라 이동의

〈그림 8-22〉 인구이동 변천의 젤린스키의 가설

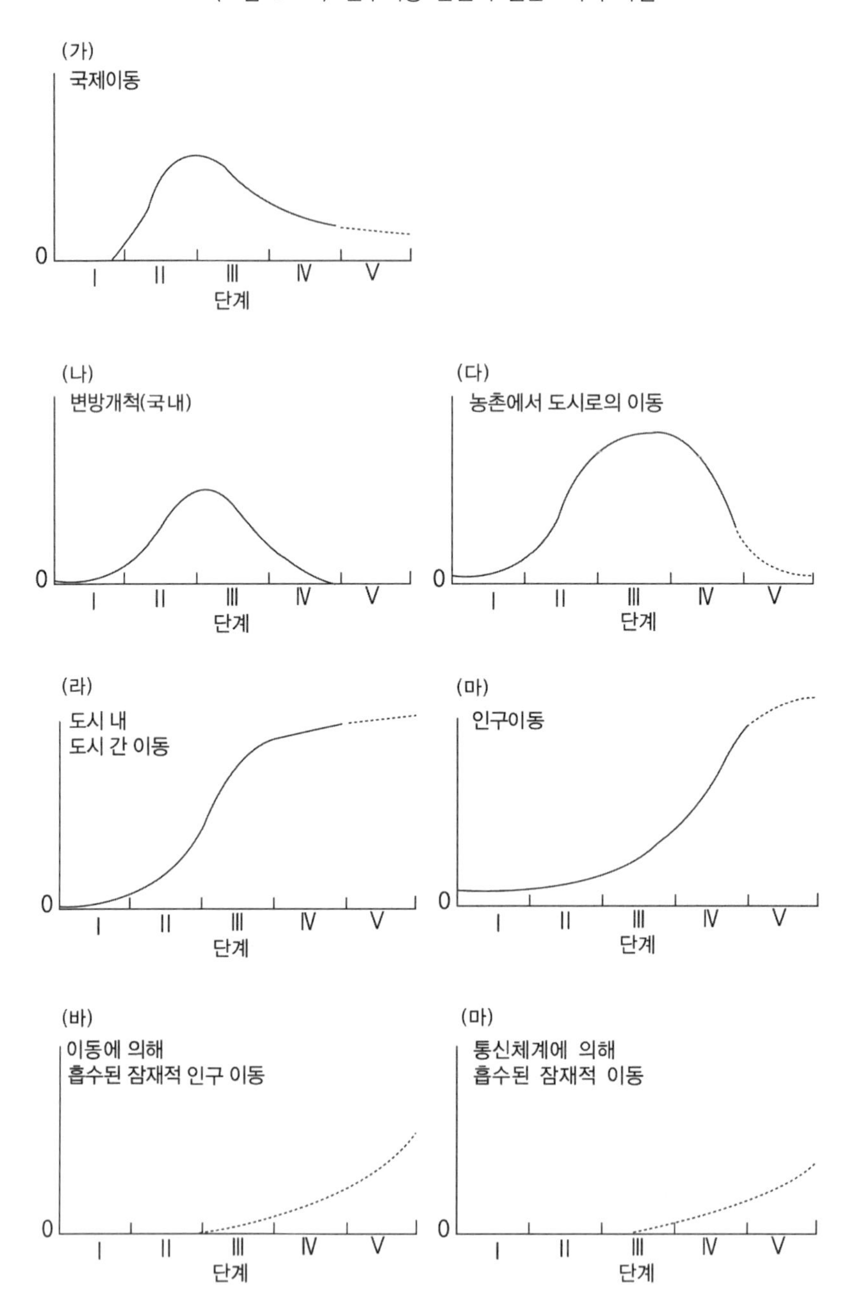

자료: Zelinsky(1971: 223).

양, 빈도, 정기성, 거리, 이주 유형에도 순차적인 변천이 일어난다고 했다. 이러한 변천 과정에서 고도로 근대화된 단계가 되면, 정보의 유동과 기술의 발전으로 사람들이 실제로 이동하기보다는 의사소통이 가능한 전화, 인터넷 등과 같은 매체로 인구이동이 대체되기 때문에 잠재적 이동자수는 감소할 것이라고 전망했다. 그러나 그의 가설은 완전히 검증되지 않았지만 장차 인구의 재분포 현상을 일으키는 인구이동이 점차

〈표 8-12〉 발전과정별 인구이동 요인의 역할 변화

발전단계		인구이동 요인						
브라운과 센더스(R. L. Sanders)	젤린스키	임금과 고용기회의 차이		교육 및 그 밖의 환경적 흡인요인	배출지 배출요인	인구이동 사슬효과	공식적 통신 채널 효과	인구이동 패턴
		현대적 부문	비공식, 소규모 기업부문					
근대화로의 초기 이동	초기변천 사회	소수인구 집단에만 영향	모든 사회계급에 대해 중요	소수 인구집단에만 영향	모든 사회계급에 대해 중요	모든 사회계급에 대해 중요함	소수 인구집단에만 영향	농촌→농촌 농촌→도시
근대화로의 후기 이동	후기변천 사회	보다 부유한 사회계급에 중요	보다 가난한 사회계급에 중요	보다 부유한 사회계급에 중요	보다 가난한 사회계급에 중요	모든 계급에 대해 중요하나 가난한 사회계급에 중요	약간 보다 부유한 사회계급에 중요	농촌→도시로의 인구 증가
근대화	선진사회	모든 사회계급에 중요	소수 인구집단에 영향을 줌	모든 사회계급에 중요	보다 가난한 계급에 중요하나 점차 소수집단에만 중요	보다 가난한 계급에 중요하나 점차 소수집단에만 중요	모든 사회계급에 중요	도시→도시로의 인구이동
개발과정상 인구이동에 영향을 미치는 요인의 추세		시간	시간	시간	시간	시간	시간	
일반적 사회에서의 각 요인 우세		위와 같은 그래프임.						

자료: Brown(1991: 53).

감소될 것임을 시사한 것이다. 시간이 경과함에 따라 인구이동의 여러 가지 유형의 변화수준을 나타낸 것이 <그림 8-22>이다. 국제 인구이동과 변방개척으로 인한 국내 인구이동은 제II~III단계에서 많이 발생하며, 농촌에서 도시로의 인구이동은 제III단계에서, 도시 간, 도시 내 인구이동은 제III단계에서 어느 정도 안정된 형태를 보이며, 이동(circulation)은 제IV단계에서 급증하고 제V단계에서 안정적이다. 또 이동으로 흡수된 잠재적 인구이동과 통신체계에 의해 흡수된 잠재적 통근은 제III단계부터 시작된다.

한편 브라운(L. A. Brown)과 센더스(R. L. Sanders)은 젤린스키가 제시한 단계는 인구가 이동하는 요인들의 영향력이 변화하기 때문이라고 했으며, <표 8-12>와 같이 주장했다.

9장

국내 인구이동의 지역적 분포

1. 지역 간 인구이동

1) 일제강점기의 인구이동

농본주의 국가인 조선은 개국 초부터 백성을 토지에 묶어두는 정책을 펴왔다. 이는 무절제한 인구이동을 방지함으로써 백성들을 농사에 전념케 하고 사회적 혼란을 방지하는 효과를 얻는 데 의미가 있었다. 그래서 근대공업이 발달하기 이전인 자급자족 경제체제의 사회에서는 인구이동이 거의 이루어지지 않았다고 해도 과언이 아니다. 한국에서 근대공업이 발달하기 시작한 1910년대 이후의 인구이동을 살펴보면 다음과 같다.

먼저 1925~1940년 사이에 한국 내 인구이동을 살펴보면(〈표 9-1〉), 1925~1930년 사이에 충청·전라·경상도에서 농민층 분해[1]가 진행되어 농촌의 과잉인구가 많은 지역

1) 자본주의 경제의 발전에 따라 농민층이 지주, 차지(借地) 농업 자본가, 농업 노동자 등으로 분해되어 가는 것을 말한다.

〈표 9-1〉 도별 사회적 인구이동

도	1925~1930년	1930~1935년	1935~1940년
경기도	25,788	182,205	256,046
충청북도	-12,317	17,544	-70,520
충청남도	-15,322	62,929	-62,992
전라북도	46,342	20,063	-98,352
전라남도	-9,186	40,459	-48,688
경상북도	-94,033	56,859	-258,953
경상남도	-17,571	-24,949	-183,749
평안남도	-20,840	78,093	83,892
함경북도	59,293	71,399	190,722
함경남도	32,056	62,627	46,489
전국	25,965	737,681	-168,077

자료: 松永達(1991: 53).

에서 전출이 나타났다.[2] 함경도에 전입인구가 많은 것은 이 지역에 공업이 진출하고 군사적으로 중요성이 높아 철도·항만의 경제 하부구조 정비가 행해져 공업 노동자나 건설 노동자의 수요가 증대되었기 때문이다. 경기도에도 전입인구가 많은데, 이 인구수는 이 시기 이후의 전입인구와 비교하면 적은 편이다.

1930~1935년 사이의 국내 인구이동을 살펴보면 사회적 인구 증가가 많았는데, 이것은 일본과 만주로 전출한 인구가 다시 귀국했기 때문이다. 특히 경기도로의 전입인구가 많아 다른 도로부터 경기도로 인구전입이 많다는 것을 알 수 있다. 다음으로 1935~1940년 사이의 사회적 인구전입은 경기도로, 일본과 만주로의 전출이 다시 활발해져 전국적으로 인구가 감소했다. 그리고 충청·전라·경상도에서의 전출이 과거 15년 동안에 최대 규모로 일어났다.

2) 이때의 전라북도의 전입인구가 많은 이유는 불분명하다.

2) 6 · 25 전쟁 전후의 인구이동

1950년 6·25 전쟁으로 남·북한 사이의 인구이동이 많이 이루어 6·25 전쟁 이전에 '400만 실향민'이라는 말이 있었고, 이북 도민회는 월남자를 350만 인으로 추계했다. 1960년 인구조사 때의 북한 출생자는 63만 7690인[3]이었으나 1995년 11월 센서스에서는 실향민 1세대가 40만 3515인으로 전체 인구의 0.9%에 불과했다. 이 가운데 황해도 출신이 33.7%(13만 5850인)로 가장 많았고 이어서 평남(17.8%), 함남(15.9%), 평북(13.3%), 경기도(10.6%)의 순이었다.

한편 월남한 북한 출생자의 한국 내의 분포를 보면 서울시에 전체 실향민의 39.5%가 거주해 가장 많고 경기도(23.3%), 인천시(11.9%)의 순이다. 이들 3개 시·도에 전체 월남한 북한 출생자의 3/4이 거주하고 북한 가까운 곳에 살면서 통일이 되면 귀향하고자 하는 의식에서 나온 결과이다. 또 부산시와 강원도에는 각각 6.9%, 4.8%가 거주하고

〈그림 9-1〉 월남한 북한 출생자의 출생지와 현거주지별 분포[1995(왼쪽) · 2005년(오른쪽)]

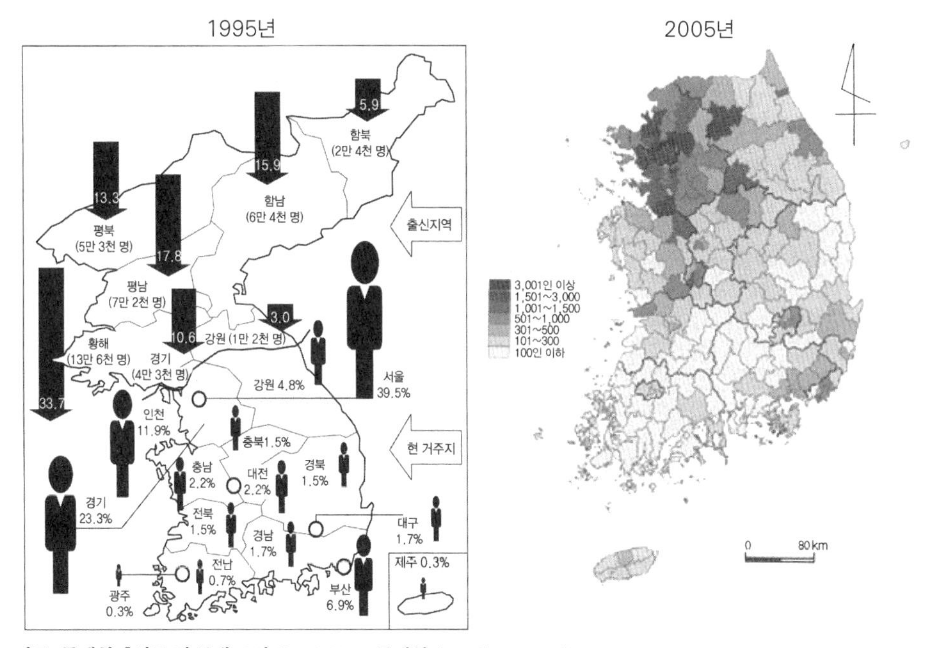

자료: 통계청, 「인구 및 주택 조사보고」(1997); 통계청, http://gis.nso.go.kr

3) 월남자 중에서 고향을 숨긴 사람이 많았다고 한다. 그리고 경기도와 강원도의 북한 출생자와 월남 후 사망자는 제외되었다.

〈그림 9-2〉 6 · 25 전쟁으로 인한 월별 납북자 수

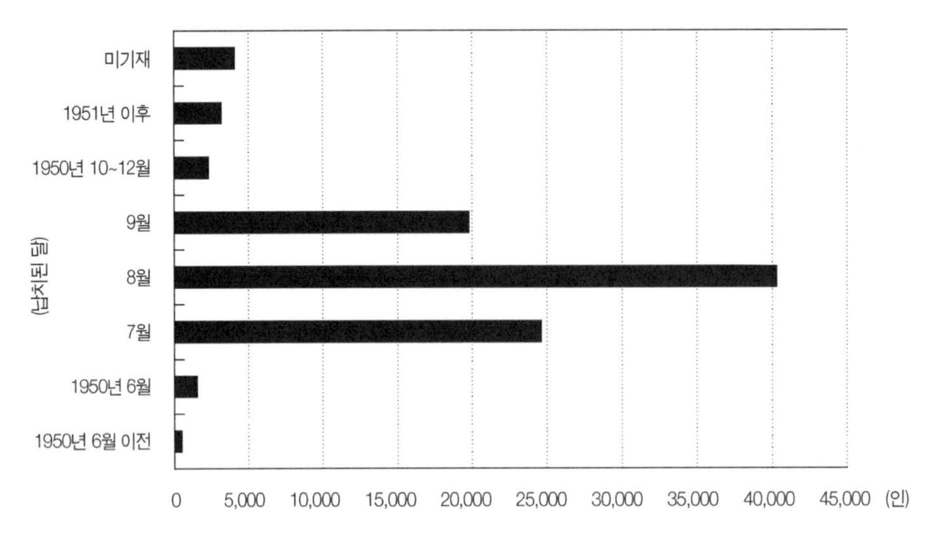

자료: ≪동아일보≫, 2006년 8월 14일 자.

있는데, 부산시는 6·25 전쟁 때의 피난에 의해 거주자수가 많았고, 강원도는 북한과 가깝다는 점에서 그 구성비가 높았으며, 나머지 시·도는 3% 미만이 거주했다(〈그림 9-1〉).

한편 6·25 전쟁으로 인한 납북자수(2006년 확인자)는 9만 6013인으로 1950년 8월에 4만 280인이 납북되어 가장 많고, 그다음으로 7월(2만 4598인), 9월(1만 9781인)로 3개월에 걸쳐 많이 납북되었다. 그리고 납북자의 직업을 보면 농업종사자 수가 5만 8373인으로 가장 많은데, 이 가운데 농촌지도자가 상당수였으며, 그다음은 공무원(2919인), 기술자(2836인), 교원(863인), 의료인(572인), 법조인(190인), 정치인(169인)이다(〈그림 9-2〉).

3) 1970년 이후의 인구이동

1970~1989년 사이의 20년 동안 시·도 간 총인구이동을 T형 다이아딕(dyadic)[4] 인자

4) T형 다이아딕 인자분석은 인구이동이 이루어지는 시·도의 짝(pair)을 행렬표의 행에, 이에 해당하는 각 연도를 열에 나타내어 인구이동의 유사한 공간적 패턴을 나타내는 연도군(年度群)의 인자를 추출하기 위한 방법이다.

〈그림 9-3〉 T형 다이아딕 인자분석에 의한 한국 총인구이동의 공간적 패턴

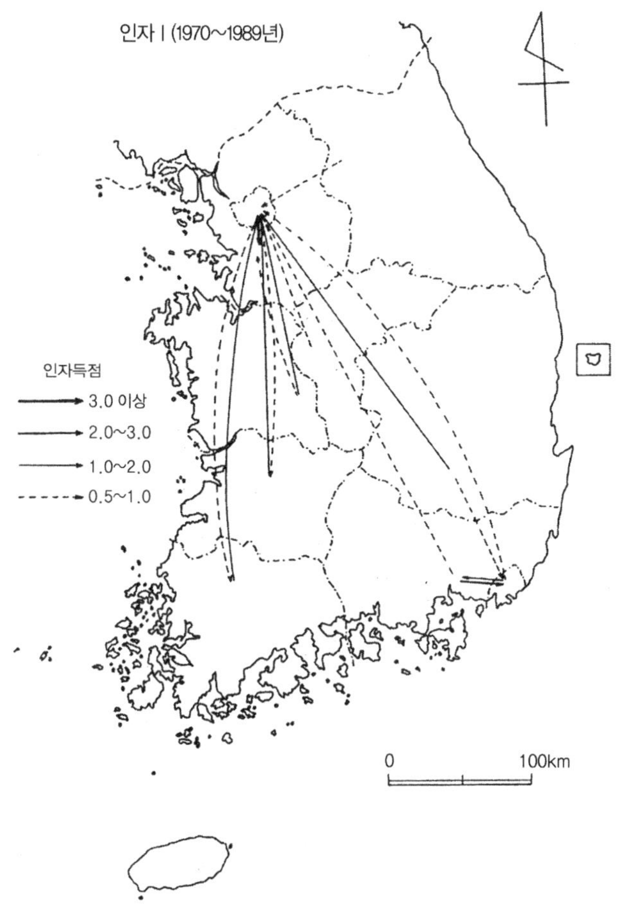

자료: 韓柱成(1992: 107).

분석에 의해 살펴보면 하나의 인자로 <그림 9-3>과 같이 나타났다. 시·도 간의 연결은 인자득점의 크고 작음에 따라 4계급으로 구분할 수 있는데, 인자득점이 큰 연결일수록 시·도 간의 인구이동자 수가 많다. 인자득점이 가장 큰 것은 서울시에서 경기도로의 이동이고, 그 밖에 경기·전남·경북·충남·전북에서 서울시로의 이동, 그리고 경기도에서 서울시로의 이동 및 부산시와 경남 상호 간의 이동 등이었다. 따라서 한국의 공업화로 인한 인구의 이촌향도 현상이 많이 이루어지기 시작한 1970년부터 1989년까지의 총인구이동은 전국에서 서울로의 인구이동과 서울시·경기도 간, 부산시·경남 간의 인구이동의 공간적 패턴을 나타내고 있다는 것을 알 수 있다.

〈그림 9-4〉 출생지역별 타향살이의 비율(1995년)

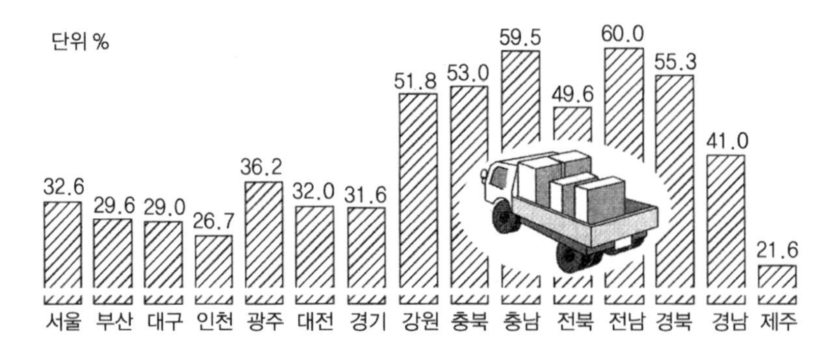

자료: 통계청, 「1995년 거주지 이동 및 통근·통학조사」(1997).

1990~1995년 사이의 수도권에는 121만 7000인이 전입되고 79만 3000인이 전출해 42만 4000인이 증가했으나, 1985~1990년 사이의 순인구이동 46만 인에 비해 순인구이동수가 감소했다. 특히 수도권의 전출인구는 1985~1990년 사이에 비해 17만 2000인이나 증가했다. 수도권의 전입인구 가운데 학업이나 취업이 목적인 20~30대가 전입인구의 약 64%를 차지했다.

이상 1970년 이후의 인구이동으로 타향살이의 비율은 1970년 21.0%이던 것이 그동안 공업화와 도시화의 영향으로 1980년에는 30.2%, 1990년에는 41.3%, 1995년에는 44.3%로 계속 증가하고 있는 추세였다. 이것을 시·도별로 보면 전남 출신의 타향살이가 60.0%로 가장 높았고, 이어서 충남(59.5%), 경북(55.3%), 충북(53.0%), 강원도(51.8%)의 순으로 이들 도는 1/2 이상이 타향살이를 하고 있었으며 제주도는 출신자의 21.6%가 타향살이를 해 그 비율이 가장 낮았다〈그림 9-4〉).

다음으로 1970~1989년 사이의 시·도간 순인구이동을 T형 다이아딕 인자분석에 의해 살펴보면 두 개의 인자로 구성되었다. 즉, 제I인자는 1970~1981년과 1988년의 순인구이동이 부산시를 제외한 전국에서 서울시로의 인구이동과 경북·경남에서 부산시로 나타났다. 그리고 제II인자는 1971년·1976~1987년·1989년의 순인구이동이 서울시에서 경기도로 나타났다(〈그림 9-5〉).

2014년 한국의 총인구이동은 약 760만 인(전국 인구의 15.0%)으로, 이 중에서 시·도내 이동이 약 510만 인(10.1%), 시·도간 인구이동이 약 250만 인(4.9%)으로 시·도 내 이동이

〈그림 9-5〉 T형 다이아딕 인자분석에 의한 한국 순인구이동의 인자별 공간적 패턴

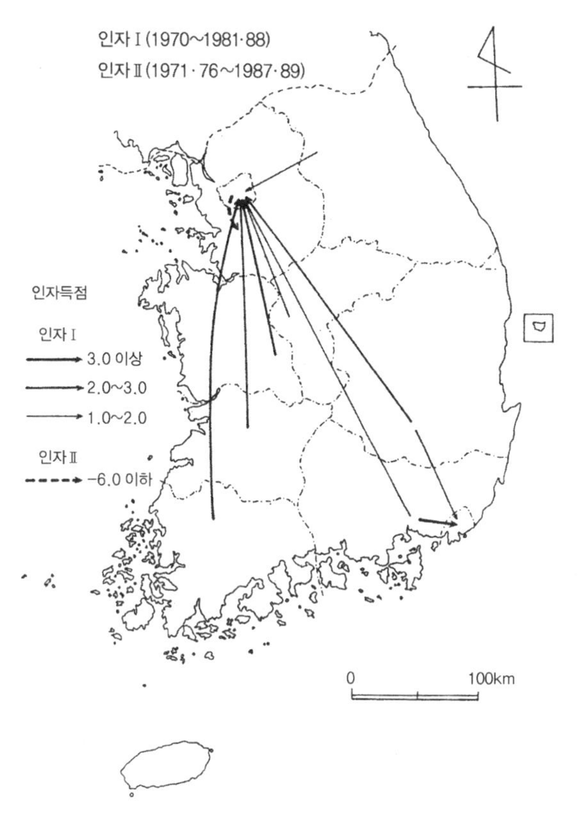

자료: 韓柱成(1992: 113).

〈그림 9-6〉 연령층별 인구이동(2014년)

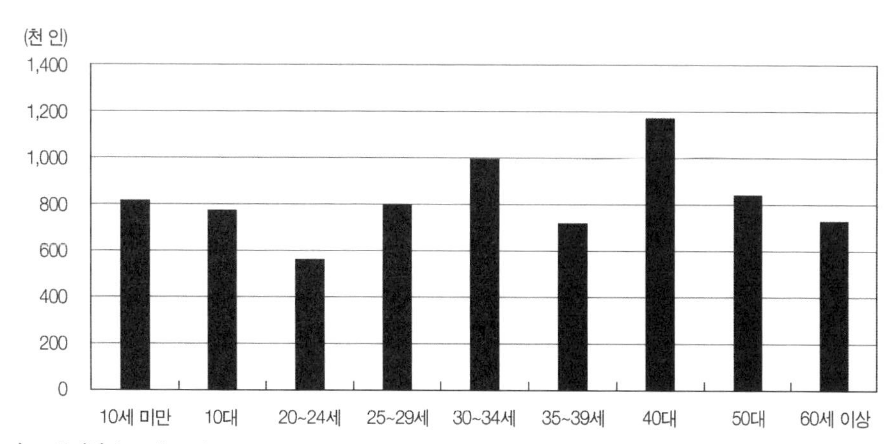

자료: 통계청, http://kosis.kr

〈그림 9-7〉 시 · 도의 전출입인구수(2014년)

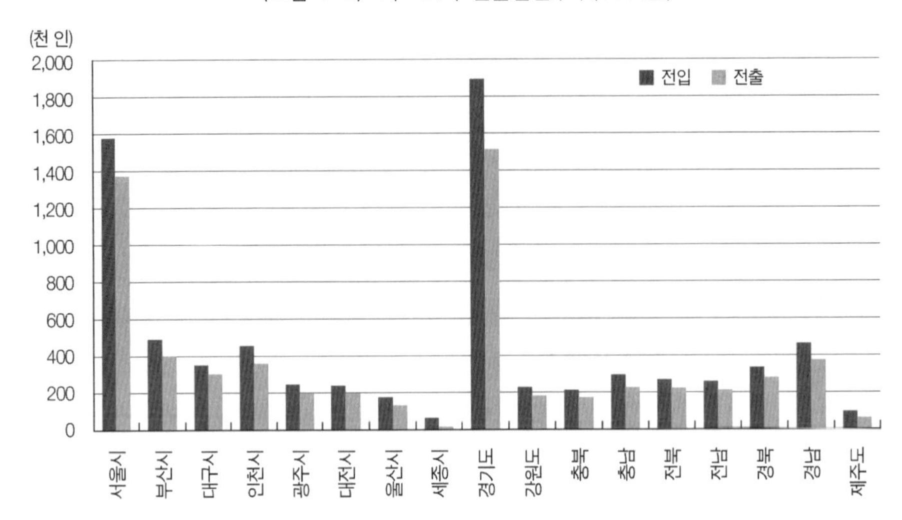

자료: 통계청, http://kosis.kr

〈표 9-2〉 북한의 인구이동 추이

연도	인구이동자 수 (1000인)	총민간인에 대한 점유율(%)
1980	920	5.3
1982	927	5.2
1985	882	4.7
1986	997	5.2
1987	1,134	5.9

자료: ≪조선일보≫, 1991년 1월 12일 자.

많았다. 연령층별 인구이동을 보면(〈그림 9-6〉), 40세 연령층이 15.9%로 가장 높았고, 이어서 30~34세 연령층(13.4%), 50대 연령층(11.4%), 25~29세 연령층(10.7%) 순으로 20~24세 연령층(7.6%)가 가장 낮았다. 특히 10세 미만이 높았던 이유는 30대 전반과 40대 연령층의 자녀로 가족이동에 의한 것이다.

다음으로 시·도별 전출입인구수를 보면(〈그림 9-7〉), 경기도가 전출입인구수가 가장 많았고, 이어서 서울시의 순으로 세종시가 가장 적었다.

한편 북한의 리간(里間) 이상의 인구이동자 수를 보면 1980년은 92만 인으로 총민간인의 5.3%에 불과했다. 그리고 1987년의 인구이동 수는 113만 4000인으로 총민간인의

5.9%를 차지해 인구이동은 변화가 적었는데, 한국의 시·군 간 인구이동자 수의 총인구에 대한 점유율과 비교해보면 한국의 약 1/4에 불과했다(〈표 9-2〉).

2. 계절적 인구이동

1) 유목민의 계절적 이동

경제규모의 측면에서 수렵채취 생활을 하고 살아가는 유목민[5]은 종종 계절적 이동을 한다. 이들 유목민은 일반적으로 잔재(殘在)주민이고, 자연과 밀접하며, 키가 작고, 소유하고 있는 재산이 별로 없으며 아직도 복잡한 사회적 구조와 의식을 가지고 있다. 그들은 인구밀도가 낮은 조그마한 사회적 집단일 뿐만 아니라 이누이트인과 같이 지구의 멀리 떨어진 곳이나 열대우림과 같은 환경이 좋지 않은 지역에서도 살아가고 있다.

많은 인구센서스에서는 정착민과 유목민을 구분하고 있으나 유목민의 생활양식을 정확하게 고찰할 수 없는 점이 있다. 그러나 적어도 유목생활의 원인과 기간을 알아야 한다.

초원의 유목민들은 가축 떼를 이끌고 초원을 따라 이동하는 인구집단이다. 그들은 폭넓은 위도에 걸쳐 사막 또는 반사막이나 조방적인 초원에서 살아간다. 유목민의 사회적 특징, 유목집단의 크기, 거리, 기간과 이동방향과 낙타, 소, 염소, 양, 말, 순록 등 목축의 유형은 환경조건과 전통에 따라 크게 차이가 나타나고 있다. 따라서 순수 유목민과 정착민과의 사이에는 생활양식에 전반적인 차이가 존재한다.

2) 이목민의 계절적 이동

세계의 이목에는 많은 유형이 있지만 이것을 몇 가지로 범주화할 수 있다. 첫째,

---

5) 유목민은 경지를 이용하지 않는 반면, 반유목민은 경작을 위한 토지가 필요하며 경작기간에는 정착생활을 한다.

〈그림 9-8〉 이목의 형성

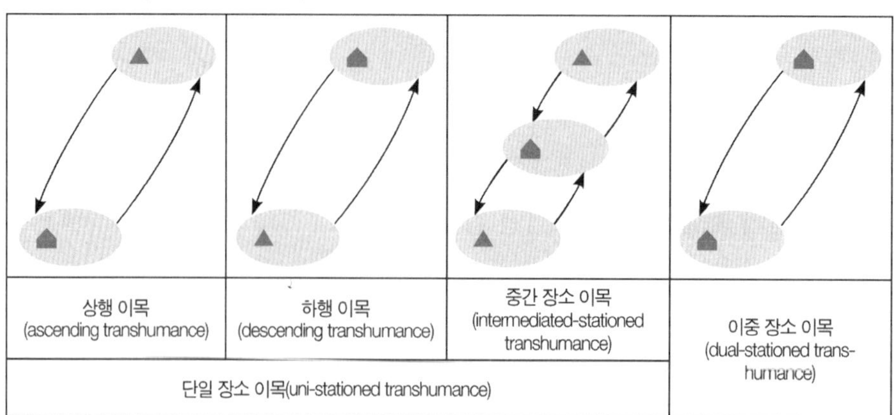

자료: Shirasaka(2007: 292).

단일 장소(uni-stationed)와 이중 장소(dual-stationed)의 이목으로 구분하는데, 이는 하나 또는 두 개의 영구적인 방목경영에 의해 구분한다. 두 번째, 기지목장(base ranch) 위치의 관점에서 단일 장소는 영구취락이 입지한 곳, 평야부의 산기슭 작은 언덕, 산지인가에 따라 구분할 수 있다. 산정으로 올라가는 상행 이목[ascending transhumance, 저지(低地)취락의 이목]은 평야지대나 산기슭의 작은 언덕에 기지목장과 겨울 방목지를 가지고, 산지의 방목은 여름에 한다. 이 유형은 프랑스 알프스 이목의 약 88%를 차지해 대단히 보편적이다. 또 다른 산정에서 내려오는 하행 이목(descending transhumance, 산지취락의 이목)은 기지방목지 가까이 높은 고도의 개인 여름방목지에서 겨울 동안 가축들이 전통적으로 그루터기 풀을 뜯는 적절한 저지에서 방목을 하는 것이다. 피레네(Pyrenees) 산맥의 이목은 전적으로 이 유형이지만 하행 이목은 부분적으로 상행 이목도 섞어져 있다. 그러나 산정에서 내려오는 이목은 알프스(Alps) 산맥 연변에서 지속되어져 왔다. 중간 장소(intermediated stationed)이목[이중이목, 진동이목(oscillating transhumance)]은 산기슭의 작은 언덕에 점이적인 방목을 위한 기지목장을 가지고, 여름철은 산지에 있는 방목지까지 먼 거리를 옮겨가고, 겨울철에는 저지에 있는 방목지까지 똑같은 먼 거리를 옮겨간다. 루마니아 남부 카르파티아(Carpathia) 산맥의 이목은 이 유형에 속한다. 마지막으로 이중 장소 이목은 산지와 평야에서 두 개의 영구경영 방목(기지목장)을 하는

〈그림 9-9〉 루마니아 남부 카르파티아 산맥 지나의 계절적 양 이목

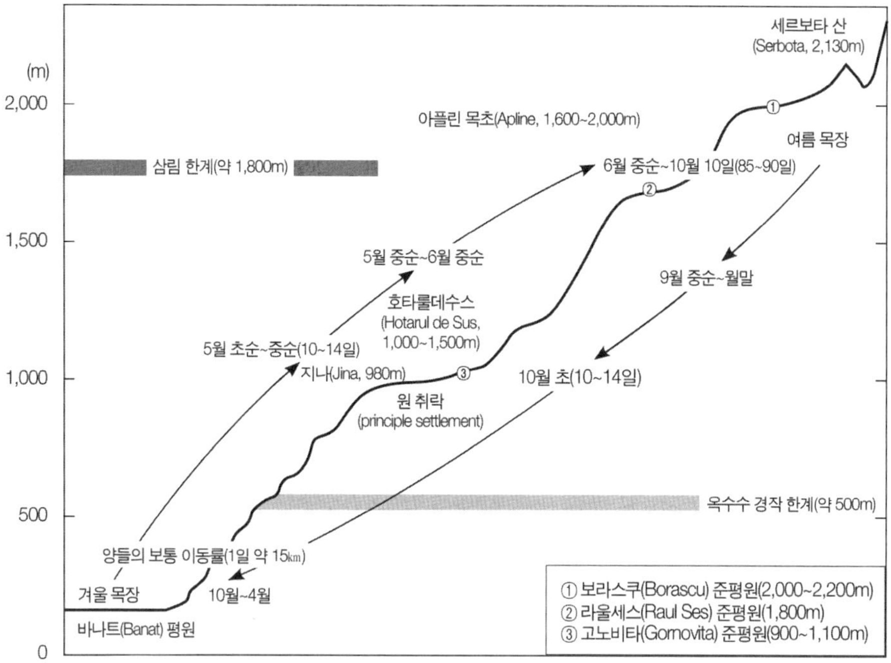

자료: Shirasaka(2007: 299).

것이다. 이중 장소 이목은 산지와 저지의 두 곳에 영구경영목장을 가진다. 이 유형은 상행 이목과 하행 이목 두 가지를 결합한 것이다. 계절적 방목에 가까운 방목을 대부분 포기한 이 유형은 알프스와 피레네 산맥에서 찾아볼 수 있으며, 또한 미국 서부지역에서도 나타난다(〈그림 9-8〉).

카르파티아 산맥 지나(Jina)에서 양 사육을 하는 가족은 영구거주를 하면서 이목을 위해 양치기를 고용한다. 루마니아에서는 양 소유자를 가즈다(gazda)라고 부르고 양치기를 시오바우(ciobău)라 한다. <그림 9-9>는 루마니아 카르파티아 산맥 지나 지역의 이목에 의한 계절적 이동을 나타낸 것으로 여름 방목지(산지 초지)와 겨울 방목지 간의 계절적·수직적 이동을 보여준다. 이 지역에는 세 곳의 준평원이 있는데, 고노비타(Gornovita), 라울 세스(Raul Ses), 보라스쿠(Borascu)가 그것이다. 지나의 읍은 고노비타에 있는 세 번째 준평원에 분포한다. 이 준평원은 여름방목을 위해 대단히 중요한 목장이다. 지나는 양 사육을 위한 주된 취락이지만 그들은 2주일의 대단히 짧은 기간에만

이 주변에 머문다. 양은 매년 4월 초순이나 중순에 저지에 있는 그들의 겨울 방목지에서 지나로 돌아온다. 2주 내의 기간에 촌락이나 공동체가 가장 낮은 부분이 적합하다는 것을 뜻하는 홋트랄 디 조스(Hoturul de Jos)[6]와 상반되는 마을이나 공동체의 최고도 지역에 적합한 한계를 뜻하는 홋트랄 디 사스(Hotarul de Sus)[7]라는 상부의 초지로 이동한다.

3) 일본의 '출가'

계절적 인구이동의 한 종류로서 일본의 농·산·어촌지역의 일시적·부차적 역외 노동력 이동을 '출가(出稼)[8]'라 한다. '출가'는 다음과 같은 좁은 의미를 가지고 있다. 첫째, 정주지에 일정한 직업을 갖고, 그 직업에 의해 생계를 꾸려나가는 데 그 수입만으로는 불충분하기 때문에 주된 소득원의 직업에 생계를 보충하는 의미에서 정주지 이외에서 직업을 갖고 소득을 높인다. 둘째, 정주지가 있는 것을 원칙으로 하며 정주지에서 생활하는 것이 주체이고, 다른 지역에 가더라도 반드시 귀향하는 것을 전제로 하는 것이다. 이때에 다른 지역에서의 거주기간을 어느 정도로 규정짓는가에 대해 일본 농무성에서는 출발할 때부터 6개월 이내라고 규정짓고 있으나 사정에 따라 그 기간이 바뀔 때도 있다. 즉, '출가'한 지방의 일정지역에서 다른 지역으로의 노동력 이동이지만 어디까지나 생활의 근거지인 고향에 자가 경제와 직접 연계되는 회귀적 이동이고, 또 계절적 이동지는 일정기간 경제적·직업적인 이유로 체류하는 이동이다.

일본 농·산·어촌지역의 일시적·부차적 역외 노동력 이동의 배경에는 다음과 같은 원인이 있다. 첫째, 기후 등의 자연적 조건에 의해 그 지역의 농업 또는 어업에 필연적으로 농한기나 어한기가 발생하기 때문에 그것을 이용해 '출가'를 하지만, 물론 그러한 농업 또는 어업에 의해 어느 정도 생계가 유지된다는 것이 전제이다. 이러한 전제가 있는 한 사람들은 고향에서 정주하고, 상대적인 과잉 노동력은 계절적으로 나타나기 때문에 그것을 이용해 '출가'를 행하게 된다.

6) 하부의 초지를 뜻한다.

7) 변경이나 경계를 뜻하는 것으로, Sus는 상부(upper)초지를 뜻한다. 이 초지는 과거에 공동의 목장이었으나 지금은 대부분 개인의 목장으로 바뀌었다.

8) 고향을 떠나 일정한 기간 타향으로 가서 일을 하는 것을 말한다.

둘째, 고향에서 생활을 기반으로 하는 농업 또는 어업에서 얻는 수입에 비해 절대적으로 과잉 노동력이 존재하기 때문에 고향 이외의 지역에서 생활수단의 일부를 구하는데, 자연조건으로 인한 필연성이 없기 때문에 첫 번째 경우보다 문제가 심각하다고 할 수 있다. 소작농이나 어민 또는 그 가족의 '출가'는 사회적인 필연성을 갖는다.

이 경우는 첫 번째의 경우와는 달리 자가의 농번기이거나 자기 고장의 어업시기인데도 불구하고 보다 나은 수입을 얻기 위해 고향을 떠나는 사람들도 많고, 특히 이들은 가구주의 가족에 해당하는 사람의 경우가 많다. '계절출가'는 좀 다르지만 극단적인 경우에는 식구를 줄인다는 의미에서 '출가'하기도 한다.

셋째, 통근을 하며 수입을 얻는 경우도 있다. 본래는 '출가'라고 부르지 않는 현상이지만 본질은 똑같으며 다만 통근을 하는지 다른 지방으로 이주해 생활하는지의 차이점이 있을 뿐이다. 현재 일본의 농업문제를 생각해볼 때 가장 큰 문제를 일으킬 수 있는 원인으로 존재할 수 있다.

〈그림 9-10〉 일본의 도(都)·도(道)·부(府)·현(縣)별 '계절출가자' 수의 분포(1961년)

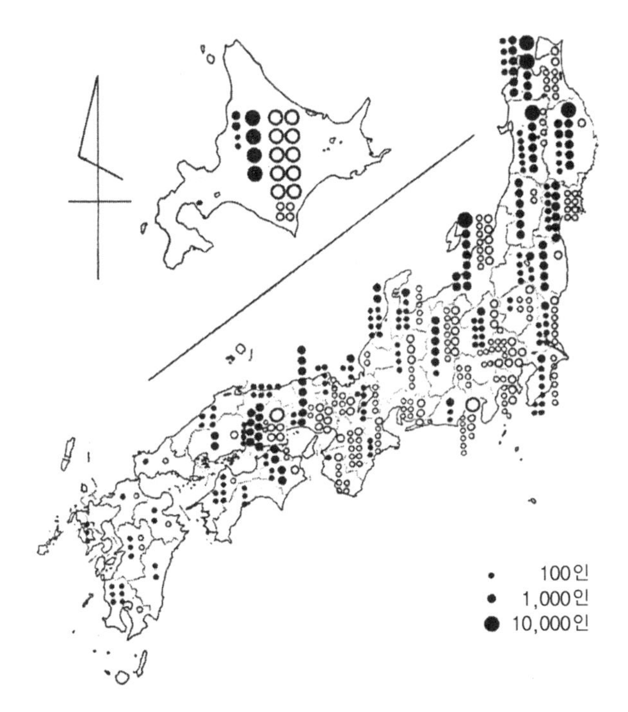

주: 검은 원은 공급을, 흰 원은 수요를 나타냄.
자료: 金崎肇(1981: 53).

넷째, 생계에 보탬이나 생계유지에 필요가 없는 데도 불구하고 일부러 '출가'를 하는 것으로 제2차 세계대전 이후 현저하게 나타난 현상이다. 형태적으로 보면 첫째 또는 둘째의 경우와 똑같은 경우이지만 질적으로는 다르다.

'출가자'가 종사하는 직종은 시대에 따라 다소 차이가 있지만 1960년 7000인 이상이 종사한 직종을 보면 건설업, 농경, 양조, 식품가공, 임업 등이 있다. 이와 같은 종사 직종은 '계절출가자' 수의 절대적 감소, 직종의 감소 등으로 변화하고 있다. 다음으로 1961년 '계절출가자'의 이동을 살펴보면 <그림 9-10>과 같다. 즉, 제2차 세계대전 이후 일본의 국제적 지위, 국내 산업구조의 변화, 기술혁신에 의한 고용관계의 변화, 사회적인 변화 등으로 '계절출가'의 이동은 그 지역, 인원, 종사하는 직종을 크게 변화시켰다. 이동이라는 관점에서 보면 제2차 세계대전 이전에는 거의 전국적인 이동이 행해졌으나, 전후에는 급격히 감소해 다음과 같은 공급 핵심지역에서 수요지로 이동했다. 즉, ① 도호쿠(東北)지방에서 홋카이도(北海道)로, ② 도호쿠 지방에서 시즈오카(静岡)현으로, ③ 효고(兵庫)현에서 한신(阪神)지방으로, ④ 오카야마(岡山)의 인접한 현에서 오카야마 현으로, ⑤ 호쿠리쿠(北陸)지방에서 주부(中部) 지방의 여러 현으로, ⑥ 약간의 부현(府縣)에서는 같은 부현 내의 이동이 그것이다.

3. 수몰민의 이주형태

댐의 건설에 따른 수몰지역에 대한 연구는 문화인류학, 민속학, 지역개발, 환경계획, 농업경제학, 지리학 등의 분야에서 최근에 비교적 활발히 진행되고 있다. 댐은 주로 농·산촌에 많이 건설되는데, 이곳에 많은 수몰민이 발생하고 농경지가 수몰되며, 주민의 소득이 감소하는 한편 교통·통신 등 문화혜택의 단절과 기존 생활권과의 분리 등으로 주민 생활여건이 악화되는 등 생활기반 자체를 흔들어놓는 경우가 많았다. 수몰 이주민의 이동은 대개 인구규모가 큰 지역으로 이주를 많이 하고, 수몰지역으로부터 이주지는 거리에 반비례해 거리가 멀수록 이주자 수가 적다. 또 수몰촌락에서 혈연관계의 동질성 여부와 이주지 지향은 밀접한 상관을 나타내어 동족부락은 집단이주를 하지만 타성들은 개별이주를 하며 대도시로의 이주특성이 강하다.

이주자들의 정보원은 직접 방문조사가 가장 많고, 연고관계가 그다음으로 많은데,

근거리 지역일수록 직접 방문조사를 하고, 위험부담이 많은 지역일수록 연고관계가 이주지 정보원으로 중요하게 작용한다.

농촌의 개별 이주농가는 경제적인 이유로 도시 및 집단이주를 실행하지 못하며, 연고관계, 수몰지역으로부터의 접근성, 농지구입의 용이성이 중요하게 작용해 결정된다. 또 경제적 여건이 좋지 않은 가구는 수몰지역에 대한 접근성, 이웃 또는 문중과의 협력관계 유지가 가능한 집단이주를 채택한다. 이주 시기는 근거리 지역으로의 이주는 빨리 이루어지는 반면, 원거리 이동일수록 늦으며 농한기에 많이 이루어진다.

이와 같이 수몰지역의 이주민 이동은 직업·소득·학력 등 사회·경제적 상태와 연령·가족 수 등의 가족 구성과 밀접한 관련을 맺고 있으며, 집단적·개별적 이주의 형태로 도시보다 농촌으로 더 많은 이주가 이루어진다. 그리고 이주지의 선택도 과거에는 연고자나 구직의 이유가 대부분이었으나 최근에는 구직과 교육의 중요성이 높아졌다.

4. 귀농·귀촌 이주

공업화가 진전되던 과거에는 이촌향도(離村向都) 현상으로 도시화가 이루어졌지만 최근에는 베이비 붐 세대의 은퇴가 본격화되고 새로운 라이프 스타일(life style)을 농촌에서 실현하려는 사람들이 증가하면서 이도향촌(離都向村) 현상이 나타나고 있다. 이러한 현상은 단순한 인구이동의 한 유형을 넘어서 하나의 사회적 추세가 되고 있다. 이에 따라 정부에서는 귀농·귀촌지원정책을 정비한 '귀농·귀촌 종합대책'과 2015년 7월 '귀농어·귀촌 활성화 및 지원에 관한 법률' 등이 발의되는 등 귀농·귀촌과 관련된 제도적 기반을 마련했다. 귀농·귀촌 현상은 전원생활, 생태적 가치 선호 증가와 함께 교통 및 정보통신망 발달로 농촌을 정주공간의 대안으로 재인식함에 따라 나타난 것이다. 그리고 침체된 고령화 농촌사회에 활력을 증신시키고 농업부문의 신규인력을 확보할 수 있는 주요한 대안으로 부상하고 있다. 한국의 귀농·귀촌인구의 추세를 보면 귀농·귀촌통계가 발표된 1994년부터 IMF외환위기가 나타난 다음해인 1997년 이전에는 미미하게 증가하다가 1998년에 크게 증가했다. 그 후 다시 약간씩 증가하다가 글로벌 금융위기가 닥친 2009년부터는 급격히 증가해 2014년에는 4만 4586가구로 늘어났다(〈그림 9-11〉). 귀농·귀촌의 동기를 농촌경제연구원의 조사에 의하면 농촌의

〈그림 9-11〉 한국의 귀농 · 귀촌 가구 수 추세

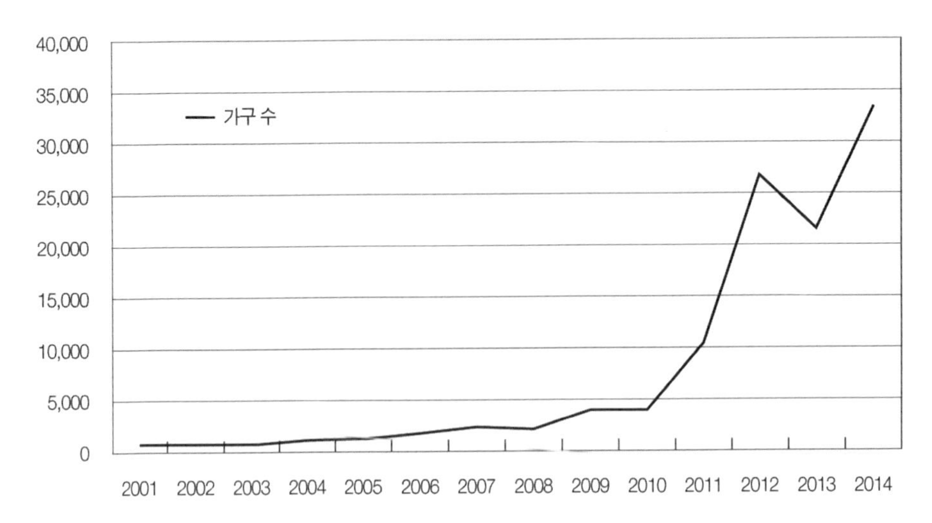

자료: 농림축산식품부, http://www.mafra.go.kr; 통계청, http://kosis.kr

〈그림 9-12〉 연도별 · 연령층별 귀농 · 귀촌 가구 수 추이

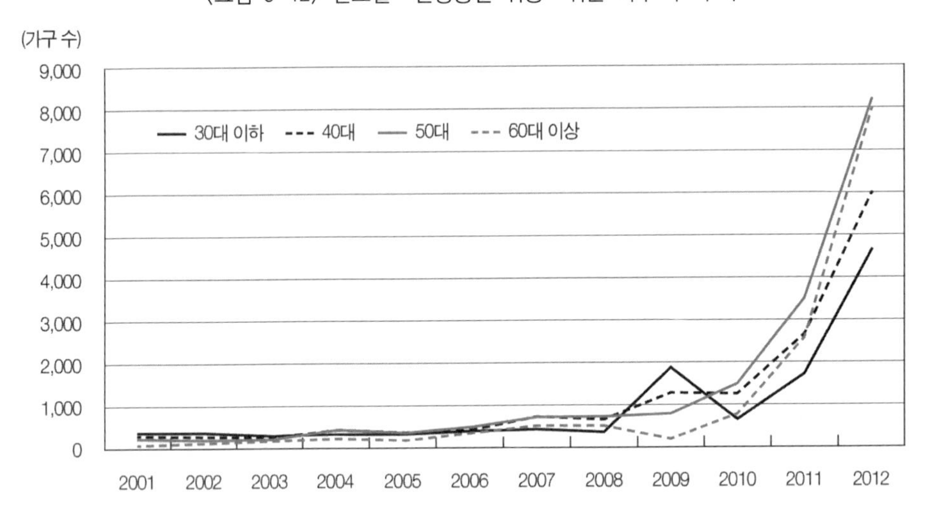

자료: 농림축산식품부, http://www.mafra.go.kr

삶 선호가 가장 중요하게 나타났으며, 이어서 도시생활 탈피, 농업 등 경제활동의 순으로 경제적 이유가 45.4%로 가장 높았다. 또 이어서 자연 속 여가생활(17.3%), 가족과 함께 하려고(11.4%), 자신과 가족 건강(7.0%) 등의 순이었다. 이에 따라 정부는

첫째, 귀농인 위주에서 귀촌인 정착지원 정책 강화, 둘째 젊은 층이 살만 하도록 다양한 주거지원 및 삶의 질의 여건 개선, 셋째 6차 산업화[9]와 창업보육 지원 및 지역 일자리 창출, 넷째 관계기관 간 연계강화를 통해 체계적인 사전준비 지원을 할 계획이다.

귀농·귀촌가구의 연령층을 보면(〈그림 9-12〉), 2012년 5만 7090가구 중 50대 연령층이 30.0%로 가장 높았고, 이어서 40대 연령층(26.1%), 60대 이상 연령층(23.5%), 30대 이하 연령층(20.4%)의 순이었다. 귀농·귀촌 현상의 초기에는 소수의 농민후계자들과 민주화 의식이 강한 몇몇 대학생들에 의해 시작되어 IMF외환위기를 거치면서 실직이나 사업 실패로 인한 실업자의 귀농·귀촌이 이루어졌으며, 2001~2007년 사이에는 40대 이하의 귀농·귀촌가구가 73.5%를 차지했으나 글로벌 금융위기 이후인 2011년부터는 50대 이상 연령층의 비중이 높아졌지만, 40대 이하 비중도 증가세가 꾸준히 높은 편이다.

다음으로 귀농·귀촌의 지역적 분포를 보면, 수도권 인접지역에 집중되었던 귀농·귀촌이 전국적으로 확산되고 비교적 젊은 연령층이 가세하면서 동기도 다양화되었다. 연도별 시·도별 귀농·귀촌 가구 수의 추이를 보면 <표 9-3>과 같이 광역 대도시와 세종시를 제외한 도에 귀농·귀촌의 가구 수가 증가했는데, 이 중에서도 2001~2014년 사이에 경기도가 약 2만 7000가구로 가장 많았고, 이어서 경북이 약 1만 5000가구, 충북이 약 1만 4000가구의 순으로, 도 중에서는 제주도가 4500가구로 가장 적었다. 귀농지역은 귀촌과 달리 영농여건이 양호하고 농지 등 초기 투자비용이 적은 경기도·경북·충북 3개 지역(약 50% 차지)의 선호도가 높은 것으로 나타났다. 특히 경북에 귀농·귀촌가구가 많은 것은 지리적 특성, 즉 상대적으로 넓은 농경지와 다양한 농산물 및 재배기술의 축적, 대구시를 비롯한 구미·포항시, 그리고 울산시 등 대도시 및 산업도시와의 양호한 인프라를 기반으로 한 연계성과 귀농·귀촌을 통해 농촌의 내발적 발전의 동력을 강화하려는 각 지자체의 노력 등을 들 수 있다. 이와 같이 각 도에서 귀농·귀촌가구 수가 늘어남에 따라 농림축산식품부는 2014년 '도시민 농촌 유치지원 사업'

---

9) 최근 매스 미디어나 농촌지역 야외조사 등에서 6차 산업이라는 용어를 사용하고 있지만, 물론 산업분류에서 6차 산업은 존재하지 않는다. 6차 산업화란 농림어업자 등이 생산한 농림수산물을 가공이나 판매 또는 관광 등의 서비스와 더불어 농촌에서 자원을 활용하면서 일체화해 제공하는 것으로, 1990년 도쿄대학 농업경제학자 이마무라(今村奈良臣)가 제창한 것이다. 당초에는 1, 2, 3을 더한 것의 의미를 붙였지만 근년에는 상승효과의 의미를 넣어 이것을 곱하는(1×2×3=6) 것으로 다루어지고 있다.

〈표 9-3〉 연도별 시 · 도별 귀농 · 귀촌 가구 수 추이

시·도 \ 연도	2001	2002	2003	2004	2005	2006	2007	2008	2009	2010	2011	2012	2013	2014	계(%)
부산시						1						29	26	0	56(0.0)
대구시												82	0	0	82(0.1)
인천시		1		16	28	2			26	20	123	102	43	120	481(0.4)
광주시			5	6		1					1		0	9	22(0.0)
대전시	1					1						9	12	21	44(0.0)
울산시					7							88	0	118	213(0.2)
세종시												98	4	303	405(0.4)
경기도	57	18	44	19	28	57	89	126	102	69	224	7,671	8,499	10,149	27,152(24.2)
강원도	151	26	156	227	102	134	121	141	232	312	2,167	3,758	2,846	2,960	13,333(11.9)
충북	25	43	56	141	68	172	196	142	270	272	582	3,815	4,046	4,238	14,066(12.6)
충남	28	74	46	137	237	184	157	227	335	324	727	1,533	679	1,321	6,009(5.4)
전북	127	90	145	166	73	250	467	385	883	611	1,247	2,228	1,782	3,081	11,535(10.3)
전남	77	67	51	37	89	249	257	289	549	768	1,802	2,046	681	2,499	9,461(8.4)
경북	115	218	86	334	359	378	772	485	1,118	1,112	1,755	3,095	1,409	3,345	14,581(13.0)
경남	243	210	265	203	242	267	277	373	525	535	1,760	2,121	1,270	1,709	10,000(8.9)
제주도	56	22	31	16	7	58	48	50	40	44	115	333	204	3,569	4,593(4.1)
전국	880	769	885	1,302	1,240	1,754	2,384	2,218	4,080	4,067	10,503	27,008	21,501	33,442	112,033(100.0)

자료: 농림축산식품부, http://www.mafra.go.kr; 통계청, http://kosis.kr

〈표 9-4〉 경상북도 귀촌 · 귀농의 인구이동 유형별 특성 [단위: 인(%)]

구분		U턴	J턴	I턴
이주 동기	영농	50(42.0)	16(29.6)	132(37.3)
	전원생활	53(44.5)	30(55.6)	167(47.2)
	탈도시	15(12.6)	6(11.1)	44(12.4)
	기타	1(0.8)	2(3.7)	11(13.1)
준비 기간	6개월 미만	22(26.8)	6(21.4)	75(29.4)
	6개월~1년	18(22.0)	11(39.3)	63(24.7)
	1년~3년	19(23.2)	6(21.4)	71(27.8)
	3년 이상	23(28.0)	5(17.9)	46(18.0)
경영 형태	경종농업	18(22.5)	4(14.8)	43(19.1)
	원예농업	19(23.8)	4(14.8)	49(21.8)
	과수농업	33(41.3)	13(48.1)	111(49.3)
	축산업	6(7.5)	2(7.4)	10(4.4)
	기타	4(5.0)	4(14.8)	12(5.3)
연간판매액 (만 원)	1,000 미만	22(27.5)	11(40.7)	95(40.3)
	1,000~3,000	27(33.8)	10(37.0)	72(30.5)
	3,000~5,000	21(26.3)	4(14.8)	41(17.4)
	5,000~10,000	9(11.3)	1(3.7)	23(9.7)
	10,000 이상	1(1.3)	1(3.7)	5(2.1)
정착에서의 문제점	영농자금 및 소득 등의 경제적 문제	27(36.4)	14(50.0)	98(38.1)
	영농기술 관련 문제	36(46.2)	11(39.3)	115(44.7)
	가족문제	5(6.4)	1(3.6)	12(4.7)
	이웃관계	3(3.8)	1(3.6)	12(4.7)
	과다한 노동	7(9.0)	1(3.6)	20(7.8)

자료: 이철우(2015: 214~219).

신규사업자로 강원도 홍천군, 충북 충주시, 충남 서천군, 전북 김제시, 전남 화순군, 경북 의성군·문경시, 경남 하동군을 선정해 2014년 현재 총 40개 시·군이 이 사업에 참여하고 있다.

다음으로 경상북도에 귀농·귀촌의 인구이동 유형별 특성을 보면 <표 9-4>와 같다. 귀농·귀촌의 유형은 정착과 적응에 영향을 미치는 속성은 다양하게 구분되는데,[10]

10) 귀농·귀촌의 유형구분의 기준으로는 이주경로, 이주동기, 거주형태, 가계소득, 영농형태, 영농규모,

인구이동 유형은 귀농·귀촌의 정착과 적응에 결정적인 영향을 미치는 영농능력 및 농촌공동체의 구성원으로서의 규범(norm) 등을 반영하는 속성이다. U턴 형은 직간접인 영농 및 정착지에서 생활한 귀농·귀촌인이다. 그러므로 상대적으로 농업기술 습득능력과 정착지역의 사정에 대한 정보수집역량이 높을 뿐만 아니라 기존의 거주지 자산을 활용할 기회가 많기 때문에 상대적으로 정착비용이 낮아 적응에 유리하다. J턴 형은 농촌출신이지만 고향이 아닌 농촌지역으로서 이주한 유형으로, 대체로 고향에 가족이 거주하지 않거나 소유농지가 없는 경우 또는 자녀문제로 현재 거주지에서 멀리 떨어진 고향으로 이주하기에는 어려움이 있는 경우가 대부분이다. 그러나 일부는 전원생활에 대한 동경으로 고향과는 상관없이 귀촌하는 경우이다. 그러므로 영농 및 농촌에서의 거주경험은 있으나 정착지에는 연고가 없기 때문에 U턴 형보다는 정착과정에서 심리적으로 위축될 수가 있다. I턴 형은 다양한 도시생활의 경험을 갖고 있기 때문에 침체된 농촌에 활력을 불어넣어 줄 수 있는 새로운 경제발전의 동력으로 주목을 받고 있다. 그러나 농촌거주와 영농경험이 없기 때문에 귀농·귀촌은 비현실적이고 이상적인 전원생활로 인식할 가능성이 크다. 또한 농촌지역 주민과의 사회적·문화적 이질성으로 적응에 어려움을 겪을 가능성이 매우 높다.

인구이동 유형별 특성을 보면, 먼저 이주동기를 보면 모든 인구이동 유형에서 전원생활의 비율이 가장 높았고, 그다음은 영농의 순이었다. 그리고 영농에서는 U턴이, 전원생활에는 J턴이 가장 높은 비중을 차지했다. 또 귀촌·귀농의 준비기간은 가족들의 합의, 소요예산의 자금조달, 재배작물의 선정 및 영농기술 습득, 주택 및 농지구입 등으로, 인구이동 유형에서 다양하게 나타나는데 J턴에서 6개월~1년이 가장 많았고, J·I턴에서 3년 이상이 각각 가장 적었다. 그리고 경영형태는 자금회전이 빠르고 수익성이 높은 과수농업이 가장 비율이 높고, 그다음이 원예농업이고, 축산업과 기타가 가장 낮았다. U턴의 경종농업이 가장 높은 비중을 차지하는데, 이것은 부모의 경영형태의 영향이라고 생각한다. 농목업에서의 연간 판매액은 3000만 원 미만이 60% 이상을 차지했으나 U턴의 농가는 3000~5000만 원의 비율도 높은 것이 특색이다. 이것은 농업의 경우 3~4년이 경과해야 본격적인 수익창출이 가능하기 때문에 상대적으로 판매액이 적은 편이다. 그리고 전원생활을 향유하기 위해 귀촌한 경우는 판매액이

생활권 등의 정착형태가 있다.

낮을 수 있기 때문이다. 마지막으로 정착에서의 문제점은 '영농자금 및 소득 등의 경제적 문제'와 '영농기술 관련 문제'가 80% 이상을 차지했다. 그런데 U턴과 I턴의 경우는 '영농기술 관련 문제'에, J턴의 경우 '영농자금 및 소득 등의 경제적 문제'에 당면하고 있다.

5. 지역 간 인구이동

종래의 인구이동에 대한 연구는 농촌-도시 간 인구이동에서 도시 간 인구이동으로 바뀌었다. 1935~1940년 사이에 미국에서 총인구이동자 가운데에 도시 간의 인구이동이 32.5%를, 농촌에서 도시로의 인구이동이 19.9%를 차지했다. 그리고 1955~1961년 사이에 캐나다의 총인구이동자 가운데 도시 간의 인구이동이 약 60%를 차지했다.

인구이동은 소도시 → 중도시 → 대도시로 이동하는데, 이런 인구이동을 축차(逐次) 인구이동(stepwise migration)이라 하거나 단계 인구이동(stage migration), 연쇄 인구이동(chain migration)이라 한다. 그러나 개발도상국에서는 이러한 인구이동은 보기 힘들고 모든 도시에서 제1위의 도시로 이동하는 것이 압도적으로 많다.

도시 간의 인구이동을 규정하는 요인은 고용, 실업, 임금, 소득, 노동력과 같은 경제적 요인이 작용하는데 교육수준이 높을수록, 또는 연령적으로 20~40대의 연령층일수록 이동의 비율이 높다.

여기에서 도시화의 종착단계에 도달한 2005년 한국의 시·군 간 인구이동을 살펴보면 다음과 같다. 각 시·군에서 가장 많이 이동하는 최대류의 분포는 전국에서 54개 시·군으로부터 서울시로의 이동 패턴, 서울시를 제외한 그 밖의 상위계층으로의 이동 패턴은 101개 시·군에서의 이동이다. 제2위류는 각 시·군에서 인구이동이 두 번째 많은 지역으로의 이동 패턴으로 서울시로 64개의 시·군에서, 서울시를 제외한 그 밖의 상위계층으로의 이동 패턴은 68개 시·군의 이동이다. 최대류의 분포 패턴에서 서울시로의 지역적 집중이 강하게 나타나고, 서울시와 부산시에 각각 가까이 입지하는 인천·울산시를 제외하고 각 지역에서 인구 100만 이상의 부산·대구·광주·대전시로의 인구이동 분포 패턴도 나타났다. 그리고 충북에서는 청주시로, 전북에서는 전주시로의 이동 패턴도 나타났다. 다음으로 제2위류의 분포 패턴은 서울시와 각 지방의 중심도시로의 인구집

〈그림 9-13〉 지역 간 최대류 · 제2위류(the largest and second flow)의 인구이동(2005년)

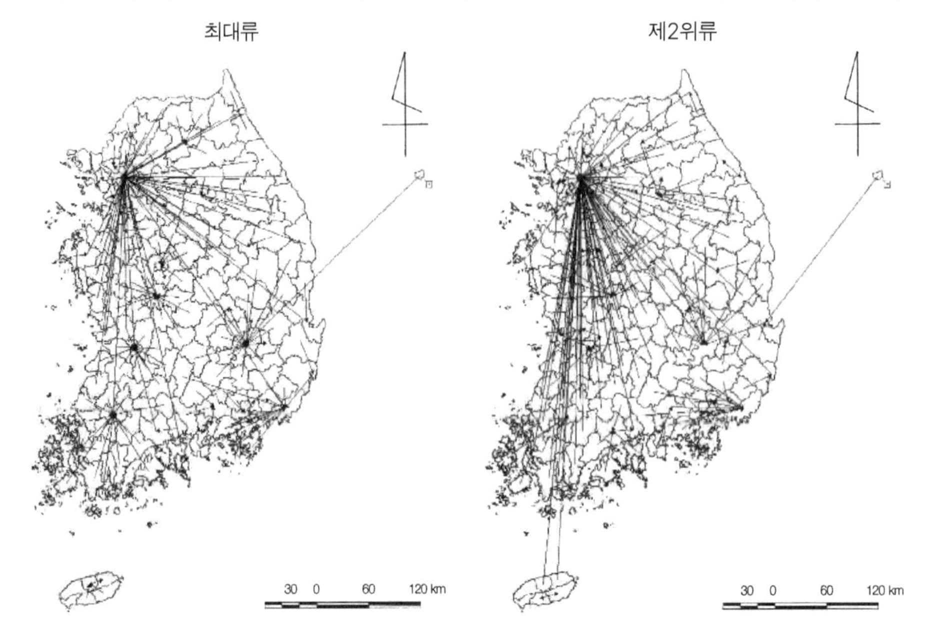

자료: Chang and Choi(2009: 61).

중 현상이 나타났다. 특히 전북과 전남에서는 서울시로의 1만 인 이하의 인구이동이 많이 나타났고, 지방 중심도시에서의 집중도는 최대류보다는 분산적이어서 지방 중심 도시뿐만 아니라 지역 중소도시로의 이동 패턴도 나타났다(〈그림 9-13〉).

6. 도시 내 인구이동과 거주지 이동

1) 도시 내 인구이동

도시-농촌 간이나 도시 간의 인구이동은 경제적 관점에서 설명하는 데 비해, 도시권 내의 거주지 이동은 주택사정이나 생활환경으로 설명하는 경우도 많다.

도시 내 인구이동에 대한 유형은 두 가지가 있는데, 자발적 거주이동과 강제적 거주이동이 그것이다. 자발적 이동은 도시구조 내에서의 거주기능의 지역적 분화 등의 변화와 개인의 생애단계, 그 밖의 주거이동에 의한 복지상의 변화에 대응해 이루어지는 것을 말하며, 강제적 이동은 도시재개발, 도시계획에 의한 교통망의 건설 등 경제활동이나 공권력에 의해 이동하는 것을 말한다. 그러나 대부분의 도시 내 거주이동은 자발적이며, 일반적으로 가구가 현거주지에서 영구적 또는 반영구적으로 거주하고자 하는 유형으로 나타난다. 이러한 거주지 이동은 다양한 규모에서 연구될 수 있는데, 크게는 집합적 규모(aggregate scale)와 개별적 규모(individual scale)로 나눌 수 있다.

집합적 규모는 시간의 흐름에 따른 집단이나 지역의 인구이동에 초점을 둔 것으로 센서스 등의 지역통계를 이용해 어떤 지역의 인구이동에 대한 경향과 인구이동에 의한 지역적 관계를 일반화하려는 것이다. 이러한 집합적 규모의 연구결과는 개인의 의사결정이나 인식 및 평가의 결과에서 나온 것이므로 개별적 규모에서의 연구의 필요성을 갖게 했다. 이러한 개별적 규모의 연구는 첫째, 주거지 이동의 의사결정과정에 의한 이동결정, 대안의 모색, 대안의 평가로 이어지는 의사결정과정을 중시하는 연구와, 둘째 개별가구의 거주지 이동에 관한 연구가 현재 거주하고 있는 주택에 대한 불만이나 생애주기에 의해 설명을 해왔으나 실제 많은 사람들이 이와는 관계가 적은 이유로 이동하고 있다는 것을 연구하는 것과, 셋째 개별가구의 거주지 이동에 대한 대부분의 설명이 거리와 방향에 의해 도심을 중심으로 섹터 모양의 거주지 편의현상에 그 초점을 두어왔다는 것이 특징이다. 그리고 개별가구의 이동에 관한 연구에서 공간적 형태의 일반적 특징은 다음과 같다. 첫째, 이동자들이 현재 거주하고 있는 지역에서 아주 가까운 지역의 주택 하부시장 내에서 거주지 이동을 한다는 것이다. 둘째, 근린 환경인자가 강하게 작용한다는 것이다. 즉, 이것은 동일한 근린 환경 내에서 거주지 이동을 함으로써 기존의 편의시설, 학교, 주민, 동료와의 사회관계를 유지할 수 있기 때문이다. 셋째는 이동의 선형적 편의이다. 즉, 거주지 이동에서 유사한 사회적·경제적 지위를 갖는 지역 간을 이동한다는 것이다.

<그림 9-14>는 도쿄 대도시권 내의 거주지 이동을 생애주기와 더불어 거주지 이동을 설명한 것으로, 지방에서 대도시에 전입해온 사람은 도심 내지는 주변부에 거주지를 정한 후 가족의 형성 등 생애주기의 변화에 따라 보다 좋은 주택환경을 구해 교외로 이동하며, 이들이 교외로 나간 거주지는 다시 지방에서의 전입자에 의해 그 공백이 메워진다. 이 환경구조를 연령, 주택양식, 이동 동기 등을 포함해 보다 상세하게 살펴보면, 첫째 18~19세 사이의 지방인구의 도심과 상공업자가 거주하는

〈그림 9-14〉 도시 내부의 인구이동 양상

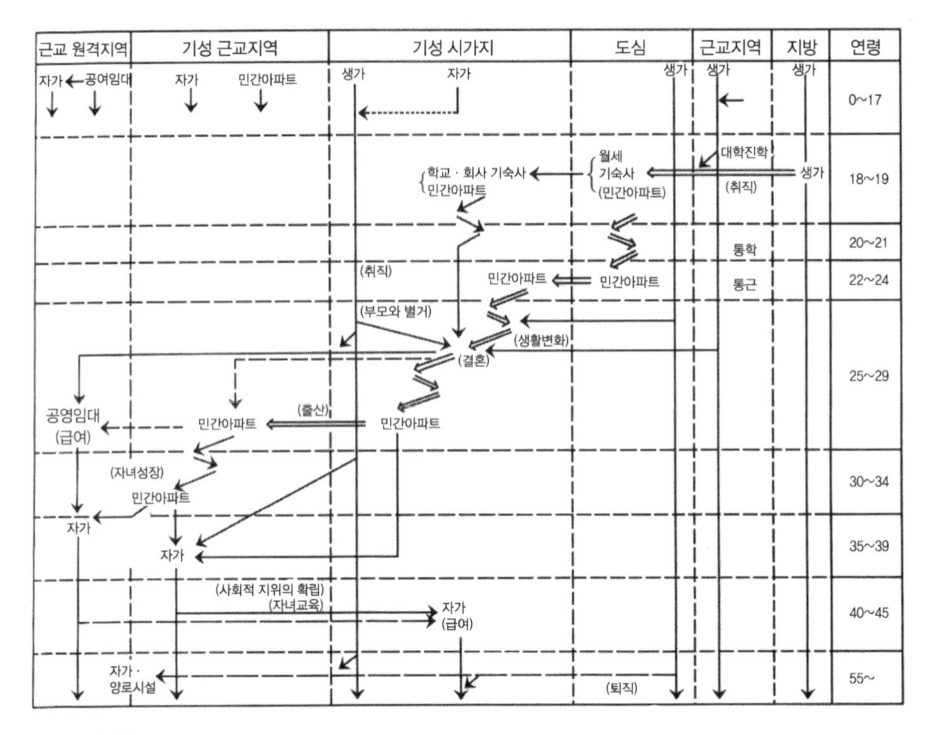

자료: 渡邊良雄(1978: 32).

지구로 전입과 기성 시가지로의 분산, 둘째 25~30세 인구의 기성 시가지 내로의 거주지 변경, 셋째 거주지 공간의 확대를 꾀한 기성 근교지역으로의 전출, 넷째 기성 근교지역에서 근교 원격지역으로의 단계적 이동, 다섯째 40대 이후의 거주자의 기성 시가지 내의 역이동의 증대를 나타낸다.

2) 거주지 이동

(1) 인구이동과 주거이동

주거이동(residential mobility)은 국내이동의 한 유형이다. 1970년 유엔은 아주 국지적인 이동으로서, 예를 들면 같은 근린 집단이나 같은 읍내에서 이동, 대도시의 중심에서 그 주변으로의 이동 등 매우 좁은 범위 내에서 주소를 변경하는 경우에는 인구이동(migration)이라 부르지 않고 주거이동이라는 단어를 사용하는 편이 적당하다고 제언했다. 시르요크(H. S. Shryock, Jr.)는 미국 인구통계국의 어휘에 따라 migration이라는 단어는 군(county)의 경계를 넘는 주택이동의 경우에 한정해 사용했고, 시몬스(J. W. Simmons)는 도시내부의 인구이동에 대해 도시 내 거주지 이동(intra-urban mobility)이라는 단어를 사용했다. 이와 같이 인구이동과 주거이동을 구분해 사용하는 이유는 첫째, 인구이동은 그 이동거리가 길고, 이동 유형상 단독이동이 많은 데 비해, 주거이동은 그 이동거리가 짧고, 또 수반이동 내지 가족 전체의 이동이 많기 때문이다. 둘째, 이동요인에서 인구이동은 그 요인 중 경제적 요인이 많은 데 비해, 주거이동은 경제적 요인이 아니고 거주하는 사회의 환경에 대한 선호의 변화, 주택에 대한 기호나 생애주기(life cycle)의 변화에 의한 이동의 필요성 등에 의한 요인이 강하게 작용하기 때문이다. 셋째, 장거리 이동의 경우는 이동지역에서 새로운 지역사회에 대한 적응이 문제가 되지만, 단거리 이동의 경우는 그러한 문제가 없기 때문이다.

주거이동의 연구가 지리학계뿐만 아니라 사회학·경제학계에서 많이 연구된 것은 1960년 후반 이후로, 유럽과 미국의 선진국에서 도시의 팽창이 현저하게 나타나기 시작한 것과, 도시를 중심으로 한 자동차 이용이 급격히 증가하고 고속도로의 건설과 이용이 증가해 도시내부에서의 주택이동이 많아지는 것이 계기가 되었다. 주거이동의 연구는 그 요인뿐만 아니라 주거지의 이동방향에 대해 애덤스(J. S. Adams)의 심상지도(mental map)의 연구 이외에도 존스턴(R. J. Johnston)의 주거이동 모델, 도널드슨(B. Donaldson)의 주거지 이동방향의 편의성, 시몬스(J. W. Simmons), 브라운(L. A. Brown)의 주거지 선호의 연구 등 이동자를 중심으로 한 연구가 있다.

(2) 주거이동

주거이동에 관한 연구는 1960년대 후반부터 증가되기 시작했는데, 주요 연구자는 애덤스, 브라운, 무어, 클라크, 존스턴, 시몬스 등이다. 주거이동에 관한 연구가 행해지기 시작한 이유를 1972년 카리엘(H. G. Kariel)은 다음과 같이 주장했다. 1960년대에 앵글로아메리카에서 도시의 급격한 변모를 가져왔다. 즉, 1960년대에 들어와 첫째, 도시내부에서 자동차의 이용이 급격하게 증가했고, 둘째 고속도로의 건설과 그 이용의 증가로 도시내부로의 시간거리의 단축을 가져왔다. 셋째, 도시의 CBD에서 각종 기능이 분산하는 경향이 나타났는데 그중에서도 특히 주택이 CBD로부터 먼 지역으로 이동했다. 넷째, 사회학의 입장에서는 노인의 주택이동이 나타났으며, 이밖에도 도·소매업

시설, 공장 등이 도심에서 이심하는 경향을 강하게 나타내 도시내부의 토지이용이 변화했으며, 또 계량적 분석방법의 개발이 이에 대한 연구를 더욱 촉진시켰다.

① 존스턴의 연구

존스턴은 뉴질랜드의 크라이스트처치(Christchurch)와 오스트레일리아의 멜버른

〈그림 9-15〉 도시 내부의 주택지역의 모형

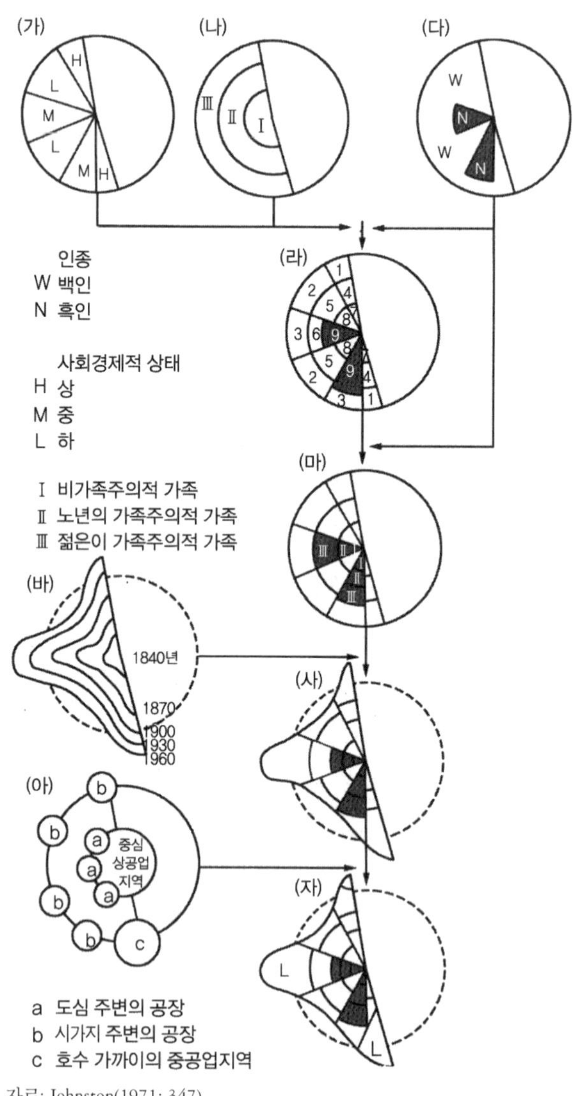

자료: Johnston(1971: 347).

(Melbourne)을 대상으로 도시 내의 주거이동에 관한 연구를 한 결과 도시의 주거지역을 ① 도시주민의 '사회·경제적 상황'이 선형(扇形)으로 분포해 있으며, ② '가족 중심의 사고(思考) 정도'는 동심원상으로, '가족 중심형(familism)', 또한 자기 일을 중심으로 새로운 주택을 선정하는 '경력주의(carrierism),[11]' 놀기 중심의 주택선정인 '소비주의(consumerism)'[12]로 구분하고, 비가족 중심형(non-familism)인 '경력주의'와 '소비주의'는 도심 가까이에 주택을 선정하는 경향이 강하다고 주장했다. ③ 흑백의 문제, ④ 시가지의 직장분포 등에 의해 구분했다(〈그림 9-15〉).

② 애덤스의 연구

심상지도에 의해 새로운 주택은 현재의 거주지보다 바깥쪽으로 주택의 이동이 이루어진다는 점을 밝혔다. <그림 9-16>의 X씨는 R_3에 거주하며 R_1의 시 중심지에 통근을 하고 있다. 통근 도중에 있는 R_2는 슬럼지구라서 자신이 살고 싶은 지구는 아니라는

〈그림 9-16〉 애덤스의 선상(扇狀) 심상지도

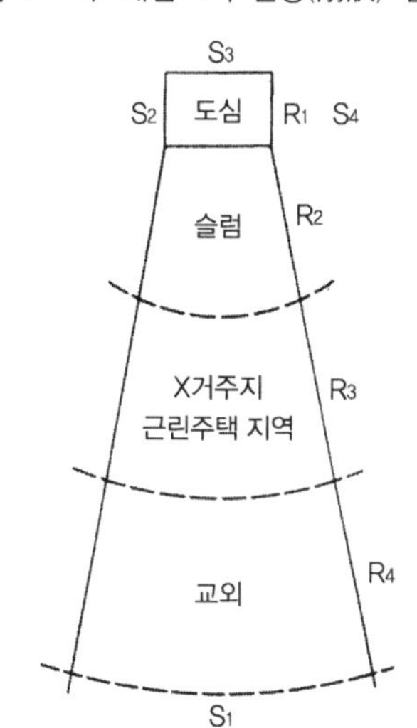

자료: Adams(1969: 305).

11) 경력주의는 주된 목적이 사회적·경제적 지위를 향상시키는 데 있으며, 이 범주에 속하는 사람들은 지위가 높아지거나 낮아지기 때문에 가끔 나선형의 지위 진행과정을 겪는 사람들로 생각된다.

12) 소비주의에 속하는 사람들은 건강한 생활을 위해 주택을 선택하지만, 경험주의와 같이 결혼을 하지 않거나 자녀가 없는 사람도 많다.

것을 통근을 하면서 관찰했다. 그리고 교외인 R_4에는 쇼핑센터가 있고 그곳에 가서 구매활동을 하는데 이 지역은 $R_1 \sim R_3$의 연장상의 교외 R_4까지 선형상(扇形上)의 심상 지도가 형성된다. 이러한 선형상의 인지(認知)지도는 다른 섹터인 $S_2 \sim S_4$ 등에 비교하면 X씨의 머릿속에 보다 바르게 그려져 있다. 애덤스는 1969년 미국의 중서부 도시 미니애폴리스를 대상으로 1890~1895년, 1920~1925년, 1945~1951년의 세 시기를 연구한 결과는 다음과 같다. 첫째, 이동거리는 1890년대에는 짧았지만 그 후에는 길어졌다. 둘째, 원주소와 CBD와의 거리도 보다 멀어지게 되었다. 셋째, 이동각도는 90°에 가깝게 되어 횡적인 이동이 이루어져 주택이 CBD에서 외부로 이동하지 않았다는 점을 주장했다. 즉, 전거주지와 새로운 거주지 사이에는 신거주지가 CBD와 전거주지의 연장선상에 많이 입지하는 경향이 있다는 점을 제시했다. 이것을 설명하기 위해 선형(扇形) 심상지도의 개념이 <그림 9-16>이다. 그러나 이 연구의 문제점은 도시에서 도로와 여러 시설의 배치가 거주지의 이동을 결정짓는다는 점에서 볼 때 문제점으로 대두된다.

③ 브라운의 연구

브라운은 새로운 주택을 구입할 때에 이동자 자신이 고려해야 할 조건으로 다섯 가지를 제시했다. 그것은 첫째, CBD와 고속도로, 통근 교통로, 쇼핑센터, 학교 소재지, 레크리에이션 장소 등과의 접근성(accessibility), 둘째, 이동지의 도로와 도로망의 상황, 거주지가 조용하고 넓으며, 아름다움이 있는가의 자연적 특징(physical characteristics), 셋째, 공공 서비스의 성격과 학교, 경찰서, 소방서, 배달 서비스의 상태 등 서비스와 시설의 편리성(services and facilities), 넷째, 인구·인종의 구성 등 사회적 환경(social environment), 다섯째, 주택 값, 주택 유지비, 택지의 넓이, 토지의 높고 낮음, 집의 크기, 방수 등 개개의 위치와 거주 특색(individual site and dwelling characteristics) 등이다.

④ 시몬스의 연구

시몬스는 인구이동에서 사회적 요인을 중시했다. 또한 인구이동의 대상자로 첫째, 연령으로 보아 20대가 약 30%로 가장 많으며, 둘째 도심지역에서의 이동이 시가지 주변지역에서의 이동보다 약 2배 많고, 셋째, 저소득층의 지역에서 이동이 많으며, 그것도 중·소도시보다 대도시 생활자의 이동이 많다고 보았다. 그리고 주택을 이동하는 이유에 대해 첫째, 도시화가 진행되고 생애주기(life cycle)가 진행됨에 따라 이동하는 것이 가장 중요하며, 둘째 수입과 직업 등의 경제적 사정의 변화로, 셋째 인종과 종교가 인접집단과 다르기 때문에 격리되는 경향이 많다고 주장했다. 그리고 주택의 이동에서 토지의 보유조건으로서 방의 수, 전에 살았던 집과 새로 살 집의 상태와 그 위치, 수입, 가족의 생애주기, 가족의 크기, 직장의 위치를 중요시했으며, 이동의 방향은 CBD를 중심으로 시가지 밖의 선형방향으로 이동한다고 주장했다.

(3) 서울시의 주거이동

2003년 서울시 행정동 간 총거주이동(200인 이상)을 살펴보면 마포구 망원 1동·망원 2동 간의 이동이 1864인으로 가장 많고, 그다음으로 강서구 방화 1동·방화 2동(1841인), 강동구 길 1동·길 2동(1674인), 구로구 개봉 2동·개봉 3동(1616인), 송파구 마천 1동·마천 2동(1600인)의 순이었다. 규모가 큰 거주이동은 대부분 인접 행정동 사이에서 이루어지며, 평균 직선 이동거리는 1.12km로 근거리 이동이 탁월했다. 그리고 한강과 학군은 서울시 내부 주거이동에서 주요한 경계의 역할을 하며, 행정동별 아파트 평당 매매가의 차이가 주거이동 발생과 인구이동 수에 영향을 미치고 있어 지역의 경제적 특성이 주거이동에 상당한 제약 요소임을 알 수 있다.

특히 아파트 평당 매매가가 유사한 행정동은 인접해 있는 경우가 많아 서울시내 주거이동의 특성인 근거리 이동은 거리의 영향력을 의미하는 동시에 유사한 경제적

〈그림 9-17〉 서울시 행정동 간 인구이동 패턴(2003년)

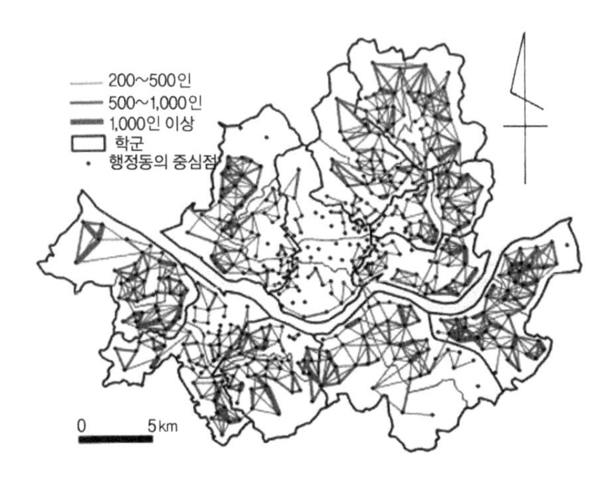

자료: 최은영·조대헌(2005: 178).

〈그림 9-18〉 서울시 행정동 간 총이동인구와 아파트 평당 매매가(2003년)

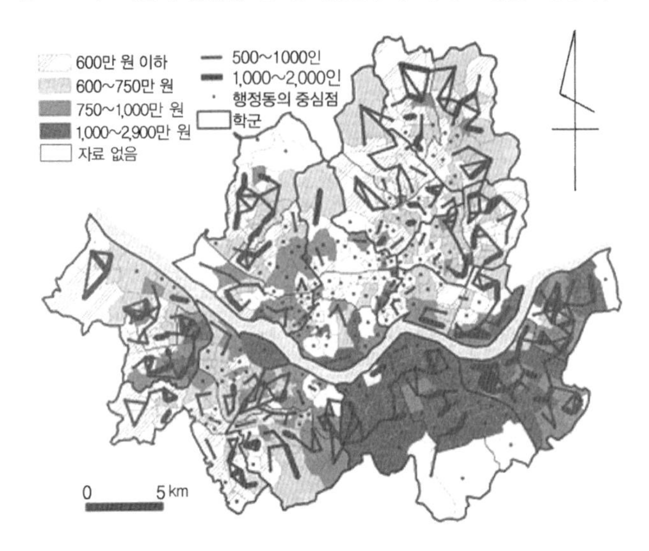

자료: 최은영·조대헌(2005: 182).

특성을 가지는 지역 사이에서 활발한 주거이동이 나타나고 있다는 것을 의미한다. 이는 서울시 도시 내 인구이동이 상이한 주택 가격을 나타내는 지역에 거주하는 집단 사이에 거주 분리를 발생시키고 동시에 거주지 분리를 유지·강화시키는 메커니즘으로 작용하고 있음을 시사한다(〈그림 9-17〉, 〈그림 9-18〉).

7. 주거경력

1) 대도시 교외주민의 거주경력[13]

1960년대 공간구조, 공간구조의 지각, 그리고 공간구조에서 행동과 결부시킨 연구가

13) 거주경력과 유사한 표현으로 이동경력(migration career), 주택경력(housing career)이라는 용어도 사용되는 경우도 있다. 고버(P. Gober)는 주택경력을 '생애행로(life course)를 통해 진보하는 것과 같이 사람들의 주택 변화의 통로'라고 하고, 여기에서는 주택 소유형태의 변화나 자녀의 성장과 더불어 방 수의 증가 등 주택에 꽤 중점을 두고 공간적인 의미는 약한 것을 말한다. 한편 이동경력, 이동력(移動歷)이라는 용어는 이동이라는 이벤트의 발생에 관한 분석을 상기시킨다.

행해지면서 개인의 의사결정과정에 착안한 행동론적 접근방법에 의한 연구가 대두되었다. 그때 월퍼트(J. Wolpert)의 장소적 효용 개념, 애덤스의 심상지도, 브라운과 무어의 2단계 의사결정 모형 등이 제안되어, 이들은 1970년대의 인구이동 연구 중에서도 도시 내 거주지 이동에 관한 연구를 방향지었다. 개인의 의사결정과정에 착안한 행동론적 접근방법은 종래 지리학에서 사용해온 변수에 심리학적 변수를 부가해 인간의 공간 활동에 대한 이해수준을 높였다.

그렇지만 1970년대 후반이 되면 거주지 이동연구에 행동론적 접근방법에 대한 비판이 나타났다. 그것은 거주지 선호와 거주지 이동 사이에 괴리가 나타난 점과 분석의 관점이 이동의 수요 측에 치우쳤다는 점에 대한 비판이었다. 화이트(S. E. White)는 집단으로 본 거주지 이동과 거주지 선호는 유의적인 상관관계가 있다고 하면서, 개인수준에서는 이동행동에 대한 선호는 영향이 없다고 지적했다. 또 쇼트(R. J. Short)는 지금까지 수요 측 중에서도 중·상류급 가구의 의사결정과정만을 중시한 것에 의문을 제기했다. 그리고 1980년대에 들어와서는 쿠프(R. T. Coupe)와 모건(B. S. Morgan)은 개인의 선호보다도 이동자를 제약한 주택제도가 중요하다고 한 '제약 중에서의 선택'이라는 관점을 확대시켰다.

더욱이 해리스(R. S. Harris)와 무어(Moore)는 행동론적 접근방법에 의한 거주지 이동 연구에 대해 다음과 같이 주장했다. 즉, 거주지 이동의 의의는 특정한 장소적·역사적 맥락과의 관계에서만 평가할 수가 있고, 거주지 이동 자체의 이론 발전에서 떨어져 기존의 도시화와 사회변화 이론과의 결합으로 향해야만 한다고 했다. 이러한 주장은 특정 공간구조에서 독립된 행동을 강조해왔던 행동론적 접근방법에 대한 엄중한 비판이라고 말할 수 있다.

이러한 행동론적 접근방법의 동향의 한편에서는 가구의 이동이 생애주기(life cycle)의 변화와 밀접한 관계가 있다는 것이 1950년대 초기의 미국 필라델피아(Philadelphia)의 연구에서 지적되어왔지만 1980년 이후 이 생애주기 효과를 시간 종단적(縱斷的) 자료를 이용해 계량적으로 분석하려고 한 이동경력 연구가 활발하게 되었다. 횡단분석에 대치된 종단분석은 현재의 인구이동에서 가장 활발한 분야 중의 하나라고 말할 수 있다. 이 동향에는 이동에 대한 생애주기 효과에 대한 관심, 또는 이동이 일어나는 사회적 맥락으로의 관심 증대가 큰 영향을 미쳤다고 생각한다. 쿠프와 모건은 이동을 결정할 때에 측정된 스트레스(stress)가 자녀의 출생이나 성장 등 가족의 생애주기의 변화에 따라 일어나는 경우가 있는 데도 불구하고 행동론적 연구에서는 이동시점의 상태를 바탕으로 논의되었다고 지적했다. 또 그린우드(M. J. Greenwood)는 종래 시간 종단면(cross section)의 틀에서 생애주기의 중요성이 연구되어왔던 것에 대한 한계성을 지적하고 생애주기의 한계성을 보다 완전히 취급하는 데는 연속적인 시간에서 발생하는 이벤트(event)로서 연구할 필요가 있다고 했다. 나아가 딜만(F. M. Dielman)은 시간 종단적 자료의 사용은 주택시장의 지리적·시간적 변화와 주택선택을 관련시킬 수 있다는 점에서 유리하다고 지적했다. 이러한 거주지 이동에 관한 시간 종단적 분석은, 특히 주택인구학(housing demography)에서 활발하다.

2) 주거경력에서 본 거주지 이동

거주지 이동에 대한 생애주기 효과를 보다 정확하게 측정하기 위한 관심이 높아지고 있지만, 이동경력 연구가 활발해지는 한편에는 생애주기 대신에 생애행로(life course)[14]라는 용어가 널리 사용되고 있다.

생애주기라는 용어는 최근 인구학이나 가족사회학 등 폭넓은 분야에서 사용하고 있지만 여기에서는 주로 가족사회학의 입장에서 생애행로 접근방법에 관한 개념을 살펴보기로 한다. 생애행로 접근방법은 종래의 생애주기론이나 발달이론의 성과를 비판적으로 계승하면서 개인의 삶의 양식과 사회와의 관계를 보다 동적으로 분석하기 위해 제안되어온 방법이고, 그 기본적인 틀로서는 첫째, 개인의 인생을 생애발달의 관점에서 파악한다. 둘째, 개인의 인생을 각종 역할경력의 묶음으로 보고 개인이 생애에 걸쳐 경험한 역할 이행과정을 분석한다. 셋째, 개인의 인생을 사회적·역사적 시간과의 관계로 파악하는 세 가지 점이다.

여기에서 중요한 것은 가족이 아니고 개인에 착안한 것이다. 엘더(G. H. Elder)에 의하면 생애행로라는 것은 '개인이 연령별로 분화한 역할과 했던 일을 경험해왔던

14) 생애행로는 여러 가지 경력을 묶어 파악되는 개인의 인생을 가리킨다. 생애행로 개념이 인생사로부터 독립되어 규칙성을 나타내는 것과는 다르며, 생애행로는 특정 사회경제적 배경에서 인생이 전개된 것을 파악하는 개념이다. 또 개인이 경험한 인생을 주관적으로 기술한 생애역사(life history)와도 다르다. 생애행로의 개념에 대해 동시발생 집단 등 특정인구집단에서 전형적인 인생을 객관적으로 파악 가능한 자료를 바탕으로 재구성하는 것에 중점을 두는 경우가 많다.

〈그림 9-19〉 연령과 시대 및 생애경로와의 관계

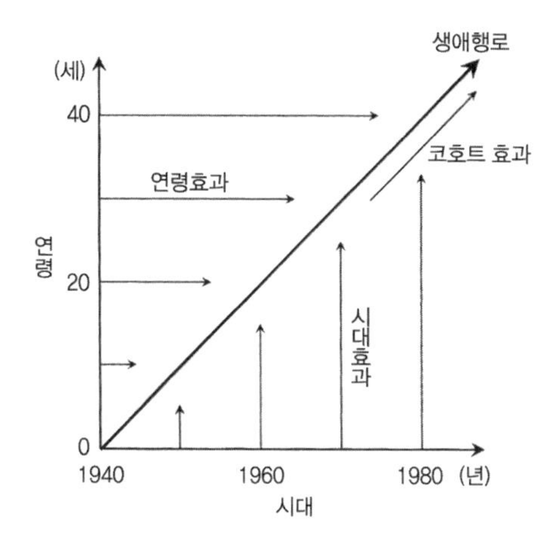

자료: 谷謙二(1997: 266).

길'로, 가족의 생애행로는 그 구성원이 상호의존한 생활사의 관점에서 볼 수 있는 것이라고 했다. 이러한 개인에서의 착안은 유럽과 아메리카의 여러 나라에서 이혼이나 동거 등이 급격히 증가하고 종래의 생애주기 연구의 전제로서 존재해온 가족 자체가 큰 변화를 가져왔기 때문이다. 또 위의 접근방법 둘째와 같이 역할경력의 묶음으로서 생애행로의 관점은 인구이동 연구에 대해 언제 이동했는가라는 이동경력만이 아니고 직업경력, 가족경력 등 그 밖의 경력도 합쳐서 고찰할 필요성을 제시하고 있다. 그리고 세 번째 접근방법의 사회적·역사적인 견해의 중시는 특징적이고, 역사적 시간의 도입은 동시발생 집단 분석을 단위로 분석할 필요가 있다. 그것은 같은 역사적 사건을 경험한 경우에도 경험할 연령이 동시발생 집단에 의해 다르기 때문이다.

사회는 특정연령에는 그에 상응하는 사건을 경험할 수밖에 없을 것이라는 '연령효과'를 개인에게 부여한다. 그리고 또 특정 시대에 역사적인 사건은 '시대효과'를 개인에게 부여한다. 이와 같이 개인의 생애행로는 형성되지만 동시출생 집단으로서의 코호트는 특정 시대에서 같은 연령으로 동일한 역사적 사건을 경험하고, 그들만의 코호트 독특의 경험, 즉 '코호트 효과'가 된다(〈그림 9-19〉). 그리고 개인의 일생에 관해 얻은 종단 자료를 코호트별로 모아서 관찰함에 따라 시대효과, 연령효과, 코호트 효과가 분리되어 사회의 변화를 정확하게 얻을 수 있게 될 것이다.

다음은 성남시 분당 뉴타운에 거주하는 525가구의 생애 스테이지(life stage)에서

〈표 9-5〉 성남시 분당 뉴타운 조사가구의 생애스테이지

단계	생애스테이지	내용*	가구주의 평균연령
가구 준비기	I	출생으로부터 최종 졸업학교 진학까지	18.9
	II	최종 졸업학교 진학에서 첫 취직까지	26.0
	III	첫 취직에서 결혼까지	27.9
가구 형성기	IV	결혼부터 맏이 출생까지	28.9
	V	맏이 출생부터 초등학교 입학까지	35.8
가구 성장기	VI	맏이 초등학교 입학부터 중학교 입학까지	41.4
	VII	맏이 중학교 입학 이후	42.3

* 자녀가 없는 부부의 경우, V단계는 결혼 後 5~10년, VI단계는 11~15년, VII단계는 16년 이후로 했음.
자료: 鄭美愛(2002: 798).

본 거주지 이동을 살펴보면 다음과 같다. 먼저 가구성장의 척도로서 생애스테이지의 개념을 적용해 가구의 항목으로 중요한 생애 이벤트(life event)에 의해 각각의 스테이지를 설정했다. 그 기준으로서 출생, 최종 졸업학교 진학·첫 취직·결혼·맏이 출생·맏이 초등학교 입학·맏이 중학교 입학을 기준으로 이벤트 간을 각각 스테이지 I~VII로 구분했다. 또 가구형성 이전의 단계에서는 가구주가 체험한 이벤트를 기준으로 스테이지를 설정했다. 즉, 스테이지 I은 출생으로부터 최종 졸업학교로의 진학까지, 스테이지 II는 진학에서 첫 취직까지, 스테이지 III은 첫 취직에서 결혼까지이다. 가구형성 이후에는 맏이의 출생과 초등·중학교의 입학을 기준으로 분류했다. 스테이지 IV는 가구형성의 출발점이 되는 결혼으로부터 맏이 출생까지, 스테이지 V는 맏이의 출생으로부터 맏이의 초등학교 입학까지, 스테이지 VI은 맏이의 초등학교 입학으로부터 중학교 입학까지로 한다. 마지막으로 스테이지 VII은 맏이의 중학교 입학 이후로 한다(〈표 9-5〉).

분당 뉴타운의 거주지 이동을 생애스테이지와 관련해 살펴보면 <그림 9-20>과 같다. 이동의 출발지, 즉 출생지는 지방이 64.6%로 가장 많고, 그다음이 서울시 강북지역(21.5%)이다. 이 두 지역이 모든 이동의 86.1%를 차지한다. 생애스테이지 I에서는 지방으로부터 서울시로의 이동이 눈에 띄고, 이동건수는 지방에서 강북지역으로 48건, 강남지역으로 24건이 발생했다. 스테이지 II도 스테이지 I에 이어 계속해서 지방으로부터 서울시로의 이동이 뚜렷하고, 더불어 서울 대도시권으로의 이동도 증가했다. 그

〈그림 9-20〉 성남시 분당 뉴타운에서 가구의 거주지 이동(1998년)

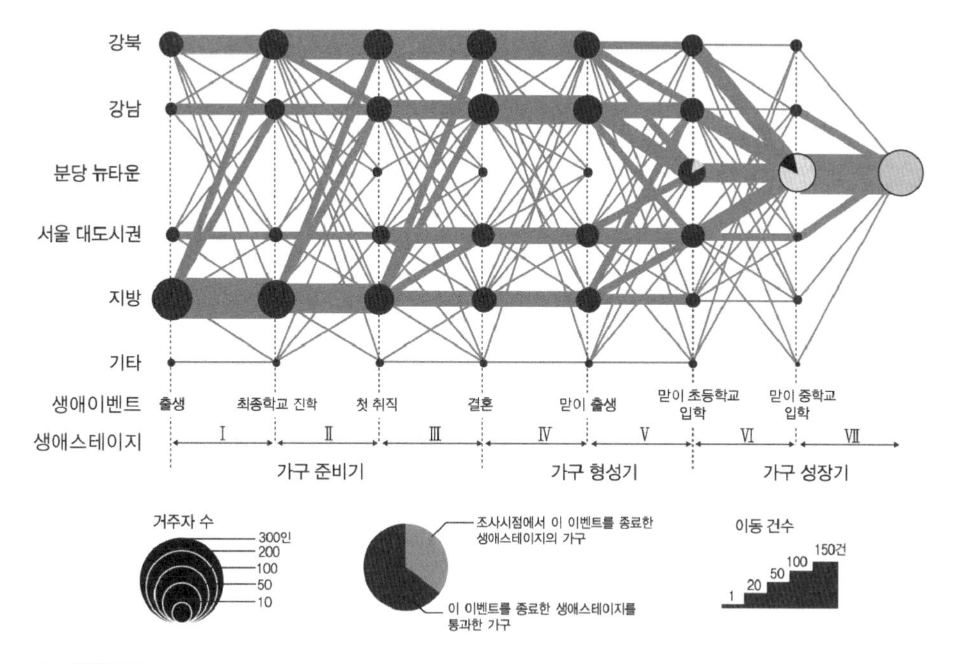

자료: 鄭美愛(2002: 800).

결과 스테이지 II의 마지막 부분인 첫 취직 때에서 지방 거주자의 비율은 급감해 32.4%가 되었다. 한편 강북·강남지역·서울 대도시권 거주지의 비율은 각각 30.7%, 22.3%, 12.6%를 차지했다. 스테이지 III에서의 이동을 보면, 지방에서 서울시로의 이동이 계속되고, 강북지역으로부터 강남지역으로의 도시 내 이동이 증가한다. 즉, 지방에서 강남지역으로 28건, 서울 대도시권으로 27건, 강북지역으로 21건이 이동한 데 대해 강북지역에서 강남지역으로는 이 스테이지에서 가장 많은 30건의 이동이 발생했다.

스테이지 IV는 기간이 짧기 때문에 이동량이 적어 자기 지구 내의 이동이 많다. 이 스테이지의 종료 무렵인 맏이가 출생할 때에 강남지역 거주자가 차지하는 비율은 출생 때의 다섯 배인 31.0%에 달한다. 서울 대도시권 거주자도 21.3%로 증가했다. 스테이지 V는 강남지역으로부터의 전입이 계속되고 분당 뉴타운으로의 전입이 이루어지기 시작한 것이 특징이다. 지방과 강북지역으로의 이동은 각각 21·22건이었다. 분당 뉴타운으로는 강남·강북지역·서울 대도시권으로부터 각각 56·43·27건이 유입되었고, 수도권으로부터의 유입이 주체가 된 것을 알 수 있다. 또 지방과 강남으로부터 서울

대도시권으로의 전출이 각각 22건이었다.

스테이지 VI에서는 244가구가 분당 뉴타운으로 이동했다. 분당 뉴타운으로의 이동은 강남지역에서 78건, 서울 대도시권에서 76건, 강북지역으로부터 52건 등이었다. 스테이지 VII에서는 모든 가구의 전입이 완료되었기 때문에 이 스테이지에서는 모든 분당 뉴타운으로 전입한 가구의 체류가 208건으로 가장 많았다.

생애스테이지별 이동을 총괄하면 I~III·IV~V·VI~VII의 세 시기로 나눌 수가 있다. 결혼까지에 해당되는 I~III단계는 장래에 가구가 형성되기 위한 준비단계로 볼 수 있기 때문에 이 시기를 가구 준비기라고 할 수 있다. 똑같은 이유에서 스테이지 IV~V을 가구 형성기, 스테이지 VI~VII을 가구 성장기라고 할 수 있다.

가구 준비기에서 지방으로부터 서울시로의 이동이 뚜렷하고, 이 시기에서는 강남개발이 아직 시작되기 이전이기 때문에 서울시로의 이동은 강북지역에 집중했다. 가구 형성기에서는 특히 스테이지 V에 강북지역에서 강남지역으로 도시 내 이동이 뚜렷했다. 가구 성장기에서는 이동이 분당 뉴타운으로 집중하고, 분당 뉴타운으로의 입거(入居)가 완료되었다.

분당 뉴타운에 입거하기까지의 이동경로를 보면 많은 지방 출신자는 가구 준비기의 스테이지 III까지 강북지역으로 이동하고, 강북지역 출신자와 합류했다. 지방에 체류한 사람은 가구 형성기에 강남지역이나 서울 대도시권을 경유하고, 가구 성장기에는 분당 뉴타운에 입거했다.

한편 강북지역 출신자는 가구 준비기에 강남지역으로 이동했다. 가구 형성기 스테이지 V에서 강남지역 및 서울 대도시권으로의 이동과 모두 강남지역으로 이동한 사람은 분당 뉴타운으로 이동했다. 스테이지 VII에서는 최후까지 강남지역이나 서울 대도시권에 체류한 사람도 포함해 분당 뉴타운으로의 이동이 완료되었다(〈그림 9-20〉).

분당 뉴타운 거주자의 설문지 조사에서 생애스테이지별로 이동요인을 나타낸 것이 <그림 9-21>이다. 인구이동 연구에서 이동요인의 분류는 많은데 그 공통요소는 주택이나 가족 구성과 관련된 것과 시설의 접근성이나 직장·근린지역 등의 여러 환경에 관한 요인으로 크게 나누어진다. 전자는 가구내부에 대한 요인이고, 후자는 가구외부의 요인이라 할 수 있다. 스테이지 I~VII까지의 이동요인 구성에서 거주·자산형성·자연환경·교육환경의 네 가지 요인은 결혼을 계기로 가구 형성기 이후에 중요성이 증가했다. 거주요인은 모든 스테이지를 통해 높은 비율을 차지하지만 스테이지 VII에서 가장

〈그림 9-21〉 성남시 분당 뉴타운에서 가구이동의 요인

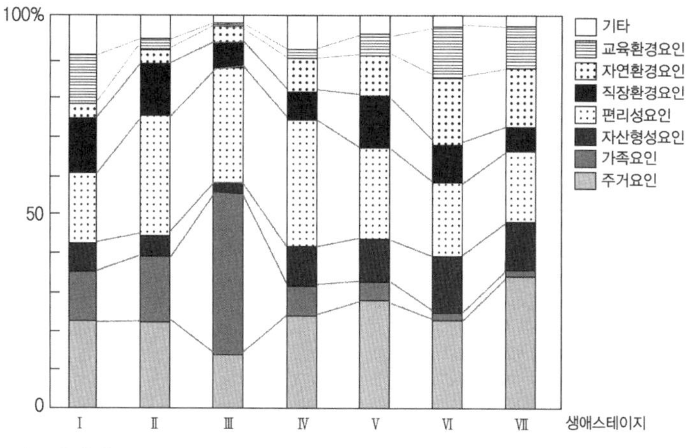

자료: 鄭美愛(2002: 802).

중요한 이동요인이다. 자산형성 요인에 의한 이동은 스테이지 IV부터 차차 증가한다. 자연환경·교육환경 요인이 차지하는 비율은 높지 않지만 스테이지 V 이후에 급증한다. 이들 요인의 증대는 가구 형성기 이후에 거주에 대한 관심이 높은 것을 나타낸 것이다. 즉, 거주·자연환경 요인에 의한 이동은 가족규모의 확대와 더불어 보다 양호한 거주환경을 추구한 결과이고, 자산형성·교육환경 요인에 의한 이동은 가족의 장래를 보장하기 위한 이동이다. 그리고 이들 이동은 조사가구에 그것을 실현시킬 수 있는 경제적 뒷받침이 있다는 것을 의미한다.

한편 특정 스테이지에서 중요한 이동요인도 있다. 편리성은 모든 스테이지에서 높은 비율을 나타내지만, 또 젊고 결혼해서 자녀가 없는 스테이지 IV까지에 특히 현저하다. 이 단계에서는 단신 또는 부부만의 가구 구성이기 때문에 직장으로의 접근성을 중시한 이동이 이루어졌다고 생각한다. 가족요인은 결혼을 포함한 스테이지 III에서 매우 높은 비율을 나타낸다. 직장환경 요인은 스테이지 I과 스테이지 V에서 중요한 이동요인이다. 스테이지 I에서는 부모의 일이, 스테이지 V에서는 가구주의 전근이나 전직이 큰 요인이다.

분당 뉴타운의 거주자의 거주지 이동 패턴을 지방과 서울 출신자로 나누어 살펴보면 다음과 같다. 먼저 지방 출신자의 이동 패턴은 세 가지를 도출할 수 있다. 즉, 첫째 패턴은 지방－강남지역－분당 뉴타운, 두 번째는 지방－서울 대도시권－분당 뉴타운,

세 번째 패턴은 지방－강북지역－(강남지역)－분당 뉴타운이다. 지방 출신자의 경우 가구 형성기까지 수도권을 지향한 장거리 이동이 이루어지고, 그 후 수회의 자기 지구 내 이동을 거쳐 분당 뉴타운으로 가까운 이동이 이루어진다. 지방 출신자는 가구 준비기에서는 주로 편리성 요인에 의해 이동하지만, 가구 형성기에는 거주요인이 중요하다. 가구 성장기에는 거주요인과 더불어 자산형성 요인도 중요한 이동요인이다.

다음으로 서울 출신자의 전형적인 이동 패턴은 첫째, 강북지역-강남지역-분당 뉴타운, 두 번째는 강북지역-서울 대도시권-분당 뉴타운이라는 경로를 따라간다. 전자는 서울에서 거주기능의 공간적 확대와 일치한다. 서울 출신자는 가구 형성기까지 단거리 이동이 많고, 그 이후도 서울 대도시권을 넘지 않는 지역에서 분당 뉴타운으로 이동한다. 그들의 경우 가구 준비·형성기에서는 거주·편리성 요인이 중요한 이동요인이다. 주거요인은 강북지역에서 가옥의 노후화 등 거주환경의 악화에 의한 이동을 반영한다. 가구 성장기에는 좀 더 좋은 주택환경을 찾고, 동시에 자산형성을 기도한 투기행위에

〈그림 9-22〉 성남시 분당 뉴타운에서 가구의 주요 이동 패턴

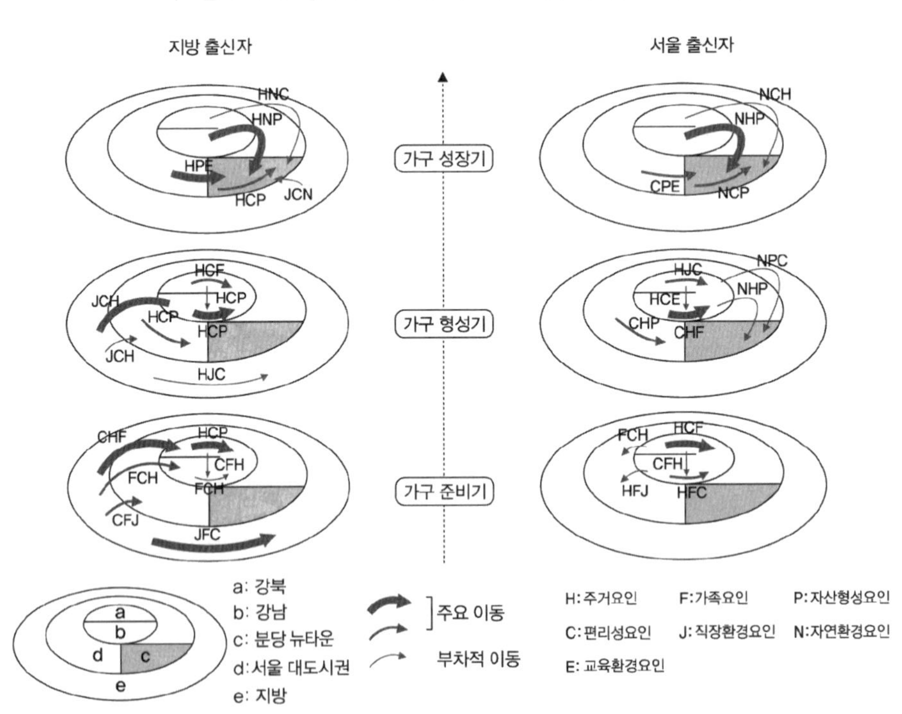

자료: 鄭美愛(2002: 804).

의해 분당 뉴타운으로 전입한다. 후자의 경우는 서울 대도시권으로의 전출은 가구 준비기에서 주로 가족요인에 의해 이루어지고, 자치구 내 이동을 거쳐 편리성·자산형성 요인 등에 의해 분당 뉴타운에 입거한다(〈그림 9-22〉).

10장

국제 인구이동의 지역적 분포

국제 인구이동이란 국경을 넘는 인구이동으로 이동거리와는 관계가 없으며, 근대국가 성립 이후에는 이주하는 상대국의 거주허가가 필요하다. 어느 국가나 출입국 관리에서 이동의 제한을 받기 때문에 이동에는 자유롭지 못하다. 그러나 출입국을 하는 공항이나 항구 또는 도로·철도상에서의 조사가 행해지기 때문에 그 수를 파악하는 것은 가능하며, 원칙적으로 이동지, 이동목적, 성, 연령 등에 대해 정확하게 실태를 파악할 수 있다. 국제 인구이동에 대한 지리학적 연구는 국제정치적·경제적 입장에서의 연구나 역사적 입장에서의 연구와 비교할 때 그 업적이 너무나 적다.

1. 제2차 세계대전 이전의 국제 인구이동

1) 주요한 국제 인구이동

국제 인구이동론은 학제적 분야이고 다양한 학문이 교차하는 분야이다. 국제적 인구이동에는 다섯 번의 뚜렷한 파동이 있었는데, 첫 번째가 제국주의의 세력이 출현한

〈그림 10-1〉 16세기 초 이후의 국제 인구이동(1500~1950년)

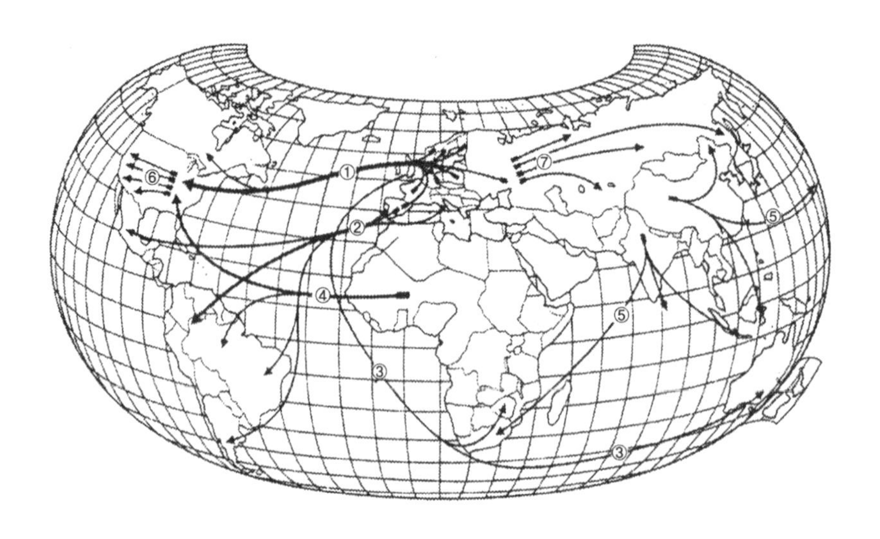

① 유럽→북아메리카　② 남부 유럽→남·중앙아메리카
③ 영국→오스트레일리아, 아프리카 대륙　④ 아프리카 대륙→미국
⑤ 인도, 중국→세계 각지　⑥ 미국의 북동부→서부
⑦ 구소련의 유럽지역→아시아 지역
자료: From and Woytinsky(1953: 68).

17세기에 시작되어 현재 다섯 번째 파동에 다다르고 있다. 이 국제적 인구이동의 다섯 개 파동 모두에 공통되는 최대의 특징은 이민 자체의 존재가 이입국과 이출국 쌍방의 사회구조를 변화시킨 점, 특히 민족구성에서 민족적 동질성이나 다양성을 크게 변화시켰다. 그리고 구조적인 변화가 보다 새로운(강제이주도 포함) 국외이주를 불러 연속적인 국가의 사회구조, 정치구조를 변화시켰다.

<그림 10-1>은 태프트(D. R. Taft)와 로빈스(R. Robbins)가 정리한 16세기 이후 주요 대륙 간 인구이동을 나타낸 것이다. 즉, 신대륙 발견 이후에 유럽에서 신대륙으로의 이동[1])이 가장 많았는데, 그 가운데에서도 첫째, 서·중·북부유럽에서 미국 및 캐나다를 포함한 앵글로아메리카로의 이동과, 둘째 지중해 주변의 남부 유럽에서 멕시코 이남의

1) 1620년 메이 플라워호를 타고 미국의 북동부 보스턴 부근의 플리머스(Plymouth)에 상륙한 102인의 청교도들은 영국에서 성공회의 종교적 박해를 피해 신대륙으로 이주했다.

〈그림 10-2〉 아프리카의 흑인 노예무역

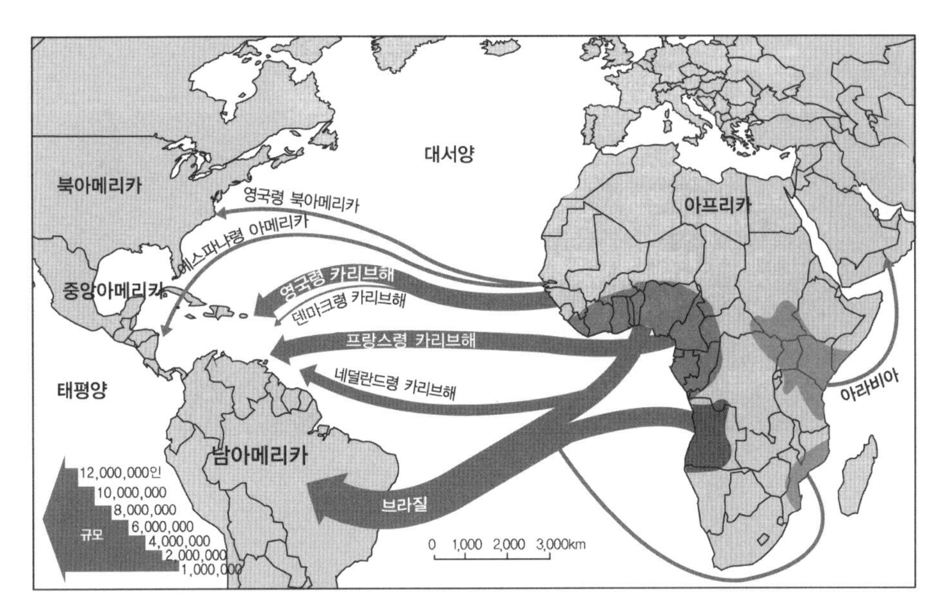

자료: de Blij and Muller(2000: 349).

라틴아메리카로의 이동이 주류를 이루고 있다. 이들 이동은 대서양을 횡단한 이동으로 대양횡단 이동(transoceanic migration)이라 이름 붙여졌다. 그 밖에 셋째, 영국의 식민지[2] 활동으로 영국에서 오스트레일리아 및 남아프리카공화국으로의 이동도 많았다. 이러한 유럽에서의 이동 이외에 넷째, 아프리카 대륙, 특히 열대 서부 아프리카에서 미국 남부 및 브라질, 카리브 해 주변으로의 흑인의 이동이 있다. 이 이동은 노예무역에 의한 흑인의 강제이동이 중심이 된 것이다.

아프리카의 노예무역(삼각무역)은 포르투갈이 자국의 노동력을 보충하기 위해 시작되었는데, 1517년 이후는 신대륙 경영을 위해 포르투갈이 아메리카 대륙에 흑인 노예[3]를 보내게 되었고, 그 후 에스파냐, 네덜란드가 이에 참가했다. 1620년 이후에는 영국이

2) 식민지 이민은 1607년 영국인이 버지니아 주 제임스타운에 식민지 건설을 위해 최초로 정착한 것이 계기가 되었다.

3) 미국으로의 노예무역은 남부 목화 재배지역에 필요한 노동력을 확보하기 위한 것으로 1620년부터 시작되었다. 그 후 1863년 링컨 대통령의 노예해방 선언이 있을 때까지 약 1200만~1500만 인이 유입되어 현재 미국 인구의 약 12%인 2900만 인이 그 후손으로 거주하고 있다.

〈그림 10-3〉 영국 런던에서 아프리카 노예무역 금지 200년(2007년 3월 25일) 기념행사에서의 노예재현(왼쪽)과 복원된 노예선이 쿠바 아바나에 입항한 아미스타드(Amistad) 호(오른쪽)

주: 노예를 싣고 서인도제도로 보낸 영국의 노예무역선은 2704척이었음.
자료: ≪조선일보≫, 2007년 3월 26일 자.

중심이 되어 1713년에 식민지로 향한 노예무역의 독점권을 획득하고부터는 열대 아프리카에서 노예사냥을 행해 노예무역에서 많은 이익을 얻었다. 18세기 후반 이후 노예무역에 반대하는 소리가 높아져 1807년 법률로서 금지되었지만 사실상 1850년까지 계속되었다. 이러한 열대 서부 아프리카에서 신대륙으로 이동된 흑인의 수는 약 2000만 인으로 추정되는데, 동부 아프리카에서 아랍인의 노예무역상에 의해 서남아시아 지역으로 이동한 약 1000만~1500만 인을 더하면 강제이동에 의한 아프리카 흑인이 받은 피해는 엄청나게 크다(〈그림 10-2〉, 〈그림 10-3〉).

다섯째, 아시아에서의 주요한 이동은 중국인과 인도인의 이동이다. 중국인의 해외이주자는 화교(overseas Chinese)라고 불리우며, 그 기원은 오래되었는데, 특히 명나라 말에 해당되는 17세기경부터 급속히 증가해 1997년 현재 화교 수는 5500만 인[4]으로 추정하고 있다. 그중에서도 화남지방에 해당되는 푸젠(福建)·광둥(廣東)성 출신자로 동남아시아에 진출한 화교 수가 가장 많은데 한때 650만 인을 넘었다. 그들은 상술이 매우 뛰어나고 근면하며, 많은 재산을 모아 타이, 캄보디아, 베트남에서는 한때 경제적

4) 일본에서의 연구는 약 300만 인으로 추정하고 있는데, 푸젠성에서 이민을 간 이유는 우이(武夷)산맥을 배후지로 해서 경지면적인 좁은 것이 송출요인이고, 동남아시아에 제국주의 세력의 식민지 경영상 노동력의 필요성이 흡인요인으로 이들 두 요인이 이주를 가속화시켰다.

〈그림 10-4〉 화교의 분포와 이동

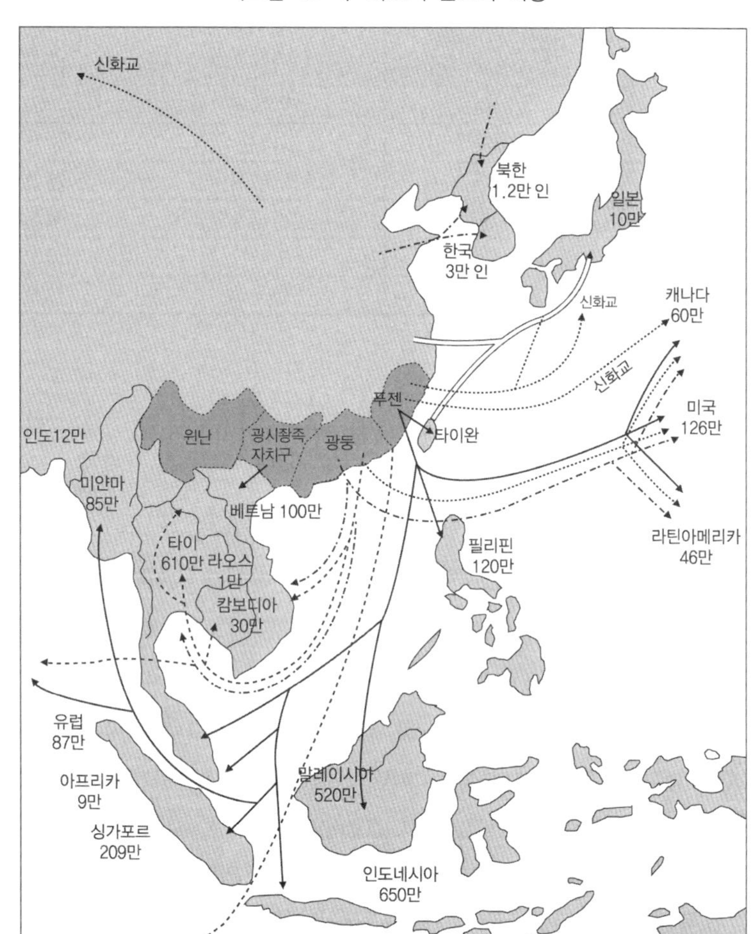

자료: 樋泉克夫(1991).

인 실권을 장악했다. 그러나 직접 이주한 국가의 보호를 받지 못하고 집단생활을 영위해 단결력이 강하고 또 독립심도 강하며 배타적이다. 제2차 세계대전 이후 동남아시아 정세의 변화로 화교 생활에도 큰 변화를 가져왔다.

1991년 화교의 분포를 보면 2679만 2000인의 화교 중 아시아(홍콩, 타이완, 마카오를 포함)에 90.0%가 거주해 가장 많았고, 그다음으로 아메리카에 7.0%, 유럽에 2.0%, 오세아니아와 아프리카에 각각 0.7%, 0.3%가 거주했다(〈그림 10-4〉).

주요 국가의 총인구에 대한 화교·화인(華人)[5]의 구성비를 보면, 싱가포르가 총인구의

〈표 10-1〉 주요 국가의 화교 · 화인의 분포(1991년)

국가	총인구에 대한 화교·화인의 비율	국가	총인구에 대한 화교·화인의 비율
싱가포르	76.0	캐나다	2.3
말레이시아	30.5	필리핀	2.0
브루나이	23.0	오스트레일리아	1.7
타이	11.0	미국	0.5
인도네시아	3.6	네덜란드	0.5
미얀마	2.2	영국	0.4

자료: 李源·陳大璋(1991).

76.0%를 차지해 인구의 3/4를 점하고, 그다음으로 말레이시아가 30.5%, 브루나이가 23.0%, 타이가 11.0%를 차지했다(〈표 10-1〉).

중국의 개혁·개방 이후 해외로 나간 많은 신화교(新華僑)는 구 차이나타운에 유입함과 동시에 새로운 차이나타운을 형성하고 있다. 단기간에 급증한 신화교와 포스트(post) 사회와의 사이에는 갈등이 발생하는 지역도 나타남과 동시에 신화교의 유입은 지역의 활성화를 가져온 사례도 나타났다.

사회경제적 지위가 낮은 신화교는 구 차이나타운에 유입하는 경향이 있고, 북아메리카, 서부 유럽, 오스트레일리아 등의 구 차이나타운에는 구화교(舊華僑)와 떨어져 틈새에 유입한 신화교에 의해 차이나타운의 쇠퇴를 면하고 보다 활성화되고 있다. 또 치안의 악화, 포스트 사회와의 교류가 없는 신화교의 내향적 성격 등으로 지역사회로부터 비판을 받고 있다. 북아메리카, 오스트레일리아 등에서 유복한 신화교는 구 차이나타운을 거치지 않고 직접 교외형의 새로운 차이나타운을 형성한다. 종래에 구화교가 적었던 남부 유럽이나 동부 유럽으로의 신화교 유입은 1990년대 이후 뚜렷하게 나타났다. 또한 신화교의 일상태도가 나쁜 점 등이 포스트 사회로부터 비판을 받고 있으며, 신화교에 대한 단속을 강화하라는 목소리도 높다. 한편 헝가리, 루마니아, 폴란드 등 동부 유럽에서는 중국제품을 판매하는 대규모 상업 중심(commercial center)형 차이나

5) 살고 있는 나라의 국적을 갖고 있으면 화인, 중국 국적을 유지하고 있으면 화교로 일컫는다. 화교의 '교(僑)' 자에는 '임시 거처' '잠시 머문다'는 의미가 있다. 하지만 2~3세 화교가 거주국 국적을 얻고 현지사회에 동화되는 경우가 크게 늘면서, 이들을 '인종만 중국인'이라는 의미를 곁들여 화교와 구별되는 '화인'으로 부른다. '화인'은 중국에 대한 충성심이 약한 사람으로 간주되기도 한다.

타운도 형성되었다.

구 차이나타운으로의 신화교 유입이라는 현상은 일본 요코하마(橫濱) 중화가(中華街)에서도 뚜렷하게 나타난다. 신화교에 의한 중국요리점의 개업이 증가하고, 불황 때문에 폐업한 구화교의 중국요리점을 신화교가 인수한 예도 적지 않다. 신화교가 요코하마 중화가의 쇠퇴를 막는 측면이 있다는 반면에 호객행위, 강매, 쓰레기 배출 등의 나쁜 태도나 낮은 가격의 과당경쟁 등의 폐해도 발생하고 있다.

인도의 해외이주자[6] 수도 많다. 그 이주 국가는 본국과 유사한 열대 및 아열대권에 속하는 동남아시아와 그 밖에 남아프리카 및 동부아프리카이고, 영국의 통치 아래에 있었던 여러 섬에도 이주했다. 인도가 영국의 통치를 받았던 시대에 영국이 인도 통치를 위한 하나의 방침으로서 인도 노동자를 이러한 섬 지역에 이주하는 것을 권장한 것이 그 원인이었다. 남아프리카 남동 해안의 더반(Durban)을 중심으로 해안 지역에서 사탕수수 재배의 노동자로 일한 사람이 많았다. 1860~1911년 사이에 그 지역으로 이주한 인도인의 수는 약 12만 인에 달했고 그 후 30만 인까지 되었다. 그러나 제2차 세계대전 이후 아프리카에 독립국가가 탄생됨에 따라 정세 변화로 아프리카 대륙에서 인도로 돌아온 사람 수가 많았고, 경우에 따라 신흥독립국이 건국된 후 동부아프리카에서 인도인을 받아들인 경우도 많았다.

2) 국가별 국제 인구이동과 이동요인

제2차 세계대전 이전의 국제 인구이동량을 정확하게 기술한 자료가 없으며, 특히 19세기 전반기까지 정리한 자료는 전혀 없다.

카손더스(A. M. Carr-Saunders)가 1964년에 출판한 『세계의 인구(World Population: Past

6) 인도인의 이민을 부르는 데는 인교(印僑, oversea Indian)라는 술어를 사용하는 경우가 있다. 본래 교(僑)란 일시적으로 임시 기거하는 것을 의미하기 때문에 바른 용법으로는 출가(出稼)이민에 한하지만, 일반적으로는 외국에서 몇 대에 걸쳐 정주하면서 본국의 생활습관을 그대로 유지하고 있는 이민의 자손도 포함시켜 사용한다. 영국 맨체스터 대학 자료에 의하면 해외에 거주하는 인도인은 미국에 약 344만 인, 미얀마에 약 310만 인, 아랍에미리트에 약 250만 인, 사우디아라비아에 약 245만 인, 말레이시아에 약 240만 인, 영국에 141만 인, 캐나다에 약 120만 인, 남아프리카공화국에 약 116만 인, 모리셔스에 약 87만 인, 카타르에 약 85만 인, 한국에 약 5만 5000인, 기타 국가에 약 120만 인이다.

〈표 10-2〉 대륙 간 인구이동 수 (단위: 1000인)

이출 이민(1846~1932년)			이입 이민(1821~1932년)		
이출 이민국	기간	이출 이민자 수	이입 이민국	기간	이입 이민자 수
유럽			아메리카		
오스트리아·헝가리	1846~1932	5,196	아르헨티나	1856~1932	6,405
벨기에	1846~1932	193	브라질	1821~1932	4,431
영국	1846~1932	18,020	영국령 서인도제도	1836~1932	1,587
덴마크	1846~1932	387	캐나다	1821~1932	5,206
핀란드	1871~1932	371	쿠바	1901~1932	857
프랑스	1846~1932	519	과달루페 섬	1856~1924	42
독일	1846~1932	4,889	네덜란드령 기아나	1856~1931	69
이탈리아	1846~1932	10,092	멕시코	1911~1931	226
몰타	1911~1932	63	뉴펀들랜드 섬	1841~1924	20
네덜란드	1846~1932	224	파라과이	1881~1931	26
노르웨이	1846~1932	854	미국	1821~1932	34,244
폴란드	1920~1932	642	우루과이	1836~1932	713
포르투갈	1846~1932	1,805	계		53,826
러시아	1846~1924	2,253	아시아		
에스파냐	1846~1932	4,653	필리핀	1911~1929	90
스웨덴	1846~1932	1,203	오세아니아		
스위스	1846~1932	332	오스트레일리아	1861~1932	2,913
계		51,696	피지	1881~1926	79
그 밖의 나라			하와이	1911~1931	216
영국령 인도	1846~1932	1,194	누벨칼레도니 섬	1896~1932	32
케이프베르데	1901~1927	30	뉴질랜드	1851~1932	594
일본	1846~1932	518	아프리카		
세인트헬레나	1896~1924	12	모리셔스 섬	1836~1932	573
합계		53,450	세이셸 섬	1901~1932	12
			남아프리카공화국	1881~1932	852
			합계		59,187

자료: Carr-Saunders(1964: 49).

Growth and Present Trends)』에 나폴레옹(Napoleon) 전쟁 이후 1846~1932년 사이에 유럽에서 신대륙으로 이주한 사람 수와 1821~1932년 사이에 신대륙을 중심으로 한 이입 이민자 수를 정리한 것이 <표 10-2>이다.

이 인구수는 어디까지나 어림잡은 수로 귀국한 인구수가 제외되지 않았다. 19세기 초기에는 해상교통이 매우 불편해 선박에 의한 여행기간이 길었으며, 한 번 나라를 떠나 신대륙을 건너면 귀국하는 것은 생각하지 않아야 했다. 19세기 말이 되면서 인접한 지역으로의 항로가 편리해져 이주에 실패해 새로운 생활을 버리고 귀국하는 경우와 돈을 벌기 위해 일시적으로 이주한 사람도 증가하게 되었다. 지금까지의 추정에 의하면 1821~1924년 사이에 미국에 이주한 사람의 30%가, 1857~1924년 사이에 아르헨티나로 이주한 사람 중 47%가 귀국했다고 계산한 결과가 있다.

<표 10-2>에서 이출 이민자 수가 5345만 인, 이입 이민자 수가 5919만 인으로 그 차이가 574만 인인데 이입 이민자 수가 보다 정확한 수라고 볼 수 있다. 그 이유는 유럽인 이외의 이출 이민자 수의 기록이 유럽인의 이출 이민자 수의 기록에 비교해 정확도가 떨어지기 때문이다.

유럽 대륙에서 아메리카 대륙으로의 이민 추이를 보면 <그림 10-5>와 같이 1846~1932년 사이에 5개의 피크가 나타났다. 즉, 1851~1855년, 1871~1875년, 1886~1890년, 1906~1910년, 1921~1924년이 그것인데, 이 중 1906~1910년 사이에는 약 1400만 인 가까이 유럽 이민을 맞이했다. 그 후 1921년에 미국의 이민 할당제, 1924년의

〈그림 10-5〉 유럽으로부터의 이출 이민의 추이

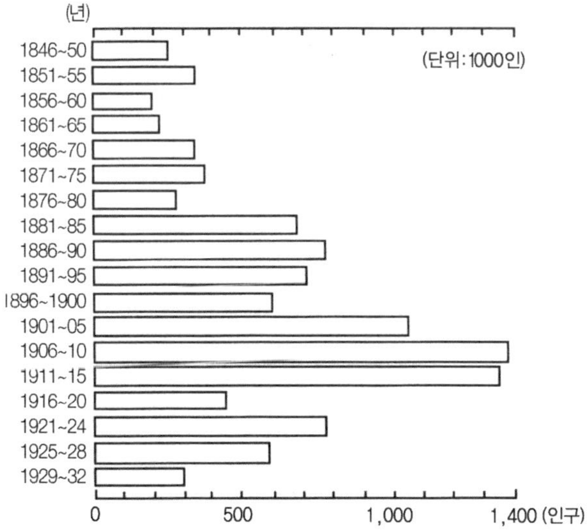

(년)
(단위: 1000인)
1846~50
1851~55
1856~60
1861~65
1866~70
1871~75
1876~80
1881~85
1886~90
1891~95
1896~1900
1901~05
1906~10
1911~15
1916~20
1921~24
1925~28
1929~32
0 500 1,000 1,400 (인구)

자료: 岸本實(1980: 148).

〈그림 10-6〉 유럽의 국가별 이출 이민

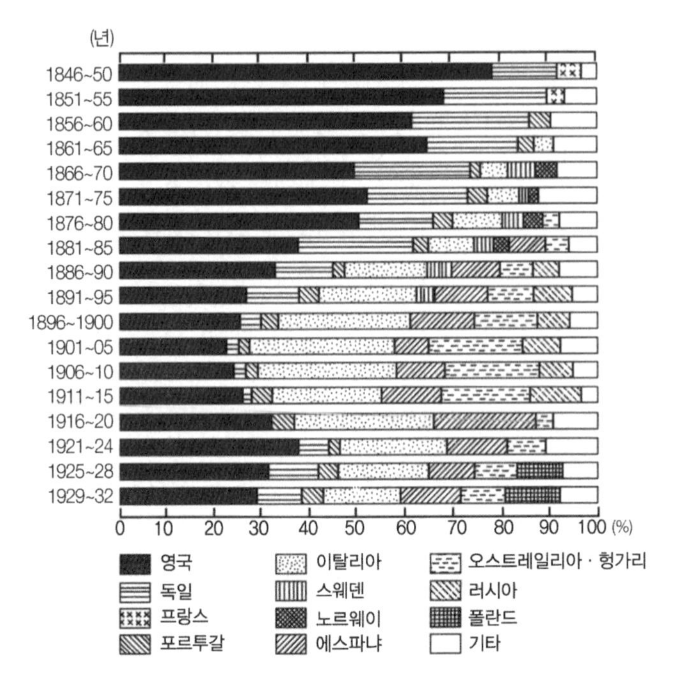

자료: Carr-Saunders(1964: 53).

이민 제한법 제정 등 미국의 이민 제한 정책의 영향으로 급속히 그 수가 줄었다.

참가한 국가는 당초 영국이 가장 많아 전 유럽의 이출 이민의 60~70%를 차지했고(〈그림 10-6〉), 그다음이 독일로 19세기 전반은 서·중부 유럽인이 주류를 이루었다.[7] 그 후 이탈리아, 에스파냐, 포르투갈 등 남부 유럽에서의 이출 이민의 비율이 증가해 20세기 초기에는 라틴 유럽의 국가에서 이출 이민의 약 50%를 차지했다. 미국, 캐나다로는 앵글로색슨족을 중심으로 한 이주가, 멕시코 이남의 라틴아메리카에는 라틴족을 중심으로 한 이주가 주류를 이루어, 전자를 앵글로아메리카라고 부르고, 후자를 라틴아메리카라고 부르게 되었다.

---

7) 미국 인구의 74%가 백인인데, 이 가운데 독일계 미국인 약 4300만 인, 영국계 미국인이 약 3600만 인, 아일랜드계 미국인이 약 3400만이다. 1600년대부터 이민을 온 영국계 미국인은 미국 전역에 거주하고, 1700년대부터 이민을 온 독일계 미국인은 펜실베이니아, 뉴욕, 뉴저지 주에 주로 정착했다. 그리고 아일랜드 미국인은 19세기 중반에 기아와 빈곤으로 미국으로 이민을 와서 보스턴, 뉴욕, 시카고 등 대도시 빈민가에서 막노동으로 일자리를 얻었다.

제2차 세계대전 이전에 유럽에서 아메리카 대륙으로의 이민 동기는 복잡하고 지역에 따라서도 다르다. 일반적 요인으로서 경제적 요인을 들 수 있다. 이출 이민 국가에서 보면 경제, 특히 농산물 수확의 부진, 인구 증가에 따른 인구압의 증가가 그것이고, 이입 이민국가에서는 경제적 번영과 그 가능성을 들 수 있는데, 보다 풍요한 경제적 발전을 하기 위해서이다. 그러나 이것은 요인의 모든 것이 아니다. 직접적인 요인은 경제적 불만 이외에도 정치적·인종적·종교적 불만 등 경제 외적 요인이 있다. 이러한 존재도 유의하지 않으면 안 된다. 그러나 제2차 세계대전 이전의 유럽에서 아메리카 대륙으로의 이주가 아프리카 대륙에서 아메리카 대륙으로의 흑인 이동과 크게 다른 점은 거의 대부분이 자유의지에 바탕을 둔 자유이동(free migration)이고, 흑인 이동의 강제이동(forced migration)과는 그 성격을 크게 달리하고 있다는 것을 주목하지 않으면 안 된다.

다만 국제 인구이동은 국내 인구이동과는 달리 이주 상대국의 허가를 필요로 하는 것과, 이입 이민국의 이민에 대한 정책의 변경이 크게 이민억제 요인으로서 작용하고 있다. 위에 기술한 아메리카 이민 제한법도 그것이고, 또 오스트레일리아가 채택한 백호주의(White Australia policy)도 그것이다.

백호주의란 1855년 빅토리아 주에서 재정한 중국인 이민 제한법을 시초로 1901년 오스트레일리아 연방이 건국되고 정치가 밴리 백이 제창한 통일 이민 제한법의 제정으로 중국인을 포함한 유색인종 모두에게 적용되었다.[8] 이 선언에 의하면 오스트레일리아는 백색인종, 즉 영국인 등 유럽인만의 이민을 받아들이고 아시아 인종 등의 유색인종의 이민은 받아들이지 않는다. 이 백호주의는 백인종의 선언인데도 사실상 영국인과 아메리카인 이외의 이주자는 환영하지 않는다. 그것은 저임금의 아시아인 노동자 등 유색인종의 이주를 허가하면 오스트레일리아인 노동자의 생활이 위협받는다는 우려 때문이며, 그 후에는 오스트레일리아 일대에서의 전통적 관념 내지 정책으로 발전해 배외주의, 반공주의에까지 이르렀다. 그러나 제2차 세계대전 후 인구 증가가 완만해 노동력 부족에 당면한 오스트레일리아는, 1973년에 백호주의를 완화하고 유색인종의 이민도 직종에 따라 어느 정도 받아들이게 되었으며, 그 후에는 일정한 조건을 만족하는 수준에서 이민을 받아들였다. 지금은 그 차별이 없어진 상태이다. 이와 같은

8) 1859년에 중국인 이민자 수가 5만 5000인이었는데 1927년에는 1만 7000인으로 감소했다.

백호주의는 국제 인구이동을 억제시킨 벽의 하나라고 할 수 있다.

2. 제2차 세계대전 이후의 국제 인구이동

제2차 세계대전 시기 유럽에서 전쟁의 피해로 국경을 넘는 인구이동 수는 정확히 알 수 없지만, 이 중 민족이 다름에 따라 강제적으로 이동시킨 경우가 많고, 동부 유럽에서 추방된 독일인 수와 옛 독일 영토에서 추방된 독일인 수와 합쳐 약 1000만 인 정도에 이른다. 또 1947년 인도와 파키스탄의 분리에 의해 강제이동된 인구수는 1700만 인에 달한다. 이 중 약 반이 회교도로 인도에서 파키스탄으로, 나머지 반은 힌두교도로 파키스탄에서 인도로 이동했다. 1948년 이스라엘의 건국으로 유럽·북아프리카, 아랍 여러 나라에서 이스라엘로 모인 유대인 수는 약 60만 인인 데 대해 이스라엘에서 도망 내지 추방된 회교도인의 수도 약 60만 인으로 추정된다. 중화인민공화국의 건국으로 장제스(蔣介石) 정권을 따라 대만·홍콩으로 탈출한 중국인은 약 100만 인이고, 남·북한의 분리로 북한을 떠난 사람이 약 10만 인이다. 또 제2차 세계대전의 종말로 남·북 베트남이 분리되어 북베트남에서 남베트남으로 이동한 사람이 약 10만 인에 달한다. 이들 국가 간의 이동은 제2차 세계대전 이후 독립 내지 분리에 의해 이동한 것으로, 그 밖에는 자기를 지키기 위한 이동도 포함되어 있다고 해도 정치 정세의 변화에 대응한 강제이동이라고 생각할 수 있다.

이러한 제2차 세계대전 이후의 강제이동에 대해 자유이동을 주체로 한 국제이동을 유럽을 중심으로 커크(D. Kirk)가 정리한 자료를 보면 다음과 같다. 이동방향이나 경향을 제2차 세계대전 이전과 비교해보면 흥미가 있다. <그림 10-7>은 1946~1955년 사이에 유럽에서의 순인구이동량을 나타낸 것으로, 그 이동량은 약 450만 인으로 제1차 세계대전 이전 유럽에서의 이출 이민의 절정기이며, 미국의 이민 제한법이 채택된 1920년대에 앞선 1886~1910년 사이의 이출 이민 수 459만 인과 거의 같은 이동량이다. 이와 같이 이동량이 많은 것은 유럽에서의 전쟁의 영향 때문이다.

제2차 세계대전 후의 국제 인구이동을 제1차 세계대전 이전의 이동량과 비교해 그 공통점과 차이점을 비교해보면 다음과 같다. 첫째, 대륙별로 본 이동량에서 제1차 세계대전 이전에는 앵글로아메리카로의 이동이 약 60%, 라틴아메리카로의 이동이

〈그림 10-7〉 제2차 세계대전 이후 유럽 대륙으로부터의 순인구이동량(1946~1955년)

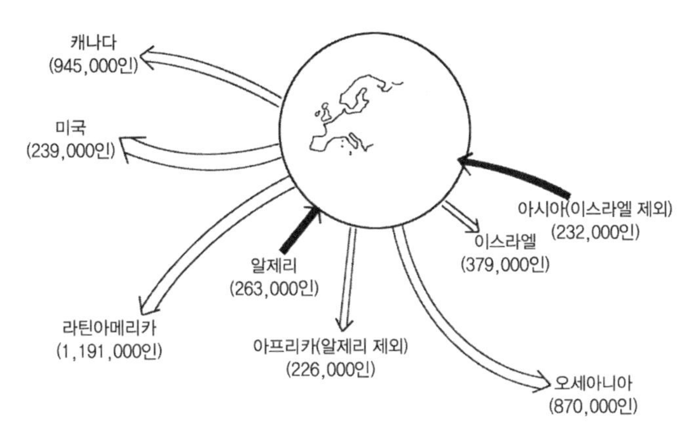

자료: 岸本實(1980: 151).

약 23%, 아프리카와 오스트레일리아로의 이동이 약 7%를 차지한 것에 비해, 제2차 세계대전 이후에는 각각 50.3%, 27.3%, 19.1%를 차지해 제2차 세계대전 후에도 유럽에서의 국제 인구이동의 중심지는 앵글로아메리카와 라틴아메리카라는 점에는 변함이 없었다. 또 두 대륙으로의 이동을 합치면 전체의 약 75% 이상을 차지했다. 한편 제2차 세계대전 이후 아프리카 및 동남아시아에서의 신생 독립국가의 급증과 더불어 영국·프랑스·네덜란드 등 옛 식민지에서 모국으로 돌아간 백인의 수가 증가하고, 아르헨티나·열대 서아프리카에서의 프랑스인, 영국인, 동아프리카에서 영국인이 모국귀환을 해 아프리카에서 9만 3000인이 유럽으로 순이동했으며, 동남아시아 등에서 프랑스인, 네덜란드인 등의 백인 약 23만 2000인이 모국으로 돌아갔다.

둘째 국가별로 보면 영국에서 캐나다, 오스트레일리아로의 이민이 증가했고, 에스파냐, 포르투갈에서 라틴아메리카로의 이민이 증가한 것은 처음에 식민지 종주국이 신대륙을 발견해 개척을 목적으로 이주한 것과는 달리, 신대륙에 정착한 선배들의 권유에 의한 이동이다. 이는 같은 모국어, 생활습관, 종교생활을 하는 지역으로의 이동을 말한다. 포르투갈인이 브라질로, 에스파냐인이 그 밖의 라틴 아메리카 지역의 선배들의 권유로 그들의 유도에 의해 대륙으로 이동해갔다. 이러한 점은 제1차 세계대전 이전과 크게 다른 점이다.

셋째, 제2차 세계대전 이후 유럽에서의 이출 이민의 동기는 제1차 세계대전 이전에서와 같이 단지 경제적 풍요로움을 찾아 이동한 것이 아니고, 오히려 제2차 세계대전 이후 유럽의 정정(政情) 불안이 큰 원인의 하나라고 지적할 수 있다.

국제 인구이동은 보통 언어나 생활관습이 전혀 다른 지역으로 이동하고, 또 때에 따라서는 기후·풍토가 전혀 다른 지역으로 이동하기도 한다. 따라서 이동한 후 이동지역에 대한 자연적·사회적 적응이라는 곤란한 문제가 발생한다. 그리고 모국과의 자연적·사회적 조건의 차이가 클수록 곤란성은 증대된다.

3. 국제이주와 초국가적 이주

1) 국제이주

국경을 가로지르는 이주를 국제이주라 하는데, 1970년대부터 이주를 포함해 자본, 정보 등이 세계적 차원에서 국경을 초월하는 비제도적 행위자에 의한 활동이 이루어짐에 따라 국경을 가로지르는 이주를 1990년대 초반부터 초국가적(tansnational)[9]이란 용어를 사용했다.[10] 초국가적 이주자가 정착국가에 살고 있지만 출신국가의 가족, 전통, 제도, 문화와 긴밀한 관계를 형성하고 유지하느냐 여부에 따라 국제이주 또는 초국가적 이주로 구분된다. 그런데 레빗과 자워스키(P. Levitt and N. Jaworsky)는 1990년대 이후 이주자는 용광로(melting pot)나 샐러드 볼(salad bowl)과 같은 동화(同化)의 한 가지 과정만 거치는 것이 아니라 다양한 장소와 초국가적 사회적 장(場)과 연결되는 삶을 살아간다. 이 과정에서 국민국가 경계의 정치적·문화적 중요성이 유지되면서 국경을 가로지르는 활동이 증가되고 있기 때문에 이주를 이주자의 정착국가에만 초점을 두고 설명할 수 없다고 했다.

국제이주에서 노동력의 이동은 개인의 합리적 선택으로 설명하는 신고전경제학적 관점(neo-classical economic perspective)과 국제 노동력 이동에 영향을 미치는 사회구조를 중시하면서 인구유입국과 유출국의 시장, 사회, 국가, 나아가서 세계체제 모두를 포괄

9) 국제적이란 국민국가의 활동과 프로그램이 국가들 사이에서 발생하는 현상이고, 다국적이란 기업과 종교와 같은 대규모 조직의 활동이 여러 국가에서 전개되는 현상을 말한다.

10) 초국가적 사회의 장(social field), 초국가적 삶(tansnational life), 트렌스 이주(trans-migration), 초국가적 사회적 공간(tansnational social space) 등으로 불린다.

하는 마르크스주의의 역사·구조적 관점(historical-structural perspective)에 의해 설명되고 있다. 신고전경제학적 관점에서의 노동력 이동은 개인이 다양한 정보에 기초해 노동력이 부족한 지역으로 이동함으로서 자신의 경제·사회적 지위를 향상시키려고 하는 행위를 말한다. 여기에서 개인은 이익을 극대화하려는 존재로 가정하며, 기대이익이 예상될 경우 언제나 새로운 목적지로 이동하는 합리적인 인간으로 간주한다. 따라서 국제 노동력 이동은 개인들이 시도하는 자발적이고 합리적이며 계산된 행동으로 설명된다. 한편 역사적·구조적 관점에서의 국제 노동력 이동은 세계 시스템론[11]과 노동시장 분절론에 기초해 설명하고 있다. 세계 시스템론에 의하면 국제 노동력 이동은 저발전 부문(less developed sector) 또는 저개발국가가 선진 자본주의 국가들이 주도하는 세계 시스템으로 편입되는 과정에서 발생된다. 이러한 편입과정은 양 부문 간에 불균형을 더욱 심화시키고, 그 결과로 발생하는 이주는 자본축적을 위한 필수적인 요인으로 설명되고 있다. 세계적 규모에서 자본을 축적시키기 위해 중심의 자본주의 체제가 주변지역으로 자본주의적 생산과 소비양식을 확산시킴에 따라 주변지역에서의 전통적인 생산양식은 파괴되고 또한 과잉 노동력이 발생한다. 이와 반대로 중심부 국가들에서 자본주의가 발전함에 따라 노동력의 부족현상이 발생하게 된다. 따라서 중심부와 주변부 사이에 노동력의 국제적 이동은 불가피하게 나타나게 된다.

세계 각 국가 간의 노동력 이동을 살펴보면, 경제는 발달하지 않고 노동력이 풍부한

11) 미국의 사회학자 월러스틴(I. Wallerstein)은 경제력 및 정치력의 불평등한 분배가 어떻게 해서 시공간을 초월해 진화했는가를 설명하는 수단으로서, 처음으로 세계 시스템론(world system)을 전개했다. 월러스틴에 의하면 '여러 가지 부문이나 지역에서 지역이 필요로 하는 물자를 원활하게 지속적으로 공급하기 위해 다른 부문 및 지역과 경제적으로 교환에 의존하려는 분업'을 사회 시스템이라고 부르고, 이것에는 역사적으로 두 개의 시스템, 즉 미니 시스템과 세계 시스템이 등장했다.
월러스틴에 의하면 자본주의 세계경제는 3개의 지리적 집단으로 구성되어 있는데, 핵심(core), 주변(periphery), 반주변(semi-periphery)이 그것이다. 핵심지역의 여러 나라는 상대적으로 강력한 국가기구를 갖고 균질의 국민문화가 형성되어 고임금을 향수할 수 있는 자유루운 노동자와, 높은 이윤을 획득할 수 있도록 자본 집약도가 높은 상품을 생산하고 있는 국가로, 통상 선진국이라 불리는 지역이다. 이에 대해 주변지역이란 상대적으로 불완전한 국가적 통합을 할 수밖에 없는 약한 국가기구를 갖고 있으며, 저임금 노동자를 이용해 낮은 이윤을 획득하는 자본 집약도가 낮은 상품을 생산하는 지역이다. 그리고 핵심지역과 주변지역의 사이에는 지배-종속관계가 나타나며, 주변에서 핵심으로 가치가 이전되기 때문에 양자는 대립관계에 있다. 반주변지역이란 이러한 대립관계에 있는 핵심지역과 주변지역과의 관계를 완화하는 완충지대가 될 수 있다.

〈그림 10-8〉 국제 노동력의 주요 이동(1960년경~1990년경)

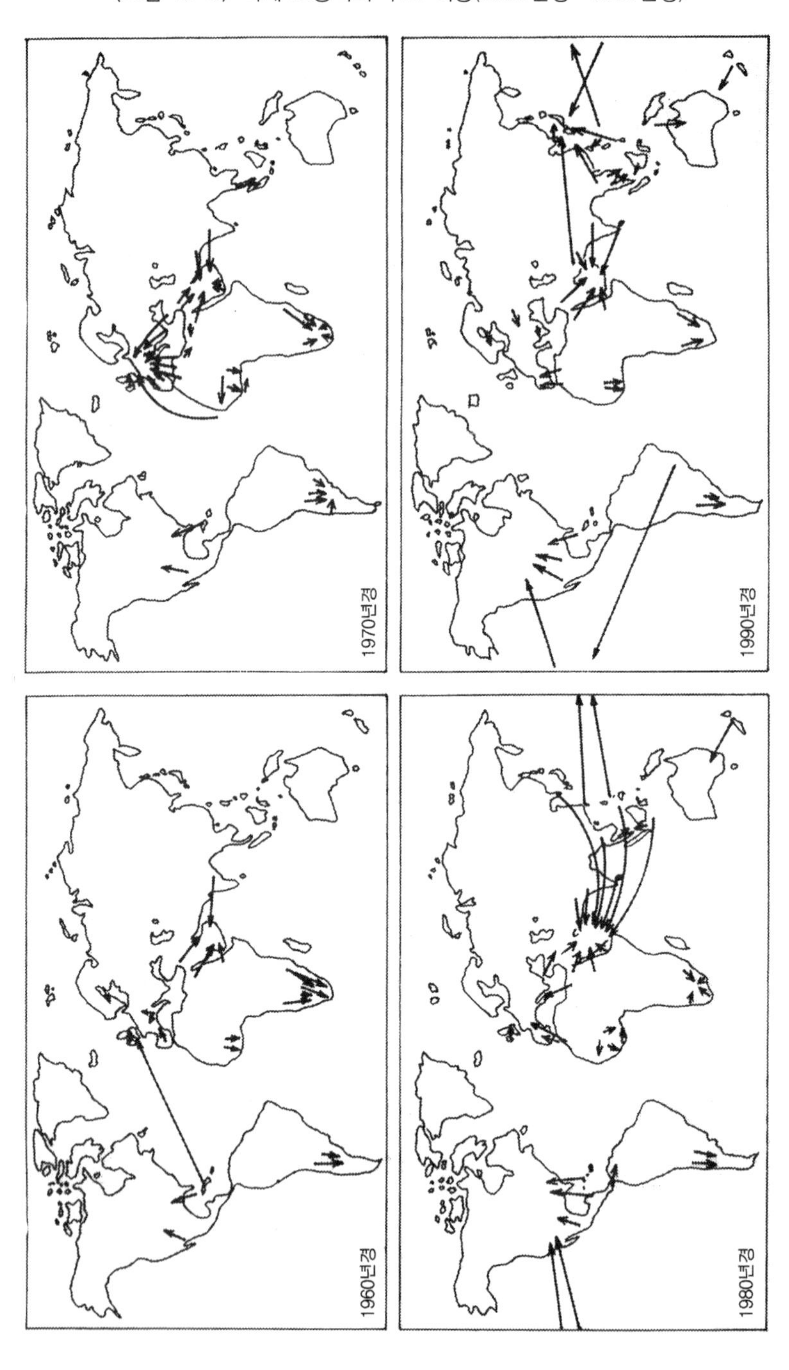

자료: 桑原靖夫(1993).

국가가 거리상 가까이 입지해 있으면 경제는 발달했으나 노동력이 부족한 국가로 노동력이 이동함을 알 수 있다. 이와 같은 노동시장 체계는 시어스(D. Seers) 등에 의하면 핵심-주변(core-periphery) 개념으로 설명을 할 수 있는데, 핵심지역은 자본이 풍부한 개발국으로 개발도상국인 주변지역으로부터 유입된 노동력을 조직화한다.

<그림 10-8>은 1960년경부터 1990년경까지의 세계 노동력 이동 패턴을 나타낸 것으로, 1960년경에는 서부 유럽, 서남아시아, 남아프리카공화국, 미국, 아르헨티나로의 이동을 나타냈는데, 1970년경에는 이들 지역으로의 노동력 이동이 더욱 뚜렷하게 나타났다고 볼 수 있다. 즉, ① 남부 유럽 여러 나라와 북아프리카 여러 나라에서 구서독·프랑스로의 노동력 이동, ② 남아프리카의 여러 나라에서 남아프리카공화국으로의 노동력 이동, ③ 남부 아시아와 북아프리카 여러 나라에서 서남아시아 여러

〈표 10-3〉 국제이주자(2013년)

대륙·주요 국가	국제이주자 수(1000인)			국제이주율(%)
	총수	남자	%	
아시아	70,847	41,373	58.4	1.6
유럽	72,450	34,870	48.1	9.8
아프리카	18,644	10,093	54.1	1.7
앵글로아메리카	53,095	25,900	48.8	14.9
라틴아메리카	8,548	4,142	48.5	1.4
오세아니아	7,938	3,950	49.8.	20.9
세계	231,522	120,328	52.0	3.2
아랍에미리트	7,827	5,850	74.7	83.7
카타르	1,601	1,268	79.2	73.8
쿠웨이트	2,028	1,419	70.0	60.2
싱가포르	2,323	1,026	44.2	42.9
요르단	2,926	1,483	50.7	40.2
홍콩차이나	2,805	1,145	40.8	38.9
사우디아라비아	9,060	6,437	71.0	31.4
스위스	2,335	1,143	48.9	28.9
오스트레일리아	6,469	3,214	49.7	27.7
이스라엘	2,047	928	45.3	26.5
카자흐스탄	3,476	1,715	49.3	21.1
캐나다	7,284	3,179	43.6	20.7

자료: 矢野恒太記念會, 『世界國勢圖會』(2014), p. 92.

나라로의 노동력 이동, ④ 중앙아메리카 여러 나라에서 미국으로의 노동력 이동, ⑤ 남아메리카 여러 나라에서 아르헨티나로의 노동력 이동이 그것이다. 한편 1980년경의 국제 노동력 이동은 서남아시아 산유국으로의 노동력 이동이 두드러지게 나타났으며, 1990년경에는 일본과 동남아시아 여러 나라로의 국제 노동력의 이동이 나타났다.

2013년 전 세계 이민인구는 약 1억 2000만 인인데, 이 가운데 유럽에서 31.3%, 아시아에서 30.6%, 아프리카에서 22.9%를 각각 차지했다. 이민자들은 이입국가에서 3D업종에 종사해 경제활동을 활성화시키고 새로운 일자리가 창출되기도 한다고 유엔 보고서는 밝혔다. 그 결과 이민자가 본국에 송금한 금액은 1995년에 1020억 달러에서 2005년 2320억 달러로 증가했다. 그리고 국제이주자수는 2억 3000만 인으로 오세아니아주가 20.7%를 차지해 가장 높고, 이어서 앵글로아메리카 14.9%를 차지했다. 국가별 인구에 대한 비율은 아랍에미리트 83.7%, 이어서 카타르 73.8%, 쿠웨이트 60.2%, 싱가포르 42.9%, 요르단 40.2%의 순으로 서남아시아국가에서 높은 비율을 차지했다. 한편 성으로 보아 남자가 여자보다 이주자가 많았으며, 특히 아시아와 아프리카 대륙의 국제이주자는 남자가 더 많았다. 그리고 이슬람국가의 남자들의 이주자가 많은 데 반해 비이슬람국가는 여자의 이주자가 많았다(〈표 10-3〉).

2) 글로벌화와 초국가주의

최근에는 전 지구적으로 이주자가 증가하고 있는데, 외국 노동력의 이동은 글로벌화로 크게 늘어나고 있다. 초국가적 이주를 설명하는 이론으로 글로벌화와 초국가주의를 들 수 있는데, 먼저 글로벌화는 교통통신의 혁신적인 발달과 초국적 기업의 등장으로 글로벌 경제의 생산체계와 문화에 그 기반을 두고 있다. 글로벌화에서는 국경을 초월하는 이동을 강조하면서 국민국가의 영역성(territoriality)의 중요성을 간과했다. 글로벌화로 인한 노동력의 이동은 아래로부터의 글로벌화(globalization from below)와 위에서부터의 글로벌화(globalization from above)로 나눌 수 있다.[12] 아래로부터의 글로벌화는

12) 과니조와 스미스(I. Guarnizo and M. Smith)는 초국가주의를 아래로부터의 초국가주의(transnationalism from below)와 위에서부터의 초국가주의(transnationalism from above)로 나누고, 위로부터의 초국가주의가 글로벌화와 유사하다고 했다.

저임금 노동자와 같이 경제적 동기에 의해 노동자 계층이 국제적으로 이동하는 것이다. 이들은 생계를 위해 생존회로(survival circuit)에서 이동하기 때문에 위에서부터의 글로벌화라는 구조적인 변화 결과에 따라 수동적으로 이동하는 행위자이다. 이에 대해 글로벌 도시라는 공간을 중심으로 상층회로(upper circuit)에서 주로 이동하는 전문직 종사자는 자신의 인적자본에 투자된 비용을 회수하기 위해 이동하는 적극적인 자기전략가이다. 또 이들은 자본주의의 글로벌화를 가져오는 능동적인 행위자로 볼 수 있다.

한편 초국가적 이주는 글로벌 경제에서 거대한 자본의 확대로 초국가적 삶을 추구하는 이주자의 새로운 형태로, 초국가주의(transnationalism)[13]는 글로벌화, 이주자에 대한 차별, 국민국가의 국민강화 프로젝트에 의해 등장했다. 초국가주의는 행위주체의 활동과 실천을 강조하는 개념으로 바쉬(L. Basch) 등이 지적한 바와 같이 한 국가 이상에서 활동하는 초국가적 행위자들의 일상생활 활동과 이들의 사회적·경제적·정치적 관계 등을 통해 형성되는 사회적 장이다. 이 개념은 오늘날의 이주자들이 형성하는 초국가적인 사회경제적 네트워크와 유연한 문화적 정체성을 설명하는 데 매우 유용하게 사용된다. 또 국가와 영역성을 포기하지 않고 국가경제를 초월하는 탈영역화된(deterritoralized) 민족주의에 주목한다. 그리고 스미스와 과니조(Smith and Guarnizo)는 초국가주의를 초국가적 이주라는 행위를 통해 지리적·문화적·정치적 경계에 걸쳐서 사회적 영역이 형성되는 프로세스라고 했다. 그리고 버토벡(S. Vertovec)은 국경을 가로지르는 사회적 관계를 집합적으로 부르는 것으로, 민간과 비제도권(대기업과 조직 제외)에 의한 상품, 문화, 정보, 서비스의 연결과 상호작용이 국경을 초월해 발생·유지되는 현상을 의미한다. 초국가주의가 이주연구에 주목을 받는 것에 대해 스미스(R. Smith)는 초국가적 삶이 과거에도 존재했으나 초국가적으로 인식하지 않았으며, 초국가적 렌즈(lens)[14]가

13) 글로벌화와 초국가주의와는 국가를 벗어난 초국경적 현상을 설명하는 점은 공통적이지만, 글로벌화는 공간을 가로지르는 경제적·사회적·문화적 과정들이 관계되어 있지 않지만, 초국가주의는 이주자들에 내재된 사회적·공간적 구조, 사회 네트워크의 국제적 분산, 정체성 형성의 유연성 등을 다루는 데 유용하다고 베일리(A. Bailey)는 주장했다.

14) 초국가적 렌즈는 국가의 경계를 가로지르는 사회적 네트워크의 관계, 위치성, 결합이 형성·유지되는 관계에 주목하고, 초국가적 실천이 사회에서 어떻게 재현되는가를 밝히는 것으로 초국가적 활동은 국경으로 가로지르는 가족이나 친척의 연결을 의미하는 초국가적 집단(transnational group, 예: 송금), 민족경제의 기반에서 국경을 초월한 무역에 초점을 둔 초국가적 회로(transnational circuit, 예: 이주자의 무역 네트워크), 출신국가와 이주국가에서 형성 및 유지되는 이주자의 공동체로

〈표 10-4〉 글로벌화와 초국가주의

구분	글로벌화	초국가주의
의미	국경을 초월한 물자, 금융, 정보의 자유로운 이동과 유동	국가 이외의 주체에 의한 국경을 초월한 활동이나 관계
핵심	국경을 초월한 이동과 유동	국가 구성요소의 연결성
초점	시공간의 압축과 수렴	아래로부터의 지구화·연결성
영토성	탈영토화	탈영토화와 재영토화
글로벌과 로컬 관계	개념적 분리	개념적 통합
사회분석의 단위	지구적 규모	국가적 규모
사회적 연결의 주체	자본, 정보	행위자(agent)

자료: 이용균(2013: 42).

존재했으나 볼 수 없었던 것을 인식하게 하는 새로운 방법을 제공하는 것이라 했다. 위의 글로벌화와 초국가주의를 비교한 것이 <표 10-4>이다.

초국가적 이주에 대한 정치적·사회적 접근은 국제적 이주와 정착과정을 구조적·경제적 요인들뿐만 아니라, 사회적 관계망, 국가의 정책, 역사적인 조건 등과 같은 여러 가지 다양한 조건 요인들을 통해 파악할 수 있는 장점을 가지고 있다. 그러나 이러한 장점에도 불구하고 이들 이론들 역시 초국가적 이주를 공간적으로 파악하는 데는 많은 한계를 보이고 있다. 특히 국제적 이주와 정착에 대해 기본적인 분석의 단위를 국가로 상정하는 '국가 중심적(state-centered)' 성향을 가지고 있기 때문에 초국가적 이주와 정착이 이루어지기보다 구체적인 도시, 지역, 장소적 상황과 조건에 대해 충분한 관심을 기울이지 않고 있다. 초국가 이주의 상당수는 특정국가가 아니라 그 국가의 특정도시나 장소를 목적지로 하는 경우가 상당히 많다. 또한 국제적 이주자들이 특정도시나 장소에 공간적으로 집적해 자신들만의 이주자 커뮤니티를 형성하고 살아가고, 나아가 이러한 장소들을 중심으로 초국가적인 인구의 이동과 이주의 커뮤니티가 작동한다는 사실을 충분히 고려하지 못했다.

초국가 이주에서 이주노동자, 전문직이주자, 이주의 여성화, 유학생 이주 등으로 구분해 살펴보면 다음과 같다.

이주자가 공유한 문화로 결속시키는 기능인 초국가적 공동체(transnational communities)[예: 디아스포라(diaspora)]로 구성된다고 파이스트(T. Faist)는 주장했다.

(1) 이주노동자

이주노동자 사례에서 유럽으로의 노동력 이동은 북아프리카, 남부아시아의 여러 국가, 터키, 구 유고슬라비아 출신자의 많은 이민자들에 의해 이루어졌다(〈그림 10-9〉).

최근 유럽연합(EU)의 가입국 수가 25개국으로 늘어남에 따라 동부 유럽인들이 서부 유럽으로 일자리를 찾아 떠나는 '고 웨스트(go west)' 현상이 심각해졌다. 이에 동부 유럽은 구인에 어려움을 겪고 있으며, 서부 유럽은 노동력 유입을 제한하고 있다. 2004년 폴란드가 유럽연합에 가입한 후 약 100만 인이 유출되었는데, 이 가운데 약 50%는 독일로, 약 25만 인은 영국으로, 약 10만 인은 아일랜드로 이주했다. 2007년 루마니아와 불가리아의 유럽연합 가입을 앞두고 노동시장 개방에 적극적이었던 영국도 이 두 나라에 대해 숙련노동자 1800인, 비숙련노동자 1만 9750인으로 제한했다. 이러한 현상이 나타난 이유는, 영국의 경우 2004년 5월부터 동부 유럽 이민자가 60만 인을 넘었으며, 독일은 약 50만 인으로 이들 국가의 주택·교육·복지 등의 사회문제가 속출했기 때문이다. 나머지 국가들은 아일랜드(약 16만 인), 오스트리아(약 10만 인), 에스파냐(약 1만 2000인), 프랑스(약 9900인), 스웨덴(약 3500인)의 순으로 노동력 이출국에서는 구인난을 호소할 정도이다(〈그림 10-10〉). 이와 같이 유럽으로는 북아프리카와

〈그림 10-9〉 유럽의 국가별 총인구 중 외국계 이민자 비율(2005년)

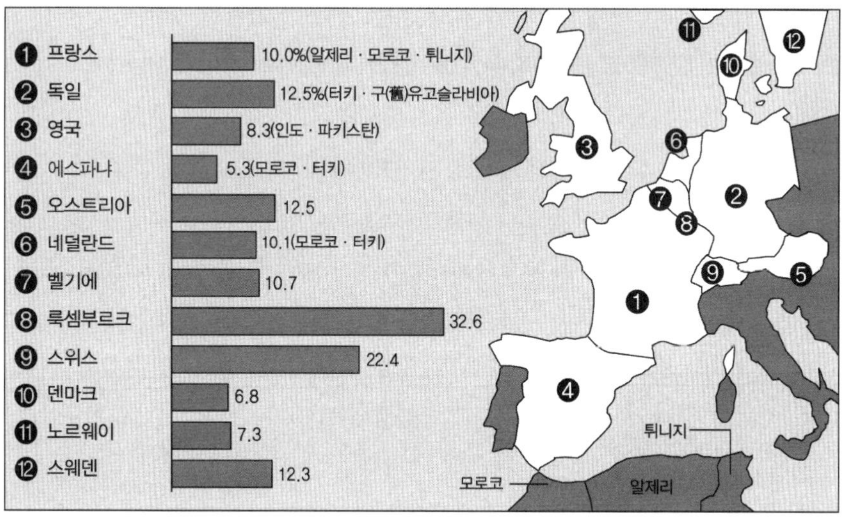

주: 괄호 안은 이민자 출신국임.
자료: OECD.

〈그림 10-10〉 동부 유럽인들의 서부 유럽으로의 이주(2004년 5월)

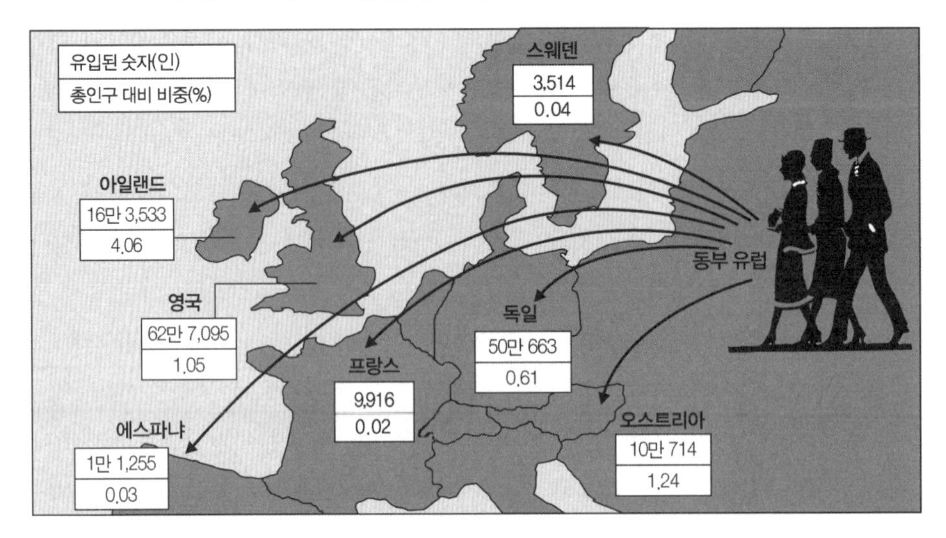

주: 2004년 5월 EU 확대 이후 기준임.
자료: ≪더 타임스≫, www.thetimes.kr

동부 유럽에서의 이민자 유입이 많아 사회경제적 문제가 발생하고 있다.

(2) 전문직이주자

전문직 이주자는 기업 활동과 관련된 전문직, 연구·기술관련 전문직, 외국어 강사, 연예·스포츠 관련직 등으로, 전문직 이주노동자의 글로벌화 현상에 기여한 요인으로는 첫째, 자유무역협정(FTA), EU 등과 같은 세계 블록화 경제가 있다. 둘째, 세계무역기구(WTO), 서비스 교역에 관한 일반협정(GATS: General Agreement on Trade in Services), 셋째 상호인정협정(MRA: Mutual Recognition Agreement) 등이다. 이로 인해 전문적으로 활동하고 있는 과학기술자와 같은 전문직 집단의 국제적 활동의 증가와 정보기술 산업의 종사자와 같이 국가의 통제로부터 비교적 자유로운 고숙련 노동시장의 출현 등이 나타났다. 다음으로 국경을 초월한 이동이 발생하면서 지리적으로 격리되어 있던 두 사회가 하나의 사회 네트워크로 연결되는 초국가주의가 대두했다. 오늘날 초국가 이주의 노동자는 그들의 사회적·경제적 네트워크와 유연한 문화적 정체성 및 주체성을 하나 이상의 국가에서 발생시킨다는 관점에서, 국제 노동력이동을 설명하는 데 유용한 개념이다.

〈그림 10-11〉 주요 국가의 두뇌유출 지수

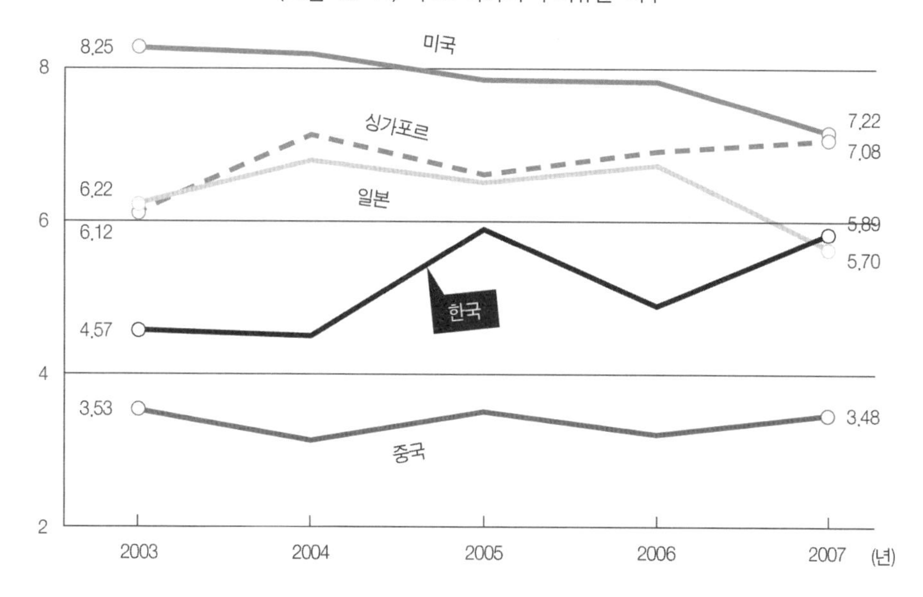

주: 10점은 인재완전유입, 0점은 완전 유출임.
자료: 스위스 국제경영개발원(IMD: International Institute for Management Development), 현대경제연구원.

전문직 노동이주자는 글로벌 경제를 원활하게 하는 데 필요한 조정과 중재의 역할을 하기 위해 이동함으로서 초국가적 행위자가 될 수 있다. 이들의 이동은 기업국제화론, 두뇌유출(brain drain)론, 문화적 통합론 등으로 설명될 수 있다. 먼저 기업국제화론은 1980년대 이후 글로벌화로 자본시장의 개방화, 국제화, 자율화 등에 의해 각 국가 자본시장간의 장벽이 허물어지고, 국제간 자본거래가 활발해지면서 다국적기업, 초국적기업의 형태로 자본의 해외직접투자가 분산적으로 이루어지면서 기업 활동에 필요한 연구·기술직을 포함한 전문직의 국제적 이동이 나타났다는 점을 설명한다. 다음으로 두뇌유출론은 높은 교육수준의 전문직 고급두뇌가 다른 국가로 이동하는 것으로, 처음에는 영국의 고급두뇌들이 미국 등의 국가로 이주한 것을 말했는데, 그 이후에는 개발도상국 고급두뇌들이 임금과 생활환경이 좋은 선진국으로 이주하는 사례가 증가했다(〈그림 10-11〉). 이러한 두뇌유출은 경제적인 요인뿐만 아니라 다른 송출·흡인(push and pull)요인으로 정치적·사회적·문화적 상황, 가족문제, 노동조건과 환경, 이민에 대한 법적·행정적 조치 등 복잡한 문제들과 얽혀 있다. 그런데 최근에는 고급두뇌인력의 이동이 보다 역동적(dynamic)으로 이루어지는 것에 주목해 이를 효과적으로 설명하는 고급인력 순환(brain circulation)의 개념이 대두했다. 이는 고급두뇌의 해외이동이 인적자원을 빼앗기는 것이라기보다 이들이 역이민을 할 경우 자신의 나라에 기여할 수 있다는 긍정적인 측면이 담긴 개념의 틀이다.

마지막으로 문화적 통합론은 전문직 노동이주자 중 연예·스포츠 관련 전문직과 외국어 강사 등의 국제적 이동은 범세계적 문화교류의 활성화와 문화적 통합론의 관점에서 이해하는 것이다. 과거의 지역문화는 교류가 적어 '문화적 경계 짓기'가 불분명했지만, 전문직 노동자가 세계 곳곳으로 이동하면서 문화의 교류가 활발해짐에 따라 칸클리니(G. Canclini)는 이를 탈지역화(delocalization)라고 하면서 국가·세계 공간의 변화를 강조했다. 그러나 특정 지역의 문화가 사라지고 유입된 지역문화만이 살아남는 것이 아니라, 그 지역의 문화가 더욱 강화되면서 재지역화(relocalization)가 대두했다. 글로벌화 가운데에서 지역화가 강화되는 역설적이고 양면적인 과정을 로버트슨(R. Robertson)은 글로컬리제이션(glocalization)이라고 규정했다. 이는 전지구적인 사회적 관계와 상호의존성을 심화시키는 글로벌화의 한 과정으로서 지역문화들 간의 응집과 중첩을 이해하는 것이라고 할 수 있다.

(3) 이주의 여성화

이주와 젠더 연구의 최대 관심은 이주의 여성화란 양적인 측면에서 국가 간 노동력 이동의 50% 이상이 여성 이주자로 이루어지는 현상을 말한다. 질적인 측면에서는 여성이 국가 간 이주에서 남편을 따라 이동하는 '동반이주자(tied movers)'가 아닌, 여성 스스로 주체적인 노동자의 신분으로 이주하는 '취업이주자'가 많아졌다는 것을 의미한다. 즉, 남성노동력 중심이었던 과거 이주과정에 비해, 최근에는 여성이 중심이 되어 이주과정을 주도하는 변화를 부각시키는 용어로, 이는 페미니즘 이주연구가들에 의해 처음 소개되었다.

글로벌화가 진전됨에 따라 신국제분업의 형태로 생산의 전지구화가 이루어졌다. 이에 따라 노동의 여성화가 본격화되면서 종래 이주여성의 연구에서 이러한 점이 등한시되었다는 점이 지적되었다. 여성들이 가족, 인종, 계층 등과 복잡한 관계를 맺고 있다는 점, 그리고 여성이 남성과 다른 방식으로 이주한다는 점도 밝혀지면서 이주여성 연구의 필요성이 제기되었다. 여성의 이주에 대해 첫째, 노동의 여성화가 국제 노동력 이동과 맞물려 여성들이 자국의 빈곤을 벗어나기 위해 이주한다는 구조적 논의이다. 둘째, 여성의 이주증가를 송출국가의 가부장적 가족관계에 의해 발생했다고 보는 것으로, 여성들이 가족관계를 유지하기 위해 가족적 전략을 취했다는 관점을 들 수 있다. 그리고 주체적 개인으로서 여성이주에 대한 욕구를 지닌 행위자임을 강조하는 논의도 전개되었다. 이로써 경제의 글로벌화로 경제적 구조에서 다루지 않은 이주여성 개인에 대한 전략적인 차원에서의 논의가 이루어졌다고 할 수 있다.

그뿐만 아니라 이주의 여성화 현상은 크게 세 가지 층위에서 논의되고 있다. 첫 번째는 거시적 차원에서 이주의 여성화를 유발하는 동인과 구조를 밝혀내려는 경향으로, 글로벌화와 노동의 성적 분업이라는 가부장적 자본주의체제에 대한 정치경제학적 분석이 주를 이룬다. 두 번째는 초국가주의 담론에 입각한 중간범위 규모의 접근으로 이주여성을 전 지구적 자본주의 재구조화의 피해자로 낙인찍는 것을 거부하면서 국경을 가로지르는 여성들이 만들어내는 초국가적인 사회적 관계망과 이를 통해 이루어가는 대안적인 글로벌화, 즉 이주여성들에 의한 '아래로부터의 초국가주의'를 내세운다. 세 번째 논의의 방향은 두 번째 논의의 연장선상에 있지만 특별히 여성의 에이전시(agency)를 부각시키면서 미시적 차원의 연구를 주로 하고 있다. 이주여성들의 정체성의 사회적 구성, 다양한 이주과정에서 발생하는 여성들의 차별화된 경험과 이들의 의식변화, 현실을 변화시켜가는 여성들의 주체성과 교섭능력 등이 주요 연구주제로 떠오르고 있다. 이상의 세 가지 층위들은 서로 대립되거나 분리되는 것이 아니라 한 연구 안에서도 통합될 수 있는 상호보완적인 접근방법이다. 실제로 많은 연구들이 세 층위를 넘나들며 분석의 틀로 활용하고 있다. 따라서 이주의 여성화가 내포하고 있는 다면적 과정을 분석하기 위한 개념적 구분으로 보는 것이 타당하며, 좀 더 통합적인 이해를 위해 유기적으로 연결될 필요성이 있다.

한편 이주의 여성화에서 결혼이주에 대한 관심은 상대적으로 적었고, 특히 결혼이주여성에 대한 연구들은 매우 적었다. 이는 직장을 찾기 위한 노동력 이동이라는 남성이주에 대해 결혼이주여성의 경우 결혼으로 인해 수동적으로 이주하는 것으로 간주되어 소홀히 여겼기 때문이다. 그러나 1990년대 들어오면서 글로벌화로 개발도상국의 여성들이 보다 나은 삶을 위해, 또는 경제적 부유함을 누리기 위해 이루어지는 초국적 이주가 급증했다. 이에 따른 다양한 문제점들이 나타나자 결혼이주여성에 초점을 둔 연구들이 최근 활발하게 이루어지게 되었다. 결혼이주여성의 연구는 <표 10-5>와 같이 노동이주와 다른 형태를 취하고 있다. 즉, 노동이주는 거시적인데 비해, 결혼이주

〈표 10-5〉 이주형태의 이분법

구분	주체	객체
이주형태	노동이주	결혼이주
결부된 스케일	거시적	미시적
결부된 공간	공적 공간	사적 공간
주요 활동	생산	재생산

자료: 정현주(2008: 908).

는 미시적이며 공적공간이 아닌 사적 공간에서 이루어진다.

(4) 유학생 이주

세계의 고등교육과 국경 없는 교육체계로 세계의 교육이 급속히 전환되면서 많은 국가에서 고등교육의 국제화에 발 벗고 나서고 있다. 이러한 고등교육의 국제화에서 가장 오랜 역사와 전통을 지닌 보편적인 형태는 유학생의 국제적 이주, 즉 외국유학이라고 할 수 있다. 외국유학생의 국제적 이주는 송출국가와 흡인국가 모두에 다양하고 지대한 영향으로 말미암아 이들의 이동형태는 다른 집단보다 전략적 중요성을 지닌 것으로 평가받고 있다. 또한 유학은 채류목적에서 비취업인 교육 및 훈련을 전제로 하며, 체류기간도 관광목적의 일시적 체류보다는 길지만 노동이나 결혼과 같이 장기적이고 영구적 체류라기보다는 짧은 중·단기적인 특성을 가진다. 더구나 외국대학에서의 학업 프로그램 틀 안에서 이루어지는 유학은 송출국가에서의 유학결정 및 그 배경과 함께 흡인국가에서의 적응 및 정착과정의 구체적인 내용들, 즉, 교육, 주거, 의료보건, 노동시장 등을 모두 포함한 공간적·제도적·사회적 차원에서도 다른 이주유형과는 구별이 된다. 유학생의 이주방향은 개발도상국에서 선진국으로의 유동으로 전통적인 '의존적' 유학이 여전히 지속되는 가운데, 최근에는 선진국 간에 행해지는 '부가가치형' 유학도 점점 뚜렷해지고 있다. 이는 현대의 유학이 엘리트 위주 또는 국가가 지원하는 유학에서 다양한 사회계층에 걸쳐 하나의 선택사항이 되고 있는 '대중형' 유학으로 빠르게 바뀌어가고 있음을 보여주는 것이다. 또 해외유학이 과거의 다소 경직된 유형에서 벗어나 교육수준, 체류기간, 수학형태, 유학목적 등의 차이가 크다. 그리고 유학생의 개인적 속성에 따라 그 실태가 다양하고 분화양상이 뚜렷하게 나타난다.

유학이주에 대한 이론적 연구는 국제적인 송출·흡인의 특성과 동기에 대해 거시적인

〈표 10-6〉 유학생의 주요 송출국가와 흡인국가(2005년)

송출국가＼흡인국가	미국	영국	독일	프랑스	오스트레일리아	일본	러시아	기타	계
중국	92,370	52,677	27,129	14,316	37,344	83,264	-	97,564	404,664
인도	84,044	16,685	4,339	502	20,515	346	-	12,791	139,222
한국	55,731	3,846	5,282	2,140	4,222	22,571	-	2,631	96,423
독일	9,024	12,553	0	5,887	1,665	308	-	37,374	66,811
일본	44,092	6,179	2,470	2,152	3,380	0	-	4,580	62,853
프랑스	6,847	11,685	6,545	0	590	340	-	27,862	53,868
터키	13,029	1,913	25,421	2,283	236	157	-	8,988	52,027
모로코	1,641	186	8,227	29,859	125	0	-	12,015	51,989
그리스	2,125	19,685	6,552	2,040	502	0	-	14,040	44,512
러시아	5,299	2,027	12,158	2,672	447	382	0	19,974	42,959
말레이시아	6,415	11,474	566	345	15,552	1,915	-	6,445	42,712
캐나다	29,391	4,192	571	1,210	3,436	272	-	3,300	42,373
이탈리아	3,406	5,317	7,702	4,021	184	95	-	17,966	38,691
미국	0	14,385	3,363	2,429	3,226	1,552	-	13,717	38,672
기타	236,753	155,595	149,472	166,662	85,610	14,715	90,450	648,467	1,548,220
계	590,167	318,399	259,797	236,518	177,034	125,917	90,450	927,714	2,725,996

자료: 최병두 외(2011: 253).

분석이 이루어졌지만 여전히 미약한 실정이다. 특히 최근에는 거시적 차원에서 글로벌화와 정보화, 그리고 문화교류의 확대를 배경으로 국제적인 유학생의 교환 네트워크를 세계 시스템과 글로벌화, 특히 경제의 글로벌화에 따른 숙련된 고급기술 인력의 유치나 이주확대의 관점에서 설명해야 할 것이다. 그러나 유학의 결정은 개인의 내적 동기뿐만 아니라 개인의 외적 동기, 즉 이주 연결망과 유학에 대한 정보환경 등도 함께 살펴볼 필요가 있다고 하겠다.

유학생의 주요 송출국가와 흡인국가를 나타낸 것이 <표 10-6>이다. 유학생이 가장 많은 국가는 중국으로 약 40만 인이며, 그다음으로는 인도가 약 14만 인, 한국이 약 9만 7000인, 독일이 약 6만 6000인, 일본이 약 6만 2000인 순이다. 유학생 송출국가로부터 가장 많이 흡인하는 국가는 미국이 21.6%를 차지해 가장 많고, 이어서 영국(11.7%), 독일(9.5%), 프랑스(8.7%), 오스트레일리아(6.5%)의 순이다. 주요 송출국가별 주요 흡인

〈표 10-7〉 한국 외국인 유학생의 교육과정과 시 · 도별 분포

총계 (2014년)	학위과정				비학위과정		
	계	전문학사/ 학사	석사	박사	계	어학 연수생	기타 연수생
84,891	53,636	32,101	15,826	5,709	31,255	18,543	12,712

2007년

시·도	유학생 수	%	시·도	유학생 수	%	시·도	유학생 수	%
서울시	17,647	35.8	울산시	184	0.4	전남	1,082	2.2
부산시	3,524	7.2	경기도	2,369	4.8	경북	4,839	9.8
대구시	1,793	3.6	강원도	2,064	4.2	경남	1,795	3.6
인천시	1,018	2.1	충북	2,530	5.1	제주	438	0.9
광주시	1,603	3.3	충남	3,235	6.6	전국	49,270	100.0
대전시	2,769	5.6	전북	2,381	4.8			

자료: 최병두 외(2011: 270).

국가를 보면 중국, 인도, 한국, 일본, 터키, 캐나다 등은 미국에, 독일, 프랑스, 그리스, 미국은 영국에, 러시아, 이탈리아는 독일에, 모로코는 프랑스에, 말레이시아는 오스트레일리아에 가장 많은 유학생을 보내어 아시아 여러 국가에서는 영어권 국가로, 유럽에서는 영국과 독일로, 모로코는 옛 식민지 종주국으로 유학생을 많이 송출했다.

한편 한국으로의 유학생 흡인은 2007년 일본이 총유학생(4만 9270인)의 68.3%를 차지해 가장 많았고, 이어서 중국(7.8%), 미국(4.6%), 타이완(2.8%), 러시아(2.7%), 몽골(2.1%)의 순이다. 아시아 국가출신이 총유학생의 92.6%를 차지했는데, 이는 일본, 미국을 제외한 아시아 국가의 경제성장과정에서 우수한 인적자원에 대한 수요가 급증했기 때문이다. 이러한 유학생의 증가현상은 외국학생들이 한국에 대한 관심과 정부의 외국인 유학생 유치정책(이른바 스터디 코리아 프로젝트 등), 그리고 국내 각 대학에서의 유학생의 적극적인 유치활동이 맞물린 결과라고 할 수 있다. 유학생 중 전공분야는 이공계가 42.5%를 차지해 가장 많았고, 이어서 어학연수(28.8%), 인문사회계(18.7%)의 순이었고, 자비유학이 85.8%를 차지했다. 시·도별 유학생 수를 보면 서울시가 전체 유학생의 35.8%를 차지해 가장 많았고, 이어서 경북(9.8%), 부산시(7.2%), 충남(6.6%), 대전시(5.6%), 충북(5.1%)의 순으로 울산시가 0.4%로 가장 적었다(〈표 10-7〉).

4. 난민이동

내정(內政)의 안전과 안전보장이 지켜지지 않으면 많은 난민유출이 발생하고, 바람직하지 않은 이민이 늘어나 경제의 약체화나 민족구성의 변화, 또는 국내 폭동이 야기된다. 그러나 이민·난민문제라 말하면 노동력이나 도의적인 측면에서만 보는 경향이 많다. 일반적으로 이민·난민은 정치적 요인과 경제적 격차를 이유로 '남북'이동, 이를테면 수직적 이동으로 파악되지만, 현실적으로 '남남'이동, 즉 수평적 이동이 대량으로 발생하기 때문에 이러한 이동은 즉각 안전보장상의 문제를 발생시키는 경향이 많다.

제1·2차 세계대전 기간이나 전쟁이 끝난 뒤에 세계적으로 유민과 난민(refugees)이 많이 발생했다. 유민이란 본래 가뭄으로 인한 기근을 피하기 위해 유랑하는 사람들이며, 난민이란 유민과 달리 정치적 박해(political persecution)를 피해 망명지를 찾는 사람들로, 이들은 정치적인 이유로 인구이동을 한 것이기 때문에 경제적인 이유로 인구이동을 하는 이민자들과는 구별되어야 한다.

세계난민수의 추이를 보면 1992년을 경계로 줄어들다가, 안정된 상태에서 다시 국내피난민이 증가해, 유엔 난민 고등 판무관(UNHCR: United States High Commissioner for Refugees)의 지원대상자가 늘어났다. 1960년대 말부터 1970년대 초에 걸쳐 베트남전쟁으로 약 200만 인의 난민이 발생했는데, 이 가운데 약 100만 인이 북아메리카와 유럽으로, 약 30만 인은 중국으로 피난을 갔다. 또 1992년 캄보디아의 정치적 박해를 피해 약 36만 4000인이 인접국가로 피난해, 1991년 12월 타이 정부는 인도차이나반도에서 발생하는 50만 인의 난민을 수용해야 했다. 그리고 1980년대에는 구소련이 아프가니스탄을 침략하면서 약 600만 인의 아프간인들이 파키스탄과 이란으로 망명했으며, 이라크에서 이란으로 약 32만 인이 망명해 이란에는 약 360만 인의 난민이 체류했다.

정치적 불안과 가뭄으로 1989년 초 수단, 에티오피아와 소말리아는 서로 상대방 국가의 난민들을 약 200만 인씩 수용했고, 1992년 이래 소말리아 사태가 악화되면서 난민 수가 더욱 증가했다. 또 1991년 12월 현재 아프리카 전역에 흩어져 있던 약 520만 인의 난민들 중, 모잠비크로부터의 난민 98만 2000인은 말라위에, 에티오피아에서 온 72만 9000인은 모두 수단에 거주하고 있다. 1992년 11월 약 150만 인의 모잠비크 난민들이 말라위, 짐바브웨와 스와질란드의 난민촌에 수용되었으며, 약 30만 인은

〈표 10-8〉 주요 난민 발생 국가와 체류 국가(2013년)

주요 발생국	난민* (1000인)	주요 비호국	수용난민 (1000인)	주요 발생국
아프가니스탄	2,557	파키스탄	1,617	아프가니스탄
시리아	2,468	이란	857	아프가니스탄, 이라크
소말리아	1,122	레바논	857	시리아, 이라크
수단	649	요르단	642	시리아, 이라크
콩고민주공화국	500	터키	610	시리아, 이라크, 아프가니스탄, 이란, 소말리아
미얀마	480	케냐	535	소말리아, 에티오피아, 남수단, 콩고민주공화국, 수단
이라크	401	차드	434	수단, 중앙아프리카공화국
콜롬비아	397	에티오피아	434	소말리아, 에리트레아, 남수단, 수단, 케냐
베트남	314	중국	301	베트남(현지에서의 융합이 진행 중)
에리트레아	308	미국	264	여러 나라(난민 수는 현재 재검토 중)
세계	11,703			

* 자국에서 도망가 다른 국가에서 보호를 받고 있는 사람을 의미함.
자료: 矢野恒太記念會, 『世界國勢圖會』(2014), p. 45.

〈그림 10-12〉 세계 난민 수의 추이

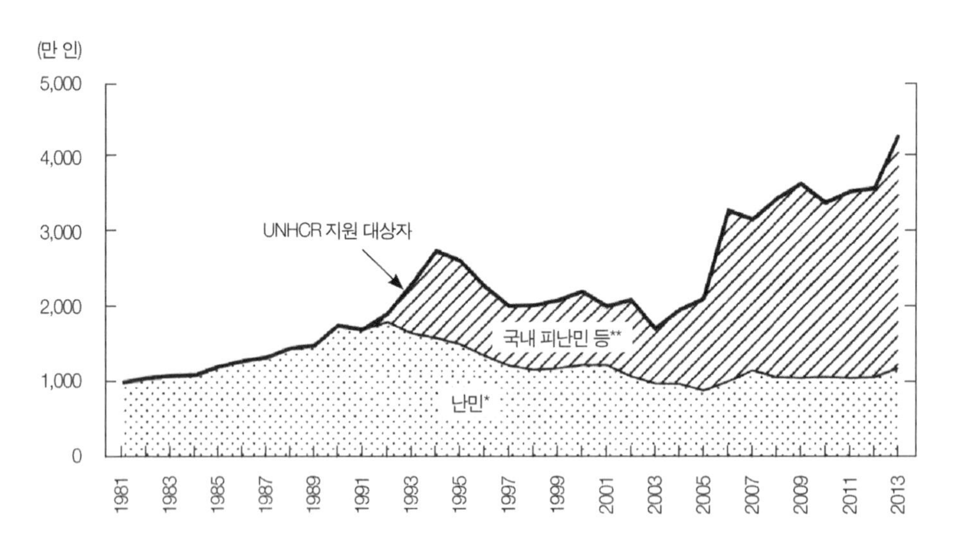

* 자국을 기피해 다른 국가의 보호를 받고 있는 사람 수를 의미함.
** 비호(庇護)희망자, 귀환민, 무국적자 등을 포함.
자료: 矢野恒太記念會, 『世界國勢圖會』(2014), p. 44.

남아프리카공화국 내에 거주하고 있는 것으로 추정되고 있다. 콩고민주공화국은 앙골라에서 온 약 50만 인의 난민이 거주했다. 기니에는 라이베리아에서 온 난민 약 40만 5000인을 포함해 모두 55만 인이 거주하고 있다.

중앙아메리카에서는 멕시코에 약 5만 인의 난민이 있고, 과테말라를 비롯한 중앙아메리카 전 지역에 약 120만 인의 난민이 흩어져 거주했다. 유럽에서는 구유고슬라비아연방의 보스니아와 헤르체코비나 내란으로 약 300만 인의 난민이 발생했는데, 이 가운데 약 80%가 여성과 어린이들이다.

2006년 유엔 난민 고등 판무관의 보고서에 의하면, 난민 발생은 1992년 유고슬라비아연방 내전 때에 1800만 인을 정점으로 해마다 꾸준히 줄어 2005년에는 750만 인으로 나타났다. 그 가운데 아프가니스탄에서 210만 인이 발생해 가장 많았고, 그다음은 수단이며, 난민 주요 체류 국가는 콜롬비아가 200만 인으로 가장 많았고, 그다음으로는 이란이 105만 인이었다. 2013년에는 아프가니스탄이 가장 많아 세계 난민 수의 21.8%를 차지했고, 이어서 시리아(21.0%), 소말리아(9.6%)의 순이었다. 한편 난민을 비호한 국가는 파키스탄이 약 160만 인으로 가장 많았고, 그다음이 이란과 레바논으로 각각 약 86만 인, 요르단이 64만 인, 터키가 61만 인, 케냐가 약 54만 인 순이었다(〈표 10-8, 그림 10-12〉).

〈그림 10-13〉 난민 발생과 수용의 개념적 체계

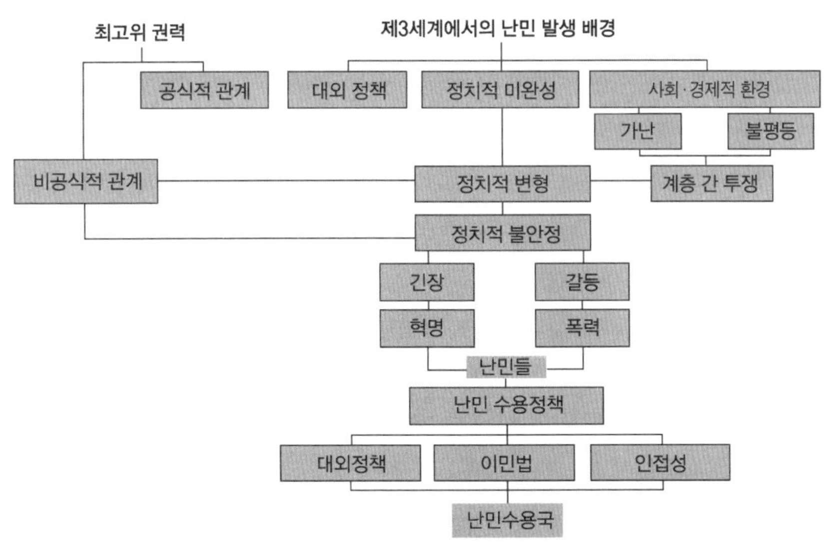

자료: Pacione(1986: 186).

이와 같은 난민문제는 인구이동이라는 인구지리학적 측면을 떠나 21세기에는 많은 국가들의 정치적 문제로 대두될 것이며, 난민 추방은 유엔의 난민 지위에 관한 협정(UN Convention relating to the status of refugees)으로 난민의 본국 송환이나 제3국으로의 추방이 쉽지 않을 것이다.

이상의 난민의 발생과 수용의 개념적 체계를 나타낸 것이 <그림 10-13>이다. 세계의 난민 발생 배경은 정치적 미숙과 불안정, 사회적·경제적 계층 간 갈등으로 정치적 불안정이 크면 클수록 긴장과 갈등이 깊어지면 혁명과 폭력이 난무함으로써 난민이 발생하게 된다. 난민의 수용국가는 난민에 대한 대외정책과 관련되며, 영구 정착할 경우 이민법을 통해 검토하게 된다. 그리고 난민이 발생하는 국가는 지리적으로 인접국가에서 수용되는데, 인접국가에 가기를 원하지 않거나 받아들여지지 않을 경우에는 제3국으로 추방되기도 한다.

11장

한국의 국제 인구이동의 지역적 분포

한국인은 독창적인 언어의 사용과 생계체계, 친족조직, 의식주 생활 등 모든 영역에서 중국이나 일본과 다른 문화의 속성을 보였다. 이러한 문화의 특성으로 전통 한국에서 국경을 넘는 인구이동은 거의 없었다고 할 수 있다. 그러나 19세기 후반부터 인구이동의 폐쇄성은 무너져 디아스포라(diaspora)[1]가 시작되었다. 그리고 본격적인 해외 이민은 일제강점기 때부터 시작되었다. 일제강점기 말기에는 일본과 중국, 구소련, 하와이를 포함한 미국 등에 해외 이민자가 많았다.

현재 세계적으로 흩어져 살고 있는 해외 동포사회의 형성은 조선 말기 1860년대에 굶주린 함경도 주민의 만주(또는 간도)와 연해주로의 월경이주가 그 시초이다. 한국에서 공식적인 해외 이민이 활기를 띠기 시작한 것은 1962년 해외 이민법이 제정되고 난 이후로 1962년 12월 브라질에 17가구 92인이 처음으로 이민을 갔으며, 그 후 1963년과 1965년에 구서독의 광부와 간호사로 진출해, 이민 사업이 적극적으로 시행되어

1) 디아스포라는 '이산(離散) 유대인', '이산의 땅'이라는 의미로도 사용된다. 이는 그리스어에서 유래된 말로 '분산(分散)·이산'을 뜻한다. 역사적인 서술에서 이 단어는 헬레니즘 문화 시대와 초기 그리스도교 시대를 통해 그리스 근처지역과 로마 세계로의 유대인 이산을 가리킨다.

〈그림 11-1〉 한국의 유형별 해외 이민자 수의 추이(1962~2014년)

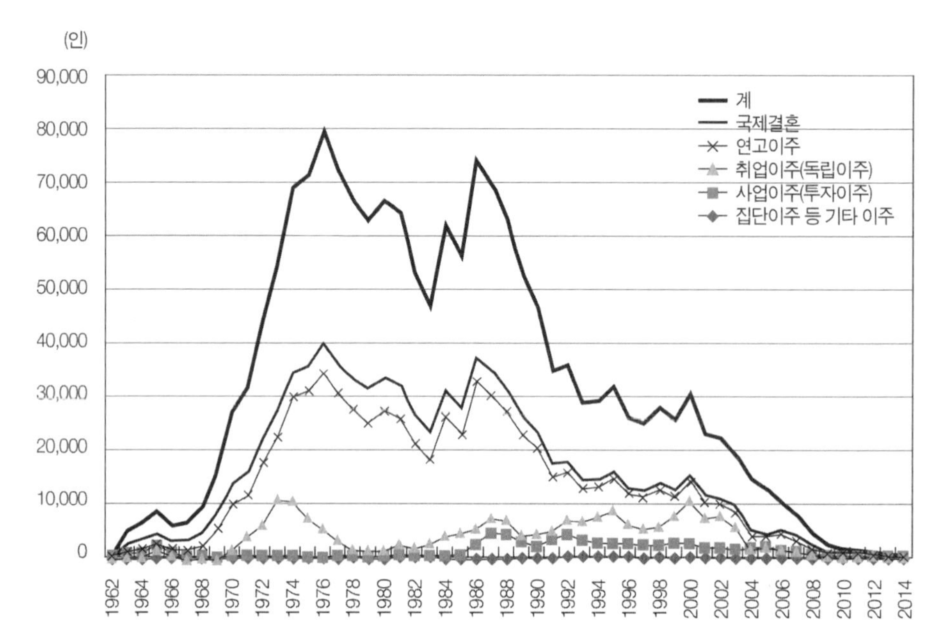

주: 2006~2014년 사이의 국제결혼은 집단이주와 기타 이주를 포함했음.
자료: 외교부, http://www.mofat.go.kr

1976년에는 3만 9862인으로 가장 많았다. 이때 해외 이민자가 많았던 것은 이민을 간 사람들이 그들의 친지를 초청하고 국제결혼에 의한 연고초청 이민자들이 많았기 때문이다. 이와 같은 현상은 그 후 1986년에도 나타나 해외 이민자 수가 3만 7097인으로 두 번째로 많았으나 최근으로 올수록 해외 이민자 수는 감소해, 2005년에는 8277인, 2010년에는 899인, 2014년에는 다시 증가해 7367인이 되었다. 2010년 해외 이민 유형별로는 연고이주 477인, 취업이주 101인, 국제결혼 89인, 사업이주 66인 순이었다(〈그림 11-1〉).

다음으로 지역별 해외 이민자의 추이를 보면 1998년까지는 미국으로의 이주가 가장 많았으나, 1999~2003년 동안에는 캐나다로의 이주가 가장 많다가 2004년부터는 다시 미국으로의 이민이 가장 많아졌다. 캐나다로의 이민은 1972년부터 매년 1000인을 넘어 2005년에 2799인이 되었다. 유럽으로의 이민은 1971~1983년 사이에 매년 약 2000인의 이민이 이루어졌으며, 라틴아메리카로의 이민은 1965년에 2000인을 넘었다가 1969~1977년, 1983~1988년 사이에 다시 1000인 이상의 이민이 매년 이루어졌다.

〈그림 11-2〉 한국의 지역별 해외 이민자 수의 추이(1962~2014년)

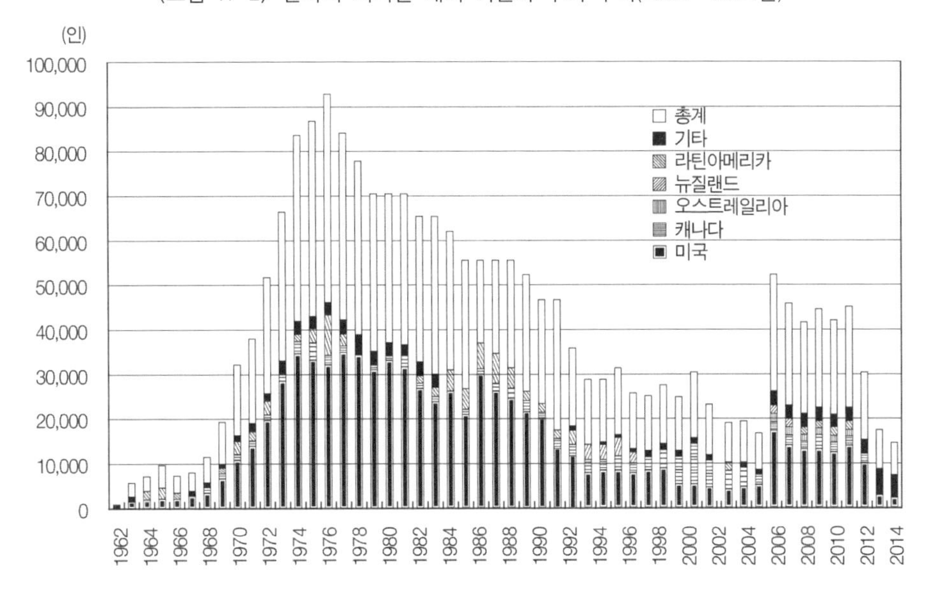

자료: 외교부, http://www.mofat.go.kr

〈표 11-1〉 한국 해외 동포의 거주지 분포(2013년)

순위	국가	해외 동포 수	구성비(%)	순위	국가	해외 동포 수	구성비(%)
1	중국	2,573,928	36.7	15	뉴질랜드	30,527	0.4
2	미국	2,091,432	29.8	16	아르헨티나	22,580	0.3
3	일본	892,704	12.7	17	싱가포르	20,330	0.3
4	캐나다	205,993	2.9	18	타이	20,000	0.3
5	러시아	176,411	2.5	19	키르기스스탄	18,403	0.3
6	우즈베키스탄	173,832	2.5	20	말레이시아	14,000	0.2
7	오스트레일리아	156,865	2.2	21	프랑스	14,000	0.2
8	카자흐스탄	105,483	1.5	22	우크라이나	13,083	0.2
9	필리핀	88,102	1.3	23	과테말라	12,918	0.2
10	베트남	86,000	1.2	24	멕시코	11,364	0.2
11	브라질	49,511	0.7	25	인도	10,397	0.1
12	영국	44,749	0.6	기타		105,822	1.5
13	인도네시아	40,284	0.6	세계	7,012,492		100.0
14	독일	33,774	0.5				

자료: 외교부, http://www.mofat.go.kr

오스트레일리아로는 1986~1992년 사이에 매년 1000인 이상의 이민이 이루어졌다. 또한 뉴질랜드로는 1992~1996년 사이에 매년 1000인 이상의 이민이 이루어졌다(〈그림 11-2〉).

국가별 해외 동포 수의 분포를 보면(〈표 11-1〉), 중국에 한국인 해외 동포 수가 총해외 동포 수(701만 2492인)의 36.7%를 차지해 가장 많고, 그다음으로 미국이 29.8%, 일본이 12.7%로 이들 3개국의 해외 동포 수가 총해외 동포 수의 79.2%를 차지한다. 이들 3개 나라의 해외 동포 수가 많은 이유는 일제강점기 때의 인구이동에 의한 중국·일본의 경우와 1965년 이후의 이민에 의한 미국의 경우는 다르다.

1. 재일 한국인의 형성과정과 거주 지역

1) 재일 한국인의 거주지 형성과정

(1) 1910~1945년

한국인의 일본으로의 이주와 귀국은 일본의 식민지 정책에 의한 영향이 크다. 여기에서 재일 한국인의 이주형태를 일본의 정책과 관련지어 네 시기로 나누어 살펴보면 다음과 같다.

① 1910~1920년(토지조사 사업기)

일본은 1876년 강화도조약에 의해 조선을 개국시키고 1905년에는 '보호국화'하고 1910년에는 한일합방에 의해 조선을 식민지화시켰다. 그 결과 한반도에서 대량의 물자와 노동력이 일본의 본토로 이동했는데, 이것이 재일 한국인 형성과정의 시초이다.

근대적 토지 소유제도가 성립되지 않았던 한반도에서 일본정부는 토지조사령에 의해 소작농민의 경작권을 박탈하는 등의 일을 행했다. 그 결과 농민의 생활은 궁핍에 빠져 이주를 하게 되었는데, 이주자는 남성이 압도적으로 많았고 단신으로 거주이동을 한 경우가 많았다.

이 시기에 일본으로의 이주자 수는 그 후의 산미증식(産米增殖) 계획기의 이주자 수와 비교하면 그렇게 많지는 않았던 약 4만 인 정도였다. 이 기간의 이주는 오히려 한반도 국경을 접하고 있는 중국 둥베이 지방으로 이주한 경향이 많아, 이곳에 거주한 한국인의 수는 1910년에 10만 9000인에서 1920년에는 45만 9427인으로 증가했다.

② 1921~1930년(산미증식 계획기)

1920년대에 들어와 산미 증산계획에 의해 농촌의 경제상황이 전반적으로 악화되었다. 이에 따라 재일 한국인 수는 1년에 2만~3만 인씩 급증해 1930년에는 재일 한국인의 인구가 약 40만 인에 달했다. 산미증식계획은 일본의 자본에 의해 쌀을 증산하는 것으로 증산된 쌀은 한반도 내에서 필요한 양의 쌀까지도 일본으로 수송되고, 수리조합비가 한반도 농민들에게 새롭게 부가되었다.

③ 1931~1938년(중국대륙 침략기)

1931년 만주사변부터 1938년까지의 연간 이주자 수는 후반에는 감소하는 경향을 보였지만 1930년까지에 비하면 대폭 증가해 1938년에는 약 80만 인이 되었다. 이 시기에 재일 한국인은 가족을 일본으로 초청해 이주시킨 비율이 높았으며 그들은 정주하는 경향이 강했다.

④ 1939~1945년(강제연행기)

1939년 이후 국민동원계획이나 조선 징용령 등에 의해 강제 연행된 재일 한국인 수는 더욱 증가해, 156만 인이나 되었으며 패전 때에는 240만 인까지 달했다. 이와 같이 재일 한국인 이주에는 일본의 정책에 의해 시기적으로 특징지을 수 있다. 일본정부의 견해에 의하면 강제연행 이전의 한국인의 일본으로의 이주는 본인의 의사에 따랐지만 그 배경에는 일본에 의한 농촌정책에 의해 한반도의 농촌경제가 파탄된 것을 들 수 있다.

(2) 1945년 이후

1945년 해방과 더불어 일본에 거주한 많은 한국인들이 귀국하게 되었는데, 1946년 3월까지 공식적으로 94만 인과 비공식적으로 40만 인이 귀국했다고 추정하고 있다. 그러나 해방 후 한반도의 정치적 불안이나 경제적 곤란 등으로 약 65만 인이 머물고 있었는데, 이 중에는 한반도와 일본을 왕복하다가 일본에 잔류한 사람, 강제

〈표 11-2〉 일본 동포의 주요 거주지 분포(2009년)

순위	도도부현(都道府縣)명	동포 수	구성비(%)
1	오사카부	129,992	22.5
2	도쿄도	114,273	19.8
3	효고현	53,142	9.2
4	아이치현	40,643	7.0
5	가나가와현	34,233	5.9
6	교토부	32,305	5.6
7	사이타마현	19,750	3.4
8	후쿠오카현	19,087	3.3
9	지바현	18,853	3.3
10	히로시마현	10,792	1.9
11	야마구치현	7,824	1.4
기 타		97,241	16.8
계		578,135	100.0

자료: 외교부, http://www.mofat.go.kr

〈표 11-3〉 일본 동포의 직업별 구성비(1995년)

직업	동포 수	구성비(%)
상업	41,734	6.8
서비스업	36,401	5.9
제조업	32,743	5.3
예·체능인	6,236	1.0
의료인	3,204	0.5
교육자	1,794	0.3
농·수산업	1,379	0.2
종교인	479	0.1
법조인	75	0.1
기타	490,899	79.8
계	614,944	100.0

자료: 外務部, 『海外同胞 現況』(1995), pp. 29~74.

연행·강제노동에 대한 임금을 지불받지 못해 귀국비용이 부족해서 잔류한 사람도 있었다. 또 본국에서의 생활기반을 잃어 일본으로 이주한 경우는 일본에 잔류하려는 경향이 강하다.

2) 재일 한국인의 거주 지역과 직업별 구성

일본에 거주하는 해외 동포 수는 2009년 57만 8135인인데, 주요 거주지 분포를 보면 <표 11-2>와 같다. 즉, 오사카부(府)에 일본 동포의 22.5%가 거주해 가장 많고, 그다음으로 도쿄도(都)가 19.8%, 효고(兵庫)현이 9.2%를 차지해, 일본의 3대 도시[2]에 49.3%가 거주하고 있으며 도쿄 이남지역에 많이 거주하고 있다. 한편 재일 한국인의 직업별 구성을 보면 총종사자 수의 6.8%가 상업에 종사해 가장 많으며, 그다음 서비스업, 제조업 순으로 종사자 수가 많다(〈표 11-3〉).

3) 재일 한국인의 북송

1959년 12월 14일 975인을 실은 클리리온호와 토보리스크호가 일본의 니가타(新潟)항을 출항해 북한의 청진항으로 간 것이 재일동포의 첫 북송이었다. 이 '재일동포 북송사업'은 1959년부터 1984년까지 행해졌는데,[3] 이 사업은 1958년 가나가와(神奈川)현 가와사키(川崎)시에 거주하는 조총련계 교포 젊은이들이 북한의 주석 김일성에게 귀국을 탄원하는 편지를 보내 귀국운동이 본격화된 것이다. 재일동포들이 북송선을 타게 된 가장 큰 이유는 일본 사회에서의 차별과 취업기회가 적은 경제적 빈곤 때문이었다. 또 자녀들이 집단적으로 놀림을 당하는 것도 그 계기가 되었다. 재일동포 북송에 대해 과거에는 일본정부의 모략설이 유력했다. 이 모략설은 일본정부가 반정부적 좌파세력을 골치 아파했고, 가난한 재일동포에게 지급하는 생활보조비도 부담이 되어 북송에 일조했다는 내용이었다. 그러나 최근에는 1960~1970년대 일본에 몰아친 사회주의 바람을 지적했다. 게다가 조총련은 교포사회에서 강력한 영향력을 미치고 있었다. 조총련을 통해 들어온 '지상낙원, 북한'에 대한 허황된 이미지가 일본의 차별에 지쳐 고국을 그리워하던 재일동포를 흔들어놓았다. 북송선을 탄 재일동포 인원은 약 9만 3000인으로, 이 가운데 일본 국적을 포기하지 않은 일본인은 약 6600인인데 일본인 처는 1831인, 일본인 남편이 약 200인이고 나머지는 그들의 자녀들이다. 연도별 북송

---

2) 나고야는 아이치(愛知)현의 동포 수를 말한다.

3) 1968~1970년 사이는 중단되었다.

〈그림 11-3〉 북송 재일동포 수의 추이(1959~1984년)와 일본인 처

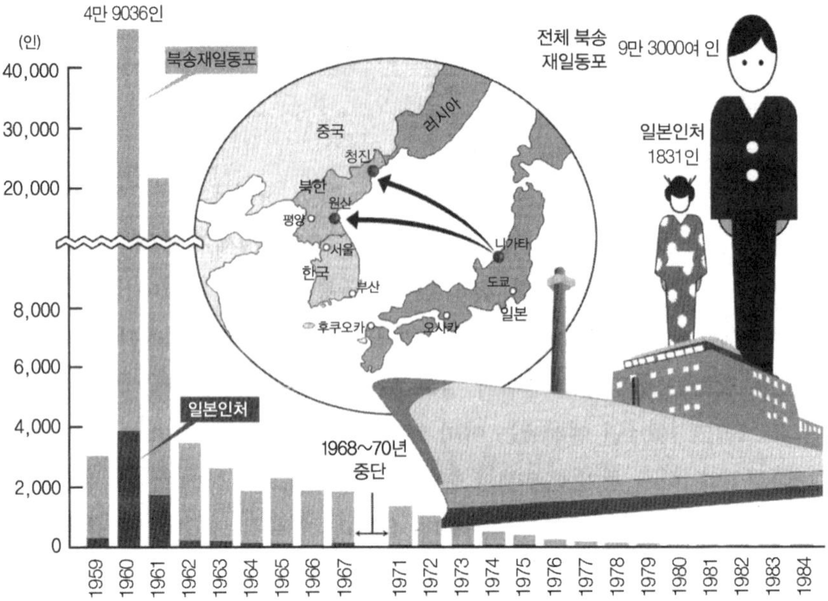

자료: 일본 법무성, 일본 적십자사.

재일동포 수는 <그림 11-3>과 같다. 재일동포의 북송이 가장 많았던 연도는 1960년으로 4만 9340인이 북송되었으며, 그다음은 1961년이나 그 이후로는 매우 줄어들었으며 1984년 이후에는 북송이 이루어지지 않았다.

2. 중국 한(韓)민족의 지역적 분포

중국의 한(韓)민족 이주는 청나라 말기인 19세기 중엽의 전후부터 시작되었다. 중국의 한민족 이주는 1677년 청나라가 백두산과 압록·두만강 이북의 1000여 리 되는 지역을 청조(淸朝)의 발상지라 해서 봉금(封禁)하며 입식(入植)·개간을 금지하고 특히 다른 민족의 전입을 엄금했다. 그러나 이때에 압록강 상류와 두만강 남안의 주민들이 강을 넘어 잠입하는 일이 끊이지 않았다고 전해진다. 초기에는 '조경귀막(朝耕歸幕)'이 많았는데 나중에는 '춘구추거(春求秋去)'라는 '잠재형(潛在型)'이 점차 증가했다. 이들

〈표 11-4〉 중국 둥베이 지방 한민족 인구수의 추이(1910~1942년)

연도	인구수(인)	연평균 증가율(%)
1910	202,070	-
1915	282,070	6.90(1910~1915)
1920	459,427	10.25(1915~1920)
1925	531,973	2.98(1920~1925)
1930	607,119	2.68(1925~1930)
1935	826,570	6.37(1930~1935)
1940	1,309,053	9.63(1935~1940)
1942	1,511,570	7.46(1940~1942)
1953	1,111,274*	-
1964	1,348,594*	-
1982	1,765,204*	-
1990	1,920,597*	-
2013	1,827,231*	-

* 1953년 이후의 인구는 중국 전 지역의 한민족 인구수임.

자료: 尹豪(1993: 21~23); 외교부, http://www.mofat.go.kr

주민들은 주로 개간을 목적으로 이동했으며, 1845년부터는 강을 건너 개인적으로 개간하는 주민이 늘어나 압록강과 두만강 연안에 사는 주민의 대량이동이 나타나게 되었다. 특히 1860~1870년 사이에 한반도에서의 수해와 가뭄, 농작물의 해충으로 강을 건넜으며, 19세기 중엽부터 많은 이재민이 옌볜(延邊)에 전입하게 되었다. 1867년에는 훈춘(琿春)과 러시아 국경일대에 조선에서 이주해온 이재민이 1000여 인이 넘었다고 한다. 1894년 허룽(和龍) 일대에는 약 6000호에 달하는 한민족 개간민이 살았으며 두만강 북안(北岸)에는 2만여 인이 거주했다. 그리고 1904년 옌볜에는 이미 5만여 인이 거주했고 1909년에는 18만 인 이상이 거주했다. 이주초기 대부분의 한민족은 퉁화(通化), 신삔(新賓), 룽징(龍井), 허룽(和龍) 등 압록강과 두만강 연안에 정착했다. 1870년 압록강 연안의 조선족 거주촌은 28곳에 달했고 1880년에 지안(集安) 한 곳에 1만 1000여 호가 살았다고 한다. 이와 같이 유입 초기에 압록강과 두만강의 부근에 자리 잡았던 한민족은 점차 옌볜, 나아가서는 다른 지역으로도 확산되어 중국 둥베이(東北)지역에 한민족사회가 널리 형성되었다.

일본의 대륙정책이 한반도에서 중국으로 인구이동을 가속화시켰다. 1910~1942년

〈그림 11-4〉 둥베이 지방으로의 한인 이주의 지역적 분포(20세기 초) (단위: 인)

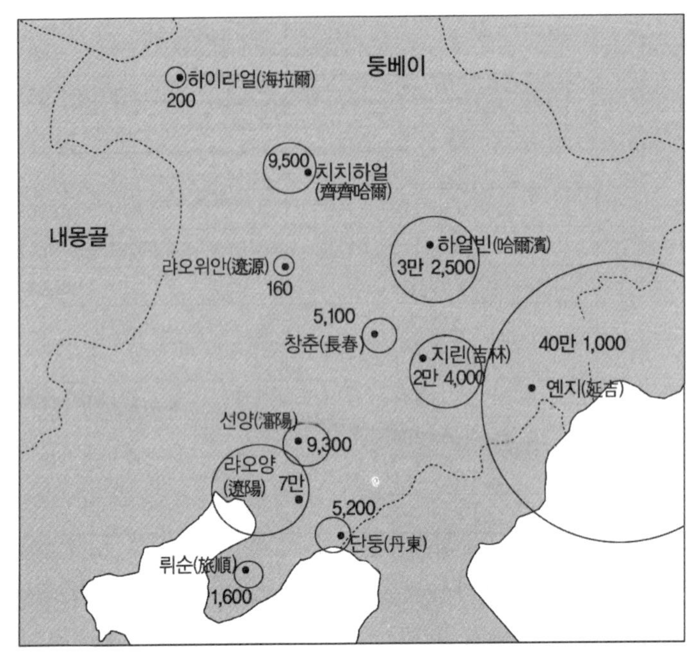

자료: 한국학중앙연구원.

사이에 중국에서의 한민족은 20만~150만 인으로 7.5배 증가해 32년간 연평균 증가율 6.49%를 넘었으며, 1938년에는 둥베이지방 한민족의 수가 100만 인을 넘었다(〈표 11-4〉). 그 뒤에 중화인민공화국이 건국되고 한민족의 인구수는 1953년에 약 111만 인으로 1942년에 비해 감소했으며, 중국인구의 0.19%를, 1990년에는 0.17%를 차지했다. 중화인민공화국이 건국된 이후 한민족의 인구 증가는 세 차례의 절정기를 맞았다. 제1차 절정기는 1954~1958년 사이로 출산율은 3.5~4.0%이었고 자연증가율은 약 3%였으며, 제2차 절정기는 1962~1965년 사이로 출산율은 3.0% 전후로 자연증가율은 약 2%였다. 그리고 제3차 절정기는 1968~1972년 사이로 출산율은 2.5%, 자연증가율은 약 1.9%였다.

중국에는 한족(漢族)을 제외하고 55개 소수민족이 살고 있다. 20세기 초 둥베이지방의 한민족 분포를 보면 옌지에 40만 1000인이 거주해 가장 많았고, 그다음은 하얼빈에 3만 2500인, 지린에 2만 4000인으로 이들 세 지역의 인구가 45만 7500인이었다(〈그림 11-4〉). 1953년 중국의 한민족은 111만 1274인으로 지린(吉林)성에 68.0%가 거주해

〈표 11-5〉 중국 동포의 주요 거주지 분포(1953~2009년)

순위	시·성·자치구명	1953년		1964년		1982년		1990년		2009년	
		동포 수	구성비(%)	동포 수	구성비(%)	동포 수	구성비(%)	동포 수	구성비(%)	동포 수	구성비(%)
1	지린성	756,026	68.0	866,627	64.3	1,104,071	62.5	1,181,964	61.5	1,157,263	45.0
2	헤이룽장성	231,510	20.8	307,562	22.8	431,644	24.5	452,398	23.6	395,008	15.3
3	랴오닝성	115,719	10.4	146,513	10.9	198,252	11.2	230,378	12.0	274,961	10.6
4	내몽골자치구	6,705	0.6	11,280	0.8	17,580	1.0	22,641	1.2	-	-
5	베이징시	384	0.03	2,909	0.2	3,905	0.2	7,689	0.4	197,600	7.7
6	허베이성	68	0.01	1,376	0.1	1,737	0.1	6,250	0.3	-	-
7	산둥성	122	0.01	512	0.04	939	0.05	2,830	0.2	-	-
8	후베이성	17	0.0	112	0.01	652	0.04	1,874	0.1	-	-
9	톈진시	108	0.01	-	-	816	0.05	1,788	0.1	85,800	3.3
10	허난성	-	-	246	0.02	545	0.03	1,099	0.06	-	-
기 타		6,150	0.06	11,457	0.8	5,063	0.3	11,686	0.6	549,096	21.3
계		1,111,274	100.0	1,348,594	100.0	1,765,204	100.0	1,920,597	100.0	2,573,928	100.0

자료: 尹豪(1993: 26); 외교부, http://www.mofat.go.kr

가장 많았고, 그다음이 헤이룽장(黑龍江)성으로 20.8%, 랴오닝(遼寧)성이 10.4%를 차지했다. 이들 3개 성이 한민족 전체 인구의 99.2%를 차지했다. 2009년의 중국 동포 수는 257만 3928인이었다. 지린성이 45.0%로 가장 많이 거주하는 지역이었고 다음으로 헤이룽장성에 15.3%, 랴오닝성에 10.6%가 거주해 이들 세 개 성에 중국 동포 수의 약 70%가 거주하고 있다. 그동안 중국 동포 집중 지역인 지린성과 헤이룽장성의 구성비가 낮아져 중국의 산업화로 중국 동포의 지역적 집중이 와해되고 있다는 것을 알 수 있다(〈표 11-5〉).

1990년 중국 지린성의 옌볜주에는 한민족이 82만 1479인으로 옌볜주 총인구의 39.5%를 차지했다. 한민족의 분포는 룽징(龍井)시에 18만 3994인으로 가장 많았고 이어서 옌지(延吉)시에 17만 7547인, 허룽(和龍)현에 13만 6894인이 거주했다.

최근 중국의 개혁·개방과 한중 수교 이후인 1990년대 들어오면서 중국의 둥베이 세 개 성에서는 1880년대 말 북간도(北間島)[4] 이민행렬과 같이 한인 농촌에서 베이징,

〈표 11-6〉 중국 한민족의 직업별 구성

직업	전문 기술적 직업 종사자	관리적 직업 종사자	사무 종사자	상업 종사자	서비스 종사자	농·임·목·어업 종사자	생산 운수 종사자	기타	계
%	10.2	3.0	2.2	2.7	3.4	57.6	20.8	0.2	100.0

자료: 尹豪(1993: 35).

상하이, 톈진 등에 제2의 민족 대이동이 일어났다. 한민족사회의 공동화 현상이 나타나고 있어 한민족의 정체성이 상실될 우려가 있다.

1982년 중국 한민족의 직업별 구성을 보면(〈표 11-6〉), 농·임·목·어업 종사자가 전체 종사자 91만 7906인[5]의 57.6%를 차지해 가장 많고, 그다음으로 생산 운수 작업자(20.8%), 전문 기술적 직업 종사자(10.2%)의 순이다.

3. 한국인의 미국 이민

최근 한국인의 미국으로 이민은 1996~2014년 사이의 이민자(109만 3652인) 중 72.4%를 차지해 가장 많다. 한국인의 미국 이민사는 미국 이민법이 개정된 1965년을 기준으로 나누어 살펴볼 수 있다. 이러한 이유는 1960년대 중반 이후에 한국인의 미국 이민이 급격히 증가했을 뿐만 아니라 전·후기 이민자들의 인구적·사회적·경제적 성격이 매우 다르기 때문이다. 초기 이민자들의 대부분은 교육 혜택을 거의 받지 못했고 사회적 지위가 낮은 가정의 남자들이었다. 더욱이 그들은 형편이 나아지면 본국으로 돌아가려는 소위 '미국 사회 내의 체류자'들이었다. 그러나 최근의 이민자들은 일반적으로 한국 내 도시에서 거주했고 사회계층도 중류가 대부분이며, 화이트칼라의 직업을 갖고 있고 삶의 터전을 미국 내에서 영구히 살려는 성향이 강한 사람들이다.

4) 두만강과 마주한 간도 지방의 동부로 전형적인 대륙성 기후를 나타내며, 경지는 적고 임업이 활발하며 광물 자원이 많다.

5) 한민족 인구의 52.0%를 차지한다.

1) 이민자 수의 변화와 그 요인

(1) 하와이 이민 개척자(1903~1905년)

1892년 한국과 미국은 한미조약(Korean-American Treaty)을 맺음으로써 외교관계를 수립했다. 그 조약문 중에서 '미국에 이주하는 한국인은 미국 내의 어디에서나 거주할 수 있으며, 또 토지와 가옥을 구입·임대·건립할 수 있다'라는 한국인의 미국 이민에 관한 내용이 포함되어 있었다. 이 조약에 의해 최초로 한국인의 미국 이민은 1903년에 이루어져 1903~1905년 사이에 이민자 수는 7460인으로 이 중 남자가 90.8%를 차지했으며, 이들은 사탕수수 농장의 노동자로 하와이에 이주했다(〈그림 11-5〉). 당시 하와이로의 이민의 주된 이유는 첫째, 한국의 심각한 경제상황이다. 외세의 강압에 의해 국가의 문호를 개방함에 따라 농업과 수공업이 큰 타격을 입었으며, 1901년에는 극심한 가뭄이 이민을 더욱 촉진시켰다. 둘째, 하와이의 사탕수수 농장의 경영자들이 일본인 노동력을 견제하고 중국인 노동력을 대체하기 위해 한국인 노동력이 필요했기 때문이다. 하와이 사탕수수 농장주들의 입장에서는 경영규칙에 잘 순종하고 영어 표현 능력이 부족한 한국인 노동자를 저렴한 임금으로 고용함으로써 농장의 노동력 부족을 대체하

〈그림 11-5〉 1903년 1월 하와이 이민자 102인을 태우고 간 갤릭(Gaelic)호

자료: ≪조선일보≫, 2001년 12월 31일 자.

려 했다. 한국인들이 미국 본토로 이민을 가지 않고 하와이에 이민을 간 이유는 한국 내의 정치적·경제적 사정이 안정되고, 그들이 경제적으로 기반을 잡게 되면 한국으로 돌아가려는 경향이 강했기 때문인 듯하다. 실제로 1916년에 약 1200인의 한국 이민자가 한국으로 되돌아왔으며, 약 2000인은 캘리포니아 지역의 벼농사 노동자로 또는 철도건설 노동자로 이주했다. 초기 한국 이민자의 성격을 김(B. Kim)은 이질성(heterogeneity)으로 규정했는데, 이는 이민자들이 한국에서 출신지와 경력[6]이 다양했고, 20대 미혼자가 거의 대부분이었기 때문이다. 1903년 1월 초 호놀룰루 항에 도착한 갤릭호를 시작으로, 1905년에 통감부에 의해 이민 길이 막힐 때까지 65척의 선편이 7226인을 수송했다. 이때 여성은 637인밖에 되지 않아서 수많은 총각들이 고국으로부터 신부를 구해야만 했다(〈그림 11-5〉).

(2) 망명자와 '사진신부' 이민(1906~1924년)

이 시기에는 약 2000인의 한국인이 하와이와 캘리포니아로 이주했다. 이 시기의 이주자들을 망명자와 '사진신부(寫眞新婦, picture bride)'로 크게 나눌 수 있다.

1910년 한일합방 이후 일본의 식민지배에 저항하는 약 900인의 지식인들이 일본의 감시를 피해 미국에 정치적으로 망명했다. 이 정치적 망명자들은 주로 하와이, 샌프란시스코, 그리고 로스앤젤레스를 중심으로 한국인 사회단체를 조직해 항일운동을 전개했다. 그들은 한국에서의 높은 교육수준에도 불구하고, 처음에는 주로 호텔, 식당과 같은 서비스 직종에 종사했다. 그 후에 어느 정도의 재력을 갖추고 나서는 자영업에 종사했다.

'한국인 사진신부'는 이 시기의 대표적인 미국 이민 집단의 하나이다. 앞에서 서술한 바와 같이 1903~1905년 사이에 이주한 사람들 중 여자의 비율은 약 10%에 지나지 않아, 많은 미혼 남자 이민자들이 결혼상대를 찾아야만 했으나, 1905년 한국 정부의 미국 이민금지로 한국인 신부를 맞이할 수 없었다. 그 후 식민지화가 이룩된 후 일본은 외국에 있는 한국인들의 항일운동의 정열을 가라앉히기 위한 수단으로 미국에 거주하는 한국 이민자와 결혼을 조건으로 한 젊은 여자들의 이민을 허락했다. 이들이 사진을 통해 배우자를 결정하고, 한국 이민자의 신부로서 이민을 허락받은 이른바 '사진신부'

6) 부두 노동자, 군인, 단순 육체노동자, 하인, 경찰, 나무꾼 그리고 광부들을 말한다.

이다.

이 기간에 약 950인의 '사진신부'들이 하와이에, 그리고 약 100인이 샌프란시스코, 로스앤젤레스와 새크라멘토로 이민을 갔다. 이러한 '사진신부'와의 결혼으로 독신 남자 위주의 한국인 이민사회는 점차 가족중심의 사회로 전환되었다. 그 결과 특히 하와이에서는 사탕수수 농장으로부터 호놀룰루 시내로 거주지를 옮기게 됨과 동시에 직업도 육체노동에서 그동안 축적된 자본을 기반으로 가족 노동력에 의존하는 영세제조업, 식료품점, 세탁소 등 자영업으로 바뀌게 되었다. 그러나 1924년 동양인 배제법(Oriental Exclusion Act)이 미국 국회에 통과됨으로써, 제2차 세계대전까지 아시아인의 미국 이민은 완전히 금지되었다.

1910~1920년 사이에 하와이에 거주한 한국인 수는 1910년에 4533인으로 하와이 총인구수(19만 1909인)의 2.4%였으나 1920년에는 4950인으로 총인구수(25만 5912인)의 1.9%로 감소했다. 연령별 인구구성의 변화를 보면 1910년에는 25~34세의 연령층이 가장 많았고, 그다음으로 35~44세로, 25~44세의 연령층이 전체 인구수의 약 70%를 차지했다. 그러나 1920년에는 35~44세의 연령층이 전체 인구수의 29.5%로 가장 많았고, 그다음으로 15세 미만이 28.9%, 45~54세의 연령층이 15.9%를 차지해 '사진신부'의 도입과 그와 관련된 유소년 인구의 증가로 한국인 커뮤니티가 가족중심으로 안정되었다고 할 수 있다(〈표 11-7〉).

〈표 11-7〉 하와이 거주 한국인의 연령별 인구구조 변화

연 령	1910년		1920년	
	인구수	구성비(%)	인구수	구성비(%)
15세 미만	563	12.4	1,411	28.5
15~24세	410	9.0	451	9.1
25~34세	1,999	44.1	545	11.0
35~44세	1,110	24.5	1,461	29.5
45~54세	331	7.3	785	15.9
55~64세	96	2.1	232	4.7
65세 이상	22	0.5	55	1.1
미확인	2	0.1	10	0.2
계	4,533	100.0	4,950	100.0

자료: 이영민(1996: 111).

하와이 호놀룰루에 거주하는 한국인의 직업별 구성을 보면(〈표 11-8〉), 그들의 도시생활이 플랜테이션에서의 생활과 크게 달라진 것이 없음을 알 수 있다. 비숙련 블루칼라 직종에 종사한 인구수가 무직자를 포함해 1910년 56.1%였다. 주목할 만한 현상은 숙련 블루칼라와 화이트칼라 직종에 종사하는 인구수가 증가한 것이다. 숙련 노동자의 증가는 이월아이(Iwilei) 지역에 대규모 파인애플 가공공장이 설립된 것과 관계가 있었다. 또 숙련 노동자인 건설업 종사자의 증가는 호놀룰루 도시경제의 활성화와 그에 따른 건축경기의 부양과 관계가 깊다. 그러나 동양계 건설업 숙련 노동자의 경우 백인 숙련공들의 조직적 인종차별에 의해 주로 동족들을 위한 소규모 건설 분야, 즉 동족경제(ethnic economy) 내에서 그들의 위치를 확보했다.

한편 저급 화이트칼라의 노동력 증가는 동족을 위한 서비스 종사자나 동족 커뮤니티 기관의 사무실 종사자의 증가에 기인한 것이다. 즉, 영세 자영업자들의 증가와 큰 관련이 있는데, 그들은 자기 사업체에 필요한 믿을 만한 노동력을 동족 커뮤니티 내에서 구했다. 이러한 동족 커뮤니티에의 의존성은 고급 화이트칼라 직종 종사자들을 통해서도 확인되었다. 그러나 하위 민족이라는 그들의 제한적 지위가 엄격한 불평등 사회구조 속에서 고착화되어 그들의 계층상승에 뚜렷한 한계가 있었다.

하와이 호놀룰루의 한국인의 거주지 분포를 보면(〈그림 11-6〉), 전통적으로 로워 카팔라마(Lower Kapalama) 지역에 가장 많이 거주했으며, 그 집중도는 1920년에 더욱

〈표 11-8〉 하와이 호놀룰루 거주 한국인의 직업별 구성 변화

직 업	1910년		1920년	
	인구수	구성비(%)	인구수	구성비(%)
고급 화이트칼라	9	2.8	11	1.3
저급 화이트칼라	12	3.7	45	5.5
영세 자영업자	29	9.0	45	5.5
숙련 블루칼라	18	5.6	83	10.1
반숙련 블루칼라	25	7.8	45	5.5
무숙련 블루칼라	115	35.8	243	29.5
무직	65	20.3	263	31.9
미확인	1	0.3	12	1.5
미분류	47	14.6	77	9.3
계	321	100.0	824	100.0

자료: 이영민(1996: 114).

〈그림 11-6〉 하와이 호놀룰루 한국인의 거주지 분포 변화(1910 · 1920년)

(1910년)

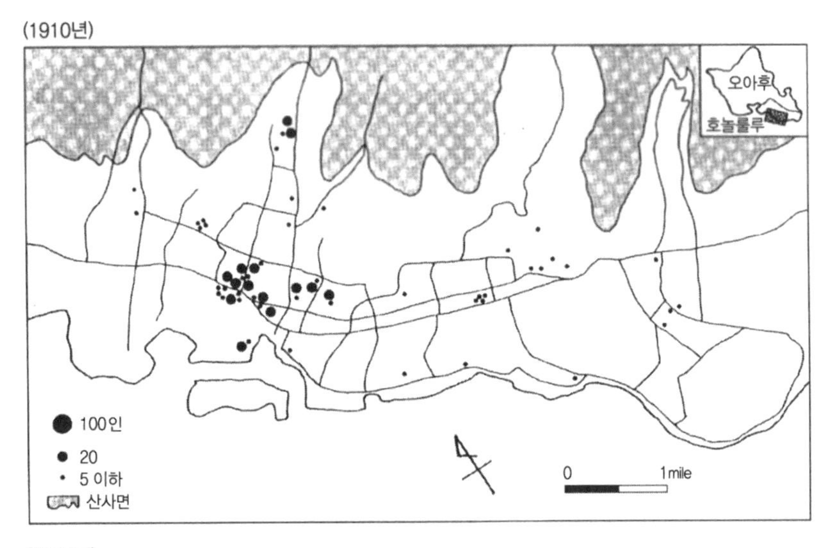

(1920년)

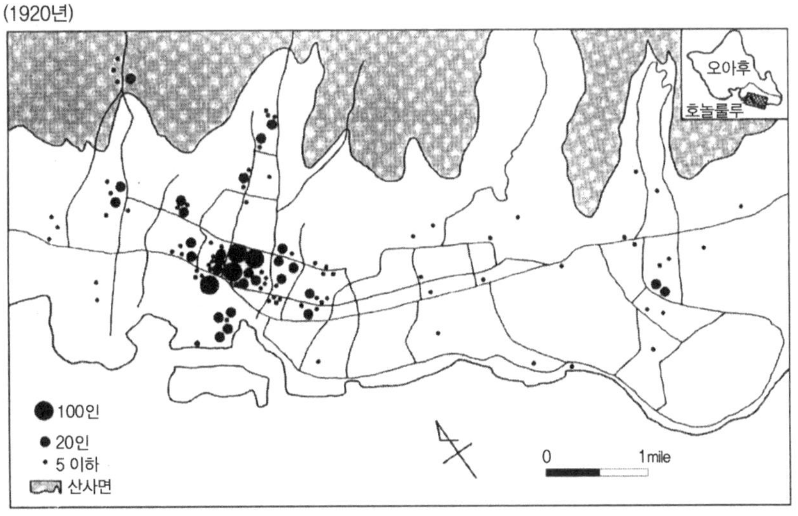

자료: Lee(1995: 222~223).

강화되었다. 이 지역은 오랜 역사를 가진 호놀룰루 차이나타운과 호놀룰루항의 서쪽 인접지역으로 빈곤한 저급 노동자들의 거주지로 형성되어왔던 지역이다. 파인애플 가공공장, 호놀룰루항의 부두노동자 등 많은 고용기회가 새롭게 이주해온 전직 플랜테이션 노동자들에게 주어졌고, 그들은 작업장에서 가까운 거주 지역인 로워 카팔라마지역을 선택했고, 이로 인해 이미 형성되었던 동족 네트워크(ethnic network)를 통해 새로운 이주민들에게 심리적 안정감을 찾을 수 있게 되었다. 그리고 응집된 한인 커뮤니티 또한 동족경제를 창출하기에 매우 쉬웠다.

(3) 해방 이후부터 미국 이민법 개정까지의 이민(1945~1965년)

동양인 배제법으로 약 20년 동안 중단되었던 한국인의 미국 이민은 1945년 일본이 제2차 세계대전에 패함으로써 재개되었다. 즉, 1948년과 1949년의 미국 이민자 수는 각각 46인과 40인이었다. 그러나 1950년의 인구센서스에는 한국인을 별도로 파악하지 않았기 때문에 그 해의 정확한 이민자 수는 알려지지 않았으나, 1945년의 미국 내 한국 이민자 총수는 약 1만 인으로 추산되었다.

그러나 1950년부터 1965년 사이의 한국인의 미국 이민자는 급격한 증가 추세를 보여주었다(〈표 11-9〉). 이와 같은 한국인 이민자 수의 증가요인으로는 다음 세 가지를 들 수 있다. 첫째, 1945년에 '전쟁신부법(戰爭新婦法, War Brides Act)'과 1946년에 '미군

〈표 11-9〉 미국 내에서의 한국인 이민자 수(1950~1964년)

연 도	입국 상태		계
	이민	비이민	
1950	10	335	345
1951	33	187	220
1952	127	808	935
1953	115	1,111	1,226
1954	254	1,270	1,524
1955	315	2,615	2,930
1956	703	3,552	4,255
1957	648	1,798	2,446
1958	1,604	1,995	3,599
1959	1,720	1,531	3,251
1960	1,507	1,504	3,011
1961	1,534	1,771	3,305
1962	1,538	2,112	3,650
1963	2,580	2,803	5,383
1964	2,362	4,068	6,430
계	15,050	27,460	42,510

자료: 朴順湖(1992: 441).

약혼녀법(美軍約婚女法, G. I. Fiancees Act)'이 제정됨으로써 6·25 전쟁 때에 미국 군인과 결혼 또는 약혼한 한국 여자들이 미국으로 이민을 갈 수 있게 되었다.

둘째, 1952년의 '이민 및 국적법(Immigration and Nationality Act)'에 의해, 미국 시민권자의 배우자와 자식들에게는 비할당 지위(nonquota status)가 부여됨과 동시에 '동양인 배제법'이 폐지되었다. 더욱이 아시아-태평양 여러 나라에 대해 국가별로 100인씩 쿼터를 할당했다.

셋째, 6·25 전쟁 이후 한국의 불안정한 경제적·정치적 상황과 제2의 6·25 전쟁의 발발에 대한 두려움 등으로 일부 중산층이 이민을 떠났다. <표 11-9>에서 보는 바와 같이 1950년부터 15년 사이의 총이민자 수는 약 1만 5000인으로 1950년까지 미국 내에 거주하고 있었던 한국인을 훨씬 상회하게 되었다. 또 이민자 이외에도 일시 방문자, 정부 사절단, 유학생 등 비이민자들의 출입도 빈번하게 되어 1950~1964년 사이에 2만 7000인 이상이 미국에 입국했다.

이 시기의 한국인 미국 이민자는 크게 다음의 세 그룹으로 나눌 수 있다. 첫째, 6·25 전쟁을 겪으면서 한국에 주둔했던 미군과 결혼한 한국 여성이 남편의 귀국과 함께 미국으로 이민을 간, 소위 말하는 '한국인 전쟁신부(韓國人戰爭新婦, Korean war brides)' 집단으로, 이에 속하는 이민자 수는 6423인으로 가장 많은 그룹이며, 친족 중심의 연쇄 이민의 기초를 만든 하나의 한국인 사회 집단이기도 하다.

두 번째 그룹으로는, 역시 6·25 전쟁과 밀접한 관계를 가진 '전쟁고아의 입양'을 들 수 있다. 1953년과 1957년에 전쟁이 발발했던 지역의 어린이들을 위해 미국에서 '구제법(救濟法, Relief Act)'이 제정되었다. 특히 1957년의 구제법은 한국의 전쟁고아를 돕기 위한 것이었다. 그 결과 이 기간에 약 5500인의 전쟁고아가 미국으로 입양되었다. 이상의 두 그룹은 미국인 가정과 직접적으로 이민이 이루어졌기 때문에 미국 전역에 흩어져 분포했다.

세 번째는, 미국 입국 당시에는 비이민자의 신분이었으나 입국 후에 이민자격을 취득한 그룹이다. 즉, 앞에서 언급한 바와 같이 이 기간 중에 약 3만 인에 달하는 비이민 자격의 입국자의 일부라고 하겠다. 이들이 미국 내에 정착하는 대표적인 과정을 보면, ㉠ 어느 정도 자본력을 가진 사람들은 소규모 자영업을 시작해 투자사증(investment visa)을 취득했다. 그 후 2~3년 동안 미국 시민권자를 고용함으로써 영주권을 취득하게 되는 경우와, ㉡ 많은 유학생들이 미국 내에서의 전문교육을 받은 것을 이용해 영주권을 취득하게 된 경우 등을 들 수 있다. ㉠의 경우는 한국에서의 중산층, 즉 실업인, 퇴직한 고급 공무원, 그리고 전문직 종사자 등이 주류를 이루었으며, 이들의 이민동기로는 한국의 정치적·경제적 불안정한 상황을 들 수 있겠다.

한국에서 중류층 이상이 중심인 세 번째 그룹은 미국 내 한국 이민자의 사회적·경제적 성격 변화에 깊은 영향을 미침과 동시에 1965년 이후의 친족 중심 이민의 또 하나의 중요한 근원이 되었다. 즉, '이민의 씨앗(seed migrates)'의 역할을 수행하게 되었다.

(4) 후반기 이민(1965~현재)

1960년대 중반 이후 한국인의 미국 이민은 수적인 팽창과 함께 그 성격도 급격하게 변화했다. 이러한 변화의 요인으로는 다음과 같은 것들이 있다. 첫째, 한국 내의 급격한 인구 증가를 들 수 있다. 한국 정부는 이러한 인구문제 해결책의 일환으로, 해외 이민정책을 채택했다. 또 간접적으로 해외교포들의 성공 사례를 매스컴을 통해 홍보함으로써 해외 이민을 촉진하려 했다. 6·25 전쟁 이후 한국의 인구는 급격히 증가했으며, 1962년 한국은 제1차 경제개발 5개년계획의 일환으로 산아제한정책을 실시하게 되었다. 그러나 이 정책의 실시는 전후 베이비 붐(1953~1960년)을 억제하기에는 시기적으로 너무 늦었다. 즉, 1970년에는 이미 그 당시에 태어난 여자들은 대부분 가임연령기에 접어들고 있었다.

둘째, 불안정한 정치상황이 중산층의 이민을 촉진시켰다. 제3공화국 이후 언론, 출판, 집회 등에 대한 규제가 심했고, 또 반체제 및 사상범은 엄격하게 처리되었다. 셋째, 1965년 미국 이민법이 개정되어 종래의 쿼터 시스템이 폐지되고 매년 한 국가로부터 2만 인씩 모두 29만 인의 이민을 받아들이게 되었다. 이 개정된 이민법은 미국 시민권자의 가족과 미국에서 필요로 하는 기술을 가진 사람에게 우선권을 부여했다. 특히 미국 시민권자의 21세 이하 미혼자녀, 배우자, 부모 그리고 약혼자들은 국가별 수적 제한과 관계없이 이민이 가능했다. 그러므로 미국으로의 이민자 수는 국가별로 2만 인을 넘을 경우도 있어 실제로 1965~1988년 사이의 연평균 한국인 이민자 수는 2만 4444인이었다.

1980년 인구센서스에 의하면 미국 내에 거주하는 한국인은 35만 4529인으로 1970년의 7만 598인의 4배에 달했다. 또 1965~1988년까지의 한국 이민자 수는 56만 2213인으로 1988년 현재의 미국 내 한국 이민자의 약 85%가 1965년 이후의 이민자들이다.

2) 이민자의 인구 · 사회적 성격

최근의 한국 이민자들은 '선별적 집단' 경향이 강한 인구·사회적 특성을 나타내고 있다. 즉, 젊은 층의 비율이 매우 높다. <표 11-10>에서 보는 바와 같이, 1970~1987년 사이의 총이민자 중에서 50세 미만이 90% 이상을 차지했으며, 특히 15~60세까지의 생산연령층에 속하는 비율이 60% 이상을 차지했다.

성별 구성에서 남자는 10세 이하의 비율이 가장 높은 반면, 여자는 20~29세의 비율이 가장 높게 나타났다. 또 하나의 뚜렷한 인구학적 성격으로는 남녀구성 비율에서 여자의 비율이 높은 불균형을 나타내었다. 이처럼 여자의 비율이 높은 이유는 입양아와

〈표 11-10〉 한국인 이민자의 성 · 연령별 구성비(1980~1987년)

연도	성별	연령							
		10세 미만	10~19세	20~29세	30~39세	40~49세	50~59세	60세 이상	계
1970	남자	9.8	5.2	7.1	11.0	2.7	0.8	0.5	37.1
~1974	여자	13.3	6.8	26.4	11.4	2.5	1.3	1.1	62.8
1975	남자	11.4	7.3	7.4	7.3	3.4	1.3	1.4	39.5
~1979	여자	14.5	8.3	21.1	8.6	3.2	2.2	2.7	60.6
1980	남·여자	20.7	15.2	29.3	15.1	7.8	5.3	6.7	100.0
1981	남·여자	17.9	14.3	30.8	14.4	7.7	6.7	8.3	100.0
1982	남자	14.7		11.4	5.5	3.5	2.2	3.9	41.2
	여자	18.9		19.7	5.9	4.0	4.7	5.6	58.8
1983	남자	20.5		9.7	6.9	3.9	2.0	1.8	44.8
	여자	20.2	19세	17.4	5.9	5.3	3.5	2.9	55.2
1984	남자	17.8	미만	9.4	7.0	4.0	2.0	2.5	42.7
	여자	21.5		17.1	6.0	4.1	3.6	5.2	57.5
1985	남자	18.1		9.3	7.6	3.8	2.0	2.7	43.5
	여자	20.7		17.0	6.4	4.1	4.0	4.6	56.8
1986	남자	11.8	6.7	8.7	7.3	3.7	2.3	3.2	43.7
	여자	14.3	6.5	15.5	6.3	3.9	4.7	5.1	56.3
1987	남자	11.0	7.1	8.9	7.5	3.8	2.3	3.2	43.8
	여자	13.6	6.6	15.9	6.7	4.2	4.4	4.8	56.2

자료: 朴順湖(1992: 444).

국제결혼에서 찾을 수 있다. 즉, 1966~1987년 사이에 6만 3000인이 미국 가정에 입양되었는데, 남아보다는 여아를 선호하는 경향이 강하므로 여자 입양아의 비율이 높다. 또 매년 약 3000인의 한국 여성이 주로 미국 남자 군인과 결혼해 미국으로 이민을 갔다. 최근의 이민자들은 일반적으로 교육수준이 높고 한국에서의 출신배경을 보면 도시의 화이트칼라 또는 전문직 종사자가 주류를 이루고 있다.

한국일보가 뉴욕 메트로폴리탄 지역을 대상으로 한국인 가정에 대한 표본조사를 한 결과에 의하면, 세대수의 약 67%가 한국의 4년제 대학 졸업자이며, 그 밖에 고등학교 졸업자 약 5%, 대학(4년제 미만) 졸업자 약 16%, 기타 졸업자 약 5%인 것으로 나타났다. 또 이민을 오기 이전의 직업을 보면, 그들의 약 80%가 화이트칼라 또는 전문직에 종사했으며, 특히 그중의 약 30%는 의료직 종사자들이었다. 로스앤젤레스 지역에서의 조사도 뉴욕과 비슷한 결과였다. 즉, 조사자의 약 64%가 4년제 대학을 졸업했으며, 약 90%가 한국에서 화이트칼라 직업에 종사했다고 응답했다. 그리고 시카고 지역을 대상으로 조사한 바에 의하면, 응답자의 약 90%가 도시지역에서 살다가 이민을 왔으며, 더욱이 62% 이상이 인구 100만 이상의 대도시에서 성장했다고 응답했다.

3) 이민자의 자영업 발달

미국 내의 많은 한국인들은 무역과 서비스 관련 직종에 종사하고 있다. 조사에 의하면 로스앤젤레스 지역의 한국인 가정 약 25%가 자영업(small business)에 종사하는 것으로 나타났다. 그리고 뉴욕과 로스앤젤레스 지역을 대상으로 한 최근의 조사에 의하면 전체의 약 1/3이 자영업에 종사하고 있다. 또 로스앤젤레스 지역의 한국인 약 63%가 자영업 또는 한국인이 경영하는 사업체에 종사하고 있었다. 즉, 자영업자가 22.5%를, 한국인 사업체의 고용자가 약 40%를 차지했다.

대도시지역에서 많은 한국인 자영업체는 범죄율이 높은 흑인 빈민지구, 멕시코인 거주지, 그리고 소수민족의 밀집지역에 입지하고 있다. 한국인 자영업체는 식료품점, 주류 판매점, 세탁소, 할인판매점의 노동집약적인 업종이 주류를 이루고 있다. 한국인 자영업체는 주로 가족 노동력에 의존하고 있으며 종업원 수와 자본금은 소규모이다. 이들은 비록 소규모의 제한된 자본과 부족한 어학능력, 그리고 미숙한 경영기술 등 어려운 조건에서 사업을 시작했지만 민족적 자원(ethnic resources)을 효과적으로 활용하면서 성공하고 있다. 많은 자영업자들은 사업자금을 주로 이민 지참금, 미국에서의 가족저축, 친척·친구 또는 한국인 은행으로부터의 대부자금, 그리고 계(契) 등 민족자본(ethnic capital)에 의존하고 있다.

그리고 사업정보는 미국 내의 한국계 매스미디어(미주판 한국 신문, TV 방송)와 교회, 동창회 등의 친목단체 그리고 혈연관계와 친구 등에 의존하고 있다. 또 그들은 민족 노동력(ethnic labor power)을 활용함으로써 노동집약적인 사업체를 성공적으로 경영하고 있다. 주로 무임금 가족 노동력을 최대한으로 활용함과 동시에 경영자는 한국인 고용자와의 상호관계를 통해 민족 노동력을 활용하고 있다. 즉, 경영자는 이민온 지 얼마 되지 않은 영어가 능통하지 못한 한국인에게 취업의 기회를 제공함으로써 값싼 노동력을 이용한다. 반면에 고용자들은 언어상 결점이 있는데도 불구하고 쉽게 취업할 수 있으며, 또 경영기술을 익혀서 자영업을 시작할 때도 그들로부터 경제적인 도움을 받고 있다.

이상과 같은 과정을 통해 미국 내 한국인들은 소매업과 서비스업 등의 노동집약적인 업종에 집중 종사함으로써 하나의 '기업가 사슬(entrepreneurial chain)'을 형성하면서 미국 사회에서 성공하고 있다. 결과적으로 그들은 미국 내에서의 자기고용(self-employment)을 통해 그들의 사회적·경제적 지위와 안정을 향상시키고 있다.

4) 이민자의 거주 지역

이민자의 거주 지역은 역사적으로 하와이의 호놀룰루가 미국 내 한국 이민자들의 주된 거주지 역할을 해왔다. 그러나 1960년대 중반 이후에는 로스앤젤레스 지역에 거주하는 한국인이 급격히 증가해 현재는 이 지역이 최대 집중지역으로 되었다.

미국 이민국(INS: Immigration and Naturalization Service)의 연차 보고서에 따르면, 1971년에는 이민자의 약 8%가 로스앤젤레스에, 약 4%가 호놀룰루에 정착하기를 희망했다. 그러나 1984~1988년 사이의 이민자들은 선제의 약 12%(2만 942인)가 로스앤젤레스에 정착하기를 희망한 반면, 그 밖의 정착 희망지역으로는 뉴욕(약 6%), 워싱턴 D. C.(약 4%), 시카고(약 3%), 호놀룰루(약 2%)로 나타났다.

1970년과 1980년 두 연도의 미국 인구센서스 자료를 비교해보면, 1970년에는 미국 내 한국인의 약 14%가 하와이 주에, 약 24%가 캘리포니아 주에 살고 있었고, 특히

〈그림 11-7〉 미국 각 주에 거주하는 한국인(2010년)

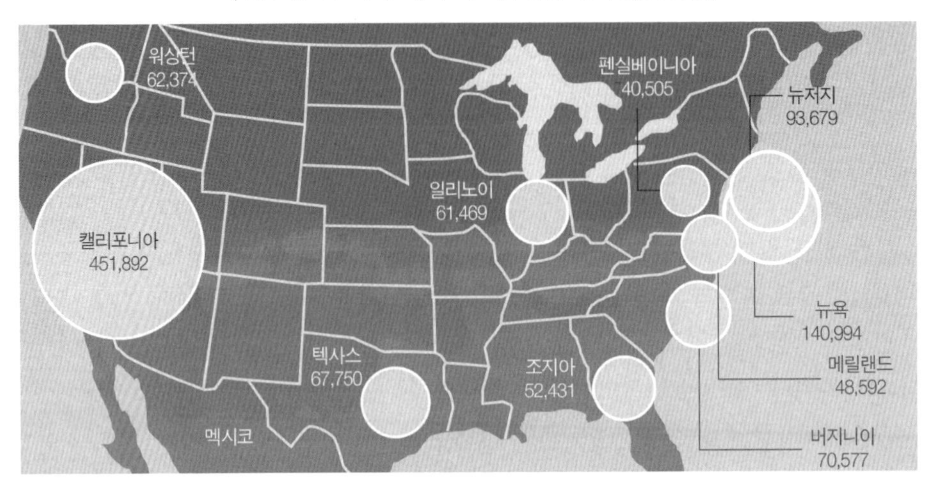

자료: 미국 연방센서스국, 「2010 인구조사」(2011).

로스앤젤레스 지역이 약 13%를 차지했다. 그러나 1980년에는 캘리포니아 주와 로스앤젤레스의 비율이 각각 약 30%, 약 17%로 증가했다. 1980년 현재 한국인이 집중 거주하고 있는 대도시지역과 그 지역의 한국인 수를 살펴보면 다음과 같다. 즉, 로스앤젤레스 6만 618인, 뉴욕 2만 8531인, 시카고 2만 1000인, 워싱턴 D. C. 1만 7306인, 호놀룰루 1만 6880인, 그리고 샌프란시스코 1만 1250인 등이다. 1990년의 미국의 지역별 한국인 분포를 보면, 시카고가 입지한 일리노이 주의 점유율이 낮아진 반면에 캘리포니아 주와 뉴욕 주의 점유율이 높아져 해안과 가까운 대도시지역에 한국인이 밀집 거주하고 있으며 이들 지역이 미국 동서부의 핵을 이루고 있다.

2005년 미국 내 한국 동포 수는 208만 8496인으로 이들의 거주지를 주별로 분포를 보면, 캘리포니아 주가 미국 내 동포의 37.9%를 차지해 가장 많았고, 그다음으로 뉴욕 주에 9.1%를 차지하고 뉴욕 주와 인접한 뉴저지 주에 4.8%, 일리노이 주에 5.2%가 거주해 미국 내 3대 도시를 포함하는 주에 미국 내 동포 수의 52.2%가 거주했다. 한편 2010년 4월 1일 현재 미국에 거주하는 한국인은 142만 3784인[7]으로 2000년

7) 센서스에 응답하는 비율이 상대적으로 낮은 점을 감안하면, 미국 내의 한국인은 200만 인을 넘어섰다는 게 정설이다. 외교부가 각 공관이 교회 한인회 등의 통계를 이용해 보고한 것을 취합한 자료에 따르면, 미국 내 한인의 수는 243만 인에 이르는 것으로 추정된다.

107만 6872인에서 10년간 32.2%(34만 5912인)가 늘어났다. 미국에 거주하는 한국인은 40년 전인 1970년에는 6만 9130인에 불과했지만, 매년 10년마다 폭발적으로 늘어났다.

미국에서 한국인이 가장 많이 사는 주는 캘리포니아 주로 45만 1892인(31.7%)이었고, 그다음으로 뉴욕 주(9.9%), 뉴저지 주(6.6%), 버지니아 주(5.0%), 텍사스(4.8%), 워싱턴 주(4.4%), 일리노이 주(4.3%), 조지아 주(3.9%), 메릴랜드 주(3.4%), 펜실베이니아 주(2.8%) 등의 순이다(〈그림 11-7〉). 한국인들이 미국 전역으로 분산되지 않고 특정 지역에 밀집해 있는 것도 투표권 행사 등을 통한 정치력 신장에 유리한 것으로 분석된다.

미국 내 이민자들은 대도시지역에서는 대부분 자신들의 사업체가 있는 지역과는 어느 정도 거리가 떨어진 지역에 거주하고 있다. 예를 들면 로스앤젤레스 지역에서 한국인의 사업체는 로스앤젤레스 중심지의 남서쪽 멕시코인과 흑인 거주지 또는 코리안 타운에 집중되어 있으나, 그들의 주택은 글렌데일(Glendale), 셴퍼랜드 밸리(Shaperland Valley) 등 중류층의 이민족(移民族) 혼재지역에 집중 분포하고 있다. 또 뉴욕에서는 백인의 수가 우월하기는 하지만 이민족이 혼재하는 중하류층(lower middle class)의 거주 지역인 퀸스(Queens)의 북부지역에 한국인들이 많이 거주하고 있다.

미국 내 한국인들은 대도시 이외에 주요한 군사기지 지역(army post)에도 집중 분포하고 있다. 예를 들면 텍사스 주의 포트 후드(Fort Hood, 2000인), 북캐롤라이나주의 포트 브래그(Fort Bragg, 900인 이상), 오클라호마 주의 포트 실(Fort Sill, 900인) 등이다. 1980년

〈표 11-11〉 미국 동포의 직업별 구성비(1995년)

직업	동포 수	구성비(%)
상업	517,609	31.4
서비스업	313,586	19.0
제조업	57,827	3.5
농·수산업	27,139	1.7
의료인	23,501	1.4
종교인	19,156	1.2
교육자	11,315	0.7
예·체능인	7,736	0.5
법조인	3,768	0.2
기타	668,028	40.5
계	1,649,665	100.0

자료: 外務部,『海外同胞現況』(1995), 141~196쪽.

현재 1만 5000인 이상의 한국인들이 군사기지 또는 그 인접 농촌지역에 살고 있다. 이들의 대부분은 미국 군인의 부인과 그 부인의 친척 그리고 상당수의 혼혈아들일 것이다.

미국 내 한국인의 직업별 구성을 보면(〈표 11-11〉), 취업자 약 165만 인 가운데 상업에 종사하는 동포가 전체 취업자의 약 1/3을 차지했고, 그다음으로 서비스업에 종사하는 취업자가 19.0%를 차지해 이들 두 직업에 종사하는 동포가 전체 취업자의 약 50%를 차지했다.

5) 한인의 네트워크

이주민이 현지에서 적응하고 정착하는 과정은 본국과 이주국 모두에 중요한 사회적·경제적 영향을 주기 때문에, 이주민에 대한 연구는 다양한 관점에서 연구대상이 될 수 있다. 한인 이주민 연구에서 중요한 것은 한인 네트워크에 대한 연구이다. 이 연구는 한인 이주민 간의 경제, 사회, 문화 등 다양한 관계에 대한 연구와 한인의 거주 및 경제활동에 집중된 소수민족 공동체(ethnic enclave)인 한인 타운에 대한 연구를 포괄한다. 특히 이주민의 이주 및 정착과정에서 이주민 민족공동체의 역할, 이주민들의 거주이동 패턴에 대한 연구가 있는데, 이러한 이론은 공간적 동화이론, 문화적 다원론(pluralism) 등이 있다. 미국의 한인들은 최초 이주 및 거주지 선정과정에서 한인 네트워크와 민족공동체인 한인 타운을 활용했으며, 한인 교회를 중심으로 한 종교 활동에서 한인 네트워크를 가장 많이 활용했다. 또 한인 네트워크를 한인의 정치적 진출강화, 한·미간 정부 및 민간교류의 활성화 등 미국 주류사회와의 유대강화를 위해 우선적 활용하기 원한다. 한인조직의 활성화 방안에 대한 필요성은 이주기간이 오래되었지만 고령이거나 영어능력이 부족해 주류계층에 진입하기가 쉽지 않은 계층에서 상대적으로 더 선호하는 반면, 미국 주류사회와 유대강화에 대한 필요성은 경제활동 능력이 왕성하고 주류사회와의 동화 의지가 강한 계층에서 더 선호한다. 또한 한국과의 각종 경제활동 네트워크 강화에 대한 필요성은 주류계층으로서의 동화도 시도하지만, 이와 동시에 한국과의 경제 네트워크도 강화하고 싶은 집단에서 더 선호한다. 그래서 한인 네트워크의 활성화 방안들은 집단별로 차별적인 선호가 나타나는데, 이에 따라 활성화 정책들도 이주민의 특성에 따라 차별적으로 제시되어야 할 것으로 보인다. 그러므로

〈그림 11-8〉 한인 네트워크의 형성 모형

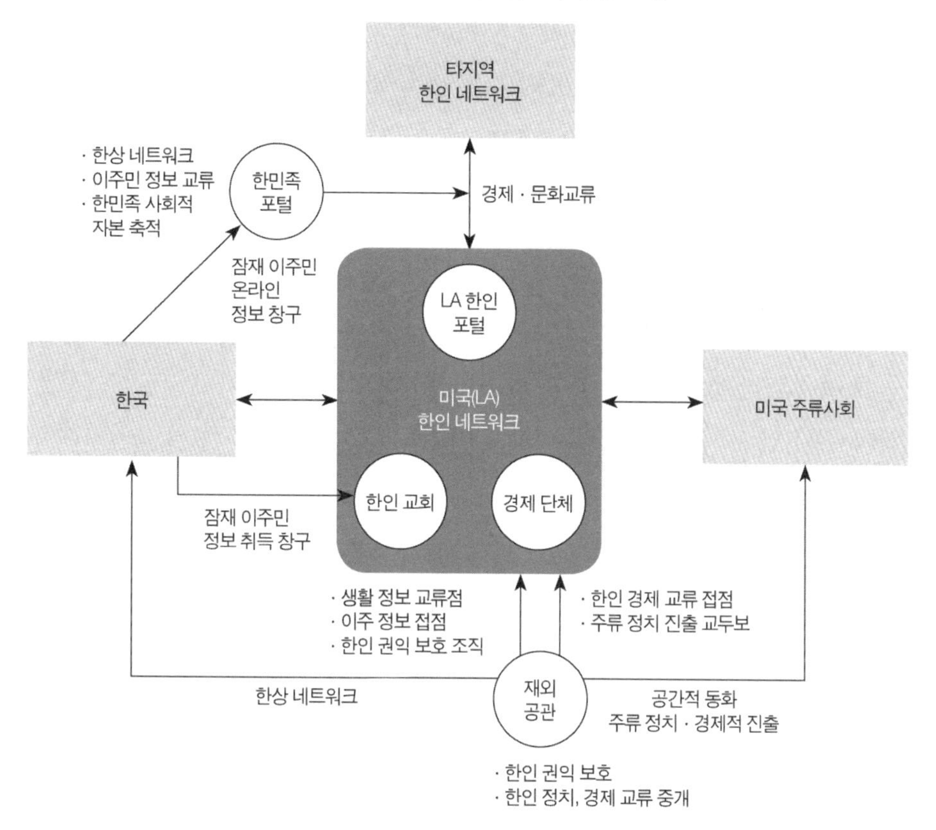

자료: 박원석(2015: 302).

한인 네트워크의 활성화는 사회적 자본으로서 한민족 네트워크의 구축의 중요한 일부분이 될 수 있으며, 이를 통해 한민족사회적 자본의 축적과 상호 경제 활성화에도 중요한 역할을 할 수 있다(〈그림 11-8〉).

4. 미국 내 한국 입양아의 공간분포

한국의 해외 입양은 6.25 전쟁 후 전쟁고아와 기아들의 구제책으로 시작되었으나 1970년대의 고도 경제성장기 이후에도 계속 증가되었다. 1958~1968년 사이에 6677인(매년 평균 607인)이었고, 1969~1975년 사이에는 2만 4404인(매년 평균 3486인)이었다.

그 후 1976년에서 1988년까지 2000~8900인의 많은 해외 입양이 이루어졌으나, 차츰 줄어들어 2002년에 2365인, 2008년에는 1250인으로 안정적인 해외 입양이 이루어졌다. 입양아 수가 가장 적은 연도는 2013년으로 많이 줄어든 236인이었다. 1958~2002년 사이의 해외 입양아 총수는 15만 499인으로, 국가별로 보아 미국이 66.2%로 가장 높고, 그다음으로 프랑스(7.3%), 스웨덴(5.8%), 덴마크(5.6%), 노르웨이(3.9%), 기타(11.2%)의 순이었다. 2013년에 입양된 236인 중 76.7%를 차지하는 181인이 미국으로 입양되어 가장 많았고, 그다음이 스웨덴(8.1%), 캐나다(6.4%) 순이었다.

해외 입양아 수가 가장 많은 미국 내에서 한국 입양아는 1972년 1585인에서 1991년에는 8000인으로 증가했다. 이들은 한국 이민자의 약 13%를 차지하며 미국으로의 입양아 수의 약 50%를 차지한다. 이를 시기별로 보면 1953~1962년의 초기단계에는 약 4000인이, 1962~1973년의 발전단계에는 약 9600인이, 1974~1990년의 절정단계에는 6만 9500인이 미국으로 입양되었다(〈그림 11-9〉). 그 후 한국의 해외 입양아 수는 해외언론과 국내여론의 비난으로 그 수가 축소되었으며, 입양기관별로 해외 입양

〈그림 11-9〉 해외 입양아 수의 변화

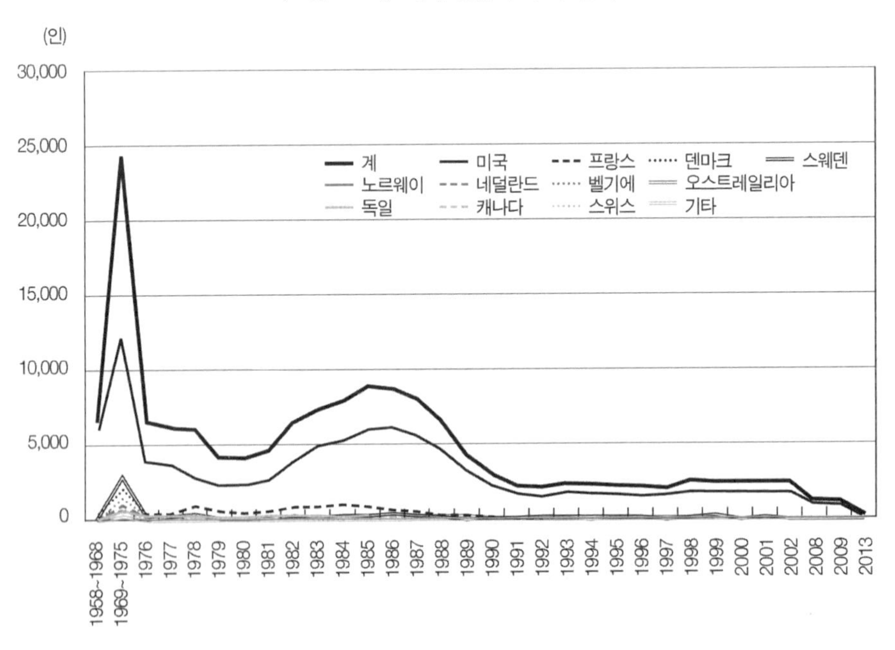

자료: 외교통상부, 재외국민영사국 자료실(2006); 보건복지부, http://www.mw.go.kr

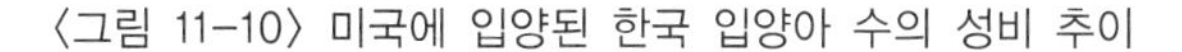
〈그림 11-10〉 미국에 입양된 한국 입양아 수의 성비 추이

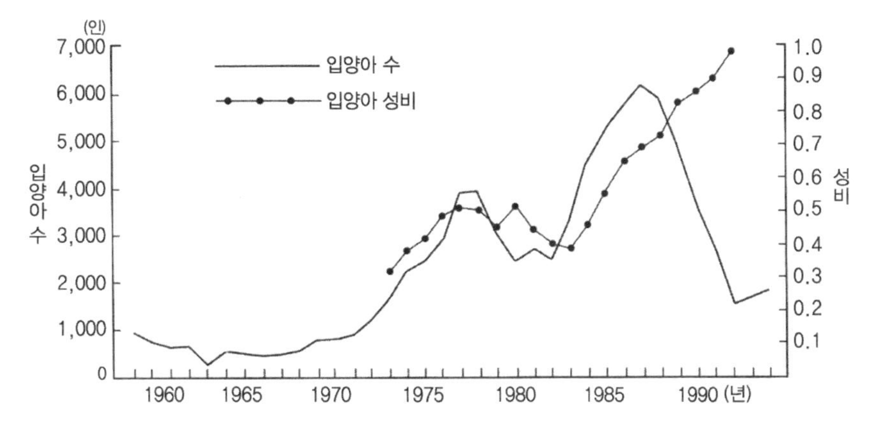

자료: Park(1995: 414).

어린이 수를 할당하는 해외 입양 쿼터(quarter)제[8]를 운영해 2000~3000인 수준에서 해외 입양이 이루어졌다. 이와 더불어 국내 입양은 1987년 2382인에서 1999년에는 1860인으로 나타났다(〈그림 11-10〉).

이와 같이 한국의 경제성장에도 불구하고 해외 입양이 증가한 이유는 한국의 사회적·문화적 환경과 해외 입양정책을 들 수 있다. 한국은 입양 대상자들의 복지향상과 이들과 관련된 사회적 부담을 줄이기 위해, 미국을 위시한 서부 유럽 선진국으로의 해외 입양을 추진해왔다. 해외 입양에서 한국과 미국은 세계에서 가장 강한 연계를 맺고 있다. 한국으로부터의 입양은 미국 내 해외 입양 전체의 약 50%를 차지하고 있다. 이러한 해외 입양에 의한 한국과 미국과의 강한 연계는 한국과 미국 두 나라의 독특한 사회적·문화적 상호관계에 의한 것이다. 한국에서는 1960년대 이후 급격한 산업화에 의한 대가족 기능의 약화와 성에 대한 가치관의 변화로 많은 미혼모가 나타났으나, 전통적인 윤리관은 여전히 혈연관계가 없는 국내 입양의 제한인자로 작용함으로써 입양 대상자가 증가하게 되었다. 한편 미국에서는 미혼모와 그 자녀가 사회적으로 용인되므로 입양 대상아의 공급이 감소함에도 불구하고 여성의 사회적 진출의 증가로 결혼연령과 출산연령이 높아짐에 따른 불임률이 상승했다. 그 결과 입양수요가 늘어났

8) 입양기관의 국내입양 실적에 따라 해외 입양 쿼터를 할당하는 협약을 말한다.

〈그림 11-11〉 미국의 주별 한국 입양아의 입지계수 분포

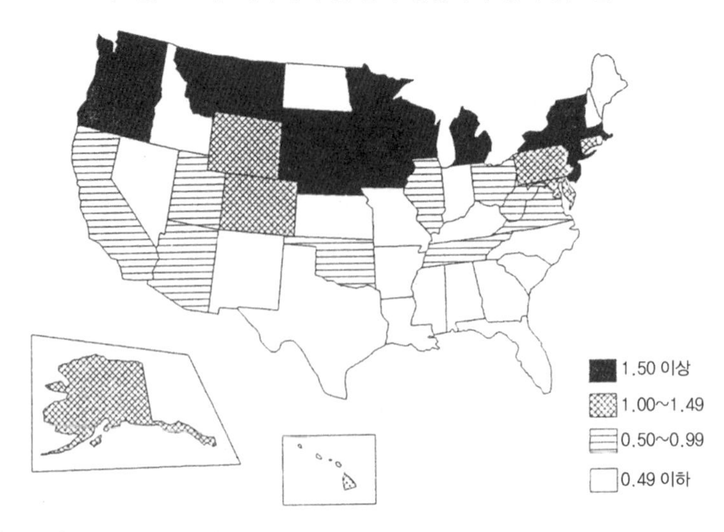

자료: Park(1995: 420).

다. 즉, 두 나라의 사회적·문화적 환경변화가 한국과 미국 사이의 해외 입양의 연계를 강화시켰다.

미국 내 한국 입양아들의 공간적 분포는 일반적으로 재미교포의 비중이 높지 않은 미국의 중서부 지역과 북서 태평양 지역에서 두드러지게 나타나고 있다(〈그림 11-11〉). 이러한 입양아의 공간적 분포는 한국으로부터 해외 입양을 주선하고 있는 미국 내 입양기관의 입지와 높은 상관관계가 있다. 이는 해외 입양에서 입양기관이 주요한 역할을 하는 강제이주의 한 형태라는 점 때문이다. 즉, 입양아는 영아이기 때문에 그들이 언제, 어디로 이주할 것인가는 전적으로 입양기관의 결정에 의존하지 않을 수 없다. 더욱이 한국 정부가 한국의 입양기관과 파트너 관계를 맺고 있는 미국의 입양기관을 통한 입양만을 허용할 뿐만 아니라 나아가서 그 입양기관이 입지하는 주(州) 내에서의 입양만을 인정함으로써 이러한 요인들이 한국 입양아의 공간적 분포에 결정적인 영향을 미치고 있다.

그 밖에 구소련에 분포한 한인[고려인(高麗人)]은 모두 약 55만 인으로, 한인의 거주지의 형성은 1864년 구소련의 연해주에 한민족 13가구가 이주한 것이 처음이다. 그 후 1869년 한국 북부지방의 대기근으로 연해주로의 이주민이 급증해 1914년에는 블라디보스토크에 한인 집단거주지 '신한촌(新韓村)'이 건설되었는데 이때가 제1의 이주였

〈그림 11-12〉 독립국가연합에 거주하고 있는 한인 분포

다. 그러나 1937년 스탈린이 연해주에서 중앙아시아로 한인을 17만 인이나 강제로 이주시켜 현재 우즈베키스탄에 가장 많이 거주하고, 그다음으로 러시아, 카자흐스탄의 순으로 거주하고 있는데 이때가 제2의 이주이다. 그런데 사할린에 거주하는 한인은 일제강점기 말에 강제 징용된 사람들의 후손들이다(〈그림 11-12〉).

최근에 중앙아시아 한인들이 시베리아 동부지역으로 귀환하는 현상이 나타나고 있는데, 이러한 현상은 한인 자신들의 경제적 이익만을 극대화하기 위한 신고전경제학적 관점(neoclassical economic perspective)이라고 할 수 없다. 그리고 국제 노동력이동에 영향을 미치는 사회구조를 중시하면서 인구유입국과 유출국이 시장, 사회, 국가 나아가 세계체계 모두를 포괄하는 관점인 역사적·구조적 관점(historical-structural perspective)이 주장하듯이, 주변부가 중심부로 편입되는 과정에서 이주가 발생한다는 주장도 설득력을 가지기 어렵다. 즉, 배출지인 중앙아시아 지역과 귀환지인 시베리아 동부지역이

〈표 11-12〉 중앙아시아 한인 귀환이주의 배출-흡인 모형

배출요인	중앙아시아		흡인요인	러시아 시베리아 동부
거시적	• 국가의 언어정책 • 내전과 민족 갈등	➡	거시적	• 군주둔지의 시설과 토지 사용의 허가 • 복권과 명예회복법 제정
미시적	• 교육열 • 신분상승의 욕구		미시적	• 가족 또는 친지의 관계망

자료: 이채문·박규택(2003: 561).

세계 시스템론에서 설명하는 중심부와 주변부에 놓여 있기 때문에 이주가 발생한다는 설명도 설득력이 없다. 귀환하는 시베리아 동부지역의 경제적 여건이 중앙아시아보다 우월하기 때문이 아니라 중앙아시아 국가들의 정치적·경제적 요인, 즉 내전이나 이슬람교 민족주의 또는 국가의 언어정책이 더 중요한 배출요인으로 작용하고 있다. 그리고 고전적 경제학적 관점과 역사적·구조적 관점을 결합시켜보면 귀환이주는 경제적·사회적·정치적 공백 속에서 발생하는 것이 아니라, 이주에 대한 개인적 또는 가족적 결정은 거시 구조적 변수와의 상호작용 속에서 발생하는 '민족 친화적 이주(migration of ethnic affinity)'라 볼 수 있다. 따라서 중앙아시아 한인의 귀환이주는 미시적·거시적 요인이 서로 연관된 관점에서 설명되어야 하는데 이것을 나타낸 것이 <표 11-12>이다.

5. 한국으로의 역이민

제물포조약 체결 이듬해인 1883년에 미국에 간 개화파 청년들, 20세기 초에 하와이에 간 사탕수수 농장의 노동자, 해방 후 결혼·입양·유학을 떠난 사람들에 이어 1980~2004년 사이의 이민자 수는 53만 9134인이었다. 최근에 와서 매년 이민자 수가 감소하고 있으나, 역이민자 수는 7만 9541인으로 1988년 이후 이민자 수의 약 50%에 도달해 이민의 U턴 현상이 나타나고 있다. 이와 같은 역이민자 수의 증가는 풍요로운 기회의 땅으로 이민을 갔다가 물질적 풍요로움은 누렸지만 정신적인 공복감으로 인해 귀국하게 되고, 그동안 한국의 경제성장과 사회 안정이 이를 더욱 자극했다고 생각할 수 있다. 또 이민생활을 통해 얻은 자본과 경험으로 한국에서 사업을 벌일 만큼 시장이 커졌다는 점과 2개국 언어를 구사할 줄 아는 장점 등도 그것이다.

한편 미국의 장기간의 경제 불황, 로스앤젤레스의 흑인폭동(1992년)과 외국인에게 불리한 복지법[9]과 이민법의 개정[10] 및 이 두 개 법안의 유예기간이 끝나는 1997년

9) 1997년 1월 1일에 발효된 복지법은 불법체류자는 물론 영주권자의 생계 보조비, 식량보조비(food stamps)를 모두 중단하기로 하고 시민권자에게만 완전한 혜택을 준다는 것이다.

10) 1997년 4월 1일 발효된 개정 이민법은 불법 체류자가 일정 기간 내에 자진 출국하지 않으면 3~10년 동안은 미국 내 입국을 금하고, 재정능력이 없는 시민권자의 가족초청도 금해 외국인들을 솎아내는 역할을 하는 것이다.

〈표 11-13〉 이민자 수와 역이민자 수의 변화

연도	이민자 수 (가)	역이민자 수 (나)	[(나)/(가)]×100 (%)	연도	이민자 수 (가)	역이민자 수 (나)	[(나)/(가)]×100 (%)
1980	37,510	1,049	2.8	2000	15,307	4,397	28.7
1985	27,793	2,290	8.2	2005	8,277	2,800	33.8
1990	23,314	6,449	27.7	2010	899	4,199	467.1
1995	15,917	7,057	44.3				

자료: 외무부, 재외국민이주과 자료(1997); 외교통상부, http://www.mofat.go.kr; http://www.dongponews.net; 외교부, http:// www.mofa.go.kr

8월 말부터 65세 이상의 노인에게 약 600달러의 생계 보조비가 중단되고, 주 정부의 의료 서비스 역시 중단될 가능성이 높아 노인의 역이민이 더욱 가속화될 가능성이 높다. 그러나 부메랑 유스(boomerang youth)라고 불리는 이민 1.5~2세대들은 이민국 국적을 유지하는 경향이 있다.

1980~2010년 사이의 역이민자 수는 1990년부터 높아지기 시작해 1993년에 가장 높았다. 그 후부터는 다시 감소하다 영주귀국이 증가하기 시작한 시점인 2003년부터 이민자가 1만 인 이하로 떨어졌으며 2010년에는 크게 증가했다(〈표 11-13〉). 1996~2005년 사이의 국가별로 역이민자 수를 보면, 미국이 총역이민자 수의 49.0%(4만 4567인)를 차지해 가장 많았고, 그다음으로 캐나다(9.3%), 중앙·남아메리카 지역(7.4%), 뉴질랜드·오스트레일리아(1.6%), 그 밖의 국가(17.6%)의 순이었다. 아르헨티나를 포함한 중앙·남아메리카 지역의 역이민자 수가 많은 것은 1960~1980년대의 농업·투자이민 1세들이 많이 돌아왔고, 또 2002년 아르헨티나에 닥친 경제위기로 동포 상당수가 북아메리카와 멕시코로 재이주했기 때문이다.

이와 같이 역이민의 사유[11]를 보면, '이민국 생활적응 문제'가 772인으로 24.2%를 차지해 가장 많았고, 그다음으로 '부메랑 유스', '뉴(U)턴 족'이라 불리는 교포자녀세대의 국내취직(19.5%), '노령 때문에'의 이유가 16.8%를 차지했다. 그 밖에도 '이혼'(11.5%), '신병치료'(6.2%), '국내 취학'(6.1%)의 순으로 '기타'는 15.6%를 차지했다.

11) 1996년 5월 13일~1996년 12월 31일 사이의 3188인을 조사한 결과이다.

12장

인구변동과 인구이동권

1. 인구성장률

인구 증가율의 속도를 가장 잘 나타내는 지표가 인구성장률(population growth rate)이다. 특정 지역의 인구변화는 해당연도와 기준연도의 인구수 변화를 기준연도의 인구수로 나누어 백분율(%)로 구한다. 즉, 인구성장률을 구하는 식은 $\frac{P_1 - P_0}{P_0} \times 100$이다. 여기에서 P_0은 기준연도의 인구수, P_1은 해당연도의 인구수이다. 예를 들면 1990년의 한국 인구수는 4339만 374인이고, 2010년의 인구수는 4858만 2934인일 때 20년 동안의 인구성장률은 11.96%가 된다. 다음으로 특정 기간의 인구성장률을 비교할 때는 연평균 인구성장률을 이용한다. 연평균 인구성장률은 주어진 기간 동안 연간 성장률이 일정했다고 가정하고 주어진 기간 동안(n)의 인구성장률을 연평균 인구성장률(r)로 바꾸어 나타낸 것이다. 즉, 연평균 인구성장률을 구하는 식은 $\frac{P_1}{P_0} = (1+r)^n$이다. 여기에서 P_0은 기준연도의 인구수, P_1은 해당연도의 인구수, r은 연평균 인구성장률, n은 t_1연도와 t_0연도 사이의 기간을 나타낸다. 위 식을 풀기 위해 상용대수화시키면

$\log\frac{P_1}{P_0}=n\log(1+r)$이 된다. 이 식을 다시 정리하면 $\log(1+r)=\frac{1}{n}log\frac{P_1}{P_0}$이 된다. 1990년~2010년의 연평균 인구성장률을 산출해보면 $\log(1+r)=\frac{\log1.11967}{20}=0.002455$가 되고, $(1+r)=1.00598$이 되므로 $r=0.00598$로, 1990~2010년의 20년 동안 연평균 인구성장률은 0.60%가 된다.

그러나 연평균 인구성장률은 일정기에 일어난 일련의 변동이라기보다, 일정기간 동안 계속적으로 증가하는 연속과정이라고 볼 경우에 자연대수를 적용한다. 즉, $\frac{P_1}{P_0}=e^{rn}$이 된다. $rn=0.1130$이 되고, $r=\frac{0.1130}{20}$으로 $r=0.005652$가 되어 자연대수에 의한 연평균 인구성장률은 0.57%가 된다. 그러나 인구 증가는 계속적으로 이루어지는 것이기 때문에 자연대수를 이용함으로써 인구 증가의 성격을 더욱 정확하게 파악할 수 있다.

2. 지역인구예측

1) 장래인구예측의 의의

한국의 장래인구가 어떻게 변화하고 또 그것이 한국 경제·사회와 어떤 관련이 있는가를 내다보는 문제는 경제개발을 시작하기 이전부터 인구학자나 행정가의 깊은 관심사였다. 이와 같이 관심을 많이 갖게 된 가장 큰 이유는 아마 한정된 국토·자원과 인구 증가율과의 관계를 기초적인 환경조건에 비추어볼 때 한국인의 생활차원에서 장래인구의 동향을 살피는 과제는 기본적이기 때문이라고 말할 수 있다. 장래인구예측은 장·단기 국가발전 계획수립과 향후 인구와 관련된 각종 경제·사회지표를 작성하기 위한 기초자료 및 학술자료로 제공하기 위함이다.

장래 인구예측(population forecasts)[1]은 전국 인구추계(population projections)[2]를 바탕

1) 특정 시점에서의 추계가 현실과 같을 것이라는 전제하에서 성립되기 때문에 모든 예측은 추계가 되지만 그 반대는 성립되지 않는다. 예측은 현실적으로 타당한 가정에서 만들어진 추계인 반면, 추계는 관련 변수들을 정확하게 모형화해 현실성이 없는 가정에서 만들어지기도 한다. 다만 장래가

으로 노동력 인구, 시·도별 인구, 대도시권 인구, 가구 수 등 다양한 내용을 과제로 취급하는데, 특히 각종 지역개발계획의 등장과 더불어 시·도, 대도시권, 신산업도시나 공업정비특별지구 등의 특정 지역을 대상으로 한 장래인구예측은 국가나 지방자치단체의 경제·사회계획이나 공기업이나 민간기업 사업계획에도 불가결한 기본적인 틀로 요구되었다.

더욱이 1980년대에 들어와 지역 인구유동은 지금까지 대도시지역으로의 압도적인 집중 현상과는 다른 다양한 경향을 나타내고 있기 때문에, 이와 같은 새로운 국면에서 지역인구를 예측하는 것은 더욱 중요한 의의를 가지게 된다. 그 기본적인 상황을 지적하면 지금까지 심한 인구유동이 만들어낸 과밀·과소현상의 심각화, 특히 청년층 인구유출 → 출생감소 → 인구노령화의 악순환이 모든 지역사회의 유지를 곤란하게 하는 단계가 되어 인구 그 자체의 재배치를 검토하는 것이 지역사회의 유지·발전을 위해 직접적인 정책과제가 되었다. 이러한 기본적인 생각에서 일반적으로 지역사회가 장기적·안정적으로 발전해나가기 위해서는 일정한 인구와 그것을 지지하는 균형 잡힌 연령구조 등이 유지될 필요가 있다고 말할 수 있다. 이러한 것을 지역계획과 관련지어 보면 그 계획의 입안, 실시, 성과의 검토 등 모든 단계에서 인구추계치가 기본적이고 총괄적인 지표로 중시된 것을 의미한다.

그러나 여기에서 인구예측이 갖는 기본적인 의의까지 생각해보면 장래인구추계와 관련된 모든 과정은 궁극적으로 볼 때 인구문제이다. 따라서 종합적인 연구과제의 일환으로 의미를 가질 것이다. 왜냐하면 인구를 예측할 때 그것이 어떤 목적과 성격을 가지더라도 그 전제로서 인구와 경제·사회 상황과의 관련에 관한 과거 및 현재의 분석, 또는 가정조건의 가설을 위해 내다보는 것을 검토할 필요가 있고, 나아가 얻어진 추계 값에 대해 그 특징을 밝히고 그것을 전국과 지역의 경제사회변동 속에서 어떻게 위치시킬 것인가라는 분석과 평가가 필요하다.

이러한 과제는 인구문제적인 접근과 논의를 의미하고, 이러한 점에서 장래인구예측은 기술적으로는 다양한 인구통계분석을 행함으로써 그것이 의미하는 기조로서의

불확실하기 때문에 대부분의 경우 추계의 시나리오들이 예측으로 사용되기도 한다.

2) 아직 일어나지 않는 장래의 변화와 관계가 있다. 물론 센서스 이전(precensal)의 인구나 가구를 추정하는 것과 같이 과거에 대해 장래추계 때와 같은 방식으로 후진적으로 자주 사용하기도 한다.

인구문제 인식이 불가결하게 된다. 바꾸어 말하면 장래인구예측은 한국의 인구문제에 금후의 특성과 문제점을 밝히기 위한 기본적인 수단과 자료를 제공하는 것이라고 말할 수 있다.

2) 인구추계의 성격과 추계방법의 유형

(1) 인구추계의 성격

대부분의 인구추계는 장래인구추계를 의미하나 일반적으로 인구추계라고 할 경우는 반드시 장래추계만을 의미하지는 않는다. 구체적으로 이들 각각의 성격을 구분해보면 <그림 12-1>과 같다.

인구추계는 과거의 추정(estimate)[3]과 장래예측으로 구분되는데, 전자는 인구센서스 실시 이전으로 소급해 추계하는 소급추계와 인구센서스 실시년도 사이의 중간연도를 추계하는 보간(補間)추계(interpolation)로 구분할 수 있다. 구체적으로 살펴보면 한국의 경우 제1회 국세조사가 실시된 1925년 이전으로 소급해 인구를 추계하는 것이 소급추계이고, 1925년 이후 5년마다 인구센서스를 실시했는데, 이들 실시년도의 중간년도의

〈그림 12-1〉 인구추계 값의 성격구분

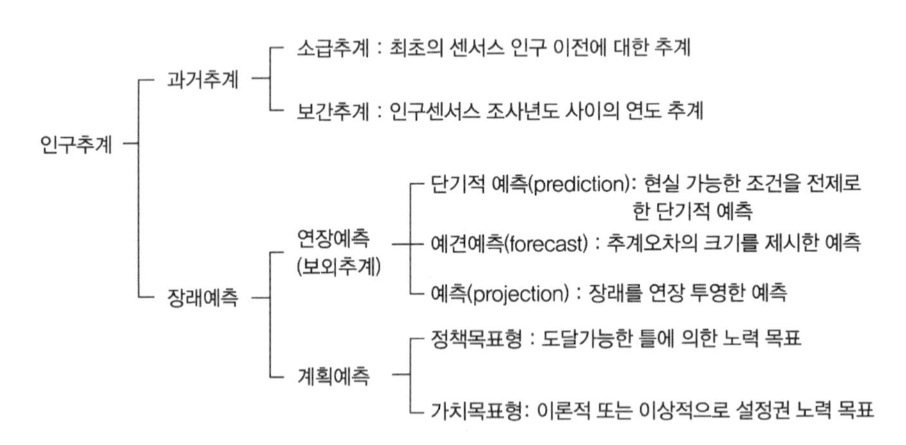

자료: 濱英彦(1982: 191).

3) 센서스 이후에 작성된 인구동태나 등록자료 등 최근 연도의 실제자료를 사용해 센서스 간(intercensal) 중간연도나 센서스 후(postcensal) 연도 등 과거나 현재의 인구를 추정하는 것이다.

인구를 추계하는 것이 보간추계이다.

한편 장래예측도 그 성격에 따라 연장예측(extrapolation)과 계획예측으로 구분할 수 있다. 연장예측은 인구내부에서 변동을 야기하는 여러 가지 요인의 변동에 일정한 조건을 설정하고 이것을 장래에 연장 투영하는 것을 의미하는 것으로, 이 경우 조건설정의 방식에 따라 다시 세 가지로 구분한다. 첫째, 인구동태인 출생, 사망 등의 실현가능한 변동을 전제로 하는 수년간의 단기적 예측(prediction)과, 둘째 추계오차의 크기를 제시한 예견예측(forecast), 셋째 과거부터 현재까지의 인구변동을 야기하는 여러 요인을 장래의 추세로 투영한 예측(projection)으로 구분된다.

이들 세 가지 종류의 연장예측은 일정한 조건설정이 맞아야 계산이 가능한데, 그중에서도 가장 실현가능성이 높은 예측(projection)의 경우에서도 인구를 추계하는 데 영향을 미치는 여러 가지 요인의 급격한 변화는 생각할 수가 없다. 특히 지역인구의 추계는 경제적·사회적 상황과 복잡한 상호 관련을 갖고 급변하기 때문에 실제로 우선 계산할 수 있는 장래예측은 단기적 또는 급속한 변화를 고려하지 않고 장래의 동향을 추세로서 가정하는 예측(projection)이다.

이것에 대해 계획예측은 실제의 경제·사회계획 중에 설정된 취업구조, 노동력 수급, 인구이동 등의 틀과 정합성에서 장래의 여러 시점에 인구 목표치를 계산하는 것을 의미하는 것이다. 따라서 계획예측에 의한 인구는 경제·사회계획의 실현을 전제로 기대되는 추계인구이고, 이 추계 값의 실현가능성에 대해 두 단계로 구분할 수 있다. 즉, 첫째는 도달 가능한 틀을 중심으로 한 정책 목표형 예측이고, 둘째는 이론적 또는 이상적으로 설정된 가치 목표형 예측이다. 그러나 계획예측은 경제·사회계획의 진행과 실현에 대응하는 목표 값을 계산하는 것으로 목표 값에 한해 실현의 보장은 없다. 이러한 점에서 실제적인 과제 및 추계작업은 연장 예측 값과 계획 예측 값을 함께 계산하고, 두 추계의 관련성과 차이를 검토하는 것이 필요하다.

(2) 인구추계 방법의 유형

장래인구의 추계방법은 추계목적, 추계내용, 추계기간, 필요로 하는 정확도 등에 대응해 다양한 접근방법이 있다. 특히 지역 인구예측의 경우 기본적으로 중요한 것은 특정 지역의 장래인구를 예측할 때에 대상지역을 포함하는 더욱 넓은 지역을 추계대상으로 하고 그중에서 특정 지역의 인구변동을 위치 지을 수가 있다. 주어진 추계 대상지

〈그림 12-2〉 추계방법의 구분

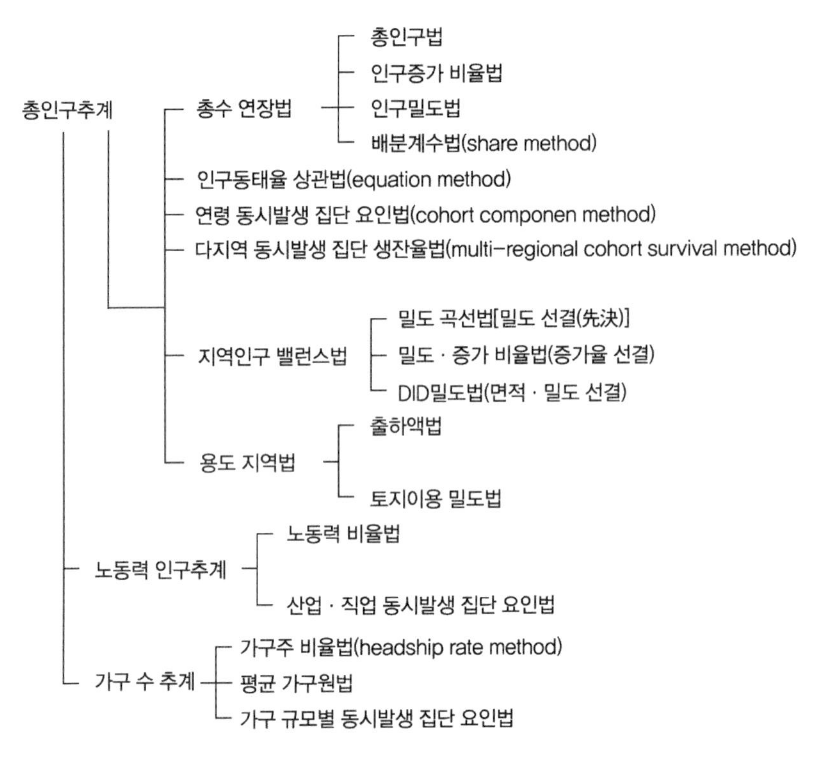

자료: 濱英彦(1982: 196).

역의 세부지역을 필요에 따라 다시 소단위 지역으로 구분하고 그 소지역 추계치를 합해 대상지역 추계치를 계산할 수가 있다. 그리고 이러한 대상지역의 구분방법에 따라 추계방법과 이용하는 자료가 다르게 된다.

일반적으로 특정 소수지역을 추계대상으로 할 경우에는 그 추계에 사용하는 자료는 인구동태·인구정태 자료 모두 남녀·연령별까지 구분해 가정조건을 설정하는 것이 많지만, 반대로 다수지역을 동시에 추계할 경우에는, 추계자료는 비교적 단순한 내용만을 사용하게 되고 지역 간의 상호관계를 중시한 추계방법을 채택하게 된다. 물론 양자의 추계방법은 상호보완적인 성격을 가지고 있다.

이와 같이 대상지역의 범위, 추계방법, 이용하는 자료의 결합의 관점에서 지역 인구 예측에 대해 여섯 가지의 기본적인 추계방법을 구분할 수 있다(〈그림 12-2〉). 그 밖에 노동력 인구추계 및 가구 수 추계에 대해 기본적인 추계방법을 제시하고 있지만 총인구

추계로서는 다음 여섯 가지 추계방법을 나타낼 수 있다.

즉, ① 총수 연장법, ② 인구동태율 상관법, ③ 연령 동시발생 집단 요인법, ④ 지역인구 밸런스(balance)법, ⑤ 용도지역법, ⑥ 다지역 동시발생 집단 생잔율법이다. 총수 연장법은 지역인구 총수의 시계열 변동을 추계자료로 하고 계산식을 적용해 장래까지 연장 계산하는 방법이다. 이 경우 이용 자료로는 총인구수 이외에도 인구 증가율, 인구배분 계수,[4] 인구밀도 등을 활용할 수가 있다. 그러나 이 방법은 수식의 적용이 추계 대상지역별로 개별적으로 계산되며 개개지역의 추계 값은 상호관계가 없고 다른 지역과의 관계를 검토할 수가 없다. 이러한 점에서 총수 연장법은 다른 추계방법, 특히 지역인구 밸런스법을 위한 수단으로서 유효하다.

인구동태율 상관법은 추계자료로서 인구변동을 규정하는 내부요인인 자연 인구동태와 사회 인구동태를 활용하는 방법이다. 자연 인구동태는 출생과 사망, 사회 인구동태는 지역 간의 전입과 전출의 장래변동을 가정함으로써 얻는 추계 값이다. 그러나 이 경우 출생, 사망, 전입, 전출은 서로 무관하게 변동하는 것이 아니고 인구내부의 연령구성을 매개로 일정한 관련과 시간적 지체를 수반하면서 변동한다. 이러한 점을 기본적으로 고려하고 있으므로 이 방법을 인구동태율 상관법이라고 부른다.

연령 동시발생 집단 요인법은 남녀·연령별 자료를 활용해 행하는 추계방법이다. 개별적 추계자료로서 자연 인구동태는 여자의 연령별 출산율, 남녀·연령별 사망률 또는 생잔율, 사회 인구동태는 남녀·연령별 순이동률 또는 유입률, 유출률이다. 이 추계방법은 남녀·연령별 구성을 고려하고 있는 점에서 논리적으로 매우 우수하다고 할 수 있으나, 연령별 자료를 사용함으로써 추계 기술상의 어려운 점도 더욱 많아진다. 특히 인구이동 자료에 대해 남녀·연령별로 이동자료를 얻기 매우 어렵고 또 장래동향을 가정하는 것 또한 매우 곤란하다. 동시발생 집단 요인법에 의한 인구추계 과정을 나타낸 것이 <그림 12-3>이다.

지역인구 밸런스법은 다수의 대상지역[5]에 대해 지금까지 시계열 변동이 지역 간에 어떠한 상호 관련이 있었는가를 검토하고, 그에 따라서 지역인구변동의 단계와 전체의 패턴을 찾는 것이다. 이 단계와 전체적 패턴은 특정시점에 현실지역에서 나타나고

4) 대지역 내에 있는 소지역 인구비율을 말한다.

5) 예를 들면 15개 시·도 또는 대도시권역이나 특정 시·도 내의 시·구·읍·면 등을 말한다.

〈그림 12-3〉 동시발생 집단 요인법에 의한 인구추계 과정

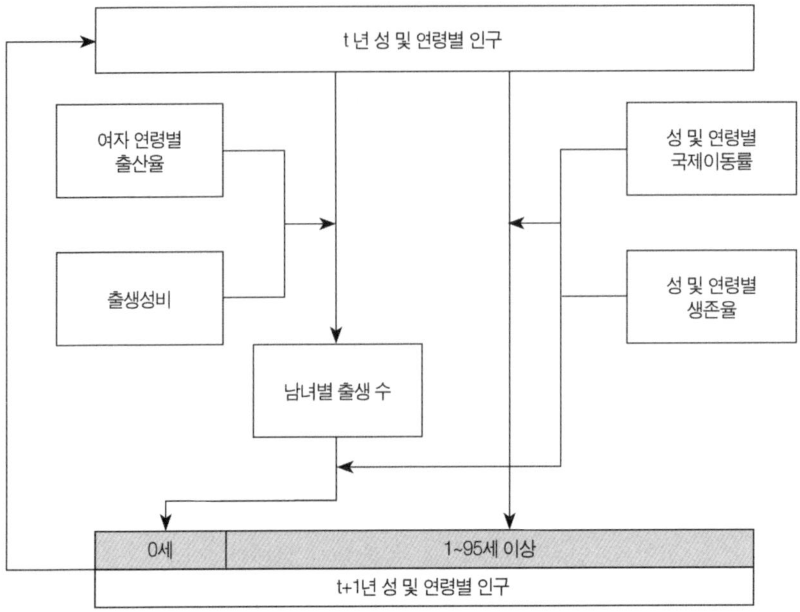

자료: 통계청, 『장래인구추계 결과』(2006), 2쪽.

있으나 이것을 시계열적 변동으로 바꾸어 장래의 변동예측에 적용할 수가 있다. 여기에서 사용되는 인구자료로는 인구수와 그 증가율, 배분계수, 인구밀도 등이 고려될 수 있다. 이 방법은 지역인구변동의 상호 관련이 기본적인 관점이기 때문에 지역 밸런스법이라고 부른다.

앞에서 기술한 네 가지 종류의 추계방법은 연장예측 방법이며, 용도 지역법은 계획예측을 위한 추계방법으로 다시 두 개의 방법으로 구분된다. 첫째는 출하액법이고, 둘째는 토지이용 밀도법이다. 전자는 산업개발계획에서 출하액 목표와 노동생산성을 기초로 해 계획인구를 계산하는 방법이고, 후자는 용도지역 구분에 대응하는 인구밀도의 설정에서 인구를 계산하는 방법이다.

(3) 사회 · 경제지표의 추계 값에 따른 지역인구 추계방법

과거의 사회·경제지표의 추이와 인구수나 인구수의 변동요인 추이 간에 나타나는 상관관계를 파악해 그 관계가 장래에도 변하지 않는다는 전제조건하에서 사회·경제지

표의 예측 값으로부터 장래의 인구수 또는 장래 일어날 수 있는 인구수 변동요인의 변화를 추계하는 방법으로 이를 사회·경제지표법이라 한다. 이 방법에 의한 추계는 아직 한국에서 실시된 바가 없으나 일본의 경우에는 1980년대에 들어와서 비교적 활발히 행해지고 있다. 이 추계의 구체적인 방법은 두 종류로 나누어진다. 사회적·경제적 요인의 예측 식을 구해서 장래 값을 산출하고, 그것으로부터 장래인구수를 추계하는 방법과, 시스템 다이내믹스(dynamics)의 기법을 도입해 인구현상을 그 시스템 속에 넣어 시스템 전체 내에서 장래인구를 추계하는 방법이 그것이다.

전자의 사례로는 일본 도쿄도가 1967·1972·1977년에 시도한 도쿄도 내의 구·시·정·촌(區 · 市 · 町 · 村)별 인구추계를 들 수 있고, 후자의 예로서는 1975년에 일본 사회공학연구소가 시도한 전국의 지방별, 남녀·연령별 추계 및 일본 칸사이(關西)정보센터가 1977년에 시도한 오사카(大阪)시 인접 도시권 내의 연령별 인구추계, 1981년의 미쓰비시(三菱)종합연구소의 현별(縣別) 인구추계 등을 들 수 있다.

도쿄도가 시도한 인구추계는 그동안의 수학적 방법에서 탈피해 1967년 이후 에코노매트릭스(econo-matrix)의 수법을 도입한 인구추계로 바뀌었다. 그것은 지역인구가 형식인구학적 접근방법으로서는 아주 양호한 적합도를 얻을 수가 없는 복잡한 변동을 나타내고 있고, 인구가 경제구조의 진전 내지 도시화와 상호의존 관계를 가지며 변동하고, 또한 사회경제가 보다 고차의 발전단계로 나아감에 따라 정책적인 조작에 의한 도시계획, 도시개조, 산업대책이 확대되어 그것이 인구구조에 커다란 영향을 주고 있다는 점을 도외시하고 인구변동을 설명하는 것이 무리라고 생각한 점에 주목하고 있기 때문이다. 그 때문에 이 방법은 인구·경제발전의 여러 가지 요소와 어떤 이론적 관련을 맺고 있는가를 찾고, 경제량의 함수로 정식화할 수 있는 차원까지 인구개념을 분해하는 것이다. 그래서 이러한 여러 가지 요소의 과거추이를 지역의 특성과 관련지어 다각적으로 검토하고, 적합도가 가장 좋다고 생각되는 통계적 방법으로 여러 가지 요소의 미래 예측 값을 산출하고 그 결과에서 장래의 인구수를 산출한다.

처음 의시도에서는 $\text{인구} = \text{주거 가능면적} \times \left(\frac{\text{연(延)면적}}{\text{거주 가능면적}}\right) \times \left(\frac{\text{인구}}{\text{연 면적}}\right)$이라는 비교적 단순한 식이었으나 그 후 추계는 더욱 복잡하게 되었고, 1977년의 추계에서는 $\text{인구} = \left(\frac{\text{거주 가능면적}}{\text{면적}}\right) \times \left(\frac{\text{택지 면적}}{\text{거주 가능면적}}\right) \times \left(\frac{\text{연 면적}}{\text{택지 면적}}\right) \times \left(\frac{\text{인구}}{\text{연 면적}}\right) \times \text{면적}$의 식을 사용했다. 또한 실제의 작업에서는 $\frac{\text{인구}}{\text{연 면적}}$가 다시 8개의 요소로 나뉜다.

한편 지방별, 남녀·연령별 장래인구를 추계하기 위해 시스템 다이내믹스의 수법을 도입한 사회공학연구소의 지역 인구추계에서는 금후 일본 사회가 과거 100~150년 동안 지속적인 성장형 사회가 아니고 다른 형태의 사회로 변화되는데, 변화된 사회에서의 예측모형을 과거의 연장선상에서 장래를 생각하는 계량경제학적 방법보다 장래에 일어날 가능성이 있는 변화를 될 수 있는 대로 많이 조합할 수 있는 일반 시스템론적인 개방성을 가진 예측모형으로 인구를 추계하는 것이 가장 좋다고 생각한다. 이 모형에서는 여러 가지 정책의 가변적 성격과 함께 공업배치와 대학배치 등을 고려한 산업 분산형과 산업 집중형의 두 가지 경우를 설정하고 있다. 또 칸사이정보센터의 추계에서는 현재의 경향이 그대로 계속되는 기본적 경우(basic case), 현재보다 환경이 정화되고 취업기회가 증대되는 더 좋은 경우(better case) 및 환경이 현재보다 악화되고 취업기회가 감소하는 더 나쁜 경우(worse case)의 세 가지 경우를 생각하고 있다.

또한 미쓰비시(三菱)종합연구소의 경우는 현재의 상황과 같은 조건설정에 의한 기본적 경우 형과 대도시로부터 인구분산을 촉진하는 방향으로 정부가 투자한 지역별 배분 가중치(weight)를 고려한 경우별 가정설정이 있고, 2~3개의 다른 추계결과를 산출하고 있다.

(4) 다지역 동시발생 집단 생존모형(multi-regional cohort survival models)

이 모형은 로저스(A. Rogers), 리스(P. H. Rees)·윌슨(Wilson), 스톤(Stone) 등에 의해 개발되었고 그 후 부분적인 수정이 이루어졌다. 지금까지 인구학의 분야에서 발달한 안정인구 이론이나 생명표 이론은 봉쇄인구를 대상으로 하는 것이었고, 인구학적 방정식은 단일지역에서 인구변동과 그 변동을 가져오게 하는 요소와의 관계를 나타내는 것이었다.

다지역 동시발생 집단 생존모형은 이러한 단일지역만을 대상으로 하는 인구분석이 아니고, 다수의 지역을 동시에 관찰해가면서 행하는 분석방법이다. 이 모형은 종래의 단일지역에서 인구학적 방정식을 다지역 인구 증가 매트릭스로 전환시키는 것이다. 즉, 특정 기간에 지역별 기말(期末) 인구수와 지역별 기수(期首) 인구수를 나타내는 요소와 지역별의 출생률과 사망률, 인구유출률을 조합해 만든, 지역별 증가율과 지역별 인구유입률을 요소로 하는 매트릭스를 곱한 것이다. 이어서 이것이 첫째, 지역별·연령별 특수출생률, 둘째, 특정 연령의 사람이 특정 기간 다른 지역에 유출하지 않고 그 지역에 머물면서 그 기간에 생존하는 지역별 확률, 셋째, 특정연령의 사람이 특정 기간에 특정 지역에 다른 지역으로부터 유입되어 그 기간에 생존할 확률 등 세 가지 요소의 매트릭스와 지역별·연령별 인구수를 요소로 하는 매트릭스와의 곱으로 나타내는 남녀 연령별 다지역 간 동시발생 집단 생잔율 모형으로 발전되었고, 지금까지의 생명표와는 다른 다지역 생명표의 작성으로 발전되었다. 즉, 다지역 생명표의 함수가 지역인구 추계에 사용되게 되었다.

이 모형은 단일지역의 장래인구를 추계하는 것이 아니고 다수지역의 장래인구를 다른 지역과 관련지어 동시에 추계하려는 점에서 지역 밸런스법의 일종이라고 할 수 있으며, 출생률, 생존율, 이동률의 추정 값에 기초하고 있기 때문에 연령 동시발생 집단 요인법의 일종이라고도 할 수 있다. 어쨌든 이 모형은 연령별, 특수출산율, 연령별 생존율, 연령별 인구유출률, 해당지역에 유입하는 모든 지역으로부터의 연령별 인구유입률의 각각에 대해 장래인구의 예측이 필요하다. 또한 다지역 생잔모형을 보다 발전시킨 남녀 연령별 다지역 동시발생 집단 생잔모형(age and sex-specific multi-regional cohort survival model)은 다지역 동시발생 집단 생잔행렬을 사용하고서 그 계산이 복잡하고 또한 지역수가 많아질수록 대형 컴퓨터를 사용해야 한다. 한국에서는 아직 이 방법에 의해 추계가 시도된 일이 없다. 다음은 장래인구추계 방법의 하나인 다지역형 인구분석으로 로저스·윌킨스 모형을 적용해 한국 인구를 추계해 보기로 한다.

3) 로저스 · 윌킨스 모형

(1) 모형의 성격

인구의 장래예측을 하고자 할 때에는 연령계급별 출산율이나 사망률을 각각 지역별로 고찰할 필요가 있고 연령계급별 지역 간 인구이동 특성의 고찰도 중요시해야 한다. 이러한 인구분석상의 요청에 따라 1978년 국세응용시스템분석연구소[6] 소속의 로저스(A. Rogers)는 윌킨스(F. Willekens)와 함께 『공간적 인구분석－방법과 컴퓨터 프로그램

6) 국제응용시스템분석연구소(International Institute for Applied System Analysis)는 미국, 구소련을 포함한 공업이 발달+한 선진 17개국에 의해 구성된 국제연구기관으로, 본부는 오스트리아의 빈 교외에 있다. 이 연구소는 거대한 연구프로젝트를 수행해왔는데 그 대표적인 것으로는 시베리아 개발, 일본 신칸센(新幹線) 프로젝트 등이 있다.

(Spatial Population Analysis: Method and Computer Program)』이라는 저서를 출간했다. 이 저서에 지역인구의 시간적 변동 메커니즘과 그 메커니즘을 이용해 장래 지역인구를 예측한 것, 그리고 그 분석법이 서술되어 있다. 로저스의 분석법에서 대상지역이 다수의 단위 지역으로 분할되고, 각 단위 지역 내의 인구와 인구구조 및 평균여명 등이 산출된다.

단일지역형 인구분석에서는 대상지역 내의 지역적 인구구조, 예를 들면 대상지역 내부 각 지역의 인구나 각 지역 간의 인구이동과는 무관하게 그 대상지역 내의 여러 가지 특성만이 포착된다. 그러나 다지역형 인구분석에서는 대상지역 내의 각 지역 인구의 여러 가지 특성과 각 지역 간에 나타나는 인구이동의 여러 가지 특성이 포착된다. 특히 지역 간 인구이동의 여러 가지 특성의 분석은 다지역형 인구분석에서만 고려되는 것이다.

다지역형 인구분석의 일부는 단일지역형 인구분석의 확장이기 때문에 다지역형 인구분석에 취급되는 지역별 인구구조의 특징에도 단일지역형 인구분석에서 취급되는 유사한 것들이 모인다. 로저스 모형에서 예를 들면, X세에 i지역에 거주하는 사람이 $X+5$세에 j지역에 거주하고 있을 확률 $P_{ij}(X)$, 또는 j지역에서 태어난 사람 중 X세에 i지역에 거주하고 있는 사람의 수$_{jo}l_i(X)$가 그것이다. 이것들은 단일지역형 인구분석에서 생존율(probability of living) $P(X,N)$(X세의 사람 중 $X+N$세까지 생존할 확률)이나 생존수 $l(X)$(X세까지 생존해 있는 사람 수)에 유사한 인구구조의 특징이라고 말할 수 있다. 그러나 이에 대해 로저스 모형은 j지역에서 태어나 X세에 i지역에 거주하고 있는 사람 중 X세부터 $X+5$세까지 5년 사이에 i지역에서 k지역으로 이동하는 사람의 수 $_{jo}l_{ik}(X)$는 다지역형 인구분석에서만이 분석이 가능한 것이고 단일지역형 분석에서는 불가능하다.

로저스는 위와 같은 분석상의 특징을 가진 다지역형 인구분석을 체계적인 모형형태로 사용할 것을 제창했다. 로저스의 분석법은 단지 인구의 공간적 이동이나 배치만을 문제로 하는 것이 아니고, 각 지역에서의 출산이나 사망에 의한 지역적 인구의 변화도 고려한 지역적 인구구조의 분석으로 인구와 인구구조의 시공간적 변화의 분석이라고 말할 수 있다. 실제의 모형에서는 다음과 같은 사항이 분석된다.

① 인구의 기본적 여러 가지 변수
② 지역별 평균여명
③ 지역별 인구이동과 사망률
④ 지역별 인구 증가 과정
⑤ 출산력 분석
⑥ 사망분석
⑦ 출생구조 해석
⑧ 각종 내재율(intrinsic rate)
⑨ 지역별 인구제로 성장
⑩ 지역별 인구제로 성장 배율

따라서 지역인구의 거의 모든 항목이 포함되어 있다는 것을 알 수 있다. 한편 지역별 인구배치와 인구구조는 경제활동의 지역적 구조와 밀접한 관계를 가진다. 예를 들면 각 지역에서 노동력의 공급능력, 생산물의 소비량, 또는 교통량 등에 관한 문제와 밀접한 관계를 가지고 있다. 그렇기 때문에 이러한 종류의 연구가 지역적 경제구조의 분석에서도 매우 중요하다고 할 수 있다. 다만 현재의 모형이 장래에 영향을 미치는 출생률, 사망률 또는 지역 간 인구이동률의 매개변수의 영향을 명시적으로 고려한 예견적 예측모형(forecasting model)이 아니고 현재상태의 행동패턴이 지속되었을 때에 고려되는 장래의 영향력에 관한 분석을 가능하게 하는 투영형 예측모형(projection model)인 점에 주의하지 않으면 안 된다. 여기에서 예견적 예측모형으로 바꾸기 위해서는 프로그램의 사망, 출생, 이동의 각 행렬을 계산하는 부분을 수정해 변화 값을 주는 방법을 채택함으로써 가능하고, 또한 현재의 프로그램은 12개 지역까지 한 번에 추계할 수 있으나 산출(output)부분을 고치면 그 이상의 지역도 가능하다. 여기에서는 여러 가지 인구분석 내용 가운데 인구추계 부분에 한해 논하기로 한다.

(2) 로저스 모형의 내용

① 로저스 모형의 구조

로저스의 인구 증가 과정 분석법에서는 시점 $t+1$에서 지역별·연령별 인구 $K^{(t+1)}$을 일반화 레슬리 행렬(Leslie matrix)[7] G를 사용해 $[K^{(t+1)}]=G[K^{(t)}]$로 나타낸다. 즉, 대상 지역이 두 개 지역으로 구성되어 있는 경우 우선 시점 t에서 지역별·연령별 인구가 시점 t와 같은 형태를 가지고 있다고 하자. 그러면 시점 t에서 시점 $t+1$까지의 5년 동안에 각 지역에서는 연령 a세부터 b세까지의 여자로부터 0세에서 만5세 미만의 인구가 출생한다. 그리고 그 일부는 사망하고, 또 다른 일부는 다른 지역으로 이동한다. 그리하여 이러한 과정을 거친 후 시점 $t+1$이 되면 시점 $t+1$열과 같은 새로운 형태의 지역별·연령별 구조가 형성된다. 즉, 로저스 모형에서는 $[K^{(t)}]$이고, 중간 열은 G이며 $[K^{(t+1)}]$에 해당하는 인구구조이다.

② 지역 내 인구의 기본적인 변수

로저스는 각 지역 내의 인구에 대한 변수로 다음과 같은 것을 이용했다.

$q_i(X)$: i지역의 X세 인구가 $X+5$세에 도달하기 전에 사망할 확률

$P_{ij}(X)$: i지역의 X세의 사람이 $X+5$세 때 j지역에 거주할 확률

${}_{jo}l_i(X)$: j지역에서 출생한 사람 중 X세에 i지역에 생존하는 인구수

${}_{jo}l_{io}(X)$: j지역에서 출생한 사람 중 X세 때 i지역에 거주하고, $X+5$세에 도달하기 이전에 사망하는 인구수

${}_{jo}l_{ik}(X)$: j지역에서 출생하고, X세 때 i지역에 거주하고, $X+5$세에 도달하기 이전에 k지역으로 이동한 인구수

${}_{jo}l_i(X)$: j지역 출생자 중 X세에 i지역에 생존해 있을 확률〔${}_{jo}l_i(X)/{}_{jo}l_i(0)$〕

${}_{jo}l_{io}(X)$: j지역 출생자 중 X세에서 $X+5$세 사이에 i지역에서 사망할 확률 $({}_{jo}l_i(x)/{}_{jq}l_j(0))$

${}_{jo}l_{ik}(X)$: j지역 출생자 중 X세에서 $X+5$세 사이에 i에서 k로 이동할 확률 $({}_{jo}l_{ik}(x)/{}_{jo}l_j(0))$

③ 로저스 모형에 필요한 자료와 그 구성 및 결과

실제 로저스 모형을 실행하는 프로그램에 대해『공간적 인구분석－방법과 컴퓨터

7) 인구생태학에서 가장 보편적인 인구성장의 분리된 연령구조 모형으로 레슬리(P. H. Leslie) 이후에 이름이 붙여졌다.

〈그림 12-4〉 자료의 구성

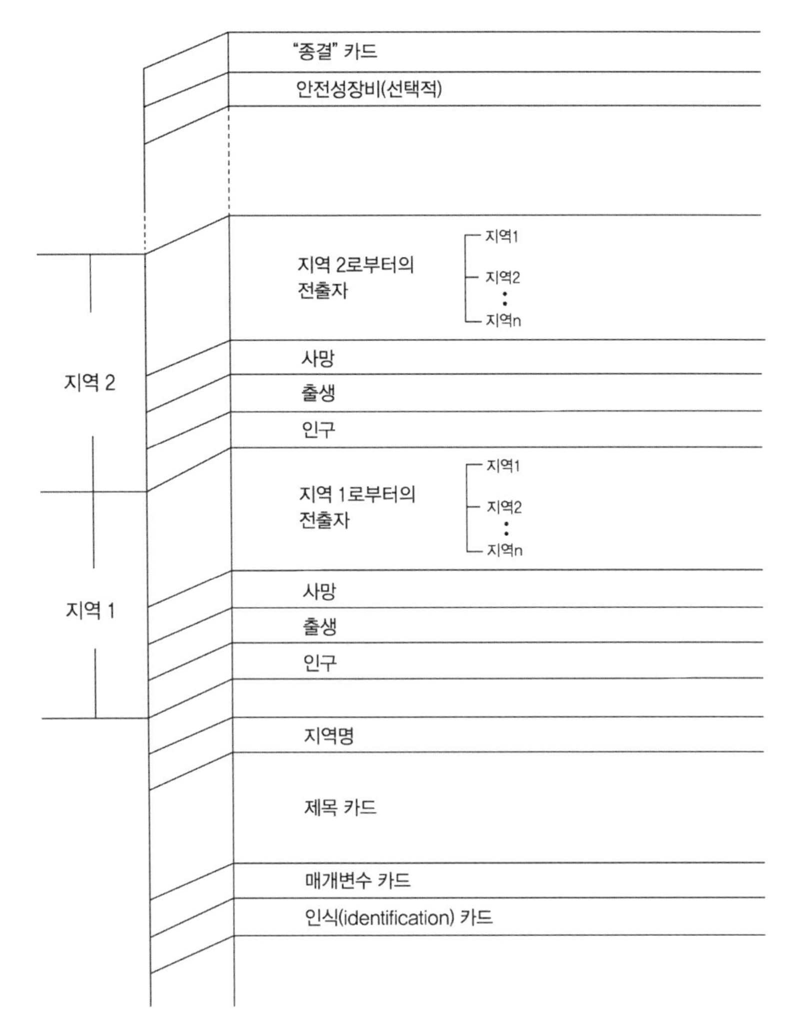

자료: 崔仁鉉·鄭還泳(1989: 19).

프로그램』에 자세한 설명이 적혀 있다. 기본적으로 사용되는 자료로는 각 지역에 대해 연령별 인구수, 연령별 사망과 출생아 수, 연령별 인구이동 수 등이 필요하다. 이 가운데에서 지금까지 일반적으로 널리 사용되어왔던 연령 동시발생 집단 생잔율법(요인법)과는 달리 연령별 인구이동 자료가 각 지역 간의 행렬로 구성되어 있지 않으면 안 된다. 그래서 2~3개 지역을 대상으로 할 경우에는 그렇게 복잡할 것이 없으나 대상지역이 10개 이상으로 많아지면 그 행렬 또한 복잡하게 되어 자료를 정리하는

〈표 12-1〉 대륙별 · 주요 국가별 추계인구 (단위: 100만 인)

대륙·국가	2020년	2035년	2050년	2100년	2300년
동아시아	3,546	4,110	4,553	4,304	4,380
서남·중앙아시아	363	489	637	717	681
서부 유럽	394	425	424	384	448
동부 유럽	324	300	247	192	228
아프리카	888	1,312	1,765	2,176	1,906
북아메리카	433	543	634	653	736
남아메리카	447	565	608	584	568
오세아니아 주	32	41	49	48	49
세계	6,427	7,784	8,918	8,990	8,996
일본	127	121	112	93	106
중국	1,313	1,330	1,394	1,187	1,324
인도네시아	242	296	287	270	282
인도	1,080	1,335	1,521	1,454	1,392
파키스탄	162	221	336	404	363
영국	60	67	73	72	84
프랑스	61	65	68	65	80
독일	82	86	89	84	99
러시아	143	133	114	83	96
미국	296	379	462	494	564

자료: 김형기·이성호(2006: 18).

데 신중을 기하지 않으면 추계 값이 잘못 계산될 수 있다.

자료구성과 정리순서를 보면 <그림 12-4>와 같다. 인구수, 출생, 사망, 인구이동의 모든 자료는 연령별 자료를 필요로 한다. 연령별 자료는 5세 간격이나 1세 간격이라도 좋으나 추계연도에서 5세 간격인 경우는 5년 간격의 추계가 된다.

세계의 추계인구는 유엔보고서의 추정인구와 국제순유입인구를 합산한 것으로 추계모형은 1967년 로저스(A. Rogers)의 확대된 중력모형 $P_{mji} = K(U_i / U_j) \cdot (y_i / y_j) \cdot (L_{fi} L_{fj} / d_{ij})$로 산출했다. 여기에서 P_{mji}는 j국가에서 i국가로의 이동인구, U_i는 실업률, L_{fi}는 경제활동 인구, y_i는 1인당 소득, 그리고 d_{ij}는 국가 간 거리로 무역거리 변수의 단일수송거리이다. i국가의 연간 순유입인구 $P_{fi} = \sum P_{mji} - \sum P_{mik}$($j, k$는 1~178개국)이다(〈표 12-1〉).

다음으로 인구추계를 동시발생 집단 요인법(cohort component method)[8]에 의해 시·도

〈표 12-2〉 시 · 도별 장래인구추이

시·도	2005년		2010년		2015년		2020년		2025년		2030년	
	인구수	%	인구수	%	인구수	%	인구수	%	인구수	%	인구수	%
서울시	10,033,274	20.8	10,072,098	20.5	10,055,002	20.2	9,958,788	19.9	9,808,216	19.7	9,587,481	19.4
부산시	3,605,125	7.5	3,543,288	7.2	3,490,700	7.0	3,423,378	6.9	3,341,433	6.7	3,237,362	6.6
대구시	2,550,516	5.3	2,531,342	5.1	2,500,081	5.0	2,453,617	4.9	2,402,176	4.8	2,340,944	4.7
인천시	2,591,606	5.4	2,645,501	5.4	2,683,037	5.4	2,705,989	5.4	2,716,092	5.5	2,699,231	5.5
광주시	1,433,971	3.0	1,461,654	3.0	1,477,950	3.0	1,480,690	3.0	1,478,721	3.0	1,470,030	3.0
대전시	1,458,269	3.0	1,512,870	3.1	1,560,052	3.1	1,588,477	3.2	1,604,343	3.2	1,604,669	3.3
울산시	1,089,841	2.3	1,126,872	2.3	1,155,798	2.3	1,177,607	2.4	1,195,510	2.4	1,200,464	2.4
경기도	10,711,195	22.2	11,853,934	24.1	12,774,339	25.6	13,468,050	26.9	13,994,564	28.1	14,315,330	29.0
강원도	1,481,438	3.1	1,441,136	2.9	1,398,135	2.8	1,350,758	2.7	1,303,314	2.6	1,255,345	2.5
충청북도	1,487,359	3.1	1,477,008	3.0	1,459,518	2.9	1,433,204	2.9	1,403,406	2.8	1,368,225	2.8
충청남도	1,902,738	3.9	1,984,145	4.0	2,047,210	4.1	2,090,313	4.2	2,115,656	4.2	2,123,880	4.3
전라북도	1,818,780	3.8	1,701,168	3.5	1,596,144	3.2	1,496,965	3.0	1,407,023	2.8	1,323,726	2.7
전라남도	1,850,554	3.8	1,705,570	3.5	1,572,703	3.2	1,450,039	2.9	1,341,920	2.7	1,250,057	2.5
경상북도	2,650,594	5.5	2,525,780	5.1	2,410,611	4.8	2,295,300	4.6	2,184,673	4.4	2,073,342	4.2
경상남도	3,089,521	6.4	3,088,161	6.3	3,067,803	6.2	3,029,265	6.1	2,986,754	6.0	2,931,943	5.9
제주도	539,362	1.1	549,010	1.1	553,532	1.1	553,653	1.1	552,129	1.1	547,427	1.1
전국	48,294,143	100.0	49,219,537	100.0	49,802,615	100.0	49,956,093	100.0	49,835,930	100.0	49,329,456	100.0

자료: 통계청, http://kosis.nso.go.kr

별 인구 증가(율), 출생아 수(율), 사망아 수(율), 순인구이동자 수(율), 평균수명 등으로 산출해 2005년에서 2030년까지 5년 간격으로 전국과 시·도별로 인구수와 그 구성비를 나타낸 것이 <표 12-2>이다.

먼저 전국의 인구성장 추세를 보면, 2005년 총인구는 4829만 4143인인데 2015년에는 4980만 2615인으로 증가하나 2030년에는 4932만 9456인으로 감소한다. 한편 시·도별 인구는 서울시가 2005년에 1003만 3274인이던 것이 2015년에는 1005만 5002인으로 증가하다가 2030년에는 958만 7481인으로 감소한다. 경기도는 서울시보다 인구가 증가하는 기간이 길고 계속 증가해 2030년에는 1431만 5330인으로 전국에서 인구 증가율이 가장 높은 지역으로 된다. 부산시는 2005년 360만 5125인에서 2015년에는 349만 700인, 2030년에는 323만 7362인으로 크게 감소하는데, 이와 같은 현상은 대구시

8) 요인법이란 기준연도의 성·연령별 기준인구에 인구변동 요인인 출생·사망·국제이동에 대한 장래 변동을 추정해 이를 조합하는 방법이다.

도 마찬가지이다. 인천시는 2005년에 대구시의 인구를 앞지른 259만 1606인이었다가 2025년 271만 6092인을 최고로 2030년에는 269만 9231인으로 감소한다. 그리고 광주시와 제주도는 2020년까지 인구가 증가하다가 2025년에 감소한다. 그러나 대전·울산시의 인구는 2030년까지 계속 증가한다. 강원도·충북·전북·전남·경북·경남은 2005년부터 계속 인구가 줄어드나 충남은 계속 증가한다.

한편 인구의 시·도별 구성비를 보면 높은 구성비를 나타내는 서울시는 모든 추계연도를 통해 19.4~20.8%로 거의 변화가 없으나 경기도는 2005년 22.2%에서 2015년 25.6%, 2030년 29.0%로 한국 시·도에서 가장 높은 구성비를 나타낸다. 2005~2030년 사이의 구성비 변화를 보면, 부산시는 7.5%에서 6.6%로, 대구시는 5.3%에서 4.7%로 감소하나, 광주시는 구성비의 변화가 거의 없고, 인천시는 5.4%에서 5.5%로, 대전시와 울산시는 각각 3.0%에서 3.3%로, 2.3%에서 2.4%로 증가한다. 그리고 경기도·충남·제주도를 제외한 나머지 도의 2005~2030년 사이의 구성비 변화는 모두 감소하며 2.5~5.9%를 차지한다.

서울·부산·대구·인천·광주·대전·울산시의 7대 도시 인구구성비는 2005년 47.3%에서 2015년에는 46.0%로 감소하고, 2030년에는 44.9%로 더욱 감소할 것이다. 물론 남서지방 개발과 지역균형발전 등의 정책적 성공 여하에 따라서는 이러한 경향이 바뀔 수도 있으나, 단기간에 그 경향이 바꾸어지리라고는 생각되지 않는다. 그것은 단기간에 가장 큰 영향을 미치는 인구이동의 방향이 쉽게 바뀔 수 없기 때문이다. 왜냐하면 한국의 인구이동은 가족적 관계, 고향, 친인척 등과 관련된 이동이 많고, 그 이동방향 역시 이러한 요인과 관련되어 쉽게 그 경로가 바뀔 수 없기 때문이다.

위에 기술한 유엔보고서의 추정인구와 국제순유입인구에 의한 회귀모형에 따라 한국의 추계인구는 <그림 12-5>와 같다. 176개국의 회귀모형에 의한 한국의 인구추계는 176개국 가운데 후진국이 많아 추계인구가 잘 맞지 않을 것으로 여겨지나 45개국과 30개국의 추계인구는 45개국의 경우 한국의 1인당 GDP는 45개국의 평균 1인당 GDP보다 1.4~1.8배 높아 한국의 회귀인구를 더 증가시키는 셈이다. 또 30개국의 경우는 한국의 1인당 GDP가 30개국 평균보다 1.0~1.4배 높아 인구추계가 다소 높게 나타난다.

한편 1993년 인구센서스를 기초로 추계한 연앙(7월 1일 기준)인구에 의해 북한의 장래인구추계를 보면, 2026년의 인구는 2542만 2038인이고, 2030년의 인구는 2583만 4020인이 된다.

〈그림 12-5〉 세계 176 · 45 · 30개국에 의한 2000~2300년 한국의 회귀인구 및 추계인구 곡선

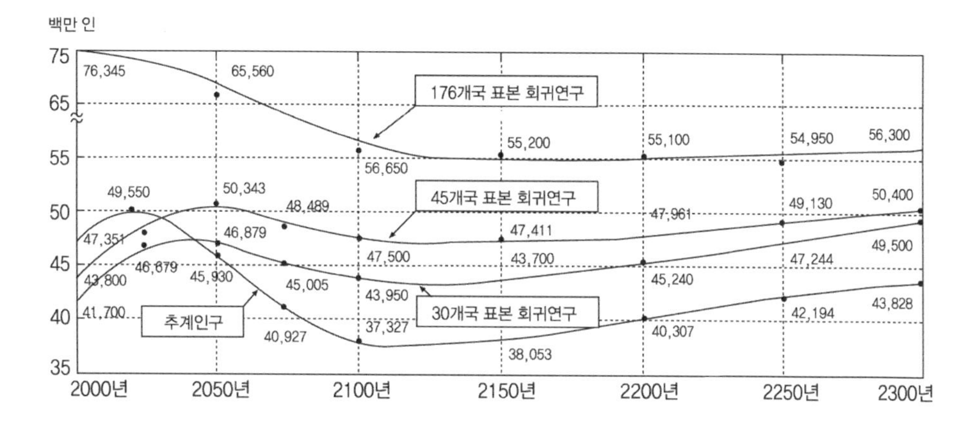

자료: 김형기·이성호(2006: 27).

3. 인구변동과 그 유형

1) 인구변동

인구변동(population change)이란 국가 또는 지역의 인구증감을 말한다. 한국에서는 1962년 이후 공업화로 도시의 인구 증가와 농·산·어촌의 인구 감소를 가져왔다. 따라서 도시지역의 인구가 급증한 것에 비해, 농·산·어촌지역의 인구는 급감해 두 지역에서의 지역문제가 야기되고 있다.

인구변동을 구하는 식은 $P_{t+o} - P_o = \sum_{o}^{t}(B-D) + \sum_{o}^{t}(I-O)$ ... 식① 이다.

여기에서 P_o는 특정 지역의 특정 연도의 인구수, P_{t+o}는 t년 후 특정 지역의 인구수를 나타낸다. 또 B는 1년 동안 특정 지역의 출생자 수, D는 1년 동안 특정 지역의 사망자 수를 나타낸다. I, O는 각각 1년 동안의 특정 지역의 인구 전입자 수와 전출자 수를 나타낸 것이다. 여기에서 왼쪽 변은 그 지역의 인구변동 수이고, 그것은 오른쪽 변에서 보는 바와 같이 t년 동안의 자연변동과 같은 t년 동안의 사회변동의 합을 나타낸 것이다.

국내 인구이동이 적었던 산업혁명 이전의 시대에는 농촌에서 도시로의 인구이동은

〈표 12-3〉 보통 출생률보다 보통 사망률이 높은 시 · 군(2013년)

시·도	시·군
부산광역시	중구, 서구, 동구, 영도구 (4개)
대구광역시	중구, 남구 (2개)
인천광역시	강화군, 옹진군 (2개)
경기도	포천시, 가평군, 양평군 (3개)
강원도	삼척시, 홍천군, 횡성군, 영월군, 평창군, 정선군, 고성군, 양양군 (8개)
충청북도	충주시, 제천시, 보은군, 옥천군, 영동군, 괴산군, 음성군, 단양군 (8개)
충청남도	공주시, 보령시, 논산시, 금산군, 부여군, 서천군, 청양군, 홍성군, 예산군, 태안군 (10개)
전라북도	정읍시, 남원시, 김제시, 진안군, 무주군, 장수군, 임실군, 순창군, 고창군, 부안군 (10개)
전라남도	나주시, 담양군, 곡성군, 구례군, 고흥군, 보성군, 화순군, 장흥군, 강진군, 해남군, 무안군, 함평군, 영광군, 장성군, 완도군, 진도군, 신안군 (17개)
경상북도	경주시, 김천시, 영주시, 영천시, 상주시, 문경시, 군위군, 의성군, 청송군, 영양군, 영덕군, 청도군, 고령군, 성주군, 예천군, 봉화군, 울진군, 울릉군 (18개)
경상남도	밀양시, 의령군, 함안군, 창녕군, 고성군, 남해군, 하동군, 산청군, 함양군, 거창군, 합천군 (11개)
계	93

자료: 통계청, http//kosis.kr

적었고, 도시나 농촌에서도 그 인구변동은 출생과 사망에 의해 크게 좌우되었다. 위버(A. F. Weber)는 그의 저서 『19세기 도시의 성장(The Growth of Cities in the Nineteenth Century)』 중에서 '도시 인구의 성장과 국내 인구이동'에 대해 다음과 같이 기술했다. 17세기에서 18세기에 걸쳐 런던과 같은 서부 유럽의 도시에서는 질병으로 사망률이 높아 도시의 인구가 거의 증가하지 않았다고 기술했다.

2013년 한국의 시·군별 인구의 자연적 변동을 보면, 보통 사망률이 보통 출생률보다 높은 시·군수는 모두 93개로 이 가운데 경북이 18개로 가장 많고, 그다음으로 전남이 17개, 경남, 전북의 순이다(〈표 12-3〉).

2) 인구변동의 유형

인구변동에서 식 (1)을 그림으로 나타낼 수 있는데, 웹(J. W. Webb)은 이 그림을 데카르트 좌표 그래프(Cartesian coordinate graph)라고 부르며 인구변동을 유형화했다. 이 유형에 의해 그 인구변동이 자연변동과 사회변동의 어느 쪽에 크게 관련되어 있는가

〈그림 12-6〉 인구변동의 유형

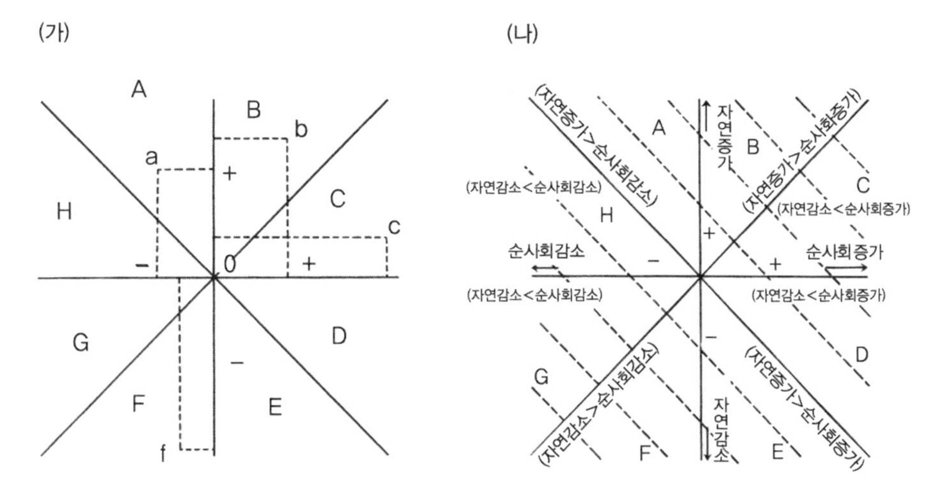

자료: 岸本實(1980: 109).

를 파악할 수 있다. 즉, <그림 12-6>과 같이 직교좌표를 그려 원점을 0로 하고, 원점 0를 지나는 두 개의 직선과 45°로 교차하는 두 개의 직선을 그려 A~H의 8개로 구분한다. 원점 0를 중심으로 한 세로축은 자연 변동률 또는 수를 나타내고, 위를 양, 아래는 음으로 하고, 또 가로축에는 순사회변동률 또는 수를 나타내어 오른쪽은 양을, 왼쪽은 음을 나타낸다. 예를 들면 각 지역의 자연변동률에 의한 각 좌표를 구하면 그것이 a, b, c, f가 된다. 여기에서 A안에 들어간 a는 순사회적 감소라고 하지만 그것보다 큰 자연증가로 인해 인구변동은 양이고, b는 자연변동·순사회변동이 모두 양이고, 그 합에 의해 인구변동은 양이다. c는 인구변동이 양이지만 b와는 다른 자연변동 이상의 순사회변동에 의해 인구 증가를 계속하는 것으로 c는 a, b에 비해 가장 인구유입이 심한 지역에 해당된다. 이에 대해 f는 순사회감소가 있고, 그래도 그 이상 자연감소 때문에 인구변동은 크게 된다.

이러한 결과를 종합한 것이 <그림 12-6>(나)이다. A~H의 각 유형 중 A~D의 네 가지 유형에 속하는 지역의 인구변동은 양이고, E~H의 네 가지 유형에 속하는 것은 음이다. 그것도 각 유형의 인구변동이 자연변동, 순사회변동의 무엇에 의한 것인가가 명료하다는 것을 인정한다.

영국의 잉글랜드와 웨일스 지방의 인구변동을 데카르트 좌표 그래프에 의해 유형화

〈그림 12-7〉 잉글랜드와 웨일스 지방에서 인구변동 유형의 분포(1921~1931년)

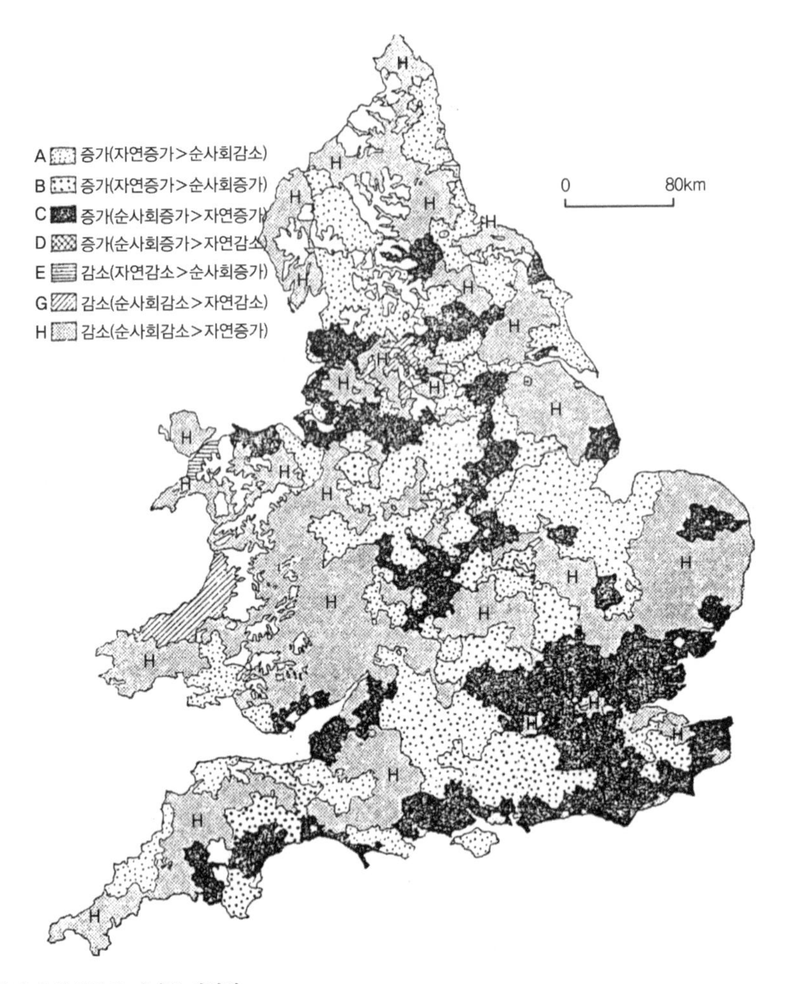

주: 그림 중에 흰 부분은 비거주 지역임.
자료: Webb(1963: 132).

한 것을 나타낸 것이 <그림 12-7>이다. 이 그림에 의하면 인구유출은 있지만 보다 큰 자연증가로 인구가 증가하는 A의 지역은 ① 버밍엄(Birmingham), 리즈(Leeds), 프라이드 포트(Pride Port), 뉴캐슬(New Castle)과 같은 공업도시와 그 주변, ② 펜랜드(Penland), ③ 해안 보양지 및 ④ 런던(London) 주변에 나타난다. 인구유입은 있지만 그것보다 큰 자연증가를 나타내는 B의 지역은 ① 도시 코번트리(Coventry), 더비(Darby) 등과 같은 성장이 급격한 공업도시, ② 지방 중심도시, ③ 런던 주변의 오래된 교외도시,

④ 미들랜드(Middleland) 주변도시에 나타나고, 인구유입이 가장 심한 C지역은 ① 런던의 교외지역, ② 북부 및 중부의 대공업도시 주변에서 나타나며, D·E·F유형은 자연감소를 나타내는 유형의 지역으로 공통적으로 퇴직자가 거주하는 지역이 많다. 이러한 지역은 잉글랜드(England) 남부나 북서부의 해안 보양지와 인구유출이 많고 노인이 많은 지역이다. G유형의 지역도 자연감소가 나타나는데, 인구유출을 보이는 지역으로 ① 랭커셔(Lancashire)나 서라이딩(Sliding) 등의 오래된 섬유 공업도시가 많은 지역과, ② 런던 중심부에서 특히 눈에 띄게 나타난다. H유형은 농촌지역이 주로 약간의 자연증가가 나타나지만 그 이상의 인구유출이 나타나는 지역이다.

4. 인구이동권

인구이동권(migration field)은 상관관련이 큰 전출지 인구이동 패턴과 전입지 인구이동 패턴이 연계되어 나타나는 공간패턴이라 할 수 있다. 인구이동권은 지역 간 전출입 인구이동에 의한 OD(Origin, Destination)행렬을 작성해 R-모드(R-mode)[9]와 Q-모드(Q-mode)[10]의 인자분석(주성분 분석)을 실시해 두 인자분석에서 얻어진 각각의 인자득점을 이용해 정준상관 분석(canonical coefficient analysis)[11]으로 인구이동권을 설정할 수 있다. 이러한 인구이동권은 전출지와 전입지의 양 측면에서 인구이동에 의한 두 개 기능지역을 통합된 하나의 기능지역으로 파악하기 위한 방법 중의 하나이다.

1955~1960년 사이에 미국의 인구이동권을 설정한 것이 <그림 12-8>이다. 미국의 인구이동권은 8개로 나눌 수가 있다. 즉, 캘리포니아 주와 일리노이 주를 중심으로 음의 관련성을 갖는 '서부-중서부 이동권', 오하이오 주를 중심으로 하는 '애팔래치아-오대호 이동권', 캘리포니아 주를 중심으로 양의 관련성을 갖는 '서부-중서부 이동권', 텍사스 주를 중심으로 하는 '남서부 이동권', 매사추세츠 주를 중심으로 하는 '뉴잉글랜드 이동권', 노스캐롤라이나 주와 조지아 주를 중심으로 하는 '동부의 중-남부 이동권',

---

9) 전입지 간의 상관계수를 구해 인자분석을 하는 기법을 말한다.

10) 전출지 간의 상관계수를 구해 인자분석을 하는 기법을 말한다.

11) 두 변수군 사이의 관계를 분석하는 기법으로, 인자·주성분 분석과 같이 주요한 다변량 분석기법 중의 하나이다.

〈그림 12-8〉 미국의 인구이동권(1955~1960년)

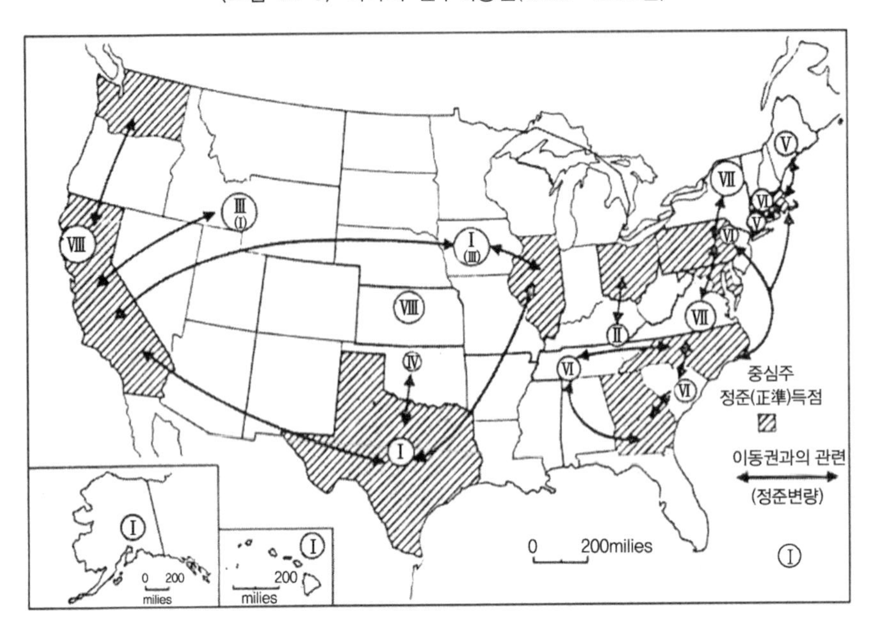

자료: Schwind(1975: 9).

펜실베이니아 주와 메릴랜드 주를 중심으로 하는 '중부 대서양 이동권', 워싱턴 주를 중심으로 하는 '캘리포니아 이동권'이 그것이다.

주성분분석과 인자분석

주성분분석(principal components analysis)과 인자분석(factor analysis)은 다변량 분석(multivariate analysis)이다. 이와 같은 다변량 분석법이 경제지리학에 도입된 이유는 첫째, 주관적인 판단이나 해석을 더욱 객관적인 측면에서 결론을 얻어 과학 분야에서 요구하는 일반적인 발전방향으로 나아가는 데 필연적인 바탕을 두고 있기 때문이다. 둘째, 복잡다단한 여러 요인이 관여하는 경제지리학적 분석이 대두했기 때문이다. 셋째, 전자계산기 등의 고속정보 처리기능이 급속도로 발전했기 때문이다.

주성분분석과 인자분석은 지리학에서 복잡한 관계를 맺고 있는 여러 사상(事象)을 요약하거나 그들 사상의 공변동(共變動)을 규정하는 것이 어떤 것인가를 조사할 경우에 이용하는 매우 유효한 분석방법이다. 또한 변수의 개수보다 적은 기본적인 차원(dimensions) 또는 '합성변수'를 새롭게 도출하는 방법이다. 이 분석방법은 심리학에

〈그림 12-9〉 주성분 · 인자 분석의 분석과정

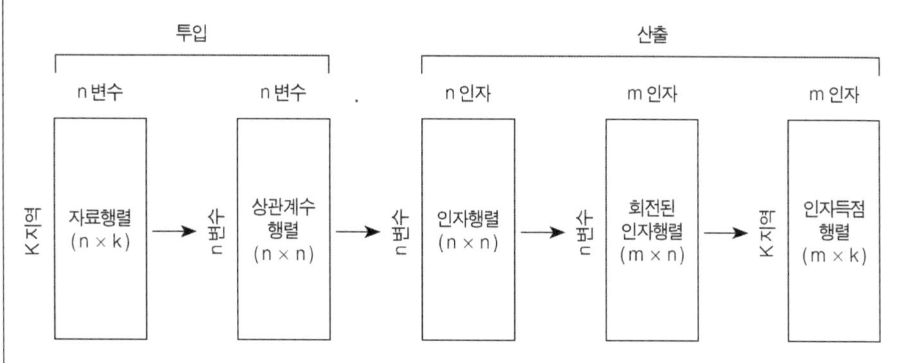

자료: Taylor(1977: 249).

서 발달한 것으로, 변수는 보통 10개 이상일 때 분석이 가능하다고 할 수 있다.

주성분분석과 인자분석의 연산방법(演算方法)은 <그림 12-9>과 같다. 먼저 분석하고자 하는 기본 자료를 열(column)에는 각 변수를, 행(row)에는 각 지역을 나타내는 지리행렬(geographic matrix)을 작성한다. 그다음으로 지리행렬의 각 요소를 대수화, 제곱근화 등으로 정규화한다. 그 이유는 지리적 사상의 경우 대부분이 양의 왜곡(positive skewness)을 나타내기 때문으로 대수로 변형시키는 것이 일반적이다. 그다음 행간의 적률 상관계수를 구하고 상관계수 행렬을 작성한다. 그리고 이 상관계수 행렬에서 서로 상관계수 값이 높은 변수는 제외시키고 주성분분석 또는 인자분석을 행해 성분부하량(component loading) 또는 인자부하량(factor loading)을 추출한다(〈표 12-4〉). 성분부하량 또는 인자부하량을 추출한 후 고유 값(eigen value) 1.0 이상의

〈표 12-4〉 주성분분석의 성분부하량과 공통성

출발지	성분부하량		공통성 h2
	I	II	
그리스	0.88	0.47	0.99
이탈리아	0.67	-0.34	0.56
포르투갈	0.41	-0.86	0.91
에스파냐	0.72	-0.69	0.99
터키	0.87	0.47	0.98
구유고슬라비아	0.92	0.28	0.98
고유 값	3.51	1.85	

자료: Johnston(1978: 149).

성분 또는 인자에 대해 회전(rotation)[12]을 시키는데, 고유 값 1.0 이상을 취하는 이유는 이 값이 P개 변수의 전 분산(全分散) 평균을 나타내고 있기 때문이다. 그리고 고유 값 1.0 이상에 대해 회전을 시키는 것은 각 성분 및 인자의 차원을 보다 쉽게 해석하기 위함이다(〈표 12-5〉). 성분 및 인자부하량에 의한 각 성분과 인자의 차원의 명명(命名, labelling)은 부하량의 크고 작음과 부호 및 여러 변수의 정합성(整合性)을 규준으로 그 의미를 해석한다. 일반적으로 부하량 ±0.4 이상이 성분 또는 인자와 관련된 변수라고 할 수 있다. 그 후 성분 및 인자득점(component and factor scores)은 기본 자료를 정규·표준화시킨 자료와 성분·인자부하량을 곱한 합으로서, 각 지역에서 각 성분·인

〈표 12-5〉 각 인자의 회전 전과 회전 후의 인자부하량과 공통성

변수	회전 전의 인자부하량		공통성	회전 후의 인자부하량		공통성
	I	II		I	II	
X1	0.853	0.232	0.781	0.846	-0.254	0.781
X2	-0.816	-0.166	0.694	-0.781	0.291	0.694
X3	-0.475	0.688	0.700	-0.039	0.836	0.700
X4	-0.224	-0.440	0.244	-0.423	-0.255	0.244
X5	-0.207	0.317	0.143	-0.008	0.379	0.143
X6	0.318	-0.577	0.434	-0.035	-0.658	0.434
X7	-0.315	-0.457	0.308	-0.509	-0.221	0.308
고유값	1.913	1.391		1.767	1.537	
분산(%)	57.90	42.10		53.48	46.51	

자료: Johnston(1978: 165).

자와의 결합의 정도를 나타내는 것이다. 일반적으로 득점의 설명은 성분·인자득점 ±1.0 이상을 가진 지역을 이용하는데, 그 이유는 표준화된 성분·인자득점의 $\bar{x} \pm 1\sigma$(= ± 1.0)(여기에서 $\bar{x}$는 평균, σ는 표준편차임) 이상의 의미에서 이용된다. 성분 또는 인자부하량과 그 득점 사이의 설명은 부하량과 득점에서 부호가 같은 것끼리 관련지어서 해석해야 한다.

주성분분석과 인자분석의 차이점은 기법의 차로써, 주성분분석은 전 분산에서 성분을 산출해 전 분산의 일부분이 하나의 성분으로 나타난다. 그러나 인자분석은 공분산(共分散)에서 인자를 산출함으로서 공통으로 규정짓고 서로 관계가 없는 m개

12) 일반적으로 베리멕스(Varimax)법에 의한 직교회전을 많이 사용한다.

의 인자인 공통인자(common factor)와 하나의 특정변수만을 규정짓는 특수인자(unique factor), 그리고 우연하게 들어있는 오차인자가 있다. 즉, 주성분분석과 인자분석의 수식은 다음과 같이 나타낼 수 있다.

주성분분석 X1=f(CⅠ, CⅡ, CⅢ, CⅣ)
X2=f(CⅠ, CⅡ, CⅢ, CⅣ)
X3=f(CⅠ, CⅡ, CⅢ, CⅣ)
X4=f(CⅠ, CⅡ, CⅢ, CⅣ)
인자분석 X1=f(FⅠ, FⅡ, …, Fn)+U1
X2=f(FⅠ, FⅡ, …, Fn)+U2
X3=f(FⅠ, FⅡ, …, Fn)+U3
X4=f(FⅠ, FⅡ, …, Fn)+U4 로 나타낼 수 있다.

정준상관분석

두 변수집단 사이에 존재하는 상관성 또는 상관구조를 설명하기 위한 통계적 분석기법이다. 정준분석은 변수집단 간의 상관구조를 가장 잘 설명하는 집단 내 변수들의 선형결합(이를 정준변수(canonical variable)라 함)을 찾는 과정으로 이해될 수 있으며 그 절차는 다음과 같다. 먼저 여러 변수들이 편의상 종속변수집단 $Y=(Y_1, \ldots, Y_q)'$와 독립변수집단 $X=(X_1, \ldots, X_p)'$로 분류되었다고 하자. 집단 내 변수들의 선형결합, 즉 변수 X들의 선형결합 W와 변수 Y들의 선형결합 V의 쌍들을 다음과 같은 방식으로 구해나간다. 먼저 제1정준변수쌍이라 불리는 (W_1, V_1)은 W와 V간의 단순상관계수를 최대화시키는 변수집단 내의 선형결합으로, 각각의 분산이 단위분산(1의 값)이 되도록 구성한다. 이 때 W_1과 V_1의 상관계수를 제1정준상관계수라 한다. 다음으로 제2정준 변수 쌍(W_2, V_2)는 (W_1, V_1)와는 독립이며 역시 단순상관계수가 최대가 되도록 하는 단위분산을 갖는 선형결합을 의미한다.

이러한 과정으로 만들어진 여러 개의 정준변수 쌍들의 계수나 부호 등을 적절히 해석해 두 변수집단 사이에 내재한 상관구조를 잘 설명할 수 있다. 다만 집단 내 변수들 간에 높은 다중공선성이 존재할 경우에는 그 해석에 주의를 기울여야 한다.

13장 인구정책

1. 인구정책의 개념과 유형

인구정책은 인구문제를 해결하기 위해 어떤 일정한 이념 또는 목적하에서 국가나 정부가 실시하는 정책을 말한다. 넓은 의미의 인구정책이란 국민의 복지를 포함하는 국가정책의 전부라고 할 수 있다. 다시 말해 인구정책이란 인구학적 목표나 비인구학적 목표까지를 포함해, 사회적·경제적 요인과 관련을 맺고 있는 국가의 복지문제와 결부시킨 공공정책이 모두 이에 해당되며, 경제적 복지와 사회적 평준화를 목적으로 하는 정책으로 이해할 수 있다. 인구는 인구현상 그 자체만의 문제가 아니라 국민의 복지와 국가의 안전과 밀접한 관계를 맺고 있으므로 인구정책은 국가의 종합개발정책에 포함시켜 수립해야 한다. 그것은 유엔의 세계 인구실행계획(World Population Plan of Action)에서도 언급된 바와 같이 인구가 국가발전에서 독립된 변수가 아니라 사회적·경제적 현상과 상호복합적인 관련을 갖는 것이기 때문이다.

인구정책은 이러한 인식을 근거로 인구규모, 인구분포, 인구구조 또는 이를 결정하는 출생, 사망, 인구이동 등에 변화를 일으키기 위한 목적으로 실시되는 각종 대책을 포함한다. 그러나 국가마다 사회적·경제적 조건이 다르고 인구문제의 심각성이나 종류

〈표 13-1〉 인구정책 유형

인구 정책	조정 정책	인구성장 억제정책	가족계획사업, 해외이주정책
		인구분산 정책	인구재배치 사업
		인구자질 향상정책	보건사업, 인력개발 사업
	대응 정책	식량·고용·교육·교통·보건·의료·에너지 등 사회적·경제적 정책	

가 같지 않으므로 인구정책 또한 다르게 마련이다. 인구규모가 작거나 인구밀도가 희박한 아프리카 또는 남아메리카의 일부 국가에서는 인구 증가 억제책을 수립할 필요가 없고 오히려 해외 이민을 받아들이거나 출산을 장려해 인구 증가에 노력을 기울이고 있다. 또한 여러 민족으로 구성된 국가에서는 특정 민족이나 계층의 인구를 증가시켜 인구구조의 변화를 꾀하는 경우도 있다.

인구정책의 유형을 살펴보면 <표 13-1>과 같다. 인구정책은 조정정책과 대응정책으로 나누어지는데, 인구조정정책은 다시 인구성장 억제정책, 인구분산 정책, 인구자질향상 정책으로 나누어진다. 인구조정정책을 수립하는 근본적인 이유는 인구와 자원과의 관계에서 인구과잉 현상이 나타날 때 인구조정정책을 세우게 된다. 또 인구와 자원과의 관계를 토대로 인구의 복지정책을 수립하게 되는데, 주로 복지수준을 유지하

〈그림 13-1〉 인구조정 정책에 영향을 미치는 요인 간의 관계

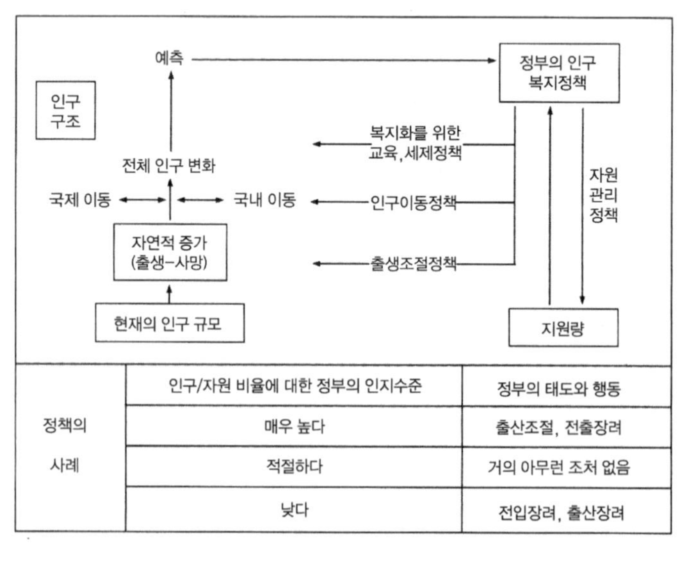

자료: Knapp, Ross and McCrae(1989: 7).

기 위한 교육·세제정책, 인구이동정책 그리고 산아제한 정책 등을 시행한다. 그리고 인구정책을 실시한 결과 인구에 영향을 미치는 자연적 증감과 사회적 증감이 인구수와 인구구조에 어떤 영향을 미치는가를 파악하는 일은 매우 중요하다(〈그림 13-1〉). 한국의 경우 인구 조정정책은 인구성장 억제정책 중 가족계획사업에 중점을 두어 실시했는데, 세계 어느 나라에서도 그 유례를 볼 수 없을 정도로 급속한 출산율의 저하를 가져왔다. 그러나 최근 인구 증가율의 저하로 인구 증가 정책을 실시하고 있다.

2. 인구성장 억제정책

인구현상은 특정 시대의 사회가 만들어낸 것으로, 그 사회의 후생복지 존속·발전에 지장을 주거나 지장을 줄 우려가 있을 것이라고 사회가 의식할 때 인구문제가 나타나게 된다. 즉, 그 시대의 인구현상과 사회의 존속·발전 요구의 사이에 모순이 존재한다고 사회가 인식하게 될 때에 나타나는 어려움이 바로 인구문제(population problems)이다. 인구현상의 특징이 시대에 따라, 또 사회의 존속발전의 요구도 시대에 따라 다르므로 양자 사이의 모순성 또한 시대에 따라 다를 수밖에 없다. 그러므로 인구문제 역시 내용이나 과제가 무엇이 되어야 하는가는 시대와 환경에 따라서 변천하는 성질의 것이다.

현대의 인구문제는 인구과소문제라기보다 인구과잉에 관한 문제이다. 개발도상국에서는 인구 증가와 경제·사회개발과의 관계에서 인구 증가를 둔화시켜 주민의 생활수준을 향상시키게 하는 문제로 요약될 수 있다. 이 문제에 대한 적절한 대책이 강구되지 못한다면 인류복지의 향상은 물론 나아가 세계평화의 유지마저 큰 위협을 받게 될지 모른다는 점에서 한 지역이나 한 국가의 문제만이 아닌 세계의 중요한 문제가 되고 있다. 근래의 세계 자원파동, 환경오염, 국제 간 보호수역 확대 등 인류가 일찍이 경험하지 못했던 어려운 문제들이 나타나고 있다. 이것들은 모두 인구문제와 직접 또는 간접적으로 깊은 관련을 맺고 있다. 따라서 인구문제를 더욱 넓은 시야에서 파악하고 그에 대처해나가야 할 것이다. 그리고 최근의 대도시 인구집중문제 등도 중요한 인구문제 중의 하나라고 생각한다.

인구과잉에 따른 인구의 양적 억제정책은 인구적·경제적·사회적·문화적 측면에서

본 정책 등으로 구분할 수 있다.

인구적 측면에서 본 인구문제의 해결책은 첫째, 이민정책과 둘째, 출산억제정책으로 나눌 수 있다. 이민정책은 과잉인구를 다른 국가로 배출시키는 정책으로 18~19세기 서부 유럽 인구가 신대륙으로 이주한 것이 전형적인 예이다. 그러나 20세기 후반부터는 여러 나라가 인구 이입에 대한 제한입법을 채택함으로써 과잉인구 해소를 위한 직접적이고 적극적인 또 하나의 정책은 출산억제와 결혼억제를 선택했다.

경제적 측면에서의 인구정책은 기본적으로 인구와 식량과의 관계이며 생존하는 인구에 대해 윤택한 생활을 하도록 하는 경제정책이다. 이를 위해 식량증산과 자원개발, 대외무역의 증대, 실업 및 고용정책과 임금정책의 향상, 경제개발계획의 실시 등을 들 수 있다. 사회적·문화적 측면에시의 정책은 교육정책을 비롯한 기타 홍보정책을 들 수 있다. 즉, 교육정책에서 인구의 재생산에 대한 태도와 성윤리 및 가족계획에 관한 홍보활동 등을 들 수 있다. 여기에서 과잉인구에 대한 해결책으로 적극적이고 직접적인 출산억제에 대한 내용을 살펴보기로 한다.

1) 가족계획사업과 국가별 가족계획

가족계획이란 자녀 수를 알맞게 계획적으로 출산함으로써 가족 전원이 건강하고 명랑한 환경 속에서 행복한 가정생활을 영위하려는 것을 의미한다. 바꾸어 말하면 가정생활면에서는 모자보건을 향상시키고, 가정생활의 윤택함과 원만함을 돕는 한편, 국민보건 면에서는 영양개선과 의료수혜 증대를 가져오고, 경제·사회면에서는 고용기회 확대와 저축증대로 인한 생활수준 향상으로 국민 복지를 이루려는 데 그 목적이 있다.

가족계획은 1860년 영국의 맬서스 연맹(Malthusian League)이 시작했으며, 민간기구인 국제가족계획연맹(IPPF: International Planned Parenthood Federation)이 창설된 해는 1952년으로, 그 해에 인도에서 처음으로 공식적인 가족계획사업이 정부에 의해 채택되었다. 그 뒤 1960년대에 들어와 파키스탄, 한국, 피지, 중국 등이 국가적으로 가족계획사업(family planning programs)이 실시되었다. 1960년대에 가족계획사업이 보급된 것은 인구증가에 따른 식량문제, 경제성장의 장애 등을 해결하기 위한 필요성 때문이었다. 이후 1980년까지 132개 개발도상국 중 66개국이 가족계획사업을 실시했는데 이를 위해 선진국 및 유엔에서의 지원이 수행되었다.

세계 주요 국가의 가족계획에 의한 기혼여성의 피임률을 나타낸 것이 <표 13-2>이다. 아시아·유럽·아프리카·라틴아메리카 대륙에서 국가 간의 피임률 차이는 매우 크다. 아프리카 여러 나라에서 피임률이 낮은 것은 사망률이 상대적으로 높고 종족 간의 대립이 심하며 근대화가 진전되지 못한 데 그 원인이 있다. 그리고 라틴아메리카 여러 나라의 경우는 가톨릭을 많이 믿고 있으며, 또 미국 등 제국주의자들에 의해 보급되는 산아조절기구 등은 라틴아메리카 여러 나라의 권력을 한정시키기 위한 것이라는 종속주의 사상이 깔려 있기 때문에 피임률이 낮다. 그리고 피임방법에서 동·동남·남아시아와 앵글로아메리카는 여성의 난관수술 비율이 높은 데 대해 서남아시아 국가들은 먹는 피임약의 비율이 높은 것이 특징이다.

한국에서 인구 증가 억제정책의 가장 중요한 역할을 했던 가족계획사업은 1962년 이후 경제개발계획의 일환으로서 과잉인구가 경제에 미치는 압력을 제거함으로써, 경제성장을 촉진시키려는 기본방침 아래 시작되었으며, 정부의 보건조직망을 통해 피임보급과 계몽교육활동을 중심으로 전개되었다. 가족계획사업의 전개과정을 살펴보면, 제1기(1962~1964년)는 보건소 중심의 사업기간으로 피임 서비스의 보급 및 가족계획 홍보교육을 주로 했던 시기이다. 제2기(1965~1969년)는 지역사회 중심의 사업기간으로 각 읍·면에 배치된 가족계획 요원을 통한 계몽교육을 주축으로 농촌의 부락단위로 가족계획 어머니회를 조직해 운영함으로써 사업추진체계를 구축했다. 그리고 제3기(1970~1981년)는 도시지역 특성을 고려한 사업기간으로 보건사회부에 모자보건 관리관실을 신설하고, 국립가족계획연구소를 개소하고, 가족계획연구원이 발족되어 사업관리, 운영의 체계적인 기반을 이룩했다. 새마을사업을 통한 가족계획사업의 착수, 모자보건법의 제정으로 인공 임신중절의 법적 완화, 도시지역 가족계획사업의 강화(종합병원, 사업장, 도시영세민, 현역 및 예비군을 통한 가족계획사업)와 월경조절술의 보급, 난관시술 의사 훈련, 난관수술의 보급, 일선 보건요원의 양성화 등이 전개되었다. 제4기(1982~1996년)는 종합적 접근을 통한 사업기간으로 1981년 12월 수립된 인구 증가 억제정책은 각종 사회지원 시책의 추진과 더불어 가족계획 사업의 관리제도 개선을 통한 피임보급의 확산, 자비 피임실천의 촉진, 인구 및 가족계획에 관한 홍보교육의 강화, 종합적인 인구 억제정책을 추진하는 데 필요한 정부 각 부처 간의 협조체제의 확립을 위한 49개 시책으로 구성되었다.

〈표 13-2〉 세계 주요 국가의 기혼여성 피임률 (단위: %)

국가	피임률 (%)	먹는 피임약 (%)	자궁 내 장치 (%)	콘돔 (%)	정관수술 (%)	난관수술 (%)	기타 (%)	연도
한국	79.3	2.1	13.7	16.5	13.0	18.3	15.7	2000
아르메니아	60.5	1.1	9.4	6.9	-	2.7	40.4	2000
방글라데시	53.8	23.0	1.2	4.3	0.5	6.7	18.0	1999
캄보디아	23.8	7.2	1.3	0.9	-	1.5	12.9	2000
조지아	40.5	1.0	9.7	6.3	-	-	23.4	1999
인도	48.2	2.1	1.6	3.1	1.9	34.2	5.4	1999
인도네시아	55.3	17.3	7.5	0.3	0.6	2.5	27.1	1999
요르단	56.7	8.7	24.5	1.3	-	4.4	17.7	1999
카자흐스탄	66.1	2.4	42.0	4.5	0.0	2.8	14.4	1999
우크라이나	67.5	3.0	18.6	13.5	-	1.4	31.0	1999
네팔	39.3	1.6	0.4	2.9	6.3	15.0	12.9	2001
필리핀	49.3	13.1	3.4	1.7	0.1	10.7	20.2	1999
루마니아	63.8	7.9	7.3	8.5	-	2.5	37.6	1999
이집트	56.1	9.5	35.5	1.0	-	1.4	8.7	2000
에티오피아	8.1	2.5	0.1	0.3	-	0.3	4.9	2000
가봉	32.7	4.8	-	5.1	-	1.0	21.8	2000
기니	6.2	2.1	0.2	0.6	-	-	3.1	1999
말라위	30.6	2.7	0.1	1.6	0.1	4.7	21.4	2000
나이지리아	15.3	2.4	2.0	1.2	-	0.3	9.4	1999
르완다	13.2	1.0	-	0.4	-	0.8	11.1	2000
세네갈	10.5	3.2	0.9	0.7	-	0.5	5.1	1999
탄자니아	25.4	5.3	0.4	2.7	-	2.0	14.8	1999
우간다	22.8	3.1	0.2	1.9	-	2.0	15.5	2001
짐바브웨	53.5	35.5	0.9	1.8	0.1	2.6	12.7	1999
콜롬비아	76.9	11.8	12.4	6.1	1.0	27.1	18.7	2000
에콰도르	65.8	11.1	10.1	2.7	-	22.5	19.5	1999
과테말라	38.2	5.0	2.2	2.3	0.8	16.7	11.2	1999
아이티	28.1	2.3	-	2.9	-	2.8	20.0	2000

자료: 통계청, http://kosis.nso.go.kr

특히 위의 인구 억제정책의 특징은 정부의 각종 사회적·경제적 시책에 인구정책을 감안해 소자녀 가치관이 촉진되도록, 관련 부처로 하여금 인구정책에 적극 참여하도록 하며, 종합적인 인구정책을 추진하는 데 역점을 두었다. 시책의 내용은 소자녀 가정에 대한 보상제도, 다자녀 가정의 구제제도에 역점을 두었다.

한국의 가족계획 사업의 성과는 획기적인 것으로 평가되고 있다. 정부지원 피임보급 실적을 보면, 1960년대에 10% 미만의 피임 실천율이 1980년대는 70% 이상 증가해 인구 억제정책에 크게 공헌했다. 특히 불임수술의 경우가 두드러지게 증가했는데 이는 인구 증가 억제정책, 피임보급에 대한 정부의 시책이나 보상 제도를 포함한 각종 지원시책이 특히 두 자녀 이하 가정의 불임수술에 역점을 둔 결과라고 할 수 있다. 또한 피임실천 부인의 절대 다수가 단산(斷産)목적으로 피임을 수용한다는 데에서도 그 이유를 찾을 수 있다. 그리고 도시와 농촌지역 간의 피임 실천율의 차이가 현저하게 좁아졌으며 30세 이상의 연령층과 그리고 두 자녀 이상의 자녀를 둔 가정에서는 거의 모든 부부가 피임을 하고 있는 것으로 나타나고 있다. 이는 대부분이 희망하는 자녀 수를 둔 후 단산위주로 실천하고 있기 때문이다. 그러나 이러한 가족계획사업은 1996년 포기되었다.

2) 가족계획의 공간적 확산

새로운 지식, 기술, 재화, 제도, 시설 등을 포괄적으로 나타내는 혁신(innovation)의 공간적 확산(spatial diffusion)에 관한 연구는 1953년 스웨덴의 지리학자 해거슈트란트(T. Hägerstrand)에 의해 창안되었다. 공간적 확산은 어떤 사물이 시간이 경과함에 따라 지역 내의 한 지점 내지 수 개 지점에서 전역으로 퍼져 가는 현상이다. 혁신의 한 예로서 한국의 가족계획사업의 공간적 확산을 살펴보기로 한다.

한국의 가족계획 운동은 1930·1931년부터 선교사 로젠버그(H. Rosenberg)에 의해 시작되었으나 본격적으로 가족계획이 확산된 것은 제1차 경제개발 5개년계획이 실시된 1962년부터라 할 수 있다. 이때부터 가족계획운동이 시작되면서 1961년의 인구증가율은 2.9%에서 1966년에는 2.7%, 1971년에는 2.0%로 낮춘다는 계획 아래 자궁 내 장치, 먹는 피임약, 콘돔(condom), 정관수술 등의 방법을 전국적으로 확산시키기 시작했다. 그러나 정부주관에 의한 가족계획 요원을 중심으로 시작된 가족계획사업의

〈표 13-3〉 연도별 유배우 아내(15~44세) 피임방법별 구성비 변화(1962~2009년) (단위: %)

연도	합계(인)	피임 방법				
		자궁 내 장치	콘돔	먹는 피임약	정관수술	난관수술
1962	62,765	-	94.6	-	5.4	-
1965	430,512	52.5	44.5	-	3.0	-
1970	645,919	45.7	25.2	26.4	2.7	-
1975	838,413	41.0	23.5	28.6	5.1	1.7
1980	572,095	32.9	12.9	18.0	4.9	31.3
1985	857,511	20.6	14.6	5.1	12.8	25.4
1990	422,976	44.1	24.2	4.8	10.7	16.1
1995	72,857	47.9	19.1	5.7	19.9	7.4
2000	6,408	13.7	16.5	2.1	13.0	18.3
2006	5,395	15.0	19.2	1.1	19.7	11.3
2009	4,867	12.8	24.3	2.0	16.8	5.9

주: 콘돔과 먹는 피임약은 월 평균값임. 기타 피임방법은 2000년의 15.7%, 2006년 13.3%, 2009년 18.2%임.
자료: 李楨錄(1987: 201); 통계청, 『한국통계연감』; 보건사회연구원(2010); 통계청, http://kosis.kr

확산 초기단계에는 가임여성은 관심이 적어 그 수용률이 매우 낮았다. 그러나 1968년 이후 자연부락별로 새마을 부녀회(mother's club)를 조직함으로써 가족계획의 확산을 가속화시켰다.

제3차 가족계획사업 5개년계획이 시작된 1972년 이후 가족계획의 확산은 비로소 확산기(diffusion stage)에 접어들게 되었고, 결혼연령의 상승과 가족계획에 대한 필요성의 인식 등 사회적·경제적, 인구학적 여건의 변화에 따라 가족계획의 혁신은 빠르게 확산되었다. 특히 가족계획의 확산은 잠재적 수용자의 개인적 특성과 문화적 배경, 그리고 피임방법에 관한 지식, 태도 및 실천의지(innovativeness)와 밀접한 관계를 맺고 있기 때문에 다른 혁신의 공간 확산에 비해 확산초기 및 확산기의 기간이 비교적 긴 것이 특징인데, 한국의 경우도 유사한 경향을 보이고 있어 제4차 가족계획사업의 계획이 완료된 1981년까지를 확산기라고 할 수 있다.

이러한 가족계획 확산의 특성을 고려해 정부는 1972년 이후 가족계획의 필요성에 관한 계몽교육 및 홍보활동과 병행했다. 또한 앞에 서술한 피임방법 이외에 장려금을 지급하는 난관수술의 확산정책을 적극적으로 시행해 1977~1980년 사이에 연간 약 20만 건의 난관수술 붐을 맞게 되었다. 그러나 피임방법에서는 많은 변화를 나타내었는데, 자궁 내 장치의 구성비는 1980년대 전반기 난관수술에 의한 피임률이 높았던 시기를 제외하면 매년 가장 높게 나타났으며, 콘돔에 의한 피임률은 점차 낮아졌는데 대해 정관수술의 구성비는 점점 높아졌다. 1962년부터 시작된 한국의 가족계획의 공간적 확산은 확산초기 및 확산기를 거쳐 1981년 이후 심화기(condensing stage)에 도달해, 2000년 피임률은 79.3%, 2003년에는 84.0%, 2009년은 80.0%로 높아졌다(〈표 13-3〉).

특히 자궁 내 장치, 먹는 피임약, 콘돔 등의 피임방법은 1978년 이후 포화기(saturation stage)에 도달해 점차 수용이 둔화·감소되었다. 1975년과 2009년의 피임방법의 변화를 살펴보면, 정관수술, 콘돔 등 남성이 주로 하는 방법이 크게 증가한 반면, 난관수술, 자궁 내 피임장치, 먹는 피임약 등 여성이 주로 하는 피임방법은 계속 감소하고 있다(〈그림 13-2〉).

여기에서 전라남도 함평군 나산면(〈그림 13-3〉)에서 가족계획의 피임방법 중 하나인 난관수술의 공간적 확산을 수용한 가임여성에 대해 수요의 측면에서 파악해보면 다음과 같다. 나산면에서의 가족계획은 1962년부터 확산되기 시작했으며 정관수술 방법은

〈그림 13-2〉 피임방법의 변화(1975 · 2009년)

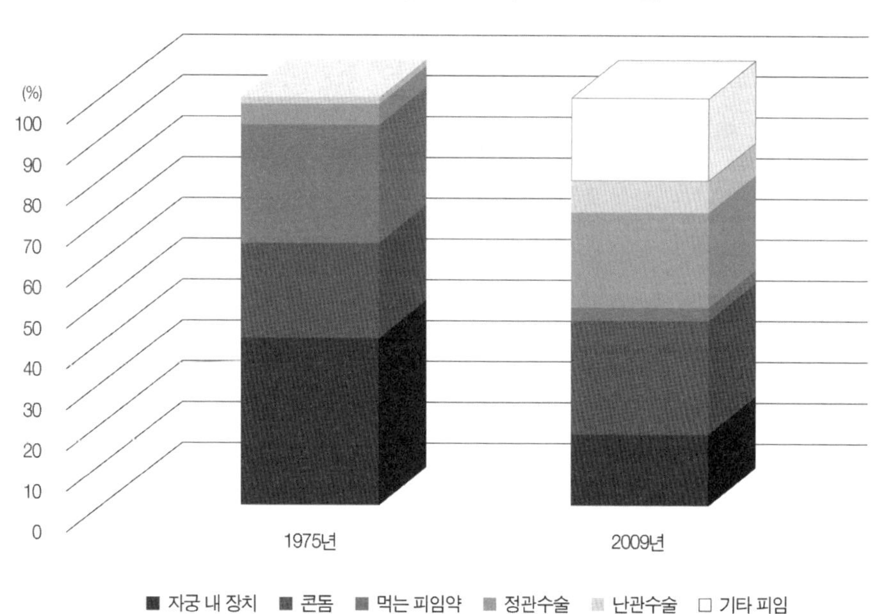

자료: 통계청, http://kosis.kr

〈그림 13-3〉 함평군 나산면의 방안망(方眼網) (방안=500×500m)

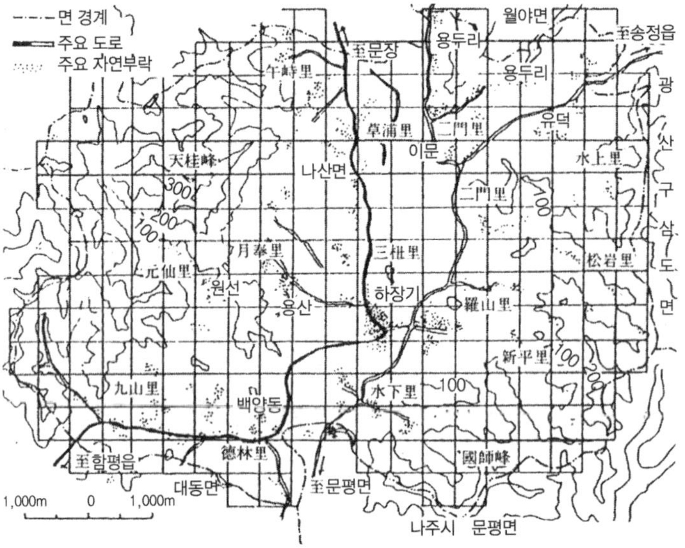

자료: 李楨錄(1987: 198~199).

그 수용률이 저조했다. 그러나 1970년 이후에 실시된 난관수술은 비교적 짧은 기간에 높은 수용률을 나타냈는데, 그 이유는 가부장적 유교사상의 영향과 마을단위의 부녀회와 가족계획요원에 의한 확산 에이전시(diffusion agency)의 역할, 그리고 여성들의 개인적 커뮤니케이션 망 등이 크게 작용한 것으로 생각된다.

난관수술의 확산은 1970~1975년까지의 확산 초기단계, 1975~1980년까지의 확산기, 1980~1983년까지를 심화기, 1984년 이후를 포화기로 구분할 수 있다(〈그림 13-4〉). 난관수술의 최초 채택자는 면사무소가 소재한 삼유리 하장기 부락 주민과 면사무소 소재지에서 비교적 멀리 떨어진 원선리 주민이었다. 그 후 1974년까지 9인의 채택자가 수용해, 확산의 중심지인 하장기 부락과 비교적 인접한 지역에서 혁신의 수용이 많이 이루어졌다. 즉, 확산 중심지인 인접효과(neighborhood effect)가 크게 작용한 것으로 나타났다. 이는 다른 부락에 비해 이 지역의 잠재적 수용자들이 비교적 혁신적인 특성을 가지고 있었고 배우자가 있는 가임여성의 수가 많아 인접효과의 영향이 커진 것으로 판단된다.

혁신의 확산기 중 1978년에는 신평리를 제외한 전역으로 혁신의 확산이 이루어졌다. 확산의 진행과정을 보면, 혁신의 중심지라고 할 수 있는 삼유리의 하장기 부락을

〈그림 13-4〉 함평군 나산면의 가족계획 수용자의 로지스틱(logistic) 곡선

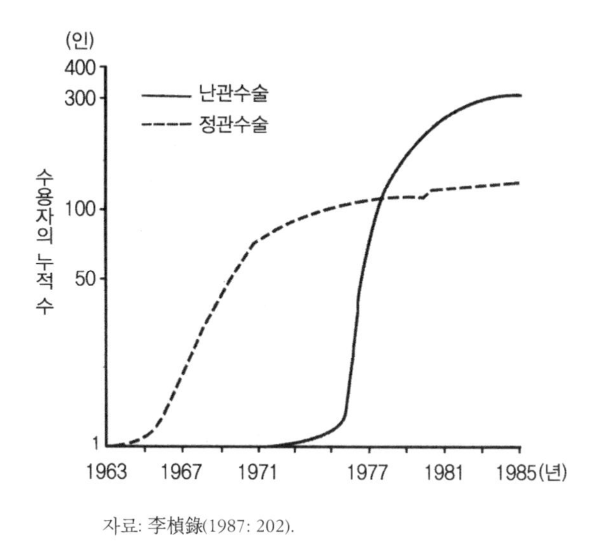

자료: 李楨錄(1987: 202).

중심으로 함평군~해보면 문장 사이의 24번 도로를 따라 서부와 북부 방향으로 확산이 진행되었고, 1977년까지 혁신의 수용률이 적었던 동부지역에서는 이문리의 이문부락이 새로운 확산의 중심지가 되어 북동방향으로의 확산에 큰 영향을 미쳤으며, 삼유리와 인접해 있는 수하리와 덕임리 등에서도 수용자가 증가했다.

혁신의 수용이 비교적 많이 발생한 부락으로는 확산의 중심지인 삼유리(40인)와 인접한 수하리(25인), 월봉리(9인) 등으로, 이들 세 부락의 수용자가 전체 수용자의 65.5%를 차지했다. 이들 부락에서 혁신의 채택자가 많은 것은 이들 지역이 면의 중심부에 위치해 다른 부락에 비해 교통이 편리하고 삼유리와의 접촉이 비교적 많아 인접효과의 영향 이외에도 이 지역의 인구가 다른 지역에 비해 잠재적 수용자의 수가 많아 확산에 크게 작용한 것으로 생각된다. 그러나 삼유리와 인접해 있는 나산리에 1인의 수용자만이 분포하는 것은 이 지역이 혁신의 지체지역(laggard region)으로, 전체 가구 중 죽산(竹山) 안씨가 78.2%를 차지하고 있어 동족부락으로서의 사회·문화적 요인이 확산의 장애물로 크게 작용한 것으로 생각된다.

1981년의 확산은 삼유리의 하장기 부락과 수하리의 유덕부락이 여전히 중심지로 작용해 27번 지방도를 따라 도로에 입지한 부락과 월봉리에서 혁신의 수용이 증가되었고, 북동부 지역에서도 약간의 증가를 보였다. 특히 혁신의 수용률이 매우 낮았던

〈그림 13-5〉 가족계획의 확산과정(1970~1981년)

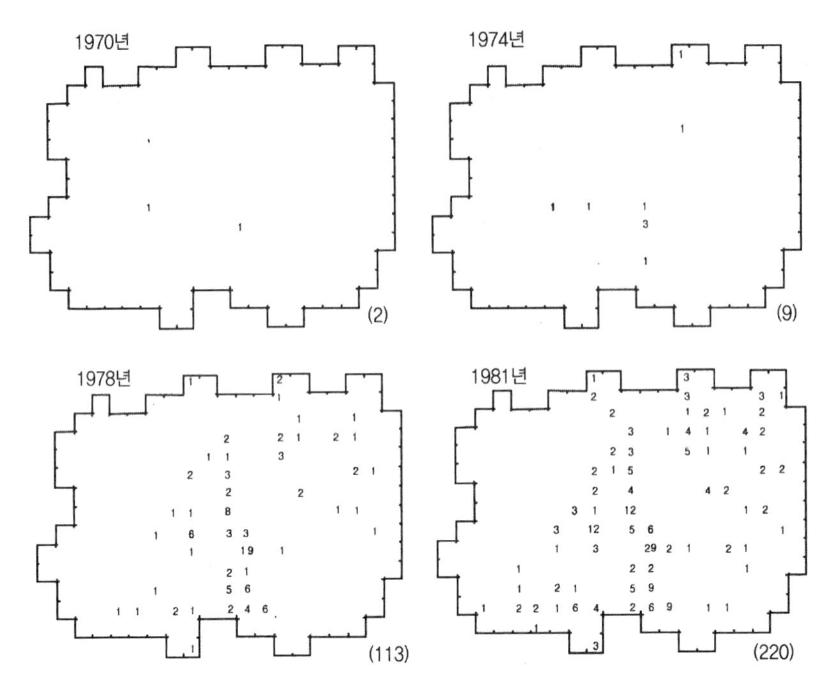

주: 괄호 내의 숫자는 채택자 수임.
자료: 李楨錄(1987: 203~205).

우치리에서 수용자가 나타났으나 나산면에서는 수용자가 전혀 증가하지 않았다(〈그림 13-5〉).

이상의 난관수술 피임방법의 확산은 세 방향으로 확산이 진행되었다. 첫째, 최초의 채택자가 존재한 삼유리의 하장기 부락을 중심으로 남북 방향으로 확산이 진행되어 우치리, 이문리, 수하리 등에서는 비교적 혁신의 수용률이 높게 나타났다. 둘째, 이문리의 이문부락과 수하리의 유덕부락이 확산의 제2의 중심지가 되어 나산면의 중심지와 비교적 멀리 떨어진 이문리, 용두리, 수하리 등 북동방향으로의 확산에 큰 영향을 미쳤다. 셋째, 서쪽방향으로는 덕임리의 백양동 부락이 제3의 중심지로 작용해 구산리로의 확산을 유도했다. 이들 세 확산의 공간적 전개는 인접효과가 크게 작용해 진행되었다. 일부 지역은 혁신의 수용률이 낮아 지체지역으로 나타났다. 이들 지체지역은 나산면 중심지로부터의 접근성이 낮거나 사회·문화적 요인이 확산의 장애물로 작용해 수용이 둔화된 지역들이라고 판단된다.

3) 출산율을 낮추는 방법

가족계획 실시 이외에 출생률을 낮추는 방법은 다음과 같다. 첫째, 대가족제도에 대한 가치관의 변화이다. 오랫동안의 문화적인 풍습·제도·가치에서 조기결혼과 다산을 장려했는데 바람직한 자녀 수에 대한 가치관의 변화를 가져오도록 하는 대대적인 교육이 필요하다.

둘째, 법적 혼인연령을 높이는데 있다. 파나마, 온두라스, 볼리비아 등의 국가에서 합법적인 혼인연령은 남자가 14세, 여자는 12세로 되어 있다. 또 이란, 파키스탄, 인도에서는 부모가 정혼해주는 사람과 결혼하도록 되어 있어 만약 모든 여성이 부모가 정해준 사람과 혼인을 거부할 수 있는 법적 조치가 공포된다면 자기가 좋아하는 사람과 결혼할 때까지 결혼이 연기되어 결혼연령은 높아질 것이다.

셋째, 아동노동의 금지와 의무교육이 실시되어야 한다. 개발도상국에서는 자녀에 대한 경제적 가치가 큰 반면에 자녀의 양육비는 상대적으로 적게 나타나고 있다. 그 이유는 자녀가 어릴 때부터 노동력을 제공해 가계수익에 도움이 되고 있는 반면, 교육의 의무화가 아직 초보적인 단계에 있기 때문이다. 따라서 자녀에 대한 노동을 금지하고 의무교육 제도를 수립할 경우 자녀에 대한 비용-편익 계산 결과는 달라질 것이다. 즉, 아동의 고용을 금하고 자녀들을 의무적으로 학교에 보냄에 따라 자녀에 의한 가계소득에 도움은 기대할 수 없으며 오히려 자녀의 양육·교육비 지출이 늘어나 이상적인 자녀 수의 의사결정에 변화를 가져올 것이다.

넷째, 여성의 지위향상을 도모해야 한다. 전통적으로 여성에게 부여된 역할은 결혼 후 자녀를 양육하고 가정살림을 하는 것이었다. 그래서 여성의 경우 교육과 취업의 기회가 남성에 비해 제약을 많이 받았다. 일반적으로 출산력의 수준은 교육수준과 반비례 관계에 있다. 즉, 여성의 교육수준이 높을수록 결혼연령이 높아지며 취업의 기회도 많아 자녀 수가 적어진다.

다섯째, 정적(正的) 유인체제(incentives)와 부적(負的) 유인체제(disincentives)로 유도해야 한다. 성적 유인체제는 ㉮ 결혼을 연기하는 젊은이들에게 매년 상여금을 지불하거나, ㉯ 부부가 출산을 연기할 경우 매년 연말에 프리미엄형 상여금을 지불하는 것, ㉰ 불임수술을 한 부부에게 보상을 하는 것, ㉱ 노후생활을 자녀에게 의존하기 위해 자녀를 많이 갖기를 원하는 개발도상국의 부부에게 노후생활을 정부가 책임지는 것

〈표 13-4〉 출산율 저하를 위한 사회정책적 지원시책

규제제도	보상제도	제도개선
• 인적 공제의 자녀 수 제한 • 교육보조금 비과세 범위 자녀 2인 이내로 제한 • 3번째 자녀 이상 의료보험 혜택 제외 • 학비보조 수당 지급범위 두 자녀 이하로 제한 등	• 사내(社內) 가족계획 활동에 대한 법인세 손비처리 • 불임수술 수용 시 생계비 지급과 취로사업 동원 우선권 부여 • 두 번째 자녀 출산 후 불임 수용 시 국·공립병원의 분만비 할인 • 2자녀 이하 불임수용 가정에 영농·영어 자금 지원, 영세민 생업자금, 주택자금 융자우선 • 2자녀 이하 불임시술 가정의 5세 이하 자녀의 보건소 입원(수술 제외) 1차 진료 무료 • 가족계획 시범마을 공동기금 지원 • 1자녀 불임수용 가정 주택자금 융자 우선권 • 정관수술시 예비군 잔여 훈련 면제 등	• 아파트 입주권 우선권 부여 • 부모 공동의 친권행사 • 여자 재산상속제도 개선 • 소유 불명재산 부부공동 소유 • 동성동본 혼인 완화 • 여성 취업금지 직종 축소 • 출가 여성공무원 부양가족수당 지급 • 출가 여성 직계존속 즉, 장인, 장모 의료보험 혜택 등

등을 들 수 있다. 이에 대해 부적 유인체제는 ㉮ 셋 이상 자녀를 낳게 되면 부과세를 징수하거나 또는 둘 이상부터 자녀 수가 증가할수록 부부의 소득에 일정 비율로 세금을 부과하는 것, ㉯ 정부투자, 주택분양이나 입학정책 등에 소가족 가구에게 유리하도록 차별을 두는 것 등의 방법이다.

한국에서 출산율을 저하시키기 위한 여러 가지 사회정책적 지원시책을 살펴보면 <표 13-4>와 같았다. 사회정책적 지원시책이란 출산행위에 대한 개개인의 가치관의 변화 없이는 국가의 목표를 달성할 수 없다는 인식에서 개인과 사회의 인식 차이를 좁혀서 인구 증가 억제를 보다 효율적으로 달성함을 목적으로 하는 경제적·사회적 정책이라고 할 수 있다. 이는 다자녀 가족에 대한 규제제도와 소자녀 가족에 대한 보상제도, 그리고 사회규범을 개선함으로써 가치관의 변화를 시도하려는 제도개선으로 나눈다.

먼저 규제제도로 다자녀 가족에 대한 소득세법을 1974년에 개정했는데, 그 내용은 종합소득세의 인적 공제는 모든 미성년자에 해당되었던 것을 자녀 3인까지로 제한시키는 것이었다. 그 후 1976년에는 공제대상 자녀 수를 종전의 3인에서 2인으로 제한했다.

그리고 보상제도로는 법인세제를 개정해 기업이 사내(社內)의 가족계획활동을 전개할 경우 그 비용은 손비처리하도록 한 것이었다. 1977년에는 두 자녀 불임수용 가정에 대해 아파트 입주 우선권의 부여, 피임기구 수입에 대한 감면세제, 도시 저소득 내지 영세민의 불임시술 수용 시 일정액의 생계비 지급과 취로사업 동원의 우선권 부여 등 여러 가지 특혜 조치를 취했다. 개선제도로는 가족법을 개정함으로써 부모 공동의 친권행사, 여자 재산상속 제도 개선, 소유불명 재산의 부부 공동소유, 동성동본 혼인완화 등으로 남녀차별 의식을 개선하려고 했다.

1980년에는 두 번째 분만 후 불임을 수용할 때는 국·공립병원의 분만비를 할인해주도록 했으며, 1981년에는 교육보조금에서의 비과세 범위를 자녀 2인 이내로 제한하도록 했다. 또 1982년부터는 1981년 12월에 수립된 보다 종합적이고 강화된 인구 증가 억제정책에 의해, 사회정책적 지원시책도 역시 강화되어 추진되었다. 그 내용은 2자녀 이하의 불임시술 영세민에게는 종전 4100원씩 지급하던 생계비를 10만 원으로 증액 지급하고, 세 자녀 이상의 불임시술 영세민에게는 3만 원씩 지급하며, 두 자녀 이하 불임수용 가정에 영농·영어(營漁)자금과 영세민 생업자금 및 주택자금 융자 시 우선적으로 융자하고, 두 자녀 이하 불임시술 가정의 5세 이하 자녀에게는 각 보건소에서 입원과 수술을 제외한 1차 진료(치과 포함)를 무료로 실시한다는 것이다. 이와 같은 소자녀 가정에 대한 사회지원정책의 강화와 함께 남아선호 관념을 불식시키기 위한 조치로서 여성 취업금지 직종을 30종에서 6종으로 크게 줄였다. 1983년에는 공무원의 가족수당 및 자녀 학비보조 수당의 지급범위를 2자녀 이하로 제한했는데 1983년 1월 이후 출생자부터 적용하기로 했으며, 자녀 출산 시 의료보험 혜택도 3자녀 이상의 출산 시는 적용대상에서 제외하기로 했다. 또 226개 시·군·구에 가족계획 시범마을을 육성하고 500만 원의 마을 공동기금을 지원하도록 했으며, 출가한 여성 공무원에게 실제 부양가족의 수당을 지급하게 되었다. 그 밖에 여성전문기구인 여성개발원의 발족과 국무총리를 위원장으로 하는 여성정책심의위원회의 구성 등을 계기로 남녀차별 의식의 개선과 여성의 지위향상을 도모하게 되었다.

1984년에는 여성의 선원채용 금지조항을 개정하고, 의료보험 피부양자의 범위를 조정해 출가여성의 직계존속, 즉 장인·장모를 의료보험 대상에 포함하도록 했다. 그리고 예비군 훈련 시 정관수술 희망자에 대해 잔여 훈련을 면제해주도록 하고, 한 자녀 불임수용 가정에 대해 주택자금 융자 시 우선권을 주도록 했다. 그 당시 실시되었던 대부분의 시책들은 내용면에서 세제정책과 주택정책을 중심으로 해 발전되어왔다고 할 수 있으며 계층별로는 주로 도시 근로소득층을 위주로 강화되었다. 그러므로 지역 간 및 사회계층 간의 특성에 적합한 시책이 매우 필요한 실정이며, 과거의 세 자녀 중심의 제도를, 최근에 이르러 두 자녀 가치관이 보편화됨에 따라 한 자녀 단산가정에 좀 더 특혜를 주는 지원시책으로 사회복지적인 측면에서 전환시켜야 했다. 그리고 소자녀 규범을 형성하는 데 저해요인으로 작용하는 남아선호 사상에 따른 출생성비 불균형 및 인공 임신중절 성행과 청소년의 성문제, 노인인구의 증가로 복지대책, 노동력 부족 등에 관한 새로운 인구정책 과제가 대두되었다.

1996년 6월 4일에 발표한 인구정책에서 사회지원 시책 가운데 공무원 가족수당 및 학비보조 등의 두 자녀 제한 폐지와 의료보험 분만급여의 두 자녀 제한 폐지, 소자녀 불임수술 수용가정에 대한 공공주택 우선 입주권 부여제도를 모두 폐지했다. 한편 정부의 피임보급은 벽·오지주민과 저소득층을 대상으로 지원하고, 그 밖의 국민은 의료보험에 의한 자율피임을 권장하면서 인구의 자질향상을 추구하기 위해서는 모자보건사업과 지속적으로 연계해 가정 복지증진에 기여했다.

4) 해외 이민 사업

해외 이민은 과잉인구의 조절뿐만 아니라 실업자 감소, 외화획득과 국력의 해외신장을 도모하는 한편 사회적으로는 교육, 주택, 의료, 교통 등 공공 서비스의 수요가 감소하며, 더 나아가서는 국가 간의 문화교류와 확산에도 기여한다는 인식 아래 해외진출을 확대·강화해왔다. 그리고 해외 이민 사업은 인구 증가억제라는 단기적인 효과보다는 장기적인 차원에서 적극 추진해야 한다. 해외 이민 사업은 인구의 양적 감소효과는 미미한 반면에 교육수준이 높은 전문 인력이 유출되는 이른바 두뇌유출(brain drain)이라는 차원에서 개발도상국에 큰 손실을 가져오므로 재고의 여지가 있다. 오늘날의 해외 이민 사업은 인구 증가를 억제하는 데 상당히 미미한 효과를 갖는 이유가 해외 이민을 받아들이는 각 나라에서 까다로운 이민법을 제정해 18~19세기에 유럽 여러 나라에서 대량으로 해외 이민을 보내던 시대와 사정이 달라졌기 때문이다.

한국의 해외이주 정책이 공식화된 시기는 1959년 대통령령으로 해외 이민위원회를 설립하고, 외무부장관의 자문기관으로 위원회를 설치해 해외이주정책의 의사를 표명한 데 이어 1962년 3월 해외이주법을 제정·공포함으로써 법적인 기초가 마련되면서부터이다. 그리고 몇몇 관련 정부부서와 공공기관이 해외개발공사라는 명칭으로 통합된 1965년부터 완전한 형태의 활동이 전개되었다.

해외 이민의 내용을 보면 1962년 17가구 92인이 브라질로 농업이민 간 것을 위시해 국제결혼 및 전쟁고아들의 해외 입양이 많았고, 구서독과 스칸디나비아 반도 국가들로의 광부 및 간호사 등 고용계약에 의한 이민이 있었으며, 브라질, 볼리비아, 파라과이 등으로 농업이민이 이루어졌다. 그 가운데에서도 순수한 이민으로 볼 수 있는 농업이민의 경우 선발된 이주자들의 대부분이 농사경험이 없거나 미숙한 도시인이었고, 이주자들이 거의 수민국(受民國)의 대도시에 정착해, 물의를 일으키게 됨으로써 남아메리카로의 이민은 더 이상 계속될 수가 없었다.

이러한 정착의 부진함과 이탈 등의 문제점을 해소하기 위해 정부에서는 1967년에 새로운 이민사업의 시책방향과 목표를 수립하게 되었다. 이민의 목표를 단순한 잉여 노동력의 해외이동이 아닌 개발능력의 해외진출로 세우고, 1969년까지는 계약이민, 특수이민 등의 초청이민을 일시 중단하고 기존 이주자의 정착에 우선을 둔다는 것으로 양보다 질 위주의 장기적인 계획을 수립했다. 또 장기적으로는 수민국에서의 토지를 확보하고 농장 기반조성을 한 후 1977년 이후에 집단이민을 실시해 대단위농장을 형성한다는 이주사업 방향을 확립했으나, 재정적 지원의 어려움으로 실효를 거두지 못했다.

1970년대에 들어와서는 정부의 양적 확대정책으로 미국과 남아메리카로의 이주자 수가 점차 증가해 일부 이민계층에 의한 부작용을 개선하고 계획이민을 추진하고자 1977년 5월에 다시 중·남아메리카지역 이민을 제한하는 방향으로 추진되었다.

그러나 이처럼 주로 억제하는 선에서 진전되어온 이민정책이지만 정부의 관심은 높아서 1975년 이민과를 이민국으로 승격시켰다. 그러나 인구 증가의 둔화 등에 기여한 효과는 아주 미미한 정도에 불과한 것으로 평가된다. 최근 대부분의 수민국들이 자국민을 보호한다는 입장에서 이민을 엄격히 규제하고 있어서 전적으로 수민국의 이민정책에 의존해야 하는 해외이주 정책은 많은 어려움이 있다. 또 해외이주에 관한 일반 국민의 인식부족, 이주대상자 선정, 이민교섭, 그리고 이주자 사후관리를 위한 이민행정 능력의 부족, 그 밖에 농업 집단이민 및 기업이민에 소요되는 막대한 자금투자 등의 어려움으로 급격한 양적 증대는 기대하기 어렵다.

3. 인구분산 정책

인구분산 정책은 인구를 재배치하는 정책으로 국토의 균형적 개발과 국민 전체의 생활환경 개선을 위해 실시하는 것으로, 세계에서 가장 중요한 인구정책 중의 하나는 대도시의 인구분산 정책이다. 대도시의 인구분산 정책은 대도시의 경제발전과 깊은 관계가 있고 산업화 과정에서 도시화가 이루어진 데 대한 것이다. 따라서 개발도상국에서의 대도시는 인구과밀 현상으로 실업, 주택, 교통, 교육 등 각종 사회문제가 야기되고 있고, 농촌지역은 심한 인구유출로 인한 인구과소 현상으로 노동력 부족현상을 나타내고 있다.

한국의 수도권과 대도시지역의 인구 집중을 억제하기 위한 정책을 살펴보면 다음과 같다. 1960년대의 경제개발정책에 의한 공업화의 추진으로 도시화 현상이 심화되고, 이로 인한 인구의 편중은 지역 간의 균형적인 발전을 저해하고 효율적인 국토이용에 차질을 초래하는 원인이 되었으며, 서울시의 과도한 인구집중은 국가 안보적 차원에서도 커다란 위협이 되는 상황이기에 이를 해결하기 위한 정책의 필요성이 강조되었다. 이러한 필요성으로 1964년 국무회의 의결에 의한 '대도시 인구집중 방지책'이 수립됨으로써 인구의 국내 분산정책이 시작되었다. 대도시 인구집중 방지책으로 2차 관공서의 지방이전, 전원도시 및 신산업 도시개발, 대도시내 공장입지 억제, 교육·문화시설의 지방배치 등 20여 가지 세부 방안이 제시되었다. 그러나 이 대책은 정책화되지 못한 채 무산되었다.

그 후 1969년 수도권 방위를 목적으로 한 '수도권 인구과밀 집중 억제방안'이 제안되고, 1970년에 '수도권 인구의 과밀집중 억제에 관한 기본지침'이 설정되었다. 그 주요 내용으로는 종합적인 국토개발계획, 지방 교육시설의 확대, 도시·농촌 간의 균형적인 발전과 같은 인구집중의 근원적 원인을 해소하는 장기적 대응책과, 행정권한의 지방이양, 개발제한구역의 설정에 관한 법적·행정적 규제, 수도권 개발방향 등이었다. 이와 같은 기본지침에 의해서 취해진 조치를 살펴보면, 1970년 지방공업개발법의 제정과 지방 산업단지의 개발, 1971년의 국토개발 종합계획안(1972~1981년) 수립을 통한 인구분산 정책 수립, 1972년에 정부투자기관 및 연구기관의 재배치, 1973년 서울시내 대학의 신·증설 억제 및 증원억제, 지방학생의 서울전입 억제, 교환교수제를 통한 지방대학 육성, 대학 예비고사 학구제 실시 등과 지방세법 개정을 통한 주민세 신설 등이었다.

이 역시 각 부처 간의 조정이 잘 이루어지지 못한 산발적인 조치에 불과해 실효를 거두지 못했다.

1970년대 후반에 들어와 그동안 추진해온 인구분산 및 억제정책에도 불구하고 서울시를 중심으로 한 수도권으로의 급격한 인구전입 현상이 심각해져 1977년 '수도권 인구재배치 기본계획(1977~1986)'이 발표되었다. 이 계획은 1986년 목표인구를 700만 인으로 정하고, 이를 달성하기 위해 행정수도, 반월, 5대 거점 도시권, 중화학공업 관련 단지에 수도권의 초과인구를 수용한다는 것으로 수도권 내 공장의 신·증설 억제와 이전촉진, 인구수용 여건 조성, 지방 교육시설 강화와 함께 수도권을 정비하고 각종 지원정책을 보강하는 방법을 제시했다. 이와 아울러 환경보전법과 공업배치법을 제정해 쾌적한 주거환경과 공업의 분산배치를 도모했는데, 이는 수도권 이외 지역의 수용능력 미비에도 불구하고 서울시에 대한 인구 억제만을 치중한 나머지 오히려 수도권으로의 인구집중 현상이 두드러지게 나타나는 결과를 초래했다.

1981년 12월에는 '수도권 정비기본계획'이 수립되었는데, 수도권을 이전촉진권역, 제한정비권역, 개발유도권역, 자연보전권역, 개발유보권역의 5개 권역으로 구분해 인구 증가를 방지하고 지방 분산을 촉진한다는 계획이었다. 이 계획은 1982년 12월 '수도권 정비계획법안'이 제정됨에 따라 분산중심에서 정비중심으로 전환되었다. 그리고 제2차 국토종합개발계획(1982~1991년)은 전국을 서울, 부산, 대구, 광주, 대전의 5대 광역 도시권으로 구분해 국토를 다핵구조화 하고 지역생활권을 조성했다. 또한 서울·부산 양대 도시의 인구성장을 억제하는 한편 증가하는 도시 인구를 지방에 정착시켜 지역 간 균형발전에 이바지하도록 유도한다는 계획을 포함했다.

한편 서울시는 1965년 '시정 10개년 계획(안)'에 인구집중에 대한 문제의식을 표명하고, 서울시의 적정인구 배치계획을 통해 근교지역 확장과 기존 시가지의 인구분산을 꾀했다. 그리고 1966년에는 '도시기본계획안(1967~1986)'이 수립되어 서울시 적정인구를 500만 인으로 정하고 신도시 건설계획이 마련되었다. 그러나 위의 두 계획이 효과를 보지 못한 채 더욱 인구집중의 압력이 가중되자, '서울 도시기본계획 조정인'을 1970년에 수립했고, 이를 보완해 1971년에 '시정종합계획(1971~1981)'을 내놓았다. 제1차 국토종합개발계획(1972~1981년)에서는 1970년 현재 서울시 인구를 553만 인으로 보고 연평균 증가율 1.2%를 적용해 1981년 인구를 630만으로 정했다. 그러나 비현실적인 구상에 지나지 않았다.

인구집중문제를 해결하기 위한 인구재배치 정책은 이처럼 수도권, 특히 서울시를 중심으로 과밀화 방지에 초점을 두고 분산에 치중했다고 할 수 있다. 그러나 이를 위해서는 지방도시에 수용여건이 조성되어야 하고, 대도시의 전입을 억제할 수 있도록 다른 시책과의 연계성이 있어야 함에도 불구하고, 서울시의 인구 억제만을 관심대상으로 두었기 때문에 오히려 서울시 주변지역으로의 인구집중은 현저해졌다. 그러므로 이와 같은 정책이 실효를 거두기 위해서는, 우선 국토의 균형적인 성장을 촉진해 지방도시의 수용여건 마련과 정착을 유도할 수 있도록 해야 한다. 그리고 수도권으로의 인구전입을 막을 수 있는 제도로서 행정권의 지방이양을 적극 추진하고, 수도권을 정비해 다핵구조적 구분에 의한 권역별 정비전략을 강구해야 하며, 더불어 인구집중을 유발할 수 있는 시설을 이전, 또는 억제함으로써 과밀화를 방지해야 한다. 또 인구분산을 꾀하기 위해서는 각종 생산시설의 지방 분산에 병행해 교육·문화시설의 지방 분산을 위한 더욱 구체적인 대책이 마련되어야 할 것이다. 이러한 지방분권정책이 2005년 이루어져 일부 중앙정부기관의 지방 이전을 위한 행정복합도시의 건설 및 공공기관의 지방 분산정책 등으로 지역혁신체제를 구축하는 혁신도시의 건설로 그 방향이 나아가고 있다.

4. 인구 자질향상 정책

인구의 자질문제는 생물학적 관점에서는 우생정책, 노동력의 관점에서는 교육정책과 노동정책이 결부된다. 그리고 인구 자질향상 정책은 성·연령별 인구구조의 불균형이나, 높은 유아 사망률, 저소득층의 높은 출산력, 해외이주자의 낮은 교육수준 등이 나타날 때 필요하게 된다. 따라서 인구 자질향상을 위해서는 주로 공중위생과 보건사업이나 인력개발 사업을 시행하고 있다. 공중위생과 보건사업은 사망률을 낮추어 출산력을 저하시키는 역할을 하며, 국민의 건강한 정신과 육체를 마련해주는 데 있다.

독일은 나치스가 정권을 잡은 1933년 이후 인구 증가정책이 채택되어 비(非)아리안(Aryan)계, 특히 유대민족을 제거하기 위한 인종정책 우생정책이 등장했고, 1933년 5월 '관리신분제 신법(新法)'을 만들어 비아리안계인이 공직에 취업하는 것을 금지하고 같은 해 5월에 피임을 금지하는 규정을 장려했으며, 1935년 9월에는 독일인과 유대인과의 혼혈결혼 및 사통(私通)을 금하는 인종정책적인 혈통보호법을 공포했다. 그 밖에 우생정책으로서 본인의 동의로 육체적·정신적 중대한 유전적 장해가 있다고 예측되는 자의 단종수술(斷種手術), 생존능력이 없다고 인정되는 태아의 낙태, 건강상의 단종수란관(輸卵管)의 제거가 공인되는 등 이른바 건전우량인구 증식을 위한 조처를 했다.

한국의 인구자질 향상 정책을 살펴보면 다음과 같다. 1970년대 후반부터 복지사회의 건설을 위해 인구정책면에서도 양적의 문제만이 아닌 질적인 인구의 자질향상에 관심을 돌리게 되었다. 이는 인구정책의 궁극적인 목표가 질적인 면에서 보다 향상된 인간생활을 추구하려는 데 있기 때문에 인구자질을 향상시키기 위한 노력은 오히려 당연한 것이라 할 수 있다.

인구자질을 향상시키는 데 적정규모의 인구는 필수이며 인구의 영양, 보건, 환경, 복지 측면 등의 면을 향상시켜야 할 것이다. 여기에서는 사회보장제도에 의한 사회복지, 보건과 모자보건사업 및 인력개발의 측면을 살펴보기로 한다.

1) 사회보장제도

사회보장제도는 국민이 질병이나 노동재해, 실업, 노령, 임신, 사망과 같은 사회적 사고에 의해 생활이 위협을 받게 되었을 때에 금전 또는 현물로 도와주어 국민이 최저생활을 유지할 수 있도록 하는 제도이다. 그 방법으로는 사회보험, 공적 부조[1]와 사회복지 서비스[2]가 있다. 본격적인 사회보장제도의 시작은 1960년 공무원연금법이 제정되면서부터 시작되었으며, 근로자를 위한 사회보장 제도로는 1963년에 산업재해보상보험제도가, 1977년에 의료보험제도가 실시되었다. 한편 근로자의 소득중단이나 소득과실에 대비한 경제적 생계보장제도로 모든 기업주들로 하여금 고용인의 퇴직 시 연금을 지불하도록 하는 국민복지연금법이 1973년에 제정되었다.

사회보험 가운데 국민복지연금제도는 공무원, 군인, 사립학교 교직원 등의 특수직에 한정해 실시했으며, 산업재해 보상보험은 1983년에 10인 이상 사업장 근로자까지도

1) 공적 부조는 생활·의료보호와 상의군경, 유족, 독립유공자 등에 대한 수호사업, 이재민의 재해구호를 말한다.

2) 불우아동에 대한 아동복지, 노인·장애인 복지와 과부와 미혼모 등 모자가구 지원을 말한다.

〈표 13-5〉 공공연금 가입자와 수급권자 변화(2000~2013년)

연도		2000년	2005년	2010년	2013년
수급권자		1,153,231	2,071,979	2,417,984	4,148,106
국민연금	가입자	16,209,581	17,124,449	19,228,875	20,744,780
	수급권자	933,720	1,766,589	2,992,458	3,653,113
공무원 연금	가입자	909,155	986,339	1,052,40	1,072,610
	수급권자	150,463	218,006	311,429	363,017
사립학교 교직원연금	가입자	210,864	236,726	267,481	325,366
	수급권자	13,382	22,206	37,381	48,407
군인연금	가입자	-	-	-	-
	수급권자	55,418	64,577	75,677	82,313
별정우체국연금	가입자	4,913	4,566	4,089	3,863
	수급권자	248	601	1,039	1,256

자료: 보건복지부, 『보건복지통계연보』(2014), 385~386쪽.

확대되었으나, 선원보험과 실업보험제도는 재정 형편상의 이유 등으로 시행이 보류되었다. 1986년 국민복지연금법을 국민연금법[3]으로 전면 개정하고 1988년 1월부터 10인 이상 사업장 근로자를 당연 적용대상으로 한 국민연금을 실시했다. 그 후 1992년부터는 5~9인 사업장 근로자까지 확대·적용했으며, 1995년 7월부터는 농어민 연금이 실시되어 농어민 및 농어촌지역 거주 자영업자까지 국민연금[4]의 가입대상에 포함했다. 또한 사회복지 서비스 면에서도 후천성 장애자 및 노령인구의 증가와 핵가족화의 진전에 따라 수요가 점차 증가하므로 민간주도로 추진되어온 이 분야의 사업도 전달 체계 면에서나 질적·양적인 면에서 확충과 내실화를 기해야 할 것이다. 1980년 5.6%이던

3) 국민연금 가입 대상자는 국내에 거주하는 18~60세의 국민으로 하되, 다만 특수직 연금대상자인 공무원, 군인, 사립학교 교직원 등은 제외된다.

4) 국민연금은 사업장 가입자 이외에 지역가입자, 임의 가입자, 임의 계속가입자로 구성되어 있다. 지역가입자란 1995년 7월부터 시행된 농어민연금의 당연 적용대상자로서 1994년 12월 31일 현재 군 지역에 거주하거나 군 지역 이외에 거주하더라도 대통령령이 정하는 바에 의한 농·임·축산업 또는 수산업에 종사하는 18세 이상 60세 미만의 자를 말한다. 또 임의 가입자란 사업장 가입자와 지역가입자가 아닌 도시자영업자 등에게도 연금의 혜택을 받을 수 있도록 본인의 희망에 따라 임의로 가입한 자를 말한다. 그리고 임의 계속가입자는 제도 시행 당시 이미 나이가 들거나 가입이 늦어 60세까지 가입하더라도 15~20년 이상의 가입요건을 충족시키기 어려운 자를 본인이 원할 경우 65세까지 연장해 가입할 수 있도록 한 자를 말한다.

공공연금 적용률이 1990년 31.4%, 2006년에는 82.1%를 차지했으며, 그 가운데에서도 국민연금의 가입자가 가장 많다(〈표 13-5〉).

2) 보건정책

인구와 보건과의 관계는 상호 밀접한 관련을 갖는데, 높은 출산율과 인구의 과밀화 및 대도시의 인구집중 현상은 국민보건 수준의 향상을 저해하는 요인으로 작용하며, 보건의료자원의 도시집중은 도시의 인구집중을 유발시키는 원인이 되기도 한다. 1960년까지의 보건의료는 정책적인 면에서의 계획수립이나 공공투자가 없었다. 1960년대 초 경제의 고도성장에 힘입어 식생활 향상과 상수도 공급의 확장, 하수처리 시설 및 주택개량에 의한 생활개선에 따라 국민보건 상태가 향상되었고 의료시설 면과 의료인력 면에서도 상당한 개선이 이루어졌다. 그러나 의료시설과 인력의 대도시 편재로 지역적인 불균형을 이루었고, 의료비 지불능력이 있는 계층만이 의료혜택을 받음으로써 효율적인 활용되지 못했다.

그리하여 제3차 경제개발 5개년계획(1972~1976년)에서는 도시의 저소득층과 농어민을 위한 의료시설 확충에 중점을 두고 보건의료시설의 확대와 요원의 확보, 질병의 예방 및 관리강화, 모자보건의 향상을 꾀하려고 했다. 같은 계획기간에 모자보건 향상을 위해 인공유산에 관한 규제를 다소 완화시켜 1973년 새로운 모자보건법을 제정하기도 했으며, 1976년에는 보건정책협의회를 설립해 보건부문의 기획, 정책조정, 자원배분 결정 및 시행의 효율화를 꾀했다.

제4차 경제개발 5개년계획(1977~1981년)에서는 저렴한 보건의료제도의 개발로 모든 국민에게 균등한 의료혜택이 이루어지도록 하고, 보건인력 양성제도의 개선으로 보건인력의 원활한 공급을 기하며, 공중보건 위생 사업을 강화해 질병예방에 주력하고, 생활환경을 개선하고 공해방지의 기반을 조성하는 것을 추진했다. 그 계획의 일환으로서 1977년 1월부터 생활무능력자와 저소득자의 의료시혜를 위한 의료보험사업이 본격적으로 실시되었으며, 같은 해 7월 이를 실시하게 된 의료보험법의 제정은 균등한 의료혜택에 진보적인 발전을 가져왔다. 이로 인해 1981년 사업장 근로자를 대상으로 하는 1종 보험은 100인 이상 근로자를 고용하는 사업장은 물론, 5인 이상을 고용하고 있는 사업장에서 임의로 적용했다. 1982년 지역주민을 대상으로 하는 2종 보험의 경우 6개 시·군에서 시범적으로 실시되어 보건의료 혜택의 기회를 높이게 되었다. 그리고 제5차 경제사회발전 5개년계획(1982~1986년)에서 공중보건의 관리 강화와 질병의 사전예방활동에 주력해 의료수요 증대를 최소화했으며, 합리적인 의료전달체계를 수립해 경제적 보건의료체계가 확립되도록 할 것을 기본정책으로 내세웠다. 이상에서 보건향상이 국가발전의 중요한 한 부분이라는 인식하에서 이루어지고 있는 정부의 노력으로 국민보건 수준이 크게 향상되었다.

의료자원에서 의사 수는 1983년 현재 2만 6473인으로 의사 1인당 인구수가 1337인이었으나 1995년에는 681인, 2004년에는 555인으로 낮아졌다. 그러나 아직도 선진국 수준[5]에 미치지 못하고 있다. 또 시설 면에서도 1983년 병상당 인구수가 479인으로 매우 부족한 실정이었으나 1995년에는 227인, 2004년에는 164인으로 낮아졌다. 그리고 의료기관의 분포가 도시지역에 편중되어 있는 관계로 부족한 의료시설과 함께 지역적으로 불균형을 나타내어 의료자원의 접근기회를 제한하고, 효율적인 활용을 어렵게 했다. 2004년 시·도별 의료시설 수의 분포를 보면 의원이 가장 많고, 그다음으로 치과 병·의원과 한방 병·의원의 순서로, 이는 인구 10만 인당 의료시설 수의 분포에서도 같은 현상을 나타내었다. 시·도별로 인구 10만 인당 의료시설 수는 서울시가 가장 많다. 2013년의 경우 시·도별 의료시설 수의 분포를 보면, 의원이 가장 많고, 그다음으로 치과 병·의원과 한방 병·의원의 순서로, 이는 인구 10만 인당 의료시설 수의 분포에서도 같은 현상을 나타내었다. 시·도별로 인구 10만 인당 의료시설 수는 종합병원은 광주시가 가장 많았고, 이어서 제주도, 전남, 강원도의 순으로 울산시가 가장 적었다. 요양병원은 부산시가 가장 많았고, 이어서 전북, 세종시의 순으로 서울시가 가장 적었다. 일반병원은 광주시가 가장 많았고, 그다음으로 대구시의 순으로 세종시가 가장 적었다. 의원은 서울시가 가장 많았고, 이어서 대구시, 대전시의 순으로 세종시가 가장 적었다. 치과병·의원은 서울시가 가장 많았고, 그다음으로 광주시, 부산시의 순으로 충남이 가장 적었다. 마지막으로 한방 병·의원은 서울시가 가장 많았고, 그다음으로 대구시, 대전시의 순으로 전남이 가장 적어 의원, 치과 병·의원, 한방 병·의원은 서울시가 가장 많았다(〈표 13-6〉).

---

5) 2011년 인구 1000인당 의사 수는 러시아가 4.3인으로 가장 많고, 이어서 스위스(4.1인), 오스트레일리아(3.9인), 독일(3.7인), 이탈리아·우크라이나(3.5인)의 순으로 한국은 2.0인이다.

〈표 13-6〉 시 · 별 의료시설 수의 분포(2013년)

시·도	종합병원		요양병원		일반병원		의원		치과 병·의원		한방 병·의원		기타*	
	수	인구 10만 인당	수	인구 10만 인당	수	인구 10만 인당	수	인구 10만 인당	수	인구 10만 인당	수	인구 10만 인당	수	인구 10만 인당
서울특별시	57	5.6	97	9.6	205	20.2	7,550	744.3	4,645	457.9	3,512	346.2	49	4.8
부산광역시	27	7.7	176	49.9	107	30.3	2,175	616.6	1,167	330.8	1,060	300.5	7	2.0
대구광역시	11	4.4	59	23.9	106	42.4	1,762	704.4	789	315.4	809	323.4	7	2.8
인천광역시	17	5.9	56	19.4	50	17.4	1,385	480.9	780	270.9	577	200.4	6	2.1
광주광역시	21	14.3	36	24.4	74	50.2	751	509.9	533	361.9	329	223.4	8	5.4
대전광역시	9	5.9	48	31.3	34	22.2	993	647.8	494	322.3	492	321.0	9	5.9
울산광역시	4	3.4	41	35.5	40	34.6	534	461.7	351	303.5	285	246.4	7	6.1
세종특별자치시	-	-	5	40.9	1	8.2	55	450.3	24	196.5	26	212.8	2	16.4
경기도	55	4.5	239	19.5	261	21.3	5,905	482.6	3,521	287.8	2,578	210.7	35	2.9
강원도	16	10.3	25	16.2	39	25.3	709	459.7	328	212.7	315	204.2	6	3.9
충청북도	11	7.0	36	22.9	36	22.9	688	437.5	341	216.8	334	212.4	7	4.5
충청남도	12	5.9	60	29.3	37	18.1	949	463.5	419	204.6	411	200.7	13	6.3
전라북도	13	6.9	80	42.7	69	36.8	1,068	570.2	491	262.2	493	263.2	4	2.1
전라남도	22	11.5	59	30.9	76	39.8	919	481.9	406	212.9	342	179.3	17	8.9
경상북도	19	7.0	99	36.7	63	23.3	1,305	483.4	577	213.7	593	219.7	16	5.9
경상남도	23	6.9	105	31.5	128	38.4	1,742	522.5	751	225.3	710	213.0	111	33.3
제주특별자치도	7	11.8	7	11.8	5	8.4	326	549.0	164	276.5	153	257.7	-	-
전 국	324	6.3	1,228	24.0	1,331	26.0	28,816	563.5	15,779	308.5	13,019	254.6	194	3.8

* 특수병원(결핵·한센·정신병원), 부속의원(회사 또는 산업체의 종업원을 위한 부속의원).

자료: 보건복지부, 『보건복지통계연보』(2014), 186~187쪽.

〈표 13-7〉 시 · 도별 의료기관별 병상 수의 구성비(2013년) (단위: %)

구 분 / 시·도	종합병원		요양병원		일반병원		의원		특수병원·부속의원*		치과 병·의원		한방 병·의원	
	병상 수	인구 10만 인당	병상 수	인구 10만 인당	병상 수	인구 10만 인당	병상 수	인구 10만 인당	병상 수	인구 10만 인당	병상 수	인구 10만 인당	병상 수	인구 10만 인당
서울특별시	33,106	3,263.7	14,226	1,402.5	17,149	1,690.6	14,057	1,385.8	2,897	285.6	146	14.4	2,651	261.3
부산광역시	12,636	3,582.0	26,830	7,605.7	12,389	3,512.0	5,329	1,510.6	4,477	1,269.1	27	7.7	590	167.3
대구광역시	6,370	2,546.4	9,009	3,601.3	15,109	6,039.8	3,283	1,312.4	731	292.2	17	6.8	186	74.4
인천광역시	7,147	2,481.8	8,215	2,852.6	6,273	2,178.3	5,762	2,000.8	1,169	405.9	5	1.7	924	320.9
광주광역시	6,548	4,445.6	8,405	5,706.4	9,165	6,222.4	3,110	2,111.5	882	598.8	19	12.9	3,433	2,330.8
대전광역시	5,465	3,565.3	7,543	4,921.0	3,464	2,260.0	3,952	2,578.3	1,321	861.8	55	35.9	496	323.6
울산광역시	2,250	1,945.6	4,857	4,199.8	4,506	3,896.3	1,320	1,141.4	413	357.1	13	11.2	205	177.3
세종특별자치시			712	5,828.8	91	745.0	148	1,211.6	120	982.4				
경기도	22,252	184.1	35,145	2,872.6	28,541	2,332.8	18,283	1,494.4	9,872	806.9	20	1.6	2,189	178.9
강원도	6,112	3,963.0	2,600	1,685.8	5,138	3,331.5	2,536	1,644.3	1,853	1,201.5	15	9.7	153	99.2
충청북도	4,371	2,779.2	5,125	3,258.7	4,485	2,851.7	2,602	1,654.4	2,401	1,526.6			280	178.0
충청남도	4,802	2,345.1	9,303	4,543.3	2,993	1,461.7	4,121	2,012.6	4,347	2,122.9	13	6.3	225	109.9
전라북도	5,341	2,851.6	15,149	8,088.2	7,785	4,156.5	4,097	2,187.4	2,161	1,153.8	10	5.3	1,594	851.1
전라남도	6,626	3,474.3	11,834	6,205.0	13,070	6,853.1	2,659	1,394.2	2,911	1,526.3	24	12.6	864	453.0
경상북도	7,622	2,823.5	15,042	5,572.3	8,223	3,046.2	3,180	1,178.0	4,816	1,784.1			1,254	464.5
경상남도	8,307	2,481.7	17,984	5,394.4	16,823	5,046.2	4,660	1,397.8	7,747	2,323.8	35	10.5	354	106.2
제주특별자치도	2,470	4,159.6	680	1,145.2	654	1,101.4	542	912.8	175	294.7				
전 국	141,425	8,103.5	192,659	3,767.2	155,861	3,047.6	79,641	1,557.3	48,293	944.3	399	7.8	14,534	284.2

* 특수병원(결핵·한센·정신병원), 부속의원(회사 또는 산업체의 종업원을 위한 부속의원).

자료: 보건복지부, 『보건복지통계연보』(2014), 192～193쪽.

의료기관별 병상 수를 보면 일반병원, 종합병원의 순으로 치과 병·의원이 가장 적었다. 이를 시·도별로 인구 10만 인당 병상 수를 보면, 종합병원은 광주시, 제주도의 순으로 많았고, 경기도가 가장 적었다. 요양병원은 전북이 가장 많았고, 이어서 부산시, 전남의 순으로 제주도가 가장 적었다. 일반병원은 전남이 가장 많았고, 이어서 광주시, 대구시의 순으로 세종시가 가장 적었다. 의원은 대전시가 가장 많았고, 전북, 광주시, 인천시의 순으로 제주도가 가장 적었다. 치과 병·의원은 대전시가 가장 많았고, 이어서 서울시, 광주시의 순으로 경기도가 가장 적었다. 마지막으로 한방 병·의원은 광주시가 가장 많았고, 이어서 전북의 순으로 대구시가 가장 적었다(〈표 13-7〉).

의료혜택 면에서 사회보장제도의 일환으로 시행되고 있는 의료보험은 1989년 7월 1일부터 전 국민의 의료보험실시로 1983년에 적용인구가 약 1510만 인에 달했던 것이

〈표 13-8〉 시 · 도별 의료보험 가입자 및 적용인구구성비(2013년) (단위: %)

구분 / 시·도	직장 건강보험 (적용인구)	공무원, 사립학교 교직원 건강보험 (적용인구)	지역건강보험 (가입자)	(총적용인구/인구수) ×100(%)
서울특별시	60.9	7.5	29.9	98.3
부산광역시	58.5	8.1	29.4	96.0
대구광역시	56.6	10.1	29.3	96.0
인천광역시	61.8	6.7	29.6	98.0
광주광역시	57.3	11.5	26.8	95.6
대전광역시	57.8	11.9	27.4	97.1
울산광역시	70.4	5.4	23.6	99.4
세종특별자치시	54.9	16.6	26.4	97.8
경기도	63.5	7.3	28.6	99.4
강원도	48.2	16.3	31.3	95.8
충청북도	58.5	10.5	28.7	97.7
충청남도	58.3	9.8	30.2	98.3
전라북도	52.9	12.5	29.7	95.2
전라남도	51.2	11.4	33.0	95.6
경상북도	56.7	10.1	29.9	96.7
경상남도	59.9	9.5	28.7	98.0
제주특별자치도	49.8	12.3	34.5	96.5
전 국	59.5	8.9	29.3	97.7

자료: 보건복지부, 『보건복지통계연보』(2014), 408~409쪽.

1996년의 의료보험 적용인구수는 4460만 5000인으로 전국 인구의 99.9%, 2004년에는 4737만 1992인으로 전국인구의 96.6%, 2013년에는 4998만 9620인으로 전국인구의 97.7%가 건강보험을 적용받았다. 이를 시·도별로 보면(〈표 13-8〉), 울산시의 의료보험 적용률이 99.4%로 가장 높았고, 전라북도가 95.2%로 가장 낮았다. 그리고 건강보험별 적용인구구성비를 보면 직장건강보험 가입자 수가 가장 높았고, 공무원·사립학교 교직원 건강보험 적용인구가 가장 낮았다. 직장건강보험 적용인구의 구성비가 전국 평균보다 높은 시·도는 서울·울산·인천시, 경기도, 경남이었으며, 지역 의료보험 가입자 구성비가 전국 평균보다 높은 시·도는 서울·부산·인천시·강원도·충남·전북·전남·경북·제주도였다.

3) 모자보건사업

모자보건사업은 모성의 생명과 건강을 보호하고 건전한 자녀의 출산과 양육을 도모하기 위해 임산부 및 영·유아(0~4세)에게 전문적인 보건의료 서비스를 제공해 신체적, 정신적, 사회적으로 건강을 유지하는 데 있다. 모자보건사업의 대상은 임산부와 출생 후 6년 미만의 영·유아를 사업대상으로 하고 있으며, 이들은 질병의 유행이나 환경의 변화에 따라 다른 계층의 사람보다 질병에 감염될 기회가 많고 질병에 감염되면 치명적인 장애를 입을 수 있으므로 다음 세대의 건강 확보와 인구의 자질향상 측면에서도 다른 보건의료 서비스보다 정부의 정책적 관심이 집중되어야 할 분야이다.

모자보건사업은 임산부, 영·유아의 효율적인 등록 관리와 임산부 산전·산후, 분만관리 및 영·유아 건강진단을 실시해 위험이 높은 대상자나 비정상 소견자에 대해 정밀검사 및 치료를 받도록 조치했고, 예방접종의 적기 실시로 면역효과를 높여 질병을 예방하는 데 노력했으며, 저소득층 신생아에 대한 선천성 대사이상 검사를 확대·실시해 정신지체아 발생을 사전에 예방하는 등 임산부, 영·유아 건강관리에 역점을 두고 추진했다. 또한 모유 수유율을 높이기 위해 각종 홍보책자와 팸플릿 등 홍보활동과 캠페인을 적극 실시했다.

21세기를 향한 모자보건사업의 방향은 질병이나 장애발생의 예방뿐만 아니라 건강한 어린이와 어머니를 보다 건강하게 하는 데 목표를 두고 추진해나가야 한다.

4) 인력개발

인력개발이란 인간의 노동생산성과 경제적 효율성이라는 측면에서 본 인간형성을 의미하며, 경제적 측면에서는 인적자원을 축적하고 경제개발을 위해 효율적으로 투자하는 것이라 볼 수 있다. 인력개발 사업은 구체적으로 인력의 양성과 훈련을 말하며, 이와 같이 양성된 인력은 경제발전과 산업구조의 변화에 대응해 원활하게 공급되며 이로 말미암아 고용기회가 증대되어야 할 것이다.

한국의 인력개발 사업은 학교교육과 직업훈련으로 추진되어왔다. 1960년 이후 경제개발계획과 함께 기술 인력의 중요성이 크게 부각되어 이들의 양성과 공급에 주력해왔다. 그러나 1980년대 이후 대학 졸업자를 중심으로 한 고급인력 수급의 원활화, 여성인력의 활용, 그리고 산업구조 조정에 따른 직업구조 문제 등이 인력개발 사업의 주요과제로 등장했다.

5. 인구의 대응정책

인구의 대응정책은 인구 증가에 따른 경제적·사회적·문화적 측면의 문제점을 해결하려는 정책이다. 이 인구정책은 국가의 모든 정책과 밀접한 관련을 맺고 있다. 먼저 경제적 측면에서의 대응책은 인구 증가에 따른 식량증산과 자원개발, 무역증대, 실업과 고용정책 및 금리정책과 경제개발 계획 등이다. 두 번째 사회적·문화적 측면에서의 대응책은 교육정책, 공중위생, 보건정책 및 사회개발, 사회보장정책, 교통 및 에너지 정책 등으로 국민에게 경제적 혜택뿐만 아니라 교육과 의료 등 공공 서비스의 각종 혜택을 제공하기 위해 실시하는 것이다. 특히 의료보험과 연금제도 및 사회복지시설의 확충은 출산력을 저하시키며, 서비스 시설 분포의 균등성은 도시의 인구집중을 억제하는 수단으로 이용되기도 한다.

<표 13-9>에서 보는 바와 같이 경제개발·사회개발 프로그램이나 지역개발 프로그램 등과 같이, 국민들의 삶의 질을 향상시키기 위한 목적으로 개발된 다양한 개발계획들은 인구이동이나 출산력 감소에 영향을 미칠 뿐만 아니라 고용구조에도 커다란 영향을 미치게 된다.

〈표 13-9〉 경제 · 사회 · 지역개발 프로그램이 인구에 미치는 영향

개발 프로그램		인구에 미치는 영향		
		고용구조 특색	출산·사망	인구이동
경제개발	산업화	●	○	●
	고용정책	●	○	●
	관개시설	○	×	○
	토지개발	○	○	●
사회개발	교육	●	●	×
	여성의 지위	●	●	×
	건강	●	●	×
지역개발	성장과정	○	×	●
	신도시	○	×	●
	도시의 주택·하부구조 개선	×	○	●

● 강한 영향력, ○ 어느 정도의 영향력, × 영향력이 없거나 불확실.
자료: Findlay(1987: 66).

6. 인구정책의 변천

1) 지난날의 인구정책

(1) 고대의 인구정책

유사 이전인 원시사회의 인구정책에 관해서는 현실적으로 잘 파악될 수는 없지만 최근까지 남아 있는 미개민족에 관한 비교연구를 토대로 그것을 추측할 수 있다. 원시적 미개사회의 민족은 일반적으로 인구 억제의 사상이 지배적이었다고 알려지고 있다. 즉, 영아살해나 출산방지 수단으로서 결혼을 했더라도 일정한 기간 부부의 동거를 제한하는 방법을 사회관습으로 한 경우가 있었다. 또 노인과 병약자들은 여러 가지 방법으로 살해하든가 유기하는 관습과 제도가 있었는가 하면 혼인 자체를 곤란하게 해 출산을 억제하는 방법 등도 있었다. 이와 같은 야만적인 제도나 관습이나 사상들이 남아 있는 곳은 모두 식량부족이 직접적인 이유로 경제력의 결핍에 원인이 있다고 생각된다. 그러나 원시사회 자체는 정책을 수립할 정도의 조직체가 되지 못했기 때문에 다만 자연적인 인구 증가의 두려움에서 생긴 사회적 관행이라 볼 수밖에는 없다. 예를 들면 푸나푸티(Funafuti)족은 홀수 번째 출생하는 아이만 기르고 짝수 번째 출생하

〈그림 13-6〉 울릉도 천부동의 고려장터(1986년)

는 아이는 반드시 죽여야 한다는 제도가 있었으며, 킹스밀(Kingsmill) 섬에 거주하는 주민과 파이타부(Paitabu) 섬에 거주하는 주민들은 두 번째 이상 출산하는 유아는 모두 살해하는 법률을 제정했으며, 치코피아(Chikopia) 족과 길버트(Gilbert) 섬의 주민은 4인 이상의 자녀를 가질 수 없는 법률을 만들었다.

또 영아살해 방법 이외에 출생률을 낮추기 위한 방법으로 피지(Fiji) 섬에서는 출생아가 만 2세가 될 때까지 부부의 동거가 금지되었으며, 일본에서도 '솎음(間引き)'이라고 하는 부모가 허약한 영아 등을 죽인 관습이 있었다. 이밖에 병약자와 노인을 살해하거나 유기(遺棄)하는 관습도 있었는데, 푸시맨(Pushman)족은 유목생활을 할 때 또는 그들이 거주지를 옮길 때 적은 양의 음식물과 물을 두고 노인과 병약자는 함께 이동하지 않고 그대로 남겨두었다. 또 이누이트 족은 고령자를 죽여도 상관하지 않게 되어 있었고, 인디언들도 노인을 살해하는 관습이 있었으며, 고려시대의 고려장(〈그림 13-6〉)도 노인을 살해하기 위한 한 방법으로, 이들 예들은 모두 부양할 수 있는 능력보다 인구가 많음에 따라 나타난 관습들이라 볼 수 있다.

서양의 고대사회는 오늘날과 다르지만 국가라는 정책의 주체가 있었으며 의식적인 정책목적도 찾아볼 수 있는 단계에까지 이르렀다. 인구정책을 실시한 대표적인 국가로 고대 그리스 도시국가와 로마제국을 들 수 있다. 고대 그리스는 노예경제를 기초로 하는 많은 소도시 국가가 분립되어 있었으므로 도시국가의 유지와 존속을 위해서는 시민으로서 개인의 존재는 국가 속에 묻혀버리고 국가는 개인의 모든 생활분야에 관해 간섭할 권리를 가지고 있었으며, 개인은 국가에 대해 헌신적으로 봉사하지 않으면 안 되었다. 따라서 모든 정책은 도시국가의 이론에 기초했다. 국가주의가 매우 강화된 것은 노예경제의 의존으로 노예획득을 둘러싸고 끊임없이 전쟁을 치르지 않으면 안 되었던 데에 큰 원인이 있었다. 전쟁에 패했을 때 시민은 모두 다른 국가의 노예가 되는 운명에 처하게 되었다.

스파르타의 인구정책은 이러한 사정을 가장 잘 나타냈다. 전시에는 용감한 전사로서 또는 노예의 통솔자로서, 민중정치의 담당자로서 시민은 국가를 위해 강건하고 우수한 인구로 언제나 적정량이 확보되어야만 했다. 여기에서 스파르타가 국가를 중심으로 질적·양적 양측 면에서 인구정책을 실시하게 된 사정을 알 수 있다. 한편 아테네는 스파르타와 같이 그리스의 내륙에 위치해 농업을 영위하는 나라는 아니고 임해에 입지해 일찍부터 해외로 세력을 뻗쳐 상공업이 번영한 도시국가로서 진취적이고 자유의 기풍이 지배적이었다. 따라서 아테네는 개인에 대한 국가의 간섭은 심하지는 않았으나 가끔 발발하는 전쟁과 이민의 필요성 때문에 인구정책의 기본사상이 다른 내륙지역의 국가와 같은 경향을 띠게 되었다.

한편 고대 로마제국의 경우는 끊임없는 정복전쟁에 의해 제국의 영토를 확대시키고 이를 유지하는 데 전념했다. 따라서 전쟁으로 인해 로마시민은 막대한 인명손실을 입었으며 제국군대의 중추를 이루는 시민의 증대에 부심했다. 그러나 이와 같은 인구 증가의 요청은 1~5세기의 제정기 전반에 가장 강력히 주창되었으며 건국 초기에는 그렇지 않았다. 원시적 로마인은 순농업경제를 영위하고 있었으며 좁은 토지를 집약적으로 경작하기 위해 많은 노동력을 필요로 했다. 그러므로 그들의 출산율은 높았고, 또 농산물의 생산량은 조밀한 인구를 부양하는 데 충분했다. 그들은 농업에 필요한 많은 노동력과 검소한 생활로 소박하고 강건한 기풍을 조성했다. 그리하여 정복전쟁은 농민에게 토지를 부여하고 농민은 우수한 군대를 공급함으로써 로마의 영토가 점차 확대되었던 것이다. 물론 이 당시에 노동력 부족의 고민은 없었지만 계속되는 정복전쟁으로 인명손실이 많아 B. C. 6~B. C. 1세기의 공화정 말기에는 인구 증가가 필요하게 되었다. 이러한 요구가 가장 심했던 것은 제정기부터이다. 카이사르(J. Caeser, B. C. 100~B. C. 44)나 아우구스투스(Augostus, B. C. 63~B. C. 13)는 인구 증가를 입법화하려고 매우 힘을 기울였다. 그들은 로마의 운명이 시민의 수에 달려 있다고 생각하고 인구의 양적 증가를 추구했지만 실패로 끝나고 말았다. 인구 증가가 실패한 가장 중요한 원인은 로마시민군의 중견을 이루었던 중소 자유농민의 경제상태가 쉴 사이 없는 전쟁과 과다한 조세 부과로 점차 약화되었으며 거기에다 정복지로부터의 값싼 곡물이 수입되므로 그들의 농업생산의 기초가 거의 파괴당했기 때문이다. 그들은 고리대의 부채에 시달리다가 마침내 토지를 버리고 로마로 도망쳤으나 그곳에서 노예로 전락하고 또 환영을 받지도 못했다. 따라서 그들이 버리고 간 토지는 귀족들이 노예 노동력을 이용해 대농장에 흡수됐다. 이렇게 해 중소 자유농민은 몰락하고 부유한 귀족은 사치와 방탕에 빠져버렸다. 이와 같은 사회적·경제적 변모로 말미암아 로마시민의 출생률은 급속히 낮아지고 인구는 급속도로 감소되었던 것이다.

(2) 중세의 인구정책

퇴폐한 로마사회에서는 시민의 희망은 찾을 수가 없었다. 기독교사상은 만민이 신 앞에서 평등하므로 하층계급의 마음이 기독교사상에 집중되었고, 문란한 사회풍조에서 독신순결을 존중하는 생각이 점차 파급되어 새로운 정신적 지주가 되었다. 콘스탄티우스(F. V. Constantius, A. D. 280?~337) 대제는 이러한 기독교 사상이 로마제국의 전통적인 인구 증가 정책과는 반대되는 것으로 생각했지만 기독교를 로마제국의 공인종교로 하고 이를 세계에 전파해 몰락해가는 로마제국을 강화하려고 노력을 했지만 실패하고 로마는 멸망했다. 콘스탄티우스 대제의 이와 같은 생각은 로마제국의 인구 감소에 영향을 미쳤다는 것이 확실했다.

기독교가 지배했던 중세에는 기독교정신에 입각해 신 앞에서 만인이 평등하며 노예 소유를 부정하고 독신순결을 존중하는 사회풍조가 조성되었다. 즉, 교회는 항상 처녀와 독신상태를 결혼보다 신성하다고 간주했으며 사제(司祭) 및 부제(副祭)의 성적 방종을 금지했고 사제가 결혼하면 그 지위를 박탈당했으며 간통을 했을 때는 추방당했다. 또한 결혼 전에 성직자로 임명된 자는 그 후에도 결혼할 수 없다는 원칙을 세워 성직자의 결혼을 규제했다.

로마제국이 붕괴된 후 게르만 민족이 새로 등장했지만 전쟁과 유행병 등으로 말미암아 유럽 사회는 르네상스기에 이르기까지 자유로운 학문적 사상이 싹트지 못한 이른바 중세 암흑시대에 들어가게 되어 기독교사상만이 유럽의 문화적 유산을 이어왔다.

중세 말에 십자군 전쟁, 흑사병, 백년전쟁 등은 많은 인명을 앗아갔으며, 이로 인해 심한 인구 감소 현상은 백년전쟁 이후 점차 중앙집권체제 국가로 나아가던 유럽의 각 국가가 인구 증가를 요구하는 사회적 분위를 진작시켰다. 그리하여 중세사회를 지배하던 기독교의 금욕사상은 부적합한 인구사상이 되었다.

중세 봉건시대의 유럽 사회는 전란, 기아, 유행병으로 인해 인구가 많이 감소했는데, 인구를 증가시키기 위해 농지의 확대 등 인구부양력을 증대시키기 위한 인구 증가정책을 채택한 것이 아니라, 이주를 금해 역내인구를 확보하기 위한 소극적 인구정책을 채택했다. 근대 이전까지의 인구조절방법을 보면, 낙태 및 임신중절 등이 있었으며, 또 성적 생활의 금지·관습 및 전쟁과 이민, 피임 등을 들 수 있다. 피임은 의식적으로 임신을 피함으로써 개인적으로는 가족의 규모를 제한하고 집단에게는 인구 증가를 제한하는 것이었다.

(3) 근세의 인구정책

근세에 들어와서 인도항로의 발견은 유럽의 상·공업에 새로운 자극을 주게 되었다. 그리고 유럽의 합리주의적 정신은 중세의 종교적 지배를 극복하기에 이르렀다. 새롭게 건국한 국가들은 군주와 왕후를 중심으로 하는 사회로서 어떻게 하면 국가를 부강하게 만들 것인가에 대해 부심했다. 이와 같이 상업·무역·제조업을 발달시키는 중상주의 정책은 국부를 위해, 또 병력을 확보하기 위해 인구를 증가시켰다. 그 결과 모든 국민에게 고용기회를 제공해주고 생활 유지력을 증대시켜서 인구를 증가시키므로 물자 생산에 필요한 노동력의 증대를 가져오게 되었다. 즉, 인구가 많을수록 그만큼 많은 재화를 생산하고 생산물이 많을수록 그만큼 수출할 수 있는 여유가 커지게 되고 무역을 확대시켜서 금은을 많이 얻게 되므로 국가는 부유해지고 국고는 풍부해지며 국력이 신장되는 것이라고 생각했던 것이다.

그 결과 국가에 대한 개인의 존재가치는 충분히 인식되지 못하며 개인이란 오직 국력의 신장을 위한 수단에 지나지 않았다. 다만 생존권은 사회문제로 취급되었으며 정부가 모든 국민의 경제적 문제를 해결하는 것으로 믿었다. 국가를 초월한 세계나 인류의 복리란 아예 생각할 틈이 없었으며, 유럽의 각 국가는 자국의 생존권 신장을 위해서 치열한 경제전을 전개했다. 이 과정에서 인구 증가는 다만 생산력일 뿐만 아니라 식민지 획득을 둘러싼 경제전에 승리하기 위한 수단인 병력의 원천이라고 간주해 중상주의 인구정책은 철저한 국가의 간섭하에서 인구 증가를 강력히 요구한 것뿐이었다.

영국의 엘리자베스(Elizabeth I, 1558~1603) 왕조시대에 미혼자는 버터, 치즈, 곡류의 판매나 수송에 종사하지 못하도록 금지했으며, 1695년에는 독신세가 부과되었고, 18세기 이후는 대가족에게 막대한 수당이 주어지고, 조혼자에게는 상금을 주었으며 임금을 아동의 수에 따라서 지불하도록 했다. 그리고 프랑스에서는 로마제국의 인구정책을 방불케 하는 것으로 결혼, 특히 조혼과 출산의 촉진을 위해서 교묘한 방법으로 면세와 보상금제를 실시했다.

독일에서는 '늙은 미혼자법(Hagestolzen recht)'에 의해 미혼자가 사망한 경우 남은 재산은 부모, 형제, 미혼의 자매가, 혈육이 없을 때에는 국가에서 몰수했다. 그리고 1721년 영주를 목적으로 모국을 떠나는 이민을 엄금하는 법률이 제정되어 농민의 이민을 유인하는 사람은 사형에 처하고 이주자를 체포한 사람에게는 200탈러(Thaler)의 상금을 주었다. 1947년 프리드리히(Frederick, W., 1744~1797) 2세는 법률로 복상기간을 정해 미망인은 남편사망 후 9개월 만에, 홀아비는 부인사망 후 3개월 만에 재혼할 수 있게 해 결혼을 장려했다.

오스트리아에서는 1767년 군대병사의 결혼이 허용되어 자녀 1인 1일당 3그로센(Groschen)의 수당을 지급했다. 1781년에는 비가톨릭교도 거주자나 이주자에게 실제적으로 가톨릭교도와 똑같은 정치적 권리를 부여하면서 이민을 받아들여 인구 증가를 꾀했다. 에스파냐에서는 펠리페(Felipe) 4세(1605~1665) 때에 18세로부터 25세 사이에 결혼한 사람은 25세에 이를 때까지 모든 공과부담과 조세를 면제했다. 젊은 부인에게는 결혼자금이 주어지고 6인의 자녀를 갖는 사람에게는 면세특권을 주었다. 또 1623년에는 해외로부터 이민을 온 사람에 대해 면세조치를 취한다고 포고했으며, 반대로 국외이주는 엄중히 금지했다.

(4) 19세기의 인구정책

18세기 후반부터 군주의 특권은 박탈되고 자연법과 공리주의가 궁극적인 목표로 민중의 복리를 추구하는 시대가 되었다. 특히 미국의 독립, 프랑스의 민주주의 혁명은 군주를 중심으로 하는 사회에서 민중의 복리를 중심으로 하는 사회로 이행하게 되는 변혁의 계기가 되었다. 19세기의 유럽은 산업혁명의 진행과 더불어 부의 축적이 이룩되어 생활이 향상되어 인구가 증가되고, 의료·위생시설이 개선되어 사망률, 특히 유아 사망률은 뚜렷하게 감소되었다. 그리고 교통수단이 발달함에 따라 경작지역이 확대되고 동시에 기술의 향상으로 농업생산성의 비약적인 증대와 제조업의 발달로 많은 사람들에게 생활수단을 제공해 급격한 인구 증가를 가져왔다.

그런데 영국의 농업혁명과 산업혁명은 막대한 부를 축적시켰으나 많은 빈민인구를 축적하는 부작용도 낳았다. 인구의 급속한 증가는 부의 축적에도 불구하고 빈곤인구의 급증이라는 현상이 나타나 19세기 전반기의 인구문제는 도시 빈민문제를 어떻게 해결하느냐가 초점이 되었다.

맬서스의 인구이론은 이 빈곤의 원인을 바탕으로 독자적인 사상을 밝힌 것이고, 또 이 이론은 시대의 요청에 의한 것이었다. 당시의 출생률은 매우 높았고 인구는 매우 증가했음에도 불구하고 옛 체제의 정치이념에 의존하는 구빈법이 시행되어 빈곤의 재생산이라는 악순환을 되풀이하고 있었다. 맬서스는 이와 같은 불합리성의 원인을 무책임한 인구 증가에서 찾는 인구원칙을 밝혔으며, 맬서스의 인구이론의 사상은 유럽 각 국가로 파급되어 신맬서스주의의 출산조절운동으로 발달했다.

이와 같은 사회적 배경하에서 유럽은 산업혁명의 진전으로 인구가 급증했는데, 이것은 주로 사망률의 저하에 기인된 것이었다. 이러한 사망률의 저하는 국가가 각종 공중위생시설의 확충, 의학의 발달 및 국민생활의 실질적 개선이 이룩된 데 기인된 것이었다. 즉, 영국에서는 1801년에 종두접종을 실시하고, 1847년에는 의사가 위생관으로 임명되어 위생사상의 보급 및 각종 예방위생대책의 실천 등 사망률의 저하에 직접적으로 기여했다.

한편 경작지의 확대, 농업생산의 비약적 증대, 가축사육 기술의 발달, 해외로부터의 식량수입, 그리고 19세기 전반에 철, 후반에는 강철의 대량생산으로 선박·철도의 건조, 교통기관의 보급, 증기기관의 실용화, 근대적 기계공업화에 따른 인구부양력의 급격한 증대는 팽창하는 인구를 능히 유지하고도 남았다. 또한 유럽 인구의 국제적 이동, 특히 미국으로의 이주는 아주 많았다. 노동력의 부족으로 곤란을 겪고 있던 미국은 해외로부터 많은 이민을 받아들여 그 수는 19세기에 약 180만 인에 이르렀다. 이밖에 캐나다, 오스트레일리아, 뉴질랜드 등으로의 이주도 많았다.

한편 유럽의 여러 나라는 인구 증가정책을 채택하고 산아조절 운동을 금지하는 정책을 채택했다. 18세기 말경부터 인구 감소 경향에 고민하던 프랑스는 나폴레옹

(Napoleon Ⅰ, 1769~1821) 시대에 결혼과 출산의 장려책을 채택해 기혼자에게만 일정한 특권을 부여한 바 있으며, 1813년에는 젊은 기혼 남자에게 병역을 면제했다. 또 인구 증가를 촉진하는 논의가 활발히 전개되었고 이를 위한 정책방안이나 여러 가지 법률이 제정되었지만 거의 실시하지 못했고, 실시되었더라도 곧 폐지되고 말았다. 그러나 가족수당으로 인구 증가의 책임정책이 채택된 바 있다. 1860년에 해군성은 근속 5년 이상의 하급선원에게 아동 1인당 1일 수당을 지급했으며 그 후에 가족수당제도는 여러 직종에 널리 보급되었다. 1882년 이후 산아조절과 낙태가 단속을 받게 되었는데, 특히 낙태에 대한 처벌이 엄하게 다스려졌다.

2) 오늘날의 인구정책

오늘날의 선진국과 개발도상국의 인구정책은 서로 다르다. 선진국의 경우는 인구 증가를 위한 출산수준을 조정하기 위해 피임방법을 비롯한 산아조절을 통제하거나, 좀 더 적극적인 방법으로 출산 및 자녀양육에 대한 재정적 뒷받침을 해주고 있다. 그래서 두 번째 이후의 자녀에게 특별한 혜택을 주거나 근로여성을 위한 탁아소 비용을 저렴하게 하거나, 임산부에게 출산전후 최소한 3개월가량의 유급휴가를 주는 방법도 있다. 또 스웨덴의 경우에는 아동수당제도, 자녀 수에 따른 세금공제, 학교급식제도, 출산수당제도, 미혼모에 대한 아동 보호비 지급, 낙태의 불법화 등이 있다.

한편 개발도상국의 경우는 당면한 인구문제가 급속한 인구성장과 대도시로의 인구 집중이므로 이를 해결하는 정책이 필요하다. 이러한 인구정책은 인구 증가를 억제하기 위한 출산조절책과 지역 간의 균형을 이룬 인구분포를 위한 인구분산정책이다. 이러한 인구정책 가운데 가장 역점을 두고 있는 부문이 가족계획사업이라고 볼 수 있다. 개발도상국에서의 빈곤은 인구 증가에 의하기 때문에 급속한 인구 증가를 둔화시키기 위해서는 가족계획의 실시가 매우 중요하다고 볼 수 있다. 그러나 가족계획은 출산에 대한 개개인의 의식구조의 변화 없이는 불가능하다.

(1) 미국

넓은 토지와 풍부한 천연자원과 식량을 보유한 미국에서도 진지한 인구문제와 인구정책이 있다. 현재 대도시지역의 인구밀집지대를 제외하면 인구과잉을 느낄 만한 지역은 거의 없다. 그러나 미국은 세계의 인구 증가에 대처할 뿐만 아니라 미국의 다음 세대를 위한 주택, 교육, 직업, 천연자원 등에 대비하기 위해 인구문제를 호소하고 있다. 최근 수년간 지금까지 볼 수 없었던 인구문제에 관한 인식이 높아가고 있다. 이것은 선진국에서도 인구 증가를 될 수 있는 대로 축소시키는 것이 인류를 위하는 길이라는 인식에서 시작된 것이다.

1969년 닉슨 전 대통령의 인구교서가 발표된 후 다음해 1970년에 '인구 증가와 미국의 장래에 관한 위원회'가 설치되었고, 이 위원회에 2000년까지의 인구에 관한 경제·환경·자연자원문제를 자문했다. 그 결과 1971년 중간 답신서가 나왔는데, 이 답신서에서는 원하지 않는 임신 방지에 의해 현명한 개개인의 선택으로 복지를 증대시키는 것이 최선의 인구정책이라 했으며, 1960~1965년 사이에 출생아 수의 약 20%는 부모가 원치 않았던 출산이었으며, 임신예방 방법이 충분히 알려지지 않았던 까닭으로 원치 않는 임신을 방지하는 것이 미국 인구정책의 제일의 임무라고 했다.

1972년 '인구 증가와 미국의 장래에 관한 위원회'는 최종보고서에서 미국의 인구 증가가 경제, 자원, 환경, 공공 서비스, 가정교육 등에 어떠한 영향을 미치는가에서 최종적으로 각 개인이 평균 두 자녀제를 선택하게끔 그들의 판단에 맡기도록 하고 있다. 이러한 미국 정부의 다음 세대를 위한 인구정책의 확립은 동시에 국제적 협력을 추진할 의사를 명백히 한 것이라 하겠다.

(2) 스웨덴

19세기 말까지 추위와 굶주림에 시달리던 스웨덴 국민들은 주로 미국으로 많은 이민을 갔으며 이러한 대량 인구이동은 그 실례가 역사상 드문 것이었다. 그러나 기독교의 나라인 스웨덴 정부는 산아제한보다는 오히려 1910년 국회에 피임금지법을 통과시켜 산아제한운동을 반대하는 방향으로 기울어졌다. 그러나 산아제한운동은 시민사회에서 자발적으로 일어났으며 열렬한 신맬서스주의자 빅셀(J. Wicksell)이 그 선봉자였다. 이 운동은 합리적인 사고와 사회연대감이 강한 스웨덴 시민에게 공감을 일으켜 삽시간에 파급되어 20세기에 들어와서는 출생률이 격감했다. 1920년부터 순재생산율은 1.0 이하로 낮아졌으며 1930년대에는 그 출산율은 0.7이 되었다.

1934년 뮈르달(G. A. Myrdal) 부처는 빅셀과는 반대로 인구 감소의 위기를 느껴 매우 낮은 출생률은 오히려 민주주의를 위태롭게 한다는 논지를 『위태한 인구문제』라는 저서에 담았다. 이것은 스웨덴 지도층에 큰 충격을 주어 1935년 정부는 왕위 인구위원회를 설립했으며, 이 위원회에서는 인구과잉과 아울러 인구과소문제도 고려해 첫째, 산아제한의 부정적인 태도를 지양하고 가족계획을 사회적으로 추진해 출생의 사회적 의의를 확립해 안심하고 출산할 수 있는 사회적 여러 조건을 정비하며, 둘째 모자보건에 적극적 지원을 할 것을 권고해 정부는 이것을 곧 받아들였다.

1937년 정부는 결혼, 출산, 육아에 의해 사회적으로 불리한 점을 제거하기 위한 사회·경제적 여러 정책의 각종 법안을 국회에 제출해 통과시켰다. 스웨덴 국민들은 이 국회를 모자국회라고 불렀다. 1937~1938년 이후 스웨덴 정부는 아동수당제도를 실시해 자녀 수에 의한 부양공제세제, 학교급식, 출산휴가제도, 출산수당제도 등 출산 육아에 의한 사회적·경제적 손실이 없도록 여러 정책을 확대 실시했다.

현재 스웨덴은 세계에서 복지국가로 가장 잘 알려져 있는데, 이 출발점은 1937년 소위 모자국회에서 시작된 것이다. 1941년 제2차 인구위원회가 설치되어 그때까지의 현품지급제를 현금지급제로 고쳐 선택의 폭을 넓히고 자녀의 생활, 건강, 주거, 영양, 교육, 여가 등을 개선해 적극적인 복지계획을 세웠다. 이 계획에 따르면 정부는 출산일시금, 아동수당, 주택수당, 국민연금, 건강보험, 노인용 아파트 보조제도, 미혼모에 대한 아동보호비 지급, 낙태의 합법화와 이것을 의사와 사회사업가가 담당해 인정하도록 했다. 스웨덴의 인구정책은 대담한 복지정책을 시도한 데 그 특징이 있다.

(3) 프랑스

프랑스의 국력증대를 위한 일관된 인구 증가 정책은 현재도 변함은 없다. 인구증가에 대한 가족수당 지급을 위해 사회·경제적 정책을 실시한 것은 1932년 입법조치 이후였다. 이 법안은 1939년 다시 가족보호법령(Code de la Famile)으로 크게 개정되었다. 그 대상은 민관의 전 노동자를 대상으로 가족수당은 두 번째 자녀부터 지급되었으며, 그 금액은 아버지 소득의 10% 이상, 세 번째 자녀 이상은 1인당 20%로 정했다. 그러므로 다자녀 가정은 오히려 여유 있는 생활을 할 수 있도록 적극적인 인구 증가정책을 실시했다.

프랑스는 출산장려정책을 뒷받침하기 위해 낙태를 금지했으며, 인공 임신중절자에 대해 1~5년의 금고 또는 500~1만 프랑의 벌금을 부가하고, 상습자는 5~10년의 금고 또는 5천~2만 프랑의 벌금을 매겼다. 제2차 세계대전 이후 세계의 주요 나라가 출산장려책을 전폐했음에도 프랑스만은 인구 증가 정책을 유지해오고 있다. 그러나 프랑스의 이러한 인구 증가 정책으로 출생수준은 현재 유럽 여러 나라의 평균보다 높은 위치에 있다.

(4) 일본

일본은 1948년 태평양전쟁 이전의 국민 우생법을 대치해 우생보호법을 제정했고, 1950년과 1952년에 이 법을 대폭 개정해 사회적·경제적 이유만으로도 인공 임신중절을 가능하게 했다. 이러한 법적 조치는 1953년 이후 계출한 인공 임신중절 건수만도 매년 100만 건 이상이었으며 미계출분을 합하면 연간 출생수를 훨씬 상회한 것으로 추산했다. 1954년에는 인공 임신중절과 인공불임 방지를 위해 정부는 종합적 인구대책의 일환으로 가족계획 보급을 추진하도록 인구문제심의회는 결의했다. 1959년 인구문제심의회는 『인구백서』를 공포해 노동력 부족보다도 과잉인구를 우려했다. 1969년 인구문제심의회는 그의 중간답신서에서 근래 사망률의 현저한 저하와 심한 출생력 감퇴는 순재생산율을 1.0 이하로 낮추어 축소재생산이 이미 10년 동안 계속되었다. 출생력을 회복하고 순재생산율을 1.0으로 회복하기 위해 출생력 감소에 영향을 미치는 경제적·사회적 요인에 대해 적절한 경제개발과 균형을 이루는 사회개발을 강력히 실시할 것을 요망했다. 1972년에는 세 번째 자녀부터 아동수당 제도를 실시했다.

그러나 1973년 석유위기 이후 일본의 인구과잉 위기설이 다시 폭발했으며, 1974년에는 일본의 인구문제는 세계에서 가장 심각한 것으로 자원·환경면에서 인구의 정지상태를 요망한다는 인구문제심의회의 『인구백서』가 공포되었다. 1974년 7월 일본인구회의는 '자녀 2인으로'라는 선언을 채택했다. 이러한 전후 일본의 인구정책은 인구정지·인구 감소를 목표로 해왔다.

그러나 1990년을 전후로 서비스 산업이 발달함으로써 맞벌이 부부가 등장하고 청년실업으로 만혼화 현상이 생겨 출산율이 낮아져 2007년부터 인구가 감소할 것이라고 예측하고 있다. 인구가 감소되면 국력이 줄어들 뿐만 아니라 이 과정에서 나타나는 경기침체·연금파탄·사회보장비용의 증가가, 그리고 이로 인한 재정난·노령화 등 수많은 부수적인 문제로 사회역량이 소모되게 된다.

(5) 중국

1949년 이후 '애기신부'를 법으로 금지했고, 결혼허가 연령을 남자 22세, 여자 20세로 정해놓았으나 이를 무시하고 비밀결혼을 하는 이유는 무엇보다도 신부가 매우 부족했기 때문이다. 예를 들면 인구 6200만 인인 장쑤성(江蘇省)은 결혼 적령기 남자가 여자보다 80만~90만 인이 더 많아 어린 소녀도 혼례를 치렀다. 그리고 혼례비용이 치솟는 것은 조혼의 증가가 주요 원인이었다. 중국의 일부 공장에서는 미혼 노동자들에게 결혼비용을 예치해놓도록 하고 만약 이들이 사전에 약속한 결혼연령 또는 출산연령을 어기면 이 예치금을 돌려주지 않기도 했다. 그래서 이 예치금을 받기 위해서 비밀결혼과 비밀출산을 하는 경우도 있었다. 또 일부 젊은이들은 결혼식 직전에 치러야 하는 '혼전 강제 의료검진' 비용을 절약하기 위해 혼인신고를 기피하는 경우도 있었다.

그동안 중국의 가족계획은 엄격한 산아제한과, 결혼 후 가급적 늦은 나이에 아이를 낳도록 유도하는 정책 등을 토대로 1970년대 초부터 1980년대까지 약 2억에 달하는 출산을 억제했다고 보고했다. 중국의 인구정책에 정부의 가족계획 사업 구호는 '늦게(결혼연령), 길게(자녀터울), 적게(자녀 수)'로 제정했으며, 가족계획사업을 잘 실시하기 위해 도시거주자들을 농촌으로 이동시켰다. 또 1979년부터 결혼연령을 남자 26세, 여자 23세라는 만혼정책과 '한 가정 하나 낳기' 운동(〈그림 13-7〉),[6] 여자에게도 정치·경제·사회문제 등 모든 부문에서 남자와 동등한 권리를 부여하는 법을 제정했다. 이런

〈그림 13-7〉 중국의 산아제한 포스터

6) 한족은 한 가정에 한 자녀로 했으나 소수민족에게는 두 자녀를 인정했다.

정책에도 불구하고 중국인에게는 성에 대한 이야기를 터부시[7]하고 성적(性的) 무지가 이를 방해하고 있다는 것이 사실이었다. 또 지금까지 중국의 가족계획은 비인도적인 강제낙태를 저질러왔다는 비판도 있다.

사회지원책으로는 '베이비 세금(baby tax)'제도를 실시해 세 번째 자녀를 갖는 부모는 그 자녀가 14세가 될 때까지 월급에서 10% 감봉하며, 세 번째 자녀부터는 무상교육, 의료혜택, 식량공급을 제공하지 않았다. 또한 두 자녀 이하의 가정에 대해 주택배정 우선권을 부여하고 한 자녀의 가정에는 아파트를 제공하고 퇴직 후 월급의 80%에 해당하는 연금을 매월 지급하도록 했다. 이와 같은 강력한 정적·부적 유인체제의 실시로 중국은 1970년 일일 평균 출생아 수가 7만 1000인에 달했는데 1979년에는 4만 7000인으로 줄어들었으며 1980년에는 인구 증가율이 1.2%로 낮아졌다. 중국의 가족계획 목표는 1985년에 0.5%의 인구 증가율을, 2000년에는 0%의 수준으로 낮추려고 했으나 2000~2003년 사이의 평균 인구 증가율은 0.6%였다.

'계획생육'으로 불리는 중국의 엄격한 가족계획정책은 2002년 9월 1일에 시행된 '인구계획생육법'에 따라 대도시나 일부 성(省)에서 가족계획에 중요한 예외를 허용했다. 즉, 소수민족이거나 첫아이로 딸을 낳은 농민부부, 첫아이가 장애아인 부부, 외동아들과 외동딸이 결혼할 경우 등 7가지 경우에 대해 두 자녀까지 가질 수 있도록 예외규정을 두었는데, 특히 외동아들과 외동딸 부부는 두 자녀 출산은 대도시에서 적극 권장하는 상황이어서 이들이 5년 이내에 베이비 붐을 일으킬 주역으로 꼽히고 있다. 그러나 최근 중국은 장래 노령화로 인한 노동력 부족을 우려해 가족계획의 제한을 풀었다.

(6) 인도

제2차 세계대전을 전후해 인도 정부나 공공기관은 인구제도의 필요성을 역설해왔으나 정부가 가족계획을 정책으로 채택한 것은 제1차 5개년계획(1952/52~1955/56년) 이후였다. 제1차 5개년계획에서는 가족계획 추진비용으로 650만 루피가 계상되었다. 제2차 5개년계획에서는 가족계획청을 설치하고 비용도 4000만 루피가 계상되었다.

---

7) 중국에서는 부모나 친구, 심지어 부부 사이에도 성(性)에 관한 이야기는 하지 않는다. 그리고 육체적인 사랑을 반사회주의적인 것으로 치부한다. 공산주의 혁명과 혁명의 금욕주의적 모럴(moral)에 의한 외형적인 빗장이 그들의 가슴에 있는 것이다.

〈그림 13-8〉 인도의 산아제한 포스터

정부의 인구 억제를 위한 가족계획사업은 제3차 5개년계획에서도 계속 실시되었으나 기대할 만한 성과는 없었다. 인도의 인구과잉에 대한 정책은 실패의 연속으로 평가되었다. 인도인의 무지와 빈곤으로 콘돔과 경구 피임약을 보급해도 실효를 거둘 수 없었다. 피임용 자궁 내 링(IUD: intrauterine contraceptive de vice) 장치를 보급하는 데도 실패하자, 인도 정부는 가장 확실한 불임수술로 인구 억제정책을 강행했다.

즉, 불임수술 순회차로 전국 각지를 순회하며 남자는 10루피, 여자는 40루피의 보상금을 주며 수술했다. 그 결과 1968년에 167만 건, 1969년에 142만 건, 1970년에 133만 건, 1971년에 219만 건, 1972년에 302만 건으로 수년간에 불임수술 건수는 1000만 건에 이르렀으나 출생수준은 여전히 높아 연간 자연증가율은 2%를 넘었다. 따라서 인도정부는 1980년까지 출생률을 2.5%까지 저하시킬 당면목표를 세우고 이 목표를 달성하기 위해 주로 남자의 수정관(輸精管) 절제를 전략수단으로 내세워 대량 불임수술을 실시했다. 주에 따라서는 두 자녀 이상 자녀를 가졌을 때는 체형을 가하는 강제수단을 사용하는 곳도 있었다. 인도의 인구정책은 이렇게 해 이제 겨우 본궤도에 오르기 시작했다고 할 수 있다(〈그림 13-8〉).

(7) 유엔과 인구정책

제17차 유엔총회에서 '인구성장과 경제발전'에 관한 결의안이 제출되어 인구정책의 주요 논쟁이 상정·토의됨으로써 각 국가 정부의 공식적인 태도가 밝혀졌다. 이 결의안은 인구추세, 특히 저개발국의 급격한 인구 증가를 각 국가의 정부가 이에 대한 적절한

정책과 실적사업을 결정할 목적으로 연구해야 할 중대한 문제라는 것을 확인한 것으로 해석되었다. 미국은 세계 도처에서 진전되고 있는 인구추세의 사회적 중요성에 대해 우려하고 있으며, 저개발국가에서도 현재 수준의 인구성장이 개발목표의 실현에 큰 장애가 된다고 생각하고 있었다.

그러나 이 결의안은 지금까지 각 국가의 주체성에 맡겨두어 결국 세계는 인구 증가에 대한 적절한 정책이 없이 지나왔으며 현재 인구가 급증하는 지역으로 아시아, 아프리카 및 라틴아메리카를 예상하고 있다. 아시아에서는 한국과 타이완이 출생억제에 성공했으나, 그 밖의 다른 나라는 인구 억제정책에 대한 성공 가능성이 희박했다. 아프리카의 여러 신흥국가들은 민족의식이 높으며 아직 정확한 인구자료가 없어 인구의 급격한 증가를 방지하는 것은 곤란했다. 라틴아메리카의 여러 나라는 정기적인 금욕법 이외의 방법은 인정하지 않는 로마 가톨릭의 영향이 강해 정부는 공식적으로 인구 억제정책을 내세우고 있지 않았다.

인구 억제정책이 이들 인구급증지역에서 요망되고 있음은 사실이나 개발도상국의 지도자들은 거의 이구동성으로 인구정책은 개발도상국의 인구 억제문제뿐만 아니라 선진국에서도 이를 함께 실시해야 할 문제라고 주장하고 있다. 사실 선진국의 과잉소비는 오늘의 인구문제를 야기한 원인으로 인구 억제는 선진국이나 개발도상국이 다 같이 실시할 문제라고 주장했다.

유엔의 각종기관, 예컨대 유엔 교육과학문화기구(UNESCO), 국제노동기구(ILO), 유엔의 지역기구는 인구급증을 경고하고 세계가 하나가 되어 인구정지정책을 실시할 것을 제창했으나 거의 효과를 거두지 못했다. 유엔은 1974년을 세계 인구행동계획의 해로 정하고 그 해 여름 루마니아 부쿠레슈티(Bucharest)에서 세계 인구회의를 개최하고 각 국가의 인구문제에 대한 행동을 기대했다. 그러나 세계 각 국가의 국내 사정이나 이데올로기의 차이로 세계 인구정책은 충분한 합의를 보지 못하고 막을 내렸다. 세계 인구를 정지시키려면 세계 각 국가의 국제적 협력이 필요함을 세계 인구회의는 가르쳐 주었다고 생각한다.

7. 한국의 인구정책 변천

1) 전통사회(1392~1910년)

조선시대의 인구조사는 3년마다 행해졌던 호구조사였다. 이 자료에 의하면 인구는 증가와 감소를 반복하면서 성장한 하나의 순환인구 패턴을 나타내었다. 그 당시는 유교의 윤리관에 의한 가족제도와 부귀다남(富貴多男) 사상의 만연, 과학의 미발달, 높은 사망률에 따른 심리적 불안 등이 작용해 다산주의 경향이 강했다. 그러나 인구현상 측면에서는 출산력보다는 사망력이 인구변동의 주요 결정요인이 되었고, 지역간 인구이동도 인구규모의 변동에는 그다지 영향을 미치지 않았다.

이와 같이 인구현상을 좌우하는 사망률은 거의 질병 때문이었는데, 이에 대한 치료는 전통적인 한방의약에 의존했으나, 1879년 지석영에 의한 종두접종의 실시와 미국 선교사 알렌(H. N. Allen)의 광혜원(廣惠院) 설치 등이 계기가 되어 서양의학이 도입되기 시작했다. 또 1885년 갑오경장으로 근대적인 사회개혁이 단행됨으로써 처음으로 공중보건개선을 위한 정부시책을 실시하게 되었다. 즉, 1895년에는 위생, 전염병 예방을 담당하는 위생국의 설립과, 천연두의 예방접종 시행칙령이 공포되기도 했다. 그리고 1903년 한국 최초의 근대적 공립병원인 대한의원이 설립된 후 자혜원 등 10여 개의 공립병원이 서울시를 위시해 주요 도시에서 개원했으나 혜택을 받은 인원은 적었고 대부분의 주민은 전통적인 한방 의료의 혜택을 받는 실정이었다.

한편 근대적 의미로서의 해외 이민은 조선 고종 때인 1902년에 수민원(受民院)이라는 이민 전담기구가 설립되어 그해 97인을 비롯해 몇 차례에 걸쳐 하와이로 이민을 갔다. 이와 같이 정부의 근대의학을 체계화하려는 노력과 해외이주사업은 인구정책의 시발점이라 할 수 있지만 공식적인 인구정책이라고 보기는 어렵다.

2) 일제강점기(1910~1945년)

이 시기에는 사회구조적으로 커다란 변화를 겪게 되었다. 인구에 대한 기초자료로는 조선총독부에 의해 실시된 연말 상주인구조사(1910년)와 국세조사가 실시되었으나, 등록의 불철저, 집계상의 오차로 인구조사의 정확성이 떨어졌다. 이 시기는 대체로 인구의 자연증가율이 높았으며 사망률과 인구이동도 큰 변화를 나타내었다. 사망수준에 영향을 미친 요인으로는 개선된 의학으로 건강이 유지되었고 전염병의 예방, 위생시설의 향상 등도 이룩되었다.

이 시기에는 인구이동의 측면에서도 많은 변화를 가져왔는데 해외이주가 두드러졌다. 이 시기의 초기인 1910~1925년 사이에 토지조사 사업기간에 일본 농민들이 한국에 이주해 한국 농민들은 둥베이(東北) 남부지역으로 이주사업이 진행되었으며, 1926~1938년 사이에는 세계공황으로 야기된 일본 내의 실업문제를 완화하기 위한 방편으로 일본으로의 한국인 이주가 억제되었다. 그리고 1938~1945년 사이에는 많은 한국인들이 전쟁에 강제 징집되거나 징용에 노력동원 되었다.

이 시기의 초기 이주정책과 후기 징집·징용제도는 일본의 인구문제를 해결하기 위한 것이었기 때문에 한국의 인구에도 중요한 변화를 가져왔다. 그리고 1930년대 후반부터 일본이 만주로 영토를 확장시키기 위해 인구 증가 정책을 펼쳤으므로 자연증가율도 점차 높아졌다. 더욱이 임산부 자신의 건강상 이유를 제외하고는 피임기구의 사용과 낙태의 전면 금지법안을 통과시키는 등 다산주의적 입장의 영향을 한국도 받았다. 그러나 이러한 자연증가율의 증가에도 불구하고, 농토를 빼앗긴 농민들이 둥베이 지방으로 이민을 가고 일본으로 강제이주함에 따라 인구밀도는 크게 증가하지 않았다. 이 시기에 인구 증가 억제에 대한 관심이 약간 표면화되기 시작해 한국의 여성 지식층 사이에 산아제한에 대한 논의가 있었다는 점이 여러 문헌에서도 나타난 것을 비롯해, 한·일간의 지식층에서는 피임법이 논의되기도 했다.

결국 일본의 식민통치라는 정치적·사회적 변동은 한국의 인구규모와 인구구조의 변화에 중요한 영향을 미쳤으며 인구문제에 대한 관심이 일부에서나마 전개되었다고 할 수 있다.

3) 전환기(1945~1961년)

1945년 해방과 더불어 남·북한의 분단, 6·25 전쟁의 발발 등으로 야기된 정치적 격변과 사회적 불안에 의한 혼란은 인구에도 큰 영향을 미쳤다. 해방 이후 일본과 둥베이 지방에 거주하던 해외이주자들의 귀환과 북한동포의 월남으로 인한 인구의 팽창, 그리고 전쟁직후에 있었던 베이비 붐의 영향으로 출생률은 전례 없이 증가되었고 항생의약품의 보급은 사망률을 저하시키는 요인이 되었다.

이 시기의 인구조사는 남한에 국한해 1945년 1월 '인구조사법'이 제정되고 '인구동태조사령'이 제정되어 호적신고와 동시에 인구동태 신고를 통한 국민신고제도를 실시했으나 6·25 전쟁으로 인구동태 통계조사는 일시 중단되었다가 1953년부터 다시 개시되었다. 신고의 누락이 심해 1961~1962년 사이에 '호적신고 및 인구동태 신고 강조기간'을 설정하기도 했다.

1959년에는 가족계획진료소와 보건사회부의 모자보건위원회에서 가족계획의 필요성을 인식하고 가족계획을 정부시책으로 채택해 실시할 것을 건의했다. 대한어머니회는 자체사업의 하나로 1960년에 가족계획사업을 추진해 가족계획상담소와 클리닉(clinic)을 개설했고, 대한가족계획협회가 1961년 4월 창설됨으로써 민간 중심의 가족계획사업이 태동하기 시작했다. 1961년에 한국 최초의 경제개발계획을 수립하는 과정에서 많은 국내의 학자들이 가족계획사업을 국가시책으로 채택할 것을 건의해, 정부가 경제개발계획의 일환으로서 가족계획사업을 채택하기로 공포(1961년 11월)함에 따라 한국에서의 인구정책 시발점을 이루게 되었다.

한국의 인구정책은 매우 다양한 형태로 전개되어 인구수의 조절 측면에서는 어느 정도 성공적인 효과를 거둔 것으로 평가되고 있다. 그러나 다음과 같은 사항은 좀 더 충분히 검토되어야 할 것으로 생각된다.

첫째, 적정인구의 개념을 발전적으로 해석하는 일이다. 적정인구란 주로 부존자원과 현재의 경제·사회의 발전 상태를 고려하는 소극적인 의미보다는 미래사회의 변화를 면밀하게 예측해 미래사회가 요구하는 적정인구 확보에 노력해야 한다는 점이다.

둘째, 인구성장이 정지되기까지의 기간을 너무 짧게 하지 말아야 한다. 원래, 인구의 전환은 경제·사회의 발전에 수반되는 자연스러운 과정으로 나타나는 것인데 인위적인 정책을 통해 단기간 내에 인구성장을 정지시키려 한다면 그에 따른 제반 부작용이 발생하게 된다는 점을 완전히 배제할 수는 없다. 이것은 인구성장의 역사성을 역(逆)으로 고려할 때 자명한 논리가 된다.

셋째, 인구정책의 강조점은 장기적인 측면에서 교육부문에서도 실시되어야 한다. 건전한 인구의식으로서 사회가 요구하는 인구에 대한 태도를 소유하게 하는 것이 인구문제 해결의 가장 확실하고 지속적인 것이기 때문이다.

넷째, 인구문제의 변천 과정에서 보면, 인구수의 증가보다는 인구분포의 편재를 조절하기 위한 각종 정책, 교육, 홍보의 필요성이 강조되어야 할 것이다.

4) 인구 증가율 감소기(1962~2005년)

한국의 인구지도는 1962년 실시한 가족계획으로 '아들 딸 구별 없이 둘만 낳아 잘 기르자'라는 구호 아래 여성 1인당 합계 출산율이 1960년 6.0인에서 1984년에는 2.1인으로, 1999년에는 1.4인으로 낮아져 40년 동안 인구 증가율 저하 정책이 성공적으로 이루어졌다.

그러나 1996년 정부는 '정·난관 봉합수술 목표 지역할당제'를 폐기하는 '신인구정책'을 발표했다. 30년 이상 고수해온 가족계획 중심의 인구 억제정책을 포기하고 인구 자질 향상과 복지증진에 역점을 둔 새로운 인구정책을 채택했으나 커다란 효과를 거두지 못했다. 본격적인 출산장려정책인 '신인구정책'은 2003년 합계 출산율 '1.19쇼크' 이후에야 시작되었다. 새로운 인구정책은 건강보험 급여범위의 확대, 자녀분 소득공제 확대, 보육시설 운영비 지원 등 각 부처에서 단편적인 대책을 내놓았다.

5) 저출산기(2006~2010년)

2005년 합계 출산율이 1.08인으로 떨어져 정부는 '출산과 아기 키우기에 어려움이 없는 환경을 만들겠다'는 목표 아래 2006년 1월에 '희망한국 21－저출산·사회안전망 개혁방안'이라는 종합대책을 발표해 5년간에 걸쳐 18조 8998억 원을 투입하기로 했다. 그리고 2009년부터는 중산층까지 보육·교육비 일부를 지원하기로 했지만 아기를 낳을 수 있는 획기적인 대책은 여전히 미흡하다는 지적이 있다. 2006년부터 실시되는 제1차 저출산 기본계획을 보면, 먼저 불임부부에 대해 시험관 아기 시술비를 지원하며, 도시근로자 가구 평균 소득의 130% 이하 가구를 대상으로 1회당 150만 원씩 2회 지원해주고, 남성 불임치료비도 2007년부터 1회에 80만 원씩 3회까지 지원해준다.

영·유아 보육비 지원도 기초생활대상자와 차상위 계층[8]은 보육비 전액을 지원해준다. 현재는 도시근로자 가구 평균소득 70%[9] 가정은 보육료의 40%를 지원해주지만

8) 4인 가족 월 소득 140만 원 이하 계층을 말한다.

2009년부터는 130%[10] 가정도 보육료의 30%를 지원하게 된다. 2015년 3월 기준 0~2세에게는 평균 약 35만원, 3~5세에게는 22만원을 전 계층에게 지원한다.

또 학교에 입학하기 전인 만 5세 아동들은 유치원의 보육·교육비로 22만 원씩 일률적으로 지원을 하고, 이를 도시근로자 가구 평균소득 90% 이하[11] 가정에서 130% 가정인 중산층까지 확대시킨다. 그리고 직장여성을 위한 지원으로는 만 1세 미만의 자녀를 가진 부모에게 육아휴직을 주었으나 2008년부터는 3세 미만 자녀가 있어도 휴직을 할 수 있도록 했다. 2008년부터는 배우자가 출산을 하면 우선 공무원 남성부터 사흘간의 출산휴가를 주며, 또 3세 미만의 아기를 둔 부부는 1년 기한 이내에서 하루 또는 1주일 단위로 근로시간의 절반 범위 내에서 근로시간을 줄여 근무할 수 있도록 했다. 결혼·육아로 직장을 다니지 못하게 된 여성 근로자의 재취업을 위해 기업주가 이들을 채용하면 6개월간 월 40만 원을 지원하기로 되어 있다.

그리고 채용·훈련에서 해고까지 모든 분야에 걸쳐 점진적 연령차별 금지 법제화를 추진해 2010년까지 임금을 삭감하되 정년을 보장하는 임금 피크제 도입을 추진하고 정년을 국민연금 수령시기와 일치시키는 '정년의무화'제 도입여부를 검토하기로 했다. 그 밖에 초등학생의 방과 후 학교의 대폭 확대, 두 자녀 가정의 경우 보육시설을 동시에 이용하면 둘째아이는 보육·교육비의 30%를 지원하고 두 자녀 가정에 국민연금 1년 납입을 인정해주며, 세 자녀 이상의 가정은 무주택 가정에 공동주택 분양 우선권을 부여하며, 국·공립 보육시설 이용 우선권을 부여한다.

이러한 대책에 대해 도시에 국·공립 보육시설이 부족하며, 기업인들은 출산휴가에 따른 생산성에 대한 인식문제, 맞벌이 부부에게 보육료를 깎아주는 것보다 현금으로 지원해주는 문제, 중산층은 세금은 더 내고 혜택은 적게 받는 점 등이 문제점으로 등장했다.

---

9) 4인 가정 소득 인정액이 247만 원이다.

10) 월 소득이 459만 원이다.

11) 4인 가정 월 소득이 318만 원이다.

참고문헌

姜恩珍. 1995.「出産·死亡力의 地理的 差異와 그 變化: 1970~1990年을 중심으로」. 서울대학교 대학원 석사 학위논문.

建設部 國立地理院. 1980.『韓國地誌: 總論』. 서울.

경제기획원 조사통계국. 1973.『1970년 인구센서스 종합분석보고서』.

_____. 1990.『1990 小地域統計地圖(1985年 人口 및 센서스 結果)』.

고갑석. 1990.「인구변천 이론과 우리나라 인구성장」.『우리나라 인구변동의 분석』. 한국보건사회연구원.

國土硏究院. 1992.『北韓의 國土開發 便覽』.

국토통일원. 1991.『남북한 사회문화 지표 비교』.

권용우. 1997.「경기지역의 성별 연령구조 지수에 관한 공간적 연구」. ≪한국지역지리학회지≫, 3권, 35~50쪽.

권태환·김두섭. 1990.『인구의 이해』. 서울대학교출판부.

권태환·김태헌. 1990.『한국인의 생명표: 1970~85년의 사망유형 분석을 중심으로』. 서울대학교출판부.

權泰煥·崔日燮. 1983.『人口와 社會』. 韓國放送通信大學出版部.

金庚星. 1968.『人文地理學』. 法文社.

김동진·기영·김명희·김유미·윤태호·정숙랑·정최경희·강아람·채희란·최지희. 2014.『한국의 건강불평등 지표와 정책과제』. 연구보고서 2014-03, 한국보건사회연구원.

김두섭. 1986.『경제인구학』. 서울대학교출판부.

_____. 1995.「북한의 도시화와 인구분포: 남한과의 비교」. ≪韓國人口學會誌≫, 18권 2호, 70~96쪽.

김두섭·박상태·은기수 편. 2002.『한국의 인구』(1·2). 통계청.

김두섭·최민자·전광희·이삼식·김형석. 2011.『북한 인구와 인구센서스』. 통계청.

김병순 옮김. 2012.『성장의 한계』(D. Meadoows, J. Rander and D. Meadows. 2004. *Limits to Growth: The 30-Year Global Update*). 서울: 갈라파고스.

김옥경. 1971.「역사로 본 한국가족계획의 발달요인」. 연세대학교 대학원 석사 학위논문.

김은정·김태환. 2013.「지역주민의 건강도(健康度) 지표 설정과 지역별 패턴 분석」. ≪한국도시지리학회지≫, 16권 3호, 161~177쪽.

金日坤. 1982.『人口經濟學』. 貿易經營社.

김정배 외. 1997.『한국의 자연과 인간』. 서울: 우리교육.

김정숙·이중우. 1997.「인구 과소지역의 지역성 변화」. ≪地理敎育≫, 9卷, 61~128쪽.

金鍾姬. 1990.「臨河댐 水沒民의 移住와 適應」. 慶北大學校 敎育大學院 석사 학위논문.

金哲洙. 1985.「韓國 城郭都市의 空間構造에 관한 硏究: 淸州·全州·大邱의 人口密度 變化패턴 分析을 中心으로」. ≪國土計劃≫, 20권 1호, 88~101쪽.

김현재. 2007.「베트남 여성의 한국으로의 결혼이민: 그 배경과 원인에 대한 고찰」. ≪東亞硏究≫, 52집, 219~254쪽.

김형기·이성호. 2006.「한국의 적정인구 추세에 관한 연구」. ≪國土計劃≫, 41권 6호, 7~36쪽.

金亨泰. 1997.「서울市 老年人口와 老人亭 施設分布에 對한 考察」. ≪地理敎育論集≫, 37집, 56~77쪽.

南相駿. 1985.「古代 韓國의 人口移動에 관한 硏究」. ≪地理學≫, 32號, 39~57쪽.
류주현. 2012.「결혼이주여성의 거주 분포와 민족적 배경에 관한 소고: 베트남·필리핀을 중심으로」. ≪한국지역지리학회지≫, 18권, 71~85쪽.
朴奎祥·玄紋吉·朴在榮·朴日圭. 1985.『人口論』. 博英社.
박배균. 2009.「초국가적 이주와 정착을 바라보는 공간적 관점에 대한 연구: 장소, 영역, 네트워크, 스케일의 4가지 공간적 차원을 중심으로」. ≪한국지역지리학회≫, 15호, 616~634쪽.
박삼옥·정은진·송경언. 2005.「한국 장수도(長壽度) 변화의 공간적 특성」. ≪한국지역지리학회지≫, 11권, 187~210쪽.
朴成鎬. 1990.「韓國의 老年人口 分布類型과 分布類型의 變化」. ≪地理學硏究≫, 16輯, 1~15쪽.
朴順湖. 1992.「韓國人의 美國 移民에 관한 歷史的 考察」. ≪靜觀 李炳坤敎授 華甲紀念 論文集≫, 437~450쪽.
_____. 2007.「한국입양아의 유럽 내 공간적 분포특성」. ≪한국지역지리학회지≫, 13권, 695~711쪽.
박신규. 2008.「국제결혼이주여성의 정체성 및 주체성의 사회적 위치성에 따른 변화: 구미지역의 국제결혼이주여성의 생애사 분석을 중심으로」. ≪한국지역지리학회지≫, 14권, 40~53쪽.
朴英漢. 1984.「교육기회의 지역차에 관한 연구」. ≪地理學論叢≫, 11호, 1~19쪽.
박원석. 2015.「한인 이주민의 정착과정에서 한인 네트워크 역할 및 활용방안」. ≪지역지리학회지≫, 21권, 286~303쪽.
박현신·김광식. 2004.「도시의 순위-규모 변화 분석: 1969~2002년 도시 인구를 중심으로」. ≪國土計劃≫, 39권 7호, 7~21쪽.
북한경제연구소. 1992.『북한경제의 현황과 전망』.
보건사회연구원. 2010.『전국 출산력 및 가족보건실태 조사보고』. 서울.
설동훈. 1999.『외국인 노동자와 한국사회』. 서울대학교 출판부.
신동원. 2014.『조선의약생활사』. 들녘.
沈基汀. 1993.「서울 市民의 通勤패턴에 관한 硏究: 女性을 中心으로」. 서울대학교 대학원 석사 학위논문.
심혜숙. 1992.「조선족의 연변 이주와 그 분포특성에 관한 소고」. ≪문화역사지리≫, 4호, 321~331쪽.
芮庚熙. 1984.「비공식 집단의 사회적 속성과 공간행위: 청주시 접객부의 경우」. 경북대학교 대학원 박사 학위논문.
吳洪晳. 1980.「한국 촌락의 과소실태와 진흥방안」. ≪地理學≫, 22호, 59~86쪽.
윤갑식·이갑정 2013.「인구밀도경사함수를 이용한 우리나라 도시공간구조의 지역별·규모별 변화 특성 분석」. ≪한국경제지리학회지≫, 16권, 445~457쪽.
윤덕중·김태헌. 1989.「사회·경제적 요인별 차별 사망력의 변화: 1970~1986」. ≪한국인구학회지≫, 12권, 1~21쪽.
尹豪. 1993.「中國 朝鮮族의 人口動向」. ≪韓國人口學會誌≫, 16권 1호, 19~36쪽.
윤홍기·임석회. 1997.「뉴질랜드 오클랜드 지역 한국인의 생업분석」. ≪대한지리학회지≫, 32권, 491~510쪽.
李琦錫. 1993.『韓國地理論文目錄: 1986~1990』. 寶晋齋.
李琦錫·金永賢. 1993.『韓國地理論文目錄: 1986~1990』. 白山出版.
이미혜. 2004.「우리나라 소아암의 공간적 분포에 관한 연구」. ≪地理學論叢≫, 44호, 29~49쪽.

이영민. 1996. 「호놀룰루 初期 韓人集團의 居住地 形成과 正體性의 變容」. ≪문화역사지리≫, 8호, 105~121쪽.
이영민·이은하·이화용. 2013. 「중국 조선족의 글로벌 이주 네트워크와 연변지역의 사회·공간적 변화」. ≪한국도시지리학회지≫, 16권, 55~70쪽.
이용균. 2007. 「결혼 이주여성의 사회문화 네트워크의 특성: 보은과 양평을 사례로」. ≪한국도시지리학회지≫, 10권 2호, 35~51쪽.
_____. 2013. 「초국가적 이주 연구의 발전과 한계: 발생학적 이해와 미래 연구 방향」. ≪한국도시지리학회지≫, 16권 1호, 37~55쪽.
_____. 2013. 「이주자의 주변화와 거주공간의 분리: 주변화된 이주자에 대한 서발턴 관점의 적용 가능성 탐색」. ≪한국도시지리학회지≫, 16권 3호, 87~100쪽.
李楨錄. 1987. 「가족계획의 공간확산에 관한 연구」. ≪地理學硏究≫, 12집, 193~220쪽.
이정현·정수열. 2015. 「국내 외국인 집중거주지의 유지와 발달: 서울시 대림동을 사례로」. ≪지역지리학회지≫, 21권, 304~318쪽.
이종찬. 2013. 「의료지리학: 개념적 역사와 역사적 전망」. ≪대한지리학회지≫, 48권, 218~238쪽.
李智皓. 1975. 「한국의 지역별 인구증감에 관한 연구: 1960년대의 인구이동과 관련하여」. ≪地理學과 地理敎育≫, 5집, 50~56쪽.
이채문·박규택. 2003. 「중앙아시아 고려인의 러시아 극동 지역 귀환 이주」. ≪한국지역지리학회지≫, 9권, 559~575쪽
이철우. 2015. 「귀농·귀촌(가구)의 정착 및 적응 실태와 정책적 함의」. ≪지역지리학회지≫, 21권, 207~225쪽.
이철우·전지혜. 2015. 「경상북도 귀농·귀촌의 지역적 특성」. ≪국토지리학회지≫, 49권, 73~88쪽.
李翰邦. 1987. 「농촌지역 통혼권의 구조와 변화과정: 경북 예천군 호명면 백송동의 사례연구」. ≪地理學論叢≫, 14號, 165~183쪽.
李惠恩. 1984. 「京城府의 民族別 居住地 分離에 관한 硏究」. ≪地理學≫, 29號, 20~36쪽.
李興卓. 1994. 『人口學: 理論과 實際』. 法文社.
이희연. 1993. 『人口地理學』. 法文社.
이희연·김원진. 2007. 「저개발 국가로부터 여성 결혼이주의 성장과 정주패턴 분석」. ≪한국도시지리학회지≫, 10권 2호, 15~33쪽.
이희연·박정호. 2009. 「경로분석을 이용한 인구이동 결정요인들 간의 인과구조」. ≪한국경제지리학회지≫, 12권, 123~141쪽.
이희연·노승철·최은영. 2011. 「1인 가구의 인구·경제·사회학적 특성에 따른 성장패턴과 공간분포」. ≪대한지리학회지≫, 46권, 480~500쪽.
이희연·주유형. 2012. 「사망률에 영향을 미치는 환경 요인분석: 수도권을 대상으로」. ≪한국도시지리학회지≫, 15권 2호, 23~37쪽.
李熙悅. 1977. 「居住選好의 Mental Map에 관한 硏究」. ≪地理學≫, 15號, 27~56쪽.
임석회·송주연. 2010. 「우리나라 외국인 전문직 이주자 현황과 지리적 분포 특성」. ≪한국지역지리학회지≫, 16권, 275~294쪽.
정수열. 2008. 「인종·민족별 거주지 분화 이론에 대한 고찰과 평가: 미국 시카고 아시아인을 사례로」.

≪대한지리학회지≫, 43권, 511~525쪽.
_____. 2015.「사회경제적 양극화와 도시 내 계층별 거주지 분리」. ≪한국경제지리학회지≫, 18권, 1~16쪽.
정재춘 외. 1995.『환경학의 이해』. 울산대학교 출판부.
정재훈·김경민. 2014.「교육의 공간 불평등 연구」. ≪한국경제지리학회지≫, 17권, 385~401쪽.
정현주. 2007.「공간의 덫에 갇힌 그녀들?: 국제결혼 이주여성들의 이동성에 대한 연구」. ≪한국 도시지리학회지≫, 10권 2호, 53~68쪽.
_____. 2008.「이주, 젠더, 스케일: 페미니스트 이주 연구의 새로운 지형과 쟁점」. ≪대한지리학회지≫, 43권, 894~913쪽.
_____. 2009.「경계를 가로지르는 결혼과 여성의 에이전시: 국제결혼이주연구에서 에이전시를 둘러싼 이론적 쟁점에 대한 비판적 고찰」. ≪한국도시지리학회지≫, 12권, 100~121쪽.
鄭喜先·金富植. 1993.「韓國 民族宗教의 地域的 分布 研究: 天道教·圓佛教·大倧教를 中心으로」. ≪상명지리≫, 11호, 1~26쪽.
≪조선일보≫. 1991.1.12. "북한의 인구동향", 10~11면.
趙在盛. 1988.「서울市 社會地域 構造의 空間的 變化 研究」. ≪國土計劃≫, 23권 2호, 5~20쪽.
조현미. 2006.「외국인 밀집지역에서의 에스닉 커뮤니티의 형성: 대구시 달서구를 사례로」, ≪한국지역지리학회지≫, 12권, 540~556쪽.
趙惠鍾. 1993.『人口地理學概論』. 명보문화사.
최병두. 1996.「한국의 사회·인구지리학의 발달과정과 전망」. ≪대한지리학회지≫, 31권, 268~294쪽.
최병두·임석회·안영진·박배균. 2011.『지구·지방화와 다문화 공간: 다문화 사회로의 원활한 전환을 위한 '공간적' 접근』. 푸른길.
崔元會. 1988.「大田市의 都市內部 人口移動의 構造와 社會·經濟的 特性」. ≪國土計劃≫, 23권 2호, 55~92쪽.
최은영·조대헌. 2005.「서울시 내부 인구이동의 특성에 관한 연구」. ≪한국지역지리학회지≫, 11권, 169~186쪽.
崔仁鉉·鄭還泳. 1989.「地域別 人口推計(1985~2050): IIASA model의 適用」. 韓國人口保健研究院.
최재헌. 2007.「저개발 국가로부터의 여성결혼이주와 결혼중개업체의 특성」. ≪한국도시지리학회지≫. 10권 2호, 1~14쪽.
통계청. 1994.『1963~1993 지난 30年間 雇傭事情의 變化』. 서울.
_____. 2007.『2005년 시도별 생명표 및 사망원인 통계 결과』. 대전.
한국교육개발원. 1985.『인구문제와 인구교육』.
한국인구보건연구원. 1982.『1982년 全國 家族保健 實態調査 報告』. 서울.
韓柱成. 1985.『交通流動의 地域構造』. 寶晉齋出版社.
_____. 1992.「韓國에 있어서 市·道間 人口移動의 時·空間 分析」. ≪地域開發研究≫, 충북대학교 지역개발연구소, 3집, 99~130쪽.
_____. 1996.『交通地理學』. 法文社.
洪慶姬. 1979.『韓國都市研究』. 慶北大學校 地理科 同窓會.
홍사원·김사헌. 1979.『한국 해외 이민 연구』. 한국개발연구원.
洪性鳳. 1991.「朝鮮朝 歷代王의 壽命과 그 死因」. ≪韓國人口學會誌≫, 14권 1호, 35~46쪽.

黃建 譯. 1992.『지구의 위기: 파멸이냐, 존속가능한 미래냐?』. 韓國經濟新聞社(D. H. Meadows, D. L. Meadows and J. Randers. 1992. *Beyond the Limit*. Post Mills: Chelsea Green Publishing Co).

加賀美雅弘. 1983.「わが國における腦卒中死亡の地域的パターン」. ≪地理學評論≫, 56卷, pp. 311~ 323.
_____. 1986.「山形縣における腦卒中死亡の地理學的分析」. ≪人文地理學研究≫, X, pp. 61~76.
_____. 1988.「わが國における疾病死亡の地域的差異に關する若干の考察」. ≪人文地理≫, 40卷, pp. 75~88.
加賀美雅弘·籾山政子. 1982.「醫學地理學の最近の動向」. ≪人文地理≫, 34卷, pp. 323~343.
江崎雄治·西岡八郎·鈴木透·小池司朗·山內昌和·菅桂太·貴志匡博. 2013.「地域の將來像を人口から考える: 社人硏『地域別將來推計人口』の結果から」. ≪E-journal GEO≫, Vol. 8, pp. 255~267.
高橋潤二郎 譯. 1970.『計量地理學序說』. 好學社.
高阪宏行·村山祐司. 2001.『GIS: 地理學への貢獻』. 古今書院.
谷謙二. 1995.「愛知縣一宮市における都市內居住地移動」. ≪地理學評論≫, Vol. 68, pp. 811~822.
_____. 1997.「大都市圈郊外住民の居住經歷に關する分析: 高藏寺ニュ-タウン戶建住宅居住者事例」. ≪地理學評論≫, Vol. 70, pp. 263~286.
館稔. 1963.『人口分析の方法』. 東京: 古今書院.
久島桃代. 2015.「空間·身體·「障害」英語圈地理學における障害研究の動向から」. ≪人文地理≫, 67卷, pp. 107~125.
吉本剛典. 1998.「わが國人口の空間的集中·分散化傾向探索的分析: 1950~95年の都道府縣別人口による計測」. 森川洋 編.『都市と地域構造』. 東京: 大明堂, pp. 397~422.
吉田容子. 1993.「女性就業に關する地理學的 研究: 英語圈諸國の研究動向とわが國における研究課題」. ≪人文地理≫, 45卷, pp. 44~67.
_____. 1996.「歐美におけるフェミニズンム地理學の展開」. ≪地理學評論≫, Vol. 69(A), pp. 242~262.
_____. 2006.「地理學におけるジェンダ-研究: 空間に潛むジェンダ-關係への着目」. ≪E-journal GEO≫, Vol. 1, pp. 21~29.
金崎肇. 1981.『出稼』. 東京: 古今書院.
金科哲. 1995a.「韓國における農山村の人口減少に關する研究の動向と課題」. ≪人文地理≫, 47卷, pp. 21~45.
_____. 1995b.「過疎の概念について」. ≪季刊地理學≫, Vol. 50, pp. 157~159.
大江守之. 2010.「人口減少社會の家族と地域: 親密圈の縮小と公共圈の再構築」. ≪人文地理≫, 62卷, pp. 175~178.
大關泰宏. 2003.「地理學としての人口地理學の再定義」. 高橋伸夫 編.『21世紀の人文地理學展望』. 古今書院, pp. 484~494.
大西宏治. 2000.「子どもの地理學: その成果と課題」. ≪人文地理≫, 52卷, pp. 149~172.
大野晃. 2005a.『山村環境社會學序說』. 農山漁村文化協會.
_____. 2005b.「限界集落: その實態が問いかけうもの」. ≪農業と經濟≫, 71卷 3, pp. 5~13.
大友篤. 1982.『地域分析入門』. 東洋經濟新聞社.
渡邊良雄. 1978.「大都市居住と都市內部人口移動」. ≪總合都市研究≫, 4號, pp. 11~35.

渡邊理繪. 2010.「近代農村社會における天然痘の傳播過程 出羽國中津川郷を事例として」. ≪地理學評論≫, Vol. 83, pp. 248~269
島田周平. 2007.「アフリカ農村における‘過剩な死’の影響」. ≪季刊地理學≫, Vol. 59, p. 36.
梶田眞. 2012.「1980年代以降のイギリス医學·健康地理學における政策志向的研究の展開」. ≪人文地理≫, 64巻, pp. 142~164.
朴倧玄. 2004.「在日韓國人企業の事業所分布からみた日本の都市階層」. ≪経濟地理學年報≫, Vol. 50, pp. 63~78.
福本拓. 2004.「1920年代から1950年代初頭の大阪市おける在日朝鮮人集住地の變遷」. ≪人文地理≫, 56巻, pp. 154~169.
濱英彦. 1982.『日本人口構造の地域分析: その變動過程·轉換局面·將來展望』. 東京: 千倉書房.
山神達也. 1999.「わが國における人口分布の變動とその日米比較」. ≪人文地理≫, 51巻, pp. 511~528.
_____. 2001.「わが國の3大都市圈における人口密度分布の變化: 展開クラークモデルによる分析」. ≪人文地理≫, 53巻, pp. 509~531.
_____. 2006.「日本における都市圈の人口規模と都市圈內の人口分布の變動との關係: 郊外の多様性に着目した分析」. ≪人文地理≫, 58巻, pp. 57~72.
山下清海. 2014.「新華僑の增加とホスト社會: 世界と日本の新舊チャイナタウンの事例から」. ≪E-journal GEO≫, Vol. 9, p. 225.
森川洋. 1988.「人口の逆轉現象ないしは「反都市化現象」に關する研究動向」. ≪地理學評論≫, 61巻, pp. 685~705.
_____. 1989.「歐美の反都市化現象とわが國の都市システム」. ≪地理科學≫, Vol. 44, pp. 175~184.
杉浦芳夫. 1989.『立地と空間的行動』. 東京: 古今書院.
杉浦直. 2007.「サンフランシスコ·ジャパンタウン再開發の構造と建造環境の變容: 活動主體間關係に着目して」. ≪季刊地理學≫, Vol. 59, pp. 1~23.
桑原靖夫. 1993.『國境を越える勞動力』. 東京: 岩波新書.
西野壽章. 1981.「ダム建設にともなう水沒村落の移轉形態と村落構造: 奈良縣十津川村迫部落と福井縣今庄町廣野二ッ屋部落の場合」. ≪人文地理≫, 33巻, pp. 289~312.
石南國. 1972.『韓國の人口增加の分析』. 東京: 勁草書房.
石水照雄·大友篤·磯部邦昭. 1976.「地域傾向面の意義·適用事例および問題點」. ≪地理學評論≫, 49巻, pp. 455~469.
石川義孝. 1979.「都市間人口移動の研究動向」. ≪人文地理≫, 31巻, pp. 418~436.
_____. 1988.「空間的 相互作用モデル: その系譜と體系」. 京都: 地人書房.
仙田裕子. 1993.「高齢者の生活空間: 社會關係からの視点」. ≪地理學評論≫, Vol. 66(A), pp. 383~400.
成田孝三. 1995.「世界都市におけるエスニックマイノリテイへの視点: 東京·大阪の「在日」をめぐって」. ≪經濟地理學年報≫, Vol. 41, pp. 308~329.
松永達. 1991.「1930年代朝鮮內勞働力移動について」. ≪經濟論叢≫(京都大學), 147巻 1·2·3號, pp. 39~61.
神谷浩夫·岡本耕平·荒井良雄·川口太郎. 1990.「長野縣下諏訪町における既婚女性の就業に關する時間地理學的分析」. ≪地理學評論≫, Vol. 63(A), pp. 766~783.

新沼星織. 2009.「「限界集落」における集落機能の維持と住民生活の持續可能性に關する考察: 東京都西多摩郡檜原村M集落の事例から」. ≪Ejournal Geo≫, Vol. 4(1), pp. 21~36.
岸本實. 1978.『人口移動論』. 東京: 二宮書店.
_____. 1980.『新訂 人口地理學』. 東京: 大明堂.
影山穗波. 2002.「ジエンダ」. ≪人文地理≫, 54巻, pp. 280~286.
奧野隆史. 1977.『計量地理學の基礎』. 東京: 大明堂.
尹正淑. 1987.「仁川における民族別居住地分離に關する研究」. ≪人文地理≫, 39巻, pp. 279~293.
李源·陳大璋. 1991.『海外華人及住居地槪況』.
李賢郁. 2008.「ライフコースからみた1960年以降の韓國女性の初就業時移動」. ≪經濟地理學年報論≫, Vol. 54, pp. 19~39.
李禧淑. 1997.「韓國における氏族マウル住民の移住と適應: ダム建設にともなう移住民·全州柳氏を事例として」. ≪人文地理≫, 49巻, pp. 201~221.
籾山政子. 1969.「世界における死亡の季節變動形態の研究 第I報: その緩慢化現象を中心として」. ≪地理學評論≫, 42巻, pp. 1~18.
籾山政子·片山功仁慧·福田勝久. 1970.「世界における死亡の季節變動形態の研究 第II報: その緩慢化現象の地域差について」. ≪地理學評論≫, 43巻, pp. 445~463.
林上. 1991.『都市の空間システムと立地』. 東京: 大明堂.
作野廣和. 2010.「人口減少社會における中山間地域: 中國地方の集落の實態中心」. ≪人文地理≫, 62巻, pp. 192~196.
長谷川典夫·簗瀨正. 1983.「都市中心部地域における人口空洞化現象の再檢討: 仙台の例」. ≪東北地理≫, 35巻, pp. 53~62.
長谷川典夫·阿部隆·西原純·石澤孝·村山良之. 1992.『現代都市の空間システム』. 東京: 大明堂.
田邊健一·福井英夫·岡本次郎 編. 1974.『地理學と環境』. 東京: 大明堂.
田邊裕·中俣均 共譯. 1991.『言語の地理學』. 東京: 白水社.
田原裕子·平井誠·稻田七海·岩垂雅子·長沼佐枝·西律子·和田康喜. 2003.「高齡者の地理學: 研究動向と今後の課題」. ≪人文地理≫, 55巻, pp. 451~473.
鄭美愛. 2002.「韓國盆唐ニュータウン居住者の居住地移動パターンと移動要因」. ≪地理學評論≫, Vol. 75, pp. 791~812.
井上孝. 1990.「都市內人口分布の中心點に關する新しい槪念」. ≪人文地理≫, 42巻, pp. 391~407.
_____. 2009.「國際結婚における上方婚と下方婚: 近年の日韓間を事例として」. ≪人文地理學會大會發表文≫, pp. 86~87.
鄭還泳. 1987.「韓國における人口地理學」. ≪東北地理≫, Vol. 39, pp. 122~131.
齋野岳廊·東賢次. 1978.「わが國における都道府縣間人口移動の構造とその變化」. ≪地理學評論≫, 51巻, pp. 864~875.
堤研二. 1989.「人口移動研究の課題と視點」.≪人文地理≫, 41巻, pp. 529~550.
曺賢美. 1995.「在日韓國人高齡者の就業狀況: 東京都大田區の場合」. ≪經濟地理學年報≫, Vol. 41, pp. 57~71.
宗澤則. 2010.「グロ-バル經濟下のインドにおける空間の再編成: 脫領域化と再領域化に着目して」. ≪人

文地理≫, 62卷, pp. 132~153.

朱京植. 1980.「ソウル市における人口密度の地域傾向面分析」. ≪東北地理≫, 32卷, pp. 26~34.

竹中克行. 1997.「スペイン出生力の地域差」. ≪地理學評論≫, Vol. 70(A), pp. 433~448.

竹下聰美. 2006.「屋久島へのIターン移住における仲介不動産業者の役割」. ≪人文地理≫, 58卷, pp. 475~488.

中谷友樹. 2011.「健康と場所: 近隣環境と健康格差研究」. ≪人文地理≫, 63卷, pp. 360~377.

中谷友樹·埴淵知哉. 2013.「居住地域の健康格差と所得格差」. ≪經濟地理學年報≫, Vol. 59, pp. 57~72.

中尾佐助. 1966.『栽培植物と農耕の起源』. 東京: 岩波書店.

中村豊. 1979.「メンタルマツプ研究の成果とその意義」. ≪人文地理≫, 31卷, pp. 507~523.

中澤高志·神谷浩夫·木下禮子. 2006.「ライフコースの地域差·ジェーンダー差とその要因: 金澤市と橫濱市の進學高校卒業生を對象に」. ≪人文地理≫, 58卷, pp. 308~326.

千葉立也. 1987.「在日朝鮮·韓國人の居住分布: 第三世界をめぐるセグリゲ-ションの諸問題」. 古賀正則 編 昭和60, 61年度 文部省 科學研究費 補助金(總合研究 A) 研究成果報告書. pp. 45~84.

村田陽平. 2006.「地理學の男性研究における認識論の構築に向けて」. ≪人文地理≫, 58卷, pp. 453~469.

樋泉克夫. 1991.『華僑の挑戰』. 東京: ジャパーンタイムズ.

坂本英夫·浜谷正人 編. 1985.『最新の地理學』. 東京: 大明堂.

韓柱成. 1989.「人口移動からみた韓國の都市群システム」. ≪東北地理≫, 41卷, pp. 213~224.

合田榮作. 1976.『通婚圈』. 東京: 大明堂.

香川貴志. 1987.「東北地方縣廳所在都市內部における人口高齡化現象の地域的展開」. ≪人文地理≫, 39卷, pp. 370~384.

_____. 1995.「人口地理學は何をめざすべきか」. ≪地理≫, Vol. 40, No. 2, pp. 47~51.

Abler, R., J. Adams and P. Gould. 1971. *Spatial Organization: The Geographer's View of the World*. New Jersey: Prentice-Hall.

Adams, J. S. 1969. "Directional bias in intra-urban migration." *Economic Geography*, Vol. 45, pp. 302~323.

_____. 1970. "Residential structure of Midwestern cities." *Annal of the Association of American Geographers*, Vol. 60, pp. 37~62.

Aitken, S. 1994. *Putting Children in their Places*. The Association of American Geographers.

Ashton, J. and W. H. Long. 1972. *The Remoter Rural Area of Britain*. London: Oliver and Boyd.

Atlantic Monthly. 2008. PA(ed.).

Balakrishman, T., G. Ebanks and C. Grindstaff. 1980. "A multivariate analysis of 1971 Canadian census fertility data." *Canadian Studies in Population*, Vol. 7, pp. 81~98.

Berry, B. J. L. 1961. "City size distribution and economic development." *Economic Development and Cultural Change*, Vol. 9, pp. 573~587.

_____. 1966. "Essays on commodity flow and the spatial structure of Indian economy." *The University of Chicago, Department of Geography, Research Paper*, No. 111.

_____. 1968a. "Interdependency of spatial structure and spatial behavior: A general field theory formulation." *Papers and Proceedings, Regional Science Association*, Vol. 21, pp. 205~227.

______. 1968b. "A synthesis formal and functional regions using a general field theory of spatial behavior." in B. J. L. Berry and D. F. Marble(eds.). *Spatial Analysis: A Reader in Statistical Geography*. New Jersey: Prentice-Hall, pp. 419~428.

______. 1973. *The Human Consequences of Urbanization*. London: Macmillan.

______. and F. E. Horton. 1970. *Geographic Perspectives on Urban Systems*. New Jersey: Prentice-Hall.

Berry, B. J. L., J. W. Simmons and R. J. Tennant. 1963. "Urban population densities: Structure and change." *The Geographical Review*, Vol. 53, pp. 389~405.

Bowen, J. T., Jr. and C. Laroe. 2006. "Airline networks and the international diffusion of severe acute respiratory syndrome(SARS)." *Geographical Journal*, Vol. 172, pp. 130~144.

Brakman, S., H. Garretsen, C. Marrewijk and M. Berg. 1999. "The return of Zipf: Towards a future understanding of the rank-size distribution." *Journal of Regional Science*, Vol. 39, pp. 183~213.

Brown, L. A. 1970. "Migration flows in intraurban space: Place utility consideration." *Annal of the Association of American Geographers*, Vol. 60, pp. 368~384.

______. 1991. *Place, Migration and Development in the Third World: An Alternative View*. London: Routledge.

______. and D. B. Longbrake. 1970. "Migration flows in intraurban space: Place utility conside rations." *Annal of the Association of American Geographers*, Vol. 60, pp. 368~384.

Brown, L. and E. Moore. 1970. "The intra-urban migration process: A perspective." *Geografiska Annaler*, Vol. 52(B), pp. 1~13.

Bruce, N. K. 2010. *Population Geography: Tools and Issues*. Rowman & Littlefield Publishers: Lanham.

Carroll, G. R. 1982. "National city-size distribution: What do we know after 67 years of research?" *Progress in Human Geography*, Vol. 6, pp. 1~43.

Carr-Saunders, A. M. 1964. *World Population: Past Growth and Present Trends*. London: Frank Cass & Co.

Chang, Y. Y. and W. H. Choi. 2009. "Spatial pattern of population movement in Korean regional hierarchy." *The Science Reports of the Tohoku Univ. 7th Series(Geography)*, Vol 56, pp. 49~66.

Clark, C. 1951. "Urban population densities." *Journal of the Royal Statistical Society*, Vol. 114, pp. 490~496.

Clark, G. L. 1982. "Dynamics of interstate labor migration." *Annal of the Association of American Geographers*, Vol. 72, pp. 297~313.

Clarke, J. I. 1975. *Population Geography*. Oxford: Pergamon Press.

Cole, J. 1996. *Geography of the World's Major Regions*. New York: Routledge.

Coulson, M. R. C. 1968. "The distribution of population age structures in Kansas city." *Annal of the Association of American Geographers*, Vol. 58, pp. 155~176.

Coupe, R. T. and B. S. Morgan. 1981. "Towards a fuller understanding of residential mobility: A case study in Northampton, England." *Environment and Planning A*, Vol. 13, pp. 201~215.

Davis, K. and H. Golden. 1955. "Urbanization and the development of preindustrial area." *Economic Development and Cultural Change*, Vol. 3, pp. 6~24.

de Blij, H. J. and P. O. Muller. 2000. *Geography: Realms, Regions, and Concept*, 9th ed. New York: John Wiley & Sons.

Deevey, E. S. 1960. "The human population." *Scientific American*, Vol. 203, pp. 195~204.

Demko, G. J., H. M. Rose and G. A. Schnell. 1970. *Population Geography: A Reader*. New York: McGraw-Hill.

Dielman, F. M. 1992. "Struggling with longitudinal data and modelling in the analysis of residential mobility." *Environmental and Planning A*, Vol. 24, pp. 1527~1530.

Eberstadt, N. 1991. "Population and labor force in North Korea: Trends and implications." ≪韓國人口學會誌≫, 14권 2호, 18~44쪽.

_____. 1992.『북한의 인구와 노동력』. 서울.

Eberstadt, N. and J. Banister. 1992. *The Population of North Korea*.

Findlay, A. 1987. *Population and Development in the Third World*. London: Methuen.

______. 1991. "Population geography." *Progress in Human Geography*, Vol. 15, pp. 64~72.

______. 1992. "Population geography." *Progress in Human Geography*, Vol. 16, pp. 88~97.

Findlay, A. and A. Findlay. 1987. *Population and Development in Third World*. London: Methun.

Findlay, A. M. and E. Graham. 1991. "The challenge facing population geography." *Progress in Human Geography*, Vol. 15, pp. 149~162.

Franklin, R. and D. A. Plane. 2004. "A shift-share method for the analysis of regional fertility change: An application to the decline in childbearing in Italy, 1952~1991." *Geographical Analysis*, Vol. 36, pp. 1~20.

From, W. S. and E. S. Woytinsky. 1953. *World Population and Production*. New York: Twentieth Century Fund.

Garrett(ed). 1988. "Where did we come from?" *National Geography*, Vol. 174, No. 4, pp. 434~437.

Gatrell, A. C. and S. J. Elliott. 2009. *Geographies of Health: An Introduction*(2nd ed.). New Jersey: Wiley-Blackwell.

Getis, A., J. Getis and J. D. Fellman. 1996. *Introduction to Geography*. London: WCB.

Golledge, M. J. 1980. "A behavioral view of mobility and migration research." *The Professional Geographers*, Vol. 32, pp. 14~21.

Golledge, R. G. 1978. "Learning about urban environments." in Carlstein et al.(eds.). *Timing Space and Spacing Time*, Vol. 1: Making sense of time, pp. 76~98. London: Arnold.

Goss, J. and B. Lindquist. 1995. "Conceptualizing international labor migration: Structuration perspective." *International Migration Review*, Vol. 22, pp. 317~351.

Haggett, P. 1979. *Geography: A Modern Synthesis*. New York: Harper & Row.

Haggett, P., A. Cliff and A. Frey. 1977. *Locational Analysis in Human Geography*. Bristol: Edward Arnold.

Harper, S. and G. Laws. 1995. "Rethinking the geography of aging." *Progress in Human Geography*, Vol. 19, pp. 199~221.

Harris, R. S. and E. G. Moore. 1980. "An historical approach to mobility research." *The Professional Geographers*, Vol. 32, pp. 22~29.

Harthorn, T. A. 1980. *Interpreting the City: An Urban Geography*. New York: John Wiley & Sons.

Hebert, D. T. and C. J. Thomas. 1982. *Urban Geography: A First Approach*. Chichester: John Wiley & Sons.

Hemmasi, M. 1980. "The identification of functional regions based on lifetime migration data: A case study of Iran." *Economic Geography*, Vol. 56, pp. 223~233.

Holcomb, B. 1984. "Women in the city." *Urban Geography*, Vol. 5, pp. 247~254.

Hoover, E. M. 1941. "Interstate redistribution of population, 1850~1940." *The Journal of Economic History*, Vol. 1, pp. 199~205.

James, S. 1990. "Is there 'place' for children in geography?." *Area*, Vol. 22, pp. 278~283.

Jefferson, M. 1939. "The law of the primate city." *The Geographical Review*, Vol. 29, pp. 226~232.

Johnston, R. J. 1971. *Urban Residential Patterns: An Introductory Review*. London: Longman.

______. 1978. *Multivariate Statistical Analysis in Geography*. London: Longman.

Jones, H. R. 1981. *A Population Geography*. London: Harper & Row.

Jordan, T. G. and L. Rowntree. 1982. *The Human Mosaic: A Thematic Introduction to Cultural Geography*. New York: Harper & Row.

Kamiya, H. and E. Ikeya. 1994. "Women's participation in the labour force in Japan: Trends and regional pattern." *Geographical Review of Japan*, Vol. 67, pp. 15~35.

Kawabe, H. and K. L. Liaw. 1994. "Selective efforts of marriage migration on the population redistribution in hierarchical regional system of Japan." *Geographical Review of Japan*, Vol. 68(B), pp. 1~14.

Kim, Doo Chul. 1997. "Economic growth, migration, and rural depopulation in the Republic of Korea: Comparison with Japan's experiences." *Regional Development Studies*, Vol. 3, pp. 239~259.

King, R. 1976. "The evolution of international labour migration movements concerning the EEC." *Tijdschrift voor Economische en Sociale Geografie*, Vol. 67, pp. 62~82.

Klaassen, L. H., J. A. Bourdres and J. Volmuller. 1981. *Transport and Reurbanization*. Gower.

Knapp, B., S. Ross and D. McCrae. 1989. *Challenge of the Human Environment*. London: Longman.

Kuhn, H. W. and R. E. Kuenne. 1962. "An efficient algorithm for the numerical solution of the generalized Weber problem in spatial economics." *Journal of Regional Science*, Vol. 4, pp. 21~33.

Lee, E. S. 1970. "A theory of migration." in G. J. Demko, H. M. Rose and G. A. Schnell(eds.). *Population Geography: A Reader*. New York: McGraw-Hill Book Co.

Lee, Jin Hwan. 1988. "Intra-urban growth and spatial patterns in variation of population density: The case of Seoul." ≪地理學≫, 38號, pp. 61~74.

Lee, Youngmin. 1995. *Ethnicity toward Multiculturalism: Socio-Spatial Relations of the Korean Community in Honolulu, 1903~1940*. Louisiana State University, Ph. D. Dissertation.

Leibenstein, H. 1957. *Economic Backwardness and Economic Growth*. New York: John Wiley & Sons.

Linsky, A. S. 1965. "Some generations concerning primate cities." *Annal of the Association of American Geographers*, Vol. 55, pp. 506~513.

Livi-Bacci, M.(translated by Ipsen, C.) 1997. A Concise History of World Population. Cambridge: Blackwell.

Low, J. and E. Pederson. 1989. *Human Geography: An Integrated Approach*. New York: John Wiley & Sons.

Malecki, E. 1975. "Examining change in rank-size system of cities." *The Professional Geography*, Vol. 27, pp. 43~47.

Mauldin, W. P. and B. Berelson. 1978. "Conditions of fertility decline in developing countries, 1965~1975." *Studies in Family Planning*, Vol. 9, pp. 89~147.

May, J. 1950. "Medical geography: Its methods and objectives." *The Geographical Review*, Vol. 40, pp. 9~41.

McDonald, J. R. 1969. "Labour immigration in France: 1946~1965." *Annal of the Association of American Geographers*, Vol. 59, pp. 116~134.

McQuitty, L. L. 1957. "Elementary linkage analysis for isolating orthogonal and oblique types and typal relevancies." *Educ. Psychol. Meas*, Vol. 17, pp. 207~229.

Meade, S. M. and M. Emch. 2010. *Medical Geography*(3rd edition). New York: Gulford.

Meadows, D. H., D. L. Meadows, J. Randers and W. W. Behrens. 1972. *The Limits of Growth: A Report for the Club of Rome's Project on the Predicament of Mankind*. New York: The New American Library.

Miller, A. and J. C. Thompson. 1979. *Elements of Meteorology*. Columbus: Charles E. and Merrill.

Momiyama, M., M. Kagami and T. Sato. 1988. "Review of the research on geographical distribution of disease mortality in Japan with particular attention to cerebrovascular disease." *Geographical Review of Japan*, Vol. 60(B), pp. 50~58.

Morrill, R. L. and F. R. Pitts. 1967. "Marriage, migration and the mean information field: A study in uniqueness and generality." *Annal of the Association of American Geographers*, Vol. 57, pp. 401~422.

Newling, B. E. 1966. "Urban growth and spatial structure: Mathematical models and empirical evidence." *The Geographical Review*, Vol. 56, pp. 213~224.

______. 1969. "The spatial variation of urban population densities." *The Geographical Review*, Vol. 59, pp. 242~252.

Northam, R. M. 1975. *Urban Geography*. New Jersey: John Wiley & Sons.

O'Loughlin, J., L. Staeheli and E. Greenberg(eds.). 2004. *Globalization and Its Outcomes*. New York: The Guilford.

Oberhauser, A. M. 1991. "The international mobility of labor." *The Professional Geographers*, Vol. 43, pp. 431~445.

Omran, A. R. 1977. "Epidemiologic transition in the U.S.: The health factor in population change." *Population Bulletin*, Vol. 32, No. 2.

Pacione, M.(ed.). 1981. *Problems and Planning in Third World Cities*. London: Croom Helm.

______. 1986. *Population Geography: Progress and Prospect*. London: Croom Helm.

Park, Soon Ho. 1994. *Forced Child Migration: Korea-Born Intercountry Adapts in the United States*. Ph. D. Dissertation of University of Hawaii.

______. 1995. "Spatial distribution of Korea-born adapts in the United States." *Journal of the Korean Geographical Society*, Vol. 30, pp. 411~428.

Paul, B. K. 1993. "Infant mortality rates in the year 2000: A cross national study." *Area*, Vol. 25, pp. 246~256.

Peace, S. M. 1982. "The activity patterns of elderly people in Swansea, South Wales, and South-East

England." in Warnes, A.M.(ed.). *Geographical Perspectives on the Elderly*. New York: John Wiley & Sons, pp. 281~302.

Peters, G. L. and R. P. Larkin. 1997. *Population Geography: Problems, Concepts, and Prospects*, 6th ed. Dubque: Kendall/Hunt Publishing Company.

Plane, D. A. and P. A. Rogerson. 1994. *The Geographical Analysis of Population: With Application to Planning and Business*. New York: John Wiley & Sons.

Porter, H. 1964. "*Application of Intercity Intervening Opportunity Models to Telephone, Migration, and Highway Traffic Data.*" Ph. D. dissertation, Department of Geography. Northwestern University.

Pyle, C. F. 1979. *Applied Medical Geography*. Washington, D.C.: V.H. Winston and Sons.

Reissman, L. 1964. *The Urban Processes: Cities in Industrial Society*. New York: Free Press.

Rogerson, P. A. 1996. "Geographic perspectives on elderly population growth." *Growth and Change*, Vol. 27, pp. 75~95.

Rose, H. M. 1971. *The Black Ghetto: A Spatial Behavioral Perspective*. New Jersey: McGraw-Hill.

Rossi, P. 1955. *Why Families Move: A Study in the Social Psychology of Urban Residential Mobility*. New York: Free Press.

Rutherford, B. M. and G. R. Wekerle. 1988. "Captive rider, captive labor: Spatial constrains and women's employment." *Urban Geography*, Vol. 9, pp. 116~137.

Schnell, G. and M. S. Monmonier. 1983. *The Study of Population: Elements·Patterns·Processes*. Columbus: Charles E. Merrill Publishing Co.

Schultz, T. W. 1962. "Reflection on investment in man." *Journal of Political Economy*, Vol. 70, Supplement, pp. 1~8.

Schwind, P. J. 1975. "A general field theory of migration: United States, 1955~1960." *Economic Geography*, Vol. 51, pp. 1~16.

Shannon, G. W. and G. F. Pyle. 1989. "The origin and diffusion of AIDS: A view from medical geography." *Annal of the Association of American Geographers*, Vol. 79, pp. 1~24.

Shirasaka, S. 2007, "The transhumance of sheep in the Southern Caprpathians Mts., Romania." *Geographical Review of Japan*, Vol. 80, pp. 290~311.

Short, J. R. 1978. "Residential mobility." *Progress in Human Geography*, Vol. 2, pp. 419~447.

Sibley, D. 1991. "Children's geography: Some problems of representation." *Area*, Vol. 23, pp. 269~270.

Simmons, J. W. 1968. "Changing residence in the city: A review of intra-urban mobility." *The Geographical Review*, Vol. 58, pp. 622~651.

Sjaastad, L. A. 1962. "The costs and returns of human migration." *Journal of Political Economy*, Vol. 70, Supplement, pp. 80~93.

Sjoberg, A. 1960. *The Pre-Industrial City: Past and Present*. New York: Free Press.

Staszewski, J. 1963. "Population distribution according to the climate areas of Köppen." *The Professional Geographer*, Vol. 15, pp. 12~15.

Stewart, J. Q. 1947. "Empirical mathematical rules concerning the distribution and equilibrium of population." *The Geographical Review*, Vol. 37, pp. 461~485.

Stouffer, S. A. 1940. "Intervening opportunities: A theory relating mobility and distance." *American Sociological Review*, Vol. 5, pp. 845~867.

_____. 1960. "Intervening opportunities and competing migrants." *Journal of Regional Science*, Vol. 2, pp. 1~26.

Taeuber, K. E., L. L. Bumpass and J. A. Sweet(eds.). 1978. *Social Demography*. New York: Academic Press.

Taylor, P. J. 1977. *Quantitative Methods in Geography: An Introduction to Spatial Analysis*. Boston: Houghton Mifflin.

Thoman, R. S. and P. B. Corbin. 1974. *The Geography of Economic Activity*. New York: McGraw-Hill Book Co.

Todaro, M. P. 1971. "Income expectations, rural-urban migration and employment in Africa." *International Labour Review*, Vol. 104, pp. 387~413.

Trewartha, G. T. 1969. *A Geography of Population: World Patterns*. New York: John Wiley & Sons.

Tuan, Y. F. 1975. "Images and mental map." *Annal of the Association of American Geographers*, Vol. 65, pp. 205~213.

Vance, Jr., J. E. 1971. "Land assignment in pre-capitalist, capitalist, and post capitalist cities." *Economic Geography*, Vol. 47, pp. 101~120.

Vertovec, S. 2009. *Transnationalism*, London: Routledge.

Visaria, P. M. and L. Visaria. 1981. "India's population: Second and growing." *Population Bulletin*, Vol. 36, No. 10.

Wagner, P. L. 1958. "Remarks on the geography of language." *The Geographical Review*, Vol. 48, pp. 86~97.

Warnes, A. M. 1981. "Towards a geographical contribution to gerontology." *Progress in Human Geography*, Vol. 5, pp. 317~341.

_____(ed.). 1982. *Geographical Perspectives on the Elderly*. New Jersey: John Wiley & Sons.

_____. 1994. "Cities and elderly people: Recent population and distributional trend." *Urban Studies*, Vol. 31, pp. 799~816.

Warntz, W. 1965. *Macrogeography and Income Fronts*. Philadelphia: Regional Science Research Institute.

Webb, J. W. 1963. "The natural and migrational components of population changes in England and Wales, 1921~1931." *Economic Geography*, Vol. 39, pp. 130~148.

Weiner, M. 1995. *Global Migration Crisis: Challenge to States and to Human Rights*. New York: Harper Collins College Publishers.

Wekerle, G. R. and B. M. Rutherford. 1989. "The mobility of capital and immobility of female labor: Responses to economic restructuring." in Wolch, J and Dear, M.(eds.). *The Power of Geography: How Territory Shapes Social Life*. Boston: Unwin Hyman, pp. 139~172.

White, P. and P. Jackson. 1995. "Research review 1: (Re)theorizing population geography." *International Journal of Population Geography*, Vol. 1, pp. 111~124.

White, S. E. 1981. "The influence of urban residential preference on spatial behavior." *The Geographical Review*, Vol. 71, pp. 177~187.

Winchester, H. 1991. "The geography of children." *Area*, Vol. 23, pp. 357~359.

Winsborough, H., K. E. Taeuber and A. Sorensen. 1975. "Models of Change in Residential Segregation." *Working Paper*. No. 75-26, Center for Demography and Ecology, Madison: Univ. of Wisconsin.

Wolpert, J. 1965. "Behavioral aspects of the decision to migrate." *Papers and Proceedings of the Regional Science*, Vol. 15, pp. 159~169.

Wood, R. I. 1984. "Spatial demography." in J.I. Clark.(ed). *Geography and Population: Approaches and Applications*. Pergamon Press: Oxford, pp. 43~53.

Woods, R. 1982. *Population Analysis in Geography*. London: Longman.

Yeates, M. and B. Garner. 1980. *The North American Cities*. New Jersey: Harper & Row.

Yeats, M. 1974. *An Introduction to Quantitative Analysis in Human Geography*. New York: McGraw-Hill Book Co.

Yim, Seokhoi. 2009. Transnational marriage migration and the geography of new ethnicity in Korea. ≪한국지역지리학회지≫, 13권, pp. 393~408.

Zelinsky, W. 1961. "An approach to the religious geography of the United States: Pattern of church membership in 1952." *Annal of the Association of American Geographers*, Vol. 51, pp. 139~193.

_____. 1966. *A Prologue to Population Geography*. New Jersey: Prentice-Hall.

_____. 1971. "The hypothesis of the mobility transition." *The Geographical Review*, Vol. 61, pp. 219~249.

Zipf, G. K. 1946. "The $P_i P_j / D$ hypothesis: On the inter-city movement of persons." *American Sociological Review*, Vol. 11, pp. 677~686.

_____. 1949. *Human Behavior and the Principle of Least Effort*. Cambridge: Addison Wesley.

찾아보기

| 인명 |

| 용어 |

(ㄱ)

(ㄴ)

(ㄷ)

(ㅇ)

(ㅈ)

(ㅎ)

(기타)

지은이

한주성

대구 출생(1947년생)
경북대학교 사범대학 지리교육과 졸업
경북대학교 대학원 지리학과 졸업(문학석사)
일본 도호쿠(東北)대학교 대학원 이학연구과 지리학교실 졸업(이학박사)
일본 도호쿠대학교 대학원 객원 연구원
미국 웨스턴 일리노이(Western Illinois)대학교 방문교수(visiting professor)
대한지리학회 편집위원장 및 부회장
한국경제지리학회장
현 충북대학교 명예교수

주요 저서

『사회』 1, 3(금성출판사)(공동)
『사회과부도』(금성출판사)(공동)
『한국지리』(금성출판사)(공동)
『세계지리』(금성출판사)(공동)
『지리부도』(금성출판사)(공동)
『交通流動의 地域構造』(寶晉齋出版社)
『經濟地理學』(教學研究社)
『人間과 環境 - 地理學的 接近 -』(教學研究社)
『流通의 空間構造』(教學研究社)
『인구지리학』(도서출판 한울)
『유통지리학』(도서출판 한울)(2004년 대한민국 학술원 기초학문분야 우수학술도서)
『경제지리학의 이해』(도서출판 한울)
『교통지리학의 이해』(도서출판 한울)(2011년 대한민국 학술원 기초학문분야 우수학술도서)
『다시 보는 아시아지리』(도서출판 한울)

한울아카데미 1822

제2개정판

인구지리학

지은이 | 한주성
펴낸이 | 김종수
펴낸곳 | 도서출판 한울

편집책임 | 조수임
편집 | 허유진

초 판 1쇄 발행 | 1999년 4월 1일
개정판 1쇄 발행 | 2007년 10월 22일
제2개정판 1쇄 발행 | 2015년 9월 25일

주소 | 10881 경기도 파주시 광인사길 153 한울시소빌딩 3층
전화 | 031-955-0655
팩스 | 031-955-0656
홈페이지 | www.hanulbooks.co.kr
등록번호 | 제406-2003-000051호

Printed in Korea.
ISBN 978-89-460-5822-4 93980 (양장)
978-89-460-6055-5 93980 (학생판)

* 책값은 겉표지에 있습니다.
* 이 책은 강의를 위한 학생판 교재를 따로 준비했습니다.
강의 교재로 사용하실 때에는 본사로 연락해주십시오.